Geologie im Gelände

Tom McCann

Mario Valdivia Manchego

Geologie im Gelände

Das Outdoor-Handbuch

Tom McCann, Mario Valdivia Manchego
Universität Bonn, Steinmann Institut für Geologie,
Mineralogie und Paläontologie
Bonn, Deutschland

ISBN 978-3-8274-2382-5   ISBN 978-3-8274-2383-2 (eBook)
DOI 10.1007/978-3-8274-2383-2

Die Deutsche Nationalbibliothek verzeichnet diese Publikation in der Deutschen Nationalbibliografie; detaillierte bibliografische
Daten sind imInternet über http://dnb.d-nb.de abrufbar.

Springer Spektrum

Planung: Merlet Behncke-Braunbeck
Grafiken: Abb. 2.90 bis 2.100 und Abb. 3.7 bis 3.16 von Stephan Meyer, Dresden

Gedruckt auf säurefreiem und chlorfrei gebleichtem Papier.

Springer-Verlag GmbH Berlin Heidelberg ist Teil der Fachverlagsgruppe Springer Science+Business Media
(www.springer.com)

Vorwort

Die Idee zu diesem Buch entstand im Gelände. Unsere Erfahrung auf geologischen Exkursionen und Geländeübungen mit Studierenden zeigte, dass ein „Outdoor-Handbuch" zum Nachschlagen vor Ort in vielen Situationen hilfreich wäre. Daher möchten wir vor allem die Gesteine, Merkmale und Prozesse erläutern, die am Aufschluss anzutreffen und auch dort zu beschreiben und erkennen sind. Die komplexen Prozesse, die zur Entstehung unserer Erde geführt haben und ihre heutige Veränderung steuern, sind in den geologischen Strukturen gespeichert und werden häufig erst im Gelände verständlich.

Vor jeder ersten Idee zur Entstehung eines Gesteins steht die korrekte Gesteinsansprache. Minerale und ihr Auftreten im Gestein bilden die Grundlage zum Erkennen der Gesteine. Damit können wir uns schon erste Gedanken zu ihrer Entstehung machen. Um geologische Prozesse abzuleiten, genügt es nicht, nur die einzelnen Gesteine zu erkennen, vielmehr gilt es, das Zusammenspiel der im Gelände vorkommenden Gesteinskörper zu begreifen. Mit Hilfe der Geländeaufnahme, der geologischen Kartierung, Profilaufnahme und Probennahme soll jedes wichtige Detail, ähnlich einer „Tatortaufnahme", im Gelände festgehalten werden. Jedes Indiz ist von Bedeutung, um daraus die Bildungsgeschichte abzuleiten.

Zahlreiche Grafiken und Fotos sollen vor Ort helfen, die geologische Situation rasch einzuordnen und Ansätze für weitergehende Untersuchungen aufzuzeigen. Wir bitten um Verständnis, wenn nicht alle Aspekte in einem Geländehandbuch ihren Platz finden können. Die vorliegende Auswahl hat sich aus den Erfahrungen der Geländebetreuung ergeben.

Die Aufnahme und Interpretation vor Ort steuern die Probennahme und sind dadurch tatsächlich eng mit den Untersuchungsmethoden im Labor, am Mikroskop und dem Abgleich des wissenschaftlichen Kenntnisstandes verknüpft. Nicht zuletzt ist die rechnergestützte Erhebung, Darstellung und 3D-Analyse von Geländedaten heute ein grundlegendes Hilfsmittel zur Visualisierung und Plausibilitätsprüfung von Strukturmodellen.

Dieses Buch soll dem Studierenden der Geowissenschaften, gerade zu Beginn des Studiums als Begleiter helfen, noch unbekannte geologische Situationen richtig einzuschätzen. Später, nach zahlreichen Geländetagen, wird die eigene Geländeerfahrung – eine wichtige berufliche Schlüsselqualifikation – diese Aufgabe übernehmen. Wir wünschen uns, dass wir einen Keim zur geländeorientierten Arbeitsweise legen können, der zu neuen Forschungsansätzen führen mag.

Jeder, der durch die Natur wandert, kann geologisch beobachten. Im Gebirge ist dies besonders beeindruckend, aber auch im Flachland treten Gesteine an Weganschnitten oder auf Feldern als Lesesteine auf. Wir möchten den geointeressierten Laien dazu ermuntern, auf die geologische Spurensuche zu gehen. Geologen reisen gerne in Raum und Zeit, und wir möchten Sie auf diese Reise mitnehmen.

Tom McCann & Mario Valdivia Manchego

Danksagung

Tom McCann

Ich möchte mich bei Laura Bührig für Ihre Hilfe in diesem Buchprojekt bedanken.

Für die Übersetzungsarbeiten bedanke ich mich bei: Laura Bührig, Jani Biber, Dennis Czerwinski, Nadine Conze, Hannah Vossel, Janine Könen, Jutta Reynders, Manuela Rüßman, Christoph Barthels, Janina Strehlow, Marco Wolf, Hannah Wolf-Lieder und Timo Böser.

Georg Oleschinski ist verantwortlich für die vielen ausgezeichneten Fotos von Mineralen und Fossilien, während Bettina Krumbiegel und Laura Bührig die Umsetzung der Diagramme übernommen haben.

Meinen Kollegen Niko Froitzheim, Thorsten Geisler-Wierwille, Georg Heumann, Martin Länger, Jes Rust, und Renate Schumacher danke ich für die Durchsicht früherer Versionen der verschiedenen Kapitel und für ihre hilfreichen Kommentare.

Bildmaterial und Gesteinsproben wurden dankenswerterweise bereitgestellt von: M. Bräunlich (kristallin.de), C. Breitkreuz, J. Burow, N. Froitzheim, A. Hendrich, M. Lange, A. Luguet, A. Mauel, M. Menning, P. Modreski, B. Murphy, R. Schumacher, K. Wellnitz und T. B. Weisenberger.

Schließlich möchte ich mich bei meiner Familie (Mam, Gary & Sylvia, Robert & Celine, Jackie & Kathy) und Freunden (insbesondere Thomas & Martin, Bernd & Marcus, Alan & Elizabeth) und ganz besonders bei Bernd, Fionan & Joshua – für all die wundervollen Momente – bedanken.

Mario Valdivia Manchego

Bei den Studierenden der Geowissenschaften in Bonn möchte ich mich an erster Stelle bedanken. Sie haben mir auf zahlreichen Exkursionen und Geländeübungen viele sehr interessante Fragen gestellt, rätselhafte Gesteine und Aufschlüsse gezeigt und mit mir spannende Ideen zu ihrer Entstehung diskutiert. Sie waren die Motivation für dieses Buch.

Insbesondere bedanke ich mich bei: Thomas Lorscheid, Phillip Nell, Jo Rink, Jasper Heinz, Stefan Strube, Katharina Liedtke, Tina Geißler, Johannes Schmid-Kieninger, Kathi Schweitzer, Marco Wolf, Hanna Lieder-Wolf, Alena Ebinghaus, Samir Azzous, Gloria Mouanga, Melanie Vanderhallen, Moritz Lissner, Benjamin English und Felix Kühbauch. Sie alle haben durch Bildmaterial (auch wenn es nicht oder nur teilweise veröffentlicht wurde) und Hilfestellungen zu diesem Buch beigetragen.

Dem Verlag danke ich für die vertrauensvolle Zusammenarbeit und die Möglichkeit, die große Zahl an Bildern und Grafiken in dieser Form als Outdoor-Handbuch zu veröffentlichen.

Schließlich möchte ich meiner Mutter danken. Sie hat mir gezeigt, in der Natur auf Kleinigkeiten zu achten und mich von der ersten „Steinesammlung" bis zu meinem Studium und Beruf bekräftigt. Angela und Leonardo haben viel Geduld mit ihrem Vater bewiesen, der ständig „im Gelände" ist. Ganz besonders danke ich Bianca.

Inhaltsverzeichnis

Minerale

Tom McCann

T. McCann, M. Valdivia Manchego, *Geologie im Gelände,*
DOI 10.1007/978-3-8274-2383-2_1, © Springer-Verlag Berlin Heidelberg 2015

Die Erde, der Mond und einige andere Himmelskörper sind aus Gesteinen aufgebaut. Gesteine sind aus meist mehreren Mineralen geformt und können daher als Mineralaggregate beschrieben werden. Minerale bestehen aus einem Element (z. B. Silber, Kupfer) oder einer chemischen Verbindung (z. B. Halit, NaCl) und aus einem festen, kristallinen, symmetrischen Körper, d. h. sie weisen eine Kristallstruktur mit regelmäßig angeordneten Atomen, Ionen oder Molekülen auf. Minerale sind auf natürliche Weise im Erdkörper gewachsen – und wurden durch einen geologischen Prozess gebildet.

Es gibt ca. 4600 anerkannte Minerale, ca. 250 davon gelten als gesteinsbildende Minerale und nur 100 werden als häufig angesehen (◘ Tab. 1.1). Weniger als 40 Minerale bauen den größten Teil der Gesteine auf. Die große Mehrheit der Erdkruste besteht aus Quarz, Feldspat, Glimmer, Chlorit, Tonmineralen, Calcit, Epidot, Olivin, Klinopyroxenen, Hornblende, Magnetit, Hämatit, Limonit und einigen anderen Mineralen (◘ Tab. 1.2). Fast jedes Gestein beinhaltet mehrere Minerale. Besonders wichtig sind die sogenannten **Hauptminerale** (**Hauptgemengteile,** > 10 Vol.-%); sie bilden die Hauptbestandteile des Gesteins. Die üblichen Hauptminerale sind oft Quarz und Feldspat sowie einige eisenhaltige Minerale (Pyroxen, Amphibol, Biotit). Gesteinsbildende Minerale müssen nicht häufig vorkommen. Sie müssen zumindest in einigen Mineralen als integrierte Gesteinsbestandteile auftreten. Gesteinsbildende Minerale können auch akzessorisch, als sogenannte **Nebenminerale** (**Nebengemengteile,** 1–10 Vol.-%) oder **Akzessorien** (< 1 Vol.-%) vorkommen, das heißt, dass sie in untergeordneter Menge, teilweise jedoch regelmäßig in Gesteinen zu finden sind.

1.1 Kristalle

Kristalle sind feste, homogene, anisotrope Körper mit einer dreidimensionalen periodischen Anordnung ihrer atomaren chemischen Bausteine. In einer Kristallstruktur sind die Atome, Ionen oder Molekülgruppen regelmäßig zu Raumgittern angeordnet, d. h. in bestimmten Richtungen treten sie immer wieder in gleichen Abständen auf. Jeder Kristall, d. h. auch jedes kristallisierte Mineral, zeichnet sich durch einen ihm eigenen, geometrisch definierten Feinbau aus. Als Ergebnis dieses Gitterbaus sind Kristalle relativ homogen, d. h. sie sind physikalisch und innerhalb festgelegter Grenzen chemisch einheitlich aufgebaut (außer bei Mineralen mit Zonarbau, d. h. eine Zonierung innerhalb des Kristalls, die durch sich ändernde Bedingungen – Druck, Chemismus, Temperatur usw. – während der Kristallisation entsteht). Wenn sich die innere Symmetrie eines Minerals am äußeren Erscheinungsbild zeigt, spricht man von einem Kristall.

Zur Beschreibung und Identifizierung eines Minerals gehören nicht nur seine kristallographischen, physikalischen und chemischen Eigenschaften, sondern auch sein Auftreten und Vorkommen in der Natur. Wie bereits erwähnt, kommen einige Minerale in bestimmten Gesteinen häufiger vor als andere, z. B.:

- Granit – Feldspat, Quarz, Glimmer,
- Kalkstein – Calcit, Dolomit,

während andere Minerale an besondere Druck- und/oder Temperaturbedingungen gebunden sind, wie beispielsweise in metamorphen Gesteinen:

- Kyanit (Disthen) – Drücke oberhalb von 4 kbar.

Die Gestalt eines Kristalls, definiert über natürlich gebildete Flächen, reflektiert die regelmäßige atomare Anordnung des speziellen Minerals. Kristallwachstum findet meist in Hohlräumen statt (Klüfte, Spalten) wo die wachsenden Minerale ihre spezifische Kristallform

◘ **Tab. 1.1** Chemische Einteilung der Minerale (vereinfacht nach Strunz 1982, Okrusch und Matthes 2005)

	Klasse	Abteilung	Beispiele
1.	Elemente	Gediegene Metalle	Kupfer Cu, Silber Ag, Gold Au,
		Metalloide (Halbmetalle)	Arsen As,
		Nichtmetalle	Graphit und Diamant C, Schwefel S
2.	Sulfide		Galenit PbS, Sphalerit ZnS
3.	Halogenide		Halit $NaCl$, Fluorit CaF_2
4.	Oxide		Korund Al_2O_3, Quarz SiO_2, Hämatit Fe_2O_3
	Hydroxide		Goethit $Fe^{3+}OOH$
5.	Karbonate		Calcit $CaCO_3$
	Nitrate		Nitratin $Na(NO_3)$
	Borate		Sinhalit $MgAl(BO_4)$
6.	Sulfate		Baryt $Ba(SO_4)$, Gips $Ca(SO_4) \cdot 2H_2O$
	Chromate		Krokoit $Pb(CrO_4)$
	Molybdate		Wulfenit $Pb(MoO_4)$
	Wolframate		Wolframit $(Fe, Mn)WO_4$
7.	Phosphate		Apatit $Ca_5(F,Cl,OH)/(PO_4)_3$
8.	Silikate	Inselsilikate	Olivin $(Mg,Fe)_2(SiO_4)$
		Ringsilikate	Beryll $Al_2Be_3(Si_6O_{18})$
		Kettensilikate	Pyroxene – Diopsid $CaMg(Si_2O_6)$ Amphibole – Tremolit $Ca_2Mg_5(OH,F)_2/AlSi_3O_{10}$
		Schichtsilikate	Muskovit $KAl_2(OH,F)_2/AlSi_3O_{10}$
		Gerüstsilikate	Feldspäte – Kalifeldspat $K(AlSi_3O_8)$

entwickeln können. Wenn Minerale unter solchen Bedingungen wachsen können, sind ihre Kristallflächen in einer solchen Regelmäßigkeit arrangiert, dass sie ihre Idealform ausbilden und sie darüber in Gruppen eingeteilt werden können.

Der interne kristalline Bau jedes Minerals ist durch eine definierte Geometrie der dreidimensionalen periodischen Anordnung der beteiligten Ionen oder Atome bestimmt. Jedem Mineral kommt somit ein ganz bestimmter Bautyp seines Kristallgitters zu. Zusätzlich beeinflusst die Kristallstruktur die Eigenschaften eines Minerals enorm. Zum Beispiel entstehen so die Unterschiede zwischen Diamant und Graphit, welche beide aus Kohlenstoff aufgebaut sind.

Gesteinsbildende Minerale behindern sich bei gleichzeitigem Wachstum gegenseitig. Sie weisen deshalb meist unregelmäßige Korngrenzen auf. Eine unregelmäßige Mineralausbildung im Gestein wird als **xenomorph** bezeichnet. In anderen Fällen weisen die Minerale typische Kristallflächen auf. Ihre Form wird dann als **idiomorph** bezeichnet. Idiomorph ausgebildete Minerale treten besonders als **Einsprenglinge** in vulkanischen Gesteinen oder als **Porphyroblasten** (idioblastisch, d. h. neu oder umkristallisierte

Minerale – Blasten – mit ideal ausgebildeter Kristallform) in metamorphen Gesteinen auf. Andere Begriffe, die wir benutzen, um Minerale zu beschreiben, sind **mikrokristallin** – nur einzelne Kristalle sind erkennbar, und **kryptokristallin** – keine individuellen Kristalle sind erkennbar.

1.1.1 Kristallsymmetrie und Kristallsysteme

Viele Objekte in der Natur sind symmetrisch, zum Beispiel die Blüten vieler Pflanzen, sogar wir Menschen. Bei näherer Betrachtung wird klar, dass die Objekte im zweidimensionalen Raum spiegelsymmetrisch um eine Fläche aufgebaut sind. Andere Objekte wie Kristalle können achsensymmetrisch um eine Rotationsachse gedreht werden. Bei gleicher Symmetrie können Kristalle innerhalb einer Rotation zwei-, drei-, vier-, oder sogar sechsfach gedreht werden. Diese Achse nennt man Zwei-, Drei-, Vier- oder Sechsfachachse der Symmetrie (Kristalle haben nie eine Achse der Fünffach-Faltesymmetrie).

Kristalle können aufgrund ihrer Symmetrie in sieben verschiedene Systeme gruppiert werden. Die verschiedenen Kristallsysteme haben Referenzachsen wie in ◼ Abb. 1.1. Die Referenzachse des trigonalen Systems ist genau wie die des hexagonalen Systems mit dem Unterschied, dass das trigonale System eine senkrechte Dreifachachse der Symmetrie hat.

Die verschiedenen Kristallsysteme, wie in ◼ Abb. 1.1 dargestellt, bilden unterschiedliche Tracht und Habitus aus.

- **Kubisches System** – die Kristalle können nicht nur Würfel, sondern auch z. B. Oktaeder, Rhombendodekaeder, Pentagondodekaeder, Ikositetraeder (z. B. Pyrit, Bleiglanz) sein,
- **Tetragonales System** – ähnlich wie kubische Formen, aber mit einer längeren Achse. Dadurch entstehen Prismen und Pyramiden, Trapezoeder und achtseitige Pyramiden (z. B. Rutil, Chalkopyrit, Zirkon),
- **Orthorhombisches System** – ähnlich wie die Kristalle des tetragonalen Systems, außer dass sie keinen quadratischen Querschnitt zeigen. Es entstehen z. B. rhombische Prismen oder Doppelpyramiden (z. B. Olivin, Aragonit),
- **Hexagonales System** – 6-seitige Prismen mit einem hexagonalen Querschnitt (z. B. Beryll, Apatit),
- **Trigonales System** – Kristalle dieses Systems haben eine 3-fache Rotationsachse statt einer 6-fachen wie im hexagonalen-System. Zusätzlich ist der Querschnitt der prismatischen Grundform dreieckig im Vergleich mit einem 6-seitigen Querschnitt im hexagonalen System (z. B. Dolomit, Hämatit, Korund),
- **Monoklines System** – wie ein schiefes tetragonales System; zwei Achsen stehen senkrecht, die dritte schief. Typische Kristalle sind Basispinakoide und Prismen mit geneigten Endflächen (z. B. Gips, Sphen, Augit, Orthoklas),
- **Triklines System** – normalerweise nicht symmetrisch von einer Fläche zur anderen, weil alle drei Kristallachsen verschiedene Längen haben und gegeneinander geneigt sind (z. B. Plagioklas, Mikroklin, Wollastonit).

Besonders interessant ist die Tatsache, dass Minerale, die aus gleichen Atomen aufgebaut sind, verschiedene Atomanordnungen aufweisen können. Diese Minerale sind **polymorph.** Beispiele sind Pyrit und Markasit, die beide chemisch gleich zusammengesetzt sind (Formel: FeS). Andererseits haben einige Minerale eine unterschiedliche chemische Zusammensetzung, aber die gleiche Kristallstruktur (z. B. Halit – NaCl, Bleiglanz – PbS; beide gehören dem kubischen System an).

◼ **Tab. 1.2** Häufigkeit von Mineralen in der Erdkruste in Vol.-% (nach Ronov und Yaroshewsky 1969)

Mineral	Vol.-%
Plagioklas	39
Alkalifeldspäte	12
Quarz	12
Pyroxene	11
Amphibole	5
Glimmer	5
Olivin	3
Tonminerale (+ Chlorit)	4,5
Calcit (+ Aragonit)	1,5
Magnetit (+ Titanomagnetit)	1,5
Dolomit	0,5
Andere (Granat, Kyanit/Disthen, Andalusit, Sillimanit, Apatit etc.	4,9

1.1.2 Kristallform

Die Form, die ein Kristall einnimmt, ist abhängig von dem besonderen Kristallsystem, dem es angehört. Kristallformen können entweder **geschlossen** sein (z. B. Würfel, Oktaeder, Tetraeder, Dodekaeder), indem sie Plätze einschließen, oder **offen,** wenn die Kristallflächen parallel sind, und damit Platz nicht einschließt. Geschlossene Kristallformen können als isolierte Kristalle (z. B. Pyritwürfel, Spinelloktaeder) auftreten. Typische offene Formen beinhalten ein Pinakoid (zwei gleiche Flächen parallel zu zwei Achsen), ein Prisma (eine Form, die drei oder mehr parallele Flächen beinhaltet, die Flächenkanten haben Kontakt), oder eine Pyramide. Sie treten mit anderen Kristallformen gemeinsam auf, um eine geschlossene Form zu bilden.

Die charakteristische Form, die ein Kristall annimmt, kann sehr nützlich für die Identifizierung von Mineralen sein. So sind z. B. Granate oft körnig, der Habitus von Glimmer ist plattig/blättrig, und Amphibole sind häufig nadelig bis stängelig. Jedoch können Minerale, die demselben Kristallsystem angehören, oder sogar Kristalle derselben Substanz markante Unterschiede in ihrer Gestalt und Kristallform zeigen. Zum Beispiel gibt es mehr als 300 verschiedene Kristallformen von Calcit mit insgesamt fast 1000 verschiedenen Kristallvariationen. Manchmal wachsen zwei Kristalle desselben Minerals zusammen und bilden **Zwillinge.** Die Verwachsung folgt einem bestimmten kristallographischen Gesetz und kann zu charakteristischen Formen bestimmter Minerale führen (z. B. Gips, Staurolith) (◼ Abb. 1.2).

Bei der Identifikation von Mineralen im Handstück (d. h. eine Gesteinsprobe in Handgröße) ist es besonders wichtig, die Anwesenheit von Kristallflächen zu erkennen. Sie können in drei Gruppen unterteilt werden, die vom Grad der Entwicklung von Kristallflächen abhängig sind:

1. Idiomorph (eigengestaltig) – Körner sind komplett eingeschlossen von Kristallflächen,
2. Hypidiomorph – Körner sind teils eingeschlossen von Kristallflächen,
3. Xenomorph (fremdgestaltig) – Körner ohne jegliche erkennbare Kristallflächen.

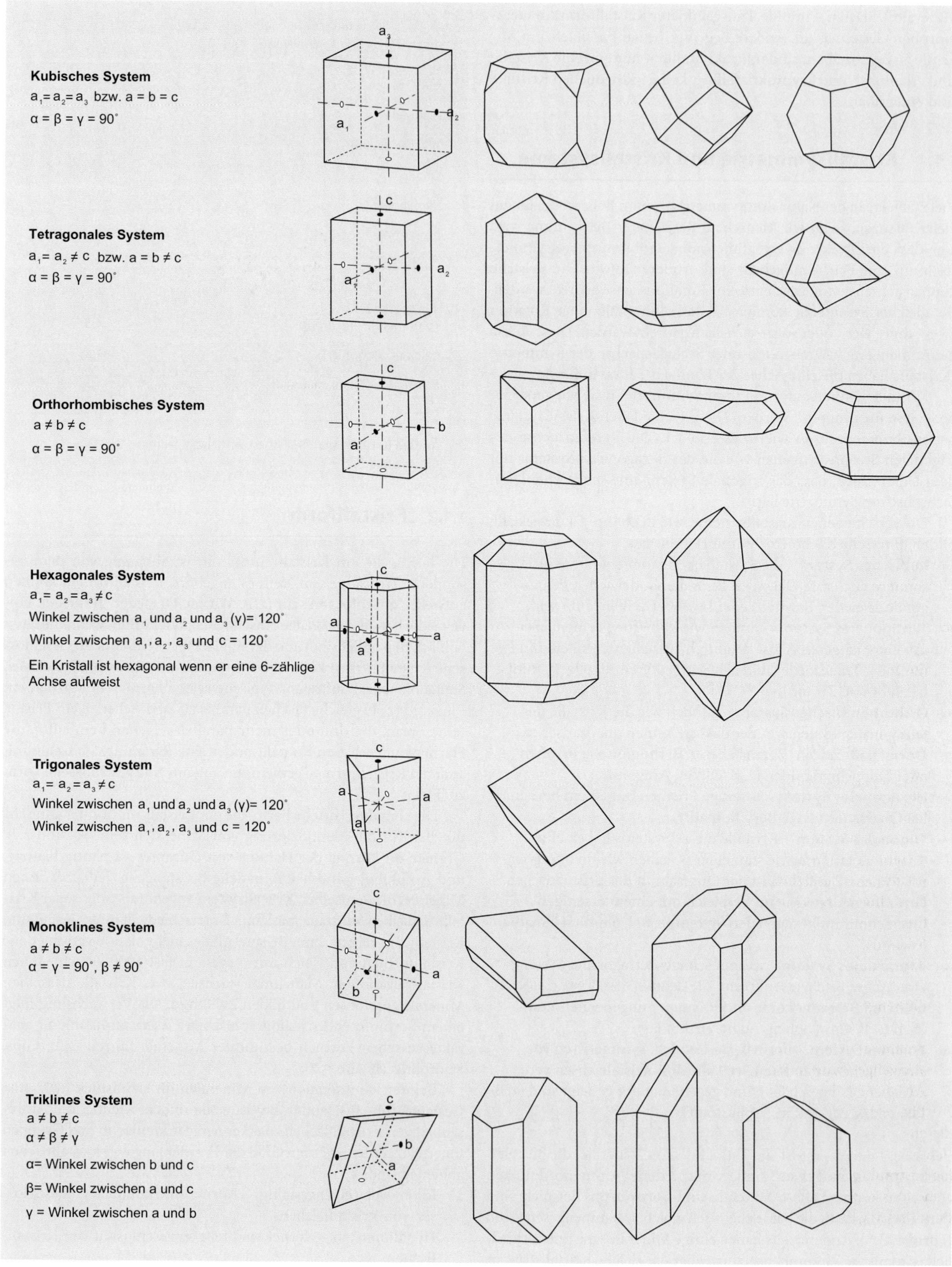
Kubisches System
$a_1 = a_2 = a_3$ bzw. a = b = c
α = β = γ = 90°
a_3
a_2
a_1
Tetragonales System
$a_1 = a_2 \neq c$ bzw. a = b ≠ c
α = β = γ = 90°
c
a_2
a_1
Orthorhombisches System
a ≠ b ≠ c
α = β = γ = 90°
c
b
a
Hexagonales System
$a_1 = a_2 = a_3 \neq c$
Winkel zwischen a_1 und a_2 und a_3 (γ)= 120°
Winkel zwischen a_1, a_2, a_3 und c = 120°
Ein Kristall ist hexagonal wenn er eine 6-zählige Achse aufweist
c
a
a
a
Trigonales System
$a_1 = a_2 = a_3 \neq c$
Winkel zwischen a_1 und a_2 und a_3 (γ)= 120°
Winkel zwischen a_1, a_2, a_3 und c = 120°
c
a
a
a
Monoklines System
a ≠ b ≠ c
α = γ = 90°, β ≠ 90°
c
a
b
Triklines System
a ≠ b ≠ c
α ≠ β ≠ γ
α= Winkel zwischen b und c
β= Winkel zwischen a und c
γ = Winkel zwischen a und b
c
b
a

Abb. 1.1 Referenzachsen und kristallographische Parameter der sieben Kristallsysteme und einige Beispiele für jedes System (nach Hamilton et al. 1974 und Markl 2004)

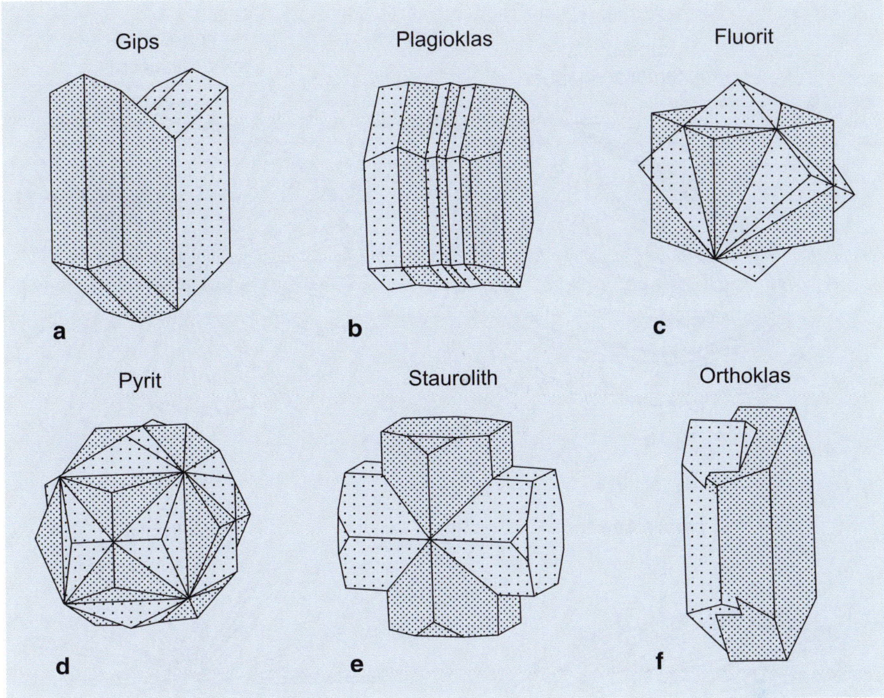

Abb. 1.2a–f Zwillingsformen in Mineralen. **a** Schwalbenschwanz in Gips, **b** lamellenartiger Albitzwilling in Plagioklas, **c** Durchdringungszwilling in Fluorit, **d** Durchdringungszwillinge (Eisernes Kreuz) in Pyrit, **e** Durchkreuzungszwilling in Staurolith, **f** Karlsbader-Zwilling in Orthoklas (nach Wenk und Bulakh 2004)

Vorsichtige Prüfung der Winkel zwischen den Kristallflächen auf idiomorphe und hypidiomorphe Körner kann eine wichtige Hilfe zur relevanten Symmetrie der Kristalle sein. Die folgenden Eigenschaften können nützlich sein für die präzise Identifikation von Mineralkörnern (**Abb. 1.3**):

- **Körnig, kugelig** oder **spätig** (**isometrisch**) – Individuelle Kristalle sind mehr oder weniger äquidimensional oder sphäroidal, z. B. Fluorit. Solche Formen bilden häufig Kristalle des kubischen Systems (z. B. Granat als Dodekaeder kristallisiert).
- **Tafelig, plattig, blättrig** oder **schuppig** – Die Kristalle haben zwei ähnlich lange und eine kürzere Dimension. Diese Form ist typisch für Kristalle mit einer geschichteten Atomverteilung (z. B. Glimmer und Chlorit). Die plattige Form solcher Minerale trägt zur Foliation (d. h. die Bildung blättriger Flächen) metamorpher Gesteine bei (z. B. Schiefer).
- **Prismatisch, kurzsäulig, stängelig, nadelig** oder **faserig** – Hier sind die Kristalle stabförmig. Dieser Habitus ist typisch für Kristalle mit einer Hauptachse der Symmetrie (3-, 4- oder 6-fach), begrenzt durch Prismen. Trigonale und hexagonale Kristalle haben typischerweise 3, 6 oder 12 Flächen, während tetragonale Kristalle 4 oder 8 Flächen aufweisen. Unter spezifischen Wachstumsbedingungen können sich solche Kristalle senkrecht zur Hauptachse der Symmetrie verlängern. Typische prismatische Kristalle sind Turmalin und Topas. Ein typisches stängeliges Mineral ist Rutil (in Quarz), auch Amphibol oder Antimonit, während Chrysotil ein faseriges Mineral bildet.

Einige Minerale existieren auch als Kristallaggregate. Während die einzelnen Kristallformen in solchen Aggregaten vielleicht unsichtbar sind, kann die Gestalt des Aggregats diagnostisch sein, etwa **nierig-traubig** (z. B. Hämatit), **parallelfaserig** oder **radialstrahlig**. Minerale wie z. B. Kupfer haben manchmal abgezweigte Formen, die **dendritisch** genannt werden (**Abb. 1.4**).

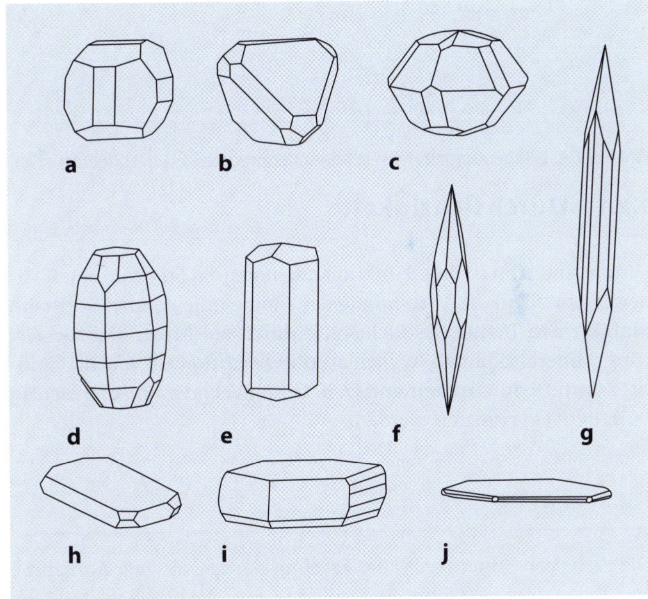

Abb. 1.3a–j Habitus der Kristalle: **a–c** körnig/isometrisch, **d–g** prismatisch, **h–j** tafelig. **a** Pyrit mit Dodekaeder und Würfel, **b** Sphalerit mit dominierendem Tetraeder, **c** äquiaxialer Hämatit, **d** tonnenförmige Körnung, **e** prismatischer Calcit, **f** stängeliger Hämatit, **g** stängeliger Stibnit, **h** tafeliger Orthoklas, **i** blättriger Muskovit, **j** blättriger Hämatit (nach Wenk und Bulakh 2004)

1.2　Farbe, Strichfarbe und Glanz

Die optischen Eigenschaften eines Minerals sind abhängig von der Wechselwirkung des Lichts mit dem Mineral. Eine Gruppe von Eigenschaften kann für verschiedene Minerale beschrieben werden, die von der Farbe bis hin zur Strichfarbe reichen.

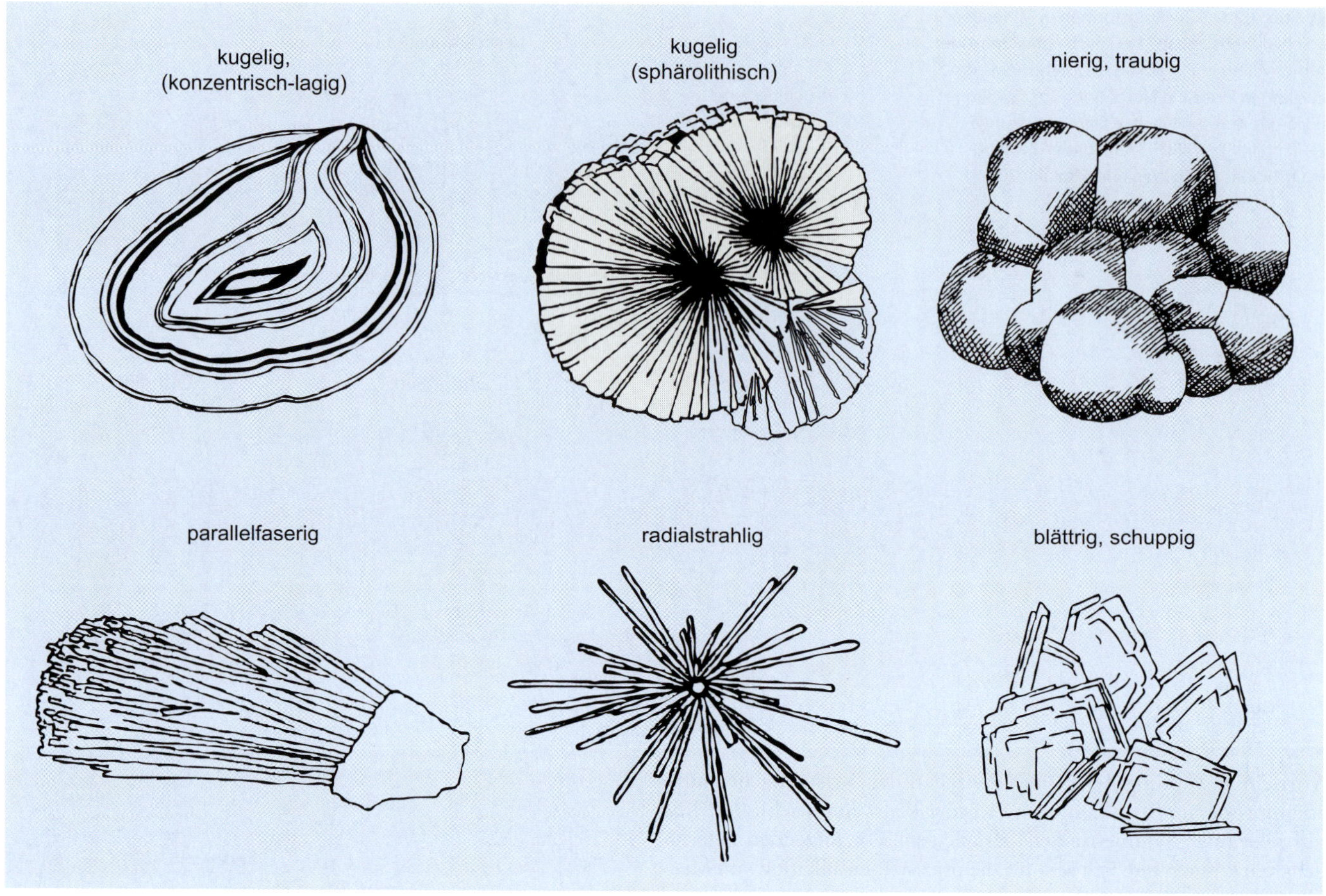

◻ **Abb. 1.4** Erscheinungsformen in Mineralaggregaten (nach Hamilton et al. 1974, Schumann 2007)

1.2.1 Durchsichtigkeit

Durchsichtigkeit ist eine Funktion der atomaren Struktur eines Minerals, vor allem der Verbindung der Atome miteinander. Sie ist ein Maß für den Betrag des Lichts, das durch ein Mineral absorbiert wird. Minerale können folglich als **durchsichtig** (z. B. Calcit, Chlorit, Korund), **durchscheinend** (z. B. Glimmer) oder **undurchsichtig** (z. B. Pyrit) klassifiziert werden.

1.2.2 Farbe

Die Farbe von Mineralen ist das Ergebnis der spezifischen Aufnahme von Teilen des Spektrums des weißen Lichts. Die beobachtete Farbe ist aufgrund der Wellenlängen des Lichts diejenige, die am wenigsten absorbiert wird. Die meisten Minerale können verschiedene Farben zeigen. Zum Beispiel kann Granat rot, gelb, farblos und sogar schwarz sein (tatsächlich findet man Granat in jeder Farbe außer Blau). Während Farbe deshalb oft ein wichtiges diagnostisches Kennzeichen ist, kann sie auch irreführen. Im Allgemeinen ist die Farbe allein deshalb ein unzureichendes Mittel zur Identifizierung. Es gibt verschiedene Farben (Ursachen sind u. a. Farbzentren z. B. ein Gitterdefekt in einem Kristall, chemische Zusammensetzung, ◻ Tab. 1.3).

1.2.3 Strichfarbe

Die Strichfarbe entsteht aus pulverfeinem Abrieb des Minerals und kann eine charakteristische Farbe aufweisen (◻ Tab. 1.4). Sie ist besonders nützlich für opake Erzminerale (z. B. Sulfide, Oxide), besonders solche mit metallischem oder submetallischem Glanz. Die Strichfarbe kann unabhängig von der makroskopischen Betrachtung sein. Hämatit zum Beispiel kann im Handstück rot bis metallgrau sein, die Strichfarbe jedoch ist immer dunkelrotbraun.

Um die Strichfarbe zu sehen, muss man einen Teil des Minerals auf einer Strichtafel (unglasiertem weißem Porzellan) reiben, um eine Spur von Staub zu erzeugen. Das Mineral muss eine Härte aufweisen, die geringer als die der Porzellantafel ist.

1.2.4 Glanz

Der Glanz eines Minerals wird bestimmt von der Menge des Lichts, die von der Oberfläche reflektiert wird, und ist daher abhängig vom Brechungsindex des einzelnen Minerals. Glanz kann variabel sein, sowohl in der Art als auch in der Intensität – von stark glänzend (z. B. Calcit auf Spaltflächen), wenig glänzend, schimmernd oder glanzlos/matt. Die Haupteinteilung ist **metallisch** und **nichtmetallisch**. Einige Minerale können verschiedene Arten von Glanz zeigen oder zeigen einen unterschiedlichen Glanz auf Kristallflächen und gebrochenen Oberflächen.

Metallischer Glanz entsteht typischerweise bei Materialien, die Licht stark absorbieren und opak sind. Typische Bespiele sind Quecksilber, Bleiglanz, Stibnit, Graphit, Kupfer, Chalkopyrit, Pyrit, Gold und Silber. Unvollständig metallischen Glanz nennt man **submetallisch** oder **halbmetallisch** (z. B. Hämatit, Rutil, Goethit, Magnetit).

Der Glanz nichtmetallischer Minerale wird mit folgenden Begriffen beschrieben:

▪ **Tab. 1.3** Farben bestimmter Minerale (nach Wenk und Bulakh 2004)

Mineral	Edelstein	Farbe
Fluorit		violett
Halit		blau, gelb
Topas		blau, gelb
Korund	Rubin	rot
	Saphir	blau
Granat	Spessartin	gelb-orange
	Almandin	dunkelrot
Beryll	Smaragd	dunkelgrün
	Aquamarin	blau-grün
	Morganit	pink bis violett
Cordierit		blau
Kyanit/Disthen		blau
Topas	Goldtopas	gold
Turmalin	Rubellit	rosa bis rot
Quarz	Amethyst	violett
	Citrin	gelb
	Rosenquarz	rosa
	Rauchquarz	braun
	Tigerauge	goldgelb
Olivin	Peridot	grün
Türkis		blau

▪ **Tab. 1.4** Strichfarben bestimmter Minerale (nach Wenk und Bulakh 2004)

Strichfarbe	Minerale
Metallischer Strich	
goldgelb	Gold
silberweiß	Silber, Arsen, Bismut
kupferrot	Kupfer
grauweiß	Platin
Nichtmetallischer Strich	
schwarz	Pyrolusit, Graphit, Covellin, Ilmenit, Magnetit
grünschwarz	Chalkopyrit, Pyrit
braunschwarz	Pyrit, Markasit
grauschwarz	Chalkosin, Bornit (hell), Bleiglanz, Covellin, Markasit, Arsenopyrit (dunkel)
grau	Antimon, Graphit, Stibnit, Molybdänit (Molybdänglanz) (blau bis grün)
braun	Sphalerit (hell bis farblos), Rutil (hell)
rotbraun	Cuprit (leuchtend), Hämatit, Manganit
braungelb	Goethit
rot	Cinnabarit (Zinnober), Hämatit (dunkel)
orangerot	Realgar
gelb	Auripigment (hell)
grün	Malachit (hell)
blau	Azurit (hell), Lazurit

- **Diamantglanz**/diamantähnlich – Zirkon, Sphalerit, Diamant,
- **Wachsglanz/Fettglanz/Harzglanz** – Apatit, Nephelin, Halit, Gips, Talk, Serpentin, Schwefel, Sodalith, Chalzedon,
- **Seidenglanz** – Asbest,
- **Perlmuttglanz** – dieser Glanz kann bei Mineralen mit perfekter Spaltbarkeit gut entwickelt sein,
- **Glasglanz** – Quarz, Opal, Amphibol, Pyroxen, Olivin, Feldspat, Baryt, Celestit, Anhydrit, Beryll, Granat, Turmalin, Dolomit, Calcit, Fluorit, Spinell, Cordierit, Kyanit, Epidot, Apatit, Topas. Viele verschiedene andere gesteinsbildende Minerale gehören zu dieser Gruppe,
- **Erdig** – Graphit, Goethit, Limonit, Tonminerale, Anglesit, Magnesit, Hämatit, Chlorit.

1.3 Physikalische Eigenschaften

Es gibt eine enge Beziehung zwischen den physikalischen Eigenschaften eines Minerals und der atomaren Struktur. Folglich sind viele der physikalischen Eigenschaften bedeutend für die präzise Identifizierung eines Minerals. Einige der nützlichsten Eigenschaften sind unten skizziert.

1.3.1 Härte

Die Härte eines Minerals ist der Widerstand, dem es gegenüber Ritzen oder Schleifen zeigt. Sie steht eng im Zusammenhang mit der Struktur des Minerals – vor allem mit der Stabilität der chemischen Bindungen zwischen den einzelnen Atomen oder Ionen. Im Allgemeinen nimmt die Härte mit zunehmender Atomgröße und dichterer Packung der Atome zu.

Die Härte wird mit der **Mohs-Skala** gemessen. Jedes Mineral wird von dem Mineral, das in der Skala unter ihm steht, geritzt:
1. Talk (weich),
2. Gips,
3. Calcit,
4. Fluorit,
5. Apatit,
6. Feldspat,
7. Quarz,
8. Topas,
9. Korund,
10. Diamant (hart).

Minerale mit der Härte 1 fühlen sich seifig oder fettig an. Ein Fingernagel hat eine Härte von ca. 2,5, eine Kupfermünze eine Härte von ca. 3. Ein Taschenmesser aus Stahl hat eine Härte von ca. 5,5. Minerale mit einer Härte von >6 können Glas ritzen.

Beim Prüfen der Härte eines Minerals sollte das folgende Verfahren angewendet werden:
1. Untersuchen Sie zunächst die Oberfläche mit einer Lupe, um die Anwesenheit von alten Kratzern zu überprüfen. Es sollte immer eine frische Oberfläche verwendet werden, da die Verwitterung von Mineralen die Härte beeinflussen kann (Veränderung/sekundäre Umwandlung s. ▶ Abschn. 2.6).

2. Nach dem Anritzen der Oberfläche muss diese von Pulver gereinigt werden. Mit der Lupe werden nun die möglichen Kratzer auf der Oberfläche untersucht.
3. Stellen Sie sicher, dass das Material wirklich geritzt wurde und keine schon vorher existierenden Brüche oder Spalten geöffnet wurden.

Nach der Prüfung sollten ein paar wichtige Punkte beim Interpretieren der Ergebnisse bedacht werden:
- Erinnern Sie sich daran, dass Minerale einer ähnlichen Härte sich gegenseitig ritzen können.
- Ein Mineral kann auf einer Fläche härter sein als auf einer anderen. Auch kann es auf der gleichen Fläche in unterschiedlichen Richtungen unterschiedlich hart sein (Härteanisotropie).

1.3.2   Spaltbarkeit und Bruch

Minerale können uneinheitliche Bruchflächen, sogenannte Frakturen, aber auch saubere Brüche entlang ihrer Spaltbarkeit aufweisen. Beide deuten auf die innere Struktur des Minerals hin und haben einen hohen diagnostischen Wert bei der Identifizierung.

Spaltbarkeit ist eine Tendenz, an bestimmten parallelen Ebenen im Kristallgitter eines Minerales zu brechen aufgrund der Kraft der Bindungen zwischen den verschiedenen Atomen. Zum Beispiel gibt es in Schichtsilikaten starke chemische Bindungen innerhalb der Silizium-Sauerstoff-Schichten, aber die Bindungen zwischen den einzelnen Schichten sind schwach. Folglich lässt sich Glimmer leicht in dünne Blättchen spalten und hat **perfekte Spaltbarkeit (höchst vollkommen**, ◘ Abb. 1.5). Die meisten Spaltungen stellen eine eher „gesteppte" Oberfläche dar, und können als **sehr vollkommen** (Calcit), **vollkommen** (Sphalerit), **gut/deutlich** (Gips) oder **schlecht/ undeutlich/ unvollkommen** (Cassiterit) beschrieben werden. Weniger perfekte Spaltbarkeit ist auf Variationen innerhalb der atomaren Bindungskräfte zurückzuführen. Einige Minerale können auch mehr als eine Spaltfläche haben. In solchen Fällen kann der Winkel zwischen den Spaltflächen auch von großer Wichtigkeit für die Mineralidentifizierung sein (z. B. 90°-Winkel für Pyroxene, 124°/56°-Winkel für Amphibole).

Brüche entstehen in Mineralen, die nur eine schlecht definierbare oder keine Spaltung zeigen. Sie neigen dazu, auf uneinheitlich orientierten Oberflächen zu brechen. Die Orientierung dieser Bruchoberflächen ist nicht abhängig von irgendeiner strukturellen Steuerung innerhalb des Minerals, sondern auf die Spannungsverteilung im Kristall zur Zeit des Bruchs zurückzuführen. **Uneinheitlicher Bruch** ist typisch für Minerale ohne jegliche Spaltbarkeit, wie zum Beispiel Apatit. Eine besondere Art von Bruch wird **muschelig** genannt und produziert glatte gebogene Oberflächen wie z. B. Quarz und Opal. Bruch kann auch **halbmuschelig** oder **spröde/ uneben/ rau** sein. Bei Metallen kann der Bruch **hackig** sein, während faserige Minerale **splittrig** oder **faserig brechen**.

1.3.3   Tenazität (Zähigkeit)

Die Tenazität (Zähigkeit) ist eine diagnostische Eigenschaft, die die Reaktion eines Minerals auf Zerquetschen, Biegen, Schneiden oder Drücken (d. h. auf mechanisch veranlasste Änderungen in Gestalt oder Form) ausdrückt. Einige Minerale (z. B. Gold, Kupfer) können durch Hämmern oder Strecken bearbeitet werden und werden als **geschmeidig** (**duktil**) bezeichnet. Andere (z. B. Quarz), sind nicht

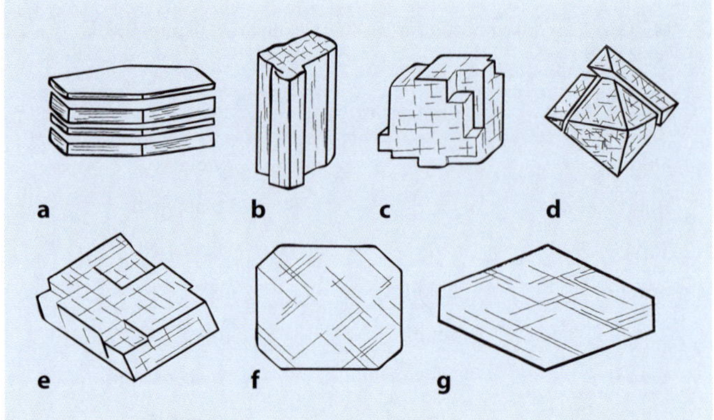

◘ **Abb. 1.5a–g** Beispiele von Spaltbarkeit in Mineralen. **a** perfekte Spaltbarkeit, mit Entstehung von Schuppen oder Blättern, z. B. bei Glimmer, **b** zwei dominante Spaltflächen mit Entstehung von faserigen oder prismatischen Fragmenten, z. B. bei Amphibol, **c** drei 90°-orientierte Spaltflächen mit Entstehung von Würfeln, z. B. bei Halit, **d** Oktaederspaltbarkeit in Fluorit, **e** symmetrische Spaltbarkeit in trigonalem Calcit. Die 3-fache Symmetrieachse ist vertikal. Der Winkel zwischen Spaltflächen kann auch zur Mineralidentifikation benutzt werden – z. B. **f** Amphibol und **g** Pyroxen (nach Wenk und Bulakh 2004)

so verformbar; sie werden **spröde** genannt. Wieder andere Minerale können mit einem Messer geschnitten werden; sie sind **schneidbar**. Wenn das Mineral verbogen werden kann, ist es entweder **elastisch biegsam** (Glimmer) oder **unelastisch biegsam** (Chlorit).

1.3.4   Dichte (spezifisches Gewicht)

Die Dichte bezieht sich auf das Volumen eines Materials und wird im Allgemeinen in Gramm pro Kubikzentimeter ausgedrückt. Die Dichte eines Minerals ist abhängig von der Art der Atome (d. h. ihr Gewicht) in der Kristallstruktur, sowie von der Dichte ihrer Packung. Schwere Atome und enge Packungen bedeuten eine höhere Dichte. Minerale mit einem großen Dichteunterschied, aber ähnlichen Größen, können leicht durch Fühlen des Gewichts an einem Handstück unterschieden werden. Es ist wichtig, die relative Dichte mit Exemplaren der bekannten Dichte auszumessen, und ein Gefühl für Minerale mit niedriger (1,5–2,5 g/cm³), mittlerer (2,5–3,0 g/cm³) und hoher (> 3,0 g/cm³) Dichte zu erlangen. Die Dichte für eng gepackte Strukturen wie zum Beispiel Metalle, Sulfide und Oxide ist im Allgemeinen hoch, während sie für offene polyedrische Strukturen (z. B. Sulfate, Karbonate, Silikate) im Allgemeinen niedrig ist (s. Beispiele in ◘ Tab. 1.5). Alle Minerale mit einer Dichte über ca. 2,85 g/cm³ gelten als **Schwerminerale**.

1.4   Andere Eigenschaften

Einige Minerale haben besondere magnetische, elektrische oder radioaktive Eigenschaften, die wichtig sind, um die Minerale zu unterscheiden:
- **Gefühl**: Talk und Serpentin sind glitschig oder „seifig".
- **Geschmack**: Wasserlösliche Minerale haben einen eindeutigen Geschmack, wenn sie leicht auf der Zunge gerieben werden (z. B. Halit – salzig, Sylvin – bitter).
- **Geruch**: Einige frisch gebrochene oder leicht erhitzte Minerale haben einen besonderen Geruch (z. B. einige S- oder As-Minerale).
- **Magnetische Eigenschaften**: Einige Minerale (z. B. Magnetit) sind magnetisch.

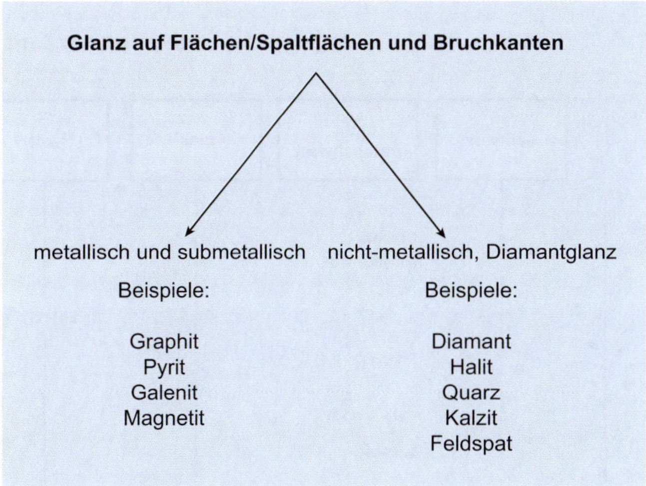

◻ **Abb. 1.6** Hauptunterteilung von Mineralen nach Glanz, mit einigen Beispielen (nach Wenk und Bulakh 2004)

◻ **Tab. 1.5** Dichte (in g/cm³) von ausgewählten Mineralen unter normalen Bedingungen (nach Wenk und Bulakh 2004)

Mineral	Dichte (in g/cm³)
Sylvin	1,99
Halit	2,16
Graphit	2.15
Gips	2,33
Orthoklas	2,56
Talk	2,70
Quarz	2,65
Calcit	2,71
Muskovit	2,80
Dolomit	2,90
Granat	3,1–4,2
Olivin	3,22–4,39
Korund	4,00
Baryt	4,50
Pyrit	5,02
Magnetit	5,18
Hämatit	5,25
Eisen	7,3–7,9
Galenit	7,58
Kupfer	8,95
Gold	19,30

1. **Insel-, Gruppen- und Ringsilikate** – sind gut entwickelte Kristalle mit verschiedenen Farben und einer Härte von ≥ 6 (4–6 je nach Richtung).
2. **Kettensilikate** (und Doppelketten) – die Kristallform ist selten optimal oder ideal; diese Minerale sind öfter als prismatische Körner zu finden, mit Spaltflächen entlang der Verlängerungsrichtung. Die Farbe ist gewöhnlich grün in unterschiedlichen Intensitäten. Die Härte verläuft von 4,5–7.
3. **Schichtsilikate** – die Kristalle der Schichtsilikate sind flach, blättrig und haben eine ausgezeichnete basale Spaltbarkeit. Meistens sind sie grün, braun, farblos oder rosafarben und haben eine niedrige Härte, verlaufend von 1–3.
4. **Gerüstsilikate** – gewöhnlich farblos oder leicht farbig. Sie haben einen glasartigen Glanz und eine mittlere Härte von 5–7.

Eine vereinfachte Methode und besonders gut für Minerale, die verwittert sind und deren Glanz nicht genau zu erkennen ist, ist es, nur die Farbe zu nutzen.

– **Fluoreszenz**: Wenn gewisse Minerale (z. B. Fluorit) mit ultraviolettem Licht bestrahlt werden, senden sie Licht im sichtbaren Teil vom Spektrum aus, sie werden fluoreszierend genannt.
– **Wärmeleitfähigkeit**: Minerale mit guter Wärmeleitfähigkeit fühlen sich kühl an (z. B. Metalle, Quarz).

1.4.1 Erkennung von Mineralen

Die makroskopische Bestimmung von Mineralen im Gelände wird mit einfachem Handwerkzeug erledigt, u. a. durch Lupe, anhand der Härteskala (s. o., im Gelände durch Fingernagel (Härte 2), Kupfermünze (Härte 3), Taschenmesser (Härte 5–6), einem Porzellantäfelchen (Strich), Magnet und verdünnte Salzsäure. Die Erkennung eines Minerals fängt an mit der Klassifizierung des Glanzes – entweder metallisch oder nichtmetallisch (◻ Abb. 1.6).

Der nächste Schritt ist, Minerale in jeder dieser Hauptgruppen (metallisch/nichtmetallisch) gemäß ihrer Härte und Farbe zu klassifizieren (◻ Abb. 1.7 und ◻ Abb. 1.8).

Schließlich sollten die anderen diagnostischen Eigenschaften verwendet werden, um die Identifizierung zu bestätigen (◻ Abb. 1.9).

Für Silikate ist das Verfahren verschieden – am besten ist es, sie in der folgenden Reihenfolge zu analysieren:

1.5 Mineralassoziationen

Die meisten Minerale sind eng miteinander im Gestein verbunden. Viele Gesteine, besonders die, die durch magmatische und metamorphe Prozesse entstehen, sind mehr oder weniger im chemischen Gleichgewicht zur Zeit der Formung. Deswegen stehen koexistierende Minerale oder Gruppen von Mineralen in einem bestimmten chemischen Verhältnis zueinander. Über die Anwesenheit anderer Minerale können manchmal unbekannte Vertreter bestimmt werden. Folglich kann die Identität eines unbekannten Minerals teilweise durch das Vorhandensein eines anderen Minerals bestimmt werden. Zum Beispiel sind in sauren magmatischen Gesteinen die Hauptminerale Quarz, Feldspat und Glimmer (*„Feldspat, Quarz und Glimmer – die drei vergess ich nimmer"*). In klastischen sedimentären Gesteinen (s. ▶ Abschn. 2.4) sind diese drei Minerale dominant. Dazu kommen Gesteinsfragmente und Matrix/Zement (s. ▶ Abschn. 2.6.2). In sowohl magmatischen als auch metamorphischen Gesteinen können andere Minerale bzw. Mineralassoziationen charakteristisch sein. Einige Minerale (z. B. Pyroxene, Amphibole, Feldspäte, Olivin usw.) sind in beiden zu finden, mit teilweise leicht unterschiedlichen Kompositionen.

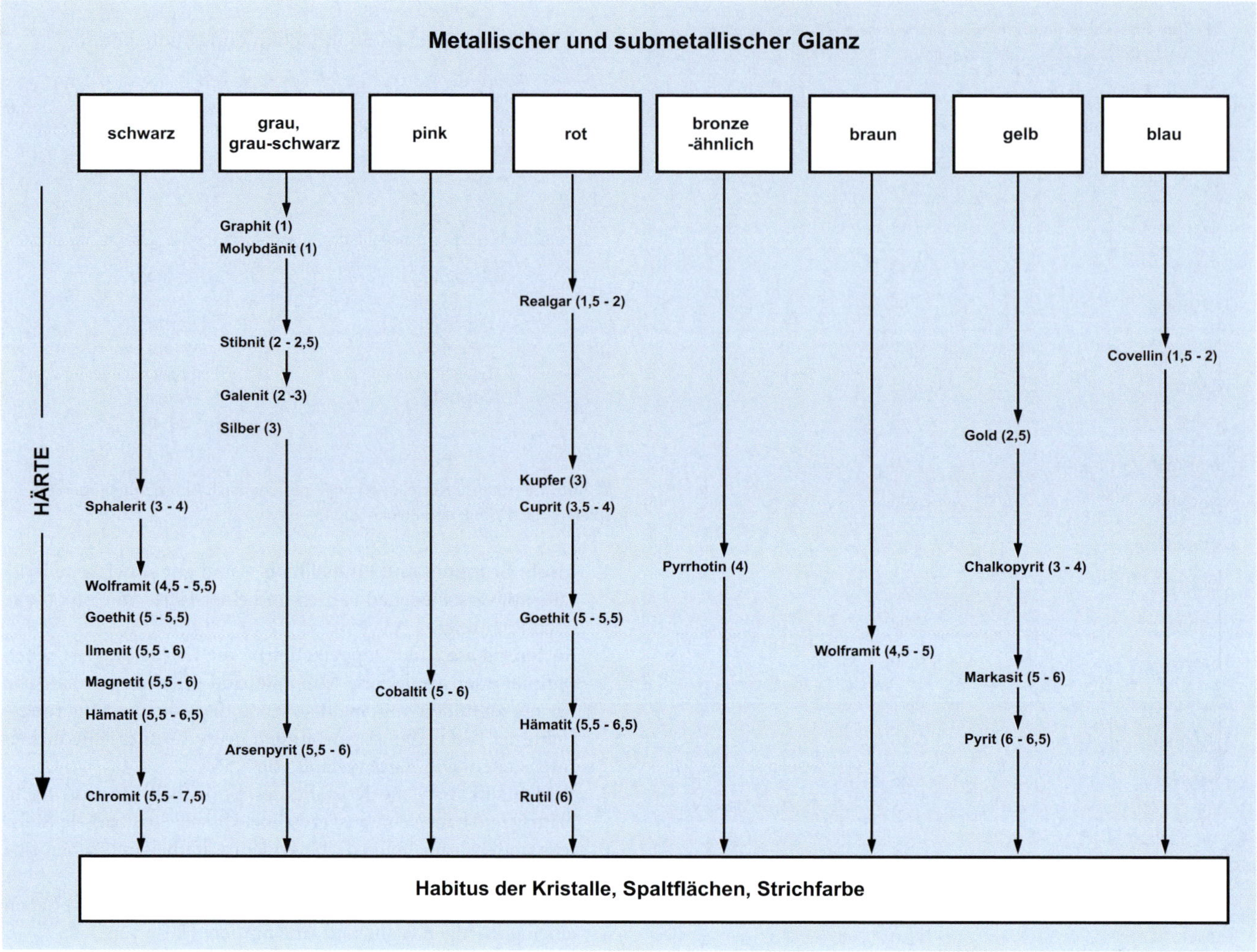

Metallischer und submetallischer Glanz

schwarz	grau, grau-schwarz	pink	rot	bronze-ähnlich	braun	gelb	blau

HÄRTE

- Graphit (1)
- Molybdänit (1)
- Realgar (1,5 - 2)
- Covellin (1,5 - 2)
- Stibnit (2 - 2,5)
- Galenit (2 -3)
- Silber (3)
- Gold (2,5)
- Sphalerit (3 - 4)
- Kupfer (3)
- Cuprit (3,5 - 4)
- Wolframit (4,5 - 5,5)
- Pyrrhotin (4)
- Chalkopyrit (3 - 4)
- Goethit (5 - 5,5)
- Ilmenit (5,5 - 6)
- Goethit (5 - 5,5)
- Magnetit (5,5 - 6)
- Wolframit (4,5 - 5)
- Markasit (5 - 6)
- Cobaltit (5 - 6)
- Hämatit (5,5 - 6,5)
- Arsenpyrit (5,5 - 6)
- Hämatit (5,5 - 6,5)
- Pyrit (6 - 6,5)
- Chromit (5,5 - 7,5)
- Rutil (6)

Habitus der Kristalle, Spaltflächen, Strichfarbe

◘ **Abb. 1.7** Klassifizierung von Mineralen mit metallischem und submetallischem Glanz aufgrund ihrer Härte (in Klammern) und Farbe, mit Beispielen (nach Wenk und Bulakh 2004)

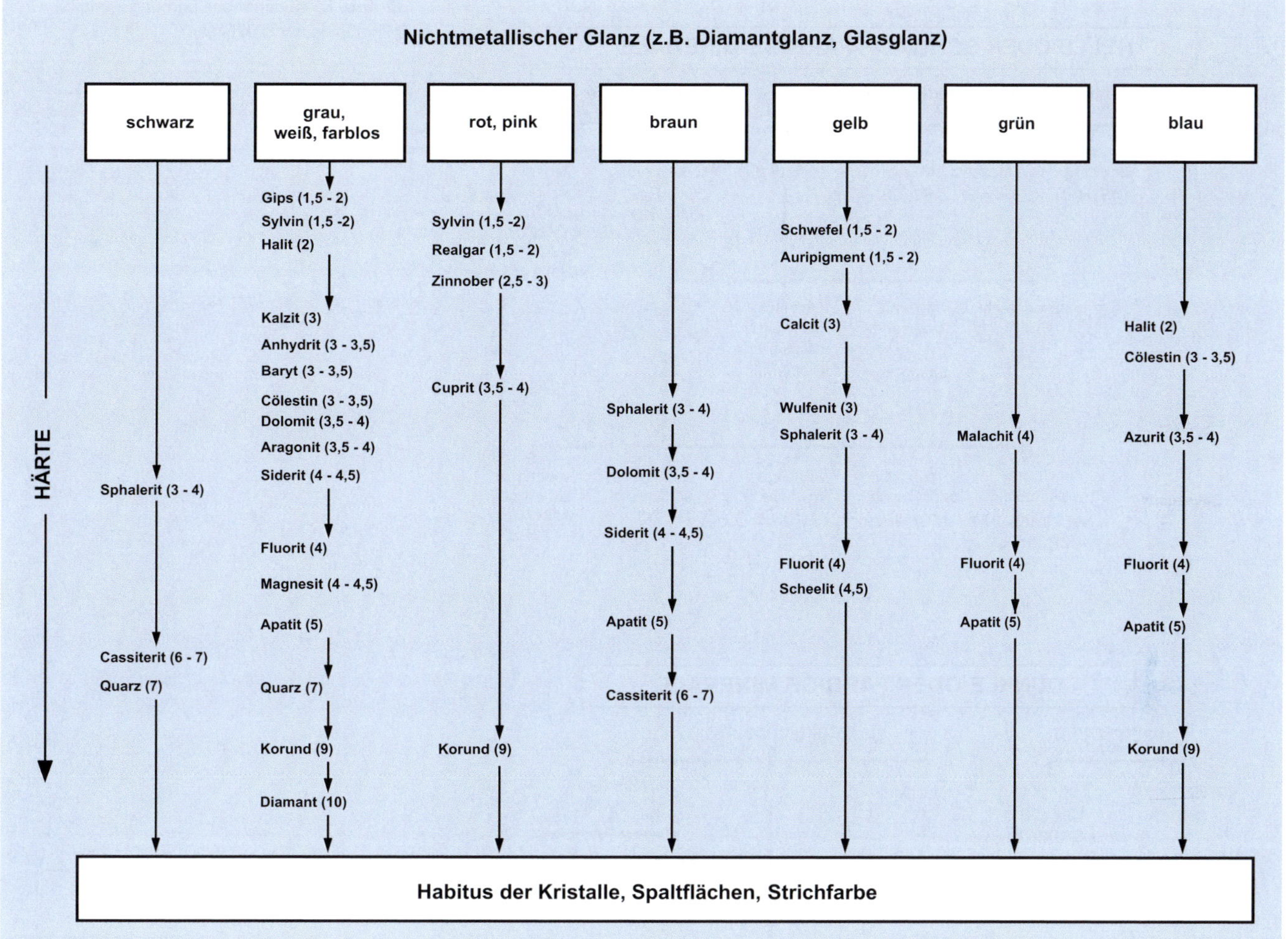

Abb. 1.8 Klassifizierung von Mineralen mit nichtmetallischem Glanz (außer silikatischen Mineralen) aufgrund ihrer Härte (*in Klammern*) und Farbe, mit Beispielen (nach Wenk und Bulakh 2004)

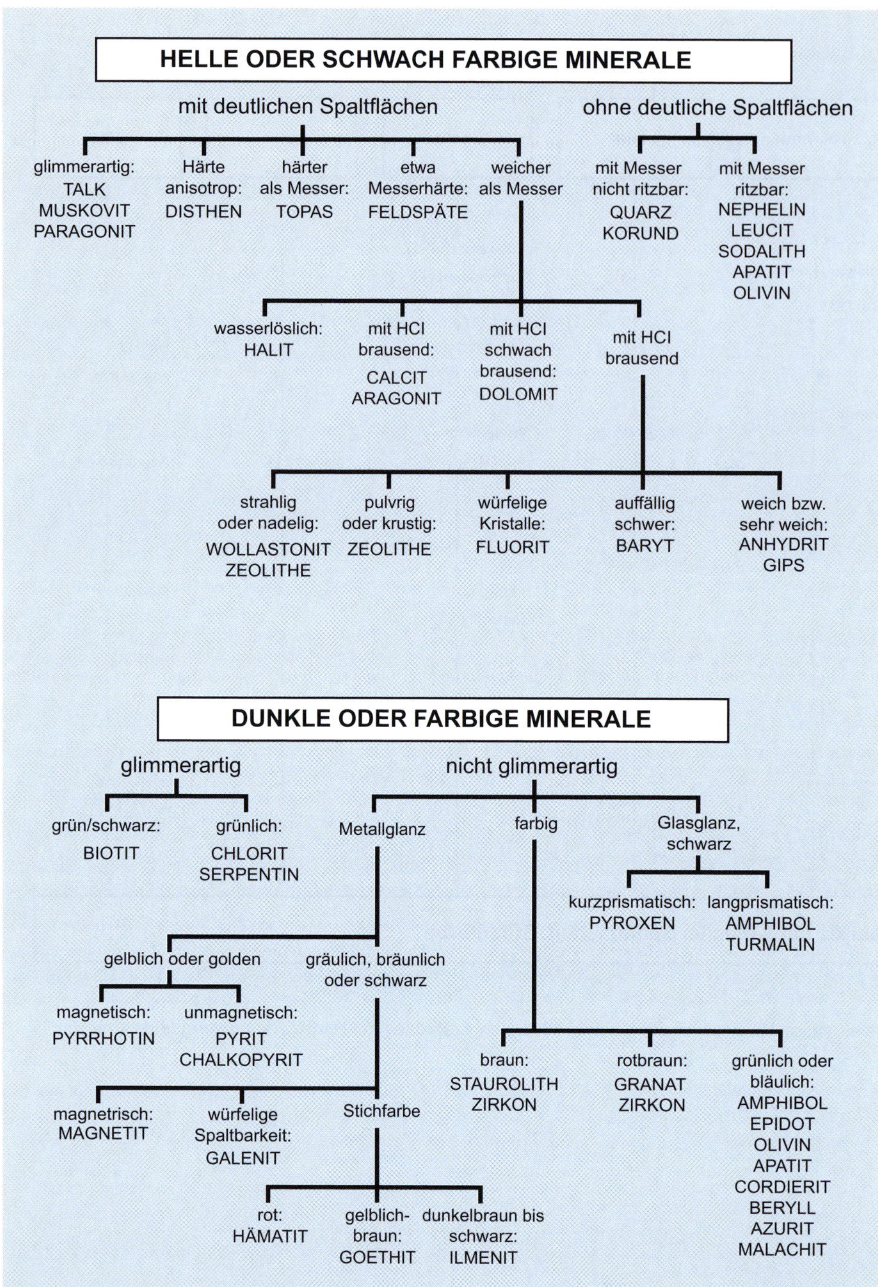

Abb. 1.9 Geländebestimmungsgang für Minerale (nach Markl 2004)

1.6 Minerale in Magmatiten

Magmatische Gesteine enthalten eine bedeutsame Vielfalt an silikatischen und nichtsilikatischen Mineralen, die in zwei große Gruppen unterteilt werden können: **primäre Minerale**, die direkt aus dem Magma bei hohen Temperaturen kristallisieren, und sogenannte **sekundäre Minerale,** die sich bilden im Subsolidus-Bereich (oberhalb des **Liquidus** ist der Gestein ganz geschmolzen, und unterhalb des **Solidus** ist das Gestein fest. Dazwischen ist das Gestein partiell geschmolzen). Sekundäre Minerale können primäre Hochtemperaturminerale partiell oder gesamt durch Äquivalente ersetzen. Diese Ersetzung ist normalerweise mit Hydratation oder Oxidation der primären Minerale verknüpft, entweder durch Flüssigkeiten, die vom Magma während der Endstufen der Kristallisation erhitzt werden oder durch Verwitterungsprozesse nahe an der Erdoberfläche.

Gesteinsbildende Minerale können in mehrere Kategorien aufgrund ihrer Anteile unterteilt werden: Hauptgesteinsbildende Minerale (**Hauptgemengteile**, > 10 Vol.-%), akzessorische Minerale (**Nebengemengteile**, 1–10 Vol.-%), und **Akzessorien** (< 1 Vol.-%). Die Hauptminerale bestehen meist aus Hauptelementen (z. B. SiO_2, Al_2O_3, FeO, MgO, CaO, Na_2O und K_2O). Beispiele sind silikatische Minerale, Feldspäte, Pyroxene, Olivin, Amphibole und Glimmer. Typische Verhältnisse bestimmter Hauptminerale sind nützlich für die grobe Bestimmung von Gesteinen (z. B. Granit oder Gabbro). Die Anwesenheit oder Abwesenheit von Nebengemengteilen wird normalerweise als ein Merkmal der Gesteinsklassifizierung benutzt (z. B. Biotit-Granit oder Hornblende-Granit). Nebenminerale dürfen auch für die Klassifizierung genutzt werden (z. B. Turmalin-Granit).

Ungefähr 50 bis 60 Minerale treten dominierend in magmatischen Gesteinen auf. Diese können in zwei Hauptgruppen unter-

Tab. 1.6 Wichtige Minerale in magmatischen Gesteinen (nach Blatt et al. 2006)

Mineral		Chemische Formel
Silikatminerale		
α- und β-Quarz		SiO_2
Tridymit		SiO_2
Cristobalit		SiO_2
Alkalifeldspat		
Sanidin		$KAlSi_3O_8$
Orthoklas		$KAlSi_3O_8$
Mikroklin		$KAlSi_3O_8$
Plagioklas-Feldspat		
Albit		$NaAlSi_3O_8$
Anorthit		$CaAl_2Si_2O_8$
Plagioklas		$NaAlSi_3O_8$-$CaAl_2Si_2O_8$
Feldspatvertreter		
Nephelin		$NaAlSiO_4$
Leucit		$KAlSi_2O_6$
Sodalith		$Na_3Al_3Si_3O_{12}(NaCl)$
Orthosilikate		
Olivin	Forsterit	Mg_2SiO_4
	Fayalit	Fe_2SiO_4
Granat	Almandin	$Fe_3Al_2Si_3O_{12}$
	Pyrop	$Mg_3Al_2Si_3O_{12}$
	Spessartin	$Mn_3Al_2Si_3O_{12}$
	Grossular	$Ca_3Al_2Si_3O_{12}$
Titanit		$CaTiSiO_5$
Epidot		$Ca_2Al_2Fe^{3+}SiO_4$-$Si_2O_7(O,OH)$
Zirkon		$ZrSiO_4$
Topas		$Al_2SiO_4(F,OH)$
Pyroxene		
Orthopyroxene (Opx)		$(Mg,Fe)_2Si_2O_6$
Ca-Klinopyroxene (Cpx)	Diopsid	$CaMgSi_2O_6$
	Hedenbergit	$CaFeSi_2O_6$
	Augit	Ähnlich wie Diopsid-Hedenbergit, jedoch mangelt es an Ca (ersetzt durch Fe, Mg), enthält geringfügig Al, Ti oder Cr anstelle von Mg oder Fe, und etwas Al anstelle von Si
Na-Klinopyroxene	Ägirin-Augit	Mischkristall aus Ägirin und Augit
Amphibole		

Tab. 1.6 (*Fortsetzung*) Wichtige Minerale in magmatischen Gesteinen (nach Blatt et al. 2006)

Mineral		Chemische Formel
Ca-Amphibole	Aktinolith	$Ca_2(Fe,Mg)_5Si_8O_{22}(OH)_2$
	Hornblende	Ähnlich wie Aktinolith; jedoch wird Mg ersetzt durch Na und geringfügig durch Al und Ti; Si kann ersetzt werden durch etwas Al
Na-Amphibole	Riebeckit	$Na_2(Fe^{3+},Fe^{2+})_5Si_8O_{22}(OH)_2$
Schichtsilikate		
Muskovit		$KAl_3Si_3O_{10}(OH)_2$
Biotit		$K(Fe,Mg)_3AlSi_3O_{10}(OH)_2$
Ringsilikate		
Cordierit		$(Fe,Mg)_2Al_4Si_5O_{18}$
Turmalin		komplexes wasserhaltiges Na-Mg-Al Borsilikat
Oxide		
Spinelle	Spinell	$MgAl_2O_4$
	Chromit	$(Fe,Mg)Cr_2O_4$
	Magnetit	$(Fe^{2+}Fe^{3+})_2O_4$
Hämatit		Fe_2O_3
Ilmenit		$FeTiO_3$
Sulfide		
Pyrit		FeS_2
Chalkopyrit		$CuFeS_2$

teilt werden (**Tab. 1.6**). Die Menge der verschiedenen Minerale ist davon abhängig, ob die Gesteine felsisch (Si-reich) oder basisch (Si-arm) sind. In siliziumreichen Gesteinen sind die Hauptminerale Quarz, Alkalifeldspat bzw. Feldspatoide, während in siliziumarmen Gesteinen die mafischen Minerale (Pyroxen, Olivin, s. ► Abschn. 2.2.4) zusammen mit Calcit-Plagioklasen am häufigsten sind.

■ **Silikatminerale**

Es handelt sich um Gerüstsilikate (SiO_2), besonders α- (trigonal) und β- (hexagonal) Quarz (β-Quarz kristallisiert aus dem Magma, aber beim Abkühlen wird es zu α-Quarz transformiert). Tridymit und Cristobalit sind relativ selten und treten normalerweise nur in vulkanischen Gesteinen auf.

■ **Feldspäte**

Diese Gruppe beinhaltet verschiedene Anteile chemischer Elemente und ist die am weitesten verbreitete und häufigste Mineralgruppe sowohl in der Erdkruste also auch in magmatischen Gesteinen (**Abb. 1.10**, **Tab. 1.7**). Feldspäte sind Gerüstalumosilikate. Die Endglieder der Gruppe sind:

- $KAlSi_3O_8$ Kalifeldspat (auch Sanidin, Orthoklas, Mikroklin),
- $NaAlSi_3O_8$ Albit (Hochalbit, Tiefalbit),
- $CaAl_2Si_2O_8$ Anorthit.

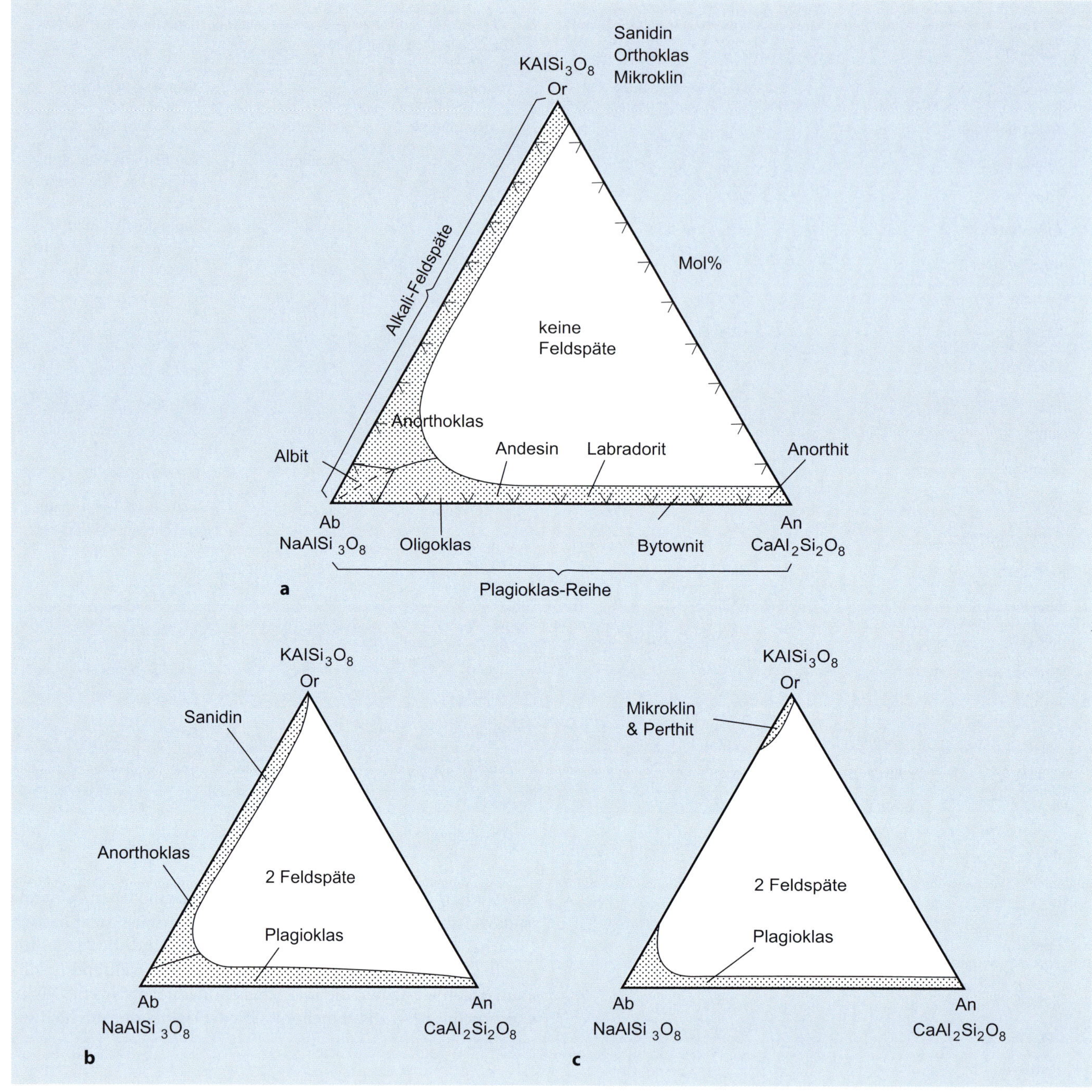

Abb. 1.10a–c Ternäres Diagramm, das die Zusammensetzung der Feldspäte zeigt. **a** Mineralnamen, **b** Feldspatzusammensetzung in typischen vulkanischen Gesteinen (Hochtemperatur), **c** Feldspatzusammensetzung in typischen metamorphen Gesteinen (Niedrigtemperatur) (nach Wenk und Bulakh 2004)

Orthoklas ist der typische Kaliumfeldspatpolymorph, der in plutonischen Gesteinen (s. ▶ Abschn. 2.2.4) kristallisiert (der normalerweise zu Mikroklin invertiert, während das Magma langsam abkühlt). Feldspäte sind selten zu finden in einer chemisch reinen Endgliedform, sondern oft als Mischkristalle (z. B. Plagioklas-Mischkristallreihe, Alkalifeldspat, ◘ Abb. 1.10). Als Folge langsamer Abkühlung von K-Na-Feldspat-Mischkristallen können Entmischungsstrukturen entstehen. Makroskopisch sehen sie wie Maserung aus.

■ Feldspatvertreter/Feldspatoide

Diese Minerale sind charakteristisch für silizium-untersättigte und alkalireiche Magmen. Sie sind Gerüstsilikate wie die Feldspäte.

■ Pyroxene

Dies ist eine diverse Mineralgruppe, deren Mitglieder die häufigsten und weitverbreitetsten Eisen-Magnesium-Minerale in magmatischen Gesteinen einschließen. Pyroxene, die Kettensilikate sind, sind signifikante, gesteinsbildende Minerale über das ganze Spektrum der magmatischen Gesteine. Sie sind chemisch unterteilt in calciumreiche und calciumarme Varietäten (◘ Abb. 1.11, ◘ Tab. 1.8). Diese Unterteilung korreliert größtenteils mit einer strukturellen Unterteilung in monoklin (Klinopyroxen) und orthorhombisch (Orthopyroxen).

◘ Tab. 1.7 Übersicht der Bestimmungsmerkmale von Plagioklas und Kalifeldspäten (nach Vinx 2007)

	Orthoklas, Mikroklin	Sanidin	Plagioklas
Farbe	Ziegelrot, blassrot, weiß, grau, gelblich, braun, orange, grün	Farblos/transparent, gelblich, weiß	Weiß, grau, farblos, grauviolett, graubraun, gelb
Zwillinge	Nur einfache Zwillinge aus 2 ca. gleichgroßen Individuen, oft unregelmäßige Verwachsungsnähte, oft unverzwillingt	Nur einfache Zwillinge aus 2 ca. gleichgroßen Individuen, oft unverzwillingt	Vierlinge in lamellarer Anordnung – sog. polysynthetische Zwillinge neben einfacher Verzwillingung. In Metamorphiten z. T. nicht verzwillingt
Entmischung	Perthitische Entmischungen	Keine Entmischung	Entmischung makroskopisch nicht sichtbar
Alteration	Weitgehend unempfindlich gegen Alteration, z. T. Kaolinitisierung	z. T. Kaolinitisierung	Oft grünliche Sekundärbildungen – Verlust von Spaltbarkeit, oft verstärkt im Kernbereich
Zonarbau	Selten	Kaum erkennbar	Häufig – nur in alteriertem Plagioklas makroskopisch erkennbar

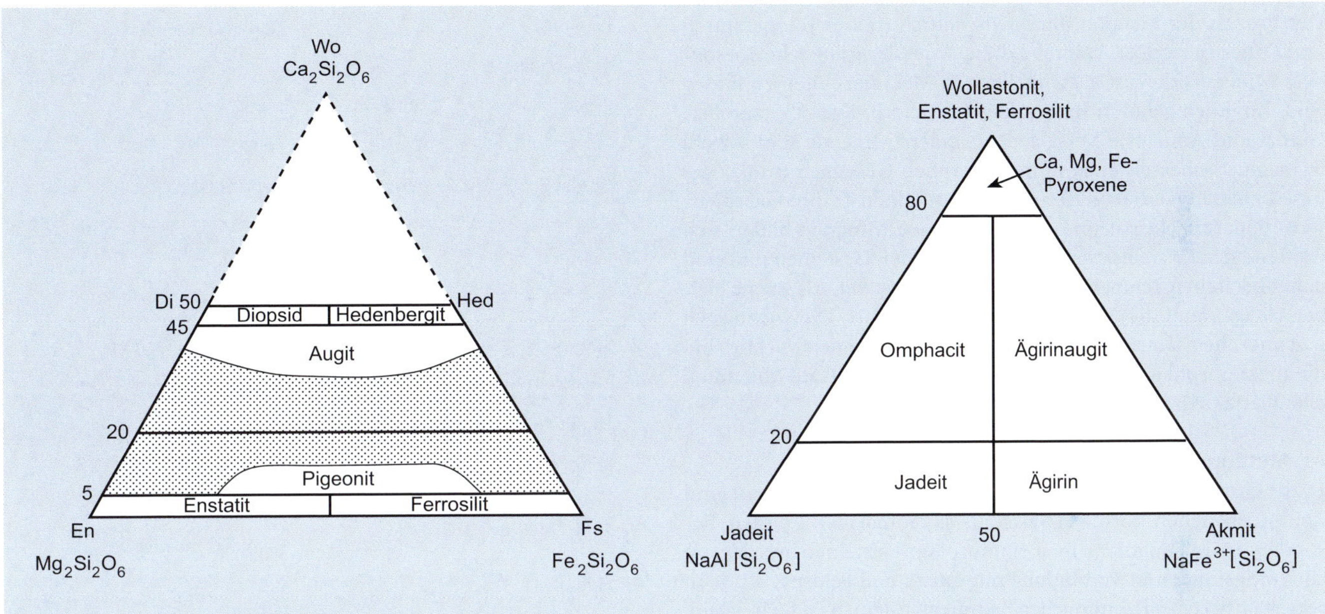

◘ Abb. 1.11 Stellung der Ca-Mg-Fe-Pyroxene als Mischkristalle aus ihren reinen Komponenten Ca-Pyroxenoid (Wollastonit = Wo), Mg-Pyroxen (Enstatit = En) und Fe-Pyroxen (Ferrosilit = Fs). Das Mineral Wollastonit ist ein Pyroxenoid. Augit, Diopsid, Hedenbergit und Pigeonit sind Klinopyroxene. Enstatit und Ferrosilit sind Orthopyroxene (nach Vinx 2007)

■ **Pyroxen-Endmember/Endglieder**

Typische Vertreter sind in ◘ Tab. 1.8 aufgeführt.

■ **Amphibole**

Diese Gruppe besteht aus einer sehr großen Zahl möglicher Endglieder, die alle auf einer doppelten Kettensilikatstruktur basieren (◘ Tab. 1.9). Die häufigsten Amphibole in magmatischen Gesteinen sind Aluminium-Calcium-Amphibole, besonders Hornblende.

■ **Glimmer**

Glimmer sind Schichtsilikate, basierend auf einer zweidimensionalen Verbindung von Siliziumtetraedern. Typische Beispiele sind Muskovit und Biotit.

■ **Andere Silikate**

Eine Reihe von wichtigen Silikaten sind als Nebenminerale zu finden, inklusive Granat, Turmalin und Titanit.

◘ Tab. 1.8 Typische Pyroxen-Endglieder und Na-Reihe-Varietäten (nach Blatt et al. 2006)

	Name	Zusammensetzung
Ca-reiche Klinopyroxene	Diopsid	$CaMgSi_2O_6$
	Hedenbergit	$CaFeSi_2O_6$
Ca-arme Klinopyroxene	Pigeonit	$(Mg,Fe,Ca)_2Si_2O_6$
Ca-arme Orthopyroxene	Enstatit	$Mg_2Si_2O_6$
Na-reiche Pyroxene	Jadeit	$NaAlSi_2O_6$
	Ägirin	$NaFe^{3+}Si_2O_6$

Tab. 1.9 Typische Amphibol-Endglieder (nach Blatt et al. 2006)

	Name	Zusammensetzung
Ca-reiche Amphibole	Tremolit	$Ca_2Mg_5Si_8O_{22}(OH)_2$
	Ferroaktinolith	$Ca_2Fe_5Si_8O_{22}(OH)_2$
Ca-arme Klinoamphibole	Cummingtonit	$(Fe,Mg)_7Si_8O_{22}(OH)_2$
Ca-arme Orthoamphibole	Anthophyllit	$(Fe,Mg)_7Si_8O_{22}(OH)_2$
Na-reiche Amphibole	Riebeckit	$Na_2Fe^{2+}_3Fe^{3+}_2Si_8O_{22}(OH)_2$

1.7 Minerale in Metamorphiten

Der Prozess der Metamorphose wird durch (hohe) Temperaturen und Drücke ausgelöst. Während dieser Wandlung entstehen besondere Minerale, die fast ausschließlich in Metamorphiten zu finden sind. Zu ihnen gehören Indexminerale wie z. B. Kyanit, Staurolith, Granat und Andalusit. Verschiedene andere Minerale sind sowohl in magmatischen als auch in metamorphen Gesteinen (und sogar in sedimentären Gesteinen) zu finden – zu ihnen gehören beispielsweise Quarz, Feldspat und Glimmer. Diese Minerale bilden sich während der Kristallisation von magmatischen Gesteinen und sind daher bei hohen Temperaturen und Drücken stabil. Als solche bleiben sie während der Metamorphose unverändert. Die wichtigsten metamorphen Minerale sind hier aufgeführt. Besonders wichtig sind die metamorphen Orthosilikate und die Kettensilikate, die unten detaillierter skizziert werden (◘ Tab. 1.10).

■ Metamorphe Orthosilikate

Diese Gruppe von Mineralen, einschließlich Olivin, Granat und Epidot, entstehen normalerweise aus siliziumarmen Fluiden, besonders in Magmatiten. In metamorphen Gesteinen werden sie aber oft gefunden in Verbindung mit Quarz und Feldspat – z. B. in rekristallisierten siliziumreichen Sedimentgesteinen (z. B. Tonstein, Sandstein).

Natürliche Granate sind Mischungen vier aluminiumreicher Endglieder (nach ihre Häufigkeit):

- Almandin $Fe_3Al_2(SiO_4)_3$,
- Pyrop $Mg_3Al_2(SiO_4)_3$,
- Spessartin $Mn_3Al_2(SiO_4)_3$,
- Grossular $Ca_3Al_2(SiO_4)_3$.

Es ist diese flexible chemische Gestaltung, die dem Mineral erlaubt, in diverse Gruppen verschiedener Gesteinskompositionen zu passen, und zu seinem breiten Vorkommen beiträgt. Die Granate, die am häufigsten vorkommen, z. B. in Schiefern und Feldspatgneisen, sind almandinreich. Calciumreiche Granate sind in Marmoren und Calciumsilikatgesteinen zu finden, während manganreiche Granate, obwohl selten, in metamorphen Manganerzvorkommen zu finden sind. (Melanit ist eine Granatart, die in Magmatiten vorkommt.)

Die anderen häufigsten metamorphen Orthosilikate sind in zwei Kategorien einteilbar. Die erste Gruppe sind in metamorphe Tonsteinen (reich in Aluminium) zu finden, z. B. Staurolith, Kyanit, Sillimanit oder Andalusit und Granat. Die zweite Gruppe beinhaltet z. B. Zirkon und Titanat, vorhanden aufgrund bestimmter Spurenelemente.

Tab. 1.10 Wichtige Minerale in metamorphen Gesteinen (nach Blatt et al. 2006)

Mineral		Chemische Formel
Silikatminerale		
α- und β-Quarz		SiO_2
Coesit		SiO_2
Alkalifeldspäte		
Sanidin		$KAlSi_3O_8$
Orthoklas		$KAlSi_3O_8$
Plagioklas-Feldspäte		
Albit		$NaAlSi_3O_8$
Anorthit		$CaAl_2Si_2O_8$
Plagioklas		$NaAlSi_3O_8$-$CaAl_2Si_2O_8$
Orthosilikate		
Olivin	Forsterit	Mg_2SiO_4
	Fayalit	Fe_2SiO_4
Granat	Almandin	$Fe_3Al_2Si_3O_{12}$
	Pyrop	$Mg_3Al_2Si_3O_{12}$
	Spessartin	$Mn_3Al_2Si_3O_{12}$
	Grossular	$Ca_3Al_2Si_3O_{12}$
Staurolith		$(Fe,Mg)_2Al_9Si_4O_{22}(OH)_2$
Chloritoid		$(Fe,Mg,Mn)_2Al_9Si_2O_{22}(OH)_4$
Titanit		$CaTiSiO_5$
Epidotgruppe	Epidot	$Ca_2Al_2Fe^{3+}SiO_4Si_2O_7(O,OH)$
	Zoisit	$Ca_2Al_3SiO_4Si_2O_7(O,OH)$
	Klinozoisit	$Ca_2Al_3SiO_4Si_2O_7(O,OH)$
Zirkon		$ZrSiO_4$
Topas		$Al_2SiO_4(F,OH)$
Pyroxene		
Orthopyroxene	Enstatit	$Mg_2Si_2O_6$
	Hypersthen	$Fe_2Si_2O_6$
Ca-Klinopyroxene	Diopsid	$CaMgSi_2O_6$
	Hedenbergit	$CaFeSi_2O_6$
	Augit	Ähnlich wie Diopsid-Hedenbergit, jedoch mangelt es an Ca (ersetzt durch Fe, Mg), enthält geringfügig Al, Ti oder Cr anstelle von Mg oder Fe, und etwas Al anstelle von Si
Na-Klinopyroxene	Jadeit	$NaAlSi_2O_6$
Amphibole		
Ca-Amphibole	Tremolit	$Ca_2Mg_5Si_8O_{22}(OH)_2$
	Aktinolith	$Ca_2(Fe,Mg)_5Si_8O_{22}(OH)_2$
	Hornblende	Ähnlich wie Aktinolith, jedoch wird Mg ersetzt durch Na und geringfügig durch Al und Ti, Si kann ersetzt werden durch etwas Al

◘ Tab. 1.10 (*Fortsetzung*) Wichtige Minerale in metamorphen Gesteinen (nach Blatt et al. 2006)

Mineral		Chemische Formel
Ca-arme Amphibole	Cummingtonit	$(Fe,Mg)_7Si_8O_{22}(OH)_2$
	Anthophyllit	$(Mg,Fe,Al)_7(Si,Al)_8O_{22}(OH)_2$
Na-Amphibole	Glaukophan	$Na_2(Mg,Fe^{2+})_3Al_2Si_8O_{22}(OH)_2$
Schichtsilikate		
Muskovit		$KAl_3Si_3O_{10}(OH)_2$
Stipnomelan		$K(Fe,Al)_{10}Si_{12}O_{30}(OH)_{12}$
Biotit		$K(Fe,Mg)_3AlSi_3O_{10}(OH)_2$
Chlorit		$(Mg,Fe)_3Al_2Si_3O_{10}(OH)_8$
Serpentin		$(Mg,Fe)Si_2O_5(OH)_4$
Ringsilikate		
Cordierit		$(Fe,Mg)_2Al_4Si_5O_{18}$
Turmalin		komplexes wasserhaltiges Na-Mg-Al-Borsilikat
Oxide		
Spinelle	Spinell	$MgAl_2O_4$
	Chromit	$(Fe,Mg)Cr_2O_4$
	Magnetit	$(Fe^{2+}Fe^{3+}_2)O_4$
Hämatit		Fe_2O_3
Ilmenit		$FeTiO_3$
Sulfide		
Pyrit		FeS_2
Chalkopyrit		$CuFeS_2$
Nichtsilikatische Minerale		
Apatit		$Ca_5(PO_4)_3(OH,Cl)$
Monazit		$CePO_4$
Calcit		$CaCO_3$
Magnesit		$MgCO_3$
Dolomit		$CaMg(CO_3)_2$
Graphit		C
Diamant		C

Pyroxene und Pyroxenoide im Allgemeinen geben oft (aber nicht immer) Hinweise auf höhere Metamorphosegrade. Sie vertreten normalerweise die dehydratisierten Zusammenbruchprodukte von hydratisierten Mineralen wie z. B. Amphibol oder Biotit. Zusätzlich gibt es auch ein Hochdruckpyroxen – Jadeit-Omphazit.

■ **Nichtsilikate**

Metamorphe Gesteine haben ein sehr breites Spektrum und das bedeutet auch eine große Auswahl nichtsilikatischer Minerale, die in metamorphen Bereichen mit unterschiedlichen Druck-/Temperatur-Bedingungen zu finden sind. Typische Minerale in dieser Gruppe sind Oxide (Spinellgruppe, Rutile), Karbonate (z. B. Marmore) und Sulfide. Von besonderem Interesse sind Diamanten, besonders Mikrodiamanten, die in krustalen Gebieten unter ultrahohen Druckbedingungen, z. B. im Erzgebirge, gefunden wurden. Solche Gesteine sind unter Ultrahochdruckbedingungen umgewandelt worden (100–150 km Tiefe).

■ **Metamorphe Kettensilikate**

Sowohl Einfachkettensilikate (Pyroxene, Pyroxenoide) als auch Doppelkettensilikate (Amphibole) sind häufig in metamorphen Gesteinen zu finden. Ihre Anwesenheit ist auf zwei Faktoren zurückzuführen:

1. ihre Zusammensetzung aus häufigen Elementen, und
2. ihr breites Stabilitätsfeld in Bezug auf Druck- und Temperaturbedingungen und der Fluidzusammensetzung.

Hornblende sind äußerst reich an Amphiboliten und anderen Gesteinen, über eine große Reichweite des metamorphen Spektrums. Dies liegt an der großen strukturellen Anpassungsfähigkeit und Stabilität im Vergleich zu anderen Mineralen ähnlicher Gestalt. Klinopyroxene und Orthopyroxene sind in mafischen Gesteinen, die einen höheren Metamorphosegrad erfahren haben, häufig.

1.8   Ausgewählte Minerale

1.8.1   Metalle

Metalle machen weniger als 0,0002 % des Gewichts der Erdkruste aus, sind aber wirtschaftlich sehr wichtig. Mischformen (z. B. Au, Ag) sind häufig. Die besonderen physikalischen Eigenschaften (z. B. hohe Dichte, große thermische und elektrische Leitfähigkeit, Metallglanz) entstehen durch die Packungsdichte und die Bindungskräfte in den Metallstrukturen.

■ ■   Gold (*gold*), Au – kubisch

▣ Gold, Nugget

Habitus: Körner, derbe Massen oder Klumpen, dendritische Formen; selten Kristalle (Oktaeder, Würfel oder Rhombendodekaeder)
Zwillinge: häufig auf Oktaedern
Dichte: 19,3 (weniger in Mischformen)
Härte: 2,5–3
Spaltbarkeit: fehlt
Bruch: hakig, plastisch verformbar
Farbe/Transparenz: charakteristisch goldgelber Metallglanz, durch Ag-Gehalt heller; opak (außer dünne Blätter)
Strich: goldgelb, metallglänzend
Glanz: metallisch
Bestimmungsmerkmale: Farbe, geringe Härte. Gold kann mit Pyrit oder Chalkopyrit verwechselt werden, unterscheidet sich jedoch stark durch seine Härte, Farbe und Plastizität.
Alteration: keine
Vorkommen: hydrothermale Gänge, oft mit Quarz assoziiert, auch konzentriert in alluvialen Sedimenten (aufgrund der Dichte)

■ ■   Silber (*silver*), Ag – kubisch
Habitus: draht, haar- oder moosförmige bis dendritische Aggregate; Kristalle sind selten
Dichte: 9,6–12 (rein 10,5)
Härte: 2,5–3
Spaltbarkeit: fehlt
Bruch: hakig, plastisch verformbar
Farbe/Transparenz: silberweiß, läuft schnell an und ist dann meistens gelblich bis bräunlich angelaufen durch Überzug von Silbersulfid; opak
Strichfarbe: silberweiß-gelblich, metallisch-glänzend

▣ Silber (Foto J. Burrow)

Glanz: Metallglanz
Bestimmungsmerkmale: Farbe, schwarze Oxidation, formbar, löslich in Salpetersäure
Vorkommen: hydrothermale Gänge, in kleinen Mengen in der oxidierten Zone von Silbervorkommen (Erzlagerstätten)

■ ■   Kupfer (*copper*), Cu – kubisch

▣ Kupfer

Habitus: dendritische oder moosförmige Aggregate, Kristalle oft Würfel, Rhombendodekaeder oder Oktaeder; auch plattige bis massige Formen
Dichte: 8,3–8,9
Härte: 2,5–3
Spaltbarkeit: fehlt
Bruch: hakig, dehnbar
Farbe/Transparenz: kupferroter Metallglanz, matte Anlauffarbe durch dünne Oxidschicht

Strichfarbe: kupferrot, metallglänzend
Glanz: Metallglanz
Bestimmungsmerkmale: Farbe, Dehnbarkeit, löslich in Salpetersäure
Vorkommen: basische Laven, Kupferschiefer und auch sekundär in Sandsteinen/Konglomeraten. Kupfererz, obwohl weit verbreitet, kommt nur in kleinen Mengen vor.

▪▪ Eisen (*iron*), Fe – kubisch

◘ Hämatitischer hydrothermaler Eisenerzgang in hellem Marmor (Syros, Griechenland)

Habitus: Aggregate in terrestrischen Gesteinen. Ni-haltiges Eisen ist das Hauptelement mancher Meteoriten
Härte: 4,5
Bruch: hakig
Farbe/Transparenz: stahlgrau bis schwarz; opak
Strichfarbe: stahlgrau
Glanz: metallisch
Bestimmungsmerkmale: stark magnetisch, Oxidation (Rost)
Vorkommen: gediegenes Eisen ist selten in der Erdkruste, meist zu finden, wo basaltische Schmelzen unter reduzierenden Bedingungen kristallisieren (z.B. nahe Kohlenflözen). Bei der Kristallisation der Mondbasalte wurde oft gediegenes Eisen gebildet. Eisen ist auch in Meteoriten (Eisen- und Stein-Eisen-Meteoriten, untergeordnet in Chondriten) zu finden. Kosmisches Eisen unterscheidet sich stets durch einen größeren Nickelgehalt.

1.8.2 Nichtmetalle

Nichtmetalle zeigen mehr Variabilität als Metalle (z.B. oft Gase) aber die typischen metallischen Eigenschaften wie gute elektrische und thermische Leitfähigkeit, Glanz, und Härte fehlen. Stattdessen sind sie eher spröde und haben keine Tenazität.

▪▪ Graphit (*graphite*), C – hexagonal

Habitus: plättchenförmige Kristalle, auch blättrige bis feinschuppige Massen, auch massig oder erdig
Dichte: 2,1–2,3
Härte: 1–2
Spaltbarkeit: basal, vollkommen
Farbe/Transparenz: schwarz; opak
Strichfarbe: schwarz/metallisch grau
Glanz: matter Metallglanz

◘ Graphit

Bestimmungsmerkmale: sehr weich, speckige Oberfläche, färbt sofort auf Papier und Fingern ab
Vorkommen: einzelne Schüppchen in metamorphen Gesteinen (Graphit entsteht häufig bei der Metamorphose kohliger oder bituminöser Gesteine). Graphitschiefer und Kalksteine sind häufig; auch Graphitgänge in magmatischen Gesteinen.

▪▪ Diamant (*diamond*), C – kubisch

◘ Diamanten

Habitus: oft Oktaeder, daneben Würfel, Rhombendodekaeder und Hexakisoktaeder
Zwillinge: manchmal verzwillingt am Oktaeder nach dem Spinellgesetz (Kontaktzwilling)
Dichte: 3,52
Härte: 10
Spaltbarkeit: vollkommen
Bruch: muschelig, spröde
Farbe/Transparenz: farblos, gelblich, bräunlich, rötlich, grünlich oder schwarz; durchsichtig, auch durchscheinend oder undurchsichtig. Die wertvollsten Steine sind farblos oder zeigen einen leicht bläulichen Farbstich.
Strichfarbe: weiß
Glanz: Diamantglanz
Bestimmungsmerkmale: Härte, oktaedrische Spaltbarkeit
Vorkommen: akzessorischer Gemengteil in Kimberliten und Lamproiten, die als Schlotbrekzien vulkanischer Durchschlagsröhren auftreten (s. ▶ Abschn. 2.2.8). Aufgrund seiner hohen Dichte kann er in alluvialen Sedimenten sekundär angereichert werden. Gelegentlich findet man Diamant auch in Meteoritenkratern, in denen er sich beim Impakt unter den hohen Drücken der Schockwellen-Metamorphose aus Graphit in Kristallingesteinen gebildet hat (z.B. im Nördlinger Ries).

▪▪ Schwefel (*sulphur*), S – orthorhombisch

◘ Schwefel

Habitus: feinkristalline Krusten oder Massen, auch bipyramidale Kristalle
Dichte: 2,0–2,1
Härte: 1,5–2,0
Spaltbarkeit: angedeutet
Bruch: uneben, manchmal muschelig
Farbe/Transparenz: gelb (schwefelgelb), braun, gelborange; durchsichtig bis durchscheinend
Strichfarbe: weiß
Glanz: auf Kristallflächen Diamantglanz, auf Bruchflächen Fett- oder Wachsglanz
Bestimmungsmerkmale: Farbe, Härte, niedriger Schmelzpunkt (113 °C), nicht lösbar in Wasser oder Salzsäure, löslich in Kohlenstoffdisulfid
Vorkommen: als Krusten/Massen in Gebieten vulkanischer Exhalation und Thermalquellen. Wirtschaftlich wichtiger ist die sedimentäre Bildung aus der Reduktion von Sulfaten durch die Aktivität von Schwefelbakterien (z. B. Kalksteine). Oft in Salzdiapiren, assoziiert mit Anhydrit, Gips und Calcit.

1.8.3 Sulfide und Sulfosalze

Sulfide und Sulfosalze bilden eine große Gruppe (ca. 500), hauptsächlich Erzminerale inkl. Pyrit (FeS_2), Chalkopyrit ($CuFeS_2$) und Sphalerit (ZnS); die meisten sind Verbindungen zwischen Metall und Schwefel. Viele Sulfide sind opak, haben einen metallenen Glanz, und alle haben eine diagnostische Strichfarbe.

▪▪ Galenit (Bleiglanz, *galena*), PbS – kubisch
Habitus: oft Würfel oder Oktaeder, auch massig oder granular
Zwillinge: Gleitzwillinge (= Deformationszwillinge, das Resultat von Stress auf dem Kristall)
Dichte: 7,4–7,6
Härte: 2,5–3
Spaltbarkeit: kubisch, perfekt, vollkommen
Farbe/Transparenz: bleigrau, gelegentlich matte Anlauffarben; opak
Strichfarbe: grauschwarz
Glanz: metallisch

◘ Galenit mit Quarz, Gangmineralisation

Bestimmungsmerkmale: Farbe, metallischer Glanz, perfekte kubische Spaltbarkeit, hohe Dichte
Alteration: oxidiert zu Anglesit, Pyromorphit oder Mimetesit
Vorkommen: wichtiges und häufigstes Pb-Erzmineral, fast stets mit Sphalerit/Zinkblende verwachsen. Gefunden in hydrothermalen Gängen (oft mit Pyrit oder Chalkopyrit assoziiert), und als hydrothermale Verdrängungsbildung in Kalksteinen. Selten als sedimentäre Bildung

▪▪ Sphalerit (Zinkblende, *sphalerite*), ZnS – kubisch

◘ Sphalerit mit Quarz (Foto R. Schumacher)

Habitus: oft tetraedrisch oder rhombododekaedrisch; auch spätig, körnig, krustig
Zwillinge: häufig am Oktaeder, oft Wiederholungen
Dichte: 3,9–4,1
Härte: 3,5–4

Spaltbarkeit: rhombendodekaedrisch, perfekt, vollkommen, spröde
Bruch: muschelig
Farbe/Transparenz: oft gelb, braun bis rot, ölgrün oder schwarz; durchsichtig bis durchscheinend, niemals völlig opak
Strichfarbe: dunkelbraun bis gelblich
Glanz: Fettglanz, Diamantglanz besonders auf Spaltflächen
Bestimmungsmerkmale: Spaltbarkeit, Glanz und Farbe (meist gelb bis dunkelbraun, aber auch sehr variabel)
Alteration: Limonit oder Smithsonit
Vorkommen: wichtigstes Zn-Erzmetall. Oft assoziiert mit Galenit in hydrothermalen Gängen oder als Verdrängungsbildung im Kalkstein. Auch synsedimentär und submarin-exhalativ (*black smoker*).

■ ■　Chalkopyrit (*chalcopyrite*), CuFeS$_2$ – tetragonal

◩ Hydrothermale Gangvererzung von Chalkopyrit mit weißem Calcit (Mina Raul, Ica Peru)

Habitus: Kristalle, oft Tetraeder, auch massig
Zwillinge: verschiedene Arten, auch nach Spinellgesetz
Dichte: 4,1–4,3
Härte: 3,5–4
Spaltbarkeit: undeutlich, fehlt
Bruch: muschelig, uneben
Farbe/Transparenz: messinggelb, oft mit Grünstich; opak
Strichfarbe: grünschwarz
Glanz: metallisch
Bestimmungsmerkmale: Unterscheidung von Pyrit durch Farbe und Härte, von Gold durch Härte und natürliche Sprödheit; lösbar in Salpetersäure
Alteration: Chalkosin, Covellin und Malachit
Vorkommen: wichtiges Cu-Erzmetall. Als primäres Mineral in magmatischen Gesteinen und in hydrothermalen Gängen assoziiert mit Pyrit, Cassiterit und Sphalerit. Auch in Kupferschiefer, Pegmatiten und kontaktmetamorphen Gesteinen

■ ■　Pyrit (*pyrite*), Fe$_2$S – kubisch
Habitus: oft Würfel (mit Streifung), Pentagondodekaeder, Oktaeder oder Kombinationen. Auch massig, knollig, oder radialstrahlig
Zwillinge: Durchdringungszwillinge
Dichte: 4,9–5,2
Härte: 6–6,5
Spaltbarkeit: undeutlich
Bruch: muschelig bis spröde
Farbe/Transparenz: messinggelb; opak
Strichfarbe: grünschwarz
Glanz: metallisch

◩ Pyrit

Bestimmungsmerkmale: Unterscheidung von Chalkopyrit durch Farbe und Härte, schwer von Markasit zu unterscheiden (Habitus, Farbe, Dichte)
Alteration: oxidiert zu Eisensulfat oder Limonit (hydratisierte Form)
Vorkommen: eigenständige Lagerstätten, oft in hydrothermalen Gängen, in sedimentären Gesteinen (Schwarzschiefer), in metamorphen Gesteinen (oft im Kontaktbereich), als Nebengemengteil in vielen Magmatiten und untergeordnet in sulfidischen Erzlagerstätten. Ersetzt oft Fossilien

■ ■　Markasit (*marcasite*), FeS$_2$ – orthorhombisch

◩ Markasit

Habitus: Kristalle oft tafelig, auch massig oder strahlig
Zwillinge: häufig, oft speerartige Formen oder „Hahnenkamm"-Aggregate
Dichte: 4,8–4,9
Härte: 6–6,5
Spaltbarkeit: gut
Bruch: uneben, spröde
Farbe/Transparenz: messinggelb; opak
Strichfarbe: grau- bis grünlichschwarz
Glanz: metallisch
Bestimmungsmerkmale: Unterscheidung von Pyrit durch Dichte, Farbe und Zwillingsform

Alteration: Eisensulfat oder Limonit; auch zu Pyrit
Vorkommen: in hydrothermalen Gängen (< 450 °C) assoziiert mit Zink-, Blei- und anderen Erzmetallen. Auch in Sedimentgesteinen (Kalkstein, Kreide, Ton) als Einzelkristalle, Konkretionen (s. ▶ Abschn. 2.6.4) oder als Ersatz für Fossilien

1.8.4 Halogenide und Evaporite

Die Minerale dieser Klasse (ca. 120 insgesamt) enthalten in ihren Strukturen große elektronegativ geladene Halogenionen Cl^-, F^-, Br^- und I^-. Die Chloride und Fluoride sind am weitesten verbreitet. Sie sind farblos oder allochromatisch, besitzen eine geringe Dichte, niedrige Lichtbrechung, einen relativ schwachen Glanz und sind teilweise leicht in Wasser löslich.

▪ ▪ Halit (*halite*), NaCl – kubisch

◘ Halit (Foto J. Burow)

Habitus: überwiegend Würfel, oft mit konkaven Flächen, auch in körnig-spätigen Aggregaten, gelegentlich faserig. Bisweilen Pseudomorphosen von Ton nach Halit
Dichte: 2,1–2,2 (rein 2,16)
Härte: 2,0
Spaltbarkeit: kubisch, vollkommen
Bruch: muschelig
Farbe/Transparenz: farblos oder weiß, bisweilen auch gelb, grau, braunschwarz, rot und blau; durchsichtig bis durchscheinend
Strichfarbe: weiß
Glanz: Glasglanz
Bestimmungsmerkmale: wasserlöslich, kubische Spaltbarkeit, salziger Geschmack
Vorkommen: bildet einen Hauptbestandteil von Evaporiten, die mit Kalisalzen und Anhydrit bzw. Gipsgesteinen wechsellagern. Auch als Salzdiapire oder -kissen (z. B. Zechsteinsalz, Norddeutschland). Halit findet man auch als Ausblühungen in Steppen und Wüsten oder am Rand von Salzseen.

▪ ▪ Sylvin (Bittersalz, *sylvite*), KCl – kubisch
Habitus: meist kubisch, aber auch Kombinationen von Oktaedern und Würfeln, oft körnig-spätige Aggregate
Dichte: 2,0 (niedriger als die von Halit)
Härte: 2,0

Spaltbarkeit: kubisch, vollkommen
Bruch: uneben
Farbe/Transparenz: farblos oder weiß, auch blau, gelb oder rot; durchsichtig bis durchscheinend
Strichfarbe: weiß
Glanz: Glasglanz
Bestimmungsmerkmale: bittersalziger Geschmack, rötlichviolette Flammenfärbung
Vorkommen: in Evaporiten (aber seltener, weil löslich), auch als Sublimationsprodukt von Vulkanen. Sylvinit ist ein Gestein aus Sylvin und Halit.

▪ ▪ Fluorit (*fluorite*), CaF_2 – kubisch

◘ Fluorit

Habitus: häufig Würfel, bisweilen kombiniert mit Tetrakishexaeder und Hexakisoktaeder, Zonarbau, auch spätige oder farbig gebänderte Aggregate
Zwillinge: Durchdringungszwillinge verbreitet
Dichte: 3,0–3,5
Härte: 4,0 (Standardmineral der Mohs-Skala)
Spaltbarkeit: vollkommen
Bruch: muschelig, spröde
Farbe/Transparenz: große Farbvariabilität, oft gelb, grün, violett, blau, purpurfarben, bisweilen farblos, pink, rot und schwarz; durchscheinend bis durchsichtig. Meist sind die Farben blass. Viele Fluorite zeigen im UV-Licht eine starke Fluoreszenz, bedingt durch den Eintritt von geringen Mengen an Seltenerdelementen in die Struktur anstelle Ca^{2+}.
Strichfarbe: weiß
Glanz: Glasglanz
Bestimmungsmerkmale: würfeliger Habitus, Spaltbarkeit, Fluoreszenz
Vorkommen: in Magmatiten und Erzlagerstätten, auch als hydrothermale Gänge

1.8.5 Oxide und Hydroxide

Oxide und Hydroxide bilden große Gruppen von Mineralen (jeweils ca. 200 Arten). In der Klasse der Oxide bildet der Sauerstoff Verbindungen mit ein, zwei oder mehreren Metallen.

■ ■ Spinell-(*spinel*)gruppe – Spinell (*spinel*), $MgAl_2O_4$ – kubisch

▫ Spinell

Habitus: oft oktaedrisch, auch massig
Zwillinge: häufig verzwillingt nach dem Spinellgesetz
Dichte: 3,5–4,1
Härte: 7,5–8
Spaltbarkeit: undeutlich
Bruch: muschelig, spröde
Farbe/Transparenz: variabel, häufig rot aber auch blau, grün, braun, schwarz oder farblos; durchsichtig bis durchscheinend
Strichfarbe: weiß, aber auch grau oder braun
Glanz: Glasglanz
Bestimmungsmerkmale: Habitus, Zwillingsform, Härte. Spinell ist eine Serie, kein spezifisches Mineral. Ersetzung von Magnesiumatomen durch Eisen-, Zink- und Manganatomen führt zu Unterschieden in der Farbe und den physikalischen Eigenschaften. Nach der chemische Zusammensetzung unterscheidet man:
- Aluminiumspinelle, z. B. Spinell $MgAl_2O_4$, Hercynit $FeAl_2O_4$,
- Eisenspinelle, z. B. Magnetit Fe_3O_4, und
- Chromitspinelle, z. B. Chromit $FeCr_2O_4$.

Vorkommen: überwiegend in Metamorphiten, in Karbonaten (metamorph geprägt) und in Schiefern, aber auch als Gemengteil in magmatischen Gesteinen (z. B. Gabbro). Sekundäre Anreicherung in Seifen. Der tiefrot gefärbte Spinell ist ein wertvoller Edelstein.

■ ■ Magnetit (*magnetite*), Fe_3O_4 – kubisch
Habitus: oft Oktaeder oder Rhombendodekaeder, auch als derb-körniges Erz
Zwillinge: häufig (nach dem Spinellgesetz)
Dichte: 5,2
Härte: 5,5–6,5
Spaltbarkeit: undeutlich
Bruch: muschelig, spröde
Farbe/Transparenz: schwarz; opak
Strichfarbe: schwarz
Glanz: metallisch, stumpfer Metallglanz

▫ Magnetit

Bestimmungsmerkmale: Farbe, Strichfarbe, stark magnetisch
Vorkommen: wichtige Eisenerzlagerstätten werden durch die Differentiation (d. h. Entstehung unterschiedlicher Teilmagmen durch Veränderung der chemischen Zusammensetzung – durch Schmelzung, Kristallbildung, Mischung von Magmen usw. – aus einem Stamm-Magma) basischer Magmatite gebildet. Auch als Gemengteil vieler Gesteine, z. B. metamorpher Gesteine aus anderen Fe-Mineralen, gemeinsam mit oder anstelle von Hämatit in gebänderten Eisensteinen oder in Hochtemperaturmineralgängen

■ ■ Chromit (*chromite*), $FeCr_2O_4$ – kubisch

▫ Chromit

Habitus: seltene Kristalle (Oktaeder), häufig körnig-kompakt
Dichte: 4,1–5,1
Härte: 5,5
Spaltbarkeit: fehlt

Bruch: muschelig, spröde
Farbe/Transparenz: schwarz bis schwarzbraun; opak
Strichfarbe: dunkelbraun
Glanz: fettiger Metallglanz bis halbmetallischer Glanz
Bestimmungsmerkmale: Strichfarbe, schwach magnetisch
Vorkommen: als Gemengteil in Magmatiten (z. B. Serpentinit, Peridotit), manchmal in band- oder nestförmiger Anordnung in ultramafischen Gesteinen (magmatisches Differentiat). Das einzige wirtschaftlich wichtige Cr-Erzmineral

■ ■   Korund (*corundum*), Al_2O_3 – trigonal

☐ Korund (Rubin; Foto R. Schumacher)

Habitus: oft säulige, tafelige, tonnenförmige Kristalle, auch derbe, körnige Aggregate. Häufig treten verschiedene steile Dipyramiden gemeinsam auf
Zwillinge: häufig, oft mit Streifen
Dichte: 3,9–4,1
Härte: 9 (Standardmineral der Mohs-Skala)
Spaltbarkeit: keine
Bruch: uneben bis muschelig
Farbe/Transparenz: zwei Hauptarten – blau (Saphir, enthält Fe und Ti) und rot (Rubin, enthält Cr). Auch gelb, braun, grün oder farblos; durchscheinend bis durchsichtig
Strichfarbe: weiß
Glanz: Glasglanz, Diamantglanz
Bestimmungsmerkmale: Härte, Dichte, Habitus
Vorkommen: als Gemengteil in Magmatiten (besonders Pegmatiten), und als Produkt der Kontakt- und Regionalmetamorphose von Al-reichen Gesteinen (insbesondere in Bauxiten). Edle Varietäten in metamorphen Kalksteinen und Dolomiten, seltener auch in Gneisen. Detritisch in manchen alluvialen Sanden und Kiesen

■ ■   Hämatit (*haematite, hematite*), Fe_2O_3 – trigonal
Habitus: tafelig oder rhomboedrisch, manchmal gekrümmte Kristalle. Häufig in derben, körnigen, blättrig-schuppigen, radialstrahligen, dichten oder erdigen Aggregaten
Zwillinge: häufig
Dichte: 4,9–5,3
Härte: 5,5–6,5
Spaltbarkeit: keine
Bruch: muschelig, spröde
Farbe/Transparenz: rot, stahlgrau bis schwarz, manchmal bunt anlaufend; opak

☐ Hämatit

Strichfarbe: rot bis rotbraun
Glanz: Metallglanz, matt
Bestimmungsmerkmale: Strichfarbe, Härte
Vorkommen: als Hauptgemengteil in gebänderten Eisensteinen (z. B. Eisenoolith), und als Nebengemengteil in metamorphen, seltener auch in magmatischen Gesteinen, als vulkanisches Exhalationsprodukt und in hydrothermalen Gängen

■ ■   Ilmenit (*ilmenite*), $FeTiO_3$ – trigonal

☐ Ilmenit

Habitus: tafelige oder rhomboedrische Kristalle, auch körnige Aggregate
Zwillinge: häufig
Dichte: 4,5–5 (abhängig von Fe-Gehalt)
Härte: 5–6
Spaltbarkeit: keine
Bruch: muschelig, spröde
Farbe/Transparenz: schwarz (violetter Stich); opak
Strichfarbe: schwarz bis rötlichbraun
Glanz: Metallglanz auf frischem Bruch, sonst matt
Bestimmungsmerkmale: Strichfarbe, nicht magnetisch
Vorkommen: häufig als Gemengteil in Magmatiten (Gabbro, Diorit), in Quarzgängen und manchen Gneisen. Sekundär als Ilmenitsand an zahlreichen Meeresküsten

■■ Rutil (*rutile*), TiO$_2$ – tetragonal

■ Rutil

Habitus: stängelige/prismatische oder nadelige Kristalle, Vertikalprismen mit Längsstreifung und Dipyramiden, bisweilen körnig, derbe Aggregate
Zwillinge: häufig, charakteristische Kniezwillinge, Drillinge und Viellinge.
Dichte: 4,2–4,4
Härte: 6–6,5
Spaltbarkeit: gut
Bruch: muschelig, spröde, uneben
Farbe/Transparenz: dunkelrot, braun bis gelblich, seltener schwarz; durchsichtig bis fast opak
Strichfarbe: gelblich braun
Glanz: Diamantglanz, manchmal Metallglanz
Bestimmungsmerkmale: Farbe, Glanz, Habitus
Vorkommen: als Gemengteil (oft mikroskopisch) in vielen Magmatiten und Metamorphiten. Sekundär sowohl als Gemengteil zahlreicher Sande als auch durch die Diagenese Ti-haltiger Minerale (z. B. Sphen)

■■ Goethit (*goethite*), FeO(OH) – orthorhombisch

■ Goethit (Foto R. Schumacher)

Habitus: selten Kristalle (prismatisch, nadelförmig), häufig kugelig-strahlige Aggregate, bisweilen derb, dicht, pulvrig. Als Pseudomorphose verschiedener Eisenminerale
Dichte: 3,3–4,5
Härte: 5–5,5
Spaltbarkeit: vollkommen
Bruch: uneben, spröde
Farbe/Transparenz: schwarz, braun, gelblich; durchscheinend bis undurchsichtig
Strichfarbe: braun, gelblich
Glanz: Diamantglanz, Seidenglanz, matt
Bestimmungsmerkmale: Farbe, Strichfarbe
Vorkommen: sekundäre Entstehung durch die Oxidierung/Verwitterung von eisenhaltigen Mineralen (z. B. Pyrit, Magnetit). Ersetzt verschiedene Minerale (z. B. Pseudomorphosen nach Pyrit oder Magnetit). Als Ausfallprodukt von marinem oder Süßwasser in Lagunen oder Mooren.

1.8.6 Karbonate

Es gibt ca. 170 verschiedene Karbonate; alle sind Salze der Kohlensäure H$_2$CO$_3$ und strukturell ist ihnen ein Anionenkomplex $(CO_3)^{2-}$ gemeinsam. Sie sind häufig im marinen Milieu abgelagert, aber auch in Evaporit- oder Karstgebieten zu finden.

■■ Calcit (*calcite*), CaCO$_3$ – trigonal

■ Calcit

Habitus: sehr formenreich. Oft tafelig, prismatische Kristalle (Rhomboeder, Prismen, Skalenoeder), auch als körnige, stängelige, fasrige, erdige oder stalaktitische Aggregate
Zwillinge: häufig, auch Lamellierung durch Druck
Dichte: 2,7 (rein)
Härte: 3
Spaltbarkeit: vollkommen, Doppelbrechung
Bruch: muschelig, spröde
Farbe/Transparenz: meist farblos, milchig-weiß, auch grau, gelb, grün, rot, purpurfarben, blau, bis zu braun und schwarz; durchsichtig bis durchscheinend
Strichfarbe: weiß
Glanz: Glasglanz
Bestimmungsmerkmale: Spaltbarkeit, Härte; Calcit löst sich leicht in kalter verdünnter Salzsäure unter heftigem Brausen.
Vorkommen: eine der am weitesten verbreiteten Minerale und überwiegend sedimentär gebildet. Hauptgemengteil der Kalksteine und Mergel; bildet häufig den Zement in klastischen Sedimenten. Auch

als metamorphisches Gestein (Marmor) oder aus primär magmatischer Bildung (Karbonatite). Calcit und/oder Aragonit sind alleinige Gemengteile in vielen Kalksintern, Thermalabsätzen und Tropfsteinen. Weiterhin tritt Calcit in Erzgängen und als Kluftfüllung auf. Calcit (meist sekundär durch Umwandlung von metastabilem Aragonit) ist auch ein biogenes Mineral und baut die Hartteile vieler Organismen auf (Invertebraten).

■■ Aragonit (*aragonite*), CaCO$_3$ – orthorhombisch

◘ Aragonit, Drillinge

Habitus: prismatisch, nadlig, bisweilen tafelig, auch krustige, strahlige, faserige oder stalaktitische Aggregate
Zwillinge: häufig
Dichte: 2,9
Härte: 3,5–4
Spaltbarkeit: undeutlich
Bruch: muschelig
Farbe/Transparenz: farblos, grau, weiß, bisweilen gelblich; durchsichtig bis durchscheinend
Strichfarbe: weiß
Glanz: Glasglanz
Bestimmungsmerkmale: Habitus, Dichte
Vorkommen: ein metastabiles Polymorph von Calcit und ein wichtiger Bestandteil vieler Mollusken. Auch als primäre chemische Fällung von CaCO$_3$ aus Meer- und Süßwasser und in Verbindung mit Heißwasserquellen oder assoziiert mit Gips. Bisweilen in Glaukophanschiefer

■■ Dolomit (*dolomite*), CaMg(CO$_3$)$_2$ – trigonal

◘ Dolomit

Habitus: oft Rhomboeder, häufig gekrümmte Kristalle. Auch massige, körnige, stängelige Aggregate
Zwillinge: häufig
Dichte: 2,8–2,9
Härte: 3,5–4
Spaltbarkeit: vollkommen
Bruch: muschlig, spröde
Farbe/Transparenz: oft weiß, bisweilen farblos, gelblich bis bräunlich, manchmal pink; durchsichtig bis durchscheinend
Strichfarbe: weiß
Glanz: Glasglanz
Bestimmungsmerkmale: wie Calcit, aber schäumt erst in Pulverform in kalter verdünnter Salzsäure
Vorkommen: oft ein diagenetisches Produkt (Ersetzung von Ca durch Mg). Auch ein Gangmineral, besonders in Verbindung mit Sphalerit oder Galenit

■■ Siderit (*siderite*), FeCO$_3$ – trigonal

◘ Siderit, mit Bergkristall

Habitus: rhomboedrische Kristalle, oft gekrümmt. Auch spätige, erdige, massige Aggregate
Zwillinge: oft Lamellierung
Dichte: 3,8–4 (variiert mit Mg-Anteil)

Härte: 3,5–4,5
Spaltbarkeit: vollkommen
Bruch: uneben
Farbe/Transparenz: grau bis graubraun und gelbbraun; durchsichtig bis durchscheinend
Strichfarbe: weiß
Glanz: Glasglanz
Bestimmungsmerkmale: Habitus, Spaltbarkeit, Farbe. Schäumt in warmer Salzsäure
Vorkommen: häufig in Sedimentgesteinen, besonders in Tonen und Schiefern, und als diagenetisches Produkt von Kalkstein (durch Fe-haltige Fluide). Auch als Gangmineral (in Verbindung mit Pyrit, Chalkopyrit oder Galenit)

▪▪ Malachit (*malachite*), $Cu_2CO_3(OH)_2$ – monoklin

◘ Malachit

Habitus: selten Kristalle, oft traubig-nierig, gebändert oder radialstrahlig
Zwillinge: häufig
Dichte: 3,9–4,0
Härte: 3,5–4
Spaltbarkeit: vollkommen
Bruch: muschelig, spröde
Farbe/Transparenz: hellgrün; durchsichtig bis durchscheinend
Strichfarbe: hellgrün
Glanz: Glasglanz, Seidenglanz
Bestimmungsmerkmale: Farbe, nieriger Habitus, schäumt mit Salzsäure
Vorkommen: Oxidationszone von Kupferlagerstätten, oft in Verbindung mit Azurit, Kupfererz und Cuprit

1.8.7 Sulfate

Sulfate bilden eine artenreiche Gruppe (ca. 200 Minerale), sind aber nicht besonders häufig in der Natur zu finden. Alle Sulfate haben das Anion SO_4^{2-}. Sie entstehen oft in evaporitischen Milieus (Anhydrit, Gips), während andere (Gips, Baryt) auch mit hydrothermalen Erzlagerstätten assoziiert sind.

▪▪ Baryt (*baryte, barite*), $BaSO_4$ – orthorhombisch
Habitus: tafelig, bisweilen prismatisch, auch faserig. Aggregate blättrig, spätig oder stalaktitisch
Dichte: 4,3–4,6
Härte: 2,5–3,5
Spaltbarkeit: vollkommen
Bruch: uneben, muschelig

◘ Baryt (weiß) mit Fluorit (gelblich)

Farbe/Transparenz: farblos bis weiß, oft gelblich, bräunlich, bläulich, grünlich oder rötlich; durchsichtig bis durchscheinend
Strichfarbe: weiß
Glanz: Glasglanz
Bestimmungsmerkmale: Dichte, Habitus, Spaltbarkeit
Vorkommen: als Kluftfüllung oder Gangmineral assoziiert mit Blei-, Kupfer-, Silber-, Zink-, Eisen- oder Nickelerzen. Auch als diagenetisches Produkt im Kalkstein oder als Zement in manchen Sandsteinen (oft als Konkretionen)

▪▪ Anhydrit (*anhydrite*), $CaSO_4$ – orthorhombisch

◘ Anhydrit

Habitus: selten Kristalle, tafelig, massig, faserig
Dichte: 2,9–3,0
Härte: 3–3,5
Spaltbarkeit: vollkommen
Bruch: uneben
Farbe/Transparenz: farblos bis weiß, oft bläulich, bisweilen grau oder rötlich; durchsichtig bis durchscheinend
Strichfarbe: weiß
Glanz: Glasglanz, Perlmuttglanz
Bestimmungsmerkmale: würfelähnliche Spaltbarkeit, Härte, Dichte
Vorkommen: abgelagert direkt aus dem Meerwasser (Temperatur > 42 °C), oder durch Entwässerung von Gips. Auch als Gangmineral in hydrothermalen Erzvorkommen

1

▪▪ Gips (*gypsum*), CaSO$_4$·2H$_2$O – monoklin

◨ Gips, Schwalbenschwanz, sekundär kristallisiert (vena del gesso, Italien)

Habitus: tafelige Kristalle, oft gekrümmt; auch faserig, massig, körnig
Zwillinge: häufig (Schwalbenschwanzzwillinge)
Dichte: 2–3
Härte: 2
Spaltbarkeit: vollkommen
Farbe/Transparenz: farblos bis weiß, bisweilen gelblich, gräulich, rötlich und bräunlich; durchsichtig bis durchscheinend
Strichfarbe: weiß
Glanz: Glasglanz, Perlmuttglanz, Seidenglanz
Bestimmungsmerkmale: Härte, Spaltbarkeit
Vorkommen: in Salzlagerstätten; wegen niedriger Löslichkeit fällt es zuerst aus verdunstendem Meerwasser aus (danach kommt Anhydrit, später Halit). Auch in Erzlagerstätten assoziiert mit vulkanischer Aktivität. Viel Gips entsteht durch die sekundäre Hydratation von Anhydrit.

1.8.8 Phosphate

Phosphate sind eine besonders vielseitige Gruppe, die selten in der Erdkruste zu finden ist. Sie sind von besonderem wirtschaftlichem Interesse (z. B. Landwirtschaft).

▪▪ Apatit (*apatite*), Ca$_5$(F,Cl,OH)/(PO$_4$)$_3$ – hexagonal

◨ Apatit

Habitus: oft säulig oder tafelig, auch als körnige, faserige oder strahlige Aggregate
Dichte: 3,1–3,3
Härte: 5
Spaltbarkeit: undeutlich
Bruch: muschelig, uneben
Farbe/Transparenz: oft grün bis graugrün, auch weiß, braun, gelb, bläulich oder rötlich; durchsichtig bis durchscheinend
Strichfarbe: weiß
Glanz: Glasglanz, Fettglanz
Bestimmungsmerkmale: Habitus, Härte
Vorkommen: als Gemengteil in vielen magmatischen Gesteinen, auch in hochtemperatur-hydrothermalen Gängen und in regional- oder kontaktmetamorphen Gesteinen (besonders Kalksteinen). Apatit ist ein Hauptbestandteil von Knochen und anderem organischen Material und dadurch in bestimmten Sedimentlagen konzentriert.

▪▪ Monazit (*monazite*), (Ce,La,Nd,Sm,Th)PO$_4$ – monoklin

◨ Monazit

Habitus: dicktafelige oder prismatische Kristalle, große Kristalle sind oft gestreift
Zwillinge: häufig
Dichte: 4,9–5,4
Härte: 5–5,5
Spaltbarkeit: vollkommen
Bruch: uneben
Farbe/Transparenz: gelb bis rotbraun, bisweilen grün; durchscheinend bis undurchsichtig
Strichfarbe: weiß
Glanz: Harzglanz
Bestimmungsmerkmale: Härte
Vorkommen: ein Gemengteil in Graniten und Pegmatiten, auch in Gneisen und Karbonatiten. Manchmal konzentriert in detritischen Sanden (Gewinnung von Thorium und Cerium)

1.8.9 Silikate

Silikate sind die größte Mineralgruppe; alle Mitglieder haben gemeinsam die Beteiligung von SiO$_2$ am Kristallbau, sie zeigen viele polymorphe Ausprägungen. Diese Gruppe ist sehr wichtig, da ca. 90 Vol.-%) der Erdkruste aus Silikaten besteht. Quarz ist das häufigste Mineral und variiert nach herrschenden Druck/Temperatur-Bedingungen von Hochquarz (hexagonal) bis Tiefquarz (trigonal).

Inselsilikate

Silikate, die aus einzelnen isolierten $(SiO_4)^{4-}$ Tetraedern bestehen, und relativ einfach aufgebaut sind. Die einzelnen Tetraeder werden durch Fremdatome (z. B. Magnesium, Aluminium usw.) voneinander abgetrennt und über dieses wieder mit anderen $(SiO_4)^{4-}$ Tetraedern verbunden.

■■ Olivin (*olivine*), $(Mg,Fe)_2SiO_4$ – orthorhombisch

● Olivin

Ein Mischkristall mit verschiedenen Zusammensetzungen, von Forsterit (Mg_2SiO_4) bis Fayalit (Fe_2SiO_4)
Habitus: meist als isolierte Kristalle (prismatisch, dicktafelig) in magmatischen Gesteinen oder als körnige Aggregate
Dichte: 3,2–4,4 (höher mit Eisengehalt) normalerweise 3,3–3,4
Härte: 6,5–7
Spaltbarkeit: undeutlich
Bruch: muschelig
Farbe/Transparenz: grün, manchmal gelblich oder bräunlich bis schwarz, rötlich wenn oxidiert; durchsichtig bis durchscheinend
Strichfarbe: weiß
Glanz: Glasglanz
Bestimmungsmerkmale: Farbe (olivingrün), Bruch. Weil Olivin ein Mischkristall ist (mit verschiedenen Anteilen von Mg oder Fe), können die physikalischen Eigenschaften auch variieren.
Alteration: zu Serpentin, Iddingsit oder Bowlingit durch Verwitterung oder hydrothermale Aktivität
Vorkommen: ein Gemengteil in Si-armen magmatischen Gesteinen (Basalt, Gabbro, Peridotit) oder durch schnelle Abkühlung in manchen magmatischen Gesteinen (Pechstein). Dunit ist ein Gestein, das fast zu 100 % aus Olivin besteht. Auch durch die Metamorphose Mg-reicher Sedimente kann Olivin entstehen. Olivin ist eine häufige Komponente in manchen Steinmeteoriten und auch in Mondbasalt.

■■ Granatgruppe (*garnet group*), $X_3Y_2Si_3O_{12}$ (X = Ca, Mn, Mg oder Fe^{2+}; Y = Al, Cr oder Fe^{3+}) – kubisch

Eine Reihe von Mineralen, alle Endglieder. Natürliche Granate sind oft Mischungen dieser Endglieder, die durch das Ersetzen von Atomen entstehen. Folgende Namen werden verwendet:

- Pyrop: $Mg_3Al_2Si_3O_{12}$,
- Almandin: $Fe_3Al_2Si_3O_{12}$,
- Spessartin: $Mn_3Al_2Si_3O_{12}$,
- Grossular: $Ca_3Al_2Si_3O_{12}$,
- Uwarowit: $Ca_3Cr_2Si_3O_{12}$,
- Andradit: $Ca_3Fe_2Si_3O_{12}$.

Man unterteilt die Granate in zwei Hauptgruppen – die Pyrop-Almandin-Spessartin-Gruppe und die Grossular-Uwarowit-Andradit-Gruppe. Innerhalb jeder Gruppe gibt es kontinuierliche atomare Substitution, jedoch nicht zwischen den Gruppen.
Habitus: oft Rhombendodekaeder oder Ikositetraeder (oder Kombination beider), auch derbe oder körnige Aggregate
Dichte: 3,6–4,3 (variiert mit Komposition)
Härte: 6–7,5
Spaltbarkeit: undeutlich
Bruch: muschelig, spröde, splittrig
Farbe/Transparenz: variiert mit Komposition dunkelrot, braun bis schwarz (Pyrop, Almandin und Spessartin), grün (Uwarowit), braun, hellgrün, weiß (Grossular), gelb, braun, schwarz (Andradit); durchsichtig bis durchscheinend
Strichfarbe: weiß
Glanz: Glasglanz, Harzglanz
Bestimmungsmerkmale: Härte, Habitus
Vorkommen: in metamorphen und manchen magmatischen Gesteinen, wobei Granatzusammensetzungen mit bestimmten Gesteinen assoziiert werden, z. B. Pyrop (Peridotit und assoziierte Serpentinite, Kimberlit), Almandin (Schiefer, Gneis), Spessartin (niedriggradige Metamorphite, besonders wenn sie Mn-haltig sind, manche Granite und Pegmatite), Grossular (metamorphosierte Kalksteine), Uwarowit (Cr-haltige Serpentinite), Andradit (metamorphosierte Kalksteine, metasomatische kalkhaltige Gesteine). Auch häufig in Sanden (Strand, Fluss)

● Granat

■■ Sillimanit (*sillimanite, fibrolite*), Al_2SiO_5 – orthorhombisch

Sillimanit, Andalusit und Kyanit (Disthen) sind Polymorphe (Modifikationen), mit einer ähnlichen chemischen Zusammensetzung, wobei Sillimanit typisch ist für Gesteine, die Hochtemperatur-Niederdruck-Konditionen erfahren haben. Andalusit-führende Gesteine haben eine Metamorphose unter niedrigen Drücken und moderaten Temperaturen erfahren und Kyanit (Disthen) ist typisch für Gesteine, die hohe Drücke erfahren haben (Hockdruckmetamorphose).
Habitus: prismatische Kristalle (selten), häufig faserig oder verfilzte Aggregate
Dichte: 3,2–3,3
Härte: 6,5–7,5
Spaltbarkeit: vollkommen
Bruch: uneben
Farbe/Transparenz: farblos, weiß, gelblich oder bräunlich; durchsichtig bis durchscheinend
Strichfarbe: weiß

Sillimanit, Pseudomorph nach Andalusit (Foto R. Schumacher)

Glanz: Glasglanz
Bestimmungsmerkmale: Habitus (verfilzt)
Vorkommen: in hochgradigen Metamorphiten (Gneis, Schiefer), entstanden durch regionalen Metamorphismus

■ ■ Andalusit (*andalusite*), Al_2SiO_5 – orthorhombisch

Andalusit (Varietät Chiastolith; Foto R. Schumacher)

Habitus: prismatisch, dicksäulige Kristalle (pseudotetragonal, mit viereckigem Querschnitt), auch strahlig-stängelige Aggregate. Manchmal mit kohlig-tonigen Einschlüssen in Kreuzform
Dichte: 3,1–3,2
Härte: 6,5–7,5
Spaltbarkeit: gut
Bruch: uneben, splittrig, spröde
Farbe/Transparenz: farblos, oft pink oder rot, auch grau, braun, und grün; durchsichtig bis fast opak
Strichfarbe: weiß
Glanz: Glasglanz
Bestimmungsmerkmale: Habitus, Härte, Vorkommen
Alteration: oft zu einem Muskovitaggregat
Vorkommen: in feinkörnigen Sedimenten metamorphosiert unter regionalen Bedingungen (Schiefern); auch in Gneisen und manchen Pegmatiten (assoziiert mit Korund, Turmalin, Topas).
Tritt häufig in thermisch metamorphosierten pelitischen Gesteinen auf, sowie in Peliten, die unter niedrigen Druckbedingungen regional metamorphosiert wurden. Er tritt ebenfalls in einigen Pegmatiten, gemeinsam mit Korund, Turmalin, Topas und anderen Mineralen auf. Transparenter grüner Andalusit wird als Edelstein verwendet.

■ ■ Kyanit (*kyanite, disthene*), Al_2SiO_5 – triklin

Kyanit

Habitus: linealartige, säulige Kristalle, oft quergestreift, auch radialstrahlige Aggregate
Dichte: 3,5–3,7
Härte: 5,5–7 (Härte ist variabel; 5,5 entlang der Kristalle, und 6–7 quer zum Kristall)
Spaltbarkeit: vollkommen
Farbe/Transparenz: blau bis weiß, auch grau oder grün (Farbe ist oft ungleichmäßig, am dunkelsten im Zentrum des Kristalls); durchsichtig bis durchscheinend
Glanz: Glasglanz, manchmal Perlmuttglanz
Bestimmungsmerkmale: Farbe, Habitus, Spaltbarkeit, Härte
Vorkommen: in Metamorphiten (Regionalmetamorphose), typisch in Gneis und Schiefer; assoziiert mit Granat, Staurolith, Glimmer und Quarz; auch in Pegmatiten und Quarzgängen. Gelegentlich als Verwitterungsrest in Sanden

■■ Topas (*topaz*), $Al_2SiO_4(OH,F)_2$ – orthorhombisch

◘ Topas (blau) mit Turmalin

Habitus: prismatische Kristalle, oft gestreift, auch körnige Aggregate
Dichte: 3,5–3,6
Härte: 8
Spaltbarkeit: undeutlich
Bruch: muschelig, uneben
Farbe/Transparenz: farblos, auch hellgelb, hellblau, grünlich und pink; durchsichtig bis durchscheinend
Strichfarbe: weiß
Glanz: Glasglanz
Bestimmungsmerkmale: Habitus, Härte, Spaltbarkeit, Dichte
Vorkommen: in sauren Magmatiten (Pegmatiten, Rhyolithen) und Quarzgängen. Auch als Verwitterungsprodukt in Sanden

■ Staurolith (*staurolite*), $(Fe,Mg)_2(Al,Fe)_xSi_4O_{20}(O,OH)_2$ – monoklin, pseudo-orthorhombisch

◘ Staurolith, Kreuzform

Habitus: Kristalle prismatisch, langsäulig, selten Aggregate
Dichte: 3,7–3,8
Härte: 7–7,5
Zwillinge: häufig, Durchkreuzungszwillinge mit rechtwinkligem Kreuz (90°) oder schiefwinkligem Kreuz (60°)
Spaltbarkeit: gut
Bruch: muschelig, uneben, spröde
Farbe/Transparenz: rotbraun bis braunschwarz; durchscheinend bis fast opak
Strichfarbe: weiß
Glanz: Glasglanz, Harzglanz
Bestimmungsmerkmale: Farbe, Habitus (besonders mit Zwillingen)
Vorkommen: in metamorphen Gesteinen (Schiefer, Gneis), oft als Porphyroblasten; assoziiert mit Granat, Kyanit und Glimmer. Bisweilen als Verwitterungsprodukt in Sanden

Gruppensilikate

Bei diesen Silikaten sind Doppeltetraeder der Zusammensetzung $(Si_2O_7)^{6-}$-Gruppen verknüpft, wobei zwei (SiO_4)-Tetraeder über eine Ecke durch ein gemeinsames Silikatanion miteinander zusammenschließen.

■ Epidotgruppe (*epidote group*)

Allgemeine Formel ist $X_2Y_3Si_3O_{12}(OH)$, wobei X häufig Ca und Y – normalerweise Al und Fe^{3+} – ist, teilersetzt durch Mg und Fe^{2+} in manchen Formen

■■ Zoisit (*zoisite*), $Ca_2Al_2Si_2O_{12}(OH)$ – orthorhombisch

◘ Zoisit

Habitus: Kristalle, prismatisch, auch derb-strahlige Aggregate
Dichte: 3,2–3,4 (variiert mit Fe-Gehalt)
Härte: 6
Spaltbarkeit: vollkommen
Bruch: uneben
Farbe/Transparenz: grau, gelblich, bisweilen rosa, blau, hellgrün oder braun; durchsichtig bis durchscheinend
Strichfarbe: weiß
Glanz: Glasglanz, Perlmuttglanz
Bestimmungsmerkmale: Farbe, Spaltbarkeit
Vorkommen: in Schiefer und Gneis, auch in metasomatischen Gesteinen zusammen mit Granat und in hydrothermalen Gängen

■■ Klinozoisit (*clinozoisite*), $Ca_2Al_3Si_3O_{12}(OH)$ und Epidot (*epidote*), $Ca_2(Al,Fe)_3Si_3O_{12}(OH)$ – monoklin

Habitus: prismatisch, oft gestreift, auch derbe, körnige oder strahlige Aggregate
Dichte: 3,2–3,5 (variiert mit Fe-Gehalt)
Härte: 6–7
Zwillinge: selten
Spaltbarkeit: vollkommen

▪ Epidot

Bruch: uneben, splittrig, muschelig
Farbe/Transparenz: grüngrau (Klinozoisit), gelbgrün bis schwarz (Epidot); durchscheinend bis fast opak
Strichfarbe: grau
Glanz: Glasglanz
Bestimmungsmerkmale: Farbe, Habitus
Vorkommen: als Gemengteil in mittel- bis niedriggraden Metamorphiten (besonders die, die aus Basalten oder kalkreichen Sedimenten entstanden sind). Auch in Kalksteinen, geprägt durch Kontaktmetamorphismus, oder als Gänge in Magmatiten

Ringsilikate

Ringsilikate oder Cyclosilikate enthalten Kristallarten mit Ringen von $(SiO_4)^-$-Tetraedern, die mithilfe von Fremdatomen räumlich miteinander verbunden sind. Die Ringe von Tetraedern sind in z. B. 3er-, 4er-, 6er-, 8er- oder 12er-Ringen miteinander verbunden.

▪▪ **Turmalingruppe** (*tourmaline group*), (Ca,Na,K) $(Li,Mg,Fe^{2+},Mn^{2+},Al,Cr^{3+},V^{3+},Fe^{3+},Ti^{4+})_3$ $(Mg,Al,Fe^{3+},V^{3+},Cr^{3+})_6[(OH)_4/(BO_3)_3/(Si_8O_{18})]$ – trigonal
Habitus: Kristalle oft langgestreckt mit vertikaler Streifung, oft dreieckiger Querschnitt, auch parallele oder stängelige Aggregate, teilweise massiv
Dichte: 3–3,3 (abhängig von Fe-Gehalt)
Härte: 7–7,5
Spaltbarkeit: undeutlich
Bruch: muschelig, spröde
Farbe/Transparenz: stark variabel (wegen Zusammensetzung), aber normalerweise schwarz/blauschwarz, auch farblos, blau, pink oder grün; durchsichtig bis fast opak
Strichfarbe: weiß
Glanz: Glasglanz

▪ Quarzkristall mit Turmalin (Ancash, Peru)

Bestimmungsmerkmale: Habitus, Streifung, Farbe, Querschnitt
Vorkommen: als Gemengteil in sauren Magmatiten (Granit, Pegmatit), auch in Metamorphiten (Schiefer, Gneis) und Kalkstein

Ketten- und Doppelkettensilikate

Sie sind Silikate, deren Silikatanionen endlose eindimensionale Tetraederketten oder Tetraederbänder (mehrere Ketten) eckenverknüpfter $(SiO_4)^{4-}$-Tetraeder enthalten. Als Folge der Ketten- bzw. Bandstruktur existieren parallel zu den Ketten mehrere Ebenen guter Spaltbarkeit, und vom Habitus sind die Minerale sind oft säulig, nadelig oder faserig.

▪ **Pyroxengruppe** (*pyroxene group*)
Die allgemeine Formel ist $X_2Si_2O_6$, wobei X oft Mg, Fe, Mn, Li, Ti, Al, Ca oder Na ist. Die häufigsten Pyroxene sind Ca-, Mg-, oder Fe-Silikate, mit zwei Hauptgruppen – Orthopyroxene sind orthorhombisch und haben wenig Ca, während Klinopyroxene monoklin sind und entweder Ca oder Na, Al, Fe^{3+} und Li beinhalten.

▪ **Orthopyroxene – orthorhombisch**
▪▪ **Enstatit** (*enstatite*), $MgSiO_3$
▪▪ **Hypersthen** (*hypersthene*), $(Mg,Fe)SiO_3$
Habitus: prismatische, säulige Kristalle, häufig als körnige Aggregate
Dichte: 3,2–4,0 (variiert mit Fe-Gehalt)
Härte: 5–6
Spaltbarkeit: gut
Bruch: uneben, spröde

◨ Hypersthen

Farbe/Transparenz: grau, hellgrün, bräunlich, farblos (Enstatit), dunkelbraun, rötlich, grünschwarz (Hypersthen); durchsichtig bis durchscheinend
Strichfarbe: weiß (Enstatit), weiß bis grau (Hypersthen)
Glanz: Glasglanz (bis Metallglanz, Hypersthen)
Bestimmungsmerkmale: Spaltbarkeit (zwei Flächen mit 90°-Winkel), Farbe
Vorkommen: als Gemengteil in Magmatiten (Gabbro, Pyroxenit), auch in Vulkaniten (Andesit) und Gesteinsmeteoriten

- **Klinopyroxene (*clinopyroxene*) – monoklin**
- ■■ **Diopsid-Hedenbergit-Serie (*diopside-hedenbergite series*), Ca(Mg,Fe)Si$_2$O$_6$**
- ■■ **Augit (*augite*), (Ca,Mg,Fe,Ti,Al)(Al,Si)$_2$O$_6$**

◨ Augit

Habitus: prismatisch, tafelig, säulig (4- oder 8-eckiger Umriss), auch körnige Aggregate
Dichte: 3,2–3,6 (variiert mit Fe-Gehalt)
Härte: 5,5–6,5
Zwillinge: häufig
Spaltbarkeit: gut
Bruch: uneben, spröde
Farbe/Transparenz: grauweiß bis hellgrün (Diopsid), dunkelgrün bis schwarz (Augit), durchsichtig bis durchscheinend
Strichfarbe: weiß (Diopsid), graugrün (Augit)
Glanz: Glasglanz
Bestimmungsmerkmale: Spaltbarkeit (zwei Flächen mit 90°-Winkel)

Vorkommen: als Gemengteil in Magmatiten und Metamorphiten; Augit meist als Gemengteil in magmatischen Gesteinen, vorwiegend in Vulkaniten (Basalt, Gabbro, Pyroxenit), Diopsid-Hedenbergit meist als Gemengteil in metamorphen Gesteinen.

■■ **Ägirin (*aegerine*), NaFeSi$_2$O$_6$ – monoklin**

◨ Ägirin

Habitus: langprismatische Kristalle, auch körnige, radialstrahlige Aggregate
Dichte: 3,5–3,6
Härte: 6
Zwillinge: häufig
Spaltbarkeit: gut
Bruch: uneben
Farbe/Transparenz: dunkelgrün oder braun, oft fast schwarz; durchscheinend bis opak
Strichfarbe: gelblich bis bräunlich, grün
Glanz: Glasglanz
Bestimmungsmerkmale: Farbe, Habitus, Spaltbarkeit
Vorkommen: als Gemengteil in Magmatiten (Syenit, Nephelinsyenit); auch in Metamorphiten

- **Amphibolgruppe (amphibole group)**

Eine wichtige Mineralgruppe für die Bildung magmatischer und metamorpher Gesteine. Der Winkel zwischen den Spaltflächen beträgt ca. 120° und ist charakteristisch für Amphibole.

■■ **Hornblende (*hornblende*), (Na,K)$_{0-1}$(Ca,Na)$_2$(Mg,Fe,Al)$_5$(Si,Al)$_8$O$_{22}$(OH)$_2$ – monoklin**
Habitus: kurz- oder langsäulige Kristalle (manchmal 6-seitiger Umriss), auch körnige, faserige oder stängelige Aggregate

Hornblende

Dichte: 3,0–3,5
Härte: 5–6
Zwillinge: häufig
Spaltbarkeit: vollkommen
Bruch: uneben, spröde
Farbe/Transparenz: hell- bis dunkelgrün, auch fast schwarz (manchmal schwarzbraun); durchscheinend bis fast opak
Strichfarbe: graugrün, graubraun
Glanz: Glasglanz
Bestimmungsmerkmale: Spaltbarkeit (zwei Flächen mit 120° Winkel)
Vorkommen: als Gemengteil in vielen Magmatiten (Granodiorit, Diorit, Syenit, Gabbro und die dazugehörigen Vulkanite), aber auch in mittelgradigen Metamorphiten, die durch Regionalmetamorphose entstanden sind. Besonders charakteristisch für Amphibolite

■■ Glaukophan-Riebeckit (*glaucophane-riebeckite*), $Na_2(Mg,Fe,Al)_5Si_8O_{22}(OH)_2$ – monoklin

Glaukophan

Habitus: selten Kristalle (prismatisch, nadelig), bisweilen faserig
Dichte: 3,0–3,4 (variiert mit Fe-Gehalt)
Härte: 5–6

Spaltbarkeit: gut
Bruch: uneben
Farbe/Transparenz: grau, graublau oder lavendelblau (Glaukophan), dunkelblau bis schwarz (Riebeckit); durchscheinend
Strichfarbe: hellgrau bis blau
Glanz: Glasglanz, Seidenglanz
Bestimmungsmerkmale: Farbe
Vorkommen: als Gemengteil in Na-reichen Schiefern (Glaukophan). Riebeckit ist in magmatischen Gesteinen (Granit, Syenit, Nephelinsyenit und deren vulkanischen Äquivalenten) zu finden; auch selten in Schiefern

Schichtsilikate

Schichtsilikate bestehen aus zweidimensionalen unendlichen Schichten, die aus (SiO_4)-Tetraedern angeordnet sind, wobei jedes Tetraeder bereits über drei Ecken an die drei Nachbartetraeder gebunden ist. Form und Eigenschaften der Kristalle (z. B. Spaltbarkeit) sind bestimmt durch den schichtartigen Aufbau.

■■ Talk (*talc*), $Mg_3Si_4O_{10}(OH)_2$ – monoklin

Talk

Habitus: selten Kristalle, häufig körnige, schuppige, blättrige Aggregate
Dichte: 2,6–2,8
Härte: 1
Spaltbarkeit: vollkommen
Farbe/Transparenz: weiß, grau oder hellgrün, manchmal gelblich, rötlich; durchscheinend
Strichfarbe: weiß bis hellgrün
Glanz: Perlmuttglanz, Fettglanz
Bestimmungsmerkmale: Härte (fettiges Gefühl), Farbe
Vorkommen: sekundär nach Alteration von Olivin, Pyroxen und Amphibol. Als Kluftfüllung in Mg-reichen Gesteinen. Auch in Schiefer (niedrig- bis mittelgradig) oder Kalkstein und Dolomit

■ Glimmergruppe (*mica group*)

Es gibt zwei Hauptgruppen von Glimmern, eine Gruppe reich an Fe und Mg (Dunkelglimmer) und eine reich an Al (Hellglimmer).

■■ Muskovit (*muscovite*), $KAl_2(AlSi_3O_{10})(OH,F)_2$ – monoklin, pseudo-hexagonal

Habitus: tafelige, plattige Kristalle (hexagonale Umrisse), auch blättrige Aggregate
Dichte: 2,8–2,9
Härte: 2,5–3

◻ Muskovit (Foto R. Schumacher)

Spaltbarkeit: vollkommen (individuelle Blätter sind flexibel und elastisch)
Farbe/Transparenz: farblos bis hellgrau, grün oder braun; durchsichtig bis durchscheinend
Strichfarbe: weiß
Glanz: Glasglanz, Perlmuttglanz
Bestimmungsmerkmale: Spaltbarkeit, Farbe
Vorkommen: ein häufiges Gemengteil in magmatischen Gesteinen (Granit, Pegmatit) und Metamorphiten (Schiefer, Gneis). Auch sekundär als Alterationsprodukt (Serizit) von z. B. Feldspäten, oder als Verwitterungsprodukt in Sanden (Fluss, Strand)

- **Phlogopit-Biotit-Serie (phlogopite-biotite series)**
- ■ **Phlogopit (*phlogopite*), $KMg_3AlSi_3O_{10}(OH,F)_2$ – monoklin**
- ■ **Biotit (*biotite*), $K(Mg,Fe)_3AlSi_3O_{10}(OH,F)_2$ – monoklin**

◻ Biotit

Habitus: tafelig oder kurzprismatisch (hexagonaler Umriss), auch blättrige, schuppige Aggregate
Dichte: 2,7–3,3 (variiert mit Fe-Gehalt)
Härte: 2–3

Spaltbarkeit: vollkommen
Farbe/Transparenz: gelblich bis rotbraun, grün (Phlogopit), schwarz, schwarzbraun, dunkelgrün (Biotit); durchsichtig bis durchscheinend
Strichfarbe: weiß
Glanz: Glasglanz, Metallglanz, Perlmuttglanz
Bestimmungsmerkmale: Spaltbarkeit
Vorkommen: als Gemengteil in Metamorphiten, Mg-reichen Magmatiten und Kimberliten (Phlogopit). Biotit ist häufig als Gemengteil in Graniten, Syeniten, Dioriten und deren vulkanischen Äquivalenten. Auch charakteristisch für Glimmer-Lamprophyr, und in manchen Metamorphiten (Schiefer, Gneis)

- ■ **Chloritgruppe (*chlorite group*), $(Mg,Fe,Al)_6(Si,Al)_4O_{10}(OH)_8$ – monoklin**

◻ Chlorit

Sammelname für eine Gruppe ähnlich zusammengesetzter Minerale, inklusive Chamosit
Habitus: pseudohexagonale tonnenförmige Kristalle, erdige, schuppige, oder plattige Aggregate
Dichte: 2,6–3,3 (variiert mit Fe-Gehalt)
Härte: 2–3
Spaltbarkeit: vollkommen (individuelle Schuppen sind flexibel, aber nicht elastisch)
Farbe/Transparenz: grün, gelb, rot, braun, schwarz; durchscheinend
Strichfarbe: graugrün, braun
Glanz: Glasglanz, matt
Bestimmungsmerkmale: Farbe, Spaltbarkeit (nicht elastisch)
Vorkommen: in Metamorphiten (Chloritschiefer), oder als Alterationsprodukt vieler Minerale (Pyroxene, Amphibole, Glimmer) in Magmatiten. Auch als Mandeln in Vulkaniten oder in Sedimenten.

- ■ **Serpentingruppe (*serpentine group*), $Mg_3Si_2O_5(OH)_5$ – monoklin**

Zwei Strukturvarietäten sind zu unterscheiden – Chrysotil und Antigorit
Habitus: faserige (Chrysotil-) oder schuppige (Antigorit-)Aggregate
Dichte: 2,5–2,6
Härte: variabel, 2,5–4
Spaltbarkeit: vollkommen (Antigorit)
Bruch: muschelig, splittrig
Farbe/Transparenz: grün, braun, grau, weiß oder gelb, durchscheinend bis opak
Strichfarbe: weiß
Glanz: Fettglanz, Harzglanz, Seidenglanz, matt
Bestimmungsmerkmale: Farbe, Glanz, Habitus

■ Druse mit kryptokristallinem Quarz (Achat)

■ Serpentin

Vorkommen: sekundäres Mineral, entstanden durch die Alteration anderer Minerale (Olivin, Orthopyroxen) in Magmatiten oder Serpentiniten

■■   **Glaukonit (*glauconite*)**

■ Glaukonit

Glaukonit ist ein Mineral der Glimmergruppe. Es ist in kleinen, gerundeten Aggregaten (Klasten) in marinen sedimentären Gesteinen zu finden. Sein Glanz ist matt und die Spaltbarkeit ist vollkommen.

Gerüstsilikate

In den Gerüstsilikaten ist jedes (SiO_4)- oder (AlO_4)-Tetraeder über sämtliche vier Ecken mit benachbarten (SiO_4)- bzw. (AlO_4)-Tetraedern verknüpft, wodurch ein dreidimensional unendliches Tetraedergerüst entsteht. Diese Gerüste umschließen größere Hohlräume, in denen große Kationen u. a. Platz finden.

■■   **Quarz (*quartz*), SiO_2 – trigonal**

Habitus: Kristalle sind meist prismatisch, die Prismen sind meist hexagonal (mit Streifung)

Zwillinge: Natürliche Quarzkristalle sind fast immer verzwillingt. Die Zwillingsgesetze des Quarzes sind: **a** Dauphinéer/Schweizer-Gesetz (zwei gleichgroße Rechtsquarz- oder Linksquarzkristalle) **b** Brasilianer-Gesetz (ein Rechts- und ein Linksquarzkristall gleicher Größe) **c** Japaner-Gesetz (Verwachsung zweier Kristalle mit fast rechtwinkelig zueinander geneigten c-Achsen).

Dichte: 2,65

Härte: 7

Spaltbarkeit: fehlt

Bruch: muschelig

Farbe/Transparenz: reiner Quarz ist farblos; die wichtigsten gefärbten Varietäten sind unten aufgeführt; durchsichtig bis durchscheinend

Glanz: Glasglanz

Varietäten des Quarzes: Es gibt viele Varietäten, die nach Farbe, Ausbildung, Transparenz und anderen Eigenschaften unterschieden werden: Bergkristall ist farblos, wasserklar durchsichtig und stets von Kristallflächen (Millimeter- bis Metergröße) begrenzt. Rauchquarz ist rauchbraun und durchsichtig bis durchscheinend. Citrin ist zitronengelb und durchsichtig bis durchscheinend. Amethyst ist violett durchscheinend, bisweilen violette Farbe, fleckig-trüb, auch mit zonarer oder streifiger Farbverteilung. Rosenquarz ist rosarot durchscheinend bis kantendurchscheinend und milchig-trüb. Zahlreiche Varietäten basieren auf Einschlüssen im Quarz oder inneren Verwachsungen von Quarz mit parallelfaserigen bis stängelig-nadeligen Fremdmineralen; z. B. geben winzige Flüssigkeitseinschlüsse dem Milchquarz eine milchig-trübe Erscheinung. Zu den mikro- bis kryptokristallinen Varietäten des Quarzes gehören die Chalzedon- und die Jaspisgruppe.

Bestimmungsmerkmale: Kristallform, muscheliger Bruch, Glasglanz und Härte

Vorkommen: Quarz ist ein häufiges Mineral in vielen magmatischen und metamorphen Gesteinen, besonders Granit und Gneis, aber auch in klastischen Sedimenten. Auch ein häufiges Gangmineral

▪▪ Chalzedon (*chalcedony*), SiO_2 – trigonal

▫ Chalzedon

Habitus: Aggregate, radialstrahlig, stalaktitisch oder wulstig-traubige Formen
Dichte: 2,6
Härte: 6,5
Spaltbarkeit: fehlt
Bruch: muschelig
Farbe/Transparenz: weiß bis grau, rot, braun oder schwarz; durchsichtig bis durchscheinend
Glanz: Glasglanz bis Wachsglanz
Varietäten: Die Varietäten unterscheiden sich nach Farbe, Ausbildung, Transparenz und anderen Eigenschaften, z. B. Chalzedon (meist bläulich gefärbt, dichtfaserig), Karneol (pink), Achat (rhythmisch und feinschichtig gebändert), Onyx (schwarzweiß gebändert), Chrysopras (grüne Farbe), Jaspis (undurchsichtiger, intensiv gefärbter Chalzedon, meist braun, rot, gelb oder grün).
Bestimmungsmerkmale: Habitus, muscheliger Bruch, Härte
Vorkommen: Chalzedon ist eine kompakte Art von Quarz mit feinen (krypto- bis mikrokristallinen) Kristallen, die als hydrothermales Fällungsprodukt gebildet wurden, gangförmige Körper und Füllungen oder Auskleidungen von ehemaligen Hohlräumen (z. B. Kreideklippen, Rügen), vor allem in Vulkaniten (z. B. Mandeln in Mandelsteinen). Im sedimentär-diagenetischen Bereich tritt Chalzedon (bzw. Jaspis) neben oder statt Opal als Material von kieseligen Konkretionen (Feuerstein) auf, ferner als Einkieselungssubstanz von ursprünglich kalkigen Fossilien und von fossilen Hölzern (Holzstein). Chalzedon wird auch auf dem Meeresboden abgelagert (Kieselschlamm).

▪▪ Opal (*opal*), $SiO_2 \cdot nH_2O$

Habitus: massig, oft massive, stalaktitische, traubenförmige und runde Formen, auch als Adern
Dichte: 2,0–2,2 (vom Wassergehalt abhängig)
Härte: 5,5–6,5
Spaltbarkeit: fehlt
Bruch: muschelig
Farbe/Transparenz: variabel, von wasserklar farblos über milchigweiß, grau, rot, braun, blau, grün bis fast schwarz, oder in blassen Farben; durchsichtig bis milchig-durchscheinend. Edle Opale zeigen ein lebhaftes Farbenspiel (opalisieren).
Glanz: Glasglanz/Wachsglanz
Varietäten: Opal ist in variablem Ausmaß wasserhaltiges SiO_2 (ca. 6–10 % bei Edelsteinqualität). Varietäten sind Edelopal (regenbogenartiger Schiller), Hyalit (glasglänzend, wasserklar), Hydrophan (milchweiß), Feueropal (bernsteinfarben, durchscheinend).

▫ Opal (Foto R. Schumacher)

Bestimmungsmerkmale: Form, Dichte
Vorkommen: abgelagert aus SiO_2-reichen Wassern in Gängen, häufig neben Geysiren oder heißen Quellen. Aus Opal ist auch das Skelett vieler Organismen (z. B. Radiolarien, Diatomeen und Schwämmen); ihre Ablagerungen können opalreiche Sedimente bilden (z. B. Diatomit).

▪ Feldspatgruppe (*feldspar group*)

Feldspäte sind die häufigsten Minerale in der Erdkruste (> 60 %), besonders in metamorphen und magmatischen Gesteinen. Sie haben die Komposition $XAl(Si,Al)Si_2O_8$, wobei X = K, Na, Ca, Ba und Sr. Durch diese Variabilität in der Komposition gibt es Variationen in der Kristallform und den Eigenschaften, die Informationen über die chemischen und physikalischen Bedingungen während der Entstehung liefern. Die Serie zwischen Albit (Ab – $NaAlSi_3O_8$) und Orthoklas (Or – $KAlSi_3O_8$) sind die **Kalifeldspäte**, die Serie zwischen Albit und Anorthit (An – $CaAl_2Si_2O_8$) sind die **Plagioklase**:

- Albit (An_0-An_{10}),
- Oligoklas (An_{10}-An_{30}),
- Andesin (An_{30}-An_{50}),
- Labradorit (An_{50}-An_{70}),
- Bytownit (An_{70}-An_{90}),
- Anorthit (An_{90}-An_{100}).

Alteration: Kalifeldspäte werden häufig zu Tonmineralen (besonders zu Kaolinit) umgeformt, Plagioklase zu Tonmineralen oder Serizit.

1

▪▪ Alkalifeldspäte (*alkali feldspars*, $KAlSi_3O_8$)
▪▪ Sanidin (*sanidine*), monoklin

◘ Sanidin

▪▪ Orthoklas (*orthoclase*), monoklin

◘ Orthoklas

▪▪ Mikroklin (*microcline*), triklin

In dieser Subgruppe wird K^+ oft durch Na^+ ersetzt. Die allgemeine Formel ist $(K,Na)AlSi_3O_8$. Die Kristalle der Kalifeldpatpolymorphe sind ähnlich im Habitus.

Habitus: Sanidinkristalle sind oft tafelig oder prismatisch. Orthoklaskristalle und Mikrokline sind bisweilen prismatisch, manchmal mit einer rechteckigen Form (Baveno-Habitus).

Zwillinge: häufig (**a**. Karlsbader-Gesetz – ein Durchdringungszwilling, bei dem zwei tafelige Feldspatkristalle sich durchdringen, **b**. Baveno-Gesetz – ein Kontaktzwilling wodurch ein Prisma entsteht, oder **c**. Manebach-Gesetz – ein Kontaktzwilling, bei dem zwei Kristalle nach der a-Achse gestreckt sind)

Dichte: 2,5–2,6

Härte: 6,0–6,5

Spaltbarkeit: vollkommen

Bruch: muschelig bis uneben

Farbe/Transparenz: Sanidin ist farblos bis grau; durchscheinend bis durchsichtig. Orthoklas ist weiß bis pink, bisweilen rot; Mikroklin ist ähnlich, beide sind durchscheinend bis wenig durchsichtig

Glanz: Glasglanz, perlmuttartig parallel zu Spaltbarkeit

Bestimmungsmerkmale: Farbe, Spaltbarkeit und Härte differenzieren Orthoklas und Mikroklin von anderen Mineralen, aber es ist schwer, sie zu unterscheiden. Sanidin kann man unterscheiden aufgrund der Durchsichtigkeit, dem tafeligen Habitus und dem Vorkommen.

Vorkommen: Orthoklas ist der häufigste Kalifeldspat in magmatischen und metamorphen Gesteinen. Mikroklin ist verbreitet in metamorphischen Gesteinen und in Graniten, Granit-Pegmatiten und hydrothermalen Gängen. Sanidin ist die Hochtemperaturform von $KAlSi_3O_8$ und tritt häufig in Form von Einsprenglingen in frisch aussehenden, relativ jungen vulkanischen Gesteinen (Rhyolith, Trachyt) und deren Tuffen auf.

▪ Plagioklasreihe (*plagioclase series*), $NaAlSi_8O_8$-$CaAl_2Si_2O_8$
▪▪ Plagioklas (*plagioglase*), triklin

◘ Plagioklas, in Amphibolgneis

Habitus: tafelig oder prismatisch, auch massig

Zwillinge: meist verzwillingt, vorzugsweise nach dem Albit- und/oder dem Periklingesetz. Auch komplexe Zwillingsstöcke (Kombination von Albit- und Karlsbadgesetz, seltener mit dem Baveno- oder dem Manebach-Gesetz)

Dichte: 2,6–2,8

Härte: 6,0–6,5

Spaltbarkeit: vollkommen

Bruch: uneben, muschelig

Farbe/Transparenz: weiß, bisweilen pink, grünlich, bräunlich; durchsichtig bis durchscheinend

Glanz: Glasglanz, perlmuttartig parallel zu Spaltbarkeit

Bestimmungsmerkmale: Zwillingslamellierung ist ausgeprägt auf Spaltbarkeitsflächen. Die individuellen Plagioklase in der Mischungsreihe zwischen Albit und Anorthit sind schwer optisch voneinander zu unterscheiden außer Labradorit, der oft spektakuläre blaue/grüne Farben auf der Spaltfläche zeigt.

Vorkommen: häufig Gemengeminerale in magmatischen und metamorphen Gesteinen (s. ▶ Abschn. 2.2, 2.3), aber auch dendritisch in Sedimentgesteinen. Die einzelnen Plagioklase zeigen unterschiedliche Vorkommen: Albit (in hellen, alkalibetonten magmatischen Gesteinen, in niedriggradig metamorphen Gesteinen, authigen während Diagenese in Sandsteinen), Oligoklas (in hellen magmatischen Gesteinen, in mittelgradigen metamorphen Gesteinen), Andesin (in mesokratischen magmatischen Gesteinen, z.B. Andesiten, Dioriten, und mittelgradig metamorphen Gesteinen), Labradorit (in dunklen magmatischen Gesteinen, besonders Basalten und Gabbros, und in basischen metamorphen Gesteinen, besonders Amphiboliten), Bytownit (in sehr basischen magmatischen und metamorphen Gesteinen), Anorthit (Drusenmineral in Ca-reichen vulkanischen Auswürflingen und basaltischen Tuffen, relativ seltener Gemengteil in stark unterkieselten, Ca-reichen magmatischen Gesteinen sowie in mittel- bis hochgradig metamorphen Kalken und Kalkmergeln)

■ Feldspatoid-/Foide-Gruppe (*feldspathoid group*)

Chemisch verwandt mit den Feldspäten, aber mit einem niedrigeren Silikatgehalt

■■ Leucit (*leucite*), $KAlSi_2O_6$ – normalerweise tetragonal (pseudokubisch), und kubisch > 625 °C

■ Leucit

Habitus: gewöhnlich Ikositetraeder, auch körnige Aggregate
Dichte: 2,5
Härte: 5,5–6
Spaltbarkeit: keine
Bruch: muschelig, spröde
Farbe/Transparenz: weiß, grau; durchscheinend
Strichfarbe: weiß
Glanz: Glasglanz, matt
Bestimmungsmerkmale: Habitus
Alteration: alteriert zu Pseudoleucit, eine Mischung aus Orthoklas und Nephelin
Vorkommen: Leucit ist instabil unter Hochdruckbedingungen und nie in Verbindung mit Quarz zu finden. Dadurch ist das Vorkommen begrenzt. Typisch in K-reichen, Si-armen Vulkaniten (Trachyten).

■■ Nephelin (*nepheline*), $NaAlSiO_4$ – hexagonal

Habitus: kurzsäulige Kristalle (gewöhnlich 6-seitiger Umriss), auch körnige, derbe Aggregate
Dichte: 2,6–2,7
Härte: 5,5–6
Spaltbarkeit: undeutlich
Bruch: muschelig, uneben
Farbe/Transparenz: weiß, grau, auch rotbraun oder grünlich, manchmal farblos; durchsichtig bis durchscheinend
Strichfarbe: weiß
Glanz: Fettglanz, Glasglanz

■ Nephelin

Bestimmungsmerkmale: Glanz (fettiges Gefühl)
Vorkommen: in SiO_2-armen Magmatiten und Vulkaniten (Nephelinsyenite, Phonolit)

■ Zeolithgruppe (*zeolite group*)

Eine Gruppe von Alumosilikaten, die Wasser gebunden haben. Die Minerale innerhalb der Gruppe können faserige Aggregate bis Kristalle bilden.

■■ Analcim (*analcite*), $NaAlSi_2O_6$-H_2O – kubisch

■ Analcim (Foto P. Modreski)

Habitus: gewöhnlich Ikositetraeder, auch körnige Aggregate
Dichte: 2,2–2,3
Härte: 5,5
Spaltbarkeit: undeutlich
Bruch: muschelig, uneben
Farbe/Transparenz: farblos, weiß, grau, rötlich oder gelb; durchsichtig bis trüb
Strichfarbe: weiß
Glanz: Glasglanz
Bestimmungsmerkmale: Habitus, Vorkommen
Vorkommen: meist als sekundäre Minerale in basaltischen und phonolithischen Gesteinen. Auch in Sedimenten

Gesteine und Prozesse

Tom McCann

T. McCann, M. Valdivia Manchego, *Geologie im Gelände*,
DOI 10.1007/978-3-8274-2383-2_2, © Springer-Verlag Berlin Heidelberg 2015

2.1 Die drei Hauptgesteinsarten

Gesteine sind natürliche und stabile Aggregate von Mineralen oder mineral-ähnlichen Substanzen (die nicht kristallisieren, z. B. Obsidian), die in drei Hauptgruppen unterteilt werden können – magmatisch (d. h. plutonisch und vulkanisch), sedimentär und metamorph (Abb. 2.1 und 2.2, Tab. 2.1).

Magmatische Gesteine entstehen durch Abkühlung von geschmolzenem oder teilweise geschmolzenem Material (Magma) auf oder innerhalb der Erdkruste. Abkühlung auf oder nahe der Oberfläche ergibt extrusive magmatische Gesteine (z. B. Basalte), während Abkühlung innerhalb der Erde intrusive magmatische Gesteine (z. B. Granite) bildet.

Sedimentäre Gesteine entstehen durch die Konsolidierung und Zementierung von lockeren Sedimenten (z. B. Sanden) oder organischer Substanz (z. B. Kohle), die in Schichten auf der Erdoberfläche abgelagert oder chemisch ausgefällt wurden (z. B. Karbonate, Evaporite).

Metamorphe Gesteine werden aus bereits existierenden Gesteinen gebildet, die sich aufgrund neuer Temperatur- und Druckbedingungen umwandeln. Diese neuen Bedingungen ergeben mineralogische, chemische und strukturelle Änderungen.

2.2 Magmatische Gesteine

Ein Magma ist eine Mischung aus geschmolzenem oder halbgeschmolzenem Gestein (gewöhnlich mit Temperaturen zwischen 700 und 1300 °C), Volatilen und Feststoffen, die unter der Erdoberfläche auftreten. Es handelt sich in der Regel um silikatische Mischungen. Magmen können darüber hinaus suspendierte Kristalle und gelöste Gase enthalten (manchmal auch Gasbläschen). Magmen entwickeln sich in bestimmten Milieus (z. B. an Subduktionszonen, kontinentalen Riftzonen, mittelozeanischen Rücken), wo die Umgebung und die Zusammensetzung eng in Bezug zueinander stehen. Das anfängliche Aufschmelzen von Gesteinen führt zur Bildung einer primären Schmelze (durch Temperatur, Druck und Zusammensetzung beeinflusst), und diese wird anschließend umgewandelt als Resultat von fraktioneller Kristallisation, Kontamination und Magmenmischung.

Magmatische Gesteine entstehen direkt durch Abkühlung aus einer Gesteinsschmelze (Magma). Dies geschieht entweder in tieferen Bereichen der Erdkruste bzw. im oberen Mantel (intrusiv) oder nahe an der Erdoberfläche (extrusiv). Beim Abkühlungsprozess des Magmas bilden sich Kristalle charakteristischer Minerale. Die möglichen Mineralassoziationen oder -paragenesen, sowie die Größe und Gestalt der beteiligten Minerale ist abhängig von:

- der Zusammensetzung sowie
- der Abkühlungsrate des Magmas (gesteuert durch den Abkühlungsort, d. h. abhängig davon, ob nah zur Erdoberfläche, tief in der Kruste oder dem Mantel).

Durch die Abkühlung des Magmas und das folgende Auskristallisieren erster Minerale wird die Zusammensetzung der Restschmelze verändert. Diesen Prozess nennt man **fraktionierte Kristallisation**, da die schon kristallisierten Minerale durch verschiedene Prozesse dem Magma entzogen werden, d. h. nicht mehr mit der Restschmelze äquilibrieren können. Dabei entwickeln sich die Magmen chemisch von einer ursprünglichen, primären Zusammensetzung der Schmelze zu einer neuen, modifizierten Zusammensetzung. Während der Entwicklung des Magmas kann die Zusammensetzung der Schmelze auch durch die Assimilation von Nebengestein oder eines anderen Magmas (**Magmenmischung**) chemisch verändert werden.

Die **Bowen-Reaktionsreihe** gibt einen vereinfachten Überblick über die chemische Entwicklung und die Kristallisation eines Magmas (Abb. 2.3). Die Serie beschreibt zwei getrennte, aber parallele Entwicklungsreihen – eine für die ferromagnetischen Minerale (Fe-Mg-haltig; dunkel) und eine für die Feldspäte. Beide Reihen beenden ihre Entwicklung mit der Kristallisation von Quarz.

Alle magmatischen Gesteine entstehen aus Schmelzen, d. h. einem Magma. Diese Schmelzen besitzen einen hohen silikatischen Anteil (40–75 % SiO_2-Gewichtsanteil). Einige seltene magmatische Gesteine bilden sich aus SiO_2-untersättigten oder karbonatischen Schmelzen (z. B. Karbonatiten). Die Chemie des Magmas bestimmt die Mineralausbildung bei der Kristallisation, aber sie kontrolliert auch die physikalischen Eigenschaften des Magmas wie Dichte und Viskosität (in Abhängigkeit von der Temperatur). Während Magmen abkühlen, beginnen Minerale, darin auszukristallisieren, und es bilden sich Flüssig-Fest-Mischungen. Diese Mischungen aus Schmelze und suspendierten Kristallen (und vielleicht Fluideinschlüssen) existieren bei Temperaturen zwischen dem sogenannten **Liquidus** (d. h. die ersten Minerale kristallisieren aus der Schmelze aus) und dem **Solidus** (d. h. das Magma liegt komplett in fester

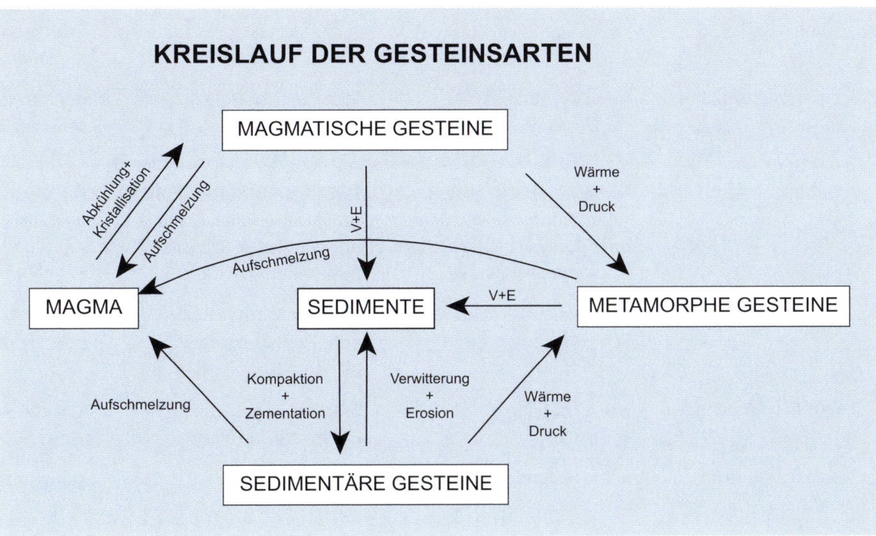

Abb. 2.1 Kreislauf der Gesteinsarten
(V: Verwitterung; E: Erosion)

2

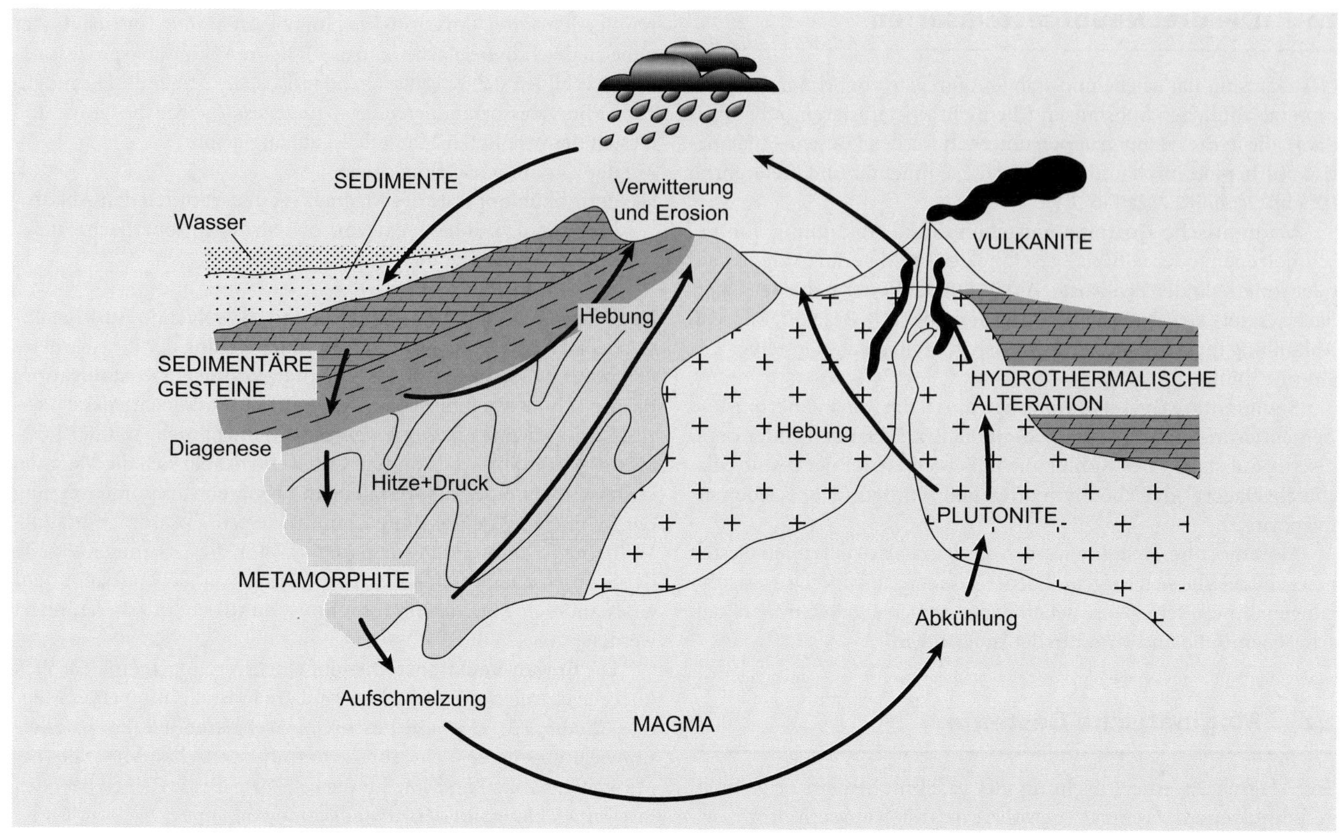

Abb. 2.2 Gesteinszyklus nach dem schottischen Begründer der modernen Geologie, James Hutton. Die Abbildung zeigt sowohl die Beziehung zwischen internen und externen Prozessen als auch die Hauptentstehungsgebiete für Minerale und Gesteine. (Nach Wenk und Bulakh 2004)

Tab. 2.1 Allgemeine Eigenschaften von magmatischen, sedimentären und metamorphen Gesteinen

	Plutonische Gesteine	Vulkanische Gesteine	Metamorphe Gesteine	Sedimentäre Gesteine
Kristallinität	Kristallin	Kristallin	Kristallin	Nichtkristallin; Ausnahme: manche Kalksteine und Evaporite; sonst meist Fragmente
Kristall/Fragmente, Größe	Große Kristalle, aber Mineralgröße variabel	Kleine Kristalle (nicht mit Auge erkennbar; mikro-kristallin bis glasig), mit einigen großen Kristallen (porphyritisch)	Meist große Kristalle (manchmal mit einigen größeren Kristallen, d. h. Porphyroblasten). Bei Schichtung: individuelle Schichten haben bestimmte Kristallgrößen	Fragmente (Klasten/Körner) können sehr variabel sein (z. B. Sandstein, Konglomerat)
Zusammensetzung	Meist 2+-Minerale	Meist 2+-Minerale	Können monomineralisch sein (z. B. Marmor, Quarzit), aber meist 2+-Minerale	Können monomineralisch sein (z. B. Kalkstein, Dolomit), aber meist 2+-Minerale
Farbe	Farbe variabel – hell (z. B. saure Zusammensetzung) oder dunkel (z. B. basische Zusammensetzung)	Farbe variabel – hell (z. B. saure Zusammensetzung) oder dunkel (z. B. basische Zusammensetzung)	Farbe variabel – manchmal gestreift (z. B. Gneis)	Farbe sehr variabel
Strukturen	Normalerweise keine Schichtung	Manchmal mit Schichtung oder Fließstrukturen, manchmal Säulenbildung	Oft mit Parallelgefüge (z. B. Schieferung)	Meist ausgeprägte Schichtung
Fossilien vorhanden?	Keine Fossilien	Fossilien in bestimmten Fällen (z. B. in Tuffen)	Manchmal Fossilien	Oft Fossilien
Reaktion mit HCl	Keine Reaktion	Keine Reaktion	Manchmal Reaktion mit HCl	Karbonate zeigen starke Reaktion mit HCl

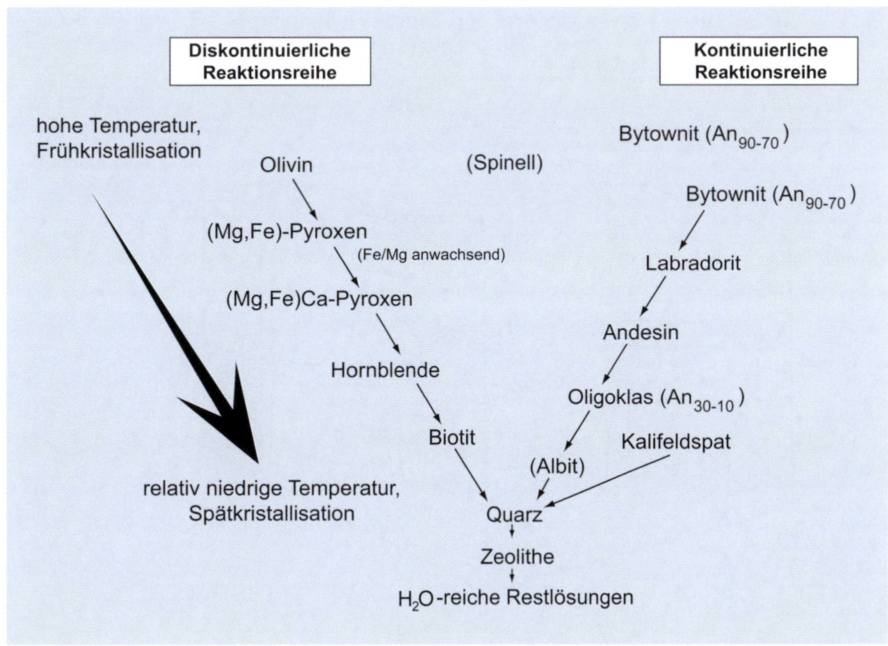

Abb. 2.3 Bowen-Reaktionsreihe (nach Blatt et al. 2006)

Form vor). Zwischen dem Liquidus und dem Solidus besteht ein Magma demnach aus einer (silikatischen) Schmelze, in der Kristalle und flüchtige Phasen (d. h. Gase, größtenteils H_2O, CO_2 und SO_2) vorkommen. Zusätzlich können Fremdgesteinskörper (**Xenolithe**) oder -kristalle (Xenocrysten/**Fremdkristalle**) darin auftreten.

Xenolith aus dem Massif Central, Frankreich

Gesteuert durch die Dichte der Schmelze und der geotektonischen Situation steigen Magmen durch die Lithosphäre in Richtung der Erdoberfläche auf. Die Dichte des Magmas in Bezug zur Dichte der Lithosphäre sowie die Dynamik von Kruste und Lithosphäre steuern, ob das Magma bereits in der Tiefe abkühlt (Intrusion) oder die Oberfläche erreicht (Extrusion). Die regionale tektonische Situation spielt dabei eine wesentliche Rolle.

Magmatische Gesteine sind die vorherrschenden Muttergesteine für einige der wichtigsten wirtschaftlichen Ressourcen, wie z. B. für Diamanten (in Kimberliten, als Xenokrysten), für Cr und Ni (in mafischen und ultramafischen Intrusionen), für Co, Mo, Sn und W (in bestimmten Granittypen), für Ti (in Anorthositen) und für Li und die Seltenerdelemente (in Pegmatiten). Die Mineralisierung, die mit magmatischen Gesteinen verbunden ist, wird auf die Platznahme eines heißen Magmenkörpers in der Kruste und die daraus resultierende Ausbildung hydrothermaler Konvektionszellen, sowohl innerhalb der Intrusion als auch im umgebenden Nebengestein, zurückgeführt. Zusätzlich zur Mineralisierung verursacht der Durchgang hydrothermaler Fluide auch andere Prozesse wie zum Beispiel die Verdrängung bestehender Minerale (z. B. wandeln sich Feldspäte in Tonminerale um; Pyroxene werden durch Amphibole verdrängt) oder die Bildung neuer Minerale, z. B. durch eine Silifizierung des Nebengesteins (Verkieselung = Wachstum von Quarz).

2.2.1 Untersuchung magmatischer Gesteine

Magmatische Gesteine sind oft an der Oberfläche aufgeschlossen, da sie entweder oberflächennah entstanden sind (z. B. in Vulkanen) oder durch tektonische Prozesse und Erosion nach ihrer Erstarrung an die Oberfläche vorgedrungen sind (Exhumation großer intrusiver Gesteinskörper). Um die Entstehung und Entwicklung einer magmatischen Provinz zu verstehen, ist es notwendig, eine Vielfalt von Untersuchungen im Gelände und im Labor zu machen. Eine vollständige Analyse umfasst sowohl großmaßstäbliche Beobachtungen im Kilometerbereich (z. B. umfangreiche Kartierung bzw. Gebrauch von Luft/Satelliten-Daten) als auch kleinmaßstäbliche Beobachtungen im Millimeterbereich und darunter (z. B. die mikroskopische Analyse des Mineralbestands und des Gesteinsgefüges):

- Kilometerskala – Kartierung von übergeordneten Beziehungen zwischen magmatischen Körpern,
- Meterskala – Kartierung von Magma-Mischungsgrenzen und Kontaktbereichen; Analyse von Schichtungsphänomenen,
- Millimeterskala und darunter – Beschreibung von Gefüge- und Mineraleigenschaften im Korngrößenbereich sowie von Eigenschaften wie chemische und strukturelle Zonierungen innerhalb einzelner Minerale.

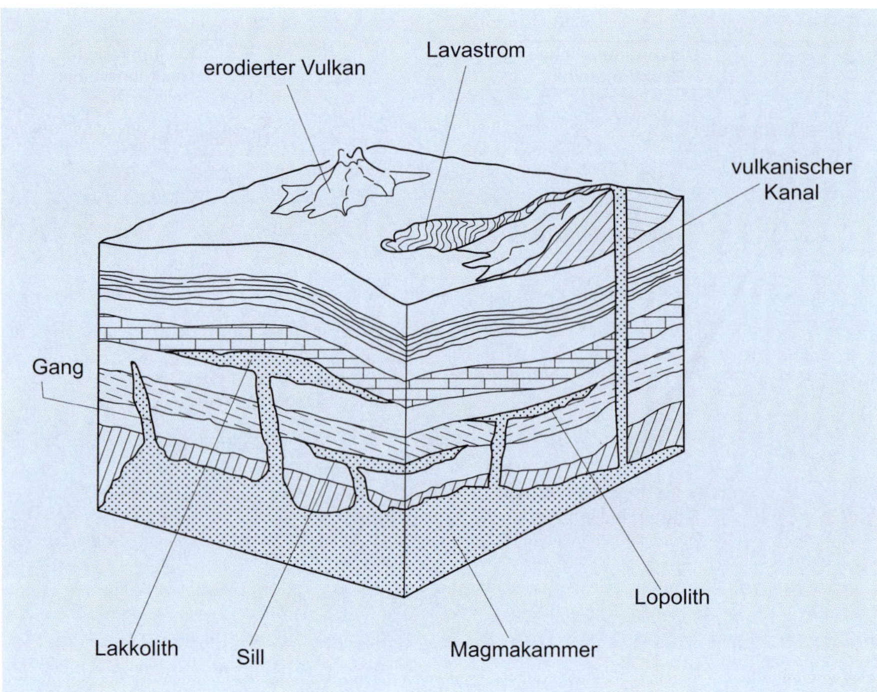

Abb. 2.4 Hauptintrusionsarten mit möglichen Beziehungen zu einer subvulkanischen Magmakammer (nach Thorpe und Brown 1985)

Tab. 2.2 Intrusivkörper und ihre Dimensionen

		Mächtigkeit	Breite/Länge/Fläche	Zusammensetzung
Flach	Sills	Mehrere Meter bis Hunderte von Metern	Bis 10 km breit	Hauptsächlich mafisch
	Lakkolithe	Max. ca. 1000 m	1–8 km	Hauptsächlich Si-reiche Gesteine
	Lopolithe	Mehrere Meter bis mehrere Kilometer	Mehrere zehn bis Hunderte von Kilometern Durchmesser	Oft asymmetrisch und grob geschichtet; hauptsächlich mafische bis ultramafische Gesteine
	Gänge	< 1 m bis mehrere hundert Meter	Bis mehrere zehn Kilometer	Si-reich; mafisch bis ultramafisch
	Batholithe	–	Mehrere 10 km breit; 100 bis Tausende km²	Hauptsächlich Si-reiche Gesteine
	Stöcke	–	Einige Kilometer breit; maximal 100 km²	Hauptsächlich Si-reiche Gesteine
Tief	Vulkanische Pfropfen	100 m bis 1 km	–	Variabel, abhängig von Vulkanchemie

Feldgestützte Beobachtungen können eingesetzt werden, um die verschiedenen Aspekte der Entwicklung der Magmen und der entstehenden magmatischen Körper besser zu verstehen:

- Form und Umfang der magmatischen Körper (Intrusion),
- Beziehung zwischen der Intrusion und den angrenzenden Lithologien,
- Mineralogie der magmatischen Gesteine,
- Abkühlungsgeschichte der magmatischen Gesteine.

Für eine detailliertere Charakterisierung der magmatischen Körper (einschließlich ihres Ursprungs) sind zusätzlich chemische Gesteinsanalysen (Haupt- und Spurenelemente, stabile und radiogene Isotope) erforderlich. Eine gute Feldaufnahme ist dabei jedoch die Grundlage für jede weitere Untersuchung und liefert bereits wichtige Informationen über die magmatischen Bildungsprozesse. Häufig sind die wichtigsten anfänglichen Fragen, ob die untersuchten Körper intrusiv oder extrusiv, **autochthon** (*in situ*) oder **allochthon** (nicht *in situ*) ist. Diese Fragen können häufig schon durch die Bestimmung

der Korngröße und des Gefüges am Handstück oder durch andere Feldkennzeichen im Aufschluss (z. B. Form und Umfang vom Körper, Kontaktbeziehungen zum Nebengestein) beantwortet werden.

2.2.2 Intrusive magmatische Gesteine – Arten von Intrusivkörpern

Intrusive magmatische Gesteine entstehen durch die Abkühlung und Erstarrung von Magmen tief innerhalb der Erdkruste (Abb. 2.4, Tab. 2.2). Die Körper können Dimensionen von mehreren Metern bis zu mehreren Kilometern erreichen. Die Charakterisierung von Intrusionen erfolgt in der Regel nach:

- der Größe des Intrusionskörpers,
- der Tiefe der Platznahme des Intrusionskörpers sowie
- der Art und Geometrie der Kontakte, die den Intrusionskörper abgrenzen.

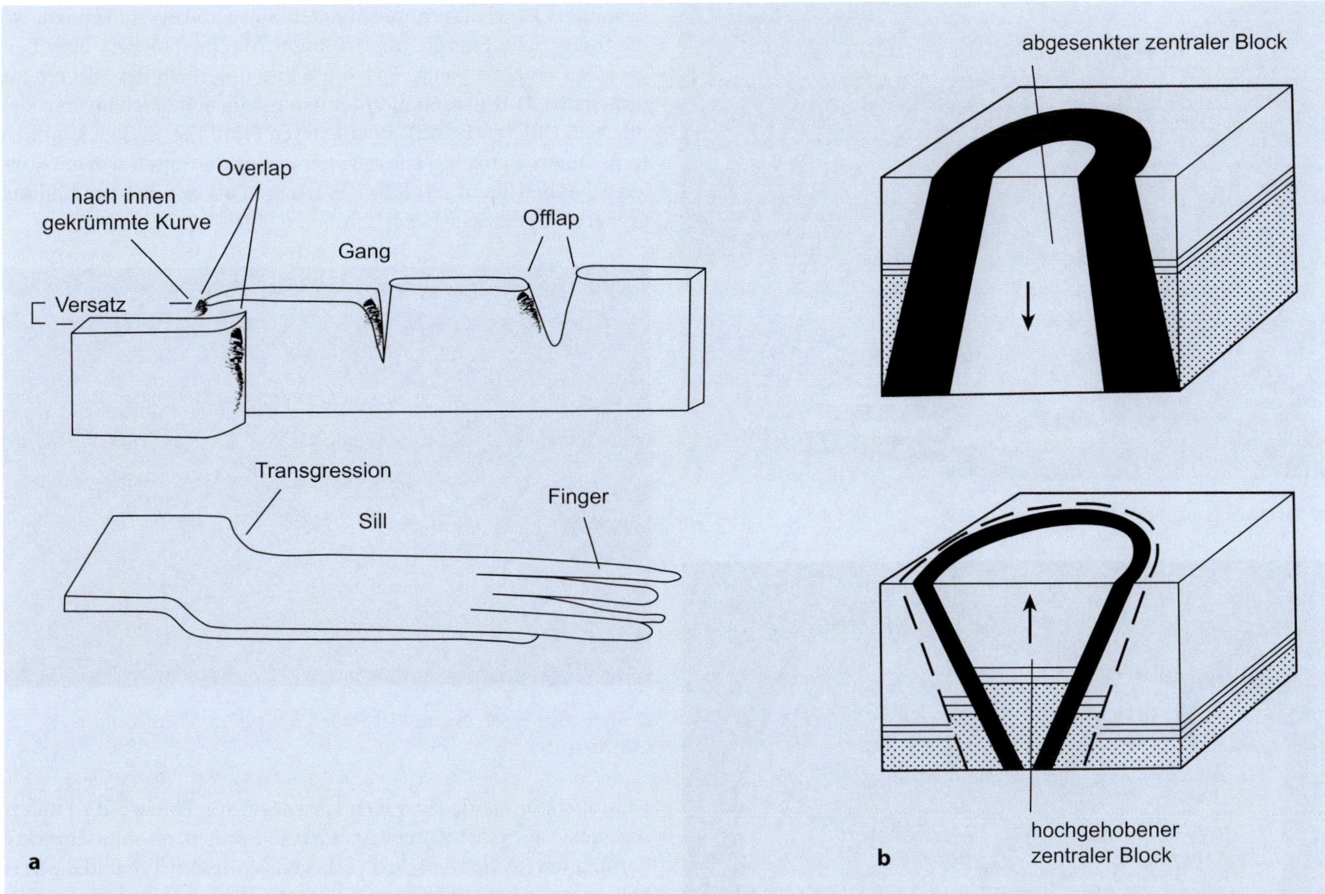

Abb. 2.5 a Idealisierte 3D-Morphologien von Gängen und Sills mit Beschreibung der Nomenklatur, **b** Blockbild eines einzelnen Ring-Dikes (*oben*) und eine Reihe von *Cone Sheets* (*unten*). (Nach Thorpe und Brown 1985)

Intrusionen können in zwei Typen eingeteilt werden:

- **Hypabyssische** Intrusionen – nahe der Erdoberfläche abgekühlte Intrusionen. Solche Intrusionskörper neigen dazu, von kleinerem Maßstab zu sein.
- **Plutone** – ein allgemeiner Begriff, um Intrusionen zu beschreiben, die tief innerhalb der Erde abgekühlt sind (der Begriff Intrusion kann sowohl für flache wie auch tiefere Körper verwendet werden).

Die räumliche Form und Größe intrusiver magmatischer Körper sind schwieriger zu bestimmen als die von vulkanischen Körpern. Intrusionen haben häufig unregelmäßige Formen, und es ist meist nicht möglich, die Körper in ihrer Gesamtheit zu sehen und somit eine dreidimensionale Vorstellung ihrer Ausmaße zu gewinnen.

Gänge (Dikes) und Adern

Gesteinsgänge (amer. *dikes* bzw. engl. *dykes*) sind plattenartige intrusive Körper, die größere Spalten auffüllen und das umgebende Nebengestein schneiden und durchkreuzen (**Abb. 2.5**). Mächtigkeiten variieren von < 1 m bis zu mehreren Hunderten von Metern. Sie können häufig über Entfernungen von mehreren Metern bis zu Hunderten von Metern verfolgt werden. Dikes kommen einzeln oder in subparallelen Gruppen (Schwärmen) vor.

Sie können einen klaren räumlichen Bezug zu einem intrusiven Körper zeigen oder radial um das Eruptionszentrum an den Flanken eines Vulkans auftreten (**radiale Dikes**). An regionalen tektonischen Strukturen (z. B. einer Extension) kann ihr Verlauf ein hohes Maß an Parallelität zeigen. Dikes werden auch als runde oder ovale Muster um eine Intrusion gefunden (**Ring-Dikes**). In solchen Situationen steht ihre Bildung in Verbindung zu Aufwölbung (*Updoming*) um den magmatischen Körper und der späteren Subsidenz (Senkung) eines zentralen zylindrischen Blocks in einem Dehnungsfeld oder infolge des partiellen Entleerens der Magmakammer. Ring-Dikes können senkrecht oder steil nach außen hin einfallen. **Ringgänge** (*cone sheets*) sind ähnliche Strukturen, aber entstehen in kompressiven Gebieten durch Hebung eines zentralen konischen Blocks und zeigen ein nach innen gerichtetes Einfallen. Sie entstehen beim Einbruch einer Caldera durch das aufwärtige Eindringen von Magma in die entstehenden ringförmigen Brüche. Die verschiedenen Dike-Arten sind normalerweise widerstandsfähiger gegenüber der Erosion als das umgebende Nebengestein und können folglich morphologische Rücken und Kämme bilden.

Kleine Gänge (Milli- bis Zentimeterskala, z. B. Aplit) werden auch **Adern** genannt. Sie entstehen durch hydrothermale Aktivität um einen Intrusionskörper, d. h. aus hydrothermalen Fluiden, die aus dem Magma entmischt oder durch das Magma mobilisiert wurden, und führen oft zur Überprägung des Nebengesteins durch Neubildung von Mineralen (z. B. Quarz).

Vertikaler Gang, Teneriffa

Granitader in Diorit

■ Sill oder Lagergang

Sills oder Lagergänge sind konkordante, lagenförmige, intrusive Körper, die mehr oder weniger parallel zur Schichtung oder Foliation innerhalb des Nebengesteins liegen (■ Abb. 2.5). Ihre Mächtigkeit kann zwischen Metern bis zu mehreren 100 Metern liegen, und sie können sich über Gebiete von mehreren zehn bis Hunderten von Quadratmetern erstecken. Sie sind im Allgemeinen auf Magmen niedriger Viskosität zurückzuführen, und daher zeigt die Mehrzahl der Sills einen basaltischen Chemismus (basaltische Magmen haben aufgrund niedrigerer SiO_2-Gehalte eine niedrigere Viskosität als granitische Magmen). Sills treten einzeln oder in Gruppen (infolge mehrfacher Magmeninjektionsereignisse) auf. Zusätzlich kann die interne Zusammensetzung der Sills variieren (**differenzierte Sills**).

Besonders kann dies in mächtigeren Sills (> 50 m) stattfinden, wo die thermische Energie innerhalb des Magmenkörpers über längere Zeit erhalten bleibt. Es kann daher innerhalb des Sills oft zur (gravitativen) Differentiation (einem möglichen Mechanismus der internen Differentiation) von dichteren Frühkristallisaten kommen (z. B. Olivin, Pyroxen). Diese Minerale konzentrieren sich am kühleren basalen Rand des Sills. (Wärmeretention führt zur Bildung gröberer Kristallisate bei mächtigeren Sills).

Andesitischer Sill , Estratos del Bordo, Chile (Sill, ca. 4 m mächtig; Foto C. Breitkreuz)

Es ist nicht immer leicht, einen Lavastrom von einem Sill zu unterscheiden. Die beste Methode ist es, zu überprüfen, ob **abgeschreckte Randzonen** (*chilled margins*) vorliegen, sowie den Typ und die Verteilung von **Einsprenglingen** zu untersuchen. In Sills können größere Einsprenglinge zentral verstärkt auftreten, während die Ränder eher feiner sind. Zugleich ist es wichtig, zwischen Einzel- und Mehrfachintrusionen zu unterscheiden. Letztere können zu Mischungen von aphyrischen (feinkörnig) und porphyritischen Magmen führen. Ebenso kann sich bei Sills, wie schon erwähnt, eine gravitative Differenzierung durch Absinken von primären Kristallen und damit eine magmatische Schichtung ausbilden (**geschichtete Intrusionen**; *layered intrusion*). Darüber hinaus zeigen Sills häufig an der Oberseite Absonderungen des gröberen, gekörnten bzw. felsischeren Anteils (als Adern oder uneinheitliche Streifen, sog. **Schlieren**) als Folge der fraktionierten Kristallisation und der Konzentration der flüchtigen Phase während der Kristallisation. Im Gegensatz zu Lavaströmen weisen Sills keine Entgasungsstrukturen wie ehemalige Gashohlräume auf, die später oft durch Minerale aufgefüllt werden können.

■ Lakkolithe

Lakkolithe sind konkordante Intrusionen in Form eines Pilzes, die in verhältnismäßig unverformte Sedimentgesteine in geringen Tiefen eingedrungen sind, meist in Tiefen um 3 km unter der Erdoberfläche (■ Abb. 2.4). Sie sind mit Dikes verwandt, da ihre basale Form zu Beginn des Aufstiegs der eines Dikes ähnelt. Beim Erreichen einer widerstandsfähigeren Schicht wird der weitere vertikale Aufstieg behindert; das Magma dringt seitlich in die blockierende Schicht ein und wölbt diese kuppelartig auf. Lakkolithe haben eine Mächtigkeit von bis zu 1 km und einen Durchmesser von 1–8 km.

Im Allgemeinen entstehen Lakkolithe aus silikatreichen Magmen. Da diese Magmen eine viel höhere Viskosität haben als mafische Magmen, breiten sie sich kaum lateral aus (wie im Falle der Sills), sondern bleiben an den lokalen Aufstiegsweg gebunden. Das Abkühlen an den Rändern des Intrusionskörpers erhöht die Viskosität weiter, so dass es durch den Aufstiegsdruck des Magmas zu einer

Verdickung und einem Aufwölben über der vertikalen Magmenzufuhr kommt. Dies kann zur Bildung einer breiten Deformationszone im umliegenden Nebengestein führen. Diese zum Teil bruchhafte Deformation des Nebengesteins kann den Durchgang anderer Intrusionskörper erleichtern, die sich ausgehend vom Hauptlakkolith verzweigen (z. B. periphere Lakkolithe, Dikes usw.).

Maiden Creek Sill / Lakkolith (Dazit), USA (Sill, ca. 3 m mächtig; Foto C. Breitkreuz)

■ Lopolithe

Lopolithe sind konkordante, untertassen- oder trichterartige Intrusionen in nicht deformierten oder sanft gefalteten Nebengesteinen (■ Abb. 2.4). Die Mächtigkeiten erreichen Meter bis Kilometer bei Durchmessern, die mehrere zehn bis mehrere hundert Kilometer erreichen können. Im Durchschnitt liegt die vertikale Mächtigkeit bei 1/10 bis 1/20 der horizontalen Breite. Die Bildungsprozesse ähneln denen von Lakkolithen, da für sie ebenfalls eine gangförmige Magmenzufuhr charakteristisch ist. Hingegen ist ihre chemische Zusammensetzung vergleichbar mit der von geschichteten Intrusionen, d. h. schichtartig aufgebauten mafischen bis ultramafischen Intrusionskomplexen. Ein häufiges Gestein in Lopolithen ist Gabbro, der im Wesentlichen aus Pyroxenen, Olivin und Plagioklas zusammengesetzt ist. Einige Lopolithe können an der Oberseite eine dünne Kappe von granitischen Gesteinen aufweisen.

■ Batholithe und Stöcke

Batholithe und Stöcke sind große, grobkörnige plutonische Körper, die häufig längliche Intrusionsgürtel (50–150 km breit und 500–1500 km lang) aufbauen (■ Abb. 2.6 und 2.7). Stöcke sind kleinere Strukturen mit einem maximalen Aufschlussbereich an der Oberfläche von 100 km². Batholithe bestehen gewöhnlich aus einer großen Anzahl sich überschneidender, kleinerer Intrusionskörper oder Plutonen (jeweils 5–50 km im Durchmesser). Sowohl Batholithe als auch Stöcke zeigen meist steil einfallende Wände, und ihre basalen Kontakte sind selten sichtbar.

Batholithe und Stöcke sind oft SiO₂-reich. Sie können infolge mehrfacher Intrusionsphasen zugleich eine große interne Diversität besitzen. Verschiedene magmatische Gesteine – von Dioriten bis zu Graniten – liegen mit scharfem Kontakt oder kontinuierlichen Übergängen nebeneinander. Solche gemischten oder sukzessiven Intrusionen entstehen im Allgemeinen durch verhältnismäßig kurze Intrusionsphasen und beweisen die Koexistenz von Magmen (z. B. Magmamischung, fließende Kontakte). Die Kontakte zwischen aufeinanderfolgenden Magmaförderphasen zeigen normalerweise gut entwickelte charakteristische Deformationstexturen, wie zum Beispiel Foliation oder Lineation.

Plutone mit batholithischen Dimensionen können aufgrund ihrer Größe und ihrer Beziehung mit dem umgebenden Nebengestein in drei Arten unterteilt werden:

- **Katazonale Plutone** sind von hochgradig metamorphen Gesteinen umgeben. Plutonismus, Metamorphose und Deformation fanden in etwa zeitgleich statt, was durch kontinuierliche Übergänge der Foliation zwischen den Intrusionen und dem Nebengestein erkennbar ist. Bei katazonalen Plutonen sind die Kontakte zwischen dem magmatischen Gestein und dem Nebengestein durch die chemische Wechselwirkung zwischen dem Magma und den umgebenden Gesteinen eher gradiert. **Migmatite**, d. h. alternierende helle granitische und dunkle mafische Lagen foliierter metamorpher Gesteine (z. B. Schiefer und Gneise), sind oft vorhanden. Migmatite entstehen durch partielle Schmelzbildung während einer Metamorphose, wobei die Schmelzen durch zwischengelagertes ungeschmolzenes Material lokal eingegrenzt werden. Dies belegt eine extrem duktile Deformation. Mylonitisierung kann ebenfalls innerhalb der Migmatite auftreten.
- **Mesozonale Plutone** sind umgeben von metamorphen Gesteinen, die durch die Mineralparagenesen und die Texturen eine niedrig- bis mittelgradige Metamorphose belegen. Die Temperaturen haben nicht zur Schmelzenbildung ausgereicht, weshalb Migmatite nicht oder nur selten auftreten. Zusätzlich beobachtet man eher scharfe Kontakte zum Nebengestein, die sowohl konkordant als auch diskordant sein können. Moderate Deformation ist oft im Nebengestein erkennbar, ebenso wie Fließstrukturen innerhalb des magmatischen Körpers.
- **Epizonale Plutone** zeigen größtenteils einen diskordanten Kontakt zum Nebengestein. Der Kontakt ist scharf und zeigt abgekühlte Randzonen und schmale kontaktmetamorphe Säume. Im Randbereich der Plutone finden sich häufig eckige Xenolithe, die dem Nebengestein entstammen und durch sprödes Herausbrechen aus dem Nebengestein während der Platznahme der Schmelze in diese gelangten. Innerhalb des Plutons gibt es keine Kennzeichen von Fließstrukturen. Viele epizonale Plutone sind mit vulkanischen Gesteinen und Einbruchstrukturen assoziiert, die auf ein gemeinsames magmatisches Ereignis zurückzuführen sind.

■ Vulkanische Schlote und Diatreme

Vulkanische Schlote, Agathla Peak, Arizona, USA

Batholithe und Stöcke

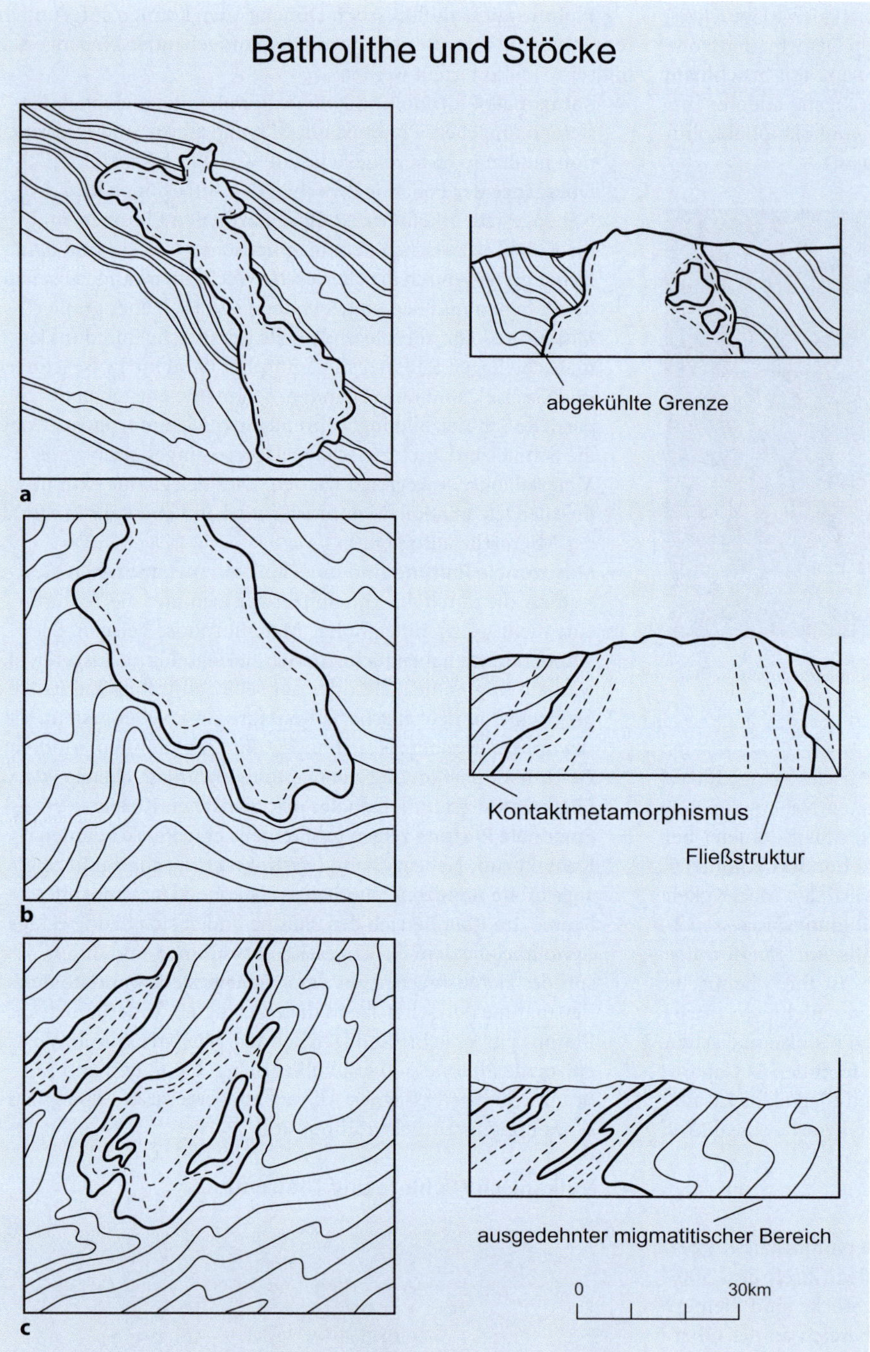

■ **Abb. 2.6a–c** Strukturelle Muster von Batholithen und Stöcken mit Blick von oben (*links*) und
im Profil (*rechts*). **a** Flach (< 5 km tief) mit stark
diskordanten Kontakten und gekühlten Rändern.
Meistens wenig Frittung. 10–100 km², **b** Mitteltief
(5–15 km) mit konkordanten und diskordanten
Kontakten, Kontaktmetamorphismus. Fließstrukturen innerhalb des Plutons sind häufig.
100–500 km², **c** Tief (> 15 km tief) mit überwiegend konkordanten Kontakten. Fließstrukturen
parallel zu Kontakten. Migmatite und Kontaktmetamorphismus vorhanden. 50–1000 km².
(Nach Blatt et al. 2006)

Die Erosion von vulkanischen Körpern kann im Ausbiss runde bis
ovale Strukturen freilegen (**vulkanische Schlote**). Dreidimensional
betrachtet, erscheinen sie als annähernd zylindrische Strukturen,
die sich in die Tiefe fortsetzen und sich dort zu größeren Strukturen zusammenschließen können (■ Abb. 2.8). Diese haben einen
Durchmesser in der Größenordnung von 10^2–10^3 m und schließen
Laven sowie pyroklastisches Material ein. Intern zeigen sie häufig
eine Brekziierung infolge des Durchgangs von vulkanischen Gasen
und hydrothermalen Lösungen. Zahlreiche kleinere pyroklastische
Vulkane besitzen schmale röhrenartige Zufuhrkanäle (Diatreme),
die mit pyroklastischem Material gefüllt sind, wie z. B. Brekzien-
schlote, Tuffschlote und Kimberlite. Diese Strukturen sind schmal
und steil, zylindrisch bis trichterförmig, nahe der Erdoberfläche und
haben ihren Ursprung an der Krustenbasis.

Ein **Diatrem** ist ein röhrenartiger Körper, der aus brekziösem Material des Nebengesteins aufgebaut ist. Es handelt sich zum Teil um
Förderkanäle von Maaren, die meist infolge phreatomagmatischer
Eruptionen entstehen (diese resultieren meist durch einen Kontakt heißer Extrusiva mit Grundwasser). Sie bilden einen Explosionskrater auf der Geländeoberfläche, der von einem Ring aus
ausgeworfenem Material umgeben ist. Vom Ringwall ausgehend,
können häufig nach außen dünne Lagen vulkanischer Asche abgelagert werden.

■ **Einschlüsse in magmatischen Gesteinen**

Steigen Magmen durch die Lithosphäre auf, können Fragmente aus
dem umgebenden Nebengestein (z. B. Wände oder Dach der Magmakammer) vom Magma aufgenommen werden. Solche Fragmente

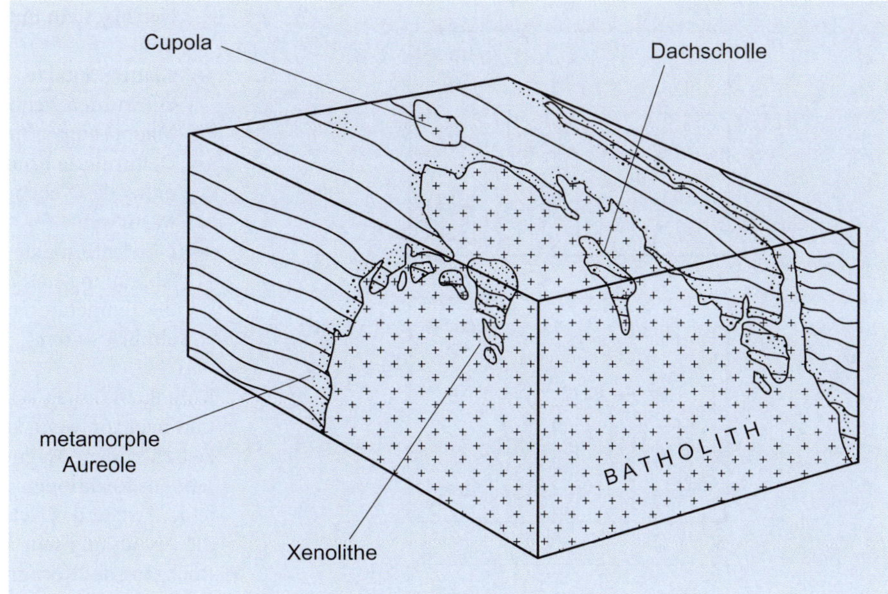

Abb. 2.7 Blockbild vom Teil eines Batholithen und der umliegenden Schiefer (nach Thorpe und Brown 1985)

werden als **Xenolithe** bezeichnet und sind von großer Bedeutung bei der Untersuchung der Erdkruste und des oberen Erdmantels, da sie vom Magma aus der Tiefe in höhere Bereiche transportiert wurden und daher Informationen über die tieferen Bereiche liefern. Xenolithe mit einer länglichen Form und schlecht definierten Grenzen werden als **Schlieren** bezeichnet. Die Größe von Xenolithen variiert zwischen einigen Millimetern bis hin zu mehreren Metern.

Sogenannte *Ghost*-Xenolithe entstehen beim partiellen Aufschmelzen und der Rekristallisation von Xenolithen, wobei sowohl die Mineralogie als auch die Struktur dem Ursprungsgestein ähneln.

Xenolithe können in zwei Hauptgruppen eingeteilt werden:
- Xenolithe aus Fremdgestein mit reliktischen, meta-sedimentären Strukturen: Diese wurden als Nebengesteinsfragmente vom Magma aufgenommen oder fielen in eine Magmakammer, bevor die Kristallisation beendet war. Solche Fragmente können reliktische sedimentäre Strukturen beinhalten, sind aber häufiger umgewandelt.
- **Autolithe** – Xenolithe aus frühen magmatischen Kristallisaten mit magmatischen Strukturen: Diese können einen ähnlichen Ursprung haben wie der lokal vorliegende Magmatit.

Intrusive magmatische Kontakte

Magmatische Kontakte liefern trotz ihrer Komplexität in der Regel deutliche Indikatoren für die Art und das relative Alter der magmatischen Intrusionen (**Abb. 2.9**). Die Untersuchung von Kontakttypen berücksichtigt:
- die An- oder Abwesenheit von Kontaktmetamorphismus,
- die An- oder Abwesenheit von Xenolithen und Fremdkristallen (Xenokrysten) und
- die Verbindung zwischen Intrusion und regionaler Deformation.

Der Kontakt eines Intrusionsgesteins im Hinblick auf das Nebengestein kann entweder **konkordant** (z. B. Sills) oder **diskordant** (z. B. Dikes, Diapire) sein, und ist oft sehr komplex. Die Entwicklung eines konkordanten oder diskordanten Kontaktes ist mit einer Deformation im Nebengestein verbunden. Wenn Intrusionen in relativ kühles Nebengestein eindringen (d. h. in die flache Kruste), kann die Platznahme von spröden Deformationen begleitet werden, wenn das

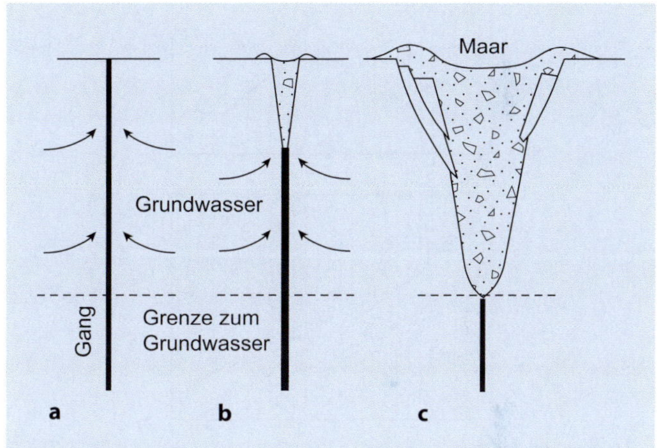

Abb. 2.8a–c Drei sukzessive Schritte der Entwicklung zu einem hydrovulkanischen, brekziegefüllten Schlot. **a** Grundwasser oder Oberflächenwasser erlangt Zugang zu einem magmagefüllten Tunnel (*conduit*), **b** Konversion von Grundwasser zu Wasserdampf führt zum Auseinanderreißen des Magmas und Brekziierung des umliegenden Gesteins. Brekziierung fängt oben an. **c** Brekziierung setzt sich nach unten hin fort. Ein Maar entwickelt sich oberhalb des Schlotes, umgeben von Brekzien. (Nach Blatt et al. 2006)

Magma in das Nebengestein eindringt. Bei tieferen Intrusionen, in denen das Nebengestein höhere Temperaturen aufweist, kann das umgebende Gestein plastisch verformt werden. Solche intrusiven Spannungen können auch zur Bildung von Foliationen im Nebengestein führen. Darüber hinaus kann das Eindringen eines Magmas über existierende Schwächezonen (z. B. Klüfte, Verwerfungen) ins Nebengestein zum Auseinanderbrechen von Nebengesteinsschollen unterschiedlicher Dimension (Xenolithe oder Fremdkristalle/Xenokrysten) und ihrer Aufnahme in das Magma führen.

Zur Beschreibung magmatischer Gesteine ist es wichtig zu beachten, dass Konkordanz oder Diskordanz oft eine Frage des Maßstabs ist. Im Aufschlussmaßstab kann ein Kontakt möglicherweise konkordant erscheinen, obwohl er regional diskordant ist.

Kontakte können wie folgt beschrieben werden:
- Ebene, gezackte oder blockartige Kontakte – entstehen durch das Eindringen von Magma in Risse oder Spalten im kühleren

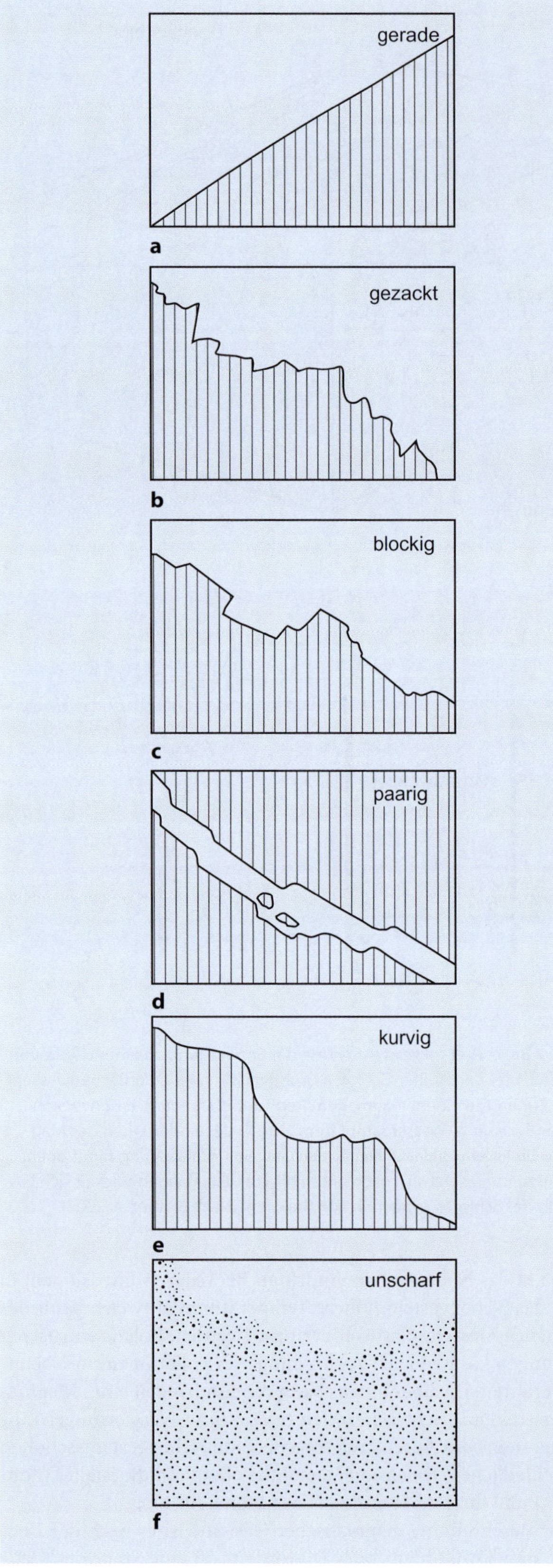

Abb. 2.9 Arten von magmatischen Kontakten im Profil. Die intrusiven Gesteine sind weiß gehalten, die intrudierten Gesteine gemustert. (Nach Thorpe und Brown 1985)

Nebengestein mit der daraus resultierenden spröden Deformation.

– Glatte Kontakte – zeigen glatte, gekrümmte Flächenformen. Oft wurden Xenolithe aus dem Randkontaktbereich vom Magma aufgenommen.

– Deformierte Kontakte – weisen eine gewisse plastische Verformung des Nebengesteins auf, was darauf hindeutet, dass dieses warm war.

– Diffuse Kontakte – zeigen, dass entlang der Intrusion keine Abkühlung stattgefunden hat. Dies lässt darauf schließen, dass die Temperaturen des Nebengesteins und der Intrusionen ähnlich waren.

Kontakte können scharf bis gradiert auftreten. Ein **scharfer Kontakt** liegt vor, wenn keine (oder nur wenige) chemische Reaktionen zwischen dem Magma und dem umgebenden Nebengestein stattfanden. Reaktionen zwischen Magma und Nebengestein können fehlen, wenn das Nebengestein (z. B. Quarzit) nicht reaktiv ist oder die Abkühlung sehr schnell ablief. Dies ist durch einen deutlichen Rückgang der Korngröße in der Nähe des Kontaktes erkennbar, d. h. es bildet sich ein **abgeschreckter Rand** (*chilled margin*). Die Anwesenheit eines abgeschreckten Kontaktes ist von großer Bedeutung zur Bestimmung der relativen Intrusionsalter. Ein abgeschreckter Kontakt kann sich sowohl bei Kontaktmetamorphose als auch bei zeitgleicher Magmenmischung zwischen einem kühlen sauren und einem heißeren basischen Magma bilden.

**Mafischer Gang in Larvikit (abgeschreckter Rand, Foto kristallin.de/ M. Bräunlich)

Ein **gradierter Kontakt** bildet sich aus der chemischen Wechselwirkung zwischen dem intrudierten Magma und dem Nebengestein. Dabei können Aufschmelzungsprozesse im Nebengestein stattfinden, die dann zur Bildung einer Mischungszone im Kontaktbereich führen. Durch Fluide, die aus dem kristallisierenden Magma entmischen, kann zusätzlich eine Zone hydrothermaler Alteration im Nebengestein entstehen. Solche Veränderungen können es im Gelände schwierig machen, die wahren Kontaktflächen zu erkennen.

2.2.3 Gefüge magmatischer Gesteine (Struktur und Textur)

Das Gesteinsgefüge umfasst die Merkmale (erkennbar im Aufschluss, Handstück oder im Dünnschliff), die Auskunft über eine Vielzahl von genetischen Prozessen geben wie:

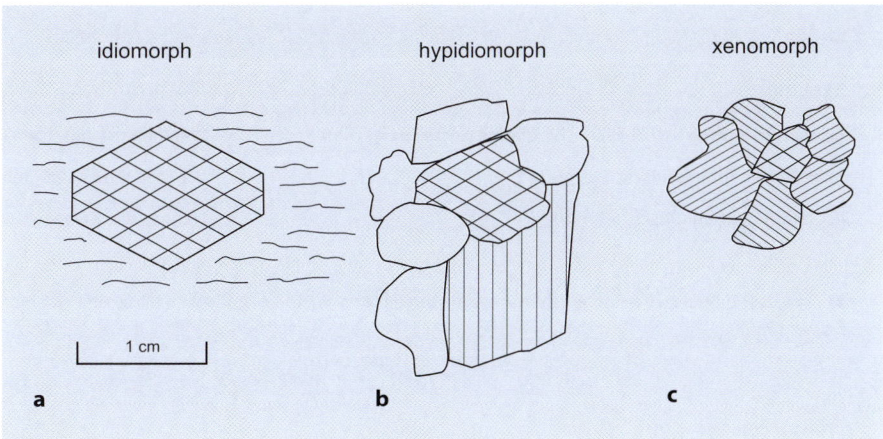

Abb. 2.10 Kornform eines Minerals (nach Jerram und Petford 2011)

- Reihenfolge der Kristallisation,
- Kristallisationsraten,
- Rahmenbedingungen der Magmenabkühlung und -erstarrung und
- Magmenviskosität.

Die Beschreibung des Gefüges magmatischer Gesteine beinhaltet die Untersuchung:
- des Grades der Kristallisation (Struktur),
- der Korngröße und -form (Struktur) und
- der geometrischen Anordnung der einzelnen Mineralkörner (Textur).

Das **Gefüge** magmatischer Gesteine umfasst auch Merkmale in größerem Maßstab (z. B. Lagerung, Lineationen), die im Gegensatz zu magmatischen Strukturen am besten im Gelände zu erkennen sind. Das Gefüge liefert wichtige Informationen über Magmabewegung oder -fluss sowie über Kristallbewegung innerhalb des Magmas. Um das Gefüge zu ermitteln, müssen die Orientierung von Kristallen, die Foliation und Lagerung im Aufschluss bestimmt werden.

Typische Gefüge, die beobachtet werden können, sind:
- **Lineationen**: Dieses Gefügemerkmal innerhalb magmatischer Gesteine entsteht als Folge der gemeinsamen, weitestgehend parallelen Ausrichtung länglicher Minerale, Bläschen und Xenolithe sowie Faltungsachsen, die durch fließende Magmenbewegungen erzeugt wurden.

- **Lagerungsgefüge**: Schichten unterschiedlicher Zusammensetzung können sich aus inhomogenen Kristallisationsprozessen (d. h. Absetzen von Kristallen und Akkumulation in einem Magmakammerstockwerk) entwickeln, aber auch auf magmatische Flüsse oder sogar Syn- oder Postkristallisationsprozesse zurückzuführen sein.
- **Kristallisationsgrad**: Dieser beschreibt den Anteil der vorhandenen Kristalle gegenüber dem Anteil an Gesteinsglas innerhalb eines Gesteins. Wenn die Probe fast ausschließlich aus Kristallen besteht, wird sie als **holokristallin** bezeichnet. Umgekehrt kann ein Gestein hauptsächlich aus Gesteinsglas bestehen und als **hyalin** (z. B. Obsidian) beschrieben werden. Gesteine, die beides umfassen, Kristalle und Glas, werden als **hypokristallin** bezeichnet.

Kornform

Die Kornform eines Minerals wird durch die geometrische Anordnung seiner Atome im Kristallgitter bestimmt (**Abb. 2.10**). Mineralformen innerhalb eines Gesteins werden wie folgt beschrieben:
- **Idiomorph**/*euhedral* – Kristalle mit einer gut entwickelten Kristallform, mit ausgeprägten Kristallflächen und einer charakteristischen Geometrie. Solche Kristalle sind relativ selten, können aber als Einsprenglinge auftreten.
- **Hypidiomorph**/*subhedral* – Kristalle, die ihrer Idealform ähneln, aber deren Wachstum von anderen Mineralen eingeschränkt ist, so dass sie nur teilweise von Kristallflächen begrenzt werden.
- **Xenomorph**/*anhedral* – Kristalle, die in ihrer Form stark irregulär sind und keine Hinweise auf ihre Idealform liefern. Xenomorphe Kristalle hatten keinen Platz, um ihre charakteristische Kristallform auszubilden.

In den gröberen magmatischen Gesteinen ist die Mehrheit der Kristalle in ihrer Form idiomorph bis hypidiomorph. In vulkanischen Gesteinen können sowohl Einsprenglinge als auch einige akzessorische Minerale (z. B. Zirkon, Apatit) idiomorph ausgebildet sein, da sie früh in der Abfolge kristallisierten. An diesen früh kristallisierten Mineralen können oft auch Merkmale partieller Auflösung (z. B. Einbuchtungen, die diskordant zur chemischen Wachstumszonierung verlaufen) beobachtet werden.

Korngröße

Die Korngröße wird hauptsächlich durch die Abkühlungsrate des Magmas beeinflusst. Grobkristalline Gesteine bezeichnet man als **phaneritisch**, während feinkristalline Gesteine als **aphanitisch** bezeichnet werden. Erstere sind im Allgemeinen intrusiv, während

**Basaltische Andesitlava mit orientierten Plagioklas-Kristallen, Spätperm, Chile (Foto C. Breitkreuz)

Tab. 2.3 Korngrößenbeschreibungen in kristallinen Gesteinen (nach Jerram und Petford 2011)

Korngröße	Beschreibung
Feinkörnig (aphanitisch/hyalin – für glasige Gesteine; < 1 mm)	Wenige Kristallgrenzen im Gelände oder mit der Lupe unterscheidbar
Mittelkörnig (phaneritisch; 1–5 mm)	Die meisten Kristallgrenzen sind mit der Lupe unterscheidbar
Grobkörnig (phaneritisch; > 5 mm)	Nahezu alle Kristallgrenzen sind mit bloßem Auge unterscheidbar

Tab. 2.4 Typische chemische Zusammensetzung der wichtigsten silikatischen Minerale in magmatischen Gesteinen (Gew.-%) (nach Thorpe und Brown 1985)

	SiO_2	Al_2O_3	$FeO + Fe_2O_3$	MgO	CaO	Na_2O	K_2O	H_2O
Felsische Minerale								
Quarz	100	–	–	–	–	–	–	–
Orthoklas	65	18	–	–	–	–	17	–
Albit	67	19	–	–	–	12	–	–
Anorthit	43	37	–	–	20	–	–	–
Muskovit	45	38	–	–	–	–	12	5
Nephelin	42	36	–	–	–	22	–	–
Mafische Minerale								
Olivin	40	–	15	45	–	–	–	–
Pyroxen (Augit)	52	3	10	16	19	–	–	–
Amphibol (Hornblende)	42	10	21	12	11	1	1	2
Biotit	40	11	16	18	–	–	11	4

Letztere meist extrusiv sind (Tab. 2.3). Im Detail können eine Anzahl verschiedener Kriterien genutzt werden, um die Korngröße genauer zu beschreiben:

- **Äquigranular** – die Körner sind im Allgemeinen einheitlich in ihrer Größe.
- **Subhedral äquigranular** (d. h. granitisch) – einige Körner sind idiomorph (*euhedral*), andere sind hypidiomorph (*subhedral*), während der Rest xenomorph (*anhedral*) ist.
- **Inäquigranular** – die Korngröße variiert, d. h. ist nicht einheitlich.

Magmatische Gesteine können des Weiteren Fremdeinschlüsse, bestehend aus Gesteins- (**Xenolithen**) oder Mineralfragmenten (**Xenokristallen**) enthalten, die während der Platznahme des Magmas aus dem Nebengestein aufgenommen wurden.

Die Korngröße magmatischer Gesteine kann quantitativ in folgende Korngrößenkategorien eingeteilt werden:
- grobkörnig/grobkristallin: > 5 mm,
- mittelkörnig/mittelkristallin: 5–1 mm,
- feinkörnig/feinkristallin: 1–0,1 mm,
- dicht: < 0,1 mm.

■ Gesteinsstruktur und Gefüge

Die geometrische Anordnung der einzelnen Minerale und ihre Beziehung zueinander werden vor allem stark durch die Reihenfolge beeinflusst, in der sie auskristallisieren. Eine Vielzahl von Bedingungen kann genutzt werden, um die beobachtete Gesteinsstruktur und das beobachtete Gesteinsgefüge näher zu beschreiben.
- **Porphyrisches Gefüge** – Dieses Gefüge entsteht, wenn größere Kristalle (Einsprenglinge/Phänokristalle) in einer fein-

körnigeren Grundmasse auftreten (s. o.). Ein Gestein, in dem nur ein bestimmtes Mineral alle Einsprenglinge (z. B. Pyroxen oder Plagioklase) ausbildet, bezeichnet man als Pyroxen-Porphyr oder Plagioklas-Porphyr. In der modernen geologischen Fachsprache gilt der Begriff Porphyr allerdings nur für das Gefügebild eines Gesteins und nicht für ein bestimmtes Gestein.
- **Vesikel (Blasen)** – Sind in dem erstarrenden Magma eingeschlossene Gasblasen. Diese bilden sich in vulkanischen (z. B. vesikulärer Basalt) und in einigen sehr oberflächennahen plutonischen Gesteinen. Wurden die Hohlräume anschließend mit sekundären Mineralen (beispielsweise mit Calcit, Quarz oder Zeolithen) verfüllt, spricht man von **amygdaloidem Gefüge** (z. B. amygdaloide Basalte). Zylinderförmige längliche Vesikel (*amygdales*) und zylindrische Formen können sich ebenfalls ausbilden; Erstere sind im Allgemeinen durch die Fließbewegung verkippt, wohingegen Letztere normalerweise vertikal ausgerichtet sind.
- **Trachytisches Gefüge** – Beschreibt eine parallele/subparallele Anordnung von länglichen Plagioklaskristallen innerhalb eines magmatischen Gesteins. Die parallele Anordnung der Plagioklase entsteht durch Fließen oder Kompaktion des Magmas während der Kristallisation (z. B. Sanidine im Trachyt).
- **Glomeroporphyrische Struktur** – Diese Struktur tritt auf, wenn sich Einsprenglinge zu Kristallagglomeraten zusammenfügen oder strahlenförmige Bündel mit netz- oder schneeflockenähnlichem Aussehen bilden.
- **Ophitisches Gefüge** – Dieses Gefüge, welches meist in feinen oder mittelkörnigen mafischen Gesteinen vorkommt, entsteht, wenn Plagioklaskristalle von größeren hypidiomorphen Augit-

◘ Tab. 2.5 Durchschnittliche chemische Zusammensetzung (Gew.-%) häufiger magmatischer Gesteinstypen (nach Blatt et al. 2006)

Bestandteil	Granit	Granodiorit	Diorit	Syenit	Anorthosit	Gabbro	Basalt
SiO_2	72,04	66,80	58,58	57,49	51,05	51,06	50,06
TiO_2	0,30	0,54	0,96	0,82	0,63	1,17	1,87
Al_2O_3	14,42	15,99	16,98	17,23	26,57	15,91	15,94
Fe_2O_3	1,22	1,52	2,55	3,05	0,99	3,10	3,90
FeO	1,68	2,87	5,13	3,22	2,07	7,76	7,50
MnO	0,05	0,08	0,12	0,13	0,05	0,12	0,20
MgO	0,7	1,80	3,73	1,84	2,14	7,68	6,98
CaO	1,82	3,92	6,66	3,54	12,76	9,88	9,70
Na_2O	3,69	3,77	3,60	5,48	3,18	2,48	2,94
K_2O	4,12	2,79	1,81	5,03	0,62	0,96	1,08
P_2O_5	0,12	0,18	0,29	0,29	0,69	0,24	0,34

◘ Tab. 2.6 Einfache Einteilung eines magmatischen Gesteins in Bezug auf den SiO_2-Gehalt (nach Thorpe und Brown 1985)

Geochemischer Begriff	Definition Gew.-% SiO_2	Farbindex (M' = Anteil mafischer Minerale)	Feldbeschreibung
Sauer	> 65	M' 5–25 (helles Gestein)	Felsisch/leukokrat
Intermediär	52–65	M' 25–55 (mittelfarbiges Gestein)	Mesokrat
Basisch	45–52	M' 55–85 (dunkles Gestein)	Mafisch/melanokrat
Ultrabasisch	< 45	M' 85–100 (dunkles Gestein)	Mafisch/melanokrat

körnern umwachsen werden. Bei nicht vollständigem Einschluss der Plagioklaskristalle nennt man das Gefüge **subophitisch**.

- **Poikillitisches Gefüge** – Dieser Gefügetyp tritt auf, wenn ein spät auskristallisierendes Mineral eine Anzahl kleinerer Mineralkörner komplett einschließt.
- **Orbiculares Gefüge** – zeigt zentimetergroße, runde oder eiförmige Strukturen in der Form von konzentrischen Schalen, oft mit alternierenden Anteilen felsischer und mafischer Minerale.
- **Korona** – Eine Korona kann sich (in einigen magmatischen, aber typischerweise in metamorphen Gesteinen) bilden, wenn ein Kristall, der früh im Kristallisationsprozess gebildet wurde, nachträglich von meist feinkörnigen Mineralen verdrängt wird. Die feinerkörnigen Minerale repräsentieren die Reaktion zwischen dem Kristall und der sich entwickelnden Schmelze, die jetzt nicht mehr im Gleichgewicht mit dem früher kristallisiertem Mineral steht.
- **Graphisches Gefüge** – beschreibt die Verwachsung kleiner Quarzbläschen mit größeren Alkalifeldspatkristallen. Dieses Gefüge nennt man **mikrographisch**, wenn es nur unter dem Mikroskop erkannt werden kann.
- **Mymerkitisches Gefüge (Mymerkite)** – besteht aus einer Verwachsung von vermikulärem (wurmartigem) Quarz mit Na-reichen Plagioklas (meist Albit).
- **Entmischungsgefüge/Entmischungslamellen** – Dieses Gefüge ist das Ergebnis einer chemischen Entmischung während der Abkühlung eines ursprünglich chemisch homogenen Minerals. Entmischungsgefüge findet man z. B. in Alkalifeldspäten und Pyroxenen. Abhängig von der Kristallographie der Ausgangsphase bilden sich z. B. orientierte Lamellen, „Tweed"

(Schottenrockmuster)- oder flammenartige Strukturen der entmischten Phase.

- **Miarolithisches Gefüge** – Dieses Gefüge entsteht in granitischen und pegmatitischen Gesteinen und beschreibt das Vorhandensein von Hohlräumen (ursprünglich großen blasenförmigen Fluideinschlüssen), in denen oft idiomorphe Kristalle aus den Lösungen gewachsen sind.

2.2.4 Klassifikation magmatischer Gesteine

Der Anteil von Mineralen in einem magmatischen Gestein ist ein wichtiges Merkmal, das zum Vergleich und zur Klassifikation genutzt wird (◘ Tab. 2.4 und 2.5). Die Verlässlichkeit der Identifikation ist allerdings variabel – sie hängt von der Kristallgröße (welche die Keimbildungs- und Abkühlungsrate bei der Kristallisation widerspiegelt), den auftretenden Mineralassoziationen, aber insbesondere auch von der Beobachtungsfähigkeit des/der Geologen/in ab.

Magmatische Gesteine können im Allgemeinen durch den Chemismus und die Farbe (in Abhängigkeit des Mineralgehaltes) in drei bis vier Gruppen eingeteilt werden. Das Vorkommen silikatischer Minerale (◘ Tab. 2.4) und ihr Anteil am Gesamtmineralbestand spiegeln den SiO_2-Anteil wider (◘ Tab. 2.6):

- **Saure/felsische Gesteine** – Diese Gesteine sind hell gefärbt (leukokrat) und enthalten überwiegend Quarz, Feldspat und Feldspatoide. Der SiO_2-Gehalt ist ca. 75 Gew.-%.
- **Basische/mafische Gesteine** – Diese Gesteine sind meist dunkel gefärbt (melanokrat) und enthalten viele Fe-Mg-reiche Minerale wie Olivine, Pyroxene und Amphibole. Diese Gesteine sind demnach reicher an Ca, Fe, und Mg und ärmer an Na, K,

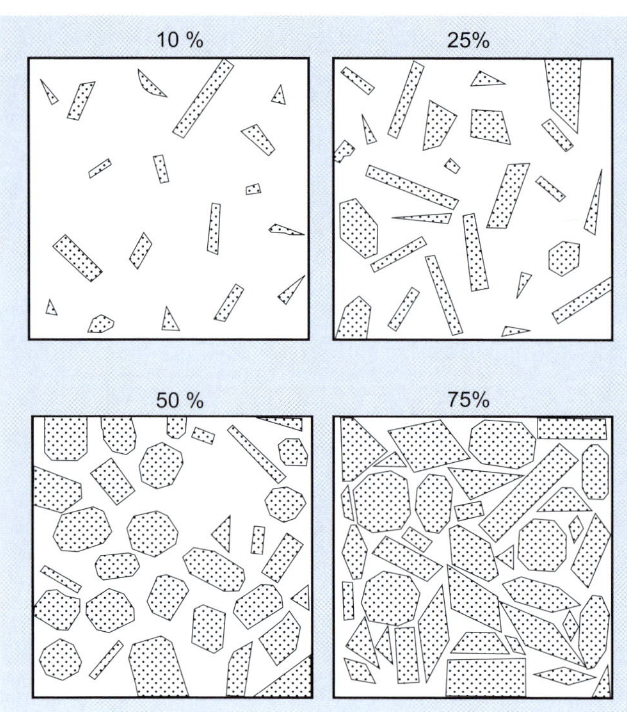

Abb. 2.11 Vergleichsdiagramm zur Abschätzung des mafischen Mineralgehalts von zweidimensionalen magmatischen Gesteinsoberflächen (nach Thorpe und Brown 1985)

und Si als felsische Gesteine. Gesteine, welche einschließlich Fe-Mg-reiche Minerale enthalten, nennt man ultrabasisch/ultramafisch. Der SiO_2-Gehalt ist ≤ 55 Gew.-%.

- **Intermediäre Gesteine** – Diese Gesteine liegen bezüglich ihres Mineralbestandes zwischen den beiden oben stehenden Endgliedern und enthalten sowohl hell als auch dunkel gefärbte Minerale; sie sind somit intermediär in ihrer Farbe (mesokrat).

Die Chemie der vorhandenen Minerale innerhalb des magmatischen Gesteins spielt eine wichtige Rolle bei der Bestimmung ihrer Zusammensetzung. Die meisten Krusten- und Mantelgesteine bestehen aus sieben Hauptoxiden (SiO_2, Al_2O_3, FeO/Fe_2O_3, MgO, CaO, Na_2O, K_2O), wobei die relativen Häufigkeiten dieser Oxide bedeutend variieren können. Die Zusammensetzung magmatischer Gesteine wird durch die Zusammensetzung des partiell aufschmelzenden Ausganggesteins, des Grades der Aufschmelzung und durch magmatische Prozesse (Differentiation durch fraktionierte Kristallisation) gesteuert.

Die Farbe des Gesteins wird bei einigen Klassifikationsschemata über einen Farbindex zur Bestimmung des Chemismus eingesetzt, wobei der Anteil an dunklen Mineralen hier die wesentliche Rolle spielt (Abb. 2.11).

Diese zwei Aspekte – Farbe und Zusammensetzung (der vorhandenen Minerale) – können mit der Korngröße kombiniert werden, um eine einfache Geländeklassifikation für magmatische Gesteine zu erstellen (Abb. 2.12).

Das IUGS-Klassifikationssystem

Das IUGS (International Union of Geological Sciences)-System ist ein noch detaillierteres Schema, um magmatische Gesteine zu klassifizieren, das zwei Schritte beinhaltet (Abb. 2.13):

1. Wie ist die Korngröße des Gesteins, d.h. ist das Gestein **phaneritisch** (d.h. grobkörnig–**plutonisch**) oder **aphanitisch** (d.h. feinkörnig–**vulkanisch**, s.u.)?

2. Bestimme die Anteile der fünf häufigsten Minerale bzw. Mineralgruppen im Gestein. Bei der Betrachtung von Handstücken sind diese Minerale durch folgende Eigenschaften am besten zu identifizieren (s.a. ▶ Kap. 1 für eine detailliertere Beschreibung):

- **Quarz** – Lichtdurchlässigkeit, Glasglanz, Fehlen einer offensichtlichen Spaltbarkeit; muscheliger Bruch. In einigen Graniten ist der Quarz in Handstücken deutlich bläulich gefärbt, nicht jedoch im Dünnschliff.
- **Plagioklas** (Anorthitgehalt > 5 %) – Spaltbarkeiten, polysynthetische Zwillingsstreifenbildung auf den Spaltflächen,
- **Kalifeldspat** (enthält Na-Plagioklas, Albit, mit < 5 % Anorthit) – Spaltbarkeiten; oft sieht man im Handstück die Karlsbader Verzwillingung, häufig rosa bis bräunliche Färbung durch Hämatiteinlagerungen,
- **Mafische Minerale** – schwarze, braune oder grüne Färbung,
- **Foide (Feldspatoide)** – individuelle Charakteristika existieren oft für die einzelnen Foide (z.B. markantes Graublau des Sodalith, hexagonale Gestalt des Leucit).

Die Mineralogie spiegelt allgemein die chemische Zusammensetzung der Gesteine wider, so dass Proben mit freiem Quarz typischerweise relativ silikatreich sind (z.B. Granit). Während Proben mit Ca-Plagioklas als dominantem Feldspat für gewöhnlich einen hohen CaO-Gehalt aufweisen (z.B. Diorit, Gabbro), enthalten Proben mit hauptsächlich mafischen Mineralen hohe Anteile an MgO und FeO (z.B. Peridotit).

Plutonische Gesteine

Eine detaillierte Klassifikation von plutonischen Gesteinen beinhaltet die Bestimmung der prozentualen Anteile der vier Hauptbestandteile – Quarz (Q), Alkalifeldspat (A), Plagioklas (P) und Foide (F) – sowie den Gehalt und die Art der mafischen Bestandteile (Abb. 2.13). Einmal bestimmt, kann die Position des Gesteins in ein QAPF-Diagramm (**Q**uarz, **A**lkalifeldspäte, **P**lagioklase, **F**oide; Steckeisen-Diagramm) eingetragen werden. Plutonische Gesteine mit 10–100 % Q + A + P (leukokrate Minerale) können durch das QAPF-Diagramm klassifiziert werden. (Für den Rest des Gesteins werden mafische Minerale angenommen). Gesteine mit < 10 % Q + A + P werden als ultramafische Gesteine bezeichnet.

Es können zwei deutliche, sich gegenseitig ausschließende, sauer-intermediäre geochemische Serien erkannt werden:

- **Granit-Granodiorit (Tonalit-Diorit-Gabbro)-Serie** – bekannt als kalkalkalischer Trend,
- **Alkaligranit-Alkalisyenit-Syenit-Foid-Syenit-Serie** – bekannt als alkalischer Trend.

Die quantitative mineralogische Zusammensetzung eines Gesteins kann erst im Labor durch eine Dünnschliffanalyse ermittelt werden. Dementsprechend werden im Gelände häufig verallgemeinerte Gruppennamen benutzt (Abb. 2.13).

Im plagioklasreichen Bereich des QAPF-Diagramms kommen zwei oder mehr Gesteine vor (z.B. Gabbro, Diorit) (Abb. 2.14). Die Unterscheidung zwischen diesen Gesteinen beruht auf:

- dem Anorthitgehalt des Plagioklas, oder
- der Häufigkeit oder der Identität der mafischen Minerale.

Die Unterscheidung zwischen Gabbro und Diorit (und ihrer entsprechenden vulkanischen Äquivalente Basalt und Andesit) kann auf verschiedenen Kriterien basieren. Der Plagioklas im Gabbro hat im Allgemeinen eine Zusammensetzung, die Ca-reicher ist als An_{50} (z.B. > 50 % der Anorthitkomponente) während Plagioklas im Diorit

Abb. 2.12 Einfache Geländeklassifikation, basierend auf Farbe (helle vs. dunkle Minerale, im Zusammenhang mit verschiedenen SiO_2-Gehalten), wichtige silikatische Minerale (im Gelände identifizierbar) und Korngröße. (Nach Jerram und Petford 2011)

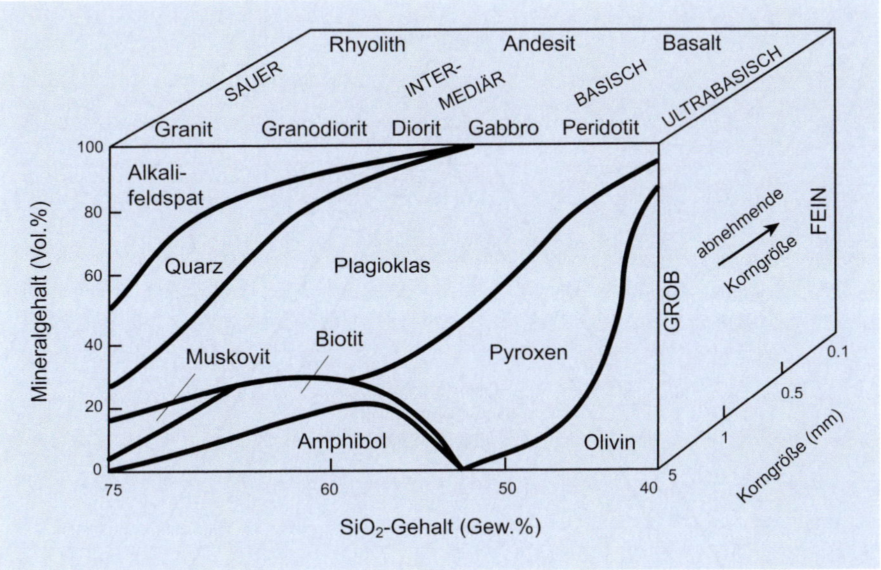

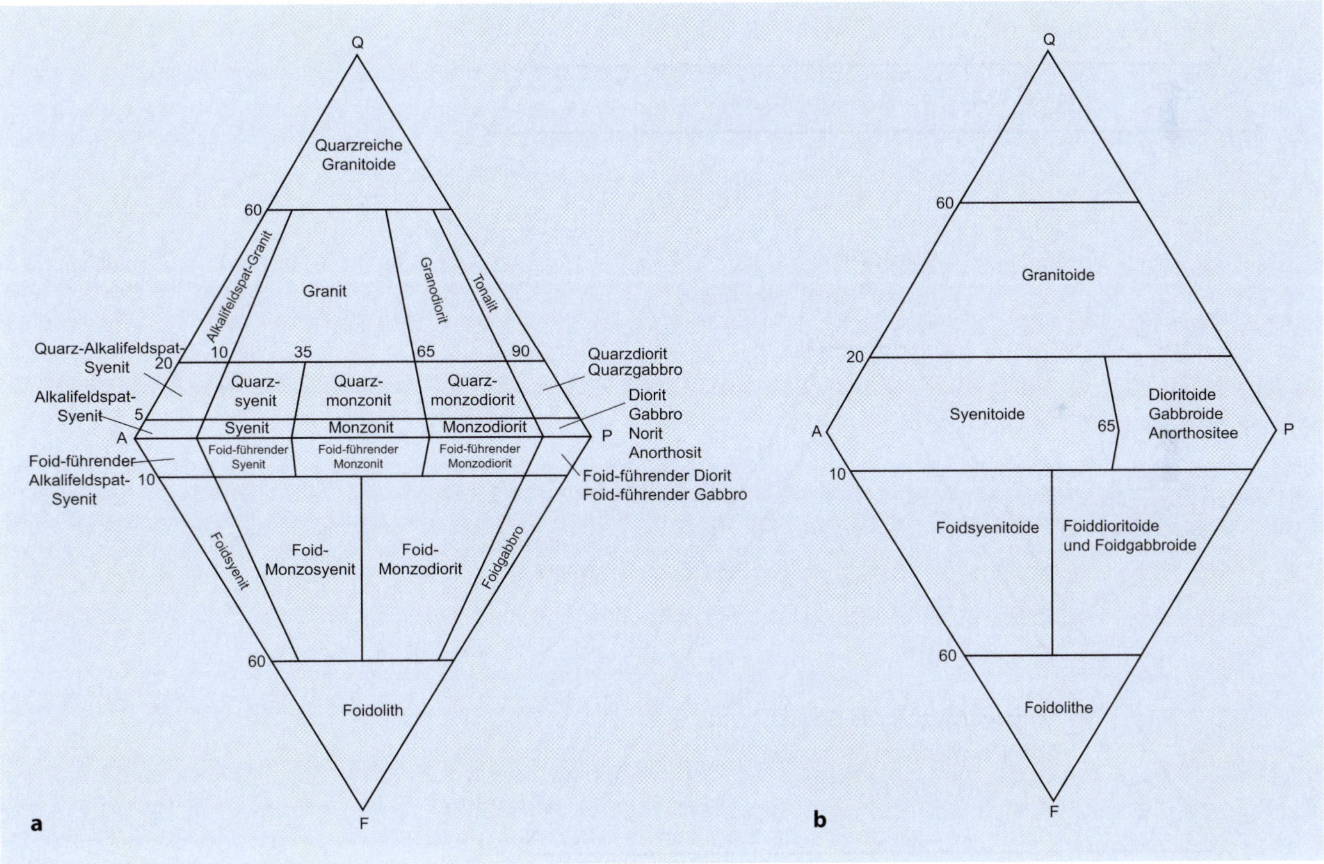

Abb. 2.13 **a** IUGS-Klassifikation von plutonischen (phaneritischen) Gesteinen und anhand ihrer mineralogischen Zusammensetzungen: *Q* Quarz, *A* Alkalifeldspat, *P* Plagioklas, *F* Foide (Feldspatoide). Das Gestein muss weniger als 90 % mafische Minerale beinhalten. **b** Vereinfachte Gruppennamen (für den Gebrauch im Gelände), wenn Mineralanteile nicht sehr genau bestimmt werden können. Wenn ein Foid in Gesteinen entlang der A-P-Achse vorhanden ist, sollte der Name ergänzt werden, z. B. „Nephelinsyenitoid". (Nach Blatt et al. 2006)

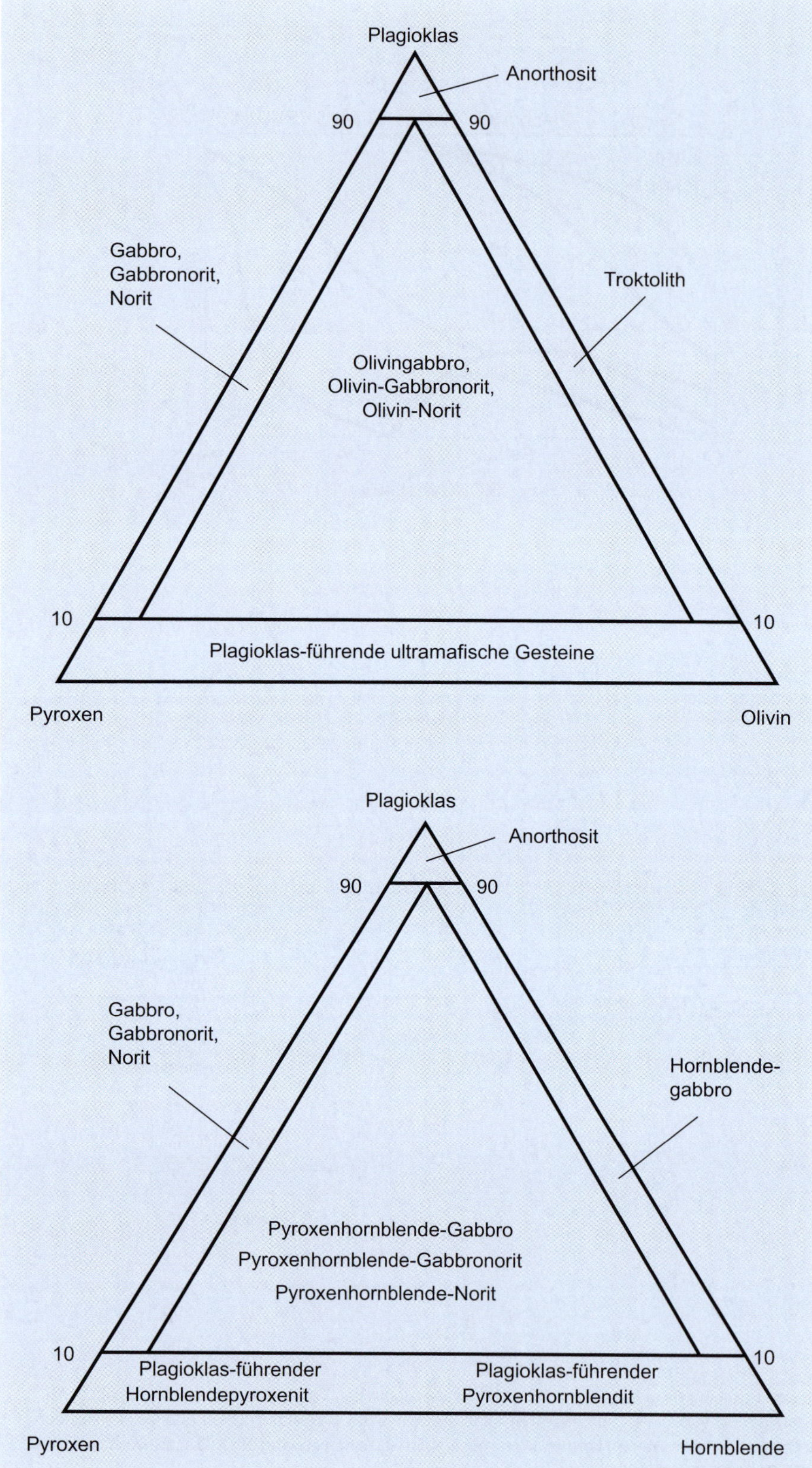

■ **Abb. 2.14** Klassifizierung und Nennung von gabbroischen Gesteinen (nach Anteil an Plagioklas, Pyroxen und Olivin (*oben*) oder Plagioklas, Pyroxen und Hornblende (*unten*). Das Vorkommen mehrerer Namen in pyroxenreichen Feldern basiert auf dem Klinopyroxen (Cpx)-Orthopyroxen(Opx)-Verhältnis. Cpx > 50 % = Gabbro, Opx > 50 % = Norit, Cpx = Opx = Gabbronorit. (Nach Blatt et al. 2006)

weniger Ca-reich ist als An_{50} (z. B. > 50 % der Albitkomponente). Da es jedoch unmöglich ist, die Plagioklaszusammensetzung im Gelände zu bestimmen, können die Gesteine am besten auf Grundlage der relativen Anteile der mafischen Minerale unterschieden werden.

Ein Gabbro enthält typischerweise > 35 Vol.-% der mafischen Minerale Olivin, Augit oder Orthopyroxen, während Diorit typischer-

weise < 35 Vol.-% mafische Minerale enthält. Im Allgemeinen enthält der Diorit Hornblende ebenso wie oder anstatt von Pyroxen (Anmerkung: Übergangsgesteine wie z. B. Gabbro-Diorit und basaltischer Andesit existieren ebenfalls). Eine weitere Unterteilung der gabbroiden Gesteine basiert darauf, welche mafischen Minerale neben dem Calcium-Plagioklas vorkommen. Ein Gabbro enthält Klinopyroxen,

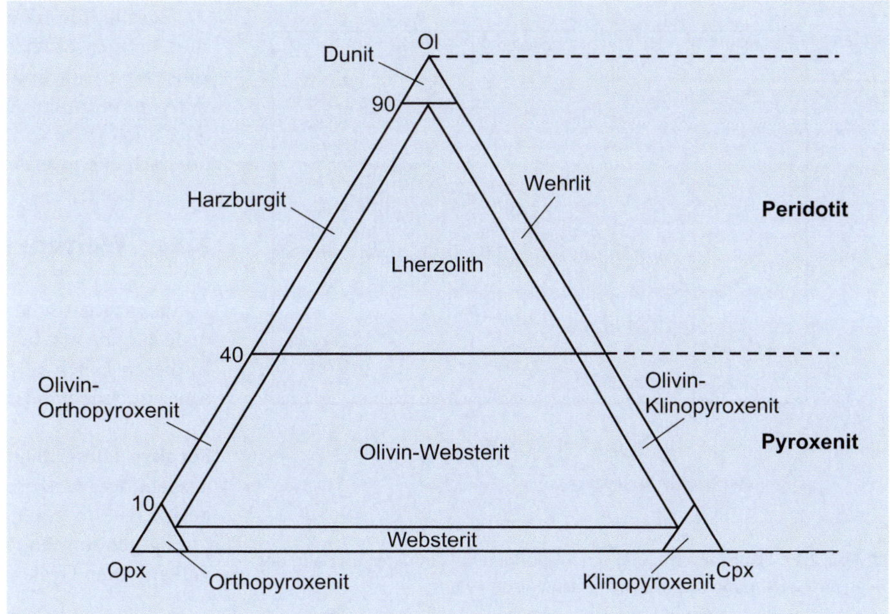

Abb. 2.15 IUGS-Klassifizierungsschema für ultramafische Gesteine. Ol = Olivin, Opx = Orthopyroxen, Cpx = Klinopyroxen. Der allgemeine Name „Pyroxenit" wird benutzt bei Ol = 0–40 %, Peridotit bei Ol = 40–100 %. Geringere Mineralanteile werden in die Nomenklatur integriert, z. B. < 5 % = „granatführender Lherzolith", > 5 % = „Granat-Lherzolith". (Nach Blatt et al. 2006)

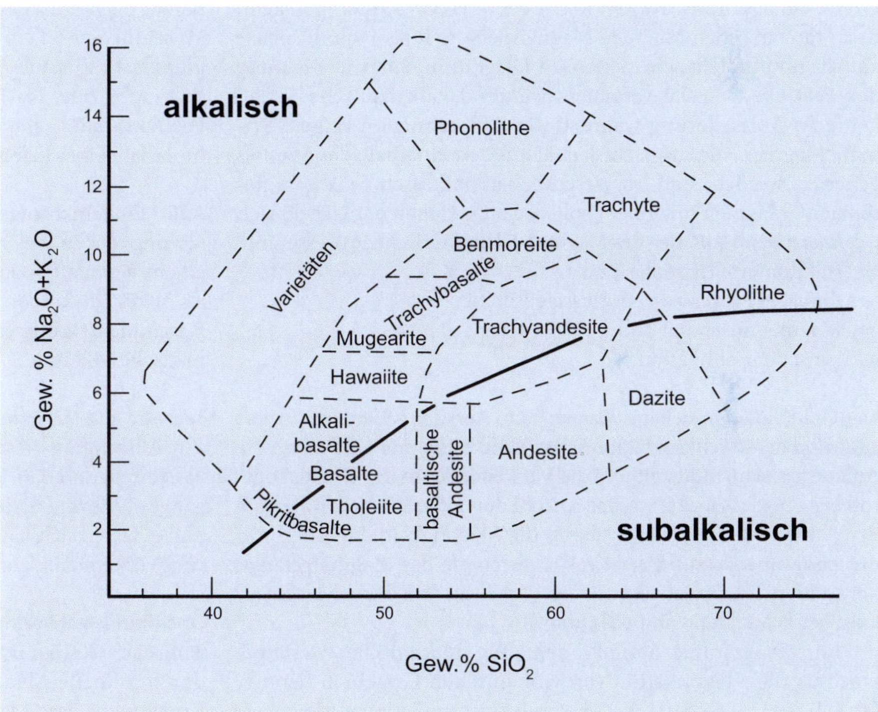

Abb. 2.16 Nomenklatur normaler alkalischer bis subalkalischer vulkanischer Gesteine (nach Cox et al. 1979)

ein Norit Orthopyroxen, und ein Gabbronorit besitzt gleich große Anteile von Orthopyroxen und Klinopyroxen (Abb. 2.14).

Die Mehrheit der ultramafischen Gesteine sind phaneritisch mit einem Q + A + P + F-Gehalt von < 10 Vol.-% (Abb. 2.15). Dementsprechend machen mafische Minerale > 90 Vol.-% des Gesteins aus – überwiegend Mg-reicher Olivin (Forsterit), Augit, Orthopyroxen und Hornblende sowie eine Auswahl von seltenen Mineralen (z. B. Aluminium- oder Chrom-Spinell, Magnetit, Ilmenit, Granat, Phlogopit und Ca-reicher Plagioklas). Es können zwei Hauptgruppen beobachtet werden – eine leukokrate Gruppe, die **Anorthosite** (dominiert von Plagioklas), und eine melanokrate Gruppe, die **Peridotite** und **Pyroxenite.**

Zusätzlich zu den oben erwähnten Gruppen von magmatischen Gesteinen gibt es eine Randgruppe, die **Karbonatite**, welche > 50 Vol.-% Karbonatminerale beinhalten. Karbonatite kommen sowohl als extrusive Lava und intrusive Körper vor.

2.2.5 Vulkanische Gesteine

Extrusive magmatische Gesteine können ebenfalls in zwei große Serien unterteilt werden, abhängig von dem Chemismus der Magma, z. B. alkalisch und subalkalisch (Abb. 2.16). Jede dieser Serien beinhaltet Gesteine von ultrabasischer bis zu saurer Zusammensetzung.

Subalkalische Serien werden des Weiteren in eine tholeiitische und eine kalkalkalische magmatische Serie eingeteilt (Abb. 2.17). Die Unterscheidung beider Serien wird i. d. R. auf der Basis des

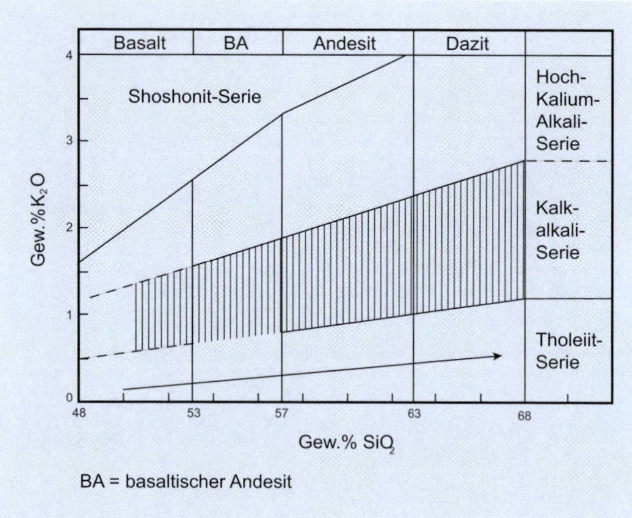

Abb. 2.17 Hauptunterteilung von Inselbogen-Vulkanfolgen an Hand des relativen Gehaltes an K$_2$O und SiO$_2$ (nach Wilson 1989)

Dreiecksdiagramms Na$_2$O + K$_2$O – FeO + Fe$_2$O$_3$ – MgO gemacht, da in tholeiitischen Magmen Magnetit erst spät als Liquidusphase auftritt und tholeiitische Serien im Diagramm daher in Richtung der FeO + Fe$_2$O$_3$-Ecke verlaufen, während kalkalkalische Serien keine Fe-Anreicherung während der Differentiation zeigen. Primäre Magmen, die aus partiellen Schmelzen innerhalb des Mantels generiert werden, sind im Wesentlichen basaltisch. Stärker differenzierte Magmen mit einem höheren SiO$_2$-Gehalt entwickeln sich i. d. R. erst beim Aufstieg des Magmas. Charakteristische Prozesse sind:

- fraktionierte Kristallisation,
- diffusive Prozesse in der flüssigen Phase,
- Magmenmischung und
- krustale Assimilation.

Der Grad, mit dem sich das Magma beim Aufstieg verändert, variiert aufgrund der jeweiligen tektonischen Umgebung und wird durch die Aufstiegsgeschwindigkeit und die Verweildauer in der Kruste kontrolliert – beide Aspekte werden sowohl durch die Schmelzförderrate der Asthenosphäre als auch durch die Mächtigkeit, das Alter und die Zusammensetzung der Kruste, durch die das Magma gelangt, kontrolliert. Zusätzlich ist auch das Verhältnis von intrusiven zu extrusiven Produkten von Bedeutung.

Ein Diagramm, ähnlich dem für plutonische Gesteine, wird für die Klassifikation von vulkanischen Gesteinen benutzt (**Abb. 2.18**). Die Tatsache, dass vulkanische Gesteine feinkörniger sind, macht die Klassifikation für die Mehrheit dieser Gesteine schwierig und sogar unmöglich für glashaltige oder glasige Gesteine. Chemische Analysen sind die beste Methode für eine korrekte Klassifikation. In dem Diagramm können Basalt und Andesit möglicherweise aufgrund der Farbe und dem SiO$_2$-Gehalt unterschieden werden (< 52 Gew.-% SiO$_2$ ist ein Basalt, > 52 Gew.-% ist ein Andesit), oder aufgrund der Zusammensetzung des Plagioklases (ein Gestein mit Plagioklas mit einem höheren Na-Gehalt als An$_{50}$ ist ein Andesit).

Basalte, die nahe des plagioklasreichen Bereichs anzusiedeln sind, können unterteilt werden in Tholeiit, Olivintholeiit, hoch alkalischer Basalt und Alkalibasalt (**Tab. 2.7**). Diese wichtigen Basalttypen können auf Grundlage der vorherrschenden Pyroxene oder auch dem Vorkommen bzw. Fehlen von anderen Mineralen unterschieden werden.

2.2.6 Weitere Aspekte der Klassifikation

Einige magmatische Gesteine weisen sehr spezifische Gefügemerkmale auf, die von besonderer Bedeutung für die Klassifikation sind. In diesen Fällen ist die Mineralparagenese (Mineralvergesellschaftung) unbedeutend. Dazu gehören:

Porphyr Dieser Begriff beschreibt ein Gestein, das 50 % große, gut ausgebildete Einsprenglinge (häufig Plagioklas oder Kalifeldspat) besitzt, die in einer feinkörnigen Grundmasse verteilt vorliegen. Streng genommen beschreibt dieser Begriff das Gefügebild eines vulkanischen Gesteins.

Pegmatit Dieser Begriff dient zur Beschreibung eines sehr grobkörnigen, magmatischen Gesteins, in dem die einzelnen Kristalle im Wesentlichen > 1 cm sind. Typischerweise besitzen Pegmatite eine granitische Zusammensetzung mit großen Kristallen von Alkalifeldspat (Albit oder Na-Feldspat plus Mikroklin) und Quarz. Mafische Pegmatite sind seltener, können aber auftreten – häufig als Linsen innerhalb eines Gabbro- oder Diabas-Körpers.

Aplit Ein feinkörniges, homogenes Gestein granitischer Zusammensetzung, das in vielerlei Hinsicht als das feinkörnige Äquivalent zu einem Pegmatiten angesehen werden kann. Aplite kommen häufig als Dikes (diskordant verlaufende Gänge) in Plutonen granitischer Zusammensetzung vor. Aplite beinhalten typischerweise nur wenige mafische Minerale.

Tachylit Ein aus natürlichen Gläsern bestehendes basisches Gestein. Zur Ausbildung dieser Gläser kommt es an der Oberfläche von Lavaströmen und dem Randbereich basischer Dikes oder Sills (Lagergänge). Wie alle natürlichen Gläser sind auch Tachylite metastabil, und es lassen sich häufig Hinweise auf eine Entglasung (Devitrifizierung) erkennen (s. unten).

Obsidian (Pechstein) Ein glasiges, generell nicht vesikuläres vulkanisches Gestein intermediärer bis saurer Zusammensetzung, das durch schnelle Abkühlung eines Magmas entsteht, so dass keine Kristalle aus dem Magma kristallisieren konnten. Je nach Vorkommen können jedoch vereinzelnd Kristalle in die glasige (hyaline) Struktur eingebettet sein. Obsidian kommt in einer Vielzahl von Farben vor, darunter schwarz, dunkelbraun und dunkelgrün. Charakteristisch für Obsidian ist sein muscheliger Bruch und der Hinweis für das Auftreten einer Fließtextur, die sich in einem schlierigen Bild (eutaxitisches Gefüge) äußert. Obsidiane sind normalerweise von rhyolithischer Zusammensetzung und es kann zur Ausbildung kugelförmiger **Sphärolithen** kommen (Milli- bis Zentimeterbereich), die als Hinweis auf eingetretene Entglasung gedeutet werden. Bei

Abb. 2.18 a IUGS-Klassifikation vulkanischer (aphanitischer) Gesteine mit Mineralzusammensetzungen, die ins QAPF-Diagramm fallen. Das Gestein muss einen Anteil < 90 % an mafischen Mineralen besitzt. **b** Allgemeine Gruppennamen für den Gebrauch im Gelände, wo präzise Mineralgehalte nicht bestimmt werden können. Liegt ein Feldspat substituierendes Mineral im Gelände entlang der A-P-Linie vor, sollte es in die Nomenklatur integriert werden, z. B. „Nephelinsyenitoid". **c** Unterscheidung von Basalt und Andesit anhand der Farbe (Vol.-% mafischer Minerale) und des Silikatgehalts. (Nach Blatt et al. 2006)

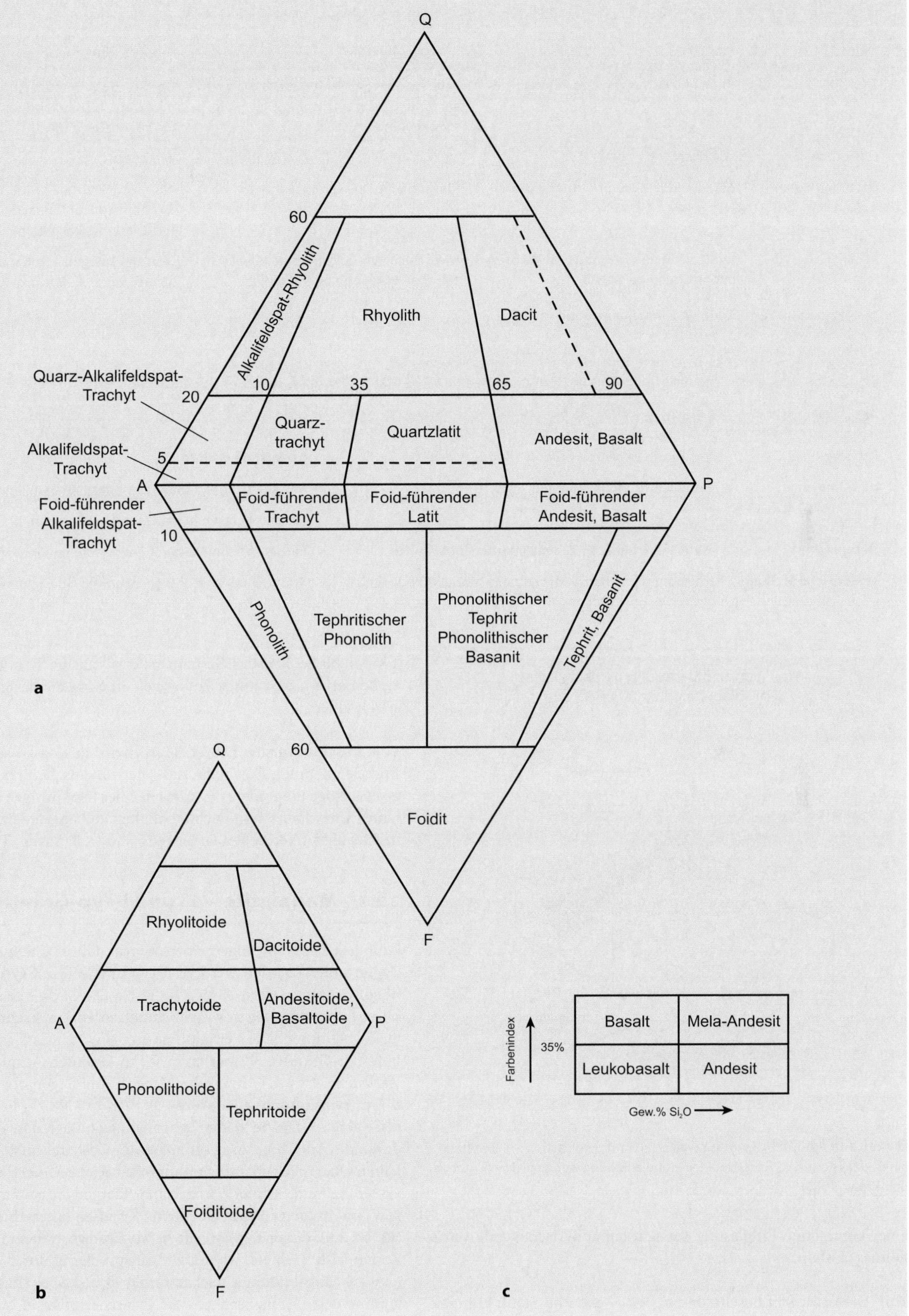
Q
60
Alkalifeldspat-Rhyolith
Rhyolith
Dacit
Quarz-Alkalifeldspat-Trachyt
20
10
35
65
90
Quarz-trachyt
Quartzlatit
Andesit, Basalt
Alkalifeldspat-Trachyt
5
A
P
Foid-führender Alkalifeldspat-Trachyt
10
Foid-führender Trachyt
Foid-führender Latit
Foid-führender Andesit, Basalt
Phonolith
Tephritischer Phonolith
Phonolithischer Tephrit Phonolithischer Basanit
Tephrit, Basanit
60
Foidit
F
a
Q
Rhyolitoide
Dacitoide
Trachytoide
Andesitoide, Basaltoide
A
P
Phonolithoide
Tephritoide
Foiditoide
F
b
Farbenindex
35%
Basalt
Mela-Andesit
Leukobasalt
Andesit
Gew.% Si2O
c

◘ Tab. 2.7 Einteilung von Basalttypen nach mineralogischen und chemischen Kriterien (nach Blatt et al. 2006)

Name	Pyroxene	Andere Minerale*	Anmerkungen
Tholeiit	Augit und Orthopyroxen/ Pigeonit	Interstitielles SiO_2-haltiges Glas, Tridymit oder Quarz; evtl. wenig Olivin mit Pyroxenrändern	Ozeanische Varietäten enthalten > 2,5 Gew.-% TiO_2; kontinentale Varietäten ca. 1,0 Gew.-% TiO_2
Olivintholeiit	Wie oben	Viel Olivin, evtl. mit Pyroxenrändern	Wie oben
Basalt mit hohem Al-Gehalt	Augit, selten Pigeonit/Orthopyroxen	Olivin häufig, +/–Pyroxenrändern	Al_2O_3 > 17 Gew.-%, TiO_2 ca. 1,0 Gew.-%; intermediärer Charakter zwischen Tholeiit und Alkalibasalt
Alkalibasalt	Augit (oft Ti-angereichert), nie Pyroxen mit niedrigen Ca-Gehalt	Viel Olivin, evtl. Feldspatoide, Alkalifeldspat, Phlogopit oder Kaersutit	Gesamtalkaligehalt höher und SiO_2-Gehalt niedriger als alle o. g. Typen

*Plagioklas und Fe-Ti-Oxide sind immer anwesend

◘ Tab. 2.8 Allgemeine Merkmale und mögliche Herkunft von I- und S-Typ-Granitoiden (nach Jerram und Petford 2011)

Klassifikation	I-Typ-Granit	S-Typ-Granit
Petrologie	Von Diorit/Tonalit bis Granodiorit oder Granit	Leukokrate Granite
Hauptminerale	Hornblende, Biotit, Magnetit, Sphene	Muskovit, Biotit, Cordierit, Monazit, Granat, Ilmenit
Enklaven	Hauptsächlich magmatisch	Hauptsächlich metasedimentäre Xenolithe
Herkunft	Partielles Schmelzen von magmatischem Material	Partielles Schmelzen von metasedimentärem Material
Tektonische Stellung	Inselbogen und Batholithe entlang Subduktionszonen an aktiven Kontinentalrändern	Kontinentalkollisionszonen: oft mit Überschiebungen

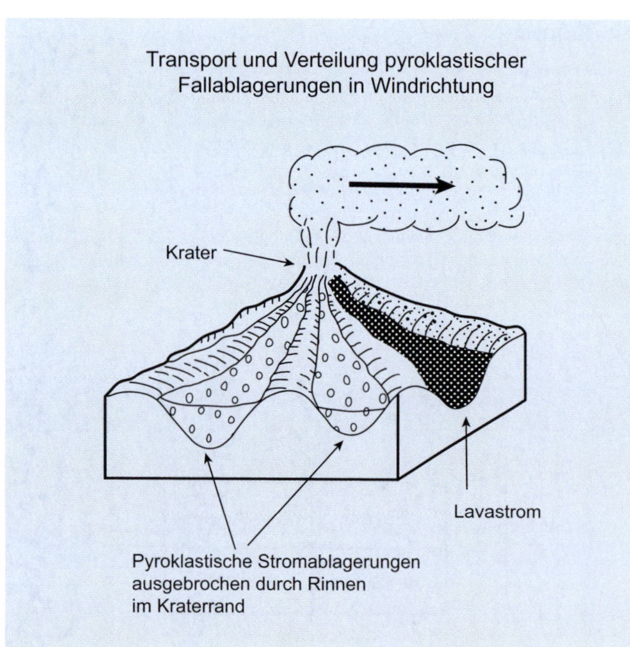

◘ Abb. 2.19 Hauptformen von Lavaflüssen und pyroklastischen Gesteinen eines idealisierten Vulkans. Der Pfeil gibt die Windrichtung an. (Nach Thorpe und Brown 1985)

einer kompletten Entglasung entsteht ein aphyrisches, mikrokristallines Gestein.

Tuff Dieser Begriff beschreibt ein aus Asche und Staub kompaktiertes, möglicherweise verschweißtes vulkanisches Gestein. Sedimentäres Material, Quarzkristalle sowie Feldspat oder Pyroxen können bis zu 50 % des Gesteinsmaterials ausmachen. Zusätzlich ist zu bemerken, dass junge Tuffe reich an eckigen, glasigen Scherben sein können.

Vulkanische Brekzie Dieser Begriff wird analog zu sedimentären Brekzien benutzt. Das heißt, dass die vulkanische Brekzie ebenfalls große eckige Fragmente (> 2 mm) in einer feinkörnigen Matrix beinhaltet. Ihrer Definition nach beinhalten vulkanische Brekzien Fragmente, die vulkanischen Ursprungs sind (z. B. Laven, Tuffe).

2.2.7 Magmatite – S- und I-Typ-Granitoide

Granite können im Allgemeinen aufgrund ihres Chemismus in zwei Typen unterschieden werden: I-Typ und S-Typ. **I-Typ (metaluminöse)-Granite** weisen $Al_2O_3/(K_2O + Na_2O + CaO)$-Verhältnisse von < 1 auf und scheinen aus den Schmelzen von mafischen Magmatiten zu stammen. Die Verhältnisse von Na_2O zu CaO sind höher als in S-Typ-Graniten. Daher ist in I-Typ-Graniten Amphibol das am stärksten vertretene mafische Mineral. Im Gegensatz dazu haben **S-Typ (peraluminöse)-Granite** $Al_2O_3/(K_2O + Na_2O + CaO)$-Verhältnisse von > 1. Die derzeitige Lehrmeinung besagt, dass diese Granite durch die Aufschmelzung sedimentärer Gesteine entstehen. Sie enthalten Quarz, Feldspat sowie aluminiumreiche Minerale wie Muskovit, Granat und Cordierit. Im Gelände können die beiden verschiedenen Granittypen anhand eine Reihe Kriterien unterschieden werden (◘ Tab. 2.8). Ein dritter Typ, die **A-Typ-Granite**, treten in anorogenen Zonen (d. h. Gebiete, wo keine Beanspruchung durch eine Orogenese – Gebirgsbildung – nachzuweisen ist; z. B. über Hotspots oder in kontinentalen Grabensenken) auf. Typischerweise sind sie alkalireich (insbesondere an Kalium), aber auch angereichert an Spurenelementen wie Zr, Nb, Ta und die Seltenerdelemente (SEE; engl.: REE).

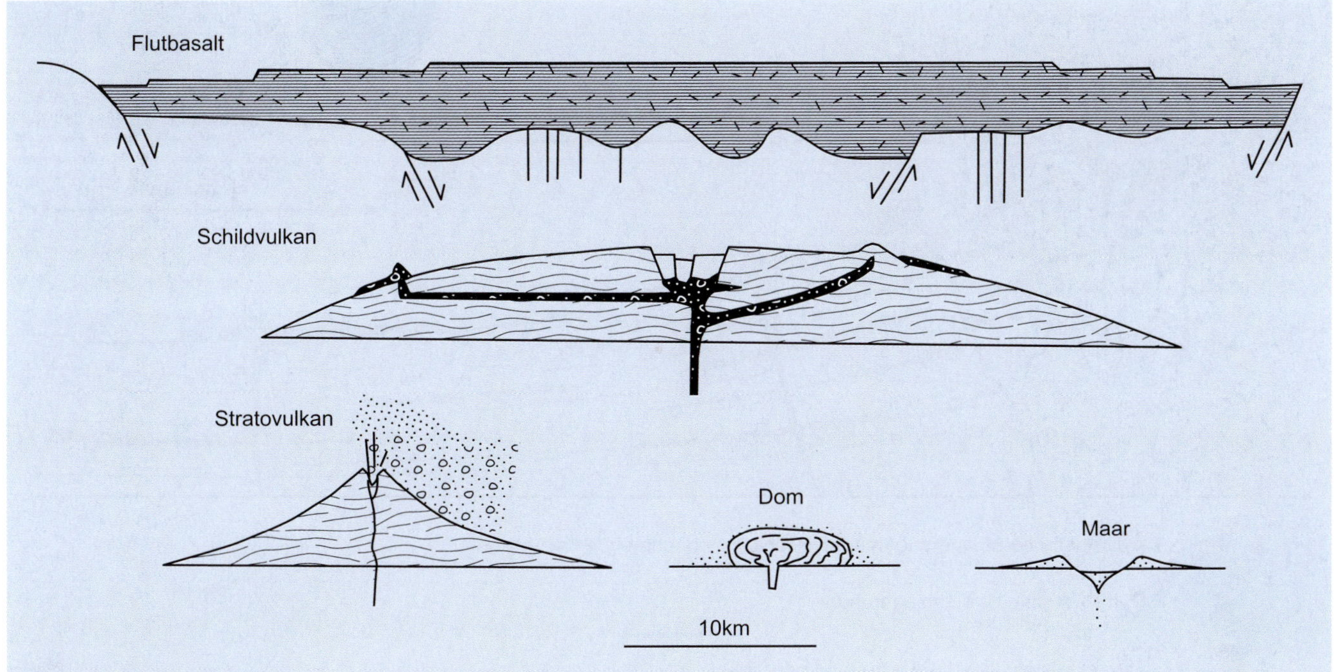

Abb. 2.20 Erscheinungsbild der vulkanischen Hauptformen und ihre ungefähre Größe. Flutbasalte und Schildvulkane besitzen eine basaltische Zusammensetzung. Stratovulkane hingegen besitzen eine andesitische Zusammensetzung mit Domen und Tuffen aus Aschesrömen, eine rhyolithische Zusammensetzung, oder eine andere feldspatreiche Gesteinszusammensetzung. Maare sind Explosionskrater, die von Schutt des Schlots umgeben sind. (Nach Philpotts und Ague 2009)

2.2.8 Vulkane

Vulkanausbrüche gehören zu den dramatischsten und am besten sichtbaren magmatischen Prozessen (**Abb. 2.19**). Klassische Vulkane (**Zentralvulkane**) bilden typischerweise einen **Schlot** aus (wobei die Ausbildung mehrerer Sekundärschlote möglich ist), in dem sich die Lava aus der unterirdischen **Magmakammer** (oder gegebenenfalls mehreren Magmakammern) ihren Weg Richtung Erdoberfläche bahnt. Obwohl diese Art von Vulkanismus am häufigsten ist, sind Eruptionen entlang von Spalten (z. B. Flutbasalte) aufgrund ihres hohen Volumens von viel größerer Bedeutung in der Erdgeschichte. In den magmatischen Großprovinzen (von denen man annimmt, dass sie sich über Mantelplumes – ein diapirartiger Aufstrom heißen Gesteinsmaterials durch den Erdmantel – ausbilden) können sich beträchtliche Ablagerungen bilden (z. B. Deccan Traps in Indien).

Vulkane können in einer Vielzahl von Formen auftreten (**Abb. 2.20**). Die jeweilige Form hängt in großem Maße mit der Zusammensetzung des Magmas zusammen und bestimmt die Art der Eruption. So sind Basalte aufgrund ihrer niedrigen Viskosität dünnflüssig und besitzen daher gute Fließeigenschaften, so dass sie breite **Schildvulkane** bilden. Im Laufe der Zeit kann der Vulkanbau um den Kraterbereich an ringförmigen Abschiebungen absacken, es kommt zu einem Kollaps der Magmenkammer (Magmamigration), was zur Bildung von **Calderen** führt.

Magmen mit höherem Anteil an SiO_2 sind viskoser und explosiv. Sie bilden Schichtvulkane, die aus Lava und fragmentiertem Material aufgebaut sind. Siliziumreiche Magmen sind so viskos, dass die aufdringende Schmelze den Vulkanbau aufwölben kann. Neigungsmessungen an den Flanken noch aktiver Vulkane belegen die Deformation um den Eruptionsort. Alle Vulkane haben jedoch eine Gemeinsamkeit: An ihnen kann sowohl Lava ausfließen als auch festes pyroklastisches Material ausgeworfen werden.

Der Vorgang der Eruption beginnt durch die Aufwärtsbewegung der Magmen durch die Kruste und der Ausbildung einer Magmenkammer in einem Zwischenstockwerk.

In Abhängigkeit der Verweildauer dieser Magmen in der Magmenkammer kommt es zur Ausbildung einer durch die Gravitation ausgelösten Schichtung. Folgende Faktoren beeinflussen diese gravitative Differentiation:

- Dichte,
- Zusammensetzung,
- Temperatur und
- flüchtige Bestandteile.

Mit der Zeit differenziert sich das leichtere, mit flüchtigen Bestandteilen angereicherte, silikatreiche Magma im oberen Bereich der Magmakammer, während sich das heißere, eher an Einprenglingen/ Phänokrysten reiche, mafische Magma sich an der Basis sammelt.

Flutbasalte werden in Bereichen von Spalteneruption gefördert (Bereiche über Hotspots inbegriffen), wohingegen bei den anderen Beispielen (II bis IV, s. unten) die Eruption hauptsächlich in Form eines Zentralvulkans auftritt. Dabei handelt es sich um Strukturen, die man anhand ihres Erscheinungsbilds klassifizieren kann. Dieses ist durch Art der vulkanischen Aktivität geprägt.

Der Großteil (ca. 90 %) vulkanischer Aktivität findet entlang der Plattengrenzen statt. Zu einem geringeren, jedoch nicht unwichtigen Anteil findet Vulkanismus auch innerhalb der Platten statt.

I. **Divergente Plattengrenzen:** Insbesondere mittelozeanische Rücken sind bezüglich der Ergussvolumina die wichtigsten Orte des effusiven Magmatismus (Bildung der ozeanischen Platten). Da diese Art von Vulkanismus jedoch zum Großteil nicht explosiv abläuft, ist der direkte Einfluss auf die Atmosphäre oder die Sedimentation eher gering. Die Eruptionen beschränken sich auf Gebiete mit Dehnungsklüften und sind für die Förderung von **Flutbasalten** verantwortlich.

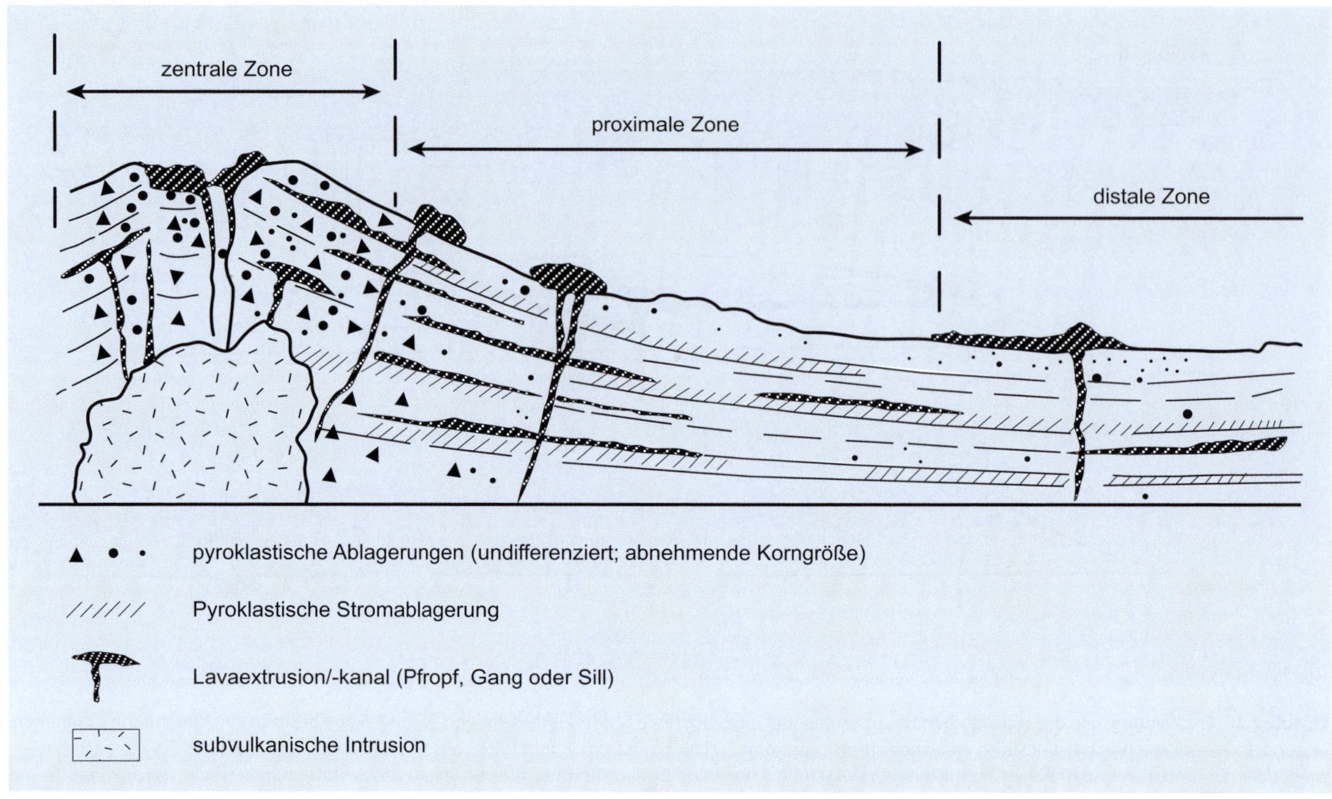

Abb. 2.21 Schematisches Profil, das die Faziesvariationen in einem Vulkan zeigt (nach Thorpe und Brown 1985)

II. **Konvergente Plattengrenzen:** Dieser Vulkanismus findet zum größten Teil an Subduktionszonen statt und ist bezüglich des geförderten Volumens wichtig, da er ca. 80 % des subaerischen Vulkanismus ausmacht. Solche Vulkane haben sowohl einen hohen Einfluss auf die Sedimentbilanz, wie auch auf die Atmosphäre (z. B. der Ausbruch des Krakatoa 1883, der das Klima für mehrere Jahre beeinflusst hat). Die Vulkane (mit Durchmessern bis zu 40 km) sind normalerweise entlang von 200–300 km breiten Bögen über bis zu mehreren Tausenden von Kilometern aufgereiht. Vulkane dieser Art fördern meist Lava und pyroklastisches Material. Pyroklastite bestehen aus einem feinkörnigen Material, welches über große Distanzen (Tausende von Kilometern) verbreitet werden und bei starken Eruptionen ein Volumen bis zu 3000 km² in den oberflächennahen Gesteinskreislauf einbringen kann.

III. **Ozeanischer Intraplattenvulkanismus:** Diese Art von Vulkanismus kommt besonders in Orten mit verdickter ozeanischer Kruste vor, wie z. B. an *Triple Junctions* (Tripelpunkten), Bruchzonen oder Hotspots. Der hawaiianische Vulkanismus ist ein typisches Beispiel. In diesen Gebieten können sich gewaltige Schildvulkane (mit Durchmessern bis zu 200 km) bilden. Der Auswurf von Lava geschieht hierbei über die Krater wie auch über Spalten, welche auch die Bildung von Lavavorhängen und Lavafontänen begünstigen. Die Zusammensetzung dieser Schmelzen des ozeanischen Intraplattenvulkanismus ist größtenteils basaltisch.

IV. **Kontinentaler Intraplattenvulkanismus:** Hierbei handelt es sich um die seltenste Form von Vulkanismus. Eine besonders wichtige Art sind die Flut- oder Plateaubasalte (z. B. die Deccan Traps in Indien). Sie können ausgedehnte Gebiete (bis zu 750.000 km²) bedecken und sind die – auf ihr Volumen bezogen – häufigsten Effusivgesteine.

Vulkane können vereinfacht in zwei Gruppen eingeteilt werden: **monogenetisch** und **polygenetisch**. Bei einem monogenetischen Vulkan handelt es sich um das Ergebnis einer einzelnen eruptiven Phase oder Eruption (Stunden bis Jahrzehnte). Polygenetische Vulkane hingegen brechen mehr als einmal aus demselben Schlot aus. Die Schlote reichen von einfachen (z. B. Fuji-San) bis zu zusammengesetzten Kegeln (z. B. Vesuv, Ätna). Kraterreihen wie auf Hawaii sind in dieser Gruppe mit inbegriffen.

2.2.9 Vulkanische Ablagerungen

Man unterscheidet zwei Arten vulkanischer Gesteine: Laven und Pyroklastika. Beide werden in der Regel während einer vulkanischen Eruption gebildet. **Laven** bilden sich, wenn Magma aus dem Vulkan austritt und bei Kontakt mit der Atmosphäre oder Wasser erstarrt. **Pyroklastika** bestehen aus verschiedenen Materialen, die durch Entgasungsprozesse zur Förderung mit hohen Geschwindigkeiten im Schlot führen und dadurch fraktioniert wurden. Die pyroklastischen Komponenten bestehen aus Bimsstein, Schlacke, Gläsern, Einzelkristallen, magmatischen Bomben und/oder Gesteinsfragmenten.

Pyroklastika können wiederum in zwei Arten unterteilt werden. **Pyroklastische Ascheablagerungen** akkumulieren Material, das bei der Eruption in die Atmosphäre geschleudert wurde und wieder herabfällt. **Pyroklastische Fließablagerungen** hingegen entstehen durch den Transport von einem Materialgemisch aus festen Fragmenten und Fluiden (Gase/Flüssigkeiten) entlang der Hänge eines Vulkans. Ein einzelnes Vulkangebiet wird durch eine Vielzahl von Ablagerungen, die teilweise zeitgleich entstehen, charakterisiert und erlaubt Rückschlüsse auf die Entfernung von der Haupteruption. Hierbei kann man drei deutliche Zonen unterscheiden, in denen es zum Auftreten von pyroklastischen Kegeln, Strömen und Domen kommen kann (◻ Abb. 2.21):

- **Zentrale Zone** (bis zu 2 km vom Schlot entfernt): Diese Zone ist definiert durch das Auftreten von primären Lavaschloten und Förderspalten (welche später in Form von vulkanischen Pfropfen, Gesteinsgängen und Lagergängen in Erscheinung treten). Die Schmelzen sind in der unmittelbaren Umgebung des Förderzentrums in die groben und schlecht sortierten Pyroklastika eingedrungen.
- **Proximale Zone** (5–15 km vom Schlot entfernt): In diesem Bereich ist der Anteil an Lavaströmen größer. Es kann zur Ablagerung pyroklastischer Ströme kommen, die häufig durch Ascheablagerungen begleitet werden.
- **Distale Zone** (> 15 km vom Schlot entfernt): Dieser vom Förderschlot weiter entfernte Bereich ist durch Ablagerungen pyroklastischer Ströme in Verbindung mit feinkörnigem, über die Atmosphäre transportiertem Material charakterisiert. Zusätzlich kann die vulkanische Abfolge in diesen Gebieten durch sekundäre Umlagerungsprozesse in Wechsellagerung mit Sedimenten auftreten.

Geländearbeit mit Vulkaniten bzw. in vulkanischen Gebieten kann aus verschiedenen Gründen schwierig sein. Das liegt daran, dass eine einzige Eruption eine große Vielfalt an Ablagerungen entstehen lassen kann, welche nach einiger Zeit trotz ihres gemeinsamen Ursprungs nicht mehr miteinander in Verbindung gebracht werden können. Korrekte Interpretationen erfordern also eine große Sorgfalt mit einem Schwerpunkt auf sehr detaillierten Beobachtungen. Die Schwierigkeiten können folgendermaßen zusammengefasst werden:

- Bei einer Eruption wird eine große Bandbreite an Korngrößen, Zusammensetzungen und Gasblasen erzeugt.
- Überlagerung unterschiedlicher Eruptions- und Transportsysteme.
- Hydrodynamische und aerodynamische Variabilitäten führen zu einer Produktion unterschiedlicher Partikel.
- Probleme durch Alteration (vor allem vulkanische Gläser).
- Sedimentzufuhr, Umlagerung und Sedimenttransport episodisch oder als Ereignis.
- Entstehung vulkanischer Landschaften und der damit verbundenen Tektonik beeinflussen lokale Muster des Sedimenttransports und schaffen neue Ablagerungsräume.

2.2.10 Vulkanische Eruptionstypen

Es können vier durch fließende Übergänge gekennzeichnete Typen explosiver magmatischer Eruptionen beschrieben werden. Diese können als Endglieder in einem Kontinuum von Eruptionstypen angesehen werden. Der wichtigste Aspekt in Bezug auf die Kontrolle des Eruptionstyps ist das Verhalten der Gasphase und der flüssigen Phase relativ zueinander im Magma (◻ Abb. 2.22). Vesikuläres Magma z. B. steigt in den Vulkanschlot auf; ab einer bestimmten Tiefe (abhängig vom ursprünglichen Gehalt volatiler Elemente) ist es an Volatilen (hauptsächlich H_2O und CO_2) übersättigt und Blasen häufen sich. Mit dem Wachsen der Blasen sinkt die Gesamtdichte des Magmas (Flüssig- und Gasphase), wodurch der Auftrieb ansteigt. Die kontinuierliche Expansion der Gasblasen (bis zu 64 Vol.-%) führt zu einem überhöhten Druck und zu einer explosiven Eruption, bei der das schaumige, geschmolzene Material eruptiert wird.

Bei hawaiianischen Eruptionen haben die Magmen eine basaltische Zusammensetzung und zeichnen sich durch eine geringe Viskosität sowie einem niedrigen Fluidgehalt aus. Die durch die

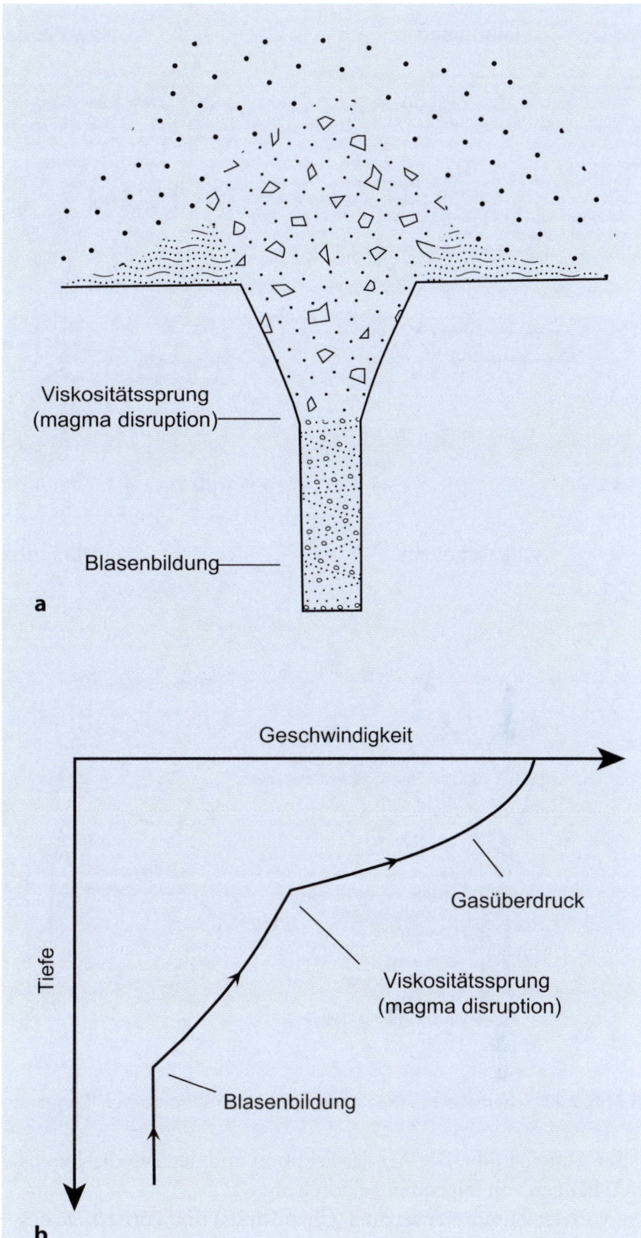

◻ Abb. 2.22a,b Aufsteigendes Magma in einem vulkanischen Förderschlot, das an Volatilen übersättigt ist. **a** Die Entmischung dieser volatilen Phasen führt zur Bildung von Gasblasen. Wenn das Magma weiter steigt, werden die Blasen größer, bis es zu einer Expansion aufgrund von Dekompression kommt. Die Gasblasen zerreißen das Magma in blasige Partikel, die dann mit hoher Geschwindigkeit aus dem Schlot ausgeworfen werden. (Nach Philpotts und Ague 2009), **b** Typische Beschleunigung eines vesikulären Magmas beim Aufstieg im Schlot. Das Wachsen und die Expansion der Gasblasen beschleunigen das Magma, bis es die Oberfläche erreicht. (Nach Philpotts und Ague 2009)

Entgasung entstehenden Blasen im Magma können sich schneller verbinden und steigen daher schneller als das Magma auf.

Eruptionen beinhalten also Phasen, in denen gasreiches Magma die Oberfläche erreicht (z. B. Feuerfontänen) sowie Phasen, in denen gasarmes Magma als Lava ausfließt.

Bei **plinianischen Eruptionen** stehen hingegen beide, die viskosere, gasreiche und die flüssige, gasarme Phase in enger Verbindung miteinander und eruptieren gleichzeitig. Diese Beispiele zeigen, dass es ein breites Spektrum zwischen explosiver und effusiver vulkani-

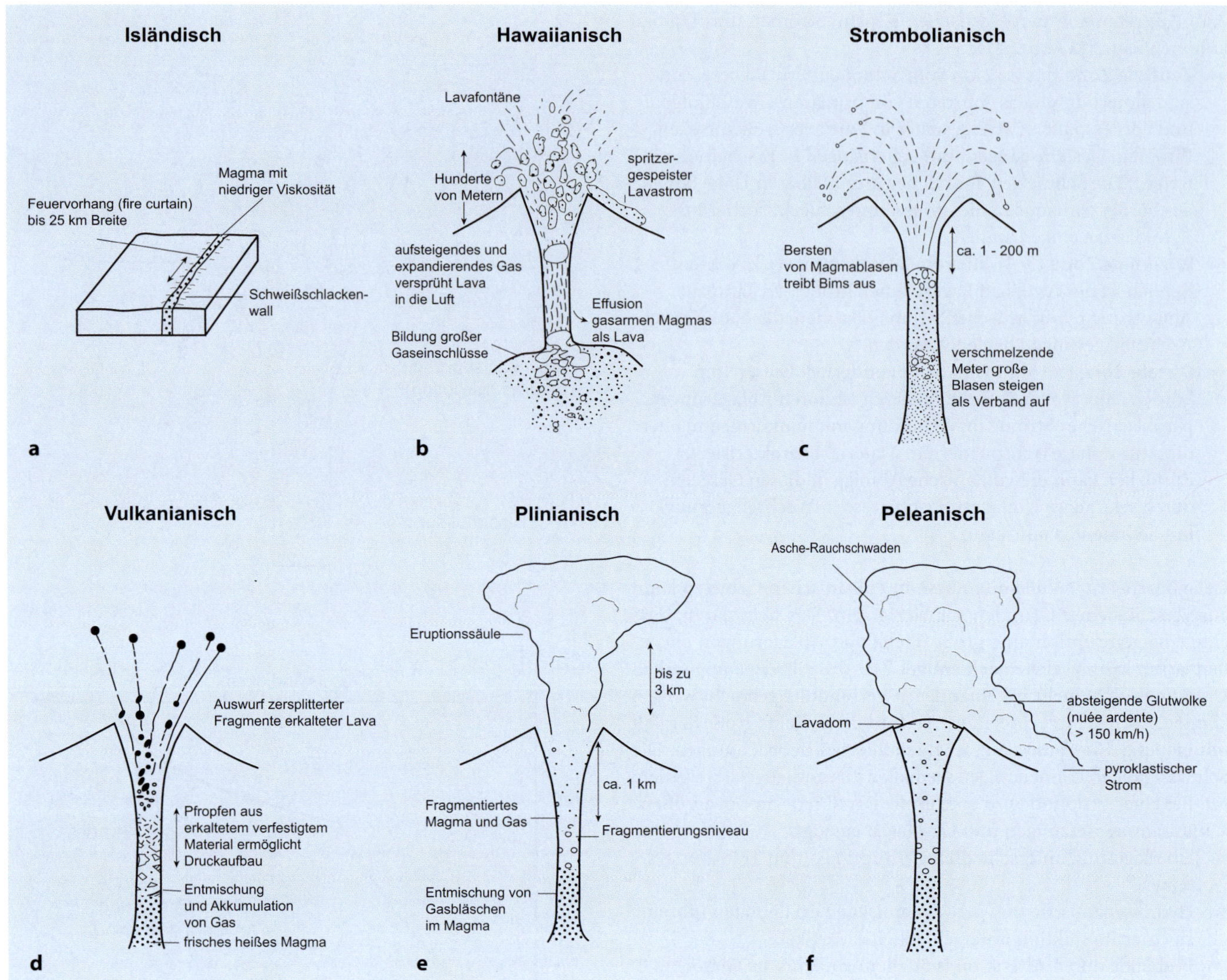

Abb. 2.23 Schematisches Diagramm der Haupteruptionstypen (Diagramme mit unterschiedlichen Maßstäben, teilweise nach Orton 1996)

scher Aktivität gibt. Die Art der Eruption und der Typ der Explosivität hängen von folgenden Faktoren ab:

- von der Zusammensetzung (Chemismus) und Fördertiefe des Magmas,
- der Aufstiegsrate sowie
- äußeren Faktoren (z. B. den auf den Magmakörper wirkenden Druck).

Magmatische Eruptionen können in folgende Haupttypen gegliedert werden (◘ Abb. 2.23; man beachte, dass die Übergänge fließend sind):

- **Isländische Eruptionen** – zeigen die geringste Explosivität und sind störungs- oder kluftgebundene Eruptionen, die meistens gering-viskose Magmen produziert. Einzelne Eruptionszentren können Aschekegel oder Feuerfontänen aus Lava-Seen oder Schloten produzieren.
- **Hawaiianische Eruptionen** – sind eng mit den isländischen Eruptionen verbunden und basaltischen Ursprungs. Eruptionen kommen nur sporadisch vor. Eruptionsphasen gasarmer Laven wechseln sich mit kurzen Phasen gasreicher Eruptionen ab (z. B. Feuerfontänen oder Feuerteppiche). Die Lava wird typischerweise aus einem zentralen Schlotbereich eruptiert.
- **Strombolianische Eruptionen** – beinhalten Magmen mit höherer Viskosität (oft kalkalkalisch) als die hawaiianischen

Magmen. Explosive Eruptionen entstehen in einem offenen Schlot durch das unregelmäßige Explodieren großer Gasblasen bei Druckentlastung im oberen Bereich der Magmasäule.

- **Vulkanische Eruptionen** – entstehen wie die strombolianischen Eruptionen, neigen aber zu einer höheren Explosivität und betreffen dadurch auch größere Areale. Oft handelt es sich um hochviskose, andesitische Magmen. Explosionen entstehen, wenn Gase unterhalb eines Lavapfropfens Druck aufbauen und plötzlich freigegeben werden.
- **Plinianische Eruptionen** – sind die größten und explosivsten Eruptionen. Die hochviskosen, sauren bis intermediären Magmen zeigen hohe Eruptionssäulen.
- **Peleanische Eruptionen** – stehen in Verbindung mit Glutwolken (*nuées ardentes*) und glühenden Lawinen pyroklastischen Materials. Sie entstehen meist durch einen gravitativen Kollaps eines Lavadoms und führen zu abgehenden Glutlawinen an der Außenseite des Vulkans.

■ Vulkanische Eruptionen und Eruptionsprodukte

Wie oben angemerkt, entstehen bei vulkanischen Eruptionen auch Lavaströme und pyroklastische Ablagerungen – abhängig vom Mechanismus der Eruption. Der Begriff **Lava** bezieht sich auf geschmolzenes Magma an der Erdoberfläche, während **Tephra** als genereller

Tab. 2.9 Zusammensetzung der Haupteinsprenglingsphasen in porphyrischen Lavas (nach Jerram und Petford 2011)

	Olivinbasalt	Basalt	Basaltischer Andesit	Andesit	Dazit	Rhyolith
Plagioklas	XX	XX	XXX	XXX	XXX	XX
Olivin	XXX	Xx	XX	X		
Pyroxen	X	XX	XX	XX	X	
Hornblende		X	X	XX	XX	X
Biotit				X	XX	XX
Alkalifeldspat				X	XX	XXX
Quarz					XX	XXX
Fe-Ti-Oxid	X	X	X	X		

Begriff für pyroklastische Ablagerungen verwendet wird. Schlacke (*Scoria*) ist ein dichtes bis poröses vulkanisches Gestein oft in Schlackenkegeln zu finden, während **Bims** sich auf ein dichtes, hoch vesikuläres und teilweise glasiges Material bezieht.

Laven sind Magmen, die an der Oberfläche erstarren. Die Ausbildung der Lava hängt daher von der initialen chemischen Zusammensetzung des Magmas ab (sauer – intermediär – basisch). Der Hauptunterschied zwischen den magmatischen Körpern, die innerhalb der Erde und denen, die an der Oberfläche abkühlen, ist die Korngröße. Schmelzen, die an der Oberfläche rasch abkühlen oder abgeschreckt werden, zeigen nur kleine Kristallgrößen. Mit bloßem Auge ist häufig nur eine homogene Matrix erkennbar. Einzelne, größere Kristalle sind Frühkristallisate (**Einsprenglinge/Phänokriste**) und werden von der Schmelze bereits als ausgebildete Kristalle an die Oberfläche gebracht.

Die Tatsache, dass Vulkane oberflächliche Phänomene sind, bedeutet, dass Eruptionen sowohl subaerisch als auch unter Wasser auftreten können. Subaquatische (hydrovulkanische) und subaerische Eruptionen unterscheiden sich dadurch, dass das heiße vulkanische Material in Kontakt mit Wasser (lakustrin, glazial, marin) große Mengen an überhitztem Wasser produziert. Der Reaktionstyp hängt von der Menge des verfügbaren Wassers ab. Man unterscheidet:

- hydrothermale (phreatische) Explosion, bei denen wenig Wasser/Fluid vorhanden ist,
- phreatomagmatische Explosion, bei denen viel Wasser/Fluid vorhanden ist.

Puzzlestruktur in Hydroklasten aufgrund phreatomagmatischer Aktivität, Almeria, Spanien (Foto A. Mauel)

Hydrovulkanische Ablagerungen sind typischerweise feinkörniger (durch die schnelle Abkühlung), aber neigen dazu, schlechter sortiert

zu sein als Ablagerungen magmatischer Eruptionen. Zusätzlich können **Peperite** dort produziert werden, wo Magma und wassersättigte Sedimente in relativ flachen Tiefen in Kontakt miteinander kommen.

▪ Laven und Lavaströme

Durch ihr schnelles Abkühlen an der Erdoberfläche sind Laven oft feinkörnig (z. B. glasig, mikrokristallin), was es schwierig macht, sie zu beschreiben. Das Vorhandensein von Einsprenglingen (gewöhnlich 10–50 %) in Verbindung mit der Farbe, den Zusammenhängen im Gelände usw. kann jedoch nützlich sein, um eine Lava detailliert zu beschreiben (Tab. 2.9).

Laven variieren in ihrer Viskosität und Effusionsrate. SiO_2-reiche Laven sind viskoser und dadurch sind die Ströme nicht sehr großflächig (10–30 km, bis zu 30 m dick bei andesitischen Strömen, bis zu mehrere 100 m dick bei rhyolithischen Strömen) im Vergleich mit geringer viskosen Strömen, die weite Distanzen überwinden (mehrere zehn bis Hunderte von Kilometern) und große Gebiete bedecken können (z. B. Basalt aus der Dekkan-Provinz, Indien), wobei aber die Ablagerungen weniger mächtig sind (ca. 3 m). Das Mitziehen von früher erstarrten Lavaströmen kann eine ausgehöhlte Form hinterlassen (**Lavaröhren, auch Lavatunnel, Lavahöhlen**) Laven werden über ihre Form und Oberflächenmorphologie in drei Haupttypen eingeteilt (Abb. 2.24):

- **Aa-Laven** – sind Laven mit einer rauen, schlackigen Oberfläche, die mitgerissene Fragmente ehemaliger Krusten besitzen und an der Oberfläche von viskoseren Laven mitgeflossen sind. Diese Fragmente findet man in Basalt oder andesitisch-basaltischen Laven, die durch eine obere und untere Brekzie und einen massiven Kern zoniert erscheinen.

Aa-Lava, Hawaii (Skala 30 cm)

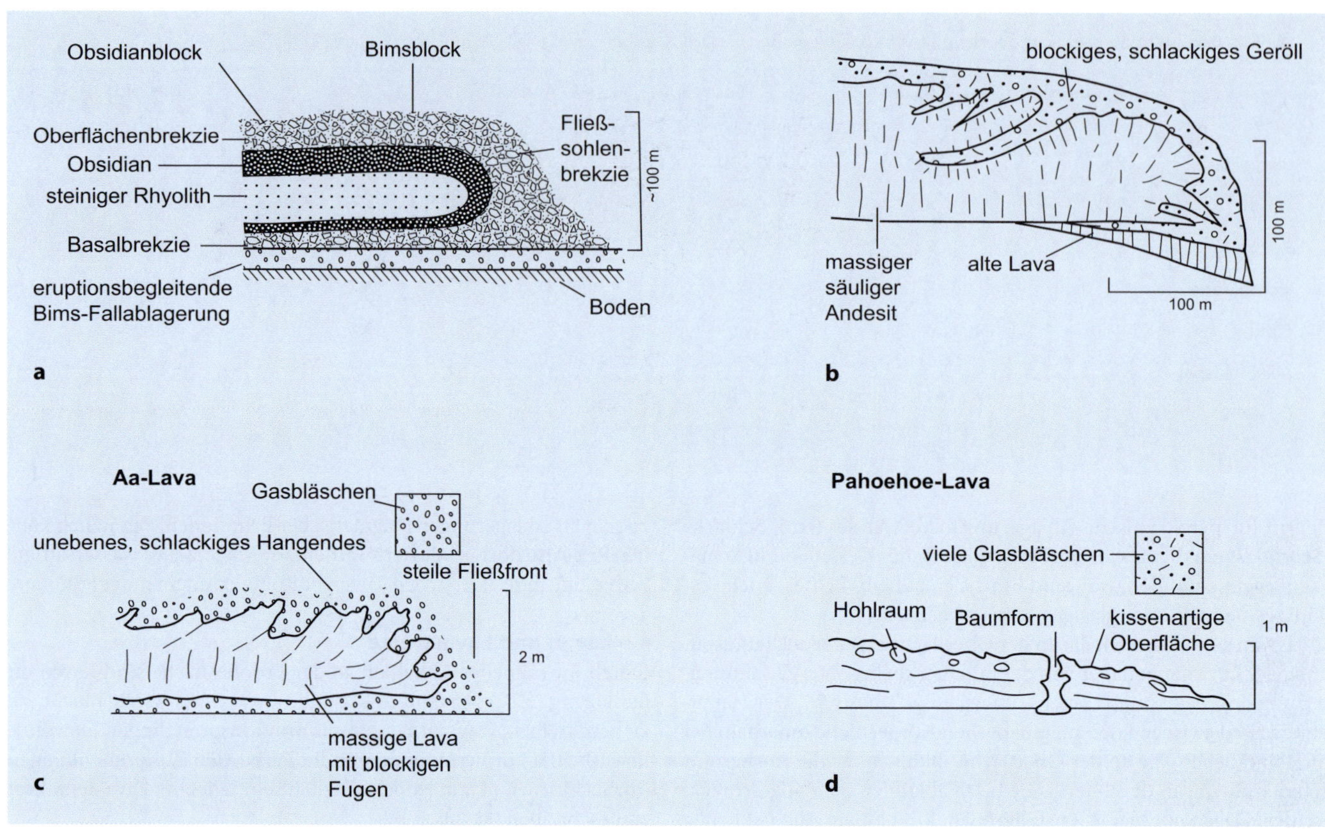

Abb. 2.24a–d Fazies für verschiedene Lavatypen. **a** Rhyolith, **b** Andesit, **c** und **d** Basalt (Nach Orton 1996)

- **Pahoehoe-Laven** – sind Laven mit glatten oder seilartigen Krusten, die grundsätzlich eine basische Zusammensetzung haben. Sie entstehen aus heißeren, weniger viskosen Laven als der Aa-Typ. Wenn sie abkühlen und Wasser verlieren, gewinnen sie an Viskosität und gehen dann in Aa- oder Blocklaven über.

Blocklava und Lavaball, Hawaii

Pahoehoe-Lava, Hawaii

- **Blocklaven** – bestehen aus einzelnen stehenden Blöcken mit planaren oder leicht gebogenen Oberflächen und bestehen charakteristischerweise aus andesitischen, dazitischem und rhyolithischem Material.

- **Kissenbasalte** (*pillow basalts*) – bilden runde bis elliptische Strukturen mit einem Durchmesser von bis zu 1 m, die sich beim Kontakt von Lava und Wasser gebildet haben. Sie sind durch eine häufig radiale und/oder konzentrische Struktur und gehärtete Ränder aus basaltischem Glas (Tachylit) gekennzeichnet. Zwischen den einzelnen Kissen (*pillows*) werden oft Fragmente der zerbrochenen glasigen Lavahäute gefunden, die zu Palagonit, Cherts (Kieselgesteine), Kalksteinen oder Tonsteinen alteriert sein können. Blasige Strukturen erlauben eine grobe Einschätzung der Wassertiefe, bei der die Extrusion stattgefunden hat (< 5 %: ca. 1000 m; 10–40 %: < 500 m).

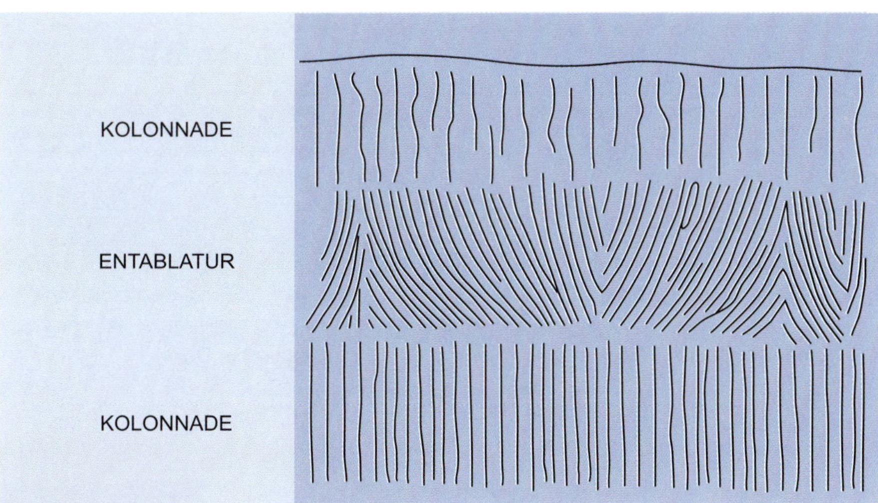

■ **Abb. 2.25** Säulenmorphologien in Lava-strömen

■ Kissenbasalte, Wales

■ Basaltsäulen, Giant's Causeway, Irland (Säulendurchmesser 30–35 cm; Foto B. Murphy)

Bei basaltischen Laven, Sills und Dikes treten häufig fünf- bis siebenseitige **Säulenstrukturen** auf, die sich senkrecht zu den oberen und unteren Abkühlungsoberflächen gebildet haben und durch die Kontraktion während der Abkühlung entstanden sind. Die Lavaströme können sich in eine obere und untere Einheit von geraden, seitlichen Säulen (*colonnades*) aufteilen, die in der Mitte durch blockige, irreguläre Säulen (*entablatures*) voneinander separiert werden. Im Gegensatz zu basaltischen Schmelzen sind **flache, plattige Strukturen** in sauren und intermediären Laven typischer (■ Abb. 2.25 und 2.26).

■ Kollonade, Yellowstone, USA

Die Viskositätszunahme und der höhere Kristallisationsgrad des ausgeworfenen Materials von SiO_2-reichen Magmen führen dazu, dass Lavaströme, wie sie für basaltische Magmen typisch sind, seltener auftreten. Saure Magmen bilden stattdessen häufiger verschiedene Arten von Domen aus. Bereiche der Lavaoberfläche können bereits während des Fließens erstarren. Diese Fragmente werden anschließend wieder in den Strom eingearbeitet (***flow fragmentation*, Autobrekzierung** ■ Abb. 2.27).

■ **Pyroklastische Ablagerungen**

In subaerischen Eruptionen wird pyroklastisches Material zunächst vertikal in Form einer Eruptionssäule ausgeworfen (■ Abb. 2.28). Diese Eruptionssäulen, die zur Bildung von Fallablagerung und Fließablagerungen führen, lassen sich aufgrund ihrer Unterschiede im Impuls und Auftrieb in drei Sparten unterteilen. Tatsächlich beinhalten die meisten Eruptionen aber beide Ausbreitungsmechanismen.

Das pyroklastische Material (**Tephra**), das bei Vulkaneruptionen gebildet wird, enthält drei Hauptfragmenttypen (■ Abb. 2.29):

- **Gesteinsfragmente**: Diese werden je nach Korngröße, vergleichbar mit den siliciklastischen Sedimenten bzw. Sedimentgesteinen, in Asche, Lapilli und Blöcke eingeteilt. Außerdem werden sie in Bezug auf ihre Herkunft unterschieden. Sie ent-

2

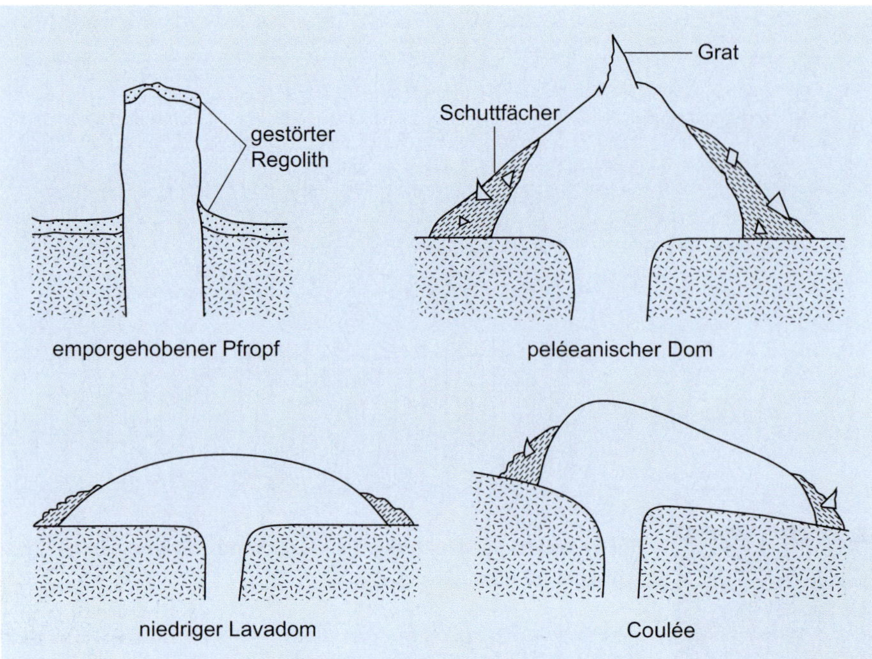

■ **Abb. 2.26** Profile der vier Typen von Lavaströmen, einschließlich der Dome (nach Francis und Oppenheimer 2003)

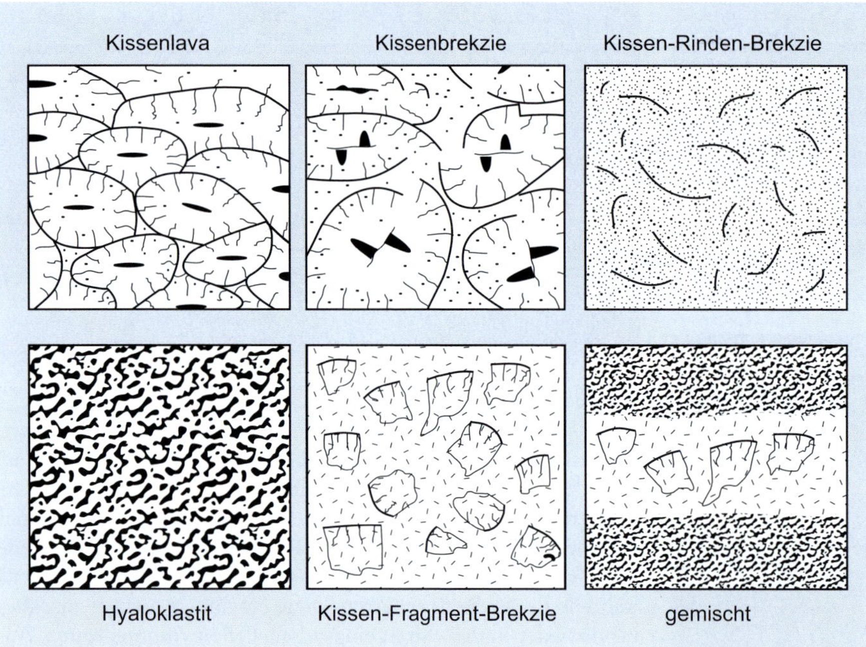

■ **Abb. 2.27** Verschiedene Phasen von Fragmentierung. Mischformen sind häufig. (Nach Jerram und Petford 2011)

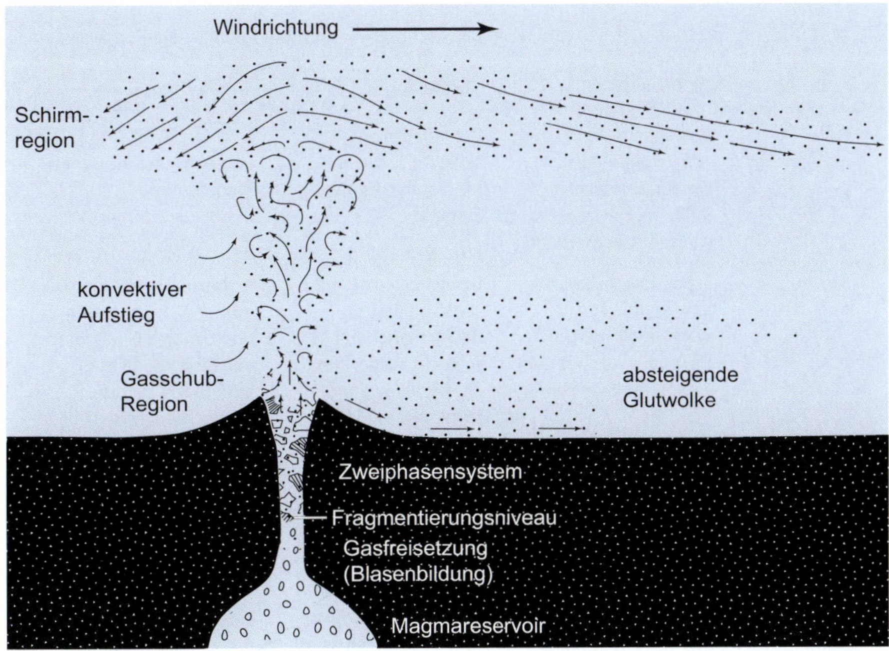

Abb. 2.28 Schema einer vulkanischen Eruptionssäule – dargestellt sind die Geschwindigkeitsvariationen im Zusammenhang mit der Höhe, der Auftriebskraft und dem Impuls. (Nach Orton 1996)

halten entweder Bruchstücke junger Laven (*juvenile/essential fragments*), Fragmente aus älteren Eruptionsphasen (*cognate fragments*) oder Fragmente aus Gesteinen des Grundgebirges (*accidental/foreign fragments*).

- **Glasscherben:** Teilstücke blasiger Wände. In niedrigviskosen Magmen kann eine Vielzahl von Partikeln produziert werden (z. B. Pelé-Tränen, Pelé-Haare).
- Einzelne Kristalle.

Vulkanische Bruchstücke können auch nach ihrem Fragmentierungsmechanismus benannt werden. **Pyroklastische Fragmente (Pyroklasten)** sind Bruchstücke, die sich bei der vulkanischen Explosion plinianischer Magmeneruptionen gebildet haben. **Hydroklasten** entstehen bei der Interaktion von Magma und Wasser. **Autoklasten** formen sich als Resultat der mechanischen Reibung von beweglichen Laven oder Autobrekzien, während sich **Alloklasten** aufgrund der Überprägung von vorexistierenden vulkanischen Gesteinen durch unterirdische magmatische Prozesse bilden.

Diese Einteilung wird zur Klassifizierung von pyroklastischen Ablagerungen genutzt, wozu folgende Merkmale beachtet werden müssen:

- Korngröße der Pyroklasten und die Korngrößenverteilung des Sediments (Tab. 2.10),
- Zusammensetzung der pyroklastischen Fragmente,
- Intensität und Art des Verschweißens.

Eine andere Methode zur Klassifizierung pyroklastischer Ablagerungen basiert auf der Art ihrer Entstehung. In diesem Schema werden drei Arten pyroklastischer Ablagerungen aufgeführt (Tab. 2.11, Abb. 2.30).

Pyroklastische Fallablagerungen

Diese Ablagerungen werden anfangs als Wolke transportiert, die sich ausdehnt und die Fragmente vertikal und lateral vom Eruptionszentrum abtransportiert. Wenn die Wolke aus vulkanischem Material ihre Wucht verliert, verteilen sich die Fragmente um die kollabierende Eruptionssäule herum und werden dabei weder von dem Umgebungsmedium (magmatisches Gas, Wasserdampf, heiße

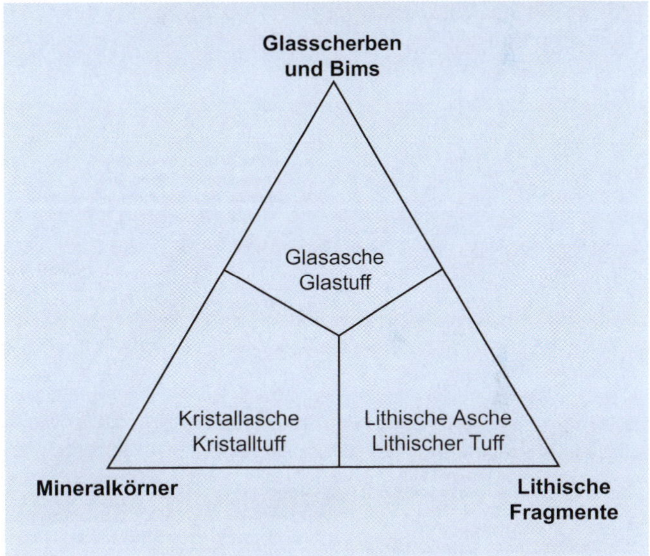

Abb. 2.29 Vulkanische Komponenten und Nomenklatur (nach Pettijohn et al. 1987)

Tab. 2.10 Korngrößenbasierte Nomenklatur für die häufigsten vulkanoklastischen Gesteinstypen

Korngröße (in mm)	Nicht verfestigte Tephra	Verfestigtes pyroklastisches Gestein
< 1/16	Feinasche	Feintuff
< 1/16–2	Grobasche	Grobtuff
2–64	Lapillitephra	Lapillistein (oder Lapillituff) oder Tuffbrekzie
> 64	Bombentephra (Fließform) Blocktephra (eckige Form)	Agglomerat (Bomben vorhanden) Pyroklastische Brekzie

◻ Tab. 2.11 Formen von pyroklastischen Ablagerungen mit morphologischen Eigenschaften

Art	Definition	Sortierung	Gradierung	Interne Strukturen	Besonderheiten
Fall-ablagerung	Ausregnen/Auswaschen von Pyroklasten; von Wolken assoziiert mit Strömen. Ejecta, oft weit verbreitet wegen Wind	Proximal (eher schlecht sortiert) bis distal (eher gut sortiert)	Normale Gradierung von Bims und lithischen Fragmenten	Interne Schichtung nach Korngröße/Komposition; Durchbiege-strukturen (*sag structures*)	Schichtartige Ablagerung (z. B. pyroklastische Agglomerate, Tuffe, Lapilli-steine)
Strom-ablagerung	Schnell hangabwärts bewegende Fest-stoff-Gas-Dispersion (Tephra) assoziiert mit explosiven Eruptionen	Unsortiert (evtl. mit inversgradierter Basis), manchmal schlecht sortiert (evtl. *coarse-tail grading*), feinkörniges Material oft entfernt	Normale Gradierung von lithischen Fragmenten (jedoch inverse Gradierung von Bimsfragmenten infolge von Dichte-unterschieden); evtl. *coarse-tail*-Gradierung, d. h. nur die größeren Klasten nach oben hin abnehmend, während feinere weitgehend gleichmäßig bleiben);	Interne Schichtung i. d. R. abwesend; evtl. grobe Schichtung mit inversgradierter Basis und mächtiger strukturloser Einheit darüber	Verschweißung oft vorhanden (Fiamme)
Surge-Ablagerung	Schnell ausbreitender Dichtestrom; ein pyroklastischer Surge hat > 75 % Pyroklastika	Eher niedrige Konzentrationen (proximal-distal-Variationen); Glutwolken	Evtl. gradiert (z. B. proximal gradierter Lapillituff, oder distale Feintuff-schichten)	Dünnbankige (cm–dm) Lagen; unidirektionale sedimentäre Bodenformen (z. B. Dünen)	Bedeckt unterliegende Topographie; kann trocken oder nass (z. B. durch phreatische Aktivität) sein

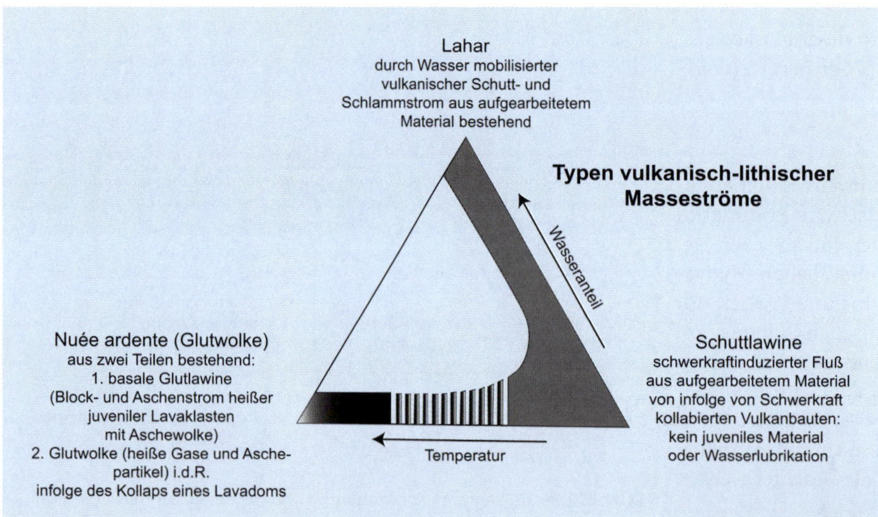

◻ Abb. 2.30 Typen vulkanisch-lithischer Masseströme (nach Jerram und Petford 2011)

Luft, Wasser) noch durch die Interaktion untereinander beeinflusst. Sie bilden dann eine deckenartige Ablagerung mit guter Sortierung und normaler Gradierung von Bims und Gesteinsfragmenten. Möglicherweise sind die vulkanischen Lockersedimente intern nach Korngröße und Zusammensetzung gegliedert, die von der Kraft und Art der Eruption abhängig ist. Eine Fraktionierung zwischen Kristallen und Glasscherben führt zu abwindigen Variationen in der Gesamtgesteinszusammensetzung.

Die zurückgelegte Entfernung wird durch die Stärke der Eruption und durch die Größe der Fragmente bestimmt. Feinkörnige Partikel werden dabei über ein größeres Gebiet verteilt als mittelgroße (1–10 cm) Fragmente. Sehr große Partikel (> 10 cm) folgen ballistischen Pfaden und werden näher am Vulkan abgelagert. In nicht verfestigen Lagen können diese Partikel Strukturen produzieren, die als Impaktstrukturen/-verformung (**bedding sags**) bezeichnet werden.

◻ Vulkanische Bombe mit Verformung der Impaktstruktur (*bedding sag*)

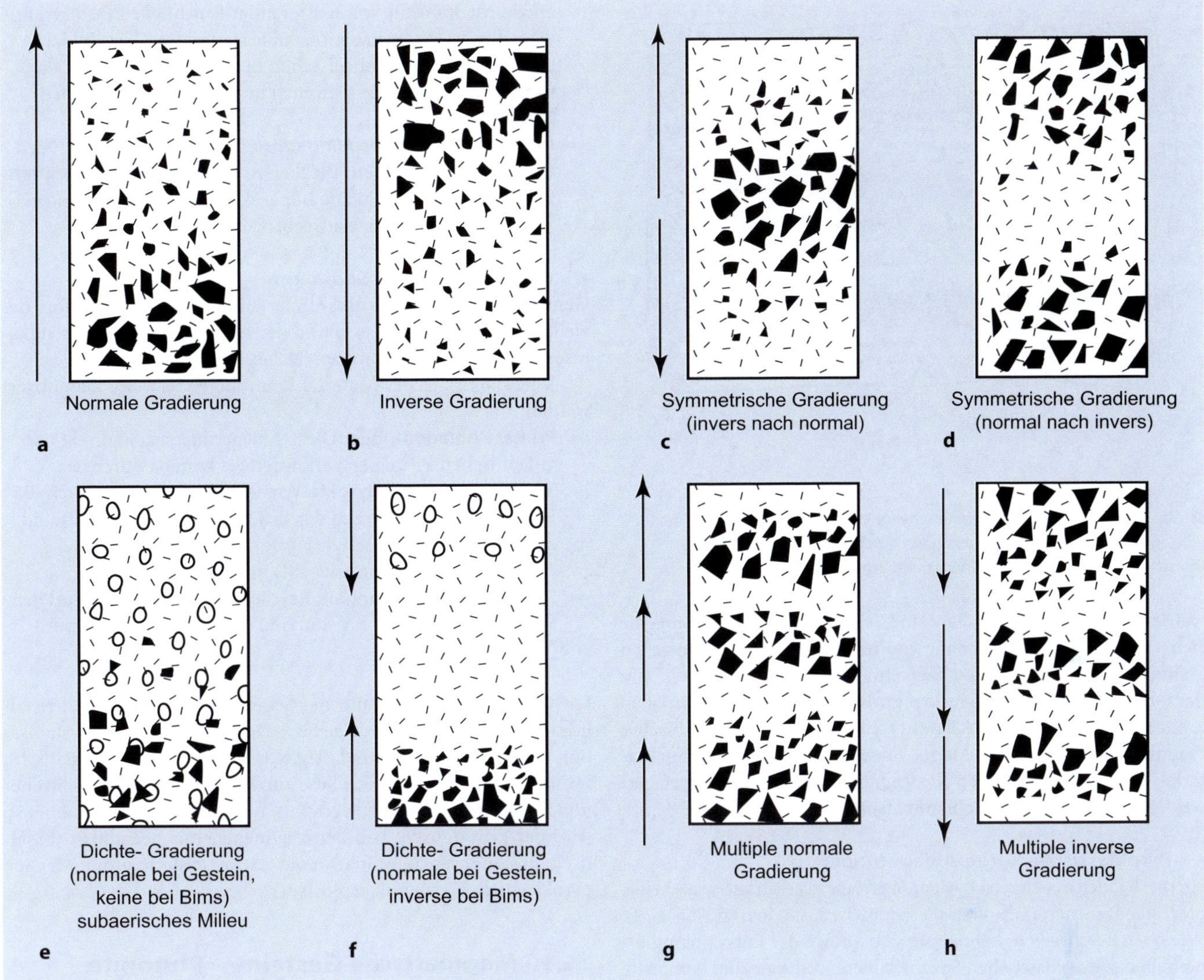

Abb. 2.31 Verschiedene Arten von Gradierung in Ignimbriten (nach Jerram und Petford 2011)

Pyroklastische Stromablagerungen (oder Ignimbrite)
Hierbei handelt es sich um Gravitationsstromablagerungen aus vulkanischen Fragmenten, die sich um den Vulkan in Form von heißen, hoch konzentrierten Gas- und Gesteinsgemischen ausbreiten. Wenn die Dichte der Eruptionssäule die der umgebenden Atmosphäre überschreitet, kollabiert diese unter dem Einfluss der Gravitation. Die Geschwindigkeiten nahe am Zentrum der kollabierten Eruptionssäule können bis zu 1000 km/h erreichen. Die pyroklastischen Ströme, in denen Temperaturen zwischen < 100 °C und > 700 °C herrschen können, zerstören die gesamte Vegetation in einem Umkreis von über 100 km. Während des Transportes können sich die Ströme in einen hoch konzentrierten unteren Abschnitt (*underflow*) und einen durchlässigeren, turbulenten oberen Teil (Aschewolkenstrom) aufteilen. Beide Teile werden durch die unterschiedlichen Dichten und die Unterstützung bestimmter Partikel voneinander separiert.

Die Ablagerungen pyroklastischer Ströme variieren in ihrer Mächtigkeit von wenigen Zentimetern bis hin zu mehreren Kilometern. Die Geschwindigkeit und Richtung des Stromes wird von der Topographie bestimmt, die zu einer Konzentration der Ablagerungen in Tälern und anderen Mulden führt. Die Ablagerungen sind intern ungegliedert und schlecht sortiert, weil feinkörniges Material selektiv entfernt wurde. Allerdings lassen sich mitunter Hinweise für normale und andere Arten von Gradierung finden (**Abb. 2.31). Aufgrund von Dichtevariationen der Bimsfragmente kann die Gradierung aber auch umgekehrt vorliegen.

Die Textur pyroklastischer Stromablagerungen kann während der Kompaktion durch die herrschenden Temperaturen verändert werden (**Abb. 2.32). Normalerweise geschieht dies in bimsreichen, pyroklastischen Strömen (Ignimbriten). Der Hauptprozess ist hierbei das **Verschweißen** (*welding*). Dazu gehört zum Beispiel die postsedimentäre Versinterung von heißen, blasigen Fragmenten (inklusive Bims) und Glasscherben während der Kompaktion. Die Geschwindigkeit und Intensität des Verschweißens hängen von der Viskosität und der kritischen Aktivierungsenergie der heißen Partikel ab. Ebenso kann das Schweißen eine Verformungszone um die resistenten Gesteinsfragmente im Strom bilden.

In Bereichen intensiven Verschweißens kennzeichnen die Glasscherben und größere Bimsfragmente (**Fiamme**) eine planare Schichtung, die **eutaxitische Textur** genannt wird.

Wie oben beschrieben, bilden die pyroklastischen Ströme ein Kontinuum zwischen Niedrigtemperatur- und Hochtemperaturströmen (> 100 °C), in denen pyroklastisches Material in einer Gasphase transportiert wird. Diese Ströme, die aus einer Mischung von Wasser und Gas bestehen und Temperaturen von unter 100 °C aufweisen,

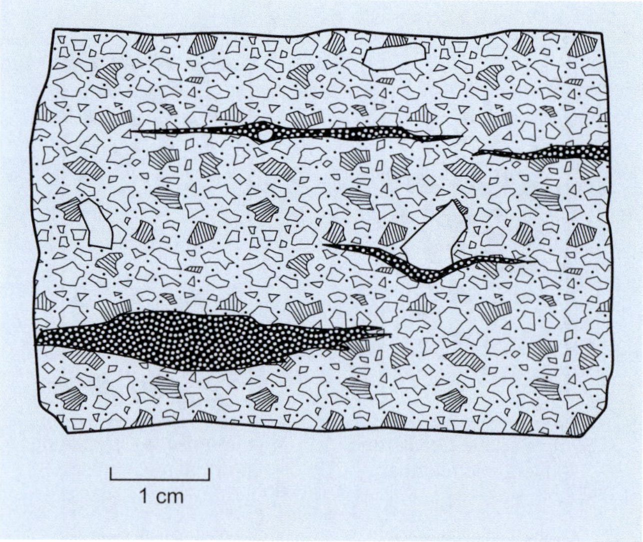

Abb. 2.32 Verschweißte rhyolithische Ignimbrite mit eutaxitischer Textur (Linsen von schwarzem Glas entstanden durch Bimslapilli mit größeren lithischen Fragmenten. (Nach Thorpe und Brown 1995)

werden **Lahare** genannt. Lahare sind Schutt- oder Geröllströme, die sich aufgrund der Vermischung von unverfestigtem, vulkanischen Sediment und Wasser bilden. Sie können sich in Abhängigkeit von der Oberflächenmorphologie über große Distanzen (> 300 km) ausbreiten und enthalten eine Vielzahl schlecht sortierter vulkanischer Fragmente in einer tonigen Matrix. Fragmentiertes vulkanisches Material, das von wasserreichen Niedrigtemperaturströmen abgelagert wird, bezeichnet man als **Schlammstrom**.

Pyroklastische Surge-Ablagerungen

Hierbei handelt es sich um Gravitationsströme, die sich lateral als heiße, niedrigkonzentrierte Gas-Feststoff-Gemische ausbreiten (Abb. 2.33). Wie oben beschrieben, können sie sich infolge der Entkopplung innerhalb der pyroklastischen Ströme bilden, wodurch eine komplette Gradierung zwischen hochkonzentrierten, pyroklastischen Strömen und niedrigkonzentrierten *pyroklastischen Surges* entsteht. Die Ablagerungen von *pyroklastischen Surges* neigen dazu, die Topographie zu bedecken, sind aber auch in Tälern und anderen Tieflagen zu finden. Sie weisen Sedimentstrukturen auf, die Fließrichtungen anzeigen (z. B. Schrägschichtung, Dünenstrukturen, planare Lamination).

Pyroklastische Gesteine, die durch den Einfluss von Wasser bei der Eruption entstanden sind

Durch die Eruption von Magma in oder durch Wasser (einschließlich Wasserdampf) wird eine Vielzahl von vulkanischen Produkten gebildet, zu denen auch die **Hyaloklastite** (d. h. hydratisierte Tuff-Brekzie) zählen. Die gefährlicheren, pyroklastischen Eruptionen in flachen Gewässern führen zur Entstehung von kleinen, niedrigen Kegeln, die feinkörniges, zu Asche gradiertes Material (Asche/Tuffringe) enthalten. Charakteristische Kennzeichen für pyroklastisches Material, das durch Wasser beeinflusst wurde, sind:

- **Akkretionäre Lapilli:** Diese kugelförmigen Strukturen bilden sich durch das Verklumpen von feuchter Asche zu Aggregaten. Einzelne Lapilli variieren in ihrer Größe von einem Millimeter bis zu mehreren Zentimetern (häufig zwischen 2–10 mm). Sie enthalten eine relativ dünne Schale aus feinkörniger Asche um einen grobkörnigeren Kern oder sind komplett aus konzentrischen Lagen feinkörniger Asche zusammengesetzt. Es wird angenommen, dass die Konkretion um einen festen Kern in einem Medium aus kondensierender Feuchtigkeit (Wolke und/oder Regen) in der Eruptionssäule stattfindet. Diese bildet sich gewöhnlich in subaerischen Eruptionen, kann aber auch so lange andauern, dass sie auch im subaquatischen Milieu bestehen bleibt.
- **Impaktstrukturen (*bedding sags*):** Diese entstehen durch den Einschlag von Bomben/ Blöcken in feinlagige, wassergesättigte Sedimente und sind häufig in pyroklastischen Ablagerungen zu finden, die bei Nässe ausgebrochen sind.

Vulkanoklastische Sedimente

Gemischte sedimentär-vulkanische Abfolgen sind aufgrund der vielfältigen Bildungsprozesse und der Abhängigkeit von der vulkanischen Aktivität sehr komplex (Tab. 2.12).

Vulkanoklastisches Material kann folgenderweise klassifiziert werden:

- **Primäre Ablagerungen:** Diese Ablagerungen sind direkt mit vulkanischen Prozessen verknüpft. Sie können durch das Vorhandensein von **pyroklastischem** (Material, das durch die Fragmentierung während der Eruption produziert wird) und **autoklastischem** Material (Hyaloklastite und Material, das durch Autobrekziation entsteht) unterteilt werden.
- **Sekundäre Ablagerungen:** Bei diesen Ablagerungen wird der Sedimenttyp von der Erosion und dem Transport bestimmt (**epiklastisch).**

Die Chemie und Temperatur der Schmelze kontrolliert die Kristallisation des Magmas: Niedrige SiO_2-Gehalte führen zur Kristallisation von Olivin, Pyroxen und Plagioklas (petrographisch basaltisch), während höhere Anteile von SiO_2 zur Bildung von Quarz, Glimmer und Alkalifeldspäten (petrographisch rhyolithisch) führt. Ebenso wird der Eruptionstyp von der Magmenchemie beeinflusst (basaltisch: große Lavenvolumina, wenig Asche; felsisch: große Mengen pyroklastisches Material, explosiver).

2.2.11 Magmatische Gesteine – Plutonite

Granit (*granite*)

Granit (Skala 2 cm)

Farbe: geflecktes Gestein, weiß, grau, pink und rot
Korngröße: grob bis sehr grob
Gefüge: körniges Gestein, sehr homogen (manchmal gebändert), oft porphyrisch. Einsprenglinge meist Feldspäte (manchmal orientiert). Foliation manchmal vorhanden (parallel ausgerichtete Hornblende oder Glimmer); häufig Xenolithe; oft Gänge und Adern (z. B. Aplit, Pegmatit)

Abb. 2.33 Morphologie der häufigsten Strukturen in den Ablagerungen von pyroklastischen Strömen niedriger Dichte (nach Jerram und Petford 2011)

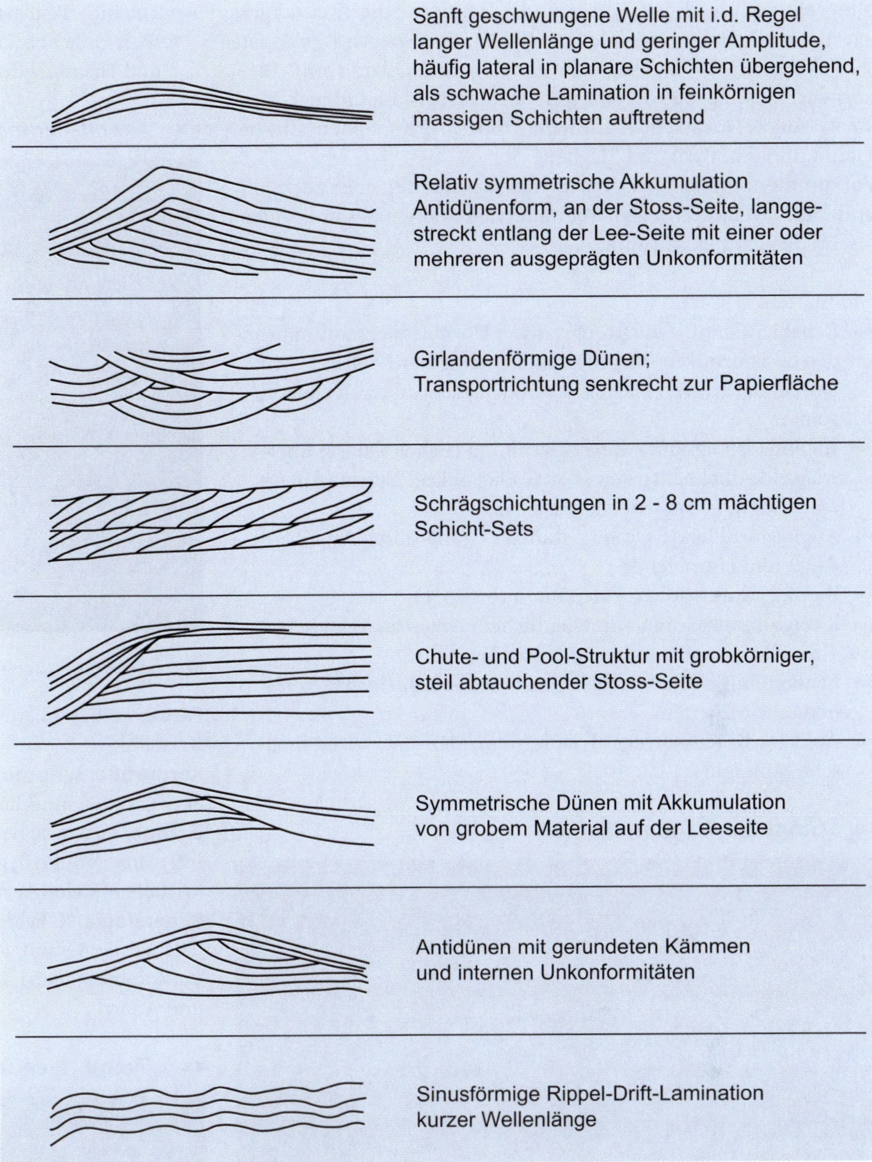

Tab. 2.12 Typen vulkanoklastischer Sedimente (nach Stow 2005)

Haupttypen	Subtypen	Eigenschaften und Genese
Autoklastische Ablagerung	Klastengestützte Autoklastite (vulkanische Brekzie) Matrix-(Lava-)gestützte Autoklastite (vulkanische Brekzie)	Schlecht sortierte, eckige Brekzien (Autobrekzierung von Laven)
Pyroklastische Fallablagerung	Agglomerat (> 64 mm; Bomben – flüssige Auswurfprodukte) Pyroklastische Brekzie (> 64 mm; Blöcke – feste Auswurfprodukte) Lapillistein (2–64 mm; vulkanische Konglomerate) Pyroklastischer Sandstein (0,06–2 mm; grobe Asche/Tuff) Pyroklastischer Tonstein (< 0,06 mm; feine Asche/Tuff)	Entstehen aus dem Niederschlag von vulkanischen Bruchstücken (Tephra)
Pyroklastische Ströme und Surge-Ablagerung	Stromablagerung (Ignimbrit)	Laminares Fließen von vulkanischem Material und magmatischen Gasen
	Surge-Ablagerung	Turbulentes Fließen von vulkanischem Material und magmatischen Gasen
Hydroklastische Ablagerung	Hyaloklastite (nicht explosiv) Hyalotuffe (explosiv)	Durch Zerstörung der Lava beim Kontakt mit Wasser
Epiklastische Ablagerung (vulkanisch +/− nicht vulkanisch)	Epiklastische Konglomerate, Sandstein, Tonstein usw.	Aufarbeitung von vulkanoklastischem Material (Wind, Wellen, Strömungen usw.)
	Lahare (vulkanoklastische Debrit)	Durch kalte oder heiße, subaerische oder subaquatische vulkanoklastische Schuttströme

Mineralogie: „Feldspat, Quarz und Glimmer – die drei vergess ich nimmer". Helle Minerale (80–100 %), überwiegend Feldspäte (K-Feldspat 35–100 %, Plagioklas 0–65 %) und Quarz (min. 10 %, normalerweise 20–60 %). Nebengemengteile meist Biotit (auch Muskovit), Augit, Hornblende, Turmalin, Topas, Apatit, Sphen, Zirkon, Titanit, Ilmenit, Pyrit und Magnetit

Vorkommen: große Intrusionen (inkl. Batholithe), aber auch Sills und Dikes. Verwitterung zu Tonmineralen und Quarzsand. Vulkanisches Pendant ist Rhyolith.

Granitarten:

- Rapakivi-Granit – ein porphyrischer Hornblendegranit mit runden bis eiförmigen Alkalifeldspatkristallen (Orthoklas; 2–3 cm Durchmesser), von Plagioklas ummantelt. Strukturen sind oft zoniert
- Alkalifeldspatgranit – heller Granit mit (neben Quarz) überwiegend Alkalifeldspäten (< 10 % Plagioklas). Nebengemengteile: Augit, Hornblende und Zirkon
- Augit-Hornblende-Granit – dunkler Granit durch Anteil an Augit und Hornblende
- Biotit-Granit – hoher Anteil Biotit (bis 20 %)
- Zweiglimmer-Granit – mit deutlichem Anteil an Muskovit
- Turmalin-Granit – hoher Anteil an Turmalin
- Leukogranit – überwiegend Quarz und Alkalifeldspat, < 5 % mafische Minerale
- Aplit – sehr feinkörniger Granit (oft in Gängen), wenig mafische Minerale

■■ Granodiorit (*granodiorite*)

◘ Granodiorit (Skala 2 cm)

Farbe: überwiegend grau (je höher der mafische Anteil an Nebengemengeteilen, desto dunkler)
Korngröße: wie bei Granit
Gefüge: körniges Gestein, granitähnlich
Mineralogie: schwer von Granit zu unterscheiden, sieht aber meist dunkler aus. Mineralogie ist wie bei Granit, nur mit anderen Feldspatverhältnissen (Plagioklas 65–100 %, K-Feldspat 0–35 %); es bestehen aber fließende Übergänge
Vorkommen: das am häufigsten vorkommende granitische Gestein, oft intrusiv (z. B. Batholithe), oft innerhalb granitischer Massive. Vulkanisches Pendant ist Dazit.

Granodiorittypen:

- Trondhjemit – quarzreiche Varietät (> 20 %) mit wenig oder keinem Alkalifeldspatanteil; dunkle Minerale (< 15 %) meist Biotit und Hornblende

- Tonalit – Feldspat meist Plagioklas und meist kein Alkalifeldspat; Quarz ca. 20 %; dunkle Minerale (10–40 %) meist Biotit und Hornblende (beide häufig porphyrisch)

■■ Granit-Pegmatit (*granite pegmatite*)

◘ Pegmatit (Skala 2 cm)

Farbe: weiß, pink, rot, aber ungleichmäßig wegen der relativ großen Kristalle
Korngröße: sehr grobkörnig (individuelle Kristalle bis 14 m lang), aber variabel innerhalb eines Aufschlusses
Gefüge: meist wie bei Granit; orientierte Kristalle (senkrecht zu den Intrusionsrändern); graphische Textur vorhanden (z. B. K-Feldspatkristalle mit elongierten Quarzen)
Mineralogie: K-Feldspat und Quarz (oft Muskovit); Nebengemengteile wie bei Granit
Vorkommen: meist am Rand von Granitintrusionen; auch als Gänge und Adern

■■ Syenit (*syenite*)

◘ Syenit (Skala 2 cm)

Farbe: hell- bis dunkelgrau, auch rot oder weiß
Korngröße: mittel bis grob (manchmal pegmatitisch)
Gefüge: wie bei Granit
Mineralogie: feldspatreich und im Vergleich zu Graniten quarzarm. Helle Minerale (60–100 %), davon 80–100 % Feldspäte (K-Feldspat 65–100 % und Plagioklas 0–35 %), Quarz (0–20 %) oder Foide

(0–10 %), wobei diese beiden einander ausschließen; Nebengemengteile sind Biotit, Pyroxene, Fluorit, Zirkon, Titanit, Apatit, Ilmenit und Magnetit
Vorkommen: nicht besonders häufig, meist assoziiert mit Granit oder als kleine Intrusionen

Syenitarten:
- Mangerit – wasserarmer, hochtemperierter (> 800 °C) Syenit
- Alkalisyenit – fast plagioklasfrei; häufig in Vorkommen mit Alkaligraniten

■■ Monzonit (*monzonite*)

◘ Monzonit (Skala 2 cm)

Farbe: hell- bis dunkelgrau, auch grünlich, bräunlich und rot
Korngröße: meist mittelkörnig
Gefüge: manchmal Fließstrukturen (eingeregelte/orientierte Minerale) und/oder tafelförmige K-Feldspatkristalle
Mineralogie: feldspatreich und quarzarm (wie Syenit). Mehr Plagioklas als K-Feldspat. Helle Minerale (55–90 %), davon 80–100 % Feldspäte (K-Feldspat 35–65 % und Plagioklas 35–65 %), selten Quarz (0–20 %) oder Foide (0–10 %); Nebengemengteile Pyroxene, Hornblende, Biotit. Beim Übergang zu Diorit/Gabbro überwiegt Plagioklas, Quarz wird < 5 %, und Pyroxene bis 20 %
Vorkommen: assoziiert mit Granit und Granodiorit

■■ Foid-Syenit (*nepheline syenite*)

◘ Nephelin-Syenit (Skala 2 cm)

Farbe: hell (grau, pink), auch dunkelgrün
Korngröße: mittel- bis grobkörnig, manchmal Feldspat-Einsprenglinge (2–5 cm Durchmesser, manchmal orientiert)
Gefüge: manchmal eingeregelte tafelige K-Feldspäte und stängelige Hornblenden
Mineralogie: kein Quarz, überwiegend Foide (Nephelin) und K-Feldspat. Helle Minerale 55–100 %, davon 40–90 % Feldspäte (K-Feldspat 50–100 %, Plagioklas 0–50 %) und Foide (10–60 %, typisch: Nephelin, Sodalith, Leucit, Hauyn); Nebengemengteile: Biotit, Pyroxene, Amphibole
Vorkommen: selten als Gestein; kleine Intrusivkörper

■■ Diorit (*diorite*)

◘ Diorit (Skala 2 cm)

Farbe: schwarz-weiß gefleckt, manchmal dunkelgrün oder pink
Korngröße: grobkörnig, aber sehr variabel (manchmal pegmatitisch), manchmal Einsprenglinge (z. B. Hornblende)
Gefüge: häufig Xenolithe enthalten, manchmal Foliation
Mineralogie: überwiegend Plagioklas und mafische Minerale (z. B. Amphibol, Pyroxen). Helle Minerale 50–85 %, davon 80–100 % Feldspäte (Plagioklas – meist Oligoklas, Andesin – 65–100 %, K-Feldspat 0–35 %), Quarz 0–20 % oder Foide 0–10 %. Dunkle Minerale 15–50 %, inkl. Biotit und/oder Pyroxene. Nebengemengteile: Apatit, Sphen, Eisenoxide, Zirkon, Granate. Mit 5–20 % Quarz: Quarzdiorit, > 20 % Quarz: Tonalit.
Vorkommen: kleine Intrusivkörper, lateral zu Graniten oder Gabbros. Vulkanisches Pendant ist Andesit.

■■ Gabbro (*gabbro*)
Farbe: grau, dunkelgrau, schwarz, grünlich, bläulich
Korngröße: grobkörnig, manchmal pegmatitisch oder ophitisch
Gefüge: oft geschichtet (helle und dunkle Minerale), mit Schichtmächtigkeiten von Zentimetern bis mehreren Metern
Mineralogie: Überwiegend mafische Minerale (z. B. Pyroxen, Olivin) und Plagioklas. Wirkt dunkler als Diorit. Helle Minerale 55–80 %, davon 80–100 % Feldspäte (Plagioklas – dunklere Sorten, Labradorit, Bytownit 65–100 %, K-Feldspat 0–35 %), Quarz (1–20 %), Foide (0–10 %). Dunkle Minerale 20–65 % – besonders Pyroxene (Augit), Hornblende, Olivin und/oder Biotit. Nebengemengteile: Apatit, Chromit, Pyrit, Magnetit, Ilmenit, Serpentin
Vorkommen: Intrusivgestein (z. B. Stöcke, Dikes, manchmal Lopolithe). Oft mit anderen Gesteinen vergesellschaftet (z. B. Pyroxenit, Anorthosit). Vulkanisches Pendant ist Basalt.

■ Gabbro

Gabbroarten:
- Norit – dunkelgrau mit Hypersthen. Enthält Orthopyroxen oder Pigeonit statt Augit
- Troktolith – enthält Olivin statt Augit
- Essexit – fein- bis mittelkörnig, manchmal porphyrisch. Hoher Anteil an Pyroxenen (und dadurch fast schwarz)

■■ Anorthosit (*anorthosite*)
Farbe: grau bis weiß
Korngröße: mittel- bis grobkörnig
Gefüge: manchmal eingeregelte Kristalle, manchmal geschichtet
Mineralogie: Hoher Anteil an Plagioklas (> 90 % = Oligoklas/Andesin bis Bytownit) Nebengemengteile: Pyroxene, Olivine und Eisenoxide
Vorkommen: große Intrusivkörper (Stöcke, Batholite), in kleineren Intrusivkörpern meist assoziiert mit Gabbros. Auch als Körper (über Hunderte von km²) innerhalb metamorphischer Gebiete

■■ Pyroxenit (*pyroxenite*)
Farbe: grün, dunkelgrün bis schwarz
Korngröße: mittel- bis grobkörnig
Gefüge: manchmal geschichtet
Mineralogie: Ultramafisches Gestein ohne Feldspat (anders als Gabbro) und oft > 40 % Olivin (anders als Peridotit), überwiegend Pyroxene (Klinopyroxene oder Orthopyroxene), Olivin, Hornblende, Eisenoxide, Chromit oder Biotit. Feldspäte selten oder abwesend
Vorkommen: Intrusivkörper (Stöcke, Dikes) oder als Bänder innerhalb geschichteter Gabbros

■■ Kimberlit (*kimberlite*)
Farbe: bläulich, grünlich oder schwarz
Korngröße: amorph oder feinkörnig, manchmal Einsprenglinge
Gefüge: oft porphyrisch, oft mit Xenolithen
Mineralogie: ultramafisches vulkanisches Gestein mit viel Olivin (manchmal serpentinisiert), Glimmer (Phlogopit) mit Granaten (Pyropen) und Orthopyroxenen. Nebengemengteile: Ilmenit, Spinell, Rutil, Calcit, Chromit, Diamant
Vorkommen: in Schloten (Kimberlit-Schlote; Hunderte Meter Durchmesser; Hauptquelle für Diamanten), manchmal Dikes

2.2.12 Vulkanite und Subvulkanite

■■ Rhyolith (*rhyolite*)

■ Rhyolith (Skala 2 cm)

Farbe: hellfarbig; weiß, grau, grünlich, rötlich oder bräunlich; manchmal gestreift
Korngröße: amorph bis feinkörnig
Gefüge: häufig Fließstrukturen oder geschichtet, mit Variationen in Korngröße oder Farbe. Eingeregelte Einsprenglinge (Quarz, Feldspäte, Hornblende, Glimmer) manchmal vorhanden. Vesikel (Blasen oder amygdaloides Gefüge, wenn gefüllt) manchmal vorhanden. Sphärolithen (radiales Wachstum von Quarz-/Feldspatnadeln) manchmal vorhanden.
Mineralogie: reich an Quarz. Helle Minerale (80–100 %), davon 20–60 % Quarz, 40–80 % Feldspäte (K-Feldspat 35–100 %, Plagioklas 0–65 %). Dunkle Minerale 0–20 % – Pyroxene, Biotit, Zirkon, Apatit
Vorkommen: vulkanische Gebiete (Staukuppen, Dome), Lavaströme

Rhyolitharten:
- Quarzporphyr – Einsprenglingskristalle von Quarz und bisweilen Biotit vorhanden
- Granitporphyr – Einsprenglingskristalle von K-Feldspat, Quarz und bisweilen Biotit und/oder Plagioklas vorhanden

■■ Mikrosyenit (*microsyenite*)
Farbe: grau, rötlich, bräunlich
Korngröße: mittelkörnig
Gefüge: körnig, oft mit Einsprenglingen (meist K-Feldspat)
Mineralogie: wie Syenit (K-Feldspat, mit Biotit, Hornblende, Pyroxenen oder Quarz)
Vorkommen: Ganggestein (z. B. Dikes), assoziiert mit Intrusionen von Syenit, auch Trachyt

■■ Trachyt (*trachyte*)
Farbe: grau; auch weiß, pink oder gelblich
Korngröße: feinkörnig
Gefüge: oft porphyrisch (Sanidin, auch Plagioklas, Hornblende, Pyroxen), mit Fließstrukturen (trachytische Struktur)
Mineralogie: feldspatreich mit K-Feldspat > Plagioklas. Helle Minerale 60–100 %, davon 80–100 % Feldspäte (K-Feldspat 65–100 %, Plagioklas 0–35 %), Quarz (0–20 %) oder Foide (0–10 %). Dunkle Minerale 0–40 % (inkl. Pyroxen, Hornblende, Biotit)

◧ Trachyt (Skala 2 cm)

Vorkommen: Lavaströme – oft assoziiert mit Basalt und kleinen Intrusivkörpern (Dikes, Sills)

▪▪ Mikrodiorit (*microdiorite*)

Farbe: grau bis dunkelgrau, bisweilen grünlich oder pink
Korngröße: mittelkörnig
Gefüge: gewöhnlich porphyrisch (Hornblende, Biotit oder Augit)
Mineralogie: wie bei Diorit
Vorkommen: Intrusivkörper (Dikes, Sills), oft in Schwärmen um Intrusionen von Diorit oder Granit

▪▪ Andesit (*andesite*)

◧ Trachyandesit

Farbe: grau, purpur, braun, grün oder fast schwarz
Korngröße: feinkörnig, amorph, oft mit Einsprenglingen
Gefüge: Fließgefüge, gewöhnlich porphyrisch (Plagioklas, Biotit, Hornblende oder Augit), vesikulär oder amygdaloides Gefüge
Mineralogie: feldspatreich (Plagioklas > K-Feldspat) Quarz, Pyroxen, Amphibol und Biotit. Helle Minerale 60–85 %, davon 80–100 % Feldspäte (Plagioklas 65–100 %, K-Feldspat 0–35 %), Quarz (0–20 %) oder Foide (0–10 %). Dunkle Minerale 10–40 % (inkl. Biotit, Augit, Hornblende, Olivin, Magnetit, Zirkon). Plagioklas in feinkörniger Grundmasse ist meist Oligoklas-Andesin.
Vorkommen: Lavaströme, auch Dikes. Oft assoziiert mit Basalten, Daziten und Rhyolithen

▪▪ Lamprophyr (*lamprophyre*)

◧ Lamprophyr

Farbe: grau bis schwarz (Biotit-Lamprophyr), grünlich, gräulich oder schwarz (Hornblende-Lamprophyr)
Korngröße: mittel- bis feinkörnig, manchmal amorph
Gefüge: porphyrisch (Biotit, Hornblende) in einer variablen Grundmasse
Mineralogie: überwiegend Biotit, Amphibole und Pyroxene. Biotit-Lamprophyr (Orthoklas oder Na-Plagioklas, Biotit und Pyroxene oder Amphibole), Hornblende-Lamprophyr (Hornblende, Orthoklas oder Na-Plagioklas). Olivin oft vorhanden
Vorkommen: Ganggestein (Dikes, Sills) oft assoziiert mit Granit, Syenit oder Diorit

▪▪ Basalt (*basalt*)

◧ Basalt (Skala 2 cm)

Farbe: schwarz oder grau-schwarz; rötlich oder grünlich verwittert
Korngröße: feinkörnig, manchmal amorph
Gefüge: bisweilen porphyrisch (Hornblende, Pyroxen, Olivin), vesikulär oder amygdaloides Gefüge (gefüllt mit Zeolithen, Karbonaten oder Quarz). Xenolithe sind manchmal vorhanden (oft Olivin oder Pyroxene). Säulig
Mineralogie: überwiegend Plagioklas und Pyroxene. Dunkle Minerale 40–70 % (Pyroxene, Olivine, Magnetite, Ilmenite, Biotit), helle Minerale 30–60 %, davon 80–100 % Feldspäte (Plagioklas 65–100 %, K-Feldspat 0–35 %), Quarz (0–20 %) oder Foide (0–10 %)
Vorkommen: Lavaströme, Lavadecken (Plateaubasalte), Ganggestein (Dikes, Sills)

Basaltarten:
- Dolerit (diabase) – grobkörniger, unveränderter, meist junger Basalt; Ganggestein (Dikes, Sills) oft in Schwärmen rund um Vulkane
- Tholeiit – olivinfreier Basalt

◼◼ Dazit (*dacite*)

◩ Dazit (Skala 2,2 cm)

Farbe: grau, bräunlich, gelblich
Korngröße: feinkörnig, amorph, oft porphyrisch (Quarz, Plagioklas, seltener Hornblende, Biotit)
Gefüge: Fließgefüge
Mineralogie: Quarz- und feldspatreiches Gestein. Helle Minerale 70–95 %, davon 20–60 % Quarz, 40–80 % Feldspäte (Plagioklas 65–100 %, K-Feldspat 0–35 %). Dunkle Minerale (5–30 %) – Pyroxene, Hornblende, Biotit, Zirkon, Magnetit
Vorkommen: Ganggestein (Dikes, Sills), Lavadome.

◼◼ Obsidian und Pechstein (*obsidian, pitchstone*)

◩ Obsidian (Skala 1,9 cm)

Farbe: schwarz, braun, grau
Korngröße: amorph (Pechstein ist die entglaste Form von Obsidian)
Gefüge: amorph, selten Einsprenglinge (häufiger in Pechstein, Quarz, Feldspat). Sphärolithen (radial angeordnete Minerale, z. B. Feldspäte) sind häufig (Schneeflocken-Obsidian). Glasglanz (Pechstein ist eher matt). Muscheliger Bruch

Mineralogie: variabel, aber meist wie Rhyolith. Es gibt aber auch trachytische, andesitische und phonolithische Obsidiane
Vorkommen: meist im Randbereich von rhyolithischen Strömen (Kruste)

◩ Pechstein (Skala 2 cm)

◼◼ Bims (*pumice*)

◩ Bims (Skala 2 cm)

Farbe: weiß, grau, gelblich, bläulich, kann auch dunkler sein
Korngröße: feinkörnig/amorph mit zahlreichen Luftblasen
Gefüge: unregelmäßig oder oval geformte Poren (Porenanteil am Gestein bis zu 85 %)
Mineralogie: schaumiges Gesteinsglas. Komposition ist rhyolith-ähnlich (kann aber auch dazitisch, andesitisch, trachytisch oder phonolitisch sein. Basaltischer Bims ist auch bekannt).
Vorkommen: entsteht durch Druckentlastung innerhalb gasreicher und zähflüssiger Laven, in explosiven Eruptionen

◼◼ Scoria (Schlacke, *scoria*)

Farbe: dunkelbraun, schwarz, rötlich
Korngröße: feinkörnig/amorph, mit zahlreichen Luftblasen
Gefüge: dichter als Bims, manchmal mit Einsprenglingen
Mineralogie: variabel, meist wie Basalt oder Andesit

Scoria, spindelförmige Bombe (Skala 9 cm)

Vorkommen: entsteht durch Druckentlastung innerhalb gasreicher und zähflüssiger Lava. Bildet kleine Konen (*scoria cones*). Assoziiert mit Lava von Ausgangsmagmen

■■ Phonolith (*phonolite*)

Phonolith (Skala 2 cm)

Farbe: dunkelgrün bis grau
Korngröße: dicht bis feinkörnig, oft porphyrisch (Feldspat, Nephelin)
Gefüge: oft plattige Struktur
Mineralogie: feldspat- und foidreich. Helle Minerale 60–100 %, davon 40–90 % Feldspäte (K-Feldspat 50–100 % – oft Sanidin, Plagioklas 0–50 %), Foide (10–60 %, Nephelin, Sodalith, Leucit). Dunkle Minerale 0–40 % – Augit, Granat, Olivin, Ilmenit, Apatit, Titanit, Magnetit, Zirkon
Vorkommen: Lavaströme, Ganggestein (Sills, Dikes). Oft assoziiert mit Trachyt und Nephelin-Syenit

■■ Latit (*latite*)
Farbe: grau, rötlich, bräunlich
Korngröße: feinkörnig, amorph
Gefüge: porphyrisch (Plagioklas, Pyroxen, Sanidin)
Mineralogie: feldspatreich. Helle Minerale 65–95 %, davon 89–100 % Feldspäte (K-Feldspat 35–65 %, Plagioklas 35–65 %), Quarz (< 5 %, bis 20 %: Quarzlatit) oder Foide (0–10 %). Dunkle Minerale (5–35 %) – Pyroxene, Hornblende, Biotit, Apatit, Magnetit, selten Olivin
Vorkommen: Lavaströme

Latit (Skala 2 cm)

2.2.13 Pyroklastische Gesteine

■■ Agglomerat (*agglomerate*)

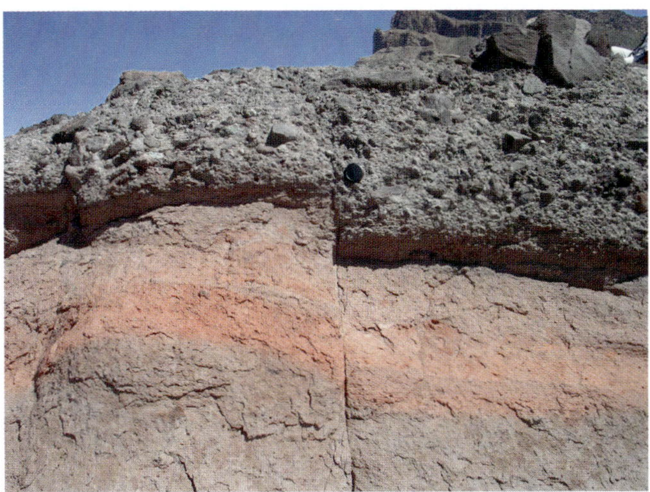

Agglomerat und Störung (Skala 10 cm)

Farbe: dunkel bis hell (abhängig von der Zusammensetzung)
Korngröße: eckige bis gerundete Fragmente (> 64 mm Durchmesser) in einer feinkörnigen Matrix
Gefüge: Fragmente sind variabel – von Blöcken bis Bomben
Mineralogie: sehr variabel und abhängig vom Ausgangsgestein (z. B. Basalt, Andesit)
Vorkommen: im proximalen Bereich von Vulkanen (Krater, Ränder), assoziiert mit Tuffen und Lavaströmen

■■ Asche und Tuff (*ash, tuff*)
Farbe: dunkel bis hell (abhängig von Komposition)
Korngröße: feinkörnig (< 2 mm Durchmesser)
Gefüge: Tuff ist konsolidierte Asche, oft geschichtet wie Sedimente, mit Gradierung. Oft mit lithischen Fragmenten (z. B. Rhyolithen, Andesiten – lithische Asche/Tuff), glasigen Fragmenten (z. B. Bims – vitrische Asche/Tuff) oder Kristallen (z. B. Feldspäte, Hornblende: Kristallasche/-tuff). Manchmal mit Lapilli (runde bis elliptische Fragmente, 2–64 mm Durchmesser: Lapillituff). Fragmente (z. B. Bims) können komprimiert sein (verschweißte Tuff)

Tuff (Skala 2 cm)

Mineralogie: sehr variabel und abhängig vom Ausgangsgestein (z. B. Basalttuff, Rhyolithtuff, Andesittuff, Trachyttuff)
Vorkommen: lufttransportierte Asche, von Eruptionszentren in Windrichtung abtransportiert und abgelagert. Grobkörniges Material ist proximal abgelagert, aber feinkörniger Staub kann weit transportiert werden (Hunderte Kilometer). Assoziiert mit Lavaströmen, Agglomeraten und Sedimenten. Asche- und Tuffschichten können wichtige Leithorizonte bilden.

▪▪ Ignimbrit (*ignimbrite*)

Ignimbrit, nicht verschweißt

Farbe: variabel, grau, rötlich, gelblich, braun, schwarz (abhängig von Komposition und Dichte)
Korngröße: amorph, selten Einsprenglinge (Biotit, Quarz, Sanidin, Hornblende, selten Pyroxene)
Gefüge: Matrix aus vulkanischer Asche (Tephra) mit Fragmenten von Bims (< 1 cm Durchmesser), Glas oder Kristallen. Bimsfragmente können plattgedrückt sein (Fiamme), besonders im unteren

Teil des Stromes (z. B. verschweißte Ignimbrit). Oft geschichtet. Abkühlungssäulen manchmal vorhanden
Mineralogie: variabel – abhängig von Ausgangsmagma (z. B. Dazit, Rhyolith, selten Basalte)
Vorkommen: abgelagert durch hochkonzentrierte pyroklastische Strömungen (Glutwolken, *nueés ardentes*) – Mischungen aus Gas und Fragmenten (Asche und Bims-Lapilli). Assoziiert mit Lavaströmen, Agglomeraten und Sedimenten

2.2.14 **Ultramafische Gesteine**

▪▪ Karbonatit (*carbonatite*)

Karbonatit (Skala 2 cm; Foto T. B. Weisenberger)
Farbe: variabel, wie bei Marmor
Korngröße: fein- bis grobkörnig
Gefüge: wie bei Marmor (aber magmatische Minerale vorhanden)
Mineralogie: Karbonate (> 50 %; gewöhnlich Calcit, manchmal Dolomit, Siderit oder Ankerit). Nebengemengteil: Baryt, Apatit, Fluorit, Forsterit, Magnetit, Biotit
Vorkommen: sowohl plutonischen als auch vulkanischen Ursprungs, fast immer in kontinentalen Extensionsgebieten. Adern, Ganggestein, Stöcke. Oft assoziiert mit Syenit

▪▪ Dunit (*dunite*)

Dunit (Skala 2 cm)
Farbe: grün
Korngröße: grobkörnig

Gefüge: manchmal geschichtet
Mineralogie: Olivin (>90 %), Orthopyroxene, Augit, Spinell, Granate, Chromit, Amphibole, Ilmenit, Magnetit, Plagioklas. Harzburgit ist ein reines Olivin-Orthopyroxen-Gestein, ohne Augit
Vorkommen: Konzentration von Olivin und Pyroxenen in gabbroischen Magmen. Vorhanden in geschichteten Gabbros oder Anorthositen, assoziiert mit Peridotit

■ ■   **Peridotit (*peridotite*)**
Farbe: grünlich bis schwarz
Korngröße: mittel- bis grobkörnig
Gefüge: manchmal geschichtet, selten porphyrisch
Mineralogie: Olivin (40–90 %), Pyroxene und/oder Hornblende. Nebengemengteile: Biotit, Chromit, Granat
Vorkommen: Intrusivgestein (Dikes, kleine Stöcke), auch als Teil von geschichteten Gabbro-Intrusionen (mit Pyroxenit und Anorthosit). Auch als Xenolithe in Basalten. Entsteht wahrscheinlich als Konzentrat von Olivinkristallen innerhalb einer Gabbro-Schmelze.

◘ Peridotit (Skala 2 cm)

2.3   **Metamorphe Gesteine**

Metamorphose, im geologischen Sinne, ist die mineralogische, strukturelle, chemische Umwandlung oder Änderung der Isotopenzusammensetzung, die eintritt, wenn Gesteine innerhalb der Erdkruste erhöhten Temperaturen oder Drücken ausgesetzt werden. Das Ausgangsgestein (unabhängig ob magmatischen oder sedimentären Ursprungs) wird als **Protolith** bezeichnet.

Veränderungen im Gestein durch Metamorphose erfolgen entlang von Metamorphosepfaden in einer Serie von Temperatur- und Druckfenstern. Diese reichen von der Diagenese und Lithifizierung beispielsweise in sedimentären Becken (150–200 °C bis 10 km Tiefe und 0,4 kbar) bis zu Bereichen krustaler Aufschmelzung (>800 °C bei Tiefen >100 km und 4 kbar). Da die Veränderungen nicht augenblicklich geschehen, ist für die Ausbildung der metamorphen Fazies der Zeitfaktor (Dauer der Prozesse) prägend. Er steuert die Einstellung mineralogischer thermodynamischer Gleichgewichte in den jeweiligen Druck- und Temperaturfenstern, die zur Bildung charakteristischer Mineralparagenesen führen.

Metamorphose findet in verschiedenen Maßstäben statt und wird allgemein in Regional- und Lokalmetamorphose unterschieden. Ein Gestein kann von einem einzelnen Metamorphoseereignis

(**Monometamorphose**) wie auch von mehr als einer Metamorphose geprägt werden (**Polymetamorphose**). Ebenso unterscheidet man einphasige und mehrphasige Metamorphosen, je nachdem, ob ein oder mehrere Höhepunkte bei Temperatur, Druck oder Deformationsrate nachzuweisen sind.

■   **Regionalmetamorphose**
Diese umfasst:
– Orogen bedingte Metamorphose – tritt in Gebirgsketten auf, während diese durch Krustendeformation entstehen.
– Versenkungsmetamorphose (durch Auflast) – tritt in Gesteinen auf, über denen eine große Auflast aus Sedimenten oder Vulkaniten liegt. Sie ist typischerweise nicht mit Deformation oder Magmatismus assoziiert.
– Ozeanboden-Metamorphose – steht in Beziehung zu den steilen geothermischen Gradienten entlang ozeanischer Spreizungszentren an mittelozeanischen Rücken; eine wichtige Rolle spielt dabei hydrothermale Zirkulation.

■   **Lokalmetamorphose**
Diese umfasst:
– Kontaktmetamorphose – tritt im Nebengestein auf, das magmatische Intrusionen umgibt.
– Hydrothermale Metamorphose – tritt in Zonen auf, in denen heiße, H_2O-reiche Fluide zirkulieren (oft assoziiert mit Kontaktmetamorphose und Metasomatose). Ozeanboden-Metamorphose ist eine Form von regionaler Hydrothermalmetamorphose.
– Verwerfungsmetamorphose – assoziiert mit Reibungs- und Verformungsprozessen an Verwerfungen und Scherzonen.
– Impaktmetamorphose – erfolgt durch den Einschlag eines extraterrestrischen Körpers (Schockmetamorphose).
– Verbrennungsmetamorphose – verläuft während der Verbrennung von organisch angereicherter Materie, z. B. Kohle, im Untergrund.
– Blitzschlagmetamorphose – entsteht durch Blitzschlag an der Erdoberfläche.

Charakteristische Serien metamorpher Gesteine gibt es in Gebieten, die einer Regionalmetamorphose unterlagen. Typischerweise bedecken sie große Bereiche (10^2–10^3 km²), oft innerhalb orogener Gürtel und typischerweise auch entlang konvergenter Plattengrenzen. Eine Kartierung der **Metamorphoseintensität** ergibt meist ein symmetrisches Muster entlang des Orogens mit den hochgradig metamorphen Zonen im Zentrum, umgeben von den niedriggradigen Zonen außen.

Der **geothermische Gradient** bezeichnet die Entwicklung der Temperatur mit zunehmender Tiefe und damit das Druck/Temperatur-Verhältnis. Üblicherweise wird im Bereich der kontinentalen Kruste pro Kilometer Tiefe mit einer Zunahme der Temperatur von 20–30 °C und des Druckes um 0,25–0,3 kbar (je nach Gesteinsdichte) ausgegangen. Der geothermische Gradient der kontinentalen Kruste kann regional insbesondere durch eine Variation der Temperatur gekennzeichnet sein. Bei Magmatismus in der Kruste liegen die Temperaturen „über" dem üblichen geothermischen Gradienten, kühle subduzierte ozeanische Kruste liegt hingegen „unter" dem geothermischen Gradienten.

Es gibt zwei druckbetonte Typen von regionaler Metamorphose, die bei relativ niedrigen Temperaturen erfolgen (kein thermischer Überschuss):
1. **Hochdruck/Niedrigtemperatur-(Blauschiefer)-Metamorphose** ist charakteristisch für subduzierte ozeanische Kruste.

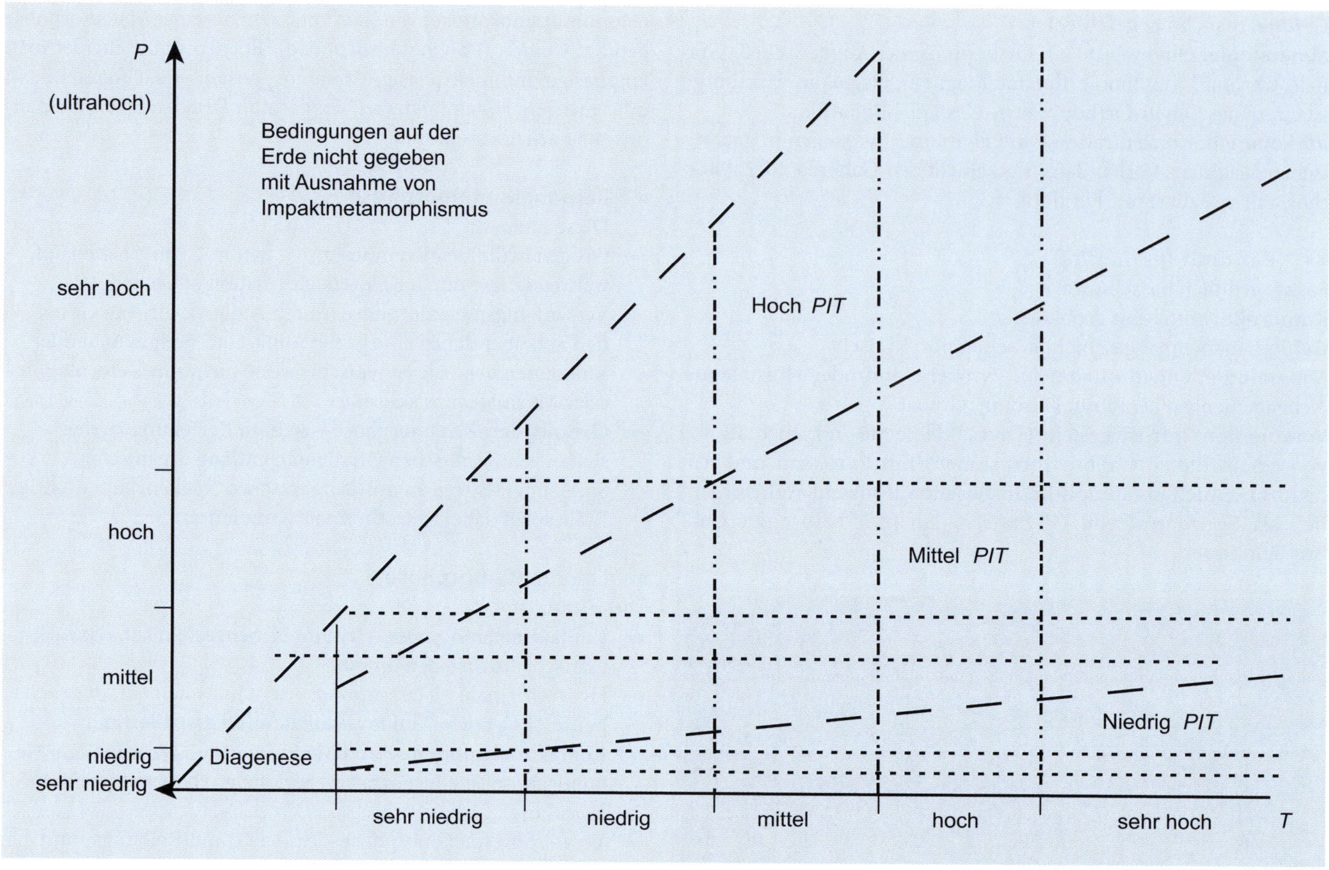

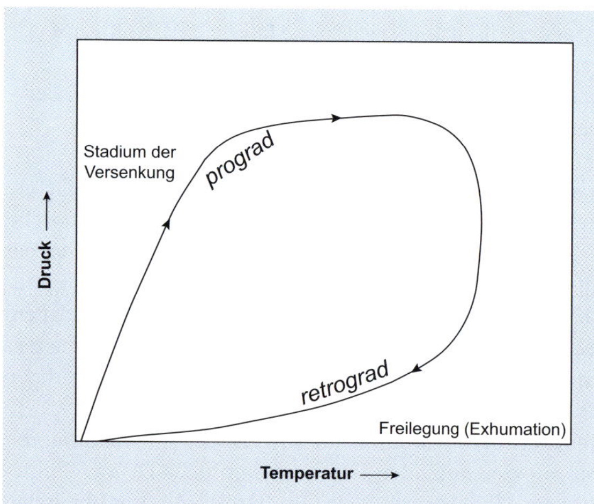

Abb. 2.34 Schematische Darstellung im *P/T*-Raum der fünf isothermalen, isobaren und drei *P/T*-radialen Sektoren. Achtung: Temperatur und Druckverhältnisse können kombiniert werden. (Nach Smulikowski et al. 2007)

Abb. 2.35 *P/T*-Diagramm, das die Beziehung zwischen Prograd- und Retrograd-Metamorphose zeigt (nach Blatt et al. 2006)

Eine rasche Subduktion führt zu einer schnellen Zunahme des lithostatischen Druckes, während die thermische Anpassung (Aufheizung) der subduzierten Platte zeitlich verzögert erfolgt. Blauschiefer sind daher charakteristisch für ozeanische Krustensegmente innerhalb orogener Zonen (Ophiolithe).

2. **Versenkungsmetamorphose** erfolgt unter oder nahe am geothermischen Gradienten (selten > 2 kbar und > 200–300 °C). Die Versenkung führt bei Lockersedimenten zur Kompaktion und Verringerung des Porenraums (durch Drucklösung, sekundäres Kristallwachstum und Zementation). In Sedimenten beginnen metamorphe Prozesse bei ca. 150–200 °C und einer Tiefe von 2–5 km (abhängig vom geothermischen Gradienten). Das Einsetzen der Metamorphose wird mit der Bildung von Mineralen, die Temperaturen und Drücke über denen von normalen sedimentären Bedingungen benötigen, oder mit der Ausbildung einer sichtbaren metamorphen Rekristallisation festgesetzt.

Die häufigste Art **lokaler Metamorphose** tritt in Kontaktzonen magmatischer Intrusionen auf. Hier wird thermische Energie direkt von der Intrusion an das Nebengestein übertragen. (Da Intrusionen häufig in Deformationszonen auftreten, sind regionalmetamorphe Einflüsse durchaus möglich.) Um große Intrusionen herum können sich ausgedehnte **Kontaktaureolen** (bis ca. 10 km) bilden. Bei granitischen Intrusionen wird das Nebengestein durch relativ niedrige Temperaturen um 800–850 °C, bei Gabbro oder Diorit durch deutlich höhere Temperaturen von 900–1100 °C beeinflusst. In großen Aureolen können sich Mineralisierungszonen mit klaren Proximal- (hochgradige Minerale) oder Distalbeziehungen (niedriggradige Minerale) ausbilden. Allerdings kann Kontaktmetamorphose auch beschränkt auf kleine Bereiche von wenigen Metern stattfinden, wie z. B. um Sills oder Dikes, durch die das Nebengestein teilweise lediglich gefrittet (d. h. Kontaktmetamorphose toniger Gesteine in geringer Tiefe) wird. Neben der Temperatur spielt dabei der Wärmehaushalt der Intrusion (Dauer der Wärmezufuhr) und der Fluidtransport bei der Ausprägung der Kontaktzone eine wesentliche Rolle.

Aureolen können um granitische Plutone signifikant größer sein, da sie vergleichsweise mehr Wasser als „trockene" mafische

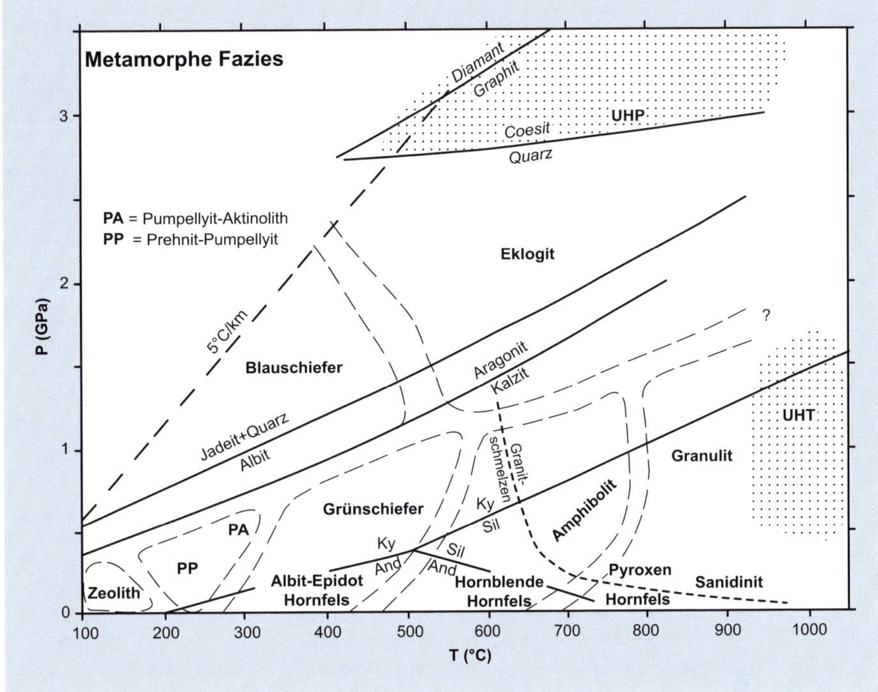

Abb. 2.36 Ungefähre Temperaturen und Drücke für die wichtigsten metamorphen Fazies. UHP und UHT markieren annähernd ähnliche Felder der Ultrahochdruck- bzw. der Ultrahochtemperaturmetamorphose. Begrenzung bei geothermischen Gradienten von 5 °C pro Kilometer – geringere Gradienten als 5 °C pro Kilometer sind in der Natur extrem selten. (Nach Philpotts und Ague 2009)

Plutone enthalten. Offensichtlich spielen Fluide eine wichtige Rolle bei der Ausprägung der Kontaktmetamorphose, denn ein großer Teil des Hitzetransfers von der Intrusion in das Nebengestein erfolgt durch die Fluidkonvektion und nur ein geringerer durch Wärmediffusion. Die heißen Fluide stammen entweder ursprünglich direkt aus dem Magma oder können Porenwässer des Nebengesteins sein. Sie lösen Minerale auf und transportieren Anionen und Kationen durch geochemische Stabilitätsbereiche innerhalb des Konvektionssystems, in denen sich veränderte oder neue Mineralparagenesen ausbilden können. Dieser durch Fluide induzierte Stofftransport und die dadurch verursachte Mineralumwandlung wird **Metasomatose** genannt. Das Auftreten stark mineralisierter Gänge im Bereich von Kontaktaureolen ist ein Beleg für intensive Fluidaktivität.

2.3.1 Temperatur, Druck und Metamorphosegrad

Metamorphose ist ein komplexer Prozess, der durch die Veränderung folgender Faktoren beeinflusst wird:

- Temperatur (T),
- isostatischer Druck (P),
- chemisch reaktive Fluide,
- tektonische Spannungen.

Über den Gesteinskomplex ändern sich diese Einflussgrößen während der Metamorphose lokal, regional und zeitlich (Abb. 2.34). Dies führt zu einer räumlichen Variation im Grad und der Art der Metamorphose. Das Temperatur/ Druck-Spektrum, in dem Metamorphose stattfindet, wird zusammengefasst als:

- Sehr niedrig-, Niedrig-, Hoch- und Ultrahoch-Temperaturmetamorphose,
- Sehr niedrig-, Niedrig-, Hoch- und Ultrahoch-Druckmetamorphose.

Damit können drei *P/T*-Felder festgelegt werden:

Niedrig-, Mittel- und Hoch-*P/T*-Metamorphose

Der Metamorphosegrad bezieht sich auf die metamorphen Bedingungen, die durch eine Position im Druck/Temperatur-Feld gekennzeichnet sind. Die genaue Position im *P/T*-Diagramm und damit die Festlegung des Metamorphosegrades erfolgt über die Bestimmung von Mineralparagenesen im Gestein. Dies sind charakteristische Mineralassoziationen, die nur in bestimmten *P/T*-Bereichen stabil sind und daher einen Gleichgewichtszustand in einem definierten Druck/Temperatur-Feld anzeigen.

Temperaturen und Drücke können im Zuge einer Metamorphose zu- und abnehmen (Abb. 2.35). Dadurch wird der Metamorphosepfad, den das Gestein im *P/T*-Raum durchlaufen hat, definiert. Dieser kann durch zwei charakteristische Abschnitte gekennzeichnet sein:

1. **Prograde (progressive) Metamorphose** – hier erhöht sich die Temperatur. Dies ermöglicht die Bildung neuer Minerale, die in früheren Phasen nicht vorlagen und unter den neuen Bedingungen stabil sind.

2. **Retrograde (retrogressive) Metamorphose** – hier sinkt die Temperatur. Dies ermöglicht die Neu- oder Rückbildung von Mineralen. Es entstehen Mineralparagenesen, die einen niedrigeren Metamorphosegrad anzeigen als frühere Phasen und Paragenesen.

2.3.2 Metamorphe Fazies

Die **metamorphe Fazies** ist ein Gliederungsansatz, der hilft, metamorphe Gesteine auf der Basis ihrer Mineralogie zu beschreiben und zu klassifizieren (Abb. 2.36). In metamorph überprägten Regionen reagieren bereits existente Minerale zu neuen Mineralen, da sich Mineralparagenesen in der Gesteinseinheit unter verschiedenen Druck- und Temperaturbedingungen ändern. Diese Variationen führen zu charakteristischen Mineralparagenesen für bestimmte *P/T*-Felder (Tab. 2.13). Eine metamorphe Fazies kann so als ein Set metamorpher Mineralparagenesen definiert werden, die sich wiederholt in Raum und Zeit gemeinsam bilden können.

◘ Tab. 2.13 Häufige silikatische und calcitische Minerale für die regionalmetamorphe Fazies (nach Philpotts und Ague 2009). Die Barrowschen Zonen sind benannt nach den wegweisenden Arbeiten von George Barrow, der erst 1912 diese Sequenz erkannt hat. Es sind Zonen, in denen sowohl Druck und Temperatur steigen, abhängig vom Grad des Metamorphismus. Die progressive Sequenz von Barrowschen Zonen lautet: Chlorit – Biotit – Granat – Staurolith – Kyanit / Disthen – Sillimanit.

Fazies	Mafischer Protolith	Pelitischer Protolith	Karbonatgesteinsprotolith	Ultramafischer Protolith	Anmerkungen
Zeolith	Chlorit, Serpentinit, Tonminerale, Zeolithe, Quarz, Albit, Prehnit, Pumpellyit, Calcit, Dolomit	Chlorit, Illit, Tonminerale, Quarz, Albit, Calcit, Dolomit	Calcit, Dolomit, Quarz, Chlorit, Illit, Tonminerale, Albit	Minerale der Serpentingruppe, Brucit, Dolomit, Magnesit	Gesteine der Zeolith-Fazies sind i. d. R. nicht deformiert und enthalten Relikte magmatischer oder sedimentärer Gefüge
Prehnit-Pumpellyit	Chlorit, Serpentin, Prehnit, Pumpellyit, Quarz, Albit, Calcit, Dolomit	Chlorit, Muskovit, Tonminerale, Quarz, Albit, Calcit, Dolomit	Calcit, Dolomit, Quarz, Tonminerale, Albit	Minerale der Serpentingruppe, Brucit, Dolomit, Magnesit	
Blauschiefer	Glaukophan, Lawsonit (oder Epidot), Quarz, Granat, Chlorit und Albit (bei niedrigeren Drücken), Na-haltiger Klinopyroxen (bei höheren Drücken)	Glaukophan, Phengit, Lawsonit (oder Epidot), Quarz, Granat, Chlorit und Albit (bei niedrigeren Drücken), Na-haltiger Klinopyroxen (bei höheren Drücken)	Aragonit, Dolomit, Phengit, Glaukophan, Epidot, Albit und Chlorit (bei niedrigeren Drücken), Na-haltiger Klinopyroxen (bei höheren Drücken)	Minerale der Serpentingruppe, Brucit, Dolomit, Magnesit	Glaukophan oder Lawsonit sind diagnostisch für diese Fazies. Phengit ist ein Hochdruck-K-Glimmer mit einem Übermaß an Si im Verhältnis zu Muskovit
Grünschiefer	Chlorit, Aktinolith, Epidot, Albit, Quarz	*Chloritzone*: Chlorit, Muskovit, Quarz, Albit *Biotitzone*: Chlorit, Muskovit, Biotit, Quarz, Albit *Granatzone*: Muskovit, Biotit, Granat, Quarz, Na-haltiger Plagioklas (Chloritoid in Fe- und Al-reichen Gesteinen)	Calcit, Dolomit, Muskovit, Quarz, Albit (mit Biotit und Na-haltigem Plagioklas bei höheren Temperaturen)	Minerale der Serpentingruppe, Brucit, Forsterit, Tremolit	Die Barrowschen Chlorit-, Biotit- und Granatzonen sind alle in der Grünschieferfazies
Amphibolit	Hornblende, Plagioklas, Quarz, Granat	*Staurolithzone*: Muskovit, Biotit, Quarz, Granat, Staurolith, Plagioklas *Kyanitzone*: Muskovit, Biotit, Quarz, Granat, Kyanit, Staurolith, Plagioklas *Sillimanitzone*: Muskovit, Biotit, Quarz, Granat, Sillimanit, Plagioklas	Calcit, Dolomit, Quarz, Biotit, Amphibol, Diopsid, Kalifeldspat, Wollastonit	Talk, Forsterit, Anthophyllit, Tremolit, Orthopyroxen	Die Barrowschen Staurolith-, Kyanit- und Sillimanitzonen sind alle in der Amphibolitfazies. Regionaler Amphibolitfazies-Metamorphismus bei niedrigeren Drücken als die Barrowsche Sequenz (ca. 0,3 GPa) produziert gewöhnlich Andalusit, Sillimanit und Cordierit
Granulit	Klinopyroxen, Orthopyroxen, Plagioklas, Granat, Quarz	Quarz, Kalifeldspat, Plagioklas, Sillimanit, Granat, Biotit, Orthopyroxen, Cordierit, (Sapphirin koexistiert mit Quarz in Ultrahochtemperaturgesteinen)	Calcit, Dolomit, Diopsid, Wollastonit, Kalifeldspat, Forsterit	Forsterit, Orthopyroxen, Klinopyroxen (Ca-haltig)	
Eklogit	Granit, Omphazit, Quarz, Kyanit, Rutil, (Coesit in Ultrahochdruckgesteinen)	Phengit, Quarz, Omphazit, Granat, Kyanit, Rutil, (Coesit, Diamant in Ultrahochdruckgesteinen)	Aragonit, Dolomit, Omphazit, Epidot, Quarz, Phengit, Granat, (Coesit, Diamant in Ultrahochdruckgesteinen)	Forsterit, Orthopyroxen, Klinopyroxen (Ca-haltig), Granat	Ultrahochdruck-Coesit ist i. d. R. zu Quarz in der Gesteinsmatrix umgewandelt, wenn die Gesteine zur Oberfläche transportiert werden, kann jedoch in Form von Einschlüssen in hochfesten Mineralen wie Granat und Omphazit erhalten sein

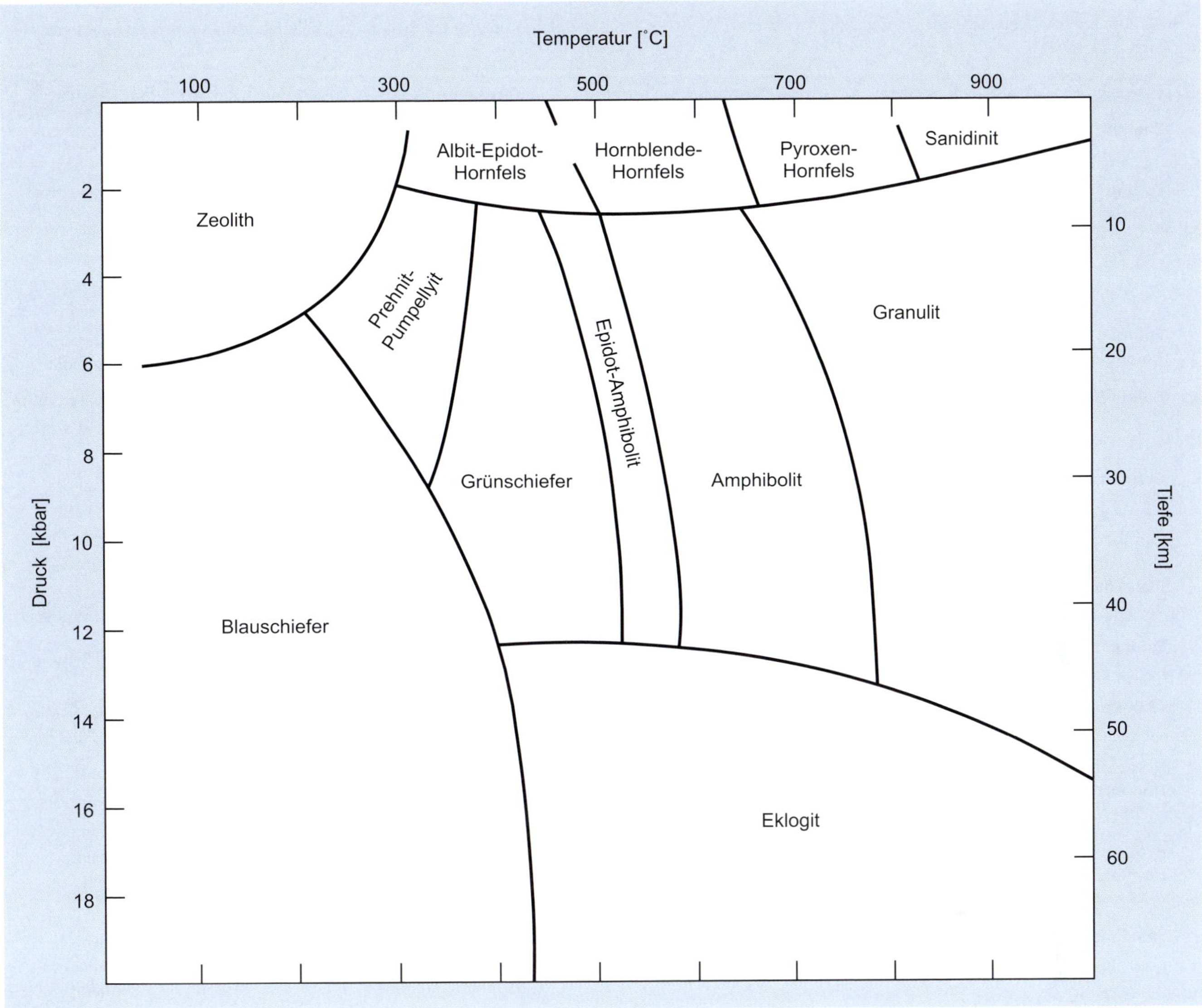

Abb. 2.37 Aktueller Stand der Aufteilung der metamorphen Fazies in Abhängigkeit von Tiefe bzw. Druck und Temperatur (nach Blatt et al. 2006)

Dabei besteht ein direkter Bezug zwischen den Mineralen (und ihrer chemischen Zusammensetzung) mit den metamorphen Bedingungen – vorgegeben durch Temperatur, Druck und andere Variablen wie den Fluidanteil (P_{H_2O}). Jede metamorphe Fazies kann durch charakteristische Minerale und Mineralparagenesen definiert werden. Darüber hinaus können für metamorphe Faziesfelder weitere Subfazies unterschieden werden. Für diese gibt es keine Standardisierung.

Zwölf Fazies werden derzeit unterschieden (Abb. 2.37, Tab. 2.14). Sie reichen von der Zeolithfazies (niedriger Druck, niedrige Temperatur) bis zur Eklogitfazies (Hochdruck).

Das Erfassen verschiedener Fazies in einer metamorphen Zone ist ebenso wichtig wie die Identifikation einzelner Sequenzen oder **Faziesserien**, die vorhanden sein können. Dies erlaubt das Erkennen der höchsten metamorphen Bedingungen in einem bestimmten Gebiet (ohne Einfluss der tektonischen Komplexität) und die Einordnung in einen Niedrigdruck-, Mitteldruck- oder Hochdruckbereich (Abb. 2.38, Tab. 2.15). Zusätzlich können die verschiedenen metamorphen Fazies in drei umfassende, prograderende Sequenzen im *P/T*-Diagramm eingeordnet werden:

- **Hohes Verhältnis von *T* zu *P*** – beinhaltet Albit-Epidot-Hornfels, Hornblende-Hornfels, Pyroxen-Hornfels und Sanidinit-Fazies. Diese Fazies sind gewöhnlich an Kontaktaureolen oder Xenolithe in mafischen vulkanischen Gesteinen gebunden.
- **Mittleres Verhältnis von *T* zu *P*** – beinhaltet Zeolith-, Grünschiefer-, Amphibolit- und Granulitfazies. Diese Fazies sind typisch für Gebiete, in denen eine Regionalmetamorphose stattgefunden hat.
- **Geringes Verhältnis von *T* zu *P*** – beinhaltet Prehnit-Pumpellyit-, Blauschiefer- und Eklogitfazies. Diese Fazies sind typisch für Gebiete regionaler Metamorphose mit niedrigen geothermischen Gradienten in Subduktionszonen.

Tab. 2.14 Allgemeine Übersicht der charakteristischen Minerale für die Hauptzusammensetzungen der verschiedenen metamorphen Fazies (nach Blatt et al. 2006)

Fazies	Mafische Gesteine	Ultramafische Gesteine	Tonsteine	Kalkführende Gesteine
Zeolith	Analcim, Ca-Zeolithe, Prehnit, Zoisit, Albit	Serpentin, Brucit, Chlorit, Dolomit, Magnesit	Quarz, Tone, Illit, Albit, Chlorit	Calcit, Dolomit, Quarz, Talk, Tone
Prehnit-Pumpellyit	Chlorit, Prehnit, Albit, Pumpellyit, Epidot	Serpentin, Talk, Forsterit, Tremolit, Chlorit	Quarz, Illit, Muskovit, Albit, Chlorit, (Stilpnomelan)	Calcit, Dolomit, Quarz, Tone, Talk, Muskovit
Grünschiefer	Chlorit, Aktinolith, Epidot oder Zoisit, Albit	Serpentin, Talk, Tremolit, Brucit, Diopsid, Chlorit, (Magnetit)	Quarz, Plagioklas, Chlorit, Muskovit, Biotit, Granat, Pyrophyllit, (Graphit)	Calcit, Dolomit, Quarz, Muskovit, Biotit
Epidot-Amphibolit	Hornblende, Aktinolith, Epidot oder Zoisit, Plagioklas, (Sphen)	Forsterit, Tremolit, Talk, Serpentin, Chlorit, (Magnetit)	Quarz, Plagioklas, Chlorit, Muskovit, Biotit, (Graphit)	Calcit, Dolomit, Quarz, Muskovit, Biotit, Tremolit
Amphibolit	Hornblende, Plagioklas, (Sphen), (Ilmenit)	Forsterit, Tremolit, Talk, Anthophyllit, Chlorit, Orthopyroxen, (Magnetit)	Quarz, Plagioklas, Chlorit, Muskovit, Biotit, Granat, Staurolith, Kyanit, Sillimanit, (Graphit), (Ilmenit)	Calcit, Dolomit, Quarz, Biotit, Tremolit, Forsterit, Diopsid, Plagioklas
Granulit	Hornblende, Augit, Orthopyroxen, Plagioklas, (Ilmenit)	Forsterit, Orthopyroxen, Augit, Hornblende, Granat, Al-Spinell	Quarz, Plagioklas, Orthoklas, Biotit, Granat, Cordierit, Sillimanit, Orthopyroxen	Calcit, Quarz, Forsterit, Diopsid, Wollastonit, Humit-Chondrodit, Ca-Granat, Plagioklas
Blauschiefer	Glaukophan, Lawsonit, Albit, Aragonit, Chlorit, Zoisit	Forsterit, Serpentin, Diopsid	Quarz, Plagioklas, Muskovit, Karpholith, Talk, Kyanit, Chloritoid	Calcit, Aragonit, Quarz, Forsterit, Diopsid, Tremolit
Eklogit	Mg-reicher Granat, Omphazit, Kyanit, (Rutil)	Forsterit, Orthopyroxen, Augit, Granat	Quarz, Albit, Phengit, Talk, Kyanit, Granat	Calcit, Aragonit, Quarz, Forsterit, Diopsid
Albit-Epidot	Albit, Quarz, Tremolit, Aktinolith, Chlorit	Serpentin, Talk, Epidot oder Zoisit, Chlorit	Quarz, Plagioklas, Tremolit, Cordierit	Calcit, Dolomit, Epidot, Muskovit, Chlorit, Talk, Forsterit
Hornblende-Hornfels	Hornblende, Plagioklas, Orthopyroxen, Granat	Forsterit, Orthopyroxen, Hornblende, Chlorit, (Al-Spinell), (Magnetit)	Quarz, Plagioklas, Muskovit, Biotit, Cordierit, Andalusit	Calcit, Dolomit, Quarz, Tremolit, Diopsid, Forsterit
Pyroxen-Hornfels	Orthopyroxen, Augit, Plagioklas, (Granat)	Forsterit, Orthopyroxen, Augit, Plagioklas, Al-Spinell	Quarz, Plagioklas, Orthoklas, Andalusit, Sillimanit, Cordierit, Orthopyroxen	Calcit, Quarz, Diopsid, Forsterit, Wollastonit
Sanidinit	Orthopyroxen, Augit, Plagioklas, (Granat)	Forsterit, Orthopyroxen, Augit, Plagioklas	Quarz, Plagioklas, Sillimanit, Cordierit, Orthopyroxen, Sapphirin, Al-Spinell	Calcit, Quarz, Diopsid, Forsterit, Wollastonit, Monticellit, Åkermanit

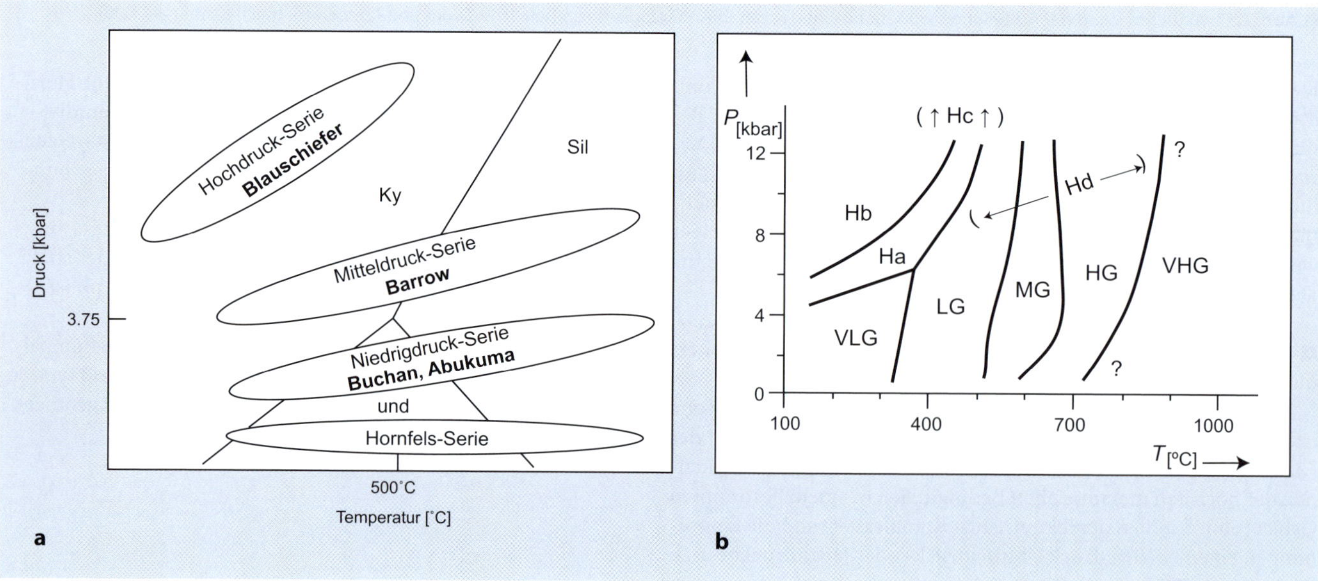

Abb. 2.38 a Ungefähre metamorphe Feldgradienten für die verschiedenen Faziesserien (nach Blatt et al. 2006), **b** Vereinfachte Übersicht von Druck- und Temperaturfeldern. Temperaturfelder: VLG – sehr niedriger Grad, LG – niedriger Grad, MG – mittlerer Grad, HG – hoher Grad, VHG – sehr hoher Grad; Hochdruckfelder: Ha – Rand Blauschiefer-Fazies, Hb – Jadeit-Blauschiefer-Fazies, Hc – Glaukophan-Eklogit-Fazies, Hd – Eklogit-Fazies (nach Fry 1984)

Tab. 2.15 Hauptminerale von Gradkategorien in verschiedenen Temperatur- und Druckfeldern (nach Fry 1984). VLG = sehr niedriger (*very low*) Grad; LG = niedriger (*low*) Grad; MG = mittlerer (*medium*) Grad; HG = hoher (*high*) Grad; VHG = sehr hoher (*very high*) Grad

Gradkategorie	Ultramafisch	Basisch magmatisch Mafischer Teil	Basisch magmatisch Ca-Al-reicher Teil	Pelitisch
VLG	Serpentin, (Quarz, Magnesit)	Tone, Chlorit, (magmatische Relikte)	Zeolithe, Pumpellyit, Epidot, Albit	Tone, Chlorit, Serizit, Quarz
LG	Serpentin, (Talk, Magnesit)	Chlorit, Aktinolith, (Granat)	Epidot, Albit	Muskovit, Chlorit, Quarz, Biotit, (Granat, Al-reiche Minerale)
MG	Olivin, Talk, (Magnesit, Anthophyllit)	Hornblende, (Diopsid, Granat)	Plagioklas	Muskovit, Biotit, Quarz, (Granat, Al-reiche Minerale)
HG	Olivin, Anthophyllit, Cummingtonit, Enstatit	Hornblende, (Diopsid, Granat)	Plagioklas	Kalifeldspat, Biotit, Quarz, Al-reiche Minerale, (Granat)
VHG	Olivin, Enstatit	Hypersthen, Diopsid, (Hornblende)	Plagioklas	Hypersthen und Al-reiche Minerale, (Kalifeldspat, Quarz) *oder* Sapphirin und andere Minerale

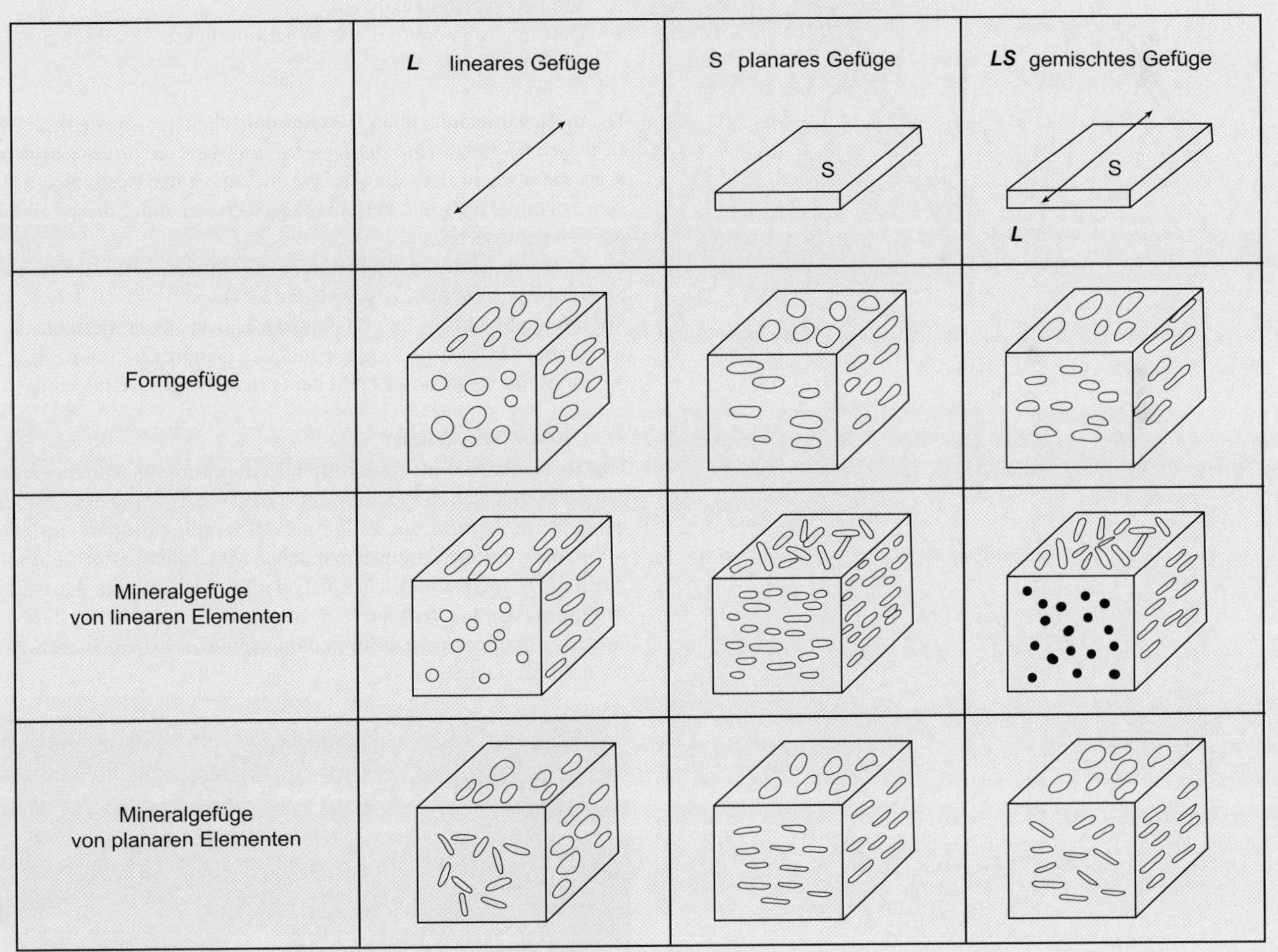

Abb. 2.39 Einfache symmetrische Strukturtypen – Unterscheidung nach planaren und linearen Formen (nach Fry 1984)

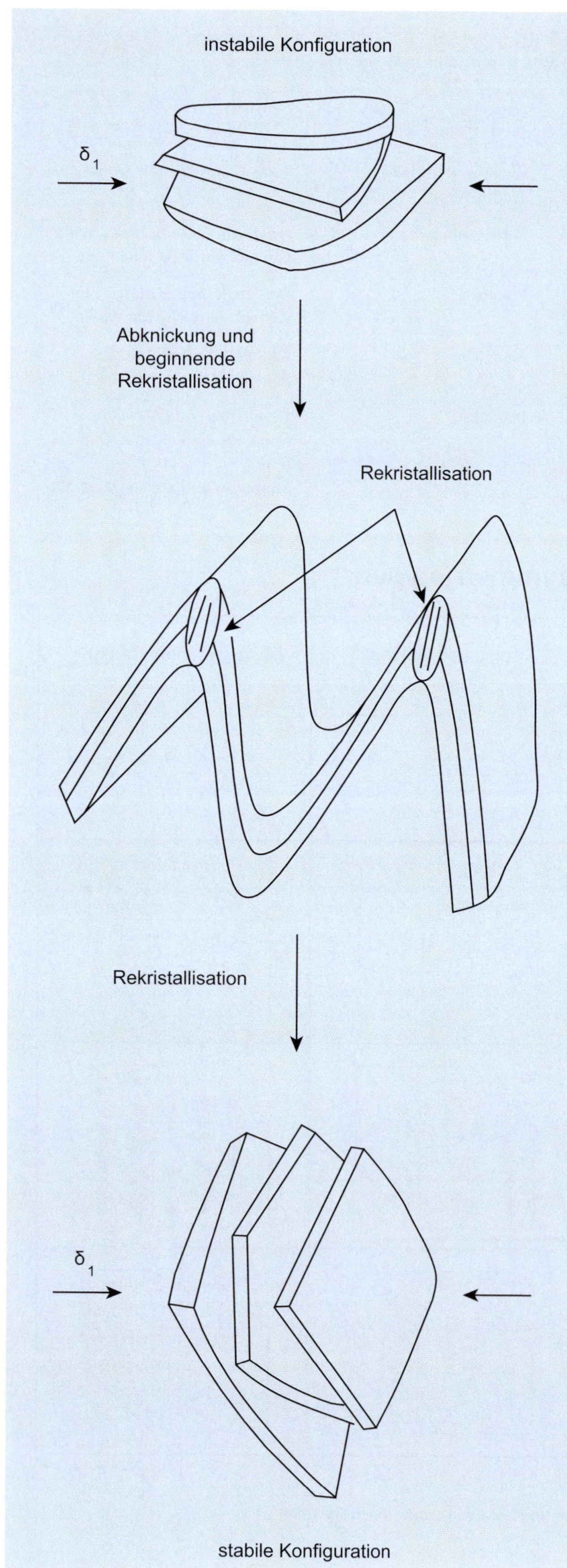

Abb. 2.40 Stabiler und unstabiler Zustand von plattigen Mineralen unter einfacher kompressiver Spannung (nach Blatt et al. 2006)

2.3.3 Struktur und Gefüge metamorpher Gesteine

Die Herkunft von Variationen in Struktur und Zusammensetzung innerhalb metamorpher Gesteine ist komplex und vielfältig und beinhaltet:

- Prämetamorphe Komplexität – steht in Beziehung zu sedimentären, magmatischen oder diagenetischen Prozessen. Diese resultieren häufig in Variationen in der Zusammensetzung.
- Bildung von Adern (*veining*) – kann lokal sein (mit Material vom Ausgangsgestein; Größe variiert von mm bis cm) oder regional (mit Zufuhr von anderem Material; Größe variiert von 10 cm bis 10 m).
- Hydrothermale Aktion/Reaktionszonen – einschließlich metasomatische Zonen (wo Muttergestein durch Fluide alteriert wird) und Reaktionszonen (wo Alteration zur Bildung von neuen Mineralen führt).
- Drucklösung und Schmelzung (*dissolution*) – diese kann im Zusammenhang mit lokalen Stressvariationen stehen und beinhaltet Materiallösung, Diffusion und Ausfällen. Chemische Faktoren und Stressvariationen beeinflussen, welche Lösung-/Schmelz-Muster entstehen.
- Deformation – kann die Segregationseffekte verstärken mit erhöhter Komplexität.

Die meisten metamorphen Gesteine entstehen in orogenen Gürteln. In diesen Gebieten sind die Deformationsbeträge und -richtungen stark variabel, so dass die Analyse metamorpher Gesteine ein Basisverständnis über das Verhalten der Gesteine unter diesen Bedingungen voraussetzt.

Es treten in diesen Gebieten sowohl lineare wie auch planare Strukturen auf (◘ Abb. 2.39, 2.40 und 2.41):

- **lineare Struktur** – es gibt eine klare lineare Orientierung,
- **planare Struktur** – es gibt eine klare planare Orientierung,
- **zufällige Struktur** – es gibt keine bevorzugte Orientierung.

▪ Lineare Strukturen

Lineare Strukturen entstehen durch Einregelung von Mineralen und Mineralaggregaten in Richtung der stärksten Streckung des Gesteins, bei duktiler Verformung. Es können **Minerallineationen** entstehen – z. B. eine Anordnung prismatischer Minerale (z. B. Amphibole, Turmaline), meist innerhalb der Foliationsflächen. Eine Ausnahme ist eine stängelige Struktur (z. B. Stengelgneis), das heißt, dass das Gestein von linearen Strukturen ohne identifizierbare planare Struktur dominiert wird.

◘ Minerallineation, Monte Rosa Nappe, italienische Alpen (Foto N. Froitzheim)

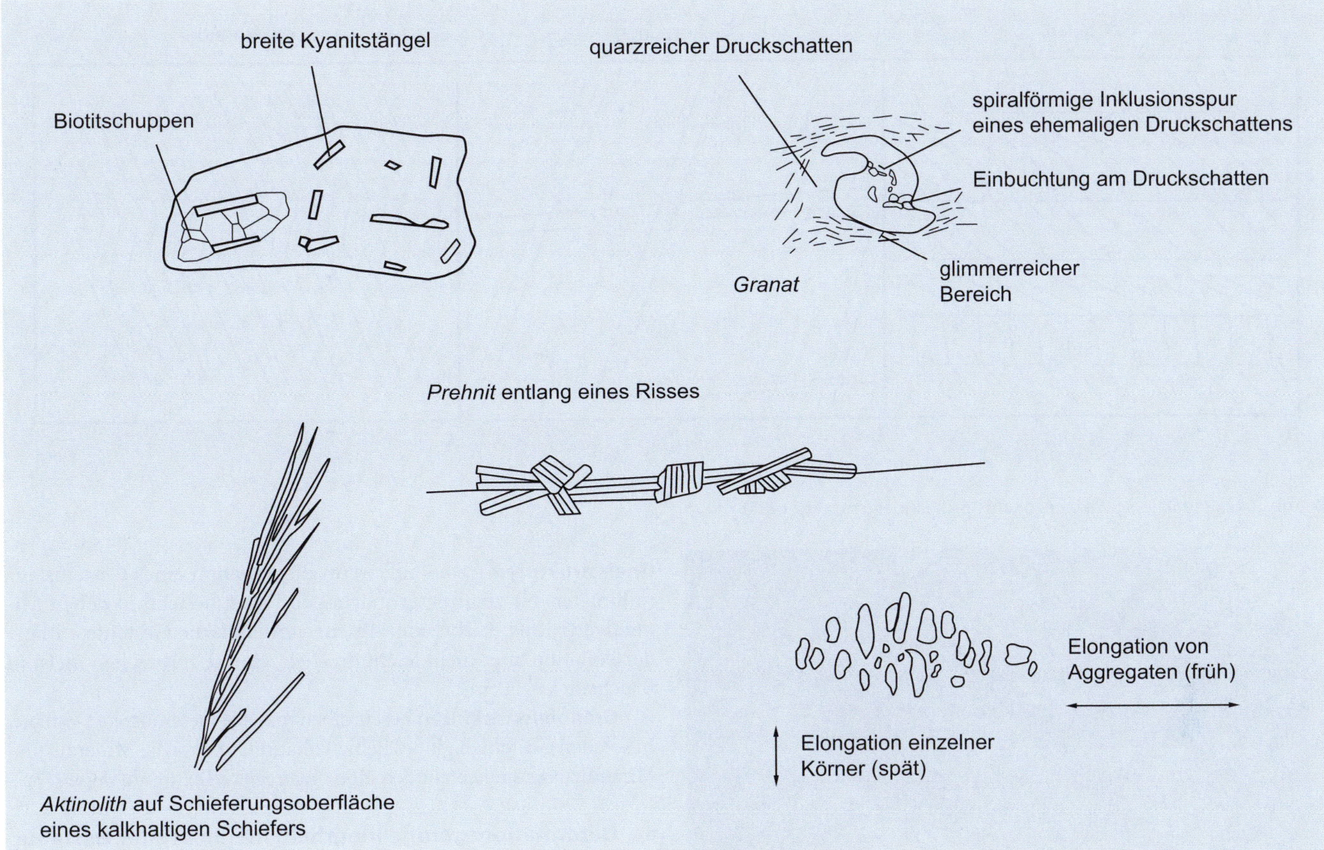

Abb. 2.41 Geländeskizzen von Mineralmorphologien in metamorphen Gesteinen (nach Fry 1984)

■ Planare Strukturen

Planare Strukturen wie Schieferung, Foliation, Scherzonen und Schichtung sind entweder das Resultat von Deformation oder repräsentieren ursprüngliche Erscheinungen, die durch Deformation überprägt wurden (■ Abb. 2.40). Viele der planaren Strukturen in metamorphen Gesteinen treten senkrecht zur Richtung der größten Verkürzung auf, da sie durch parallele Anordnungen von flachen Mineralen begrenzt sind.

Der Winkel zwischen der Foliation und der maximalen kompressiven Spannung beträgt zwischen 90° (bei reiner Scherung/*pure shear* d. h. eine nicht rotationale Deformation, aber fast nie verwirklicht in der Natur) und 45° (bei großem Betrag von einfacher Scherung/ *simple shear* d. h. eine homogene Deformation). Einfache Scherung ist häufiger, also wird der Winkel wohl häufiger zwischen 60 und 45° liegen als bei 90°. Zum Beispiel erhält man bei einer waagerechten Überschiebung einen Mylonit mit waagrechter Foliation.

Foliation ist der generelle Begriff für häufig vorhandene, laminierte oder planare Strukturen, die das Gefüge der meisten metamorphen Gesteine prägen. Charakteristisch für sie ist eine Kombination aus feinskalig wechselnden Minerallagen insgesamt und paralleler oder subparalleler Anordnung plattiger und länglicher Minerale (normalerweise Schichtsilikate). Foliation kann Eigenschaften ihrer sedimentären oder vulkanischen Ursprungsgesteine (z. B. Schichtung) wiedergeben. Die meisten sedimentären Strukturen werden jedoch während der Metamorphose und Deformation zerstört. Bei Foliation, die im Millimeterbereich gefaltet ist, bildet sich eine sogenannte **Krenulationslineation**, die die Anordnung der Faltenachsen nachzeichnet. Ebenso können auf Foliationsflächen längliche Minerale, wie z. B. Amphibole, dadurch so angeordnet sein, dass sie eine Lineation erzeugen. Allerdings zeigen einige Gesteine Lineation, aber keine Foliation.

■ Foliation (Gneisfoliation), Monte Rosa Nappe, Schweiz (Foto N. Froitzheim)

Glattschieferung (*cleavage*) ist eine Form der Foliation, die in feinkörnigen oder niedriggrad metamorphen Gesteinen typisch ist. Gewöhnlich erscheint sie durch eng liegende parallele/subparallele Ebenen, entlang derer das Gestein sauber bricht, wie bei Schiefer. Die Schieferflächen können zwar parallel zur ursprünglichen sedimentären Schichtung liegen, jedoch schneiden sie diese üblicherweise in einem mehr oder weniger großen Winkel. Ebenso ändert sich die Ausrichtung der Schieferflächen bei Materialwechsel innerhalb der Schichtenfolge (Schieferungsbrechung). Schieferung kann kontinuierlich oder nur lokal in bestimmten Lithologien auftreten. **Runzelschieferung** (*crenulation cleavage*) ist ein Typ lokaler Glattschieferung, die während der Krenulation einer präexistenten Foliation entsteht und parallel zur Achsenfläche der Krenulation ist.

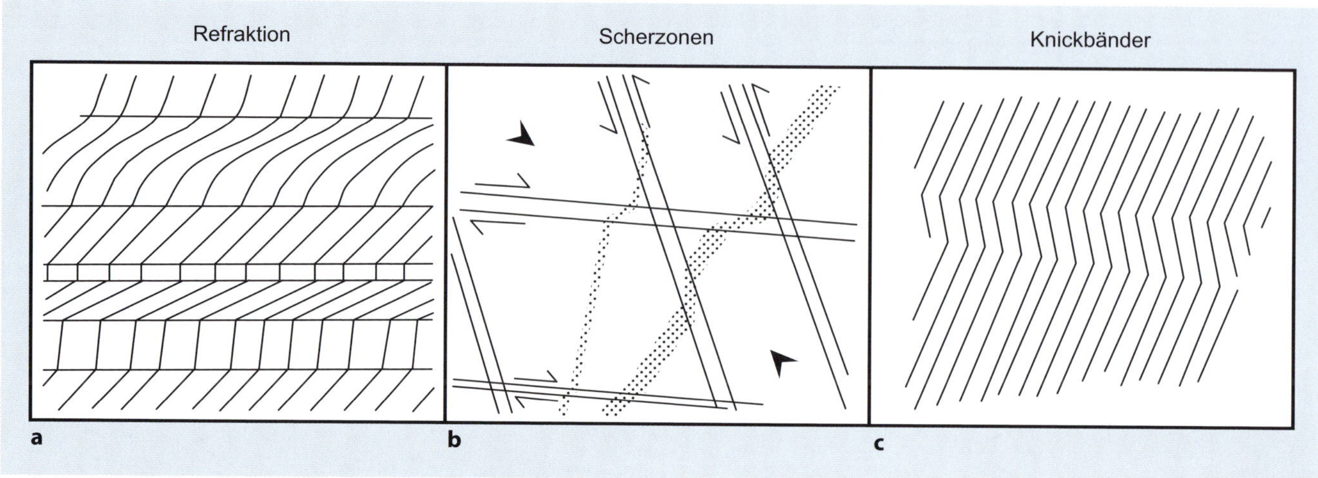

Abb. 2.42 Refraktion, Scherzonen und Knickbänder (nach Fry 1984)

Schieferung, Val Trupchun, Schweiz (Bildbreite 20 cm; Foto N. Froitzheim)

Rauschieferung (*schistosity*) ist ein Foliationstyp, der charakteristisch ist für stärker metamorph überprägte Gesteine, in denen mittel- bis grobkörnige, plattige Minerale (Glimmer, Chlorit) leicht identifiziert werden können. Solche Gesteine brechen für gewöhnlich ungleichmäßig entlang der Schieferungsebenen. Eine Rauschieferung entwickelt sich gut bei einem hohen Anteil bevorzugter Orientierung der Minerale oder Mineralaggregate. Rauschieferung ist unabhängig von der Korngröße. Eine Rauschieferung ist vorhanden, wenn das Gestein sich bei einer Skala von ≤ 1 cm spaltet.

Rauschieferung

Gneisstrukturen treten auf, wenn die Foliation eines Gesteins aus millimeter- bis zentimeter-mächtigen Lagen besteht, in denen Mineralverhältnis, Farbe oder Textur variieren, die Gesteine entlang der Foliation aber nicht leicht brechen. Gneise zerbrechen meist in Bruchstücke > 1 cm.

Granofelsstrukturen beschreiben massige metamorphe Gesteine. In solchen Gesteinen gibt es keine Foliation, so dass die Minerale und Mineralzusammensetzungen eine ungeregelte Textur aufweisen.

▪ Deformationsgefüge innerhalb metamorpher Gesteine

Gefüge wie Schieferung und Foliation können Variationen in ihrer Orientierung innerhalb des Gesteinsverbandes aufweisen (■ Abb. 2.42). Diese Variationen werden u. a. durch Materialwechsel innerhalb der Gesteinsabfolge verursacht. Diese Deformationsstrukturen können folgendermaßen beschrieben werden:

- **Refraktion** oder **Brechung** – tritt auf, wenn der Grad der Deformation mit dem Materialwechsel (kompetent/nicht kompetent) variiert. Beim Eintritt in eine kompetente Lage wird die Schieferung zum Lot auf die Grenzfläche hin gebrochen.

Schieferungsbrechung, Mittelrheintal (Foto N. Froitzheim)

- **Knickbänder (*kink bands*)** – sind eine spezielle Art der Brechung von Foliationsflächen; sie treten in tonigen Schiefern auf und beruhen auf einer seitlichen Einengung, die zur Knickung führt.

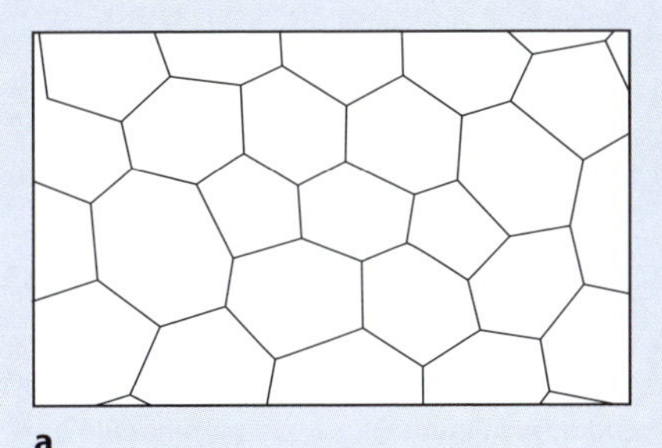

a   b   c

Abb. 2.43 a Polygonales Gefüge, **b** Decussat-Gefüge – Kristalle sind hypidioblastisch, prismatisch und zufällig orientiert, **c** idiotropisches Gefüge – Kristalle sind normalerweise idioblastisch und zufällig orientiert (nach Blatt et al. 2006)

Knickbänder, Alpbach, Österreich (Foto K. Wellnitz)

Scherzone in Sandstein

2.3.4 Beschreibung metamorpher Gesteine

Bei der Untersuchung metamorpher Gesteine ist das Ziel, die Bedingungen und zeitliche Abfolge der Metamorphose zu bestimmen – und basierend auf diesen Informationen übergeordnete geologische Ereignisse abzuleiten, die auf regionaler bis lokaler Skala zu dem Metamorphoseereignis geführt haben. Mögliche Ausprägungen können folgende sein:

- prämetamorph,
- metamorph – mit Bildung von neuen Mineralen bzw. Alteration von präexistierenden Mineralen,
- metasomatisch – mit chemischem Transport und Mineralneubildung,
- deformationsbedingt.

Die Mineralogie, die Struktur und das Gefüge metamorpher Gesteine bieten einen wichtigen Anhaltspunkt, der sehr hilfreich ist zur Entschlüsselung der geologischen Geschichte.

Die hohen Temperaturen und Drücke, die während der Metamorphose auftreten, führen zur Ausbildung einer Reihe charakteristischer Merkmale in den Gesteinen. Das erste Merkmal ist das Mineralwachstum (häufig nur im Dünnschliff sichtbar), das zweite Merkmal die Ausbildung von linearen Gefügen im Gestein.

Mineralwachstum

Ein Haupteffekt des Temperaturanstiegs bei der Metamorphose ist das Wachstum der Korngröße bei den meisten Gesteinen (Abb. 2.43). Dieser Prozess ist besonders wichtig bei moderaten Drücken, ohne den Einfluss von Scherbeanspruchung (bewirkt die Reduktion der Korngröße) und den Einfluss von Fluiden. Die Zufuhr von Wärmeenergie führt zur (Auf)lösung von kleineren Körnern und durch Stofftransport zum Wachstum anderer Körner (in kristallografischer

- **Scherzonen** – sind nicht durch den Materialaufbau bedingt; sie entstehen vielmehr durch Lokalisierung von Scherformung in einer plattenförmigen Zone zwischen zwei weniger verformten Bereichen. In Scherzonen ist die Geometrie nicht vom Ausgangsgefüge abhängig, sondern die Deformation führt zu einer Reorientierung des ursprünglichen Gefüges parallel zur Scherfläche.

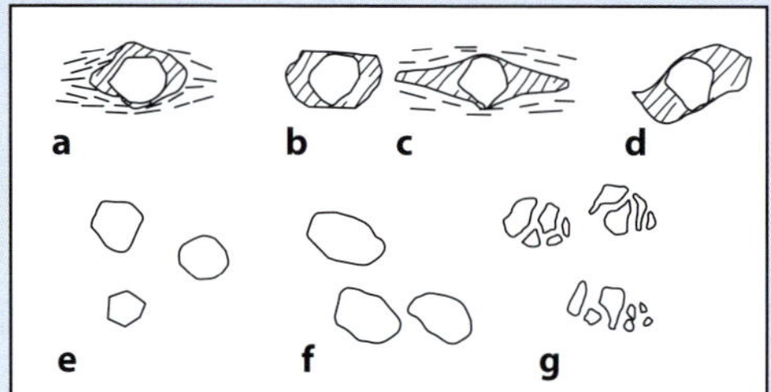

Abb. 2.44 Geländeskizzen von typischen metamorphen Gefügen (nach Blatt et al. 2006)

Abfolge, z. B. epitaxisches Wachstum, d. h. beim Aufwachsen von Kristallen, das mindestens einer kristallographischen Orientierung entspricht, der Orientierung des kristallinen Substrates). Das Phänomen wird als *annealing* bezeichnet und beinhaltet:

- einen Anstieg mittlerer Korngrößen und
- die Ausbildung von polygonalen Strukturen in fast monomineralischen Gesteinen (z. B. Quarzit, Marmor, metamorphem Dunit).

Polygonale Strukturen sind typischerweise fünf- oder sechskantige Körner mit großen Dreifachverzweigungen, in denen die Korngrenzen in ca. 120°-Winkeln zusammentreffen. In Gesteinen, in denen die Minerale über ausgeprägte Ungleichkörnigkeit verfügen (z. B. Amphibolite, glimmerreiche Gesteine), kann Decussat-Gefüge (d. h. Gefüge mit ungeregelten, miteinander verwachsenen, elongaten oder tafeligen Mineralen) entstehen (wegen *annealing*), obwohl Dreifachverzweigungen (oft nicht in einem Winkel von 120°) immer noch üblich sind.

Wachstum von Porphyroblasten

Minerallösung und -wachstum fördern die Bildung von diagnostisch wichtigen Porphyroblasten (Abb. 2.44). Diese vergleichsweise großen Kristalle sind die metamorphen Pendants der Einsprenglinge in magmatischen Gesteinen. Porphyroblasten sind selten in monomineralischen Gesteinen zu finden (z. B. Marmor), und dort, wo sie vorkommen, sind es stets Kristalle von detritischen Nebengemengteilen (z. B. Porphyroblasten von Granat in Quarziten). Sie wachsen aufgrund einer geringen Keimbildungsrate. Einzelne Mineralkörner nennt man **Blasten,** Gefügearten, in denen Blasten charakteristisch sind, werden mit **-blastisch** als Endsilbe bezeichnet. Die Entwicklungsphasen der Blasten werden mit folgenden Begriffen beschrieben:

- **idioblastisch** – frei gewachsen und wohlgeformt,
- **hypidioblastisch** – mittlere Kristallausbildung,
- **xenoblastisch** – irreguläre Kristallbildung.

Die spezifische Anordnung der Blasten im Gestein bildet ein charakteristisches Gefüge aus. Folgende Begriffe sind von Bedeutung:

- **Porphyroblastisch** – hier sind die Kristalle (Porphyroblasten) deutlich größer als die Matrix.

Tab. 2.16 Typische pseudomorphe Minerale (nach Fry 1984)

Substituierte Minerale	Häufige Substitution (die häufigste in kursiv)	Weniger verbreitete Substitutionen
Plagioklas Epidot Zeolithe (Prehnit) (Lawsonit)	*Epidotgruppe* Plagioklas Zeolithe (manchmal + Albit oder Hellglimmer)	Lawsonit Pumpellyit Prehnit (Hydrogrossular in Serpentiniten)
Olivin	*Serpentin*	Talk Chlorit
Pyroxen	*Amphibol* Chlorit	
Amphibol Granat	*Chlorit* Amphibol	Biotit
Biotit	Chlorit	Chlorit + Serizit
Kyanit Andalusit Sillimanit	Serizit Hellglimmer	Kyanit Andalusit Sillimanit
Feldspat (K oder Na) Topas		Hellglimmer Serizit
Staurolith Cordierit Chloritoid	Chlorit + Hellglimmer Chlorit + Serizit Biotit + Hellglimmer	Chlorit
Periklas	Brucit	
Blauer Amphibol Jadeitischer Pyroxen	Eine Matte von faserigem grünen oder graugrünem Amphibol	

- **Granoblastisch** – die Kristalle sind etwa gleichkörnig und es sind keine Porphyroblasten vorhanden.
- **Poikiloblastisch** – hier beinhalten die Porphyroblasten zahlreiche kleine Einschlüsse von Matrixmineralen (z. B. Quarz, Ti-Oxide) – vermutlich wegen schnellen Wachsens des Porphyroblasten. Mikrogefüge (z. B. Mikrofalten und Foliationen) können auch präserviert sein.
- **Pseudomorphe Minerale** – dies sind sekundär gebildete Minerale, die das Ausgangsmineral ersetzt haben (die chemische Zusammensetzung von beiden gleicht sich; Tab. 2.16). Das Vorkommen solcher Pseudomorphe markiert einen zeitlichen Zusammenhang zwischen zwei geologischen Stufen – die erste, in der das Mineral gebildet und die zweite, in der es durch andere Minerale ausgetauscht (pseudomorphisiert) wurde.
- **Augen** – Porphyroblasten mit einer bestimmten Zusammensetzung, bei denen es sich ursprünglich um ein einzelnes Korn, einen Kristall oder Klasten gehandelt hat. Sie bilden einen äquidimensionalen Kern, umhüllt von einem gestreiften Aggregat von kleineren Mineralkörnern, deren Zusammensetzung der des Kerns entspricht.
  Minerale mit kompositionaler Differenzierung aufgrund von Druckschatten (z. B. ellenbogen- oder schwanzartig) können wie Augen aussehen (Abb. 2.45). In solchen Fällen ist das mineralogische Kernmaterial anders als das Material in den Druckschatten und somit einfach zu unterscheiden von Augen.
- **Boudins** – Hierbei handelt es sich um Zonen, die weniger Deformation als ihre Umgebung ausgesetzt waren. Die Strukturen

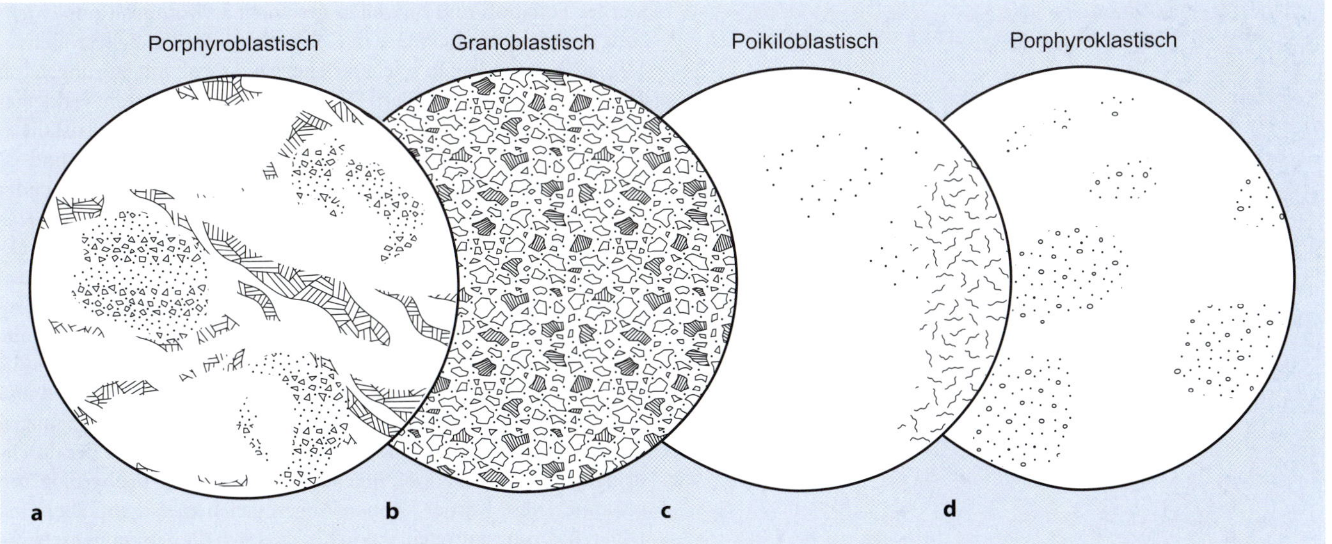

◪ **Abb. 2.45a–d** Geländeskizzen von Granaten zeigen Druckschatten, Säume und Kornabdrücke (alle Beispiele sind Granate). **a** Quarzdruckschatten in Glimmerschiefer, **b** Druckfransen (*pressure fringes*) mit parallelen Fasern (Amphibol), **c** fransenartige Druckschatten, **d** rotierte Druckschatten. (Nach Fry 1984)

sind kontinuierlich lateral gestreckte Schichten, bei denen die Einschnürungen (*boudinages*) während des Dehnungsprozesses entstanden sind.

◪ Augengneis, Österreich (Skala 16 cm; Foto N. Froitzheim)

◪ Boudin, Pohorje, Slowenien (Skala 2,5 cm; Foto N. Froitzheim)

■ **Bestimmung des zeitlichen Ablaufes der Metamorphose/Deformation mithilfe von Porphyroblasten**

Einschlüsse in Porphyroblasten ergeben sowohl wertvolle Informationen bei der Betrachtung der relativen Zeitabfolge von metamorphen und tektonischen Ereignissen als auch über die Prozesse des Mineralwachstums und der Deformation von Mineralen (◪ Abb. 2.46). Diese Prozesse können in vier Hauptgruppen dargestellt werden:

1. **Prätektonische Kristalle** – diese bilden sich erkennbar vor der Deformation und sind durch eine Krümmung der Foliation um die Kristalle erkennbar. Es kommt teilweise vor, dass die Kristalle einer Extension (*boudinage*) entlang der Foliationsfläche unterzogen werden.

2. **Syntektonische Kristalle** – Das Wachstum dieser Kristalle geschieht gemeinsam mit der Deformation. Die Kristalle können Rotationen des Gesteins von 180° und mehr belegen (markante spiralförmige Einschlussspuren im Kristall) und werden als **Schneeballgefüge** bezeichnet (gut ausgebildete „Schneebälle" sind auf Granatporphyroblasten beschränkt). Ebenso können manche Porphyroblasten starr sein und durch ihr Wachstum die allmähliche Zerstörung der Foliation speichern, während andere Porphyroblasten in die entstehenden Falten hineinwachsen. Faltenmuster, die in Porphyroblasten als Spurenmuster erhalten sind, werden **helizitische Falten** genannt.

3. **Posttektonische Kristalle** – diese Kristalle wachsen nach Beendigung der Deformation und bilden Kristallstrukturen, die über bestehende Verformungen (Foliation, Falten) wachsen. Einschlussmuster sind fortlaufend und haben dieselbe Struktur wie die umgebende Gesteinsmatrix. Foliationen sind daher nicht um die Porphyroblasten abgelenkt.

4. **Intertektonische Kristalle** – die Kristalle wachsen während oder nach einem früheren Deformationsereignis und geben Auskunft über diese frühere Deformation.

■ **Reduktion der Korngröße (Mylonitisierung)**

Entgegen der gängigen Tendenz der Vergrößerung der Körner während der fortschreitenden Metamorphose existieren zahlreiche wichtige Gesteine, die durch Kornverkleinerung geformt wurden (sog. **kataklastische Gesteine**, ◪ Abb. 2.47). Diese Gesteine mit typischer

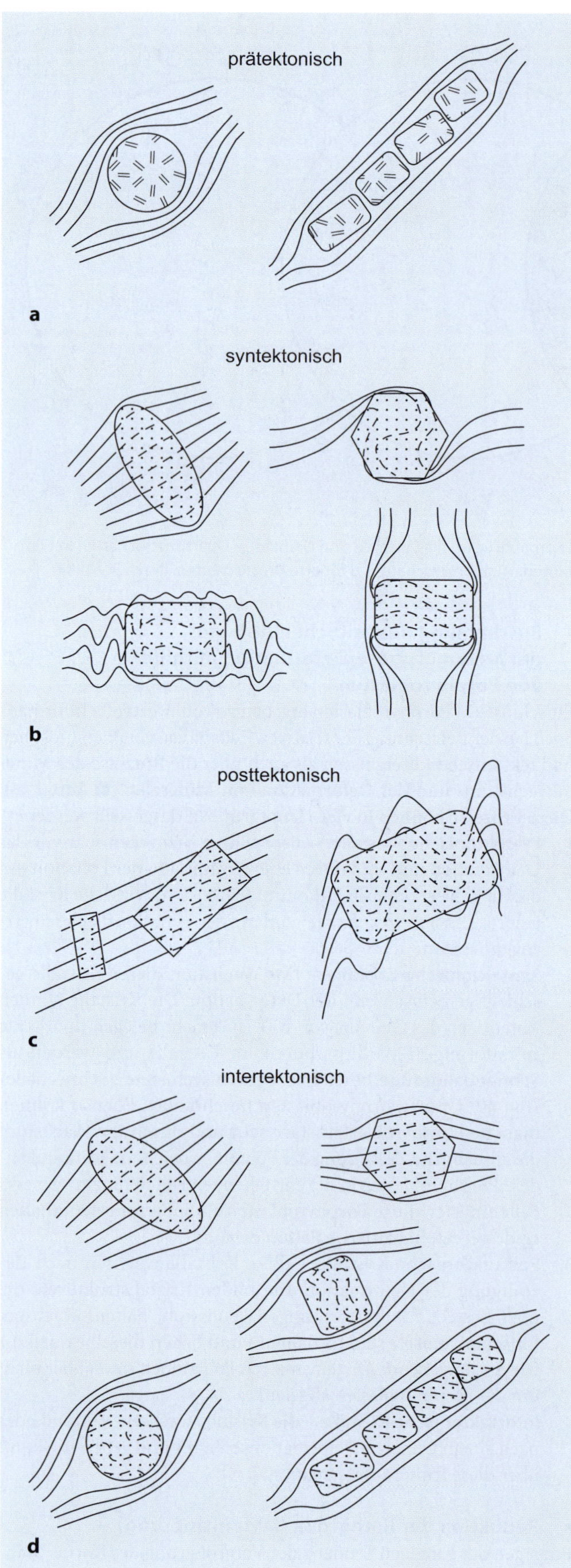

starker Foliation und bisweilen geschichtet (Kompositionsschichtung) werden üblicherweise in Gebieten mit starker Scherzonendeformation gefunden. In solchen Zonen sind sie oft mit Störungen (oft Überschiebungen) assoziiert. Der Großteil der Reduktion/Verkleinerung die Minerale ist auf plastische Deformation oder Rekristallisation zurückzuführen. Die initiale Deformation ist oft spröde und assoziiert mit der Entstehung von Störungsbrekzien. Mit zunehmender Deformation und steigenden Temperaturen innerhalb des Systems kann Rekristallisation zu kleineren Kristallen stattfinden. Charakteristisch ist die Ausbildung von augenförmigen Porphyroklasten.

Mylonite sind Gesteine, die sich bei durchdringender duktiler Deformation bilden (bei hohen Temperaturen und Drücken). Mylonite sind feinkörnig oder ungleichkörnig. Der Grad der Deformation ist vergleichbar mit der von **Kataklase** oder **Granulation** – beides sind spröde Deformationsprozesse, die bei oberflächennahen Bedingungen stattfinden. Bei Myloniten können größere Kristallkörner der durchdringenden Deformation entgehen; diese werden **Porphyroklasten** genannt. Diese Körner können Augen gleichen; es kann aber eine Differenzierung auftreten, das heißt, dass sich die Zusammensetzung des Kerns und der umgebenen Druckschattenminerale unterscheiden.

Mylonite sind durch eine ausgeprägte Fließstruktur gekennzeichnet, eine durchdringende Schieferung, die von Materialwechsel im Lagenbau begleitet werden kann. Mylonite können anhand der prozentualen Verteilung der größeren Kornanteile klassifiziert werden in:

- Protomylonit – > 50 % makroskopisch sichtbare Porphyroklasten; schwach verformt,
- Mylonit – 10–50 % Porphyroklasten mit Durchmesser > 0,2 mm; stark verformt,
- Ultramylonit – < 10 % Porphyroklasten < 0,2 mm im Durchmesser; extrem stark verformt.

Durch Reibungswärme, die bei Erdbeben an Bruchflächen entsteht, kann sich **Pseudotachylit** bilden. Dies ist ein dunkles, aphanitisches Gestein, vergleichbar in seiner Erscheinung mit vulkanischem Glas, das sich gewöhnlich in Form von kleinen Gängen zeigt (< 1,0 cm breit).

Mylonit, Moine-Überschiebung, Schottland (Foto N. Froitzheim)

Abb. 2.46a–d Beispiele für Matrix-Porphyroblasten-Verhältnisse. Matrixfoliationen gekennzeichnet mit durchgezogener Linie, Einschlussspuren in Porphyroblasten gekennzeichnet mit gestrichelter Linie. **a** Prätektonische Porphyroblasten, die vor der Foliationsbildung über ungeordnet orientierte Matrixkörner wachsen. Das rechte Korn wurde in vier Teile zerbrochen und aufgeweitet. **b** Syntektonische Kristalle, gewachsen während der Deformation **c** Posttektonische Kristalle, die nach der Deformation über vorhandene Foliationen wachsen. **d** Intertektonische Porphyroblasten, welche sich zwischen oder nach einem früheren Deformationsereignis (oder mehreren Ereignissen) gebildet haben und Informationen hierzu liefern können. (Nach Philpotts und Ague 2009)

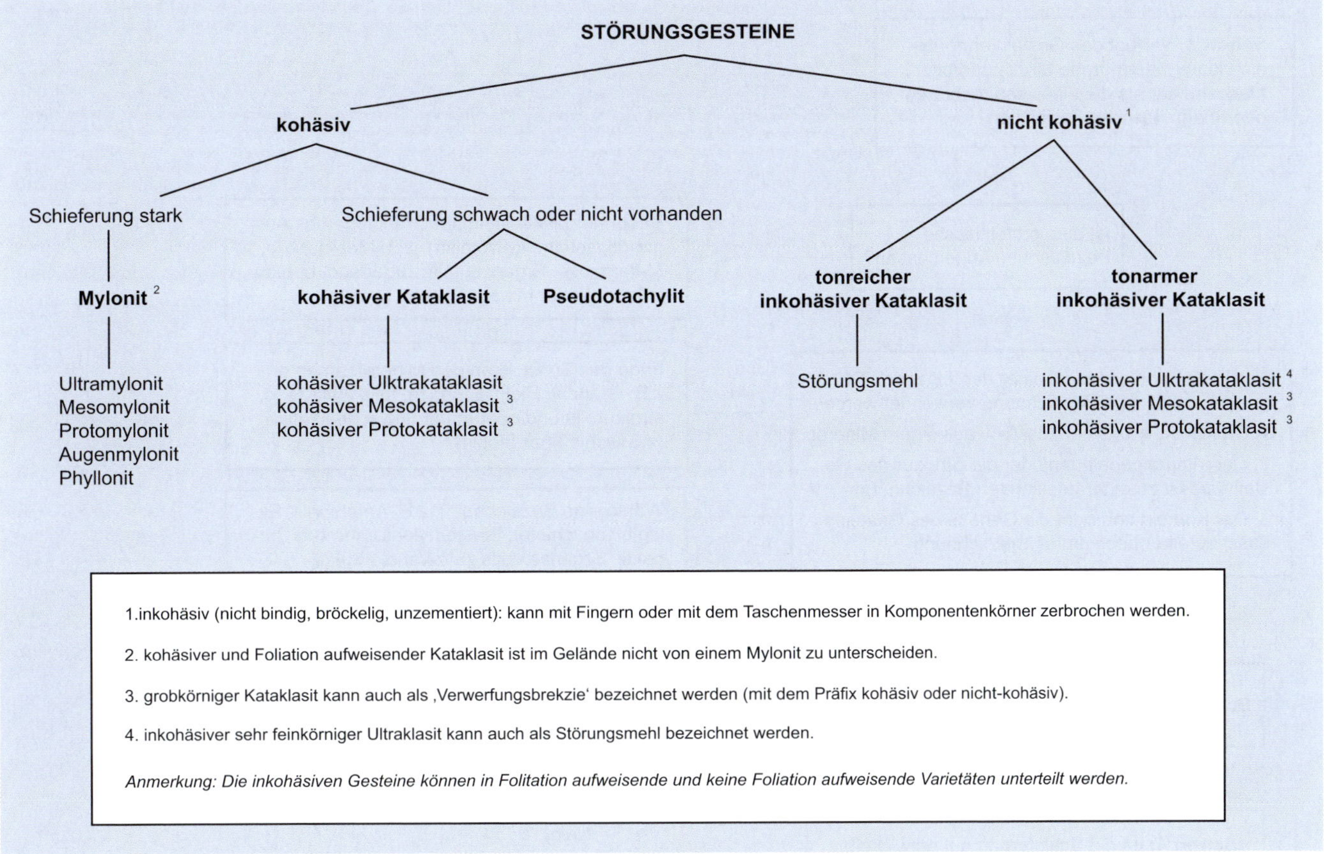

◘ Abb. 2.47 Organogramm zur Klassifikation von mechanisch deformierten Gesteinen (nach Schmid et al. 2007)

2.3.5 Identifikation von metamorphen Gesteinen

Es gibt drei Hauptgruppen von metamorphen Gesteinen, basierend auf dem Ursprungsgestein – klastische Sedimentgesteine (z. B. Tonsteine, Sandsteine), kalkige Gesteine (z. B. Kalksteine, Dolomit) und mafische oder intermediäre vulkanische oder pyroklastische Gesteine (z. B. Basalte, Andesite, Dazite). Weitere metamorphe Gesteinstypen, deren Zugehörigkeit nicht in den oben genannten Gruppen liegt, beinhalten Quarzite, Granulite (Granofels), Serpentinite, Skarn und Mylonite. Der Bereich der Texturen und Minerale, die bei der Metamorphose entstehen, verändert sich entsprechend des Protoliths des Ursprungsgesteins (◘ Abb. 2.48).

Metamorphe Gesteine sollten auf der Basis der direkt sichtbaren Bestandteile (bevorzugt der mesoskopischen Ebene, wo es nötig ist, auch der mikroskopischen) benannt werden – speziell Textur, Struktur und Mineralogie.

▪ Gefüge
Das Gefüge (einschließlich der Korngröße) beinhaltet oft einen wichtigen Anhaltspunkt für Intensität (Grad) und Typ der Metamorphose. Hochfein gekörntes Gestein wird normalerweise in Arealen mit Niedriggradmetamorphose gefunden oder an Orten, die in Verbindung mit oberflächlicher Kontaktmetamorphose stehen. Gesteine, die sich unter regionalen metamorphen Bedingungen gebildet haben, weisen im Allgemeinen eine Zunahme der Korngröße auf, wobei die Zunahme oft den Grad der Metamorphose widerspiegelt (somit spielt die Zusammensetzung auch eine Rolle). Zusätzlich resultiert der zunehmende Grad der Metamorphose in der allmählichen Auslöschung der ursprünglichen Sedimentgefüge oder der vulkanischen Förderstrukturen.

▪ Schieferungstyp
Der Schieferungstyp beinhaltet zudem einen Anhaltspunkt für den Grad der Metamorphose:
- Niedriggradmetamorphose – Glattschieferung,
- Mittelgradmetamorphose – Rauschieferung,
- Hochgradmetamorphose – Gneisfoliation.

▪ Mineralogie
Die Mineralogie beinhaltet wichtige Informationen über die Beschaffenheit der Protolithe und in manchen Fällen auch des prämetamorphen Milieus. Der Aufbau bestimmter Mineralzusammensetzungen beinhaltet zudem eindeutige Informationen über den Grad der Metamorphose, maßgeblich bei der Aufteilung von metamorphen Gesteinen basierend auf bestimmten Fazies.

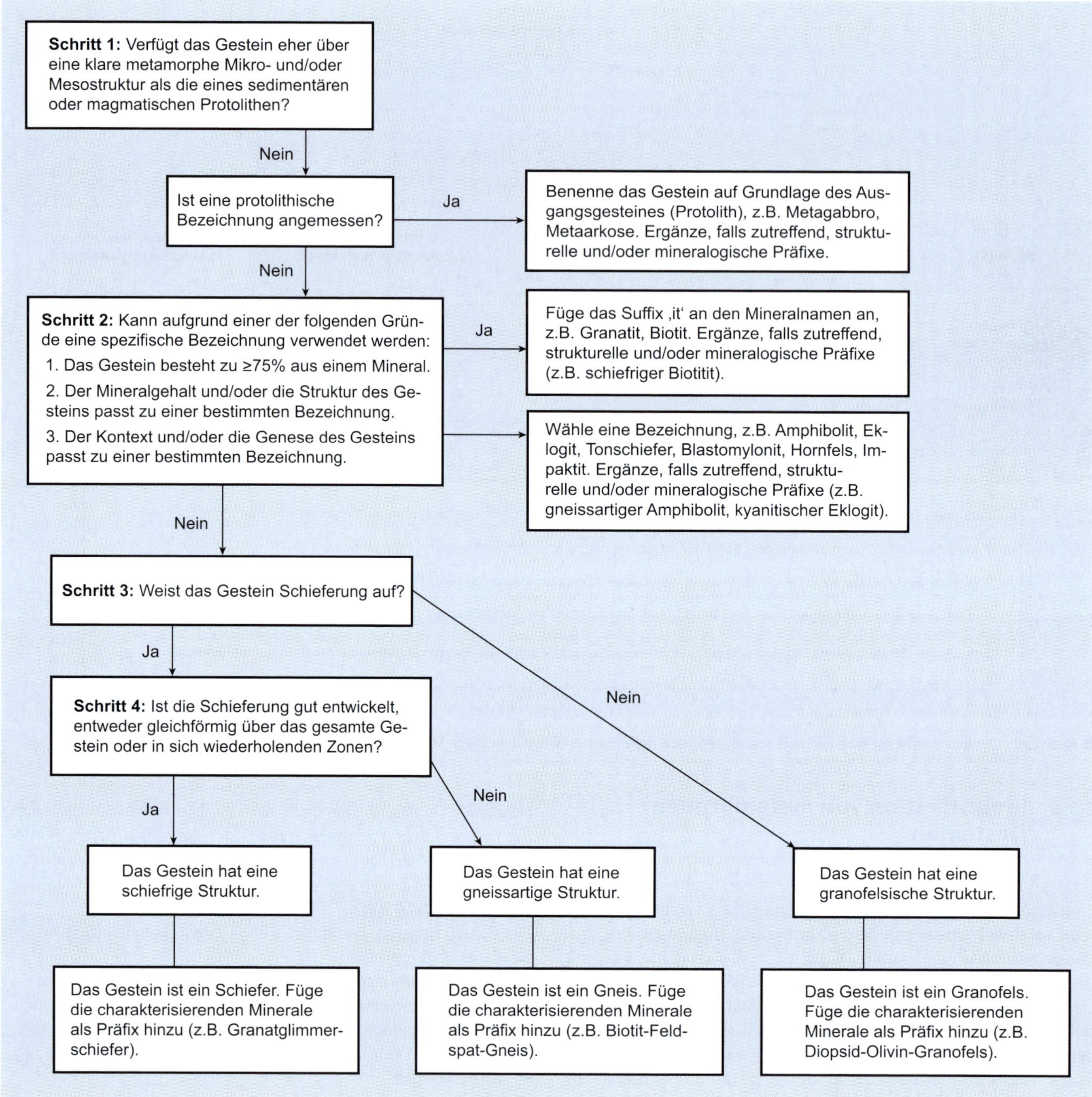

Abb. 2.48 Benennung eines metamorphen Gesteins. Nach Schmid et al. (2007)

2.3.6 Ausgewählte metamorphe Gesteine

- **Kontaktmetamorphismus**
- **Knotenschiefer (*spotted slate*)**

■ Knotenschiefer (Skala 2,2 cm)

Farbe: schwarz, purpur, grün, grau mit dunklen Flecken
Textur: feinkörnig, ähnlich wie Tonschiefer
Struktur: Glattschieferung
Mineralogie: Aufgrund der Korngröße ist es schwer, individuelle Minerale zu erkennen; Tonmineralien (Chlorit, Kaolinit, Illit), Quarz, Glimmer. Bisweilen Porphyroblasten von Cordierit oder Andalusit (durch Kristallneubildung)
Vorkommen: niedriggradige Metamorphite; Ausgangsgesteine sind Tonsteine

- **Hornfels (*hornfels*)**

■ Hornfels (Skala 2,2 cm)

Farbe: gefleckte Erscheinung, verschiedene Farben, einschließlich schwarz, blau, grau und grün
Textur: fein- bis mittelkörnig (manchmal mit Porphyroblasten)
Struktur: oft massig, selten primäre Strukturen zu erkennen
Mineralogie: feinkörnige Grundmasse mit Porphyroblasten (Cordierit, Andalusit, Pyroxene, Biotit, Granate, Sillimanit)
Vorkommen: Hochtemperaturgestein, typisch für Gebiete von Kontaktmetamorphismus

Varietäten:

– Andalusit-Cordierit-Hornfels – Porphyroblasten aus Andalusit und/oder Cordierit-Pyroxen-Hornfels – Porphyroblasten aus Pyroxen, Andalusit und/oder Cordierit; Hochtemperatur-Kontaktgebiet

- **Marmor (*marble*)**

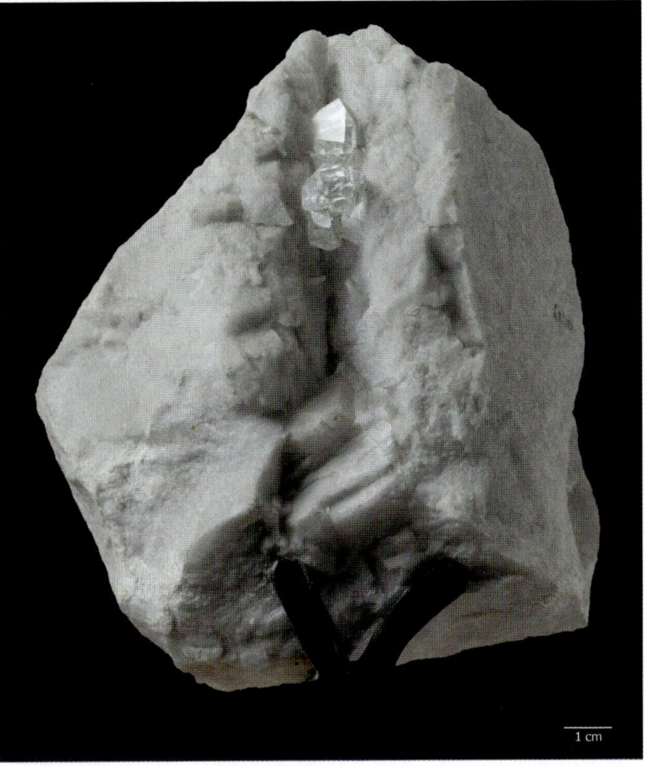

■ Marmor

Farbe: weiß oder grau, viele andere Farben möglich (inkl. schwarz, rot, grün – oft gestreift, geflammt oder fleckig)
Textur: mittel- bis grobkörnig, massig
Struktur: sedimentäre Strukturen (z. B. Schichtung) können präserviert sein. Bei niedriggradiger Metamorphose können auch Fossilien vorhanden sein.
Mineralogie: überwiegend Calcit (bis zu 99 %), auch Dolomit, bisweilen Olivin, Amphibol, Chlorit, Serpentin, Tremolit, Glimmer, Epidot, Graphit, Plagioklas, Pyrit oder Quarz
Vorkommen: entsteht durch den Metamorphismus von Kalkstein um magmatische Intrusionen. Lateral ist Marmor oft mit Kalkstein korrelierbar. Assoziiert mit Hornfels

▪▪ Skarn (*skarn*)

▫ Skarn (Skala 2,2 cm)

Farbe: schwarz, braun, grau, oft sehr variabel
Textur: fein- bis grobkörnig
Struktur: Minerale oft in Lagen, Knollen oder Linsen konzentriert
Mineralogie: überwiegend Calcit, bisweilen Olivin, Serpentin, Granate, Pyroxene und Sulfide
Vorkommen: ein vererztes Kalksilikatgestein, das am Kontaktgebiet zwischen Granit (manchmal Syenit oder Diorit) und Kalkstein entsteht; Elemente (Si, Mg, Fe) aus dem Magma migrieren in den Kalkstein und bilden Silikatminerale und manchmal Erze

▪ Metamorphite – Regionaler Metamorphismus
▪▪ Tonschiefer (*slate*)

▫ Tonschiefer (Skala 2,2 cm)

Farbe: verschiedene Farben, inkl. grau, schwarz, blau, grün und braun
Textur: feinkörnig
Struktur: blättrig (Glattschieferung)
Mineralogie: Aufgrund der Korngröße ist es schwer, individuelle Minerale zu erkennen; Tonmineralien (Chlorit, Kaolinit, Illit), Quarz, Glimmer. Bisweilen Porphyroblasten von Pyrit
Vorkommen: niedriggradiges Metamorphgestein. Regionalmetamorph-Alteration von feinkörnigen klastischen Sedimenten (Tonstein, Siltstein) oder feinkörnigen Tuffen; Schiefertone quellen im Wasser, Tonschiefer jedoch nicht

▪▪ Phyllit (*phyllite*)

▫ Phyllit (Skala 2,2 cm)

Farbe: oft grünlich/gräulich mit einem charakteristischen Seidenglanz auf den Schieferungsflächen
Textur: fein- bis mittelkörnig. Gut entwickelte Schieferung (aufgrund der blättrigen Minerale); bisweilen Porphyroblasten
Struktur: kleine Falten (wellenförmiges Gefüge) sind oft vorhanden
Mineralogie: Chlorit und/oder Muskovit (Serizit), auch Quarz, Feldspäte, Biotit, Graphit, Epidot und Granate
Vorkommen: niedriggradige Metamorphite; Ausgangsgesteine sind tonige Gesteine; oft übergehend in Glimmerschiefer

▪▪ Glimmerschiefer (*schist*)

▫ Glimmerschiefer mit Granat (Skala 2,2 cm)

Farbe: grün oder gräulich (Chloritschiefer), grau oder weiß, manchmal reflektierend (Muskovit/Serizitschiefer); bräunlich oder schwarz, manchmal reflektierend (Biotitschiefer)
Textur: fein- bis mittelkörnig; Biotit- oder Muskovitschiefer können grobkörnig sein
Struktur: oft wellenförmig, blättrig oder schuppig
Mineralogie: normalerweise Muskovit und Quarz, wenig Feldspäte, aber abhängig von der Schieferart (z. B. können auch Chlorit, Muskovit/Serizit, Biotit, Granate, Hornblende usw. vorhanden sein); Porphyroblasten ebenfalls manchmal vorhanden (z. B. Albit in Chloritschiefer)
Vorkommen: Feinkörnige Sedimente sind die Ausgangsgesteine für Chloritschiefer (niedriggradige Metamorphite); bei höherem

Metamorphosegrad von den gleichen Ausgangsgesteinen entstehen Muskovit-(Serizit-)Schiefer, oft assoziiert mit Phylliten und Chloritschiefern; wenn Sandsteine die Ausgangsgesteine sind, entstehen Quarz-Muskovit-Schiefer

Varietäten:
- Biotitschiefer – oft braun/schwarz, reflektierend. Biotit ist ein Indexmineral für regionalen Metamorphismus
- Granat-Glimmerschiefer – mit Granatporphyroblasten (bis Zentimetergröße), typisch für regionalen Metamorphismus
- Staurolithschiefer – hochgradig metamorphes Gestein mit Staurolith-Porphyroblasten

■■ Grünschiefer (*greenschist*)

Grünschiefer (Skala 2,2 cm)

Farbe: grün
Textur: feinkörnig
Struktur: Schieferung
Mineralogie: Chlorit, Epidot, Talk, Amphibole (Aktinolith), Glaukophan, Nebengemengteile sind Quarz und Muskovit
Vorkommen: Ausgangsgesteine sind feinkörnige Sedimente

Varietäten:
- Talkschiefer – weicher Grünschiefer, sehr gut spaltbar, fühlt sich fettig an
- Chloritschiefer – oft grün, bisweilen Albit- oder Chloritoid-Porphyroblasten
- Glaukophanschiefer – dunkelfarbig durch hohen Anteil von Glaukophan, Hochdruckmetamorphit

■■ Granulit (*granulite*)

Granulit

Farbe: grau, schwarz, braun, manchmal fast weiß
Textur: mittel- bis grobkörnig
Struktur: massig, bisweilen schwache Bänder (dickschiefrig – wie glimmerfreie Gneise)
Mineralogie: abhängig vom Ausgangsgestein – typisch sind Pyroxene, Sillimanit, Kyanit, Granate, Biotit, Hornblende, Quarz und Feldspäte. Handelt es sich beim Ausgangsgestein um einen Tonstein, beinhalten die Granulite Feldspäte, Quarz, Pyroxene, Spinell, Cordierit und manchmal Granate.
Vorkommen: Hochtemperatur/Hochdruck-Gesteine

■■ Eklogit (*eclogite*)

Eklogit (Skala 2,7 cm)

Farbe: grün, bisweilen rötlich
Textur: mittel- bis grobkörnig, hohe Dichte
Struktur: strukturlos/massig, manchmal dickschieferig. Bisweilen Porphyroblasten (Granate, Pyroxene)
Mineralogie: Pyroxene und Granate. Nebengemengteile sind Rutil, Kyanit, Hornblende, Plagioklas und Quarz
Vorkommen: assoziiert mit Peridotiten und Serpentiniten. Auch als Xenolithe oder Linsen (km-Durchmesser)

■■ Quarzit (*quartzite*)

Quarzit (Skala 2,2 cm)

Farbe: weiß, grau, kann auch rötlich sein
Textur: mittel- bis grobkörnig
Struktur: massig/strukturlos, aber primäre Sedimentstrukturen können präserviert sein

Mineralogie: Quarz, bisweilen Feldspäte oder Glimmer
Vorkommen: Ausgangsgesteine sind Sandsteine; oft assoziiert mit anderen Metamorphiten (z. B. Marmor, Phyllit)

■■ Gneis (*gneiss*)

◘ Gneis mit Augen

Farbe: alterierend hellfarbige Bänder mit dunkleren Bändern
Textur: mittel- bis grobkörnig, helle Bänder sind massig, dunkle Bänder können foliiert sein
Struktur: geschichtete gneisartige Struktur, mit Bändern > 1 cm, schwache bis deutliche Rauschieferung
Mineralogie: helle Bänder beinhalten Feldspäte und Quarz, während dunkle Bänder Glimmer (Muskovit, Biotit) und Hornblende beinhalten; bisweilen Granate, Epidot, Pyroxene, Sillimanit, und Cordierit
Vorkommen: Hochtemperaturprodukt, sowohl assoziiert mit Graniten/Pegmatiten als auch mit Migmatiten, Ausgangsgesteine sind Magmatite (Orthogneise) und Sedimente (Paragneise)
Varietäten: Augengneis – mit Feldspat-Porphyroblasten oder Feldspat-/Quarz-Aggregaten

■■ Migmatit, Anatexit (*migmatite, anatexite*)

◘ Migmatit (Foto kristallin.de / M. Bräunlich)

Farbe: gebändertes Gestein mit hellen (weiß, grau, rosa) und dunklen Bändern
Textur: mittel- bis grobkörnig
Struktur: Bänder können rauschiefrig oder gneisartig sein. Die Bänder sind nicht regulär (wie in Gneis), sondern weisen Deformationen auf (manchmal sehr komplex). Augen bisweilen vorhanden
Mineralogie: Feldspäte, Biotit, Quarz, bisweilen Amphibole und Granate; Granitlinsen können vorhanden sein
Vorkommen: typisch für Gebiete von mittel- und hochgradigem Metamorphismus. Assoziiert mit Graniten. Entstehung kann durch Teilaufschmelzen (Anatexis) oder Injektion von Schmelzmaterial in den Metamorphitkomplex stattfinden.

■■ Amphibolit (*amphibolite*)

◘ Amphibolit

Farbe: schwarz, grau, graugrün, dunkelgrün, grün
Textur: mittel- bis grobkörnig (manchmal feinkörnig)
Struktur: oft strukturlose und massige Gefüge, Foliation oder Rauschieferung können vorhanden sein (aber oft schlecht entwickelt wegen mangelnden Glimmers). Manchmal mit Porphyroblasten
Mineralogie: Hornblende, Plagioklas, Chlorit, Epidot, Pyroxene, Granate (wo $P > 5$ kbar)
Vorkommen: Entstehen durch Metamorphismus von basischen Magmatiten

■■ Serpentinit (*serpentinite*)

◘ Serpentinit (Skala 2 cm)

Farbe: graugrün, grün, schwarz. Oft gebändert oder gefleckt mit unregelmäßigem Farbbild
Textur: mittel- bis grobkörnig, kompakt/massig, auch faserig oder blättrig. Manchmal leichte Rauschieferung erkennbar

Struktur: oft gebändert/gestreift, häufig Adern/Flecken/Streifen von Serpentinmineralen
Mineralogie: Serpentinminerale (Chrysotil, Antigorit). Nebengemengteile: Olivin, Pyroxene, Amphibole, Glimmer, Granate, Chromit, Magnetit. Calcit ist oft vorhanden
Vorkommen: Entstehen durch sekundäre Alteration (Serpentinisierung) von ultrabasischen Magmatiten (überwiegend Peridotit). Häufig in Linsen innerhalb von Metamorphiten

2.4 Sedimentgesteine

Sedimentgesteine bilden sich bei niedrigen Temperaturen und Drücken an oder nah der Erdoberfläche durch die Akkumulation von Partikeln (Sedimenten) oder durch die Ausfällung aus einer Lösung, was zu einer breiten Unterteilung in **klastische** (aus Partikeln gebildete) und **nichtklastische** (aus Ausfällung oder organischem Material gebildete) Gesteine führt (◘ Abb. 2.49). Detaillierter können diese in ihre wesentlichen Komponenten unterteilt werden:

- **Terrigene (d. h. siliciklastische/klastische) Sedimente** – Sedimente, die durch detritische Komponenten (z. B. Minerale, lithische Fragmente, Fossilfragmente) aus existierenden magmatischen und metamorphen Gesteinen und Sedimentgesteinen gebildet werden. Beispiele: Konglomerate, Sandsteine, Siltsteine und Tonsteine,
- **Vulkanoklastische (d. h. vulkanogene/pyroklastische) Sedimente** – in vulkanischen Gebieten gebildete Sedimente; in erster Linie ein Ergebnis von Transport und Ablagerung innerhalb vulkanischer Eruptionsgebiete. Beispiele: vulkanische Asche, Tuff, Agglomerate,
- **Biogene (d. h. bioklastische/organische) Sedimente** – werden sowohl aus den Skelettschalen und -fragmenten von Organismen als auch aus Material aus organischen Prozessen gebildet. Beispiele: Karbonate (Kalksteine, Dolomite), Kohle, Phosphate, einige Cherts,
- **Chemische (d. h. authigene) Sedimente** – durch direkte Ausfällung von kristallinem Material aus übersättigten Fluiden. Beispiel: Evaporite.

Die am häufigsten vorkommenden Sedimentgesteine sind Tonsteine (63 % aller Sedimentgesteine), größtenteils als Resultat der Verwitterung von magmatischen und metamorphen Gesteinen, wobei die wesentlichen Komponenten (80 % Silikate) bei Oberflächenbedingungen instabil sind und zu Tonmineralen umgewandelt werden. Sandsteine (20–25 %) und Karbonate (10–15 %) sind weit weniger häufig; ihr wirtschaftlicher Wert kann jedoch nicht unterschätzt werden: z. B. liefern Sandsteine als Speichergesteine ca. 50 % unserer Erdöl- und natürlichen Gasressourcen sowie den größten Teil des Grundwassers.

Sedimentation wird erzeugt aus der Interaktion von:

- **Sedimentzufuhr** – Menge an zugeführtem Sediment in das Ablagerungssystem; diese Menge kann variieren hinsichtlich Volumen, Zusammensetzung und Lieferrate. Diese Variationen hängen vom Klima (hauptsächlich Temperatur und Niederschlag), dem Chemismus gelöster Stoffe und des Beckens sowie der Tektonik und Geologie des Grundgesteins des Herkunftsgebiets ab.
- **Sedimentaufarbeitung** – der Grad der Aufarbeitung des Sediments durch physikalische, chemische und biologische Prozesse.
- **Verfügbarer Platz** – die Menge zur Verfügung stehenden Raumes für potenzielle Sedimentansammlung (kontrolliert durch tektonische Prozesse und Meeresspiegeländerungen – sowohl eustatische (d. h. global) als auch relative (d. h. lokal).

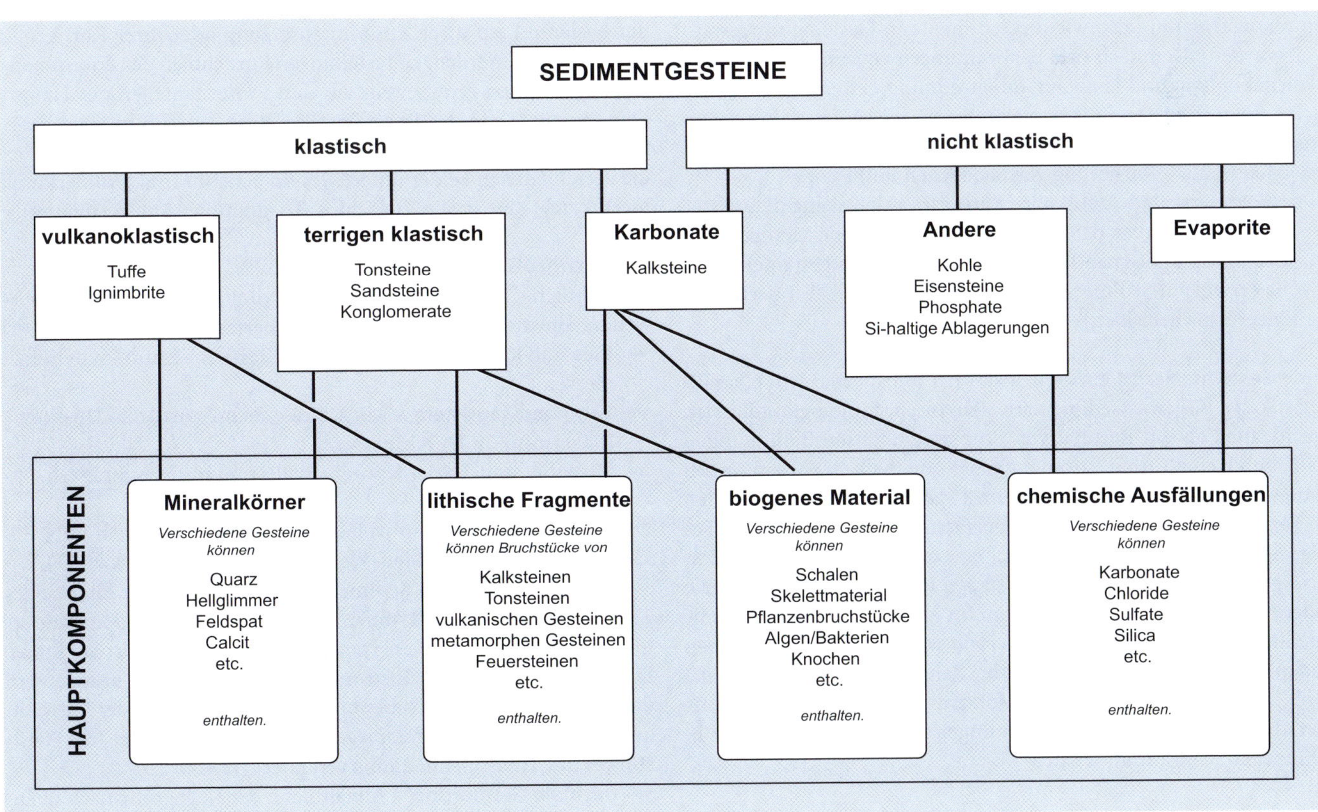

◘ **Abb. 2.49** Hauptbestandteile von Sedimentgesteinen (nach Nichols 2009)

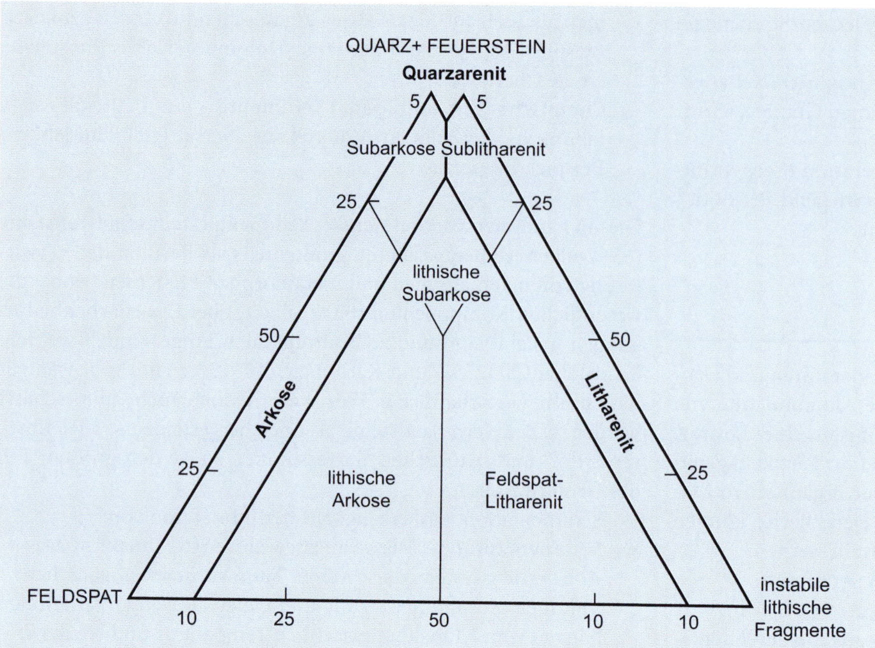

Abb. 2.50 Ein Beispiel von mehreren ternären Klassifizierungsdiagrammen für Sandsteine (nach McBride 1963)

2.4.1 Unterscheidung von Sedimentfaziestypen

Aufgrund der Tatsache, dass sie an oder nahe an der Erdoberfläche gebildet werden, sind Sedimente und Sedimentgesteine weit verbreitet. Die Beschreibung von Sedimenten und Sedimentgesteinen dient als Grundlage zur Rekonstruktion der Ablagerungsräume, in denen sie gebildet worden sind. Eine detailliertere Analyse (häufig im Labor) erlaubt uns, die diagenetische Entwicklung der Gesteine zu rekonstruieren (also wie die Sedimente in Gesteine umgewandelt wurden). Demnach sind Beobachtungen an Sedimentgesteinen skalenabhängig und je nach Größenordnung extrem unterschiedlich – um unsere Kenntnis zu maximieren, ist es notwendig, so viele Informationen wie möglich zu sammeln, z. B.:

- Meterskala – Kartierung von Sequenzen und Fazies,
- Kilometerskala – grobskalige Kartierung kleinskalig definierter Fazieseinheiten (z. B. Sequenzstratigraphie – eine Methode der stratigraphischen Korrelation von Sedimentgesteinen basierend auf Sedimentationsmustern aufgrund geänderter Meeresspiegelzyklen).

Eine **Gesteinfazies** ist ein Gesteinskörper mit spezifischen Charakteristika (z. B. Farbe, sedimentäre Strukturen, Lithologie), der sich im Idealfall als ein Resultat von prozessgesteuerten Bedingungen (z. B. durch eine Turbiditströmung) oder innerhalb einer bestimmten Umgebung (z. B. in einem Korallenriff) gebildet hat. Fazies können in **Faziesassoziationen** zusammengefasst werden (oder in eine **Faziessequenz**, in der eine Fazies auf eine andere Fazies folgt), wenn eine genetische Beziehung zwischen den Fazies angenommen wird, oder in **Subfazies** unterteilt werden. Im Allgemeinen können Sedimente gemäß der **Lithofazies** unterteilt werden, mit lithologischen Hauptmerkmalen, oder **Biofazies**, bei denen Fossilien eine wichtige Rolle spielen. Der Ausdruck **Mikrofazies** wird für Fazies verwendet, die auf der Basis von Beobachtungen in kleinem Maßstab (z. B. Dünnschliff) bestimmt werden.

2.4.2 Beschreibung klastischer Sedimente

Bei der Untersuchung solche Gesteine ist das Ziel, die Ablagerungsbedingungen (z. B. Energie des Ablagerungsmilieus, Sedimentzufuhr) und die zeitliche Abfolge der Ablagerung zu bestimmen – und basierend darauf ein Ablagerungsmodell zu rekonstruieren.

■ Zusammensetzung

Erste Beschreibungen von klastischen Sedimenten können entweder basierend auf ihrer Zusammensetzung oder ihrer Korngröße vorgenommen werden. Unterteilungen hinsichtlich der Zusammensetzung beruhen größtenteils auf den Prozentanteilen der Hauptkomponenten – in der Regel Quarz, Feldspat und lithischen Fragmenten (**■** Abb. 2.50). Diese Endglieder bilden ein Dreieck, wobei die verschiedenen Felder unterteilt und benannt sind (Anmerkung: hierfür steht eine große Vielzahl an Diagrammen zur Verfügung).

■ Korngröße

Hinsichtlich der Korngröße wird eine dreifache Unterteilung verwendet, die die klastischen Gesteine unterteilt in:

- **Kies** und **Konglomerat** – Körner (Klasten) > 2 mm im Durchmesser,
- **Sand** und **Sandstein** – Körner zwischen 2 mm und 1/16 mm (0,063 mm) im Durchmesser,
- **Mud** (Silt und Ton) – Körner < 0,063 mm im Durchmesser.

Dieses Basisschema kann weiter unterteilt werden nach DIN EN ISO 14688 oder dem Udden-Wentworth-Schema (**■** Abb. 2.51).

Die Korngröße eines Sediments hängt stark von der Energie des Transportmediums ab (**■** Abb. 2.52). Grobkörnige Konglomerate erfordern ein höheres Maß an Transportenergie als feinkörnige Sande. Die Korngröße kann auch stromabwärts abnehmen – bezogen auf die Transportdistanz. Darüber hinaus kann sich dies in der Entwicklung der Gradierung widerspiegeln, falls sich die Energie (die **Fließstärke**) des Transportmediums verändert (**■** Abb. 2.53):

- **normale Gradierung** – Abnahme in der Korngröße nach oben (Abnahme in der Fließgeschwindigkeit, z. B. Abnahme des Gefälles),

- **inverse (reverse) Gradierung** – Zunahme in der Korngröße nach oben (Zunahme in der Fließgeschwindigkeit, z. B. beschleunigender Fluss),

■ Inverse Gradierung, Almeria, Spanien

- **coarse-tail-Gradierung** – Abnahme in der Korngröße nach oben – aber nur die grobkörnigen Klasten, sonst bleibt die Korngröße eher konstant.

■ Normale Gradierung, Usbekistan (Skala 10 cm)

Veränderungen in der Strömungsstärke können mit Veränderungen in der Korngröße einhergehen und charakteristische Muster in Sedimenteinheiten bilden:

- **Kornvergröberungssequenz/-abfolge (*coarsening-upward*)** – Korngröße nimmt in einer Abfolge von Ablagerungen ab,
- **Kornverfeinerungssequenz/-abfolge (*fining-upward*)** – Korngröße nimmt in einer Abfolge von Ablagerungen zu.

■ **Kornsortierung**

Hierbei handelt es sich um eine Beschreibung der Verteilung der Korngrößen (Klastengrößen) innerhalb eines Sediments in Bezug auf die Herkunft und den Transportverlauf des Sediments (■ Abb. 2.54). Wo das ursprüngliche Sediment viele verschiedene Korngrößen enthält, erfordert es einen längeren Transportweg sowie erhöhte Bewegung innerhalb des Flusses, um den Grad der Sortierung zu erhöhen. Schlechte Sortierung spiegelt tendenziell eine kurze Transportdistanz und/oder schnelle Ablagerung wider.

Die Korngrößenverteilung ist normalerweise als der Bereich (in ϕ-Einheiten, wobei $\phi- = -\log_2 d$, d. h. Durchmesser in mm) gegeben,

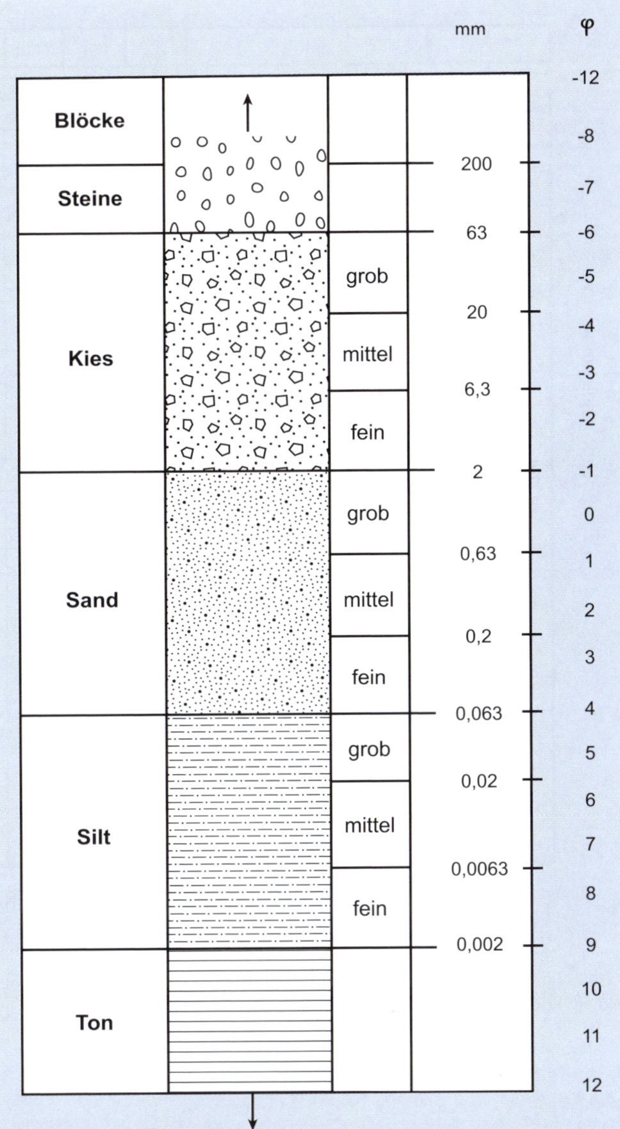

■ **Abb. 2.51** Korngrößeneinteilung der Sedimente und Sedimentgesteine nach DIN EN ISO 14688 und Udden und Wentworth. Die logarithmische Skala in φ-Einheiten wird vor allem für die Verarbeitung großer Mengen von Korngrößendaten verwendet. ($\phi = -\log_2 d$, mit d = Korndurchmesser in Millimetern). (Nach Stow 2006; Blatt et al. 2006)

der ungefähr zwei Drittel der Körner einschließt. Sedimente können auch beschrieben werden als:

- **unimodal** – eine einzige dominante Korngröße (z. B. mittelkörniger Sand),
- **bimodal** – zwei dominante Korngrößen (z. B. 30 % Kiesel + 70 % feinkörniger Sand).

■ **Kornform**

Diese ist durch zwei Merkmale definiert – Rundungsgrad und Sphärizität (■ Abb. 2.55). Der **Rundungsgrad** ist ein Maß dafür, wie gut gerundet ein Korn ist, während **Sphärizität** ein Maß dafür ist, wie sehr das Korn in seiner Form an eine Kugelform angenähert ist. Zusammen definieren diese beiden Aspekte die Kornform.

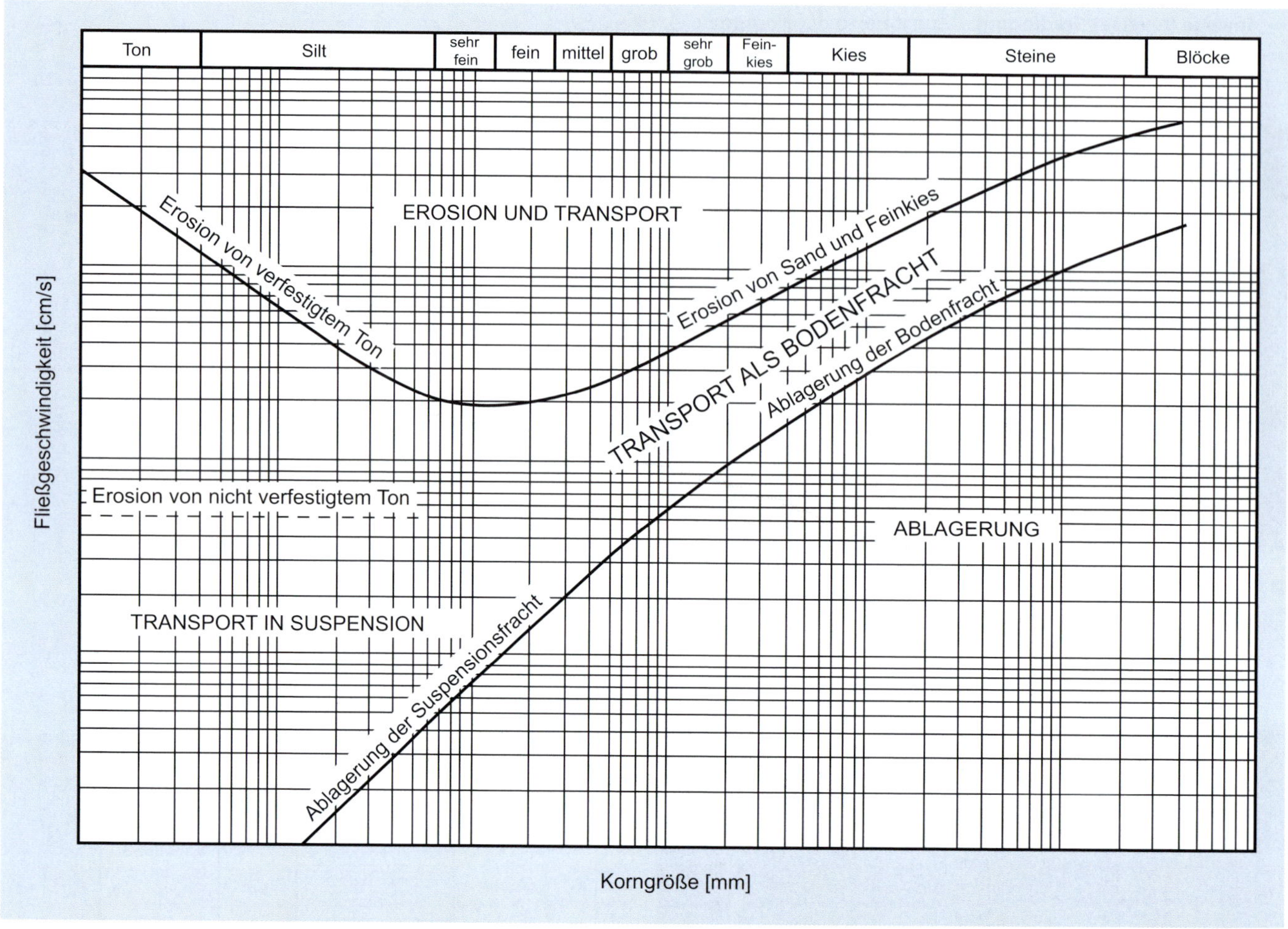

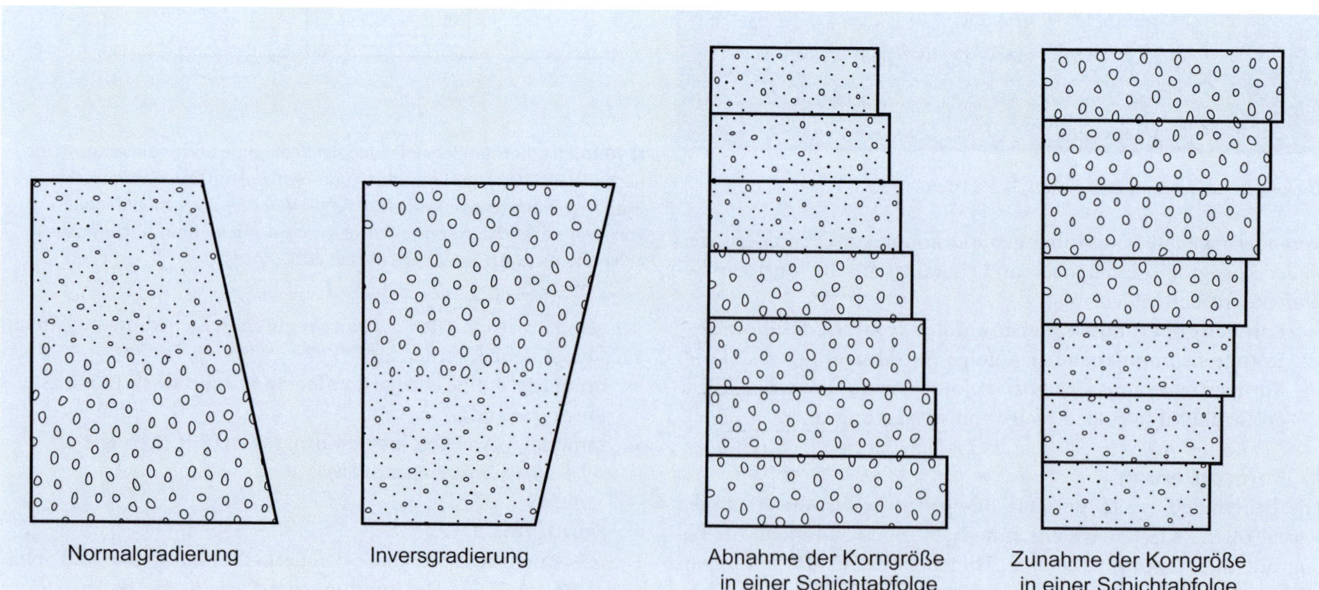

Abb. 2.52 Das Hjulström-Diagramm zeigt die Beziehung zwischen der Geschwindigkeit einer Wasserströmung und dem Transport von losen Körnern. Sobald ein Korn sich abgelagert hat, erfordert es mehr Energie, um es wieder in Bewegung zu bringen, als wenn es bereits in Bewegung ist. (Nach Nichols 2009)

Abb. 2.53 Normale und reverse Gradierung in einzelnen Ablagerungen. Kornverfeinerungs- und Kornvergröberungsmuster in einer Abfolge von Ablagerungen. (Nach Stow 2006; Nichols 2009)

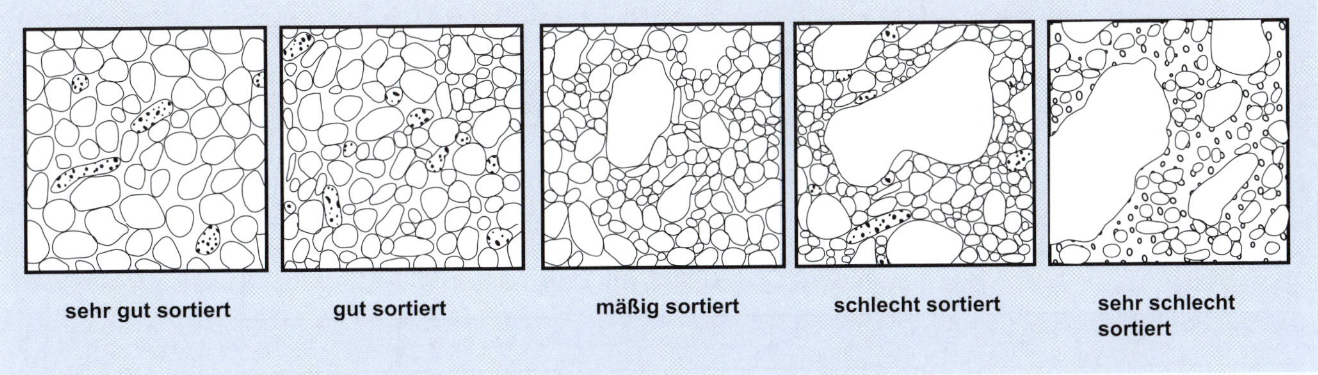

Abb. 2.54 Vergleichsschaubilder zur visuellen Abschätzung der Sortierung in Sedimenten. Sortierungsbeschreibung gemäß Folk 1968. (Nach Jerram 2001)

Abb. 2.55 Abbildung zur Schätzung und zum Vergleich von Rundungs- und Sphärizitätsgraden (nach Pettijohn et al. 1987)

Sedimentreife

Reife in einem Sediment wird festgestellt durch die Transportdistanz und die Menge an Energie in dem System (**Abb. 2.56**). Die Sedimentreife spiegelt die Textur und Zusammensetzung von einer Sedimenteinheit wider.

- **Strukturelle Reife** – ist ein Maß dafür, wie sehr das Material sich im Vergleich zum Ausgangsmaterial verändert hat. Sie kann definiert werden als der Grad an Sortierung und Rundung sowie als der Prozentanteil an vorhandenem Ton.
- **Kompositionelle (mineralogische) Reife** – ist ein Maß für den Prozentanteil stabiler Minerale im Sediment. Der Anteil an Quarz innerhalb eines Sandsteins wird häufig als Maß für die kompositionelle Reife verwendet.

Beschreibung klastischer Sedimente – Konglomerate und Brekzien

Ein Sedimentgestein, bei dem die einzelnen Körner oder Klasten größer als 2 mm im Durchmesser sind, wird bei gerundeten Körnern als **Konglomerat** bezeichnet, bei eckigen Körnern als **Brekzie** (**Tab. 2.17**). Mischungen aus gerundeten und eckigen Klasten werden **als brekziöse Konglomerate** bezeichnet. Konglomerate enthalten gröbere Klasten innerhalb einer feiner-körnigen Matrix und können unterteilt werden in:

- **matrixgestützte Konglomerate** (Parakonglomerate) – die einzelnen Klasten berühren sich nicht,

matrixgestütztes Konglomerat, Niedeggen (Skala – 2,5 cm)

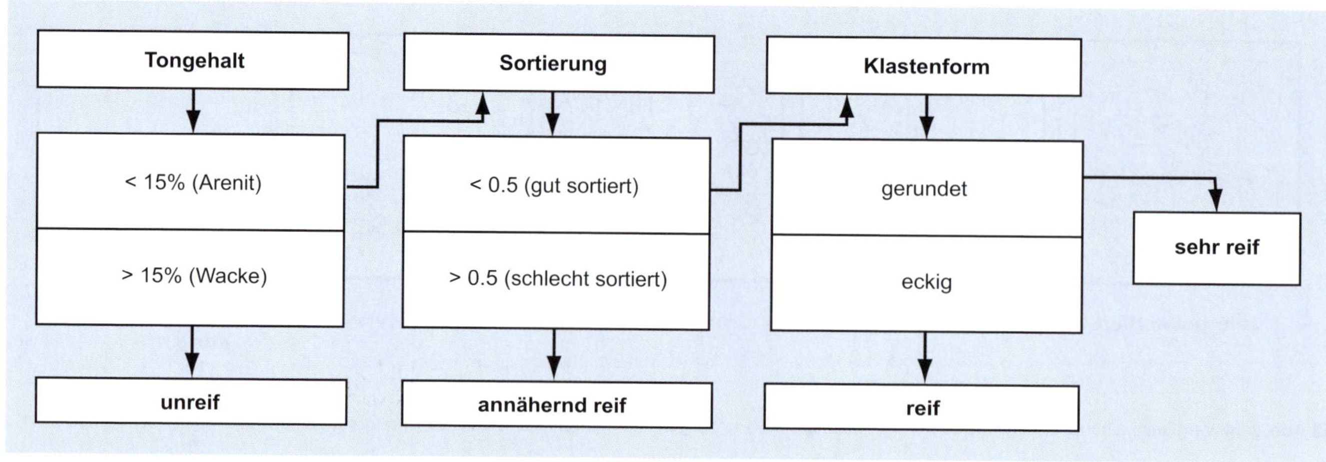

Abb. 2.56 Fließdiagramm zur Bestimmung der Reife eines terrigenen klastischen Sediments oder Sedimentgesteins (nach Nichols 2009)

Tab. 2.17 Typen von Konglomeraten und Brekzien (nach Stow 2006)

Haupttypen	Subtypen	Eigenschaften und Genese
Konglomerate und Brekzien	Extraformationelle Konglomerate/ Brekzien (polymiktisch, monomiktisch)	Verwitterung und Erosion, Ablagerung durch Wasser/Eis und Massenströme
	Intraformationelle Konglomerate/Brekzien (meist monomiktisch)	Frühdiagenetische Fragmentierung, Ablagerung durch Wasser/Eis und Massenströme
Vulkanoklastische Konglomerate und Brekzien	Pyroklastische Konglomerate/Brekzien	Explosive Vulkanausbrüche (sowohl magmatische als auch phreatische Ausbrüche), Ablagerung durch Fallablagerung und pyroklastische Ströme
	Autoklastische Brekzien	Zerbrechen viskoser, teilweise erstarrter Lava durch kontinuierliche Fließbewegung
	Hyaloklastische Brekzien	„Zerspratzen" von heißer, zusammenhängender Lava durch Kontakt mit Wasser, Eis oder wassergesättigtem Sediment
	Epiklastische Konglomerate/Brekzien	Aufarbeitung von zuvor abgelagertem vulkanischem Material
Kataklastische Brekzien	Bergsturz- und Rutschungsbrekzien	Zerbrechen von Gesteinen durch Zugspannung und Stoßwirkung während Rutschungen und Stürzen von Gesteinsmassen
	Tektonische Brekzien (Störungs-, Faltungs- und Scherungsbrekzien)	Zerbrechen von spröden Gesteinen durch tektonische Bewegungen
	Impaktbrekzien	Zerbrechen von Gesteinen durch Meteoriteneinschlag

- **klastengestützte Konglomerate** (Orthokonglomerate) – die einzelnen Klasten stehen in Kontakt miteinander.

klastengestütztes Konglomerat, Niedeggen (Skala – 2,5 cm)

Des Weiteren spielt die **Klastenzusammensetzung** eine wichtige Rolle bei der Beschreibung von Konglomeraten. Klasten können **intraformationell** (Sedimentquelle innerhalb des Beckens und somit gleichaltrig) oder **extraformationell** (Sedimentquelle außerhalb des Beckens und somit älter) sein. Die Klastenzusammensetzung ist ein wichtiger Aspekt beim Studium von Konglomeraten, weil sie wertvolle Informationen über die Sedimentherkunft oder Quelle liefern (man nehme wahllos eine Stichprobe und identifiziere hundert kiesgroße Körner innerhalb einer jeden Einheit). Nach der Zusammensetzung werden zwei Hauptunterteilungen vorgenommen:

- **monomiktisch** – hauptsächlich Klasten *einer* mineralogischen Zusammensetzung,
- **polymiktisch** – Klasten mit vielen verschiedenen mineralogischen Zusammensetzungen.

Die jeweilige Zusammensetzung eines Gerölls oder Konglomerats hängt von einer Anzahl Faktoren ab, einschließlich:
- Lithologie und Klima des Liefergebiets,
- ursprünglicher Größe der Fragmente,
- Transportdistanz.

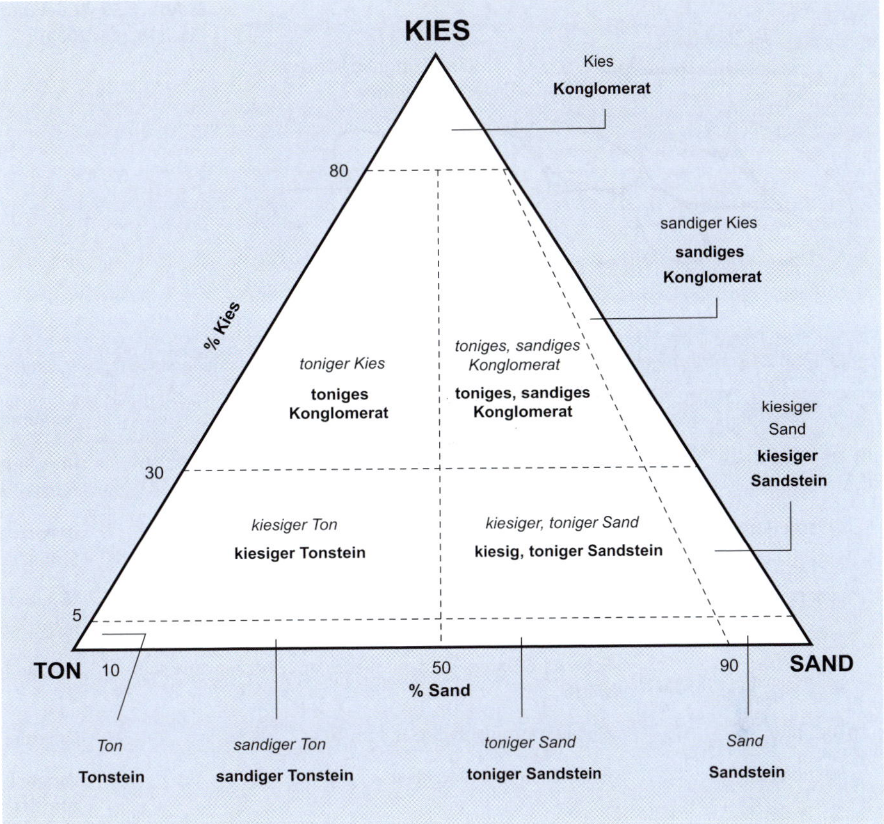

Abb. 2.57 Nomenklatur für Zusammensetzungen von terrigenen klastischen Sedimenten (*kursiv*) und Sedimentgesteinen (**fett**). (Nach Nichols (2009)

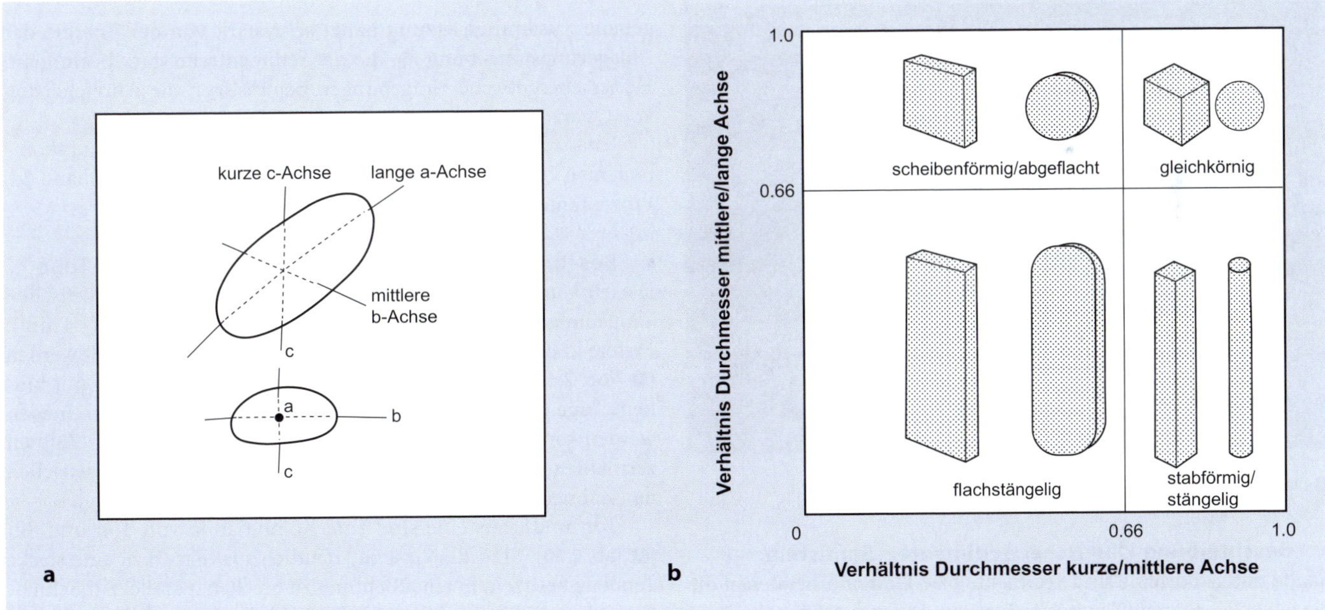

Abb. 2.58 a Hauptachsen bei Klasten, **b** Vier Endglieder werden zur Beschreibung der Klastenform verwendet – gleichkörnig, stabförmig, scheibenförmig und flachstängelig (nach Tucker 1991)

Die einzelnen Klasten innerhalb des Sediments werden abhängig von der **Klastengröße** als Fein- bis Grobkies, Steine und Blöcke klassifiziert. Die Sedimente können weiter klassifiziert werden hinsichtlich des Prozentanteils an enthaltenem Ton und Sand (Abb. 2.57).

Eine detailliertere Analyse könnte sich auf die **Klastenform** (festgelegt durch Brucheigenschaften der verschiedenen Lithologien sowie Transportdistanz und -energie) fokussieren (Abb. 2.58).

Einzelne Klasten können darüber hinaus in Folge des Transports dachziegelartig angeordnet sein (Abb. 2.59). **Dachziegellagerung (*imbrication*)** liefert somit wertvolle Information über die Strömungsrichtung (Tab. 2.18).

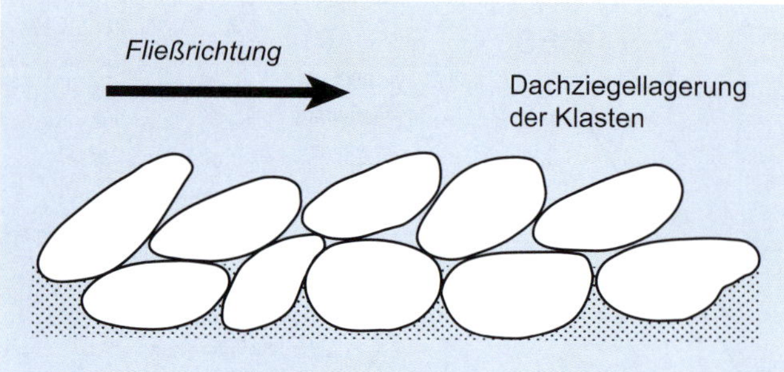

Abb. 2.59 Beziehung zwischen Dachziegellagerung und Fließrichtung (nach Nichols 2009)

Tab. 2.18 Dachziegellagerung und Orientierung von Partikeln in verschiedenen Arten von Sedimentablagerungen (nach Boggs 2009)

Ablagerung	Richtung und Winkel der Klastenüberlagerung	Klastenorientierung
Fluviatile Kiese	Schrägschichtung fällt mit Winkeln zwischen 10 und 30° stromaufwärts ein	Vorwiegend senkrecht zur Fließrichtung, selten auch parallel zum Strom
Glaziale Ablagerungen	Dachziegellagerung schlecht ausgeprägt	Bevorzugte Orientierung verläuft parallel zum Verlauf des Eisfließens
Lahare	Dachziegellagerung sehr schlecht ausgeprägt; das Einfallen zeigt in einem sehr flachen Winkel stromaufwärts	Variabel; Orientierungen können parallel, aber auch senkrecht zum Fließen auftreten
Schuttströme	Schwache Einregelung mit niedrigem Einfallen stromaufwärts	Leichte Tendenz zur Orientierung parallel zum Strom
Turbidite	Einfallen stromaufwärts mit ca. 10°	Orientierungen parallel zum Strom sind dominant
Strandkies	Einfallen in Richtung Meer	Variabel; Orientierungen reichen von parallel bis senkrecht zum Strandverlauf

Dachziegellagerung, Almeria, Spanien (Skala 2,5 cm)

Beschreibung klastischer Sedimente – Sandsteine

Sande und Sandsteine sind Sedimente bzw. Gesteine, bei denen die einzelnen Korngrößen zwischen 2 mm und 63 mm rangieren. Diese können weiter unterteilt werden in sehr fein, fein, mittel, grob und sehr grob (**Abb. 2.60**, **Tab. 2.19**).

Sandkörner werden hauptsächlich durch die Verwitterung und Erosion älterer Gesteine gebildet:

- **detritische Mineralkörner** – Quarz, Feldspat, Glimmer, Schwerminerale etc.,
- **lithische Fragmente** – Fragmente existierender Gesteine.

Weitere Mineralkomponenten können sich *in situ* bilden (z. B. Zemente) und werden als **authigene Minerale** bezeichnet. Diese können auch biogener Herkunft sein (z. B. Fossilfragmente). Die genaue Zusammensetzung hängt sehr stark von der Energie der Ablagerungsumgebung ab, die die Sedimentreife stark beeinflusst. Höher energetische Umgebungen begünstigen die Anreicherung von Quarz.

Sandsteine können nach den Verhältnissen der drei Hauptkomponenten Quarz, Feldspat und lithische Fragmente sowie anhand des Prozentanteils an toniger Matrix klassifiziert werden.

Beschreibung klastischer Sedimente – Silte und Tone

Die feinkörnigsten Sedimente, hauptsächlich in niedrigenergetischen Umgebungen abgelagert, sind Silte (4–62 mm) und Tone (< 4 mm). Erstere können in grob, mittel, fein und sehr fein unterteilt werden (**Abb. 2.61**). Die gröberen Siltkörner sind gerade noch mit bloßem Auge erkennbar, während feinerer Silt von Ton unterschieden werden kann, indem eine kleine Menge Silt zwischen den Zähnen zermahlen wird. Silt fühlt sich „sandig" an und knirscht zwischen den Zähnen, während Ton sich „glatt" anfühlt.

Ton und Tonsteine sind eine Kombination von Ton und Silt (**Tab. 2.20**). Sind die Gesteine deutlich spaltbar (d. h. eine starke Tendenz besitzen, in eine Richtung zu brechen, parallel zur Schichtung), bezeichnet man diese als **Tonschiefer**. Die Spaltbarkeit kann sehr variabel sein, bedingt durch Unterschiede in der Herkunft der Tonminerale (Bioturbation und Diagenese).

Tonminerale sind Schichtsilikate (Phyllosilikate) und beinhalten:

- **Kaolinit** – wird im Allgemeinen in Bodenprofilen in warmen, humiden Umgebungen gebildet, wo saure Wässer durch Grundgestein-Lithologien wie Granit sickern,
- **Montmorillonit** – gehört zu der Smektitgruppe, ist ein Produkt eher moderater Temperaturbedingungen in Böden mit neutralem bis basischem pH-Wert,
- **Illit** – wird am häufigsten in Böden in gemäßigten Gebieten mit eingeschränkter Versickerung gebildet,

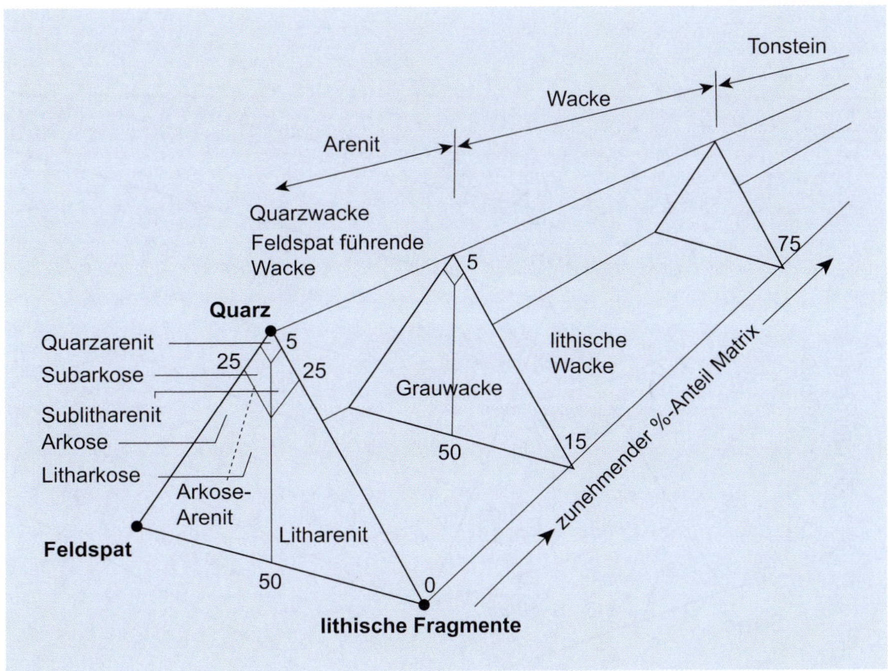

Abb. 2.60 Klassifizierung von Sandstein (nach Pettijohn 1975)

Tab. 2.19 Typen von Sandsteinen (nach Stow 2006)

Haupttypen	Subtypen	Eigenschaften und Genese
Siliciklastische Sandsteine/Arenite	Quarzsandsteine oder Arenite (Quarzarenite)	Kompositionell reife Sedimente; mind. 90 % Quarz vorhanden
	Feldspat führende Sandsteine oder Arenite (Arkose, wenn Feldspat > 25 %)	Kompositionell wenig reife bis unreife Sedimente; selektive Erhaltung von mind. 10 % Feldspat bei kurzem Transport bzw. rascher Ablagerung
	Gesteinsbruchstücke führende Sandsteine oder Arenite (Litharenite)	Kompositionell wenig reife bis unreife Sedimente; selektive Erhaltung von mind. 10 % Gesteinsbruchstücken bei kurzem Transport bzw. rascher Ablagerung
	Tonige Sandsteine oder Arenite (Wacken/Grauwacken, auch matrixreiche Sandsteine)	Unreife Sedimente; feinkörnige Matrix (> 15 %) detritischer oder diagenetischer Herkunft
Karbonatreiche Sandsteine	Kalksandsteine	Sandsteine mit Quarz und anderen detritischen Körnern zusammen mit 10–50 % Karbonaten als Partikel und/oder Karbonatzement
	Sandige oder quarzreiche Kalksteine	Kalksteine (> 50 % Karbonate) mit bis zu 50 % Quarz oder anderen detritischen Körnern
Pyroklastische Sandsteine (Tuffe)	Glastuffe	Glasige vulkanische Scherben
	Gesteinsbruchstücke führende Tuffe	Klasten aus Lava und zuvor vorhandenen Nebengesteinen
	Kristalltuffe	Idiomorphe/hypidiomorphe Kristalle (meist Quarz und Feldspat)
Andere Sandsteine	Glaukonitische Sandsteine	Häufig (> 4 %) Glaukonitkörner (authigene Fällung in marinen Schelfgebieten)
	Kohle führende Sandsteine	Häufig (> 4 %) Partikel/Fragmente reich an organischem Kohlenstoff (z. B. Braunkohle, Steinkohle)
	Glimmer führende Sandsteine	Häufig (> 4 %) Glimmerminerale (meist detritischer Muskovit)

– **Chlorit** – bildet sich üblicherweise in Böden mit moderater Versickerung unter ziemlich sauren Grundwasserbedingungen und in Böden in ariden Klimaten.

Feinkörnige Gesteine können hinsichtlich ihrer Korngröße nach den Verhältnissen der Hauptkomponenten (Ton, Sand, Silt) klassifiziert werden. Ebenfalls von Interesse ist ein auf der Zusammensetzung basierendes Klassifikationsschema, welches zwischen ton-, karbonat- und quarzreichen Komponenten unterscheidet.

■ **Beschreibung klastischer Sedimente – Kalk- und Dolomitgesteine (Dolomite)**

Karbonatgesteine und Sedimente sind überwiegend biogener Herkunft (z. B. Skelettschalen, -fragmente, Kalk ausscheidende Algen) durch Karbonatausfällung, gekoppelt an biochemische Prozesse (■ Tab. 2.21). Laut Definition ist jedes Sedimentgestein mit > 50 % Calciumcarbonat ein **Kalkstein**, während es sich bei **Dolomitgestein** (Dolomit) um ein Magnesiumkarbonatgestein handelt.

Karbonatproduktion ist hauptsächlich (jedoch nicht ausschließlich) auf tropische und subtropische Gebiete begrenzt. Die meisten

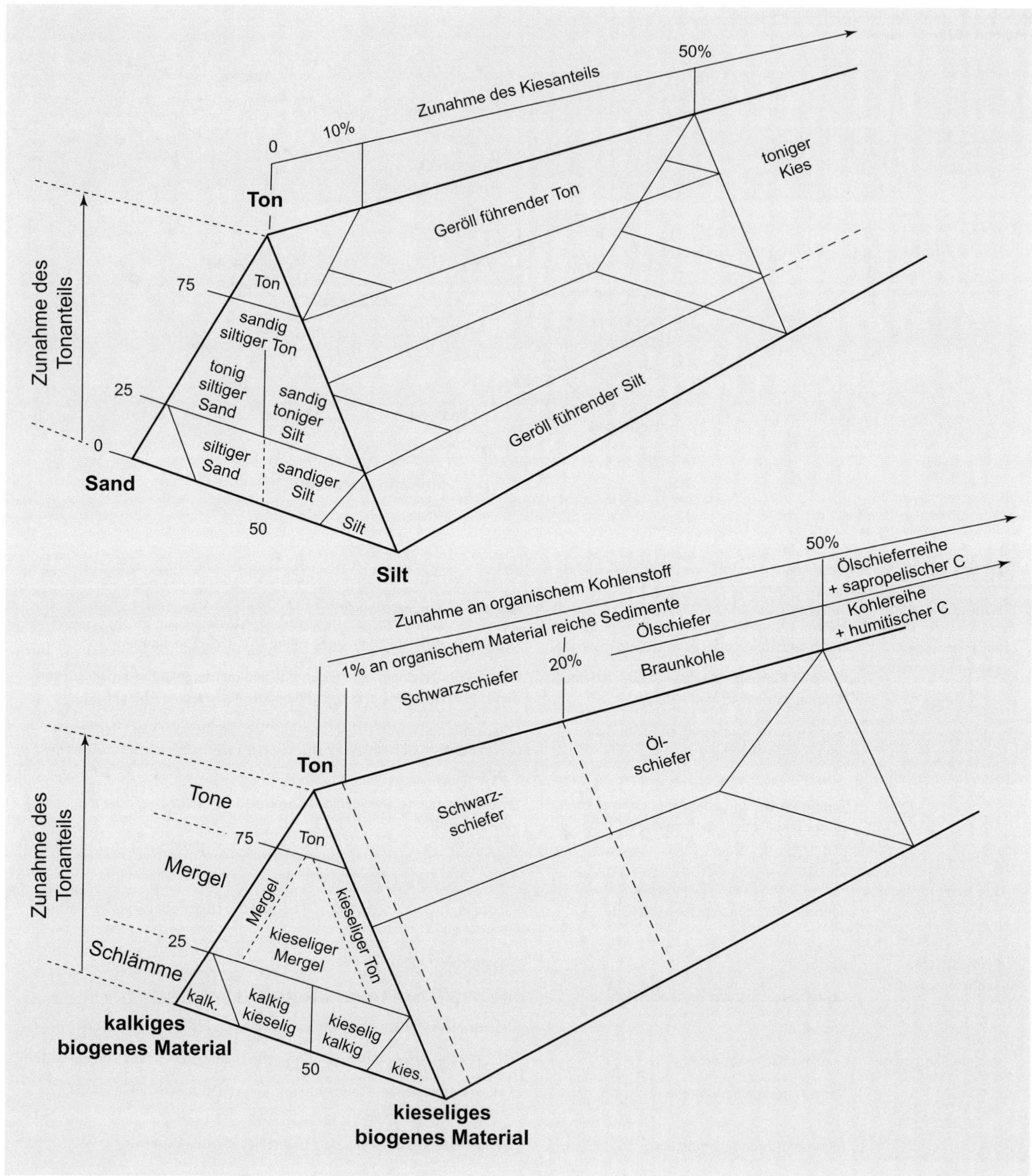

◨ **Abb. 2.61** Klassifizierung von Peliten hinsichtlich ihrer Korngröße und Zusammensetzung (nach Stow 2006)

Tab. 2.20 Klassifizierung von Tonsteinen (nach Blatt et al. 2006; Stow 2006)

Haupttypen	Subtypen	Eigenschaften und Genese
Siliciklastische Pelite (terrigene/klastische Pelite)	Tonstein (> 2/3 Ton)	Feinkörnige Pelite
	Siltstein (> 2/3 Silt)	Grobkörnige Pelite
	Argillit, Tonschiefer, Phyllit (Glimmerschiefer)	Subtypen beruhen auf zunehmendem Metamorphosegrad; Argillit (gering) bis Phyllit (hoch)
Gemischt siliciklastisch-biogene Pelite	Mergel	Biogene kalkige Pelite bis pelitische Schreibkreide oder Kalksteine
	Kieseliger Tonstein	Biogene kieselige Pelite bis unreine Kieselsediment
	Kieseliger Mergel	Gemischt biogene kalkige und kieselige Pelite
Geröll führende Pelite	Glazigener Diamiktit	Chaotische, massige Einheit; Merkmale deuten auf gletscherbezogene Ablagerung (z. B. glaziomarin, glaziolakustrin oder subglazial) hin
	Debrit	Chaotische, weitgehend strukturlose, massige Einheit; Merkmale deuten auf subaerische oder subaquatische Ablagerung aus Schuttströmen hin
	Mélange	Chaotische, massige Einheit mit exotischen und übergroßen Klasten in feinkörnigen Matrix, mit oder ohne tektonischer Zerscherung
Andere Typen	Schwarzschiefer	Feinklastisches Sediment mit > 1 % organischen Kohlenstoff
	Roter Tiefseeton	Tiefseeton abgelagert unterhalb der Karbonat-Kompensationstiefe

Tab. 2.21 Typen von Karbonatgesteinen (nach Stow 2006)

Haupttypen	Subtypen	Eigenschaften und Genese
Kalksteine ($CaCO_3$ dominiert)	Unterteilung aufgrund von: *Korngröße*: Kalkrudit > 2 mm Kalkarenit 0,063–2 mm Kalklutit < 0,063 mm *Zusammensetzung (nach Folk)*: Oosparit, Oomikrit Pelsparit, Pelmikrit Biosparit, Biomikrit Intrasparit, Intramikrit Biolithit, Dismikrit *Ablagerungsgefüge (nach Dunham)*: Grainstone, Packstone Wackestone, Mudstone, Boundstone, Floatstone, Rudstone, Bafflestone, Bindstone, Framestone	Karbonatpartikel gebildet durch primäre chemische Fällung, durch biogene Ausscheidung, als Bruchstücke von Kalkskeletten und durch Erosion von vorhandenen Karbonatgesteinen
Dolomit $CaMg(CO_3)_2$	Unterteilung aufgrund des Grades der Dolomitisierung: < 10 % Dolomit: Kalkstein 10–50 % Dolomit: dolomitischer Kalkstein 50–90 % Dolomit: kalkiger Dolomit > 90 % Dolomit: Dolomit	Die meisten Dolomite bilden sich durch teilweise oder vollständige Verdrängung von Kalksteinen; können frühdiagenetisch in evaporitischen Umgebungen vorkommen, bilden sich aber meist bei tieferer Versenkung während der späteren Diagenese

Kalksteine bilden sich in Küstenbereichen und flachmarinen Umgebungen. Darüber hinaus bilden sich Karbonate auch in Höhlen, Quellen, Böden, Seen und in tiefmarinen Bereichen. Weil ein großer Anteil der Karbonatpartikel organischer Herkunft ist, ist die Häufigkeit von Kalksteinen an das Vorkommen von Phytoplankton am Beginn der Nahrungskette gebunden. Die Anwesenheit von Phytoplankton steht in Verbindung mit der Tiefe der Lichtdurchdringung in Meerwasser, wobei das meiste Licht in der obersten **photischen Zone** (bis in ca. 10 m Tiefe) absorbiert wird. Der größte Anteil der Karbonatproduktion ist begrenzt auf die sogenannte **Karbonatfabrik** (bis zu ca. 15 m Tiefe).

Aus mineralogischer Sicht handelt es sich bei Calciumcarbonat entweder um **Calcit** (trigonale Form) oder **Aragonit** (orthorhombische Form). Da Aragonit bei Temperaturen und Drücken der Erdoberfläche instabil ist, rekristallisiert es mit der Zeit zu Calcit.

Innerhalb des calcitischen Kristallgitters können andere Ionen (z. B. Magnesium) das Calcium ersetzen:

- Niedrig-Mg-Calcit = < 4 % Mg (stabilste Form),
- Hoch-Mg-Calcit = 11–19 % Mg (rekristallisiert mit der Zeit zur Niedrig-Mg-Form).

Andere Minerale, die das Calciumion im $CaCO_3$ ersetzen können, beinhalten Sr (Strontianit) und Mg (Dolomit).

Karbonate werden sowohl aus Körnern gebildet (**Allocheme**), als auch aus calciumcarbonatischer Tonmatrix (**Mikrit**), und/oder aus einem groben calcitischen Zement (**Sparit**). Hinsichtlich ihrer Textur können sie klastischen Sedimenten ähnlich sein (z. B. Rundung der Körner, Sortierung) oder chemischen Ausfällungen (ineinander verzahnten Kristallen) näher liegen, oder einer Mischung beider Formen. Auch können sie eine Vielzahl biologisch gebildeter Struk-

Abb. 2.62 (Klassifikation der Kalksteine nach den bei der Sedimentation entstandenen Strukturen – nach Dunham 1962, mit Ergänzungen von Embry und Klovan 1971)

primäre Komponenten sind während der Ablagerung nicht gebunden	schlammgestützt	weniger als 10 % Komp.	**Mudstone**
		mehr als 10 % Komp.	**Wackestone**
	komponentengestützt		**Packstone**
	ohne Mikrit und komponentengestützt		**Grainstone**
primäre Komponenten sind gebunden			**Boundstone**
keine Ablagerungsstrukturen erkennbar			**kristallin**
primäre Komponenten sind während der Ablagerung nicht biogen gebunden — > 10% Körner > 2 mm	matrixgestützt		**Floatstone**
	von Komponenten > 2 mm gestützt		**Rudstone**
primäre Komponenten sind während der Ablagerung biogen gebunden	Organismen wirken als Sedimentfänger		**Bafflestone**
	Organismen wirken als Sedimentbinder		**Bindstone**
	Organismen bilden festes Gerüst		**Framestone**

Abb. 2.62 Klassifikation der Kalksteine nach den bei der Sedimentation entstandenen Strukturen (nach Dunham 1962, mit Ergänzungen von Embry und Klovan 1971)

	Sparitische allochemische Kalksteine	Mikritische allochemische Kalksteine
Intraklasten	Intrasparit	Intramikrit
Ooide	Oosparit	Oomikrit
Bioklasten	Biosparit	Biomikrit
Peloide	Pelsparit	Pelmikrit

Mikritischer Kalkstein	Dismikrit	Biolithit

Abb. 2.63 Klassifikation der Kalksteine nach der Zusammensetzung (nach Folk 1962)

turen aufweisen (z. B. Stromatolithe). Hinsichtlich ihrer Korngröße können Karbonate in drei Haupttypen unterteilt werden:

- Kalkrudit (äquivalent zum Konglomerat) – Körner > 2 mm im Durchmesser,
- Kalkarenit (äquivalent zu Sand) – Körner zwischen 0,063–2 mm im Durchmesser,
- Kalklutit (äquivalent zu Ton) – Körner < 0,063 mm im Durchmesser.

Detailliertere Schemata stehen ebenfalls zur Verfügung:

Dunham-Klassifizierung – verwendet hauptsächlich texturale Kriterien, auch wenn die Natur der Körner oder das Gefügematerial ebenfalls berücksichtigt wird. Sie wird hauptsächlich für die Beschreibung von Handstücken verwendet (Abb. 2.62).

Folk-Klassifizierung – beschreibt die Hauptgefügekörner und das Material zwischen den Körnern. Sie wird hauptsächlich für die Analyse von Dünnschliffen verwendet (Abb. 2.63).

Bei den Hauptallochemen handelt es sich um organische Fragmente, einschließlich Skelettklasten (z. B. Mollusken, Brachiopoden, Schwämme, Korallen, Foraminiferen) und Karbonat bildende

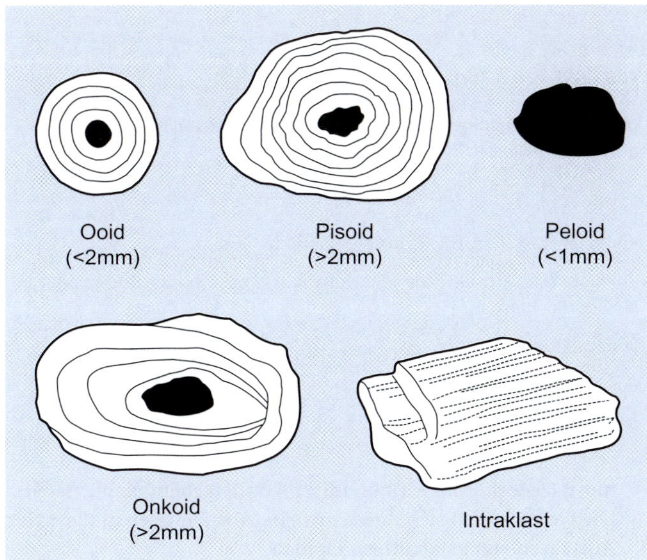

Abb. 2.64 Nichtbiogene Fragmente in Kalksteinen (nach Nichols 2009)

Pflanzen (z. B. Rot- und Grünalgen) sowie Bioherme (biogene Riffe) und Biostrome (Bänke, die vor allem in die Breite wachsen), die aus koloniebildenden Organismen (z. B. Korallen, Bryozoen, Stromatolithen) aufgebaut sind. Ebenfalls von Bedeutung sind die nichtbiogenen Bestandteile (Abb. 2.64), z. B.:

Ooide (Oolithe) – kleine (< 2 mm im Durchmesser), kugelförmige Karbonatkörner mit einer konzentrischen inneren Struktur. Ooide bilden sich als ein Ergebnis von Karbonatausfällung um einen Nukleus in bewegten Gewässern in flachmarinen Bereichen. Konzentrisch geschichtete Karbonatpartikel mit einer Größe > 2 mm werden als **Pisoide** bezeichnet.

Peloide – kleine (< 1 mm im Durchmesser), unregelmäßig geformte (in der Regel gerundete bis elliptische) Karbonatkörner mit fehlender innerer Struktur. Häufig die Kotpillen von marinen Organismen und typisch für niedrigenergetische Umgebungen.

Intraklasten – Karbonatfragmente, die sich innerhalb der Ablagerungsumgebung geformt haben und erodiert, transportiert und wieder abgelagert worden sind (z. B. als Karbonatklasten innerhalb eines Karbonatkonglomerates).

Grapestone – Aggregat von zusammenzementierten Karbonatkörnern.

Sedimentgesteine – Evaporite, Cherts, eisenreiche Gesteine, Phosphate und organische Sedimente

Eine Vielzahl weiterer Sedimentgesteine kommt vor und wird unten kurz beschrieben. Viele von ihnen sind relativ selten, können jedoch von großer wirtschaftlicher Bedeutung sein.

Evaporite bilden sich durch Ausfällung aus Lösung, wenn Ionen durch Verdunstung den notwendigen Sättigungsgrad überschreiten. Etwa 70 verschiedene evaporitische Minerale sind bekannt (Tab. 2.22). Die verbreitetsten Minerale in sedimentären Umgebungen sind Calciumsulfate (wie Gips oder Anhydrit). Wenn eine Salzlösung konzentriert wird, fallen Minerale aus. Calciumsulfat fällt aus Meerwasser aus, das ca. 19 % seines Originalvolumens erreicht hat, während Halit bei einer Konzentration von ca. 10 % ausfällt. Eine Evaporitablagerung enthält normalerweise mehr als ein Mineral. Des Weiteren hängen die Arten und Menge der gebildeten Minerale von der ursprünglichen Zusammensetzung des Wasserkörpers ab.

Evaporite kommen selten in Aufschlüssen vor – mit Ausnahme von ariden Regionen – aufgrund ihrer guten Löslichkeit (z. B. hat

Tab. 2.22 Hauptminerale in Evaporitablagerungen (nach Stow 2006; Blatt et al. 2006)

Haupttypen	Minerale	Chemische Zusammensetzung
Marine Evaporite		
Chloride	Halit	$NaCl$
	Sylvin	KCl
	Carnallit	$KMgCl_3 \cdot 6H_2O$
Sulfate	Anhydrit	$CaSO_4$
	Polyhalit	$K_2Ca_2Mg(SO_4)_4 \cdot 2H_2O$
	Kieserit	$MgSO_4 \cdot 2H_2O$
	Gips	$CaSO_4 \cdot 2H_2O$
Karbonate	Calcit	$CaCO_3$
	Magnesit	$MgCO_3$
	Dolomit	$CaMg(CO_3)_2$
Nichtmarine Evaporite		
Karbonate	Trona	$NaHCO_3\,Na_2CO_3 \cdot 2H_2O$
	Natrit	$Na_2CO_3 \cdot 10H_2O$
Sulfate	Mirabilit	$Na_2SO_4 \cdot 10H_2O$
	Gips	$Ca_SO_4 \cdot 2H_2O$
	Anhydrit	$CaSO_4$
Chloride	Halit	$NaCl$
Borate	Borax	$Na_2B_4O_5(OH)_4 \cdot 8H_2O$
Silikate	Magadiit	$NaSi_7O_{13}(OH)_3 \cdot 3H_2O$

Gips eine 150-mal höhere Löslichkeit als Calcit, während Halit eine 50-mal höhere Löslichkeit als Gips besitzt). Man findet sie oft im Untergrund (z. B. Zechstein, Norddeutschland). Viele dieser alten Evaporitablagerungen sind mächtig (Hunderte bis Tausende Meter) und haben sich infolge von kontinentalem Rückfluss von dichten hypersalinen Salzlösungen gebildet. Nichtmarine, lakustrine Evaporite sind seltener vorhanden als marine Typen und enthalten viele Minerale, die man nicht in marinen Typen findet (z. B. Mirabilite).

Kriterien zur Unterscheidung zwischen primären und sekundären Merkmalen bei Evaporiten (nach Blatt et al. 2006):

Synsedimentäre Merkmale

- Sedimentäre Strukturen wie Rippel, Lamination und Gradierung
- detritische Gefügemerkmale wie Abrasionsspuren und Aggregate von Halitkristallen, die sich an der Wasser/Luft-Grenzfläche gebildet haben, gesunken und abgelagert wurden
- kristalline Strukturen wie vertikal orientierte Gipsprismen mit euhedralen Enden, nach oben grob werdende Kristalle und Kristalle, die sich aus einem gemeinsamen Substrat bilden
- Lösungs-Ausfällungs-Merkmale wie die scharfe und weiche Kappung vertikal orientierter Kristallgefüge, überlagert durch Detritus
- das Fehlen von Hochtemperatur-Salzen wie Langbeinit

Postsedimentäre Merkmale

- Ungeschichtete massive kristalline Aggregate (Mosaike)
- aggregatartige (mosaikartige) Bereiche, die die Schichtung schneiden
- Drucklösungssuturen
- gleichkörnige Aggregate (Mosaike)

Tab. 2.23 Typen von kieseligen Sedimenten (nach Stow 2006)

Haupttypen	Subtypen	Eigenschaften und Genese
Geschichtete kieselige Sedimente	Radiolarien Diatomeen An Schwammnadeln reicher Hornstein Jaspis	Meist marinen (einige lakustrinen) Ursprungs; rekristallisierter Quarz und biogene Reste
Konkretionäre kieselige Sedimente	Feuerstein	Knolliger Hornstein, häufig in Schreibkreide
	Silcrete	Knolliger oder krustenbildender Hornstein in bestimmten Böden oder als Oberflächenkruste
Teilweise verfestigte, kieselige Sedimente	Radiolarit	Reich an Radiolarien
	Diatomit	Reich an Diatomeen
	Spiculit	Reich an Schwammnadeln

— häufiges Auftreten von ehemals festen Inklusionen an Kristallrändern, zeigen deren Verlagerung nach außen während der Rekristallisation an
— Deformationsmerkmale wie Falten und Kluftfüllungen

▪▪ Nicht eindeutige Merkmale
— Minerale, die in einem weiten Temperatur-Stabilitäts-Feld auftreten wie Pseudomorphosen
— intrasedimentäres Wachstum als euhedrale Kristalle oder Knoten
— porenfüllende Zemente

Cherts sind feinkörnige, siliziumhaltige Sedimentgesteine aus Quarzkristallen der Korngröße Silt (**Mikroquarz**) und aus **Chalzedon** (einer Form von Siliziumdioxid mit strahlenförmigen Fasern von mehreren zehn bis Hunderten von Millimetern Länge) (**Tab. 2.23**). Cherts bilden sich entweder als primäre Sedimente (aus den siliziumhaltigen Skeletten von Mikroorganismen, z. B. Diatomeen, Radiolarien) oder als ein Ergebnis von Diagenese (durch Ersatz von bestehenden Mineralen durch Siliziumdioxid, z. B. Flint). Cherts treten in drei stratigraphischen/tektonischen Umgebungen auf (wobei die ersten beiden die häufigsten sind):
— Abgeleitet von gelösten Schalen (aus amorphem Siliziumdioxid) siliziumhaltiger Organismen (z. B. Radiolarien) in flachen bis mittleren Tiefen. Die Schalen lösen sich früh nach der Versenkung auf und das Siliziumdioxid migriert, um Knollen zu bilden.
— An angrenzenden bis tektonisch aktiven Plattenrändern können sich gebankte Cherts bilden – häufig assoziiert mit Turbiditen, Ophiolithen und Mélanges (z. B. der heutige Pazifische Ozean).
— Assoziiert mit hypersalinen lakustrischen Ablagerungen oder entglaster vulkanischer Asche (z. B. der heutige Lake Magadi, Kenia – ein natriumkarbonatischer alkaliner See mit einem pH-Wert von bis zu 12,5 und gelöstem Siliziumdioxidgehalt bis zu 2700 ppm).

Ablagerungen mit mindestens 15 % Eisengehalt werden als **eisenreiche Ablagerungen** definiert (**Tab. 2.24**). Zwei Typen sind bekannt:
— Präkambrische *Banded Iron Formations* – bestehen aus Chert mit einer Vielzahl von Eisenmineralen (z. B. Hämatit, Magnetit, Siderit), die in warvenartigen Laminae konzentriert sind. Die eisentragenden Minerale wurden aus marinem Wasser, Seewasser oder Porenlösungen während sehr früher Diagenese ausgefällt. Von Interesse ist die Tatsache, dass es keine modernen Äquivalente gibt.
— Eisenoolithe – größtenteils ungebänderte oolithische Gesteine des Phanerozoikums bestehend aus Goethit, Hämatit und Cha-

mosit (Siderit, Magnetit und Pyrit können ebenfalls auftreten). Die Ooide bilden sich durch primäre Ausfällungen und durch Austausch von kalkhaltigen Ooiden.

Phosphatablagerungen, die hauptsächlich aus kryptokristallinem bis mikrokristallinem Apatit bestehen, sind chemisch ausgefällte Gesteine, die mindestens 20 % P_2O_5 enthalten (**Tab. 2.25**). Man findet sie normalerweise in Gebieten mit Auftrieb des ozeanischen Tiefenwassers, dies ist insbesondere um den Äquator der Fall (bis 20° nördliche und 20° südliche Breite) und in Gewässern, die weniger als 100 m tief sind.

Phosphatisches Material (z. B. Knochen, Zähne) findet man in vielen Sedimentgesteinen. Konzentrationen von Phosphat bilden sich auf zwei Hauptwegen:
— als ein Resultat von gleichzeitiger Phosphatierung von Karbonatsedimenten direkt unterhalb der Sediment-Wasser-Grenzfläche – was durch die texturellen Ähnlichkeiten zwischen Karbonaten und Phosphaten nahe liegt,
— durch primäre Ausfällung im Zusammenhang mit bakterieller Aktivität und organischem Material am Meeresboden.

Kohlenstoffreiche **organische Gesteine** sind von großem wirtschaftlichem Wert (**Tab. 2.26**).

Zwei Hauptformen treten auf – **Kohle** (mehr als zwei Drittel des Gesteins bestehen aus festem organischen Material) und **Ölschiefer** (Tonsteine mit einem hohen Anteil an organischem Material). Das Karbon war die wichtigste kohlebildende Periode in Europa (z. B. Ruhr-Kohlelagerstätten). Kohlelagerstätten können beschrieben werden nach ihrem:
— **Rang** – Die Position der Kohle in der Abfolge, Torf – Braunkohle (Lignit) – subbituminöse Kohle – bituminöse Kohle – Anthrazitkohle – Meta-Anthrazit (diese spiegeln den Grad der Kompaktion/Konzentration/Umwandlung des organischen Materials wider),
— **Grad** – bezieht sich auf den Prozentanteil vorliegender Verunreinigungen innerhalb der Kohle, wobei höhere Grade geringere Verunreinigungen besitzen,
— **Typ** – bezieht sich auf die Typen von organischem Material (**Mazerale**), die innerhalb der Kohle präsent sind. Es existieren drei Haupttypen (**Tab. 2.27**):
  – **Vitrinite** – gebildet aus Holz- und Rindengewebe,
  – **Liptinite** – gebildet aus den wächsernen und harzigen Teilen von Pflanzen (z. B. Sporen, Nadeln),
  – **Inertinite** – gebildet aus Pilzüberresten und oxidierten Materialien.

◘ **Tab. 2.24** Häufige sedimentäre Eisensteinminerale mit Haupttypen der Eisensteine und erzführenden Sedimenten (nach Stow 2006; Nichols 2009)

Haupttypen	Subtypen	Eigenschaften und Genese
Präkambrische Bändereisenerze	Algoma-Typ	Relativ kleine, linsenförmige Eisenlagerstätten, zusammen mit Vulkaniten und Turbiditen Fe: Hämatit, Siderit, Pyrit, Magnetit
	Superior-Typ	Relativ mächtige ausgedehnte Eisenlagerstätten in stabilen Schelf-Gebieten und in ausgedehnten Becken Fe: Hämatit, Greenit, Siderit, Pyrit, Magnetit
Phanerozoische Eisensteine	Oolithische Eisensteine	Normalerweise flachmarin, hoher Meeresspiegel, geringe Sedimentation, hoher Sauerstoffgehalt Fe: Hämatit, Chamosit (paläozoisch), Berthierit, Goethit (mesozoisch)
	Bioklastische Eisensteine	normalerweise flachmarin, Kalksteinfazies, offener Schelf bis zu geschützten Küsten Fe: Hämatit, Chamosit (paläozoisch), Berthierit, Goethit (mesozoisch)
	Glaukonitische Eisensteine	Mariner Schelf, schwach reduzierende Milieus Fe: Glaukonit
Eisenmanganknollen und -krusten und erzführende Sedimente	Eisenmanganknollen und -krusten	Meist tiefmarin, sauerstoffreich, von Bodenströmungen bewegt, geringe Sedimentationsraten; auch flachmarin und lakustrin Fe: Fe/Mn-Oxide und -Hydroxide sowie Reihe von weiteren Metallen
	Erz führende Sedimente	Meist pelagisch, an Spreizungszonen, Fluidaustritte von schwarzen Rauchern Fe: Fe/Mn-Oxide und -Hydroxide sowie hohe Konzentration von anderen Metallen
	Schwarze Raucher	Hydrothermale Schlote an Spreizungszonen Fe: Fe/Mn-Oxide und -Hydroxide sowie hohe Konzentration von anderen Metallen
Hauptsedimentäre Fe-Minerale		
Oxide	Hämatit	Fe_2O_3
	Magnetit	Fe_3O_4
Hydroxide	Goethit	$FeO \cdot OH$
	Limonit	$FeO \cdot OH \cdot H_2O$
Karbonate	Siderit	$FeCO_3$
Sulfide	Pyrit	FeS_2
Silikate	Glaukonit	$KMg(FeAl)(SiO_3)_8 \cdot 3H_2O$
	Chamosit	$(Fe_2Al)(Si_3Al)O_{10}(OH)_8$

◘ **Tab. 2.25** Typen von Phosphatgesteinen (nach Stow 2006)

Haupttypen	Subtypen	Eigenschaften und Genese
Geschichtete und knollige Phosphatgesteine	Knollen und Krusten, bioklastische Phosphorite, pelletführende und oolithische Phosphorite, phosphatreiche Schlämme	Bilden sich gemeinsam mit Sedimenten, die mit organischem Kohlenstoff angereichert sind, in Auftriebs-Systemen (*upwelling*) und bei erhöhter organischer Produktivität; offen marine Bedingungen des äußeren Schelfs/oberen Kontinentalhanges
Bioklastische Ablagerung	Phosphatische Knochenhorizonte	Skelettbruchstücke (Wirbeltierknochen, Fischschuppen) und Koprolithe werden durch Strömungen/Wellen angereichert; verbunden mit langsamer Ablagerung oder Hiatus
	Phosphatische Gerölle	Aufgearbeitete Knochenhorizonte und (diagenetische) Phosphatknollen
Guano	Vogel- und Fledermausguano	Lokal mächtige Anreicherung von Vogel- oder Fledermauskot

◘ **Tab. 2.26** Wichtige Kohletypen. %C – Gewichtsprozent Kohlenstoff, %V – Gewichtsprozent flüchtige Bestandteile (trocken- und mineralfrei), VR – Vitrinitreflektion (Inkohlungsparameter), %W – Gewichtsprozent Wasser, Cal – Brennwert in MJ/kg (wasser- und mineralfrei), HCgen – äquivalent Anfangsphase der Kohlenwasserstoffbildung (d.h. Genese, Migration und Akkumulation von Erdöl und Erdgas in Mutter- und Speichergesteinen). (Nach Teichmüller und Teichmüller 1975)

Klasse	Gruppe	%C	%V	VR	%W	Cal	HCgen
Torf		< 50	> 50			> 75	< 12
Braunkohle	B	50–55	52	0,30–0,36	55–75	12–14,7	
	A	55–60	47	0,36–0,42	35–55	14,7–16,3	Frühes Gas
Hartbraunkohle	C	60–65	42	0,42–0,45	30	19,3–22,1	
	B	65–70	39	0,45–0,48	25	22,1–24,4	
	A	70–75	27	0,48–0,50	15	24,4–26,8	
Steinkohle	Leicht flüchtig	75–80	33	0,50–1,12	< 10	26,8–34	Öl und Gas
	Mittel flüchtig	80–82,2	26	1,12–1,51			
	Schwer flüchtig	82,5–85	18	1,51–1,92			Nasses Gas
Anthrazit	Semianthrazit	87	11	1,92–2,5			
	Anthrazit	90	5	> 2,5			
	Metaanthrazit	92,5	< 2				Trockenes Gas

◘ **Tab. 2.27** Kohle-Mazerale und Kohle-Lithotypen (nach Nichols 2006)

Mazeralgruppe	Vitrinit	Holziges Material (Baumstämme, Äste, Blätter, Wurzeln)
	Exinit (Liptinit)	Sporen, Kutikulen, Harze, Algen
	Inertinit	Oxidiertes Pflanzenmaterial einschließlich Fusinit (Holzkohle)
Kohle-Lithotypen	Humuskohle	Bildet sich aus makroskopisch großen Pflanzenteilen; organisches Material akkumuliert bei Bodenbildung zu Torf
	Vitrit	Vorwiegend Vitrinit
	Durit	Exinit/Inertinit
	Clarit	Feine Lagen aus Vitrit und Durit
	Fusit	Vorwiegend Fusinit (fossile Holzkohle)
	Sapropel-Kohle	Bildet sich aus mikroskopisch kleinen Pflanzenteilen, vorwiegend aus Algenmaterial in Wasser
	Kännelkohle	Feine Partikel
	Boghead-Kohle	Sehr reich an Algen (Exinit)

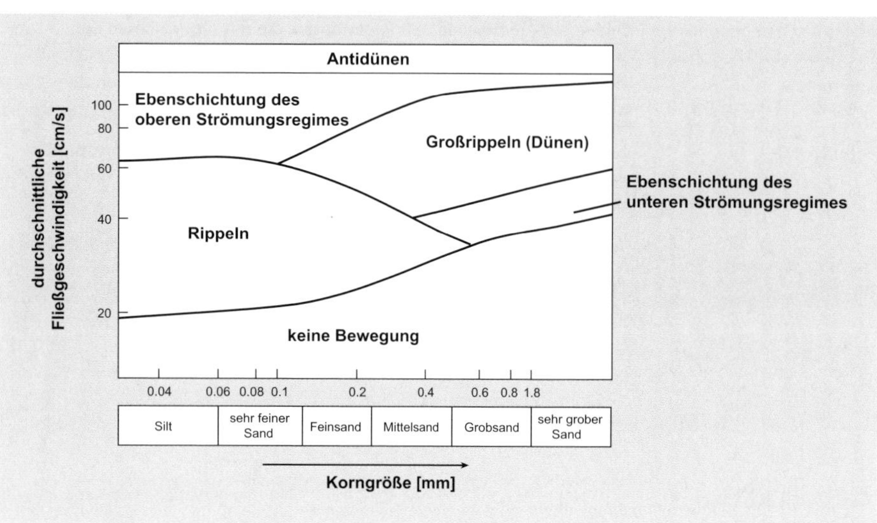

◘ **Abb. 2.65** Ein Bodenformstabilitätsdiagramm zeigt die Stabilitätsfelder von verschiedenen Bodenformen, die in Sedimenten verschiedener Korngröße bei unterschiedlichen Fließgeschwindigkeiten gebildet worden sind. (Nach Harms et al. 1975; Walker 1992)

2.4.3 Sedimentstrukturen (Strömung und Wellenbewegung)

Sedimentgesteine bilden sich durch den Transport und die Ablagerung von Sedimenten durch Wasser, Wind und Eis sowie durch direkte Ausfällung. Die Strukturen, die sich während der Ablagerung bilden, sind Indikatoren für die Energiebedingungen innerhalb des Ablagerungsmediums. Eine Reihe von Strukturen werden durch Strömungsaktivitäten gebildet – sowohl unidirektional als auch oszillierend. Während Erstere in vielen verschiedenen Umgebungen gefunden werden, treten Letztere in Gebieten mit Wellenaktivität auf.

Wie zuvor bemerkt (◘ Abb. 2.52), gibt es eine eindeutige Beziehung zwischen Korngröße und der Energie des Transportflusses. Ähnlich hierzu, bezogen auf die Ablagerung (und die Bildung von 3D-Bodenformen) liegt eine eindeutige Beziehung zwischen der Flussenergie (Geschwindigkeit) und dem Bodenformtyp vor. Diese Beziehung kann in einem **Bodenformstabilitätsdiagramm** zusammengefasst werden (◘ Abb. 2.65). Es existieren zwei Hauptbereiche:

- ruhiges Fließen (*lower flow regime*) – Bildung von Rippeln, Sandwellen, Dünen und Niedrigenergie-Laminiten/Parallelschichtung (*lower plane beds*),
- schießendes Fließen (*upper flow regime*) – Bildung von Hochenergielaminiten/Parallelschichtung (*upper plane beds*) und Antidünen (Gegenrippeln).

In allgemeinen Begriffen können sedimentäre Einheiten in Schichten oder Laminae unterteilt werden, wobei diese auf der Grundlage ihrer Mächtigkeit unterschieden werden können. Schichten sind > 1 cm mächtig, während Laminae < 1 cm dick sind (◘ Tab. 2.28). Zusätzlich kann die Form der Schichtung oder Lamination nach ihrem Erscheinungsbild beschrieben werden (◘ Abb. 2.66).

Es sollte jedoch angemerkt werden, dass viele Schichten (oder Teile von ihnen) keine Anzeichen von Schichtung/Lamination oder Gradierung aufweisen. Dies kann da auftreten, wo die Ablagerung sehr schnell stattgefunden hat (es war keine Zeit für die Bildung von Strukturen vorhanden) oder weil Postablagerungsaktivtäten wie z. B. Entwässerung oder Bioturbation stattgefunden haben, auch wenn ein Beleg für diese Prozesse häufig nicht erwiesen ist.

■ Planare Schichten und Laminae

Die Bildung planarer Schichten und Laminae tritt auf, wenn die Transportströmung anfängt, langsamer zu werden. In diesem Stadium beginnt die Sedimentation, und dünne Schichten von Sand werden abgelagert (**planare Lamination**). Planare Schichten können sich entweder in grobkörnigen Sanden (> 0,7 mm, ruhiges Fließen/ *lower stage plane beds*) oder bei höheren Fließgeschwindigkeiten bilden, wobei die planare Lamination sich in allen Korngrößen von Sand bildet (schießendes Fließen/*upper stage plane beds*). Hier sind die Laminae 5 bis 20 Körner mächtig und die Schichtoberfläche ist durch längliche Kämme und Rillen parallel zum Fluss (lediglich einige Körner mächtig; *primary current lineation*) gekennzeichnet. Bei den gröberen Korngrößen bilden sich keine Rippel, weil die Schichtoberfläche zu rau ist und eine Ablösung der Strömung (*flow separation*) nicht stattfindet. Bei einer Ablösung der Strömung wird in Folge kleinerer Gegenströme auf der Leeseite des Rippels (in der sog. Ablösezone) das transportierte Sediment in Bodenfracht und suspendierte Fracht separiert.

◘ **Tab. 2.28** Form und Terminologie von Schichtung und Lamination (nach Stow 2006)

Bezeichnung	Schichtmächtigkeit (in cm)
Schichtung	
Sehr mächtige Schichtung (massig)	> 100
Mächtige Schichtung (dickbänkig)	30–100
Mittlere Schichtung (dünnbänkig)	10–30
Feinschichtung (dickplattig)	3–10
Sehr feine Schichtung (dünnplattig)	1–3
Lamination (Feinschichtung)	
Dicke Lamination	0,6–1
Mittellaminierung	0,3–0,6
Feinlaminierung	0,1–0,3
Sehr feine Lamination	< 0,1

◘ Parallellaminierung, Almeria, Spanien (Skala 2,5 cm)

◘ Schichtung in Turbiditen, Wales (Skala 2,5 cm)

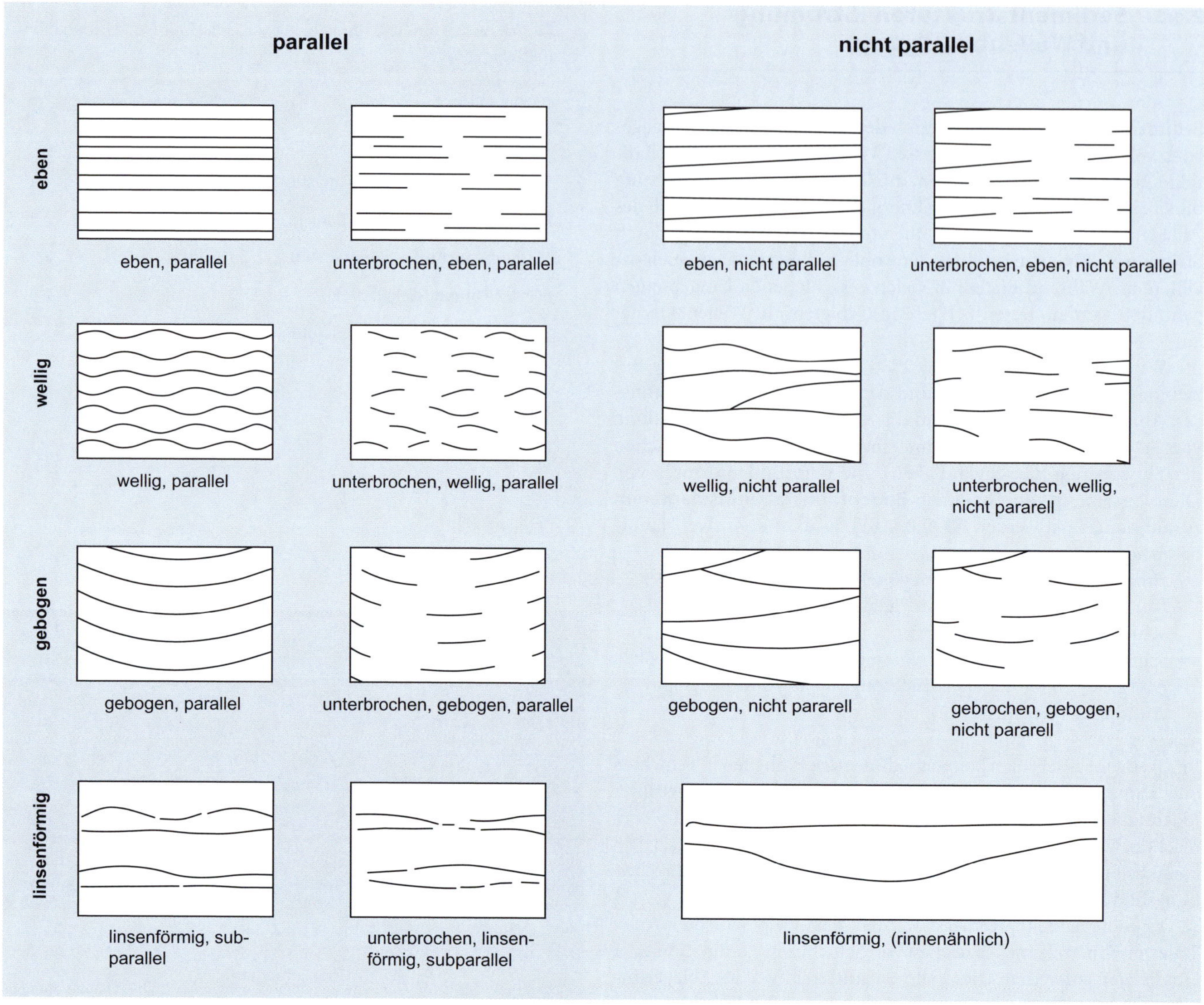

parallel   **nicht parallel**

eben, parallel | unterbrochen, eben, parallel | eben, nicht parallel | unterbrochen, eben, nicht parallel

wellig, parallel | unterbrochen, wellig, parallel | wellig, nicht parallel | unterbrochen, wellig, nicht pararell

gebogen, parallel | unterbrochen, gebogen, parallel | gebogen, nicht pararell | gebrochen, gebogen, nicht pararell

linsenförmig, sub-parallel | unterbrochen, linsen-förmig, subparallel | linsenförmig, (rinnenähnlich)

eben · **wellig** · **gebogen** · **linsenförmig**

Abb. 2.66 Konfiguration von Schichtung und Lamination (nach Stow 2006; Boggs 2009)

Rippel und Dünen – Schrägschichtung und Schräglamination

Rippel sind kleine Bodenformen, die als ein Resultat einer unidi-rektionalen Strömung (**Strömungsrippel**) oder Oszillationsbewe-gung (**Wellenrippel**) erzeugt werden können. Während die Ersteren asymmetrisch sind, sind Letztere überwiegend symmetrisch. Dü-nen ähneln Rippeln, sind jedoch größere Bodenformen, die sich in marinen und äolischen Systemen als Resultat von Strömungs- oder Windeinwirkung bilden.

Strömungsrippel, Nordspanien

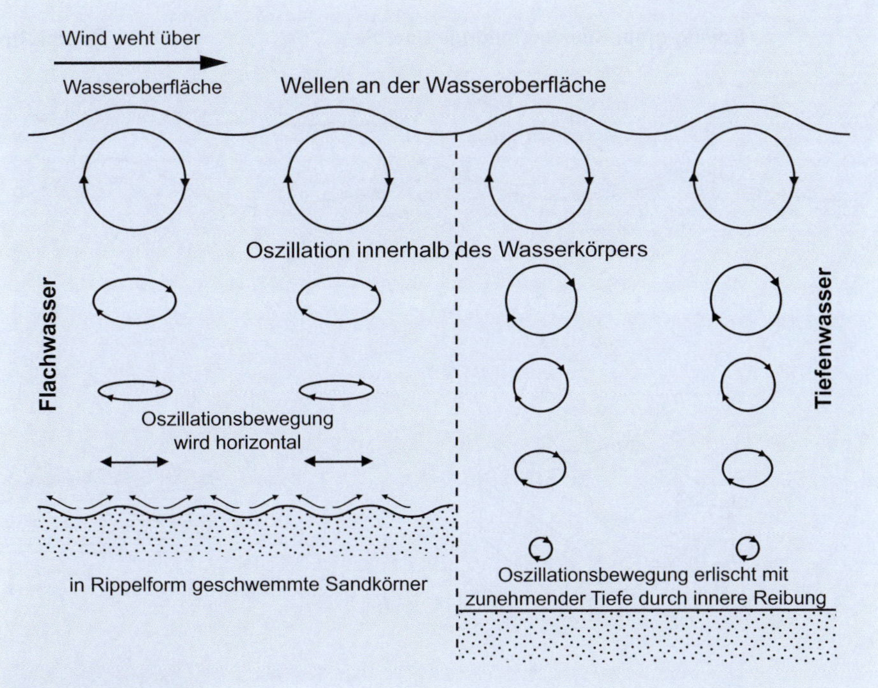

Abb. 2.67 Wellenrippel in Sedimenten werden durch Oszillationsbewegung in der Wassersäule infolge von Wellenrippeln an der Wasseroberfläche erzeugt. (Nach Nichols 2009)

Schrägschichtung in Fossildünen, Utah

Wellenrippel bilden sich als Resultat der Wellenenergie, die durch die Wassersäule nach unten übertragen wird, an der Wasseroberfläche (Abb. 2.67). Der übertragene Grad an Energie führt zur Bildung von **Rollkornrippeln** (niedrigere Energie) oder **Vortexrippeln** (höhere Energie) (Abb. 2.68). Diese Rippel bilden sich in dem Bereich oberhalb der Schönwetter-Wellenbasis *(fair-weather wave base)*; der Grenze, die die Übertragung von Energie von den Oberflächenwellen zum Meeresboden markiert) (Abb. 2.69).

Rippel und Dünen bilden sich in einer großen Vielzahl von Ablagerungsmilieus, rangierend von marin bis kontinental, und die Migration dieser 3D-Strukturen als ein Ergebnis von Wellen- und Strömungsaktivität resultiert in der Bildung von Schrägschichtung und Schräglamination (Abb. 2.70, Tab. 2.29). Die präzise Form der Schrägschichtung/-lamination wird durch das Muster der Rippel bzw. Dünen festgelegt (Abb. 2.71). Die Migration von Rippeln oder Dünen mit geradem Kamm führt zur Bildung von planarer Schräglamination, während die Migration von Rippeln oder Dünen, bei denen die Kämme gekrümmt sind (z. B. wellenartig), zur Bildung

von trogförmiger Schräglamination *(trough cross lamination)* führt (Abb. 2.72). Rippel sind in ihrer Kammhöhe auf bis zu ca. 3 cm beschränkt, so dass Schichten mit Schräglamination diese Mächtigkeit nicht überschreiten. Migration von größeren Bodenformen wie Dünen und Sandwellen bildet Schrägschichtung, die mehrere zehn Zentimeter bis zehn Meter Mächtigkeit erreichen kann (z. B. äolische Dünen). Eine einzelne Einheit von Material mit Schrägschichtung wird als ein **Set** bezeichnet, und ein Stapel von ähnlichen Sets wird ein **Co-Set** genannt (Abb. 2.73). Des Weiteren wird Schrägschichtung, wenn sie von horizontalen Oberflächen begrenzt wird, als **tabulare Schrägschichtung** bezeichnet (Abb. 2.72).

Schräglaminierung, Almeria, Spanien (Skala 2,5 cm)

Wellen- und Strömungsrippel können anhand ihrer Form unterschieden werden. In Draufsicht besitzen Wellenrippel die oben beschriebenen Charakteristika. Strömungsrippel sind normalerweise ausgeprägt wellenförmig und in kurze, gekrümmte Kämme aufgebrochen. Von der Seite betrachtet sind Wellenrippel symmetrisch mit Schräglaminationen, die in beide Richtungen auf jeder Seite des

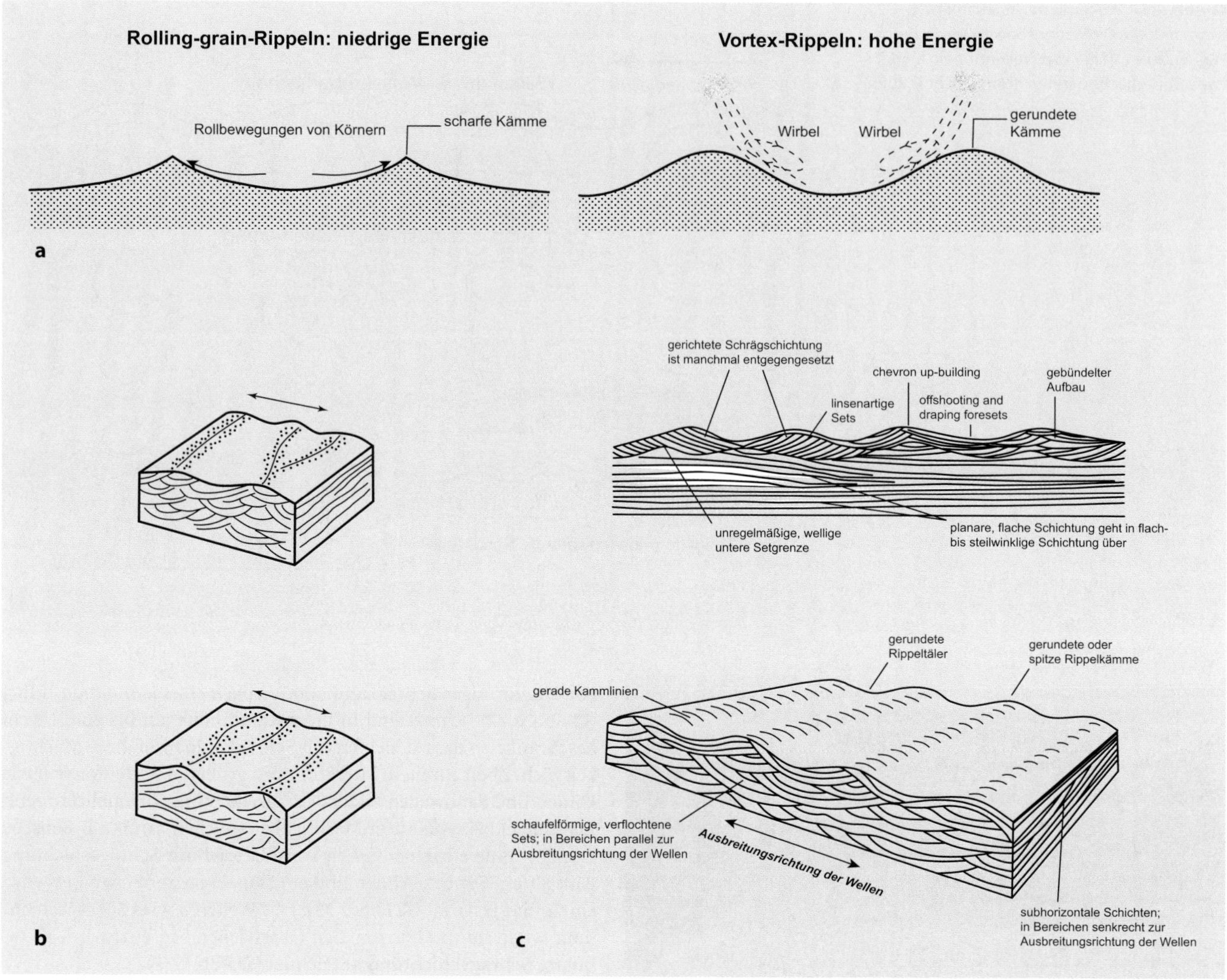

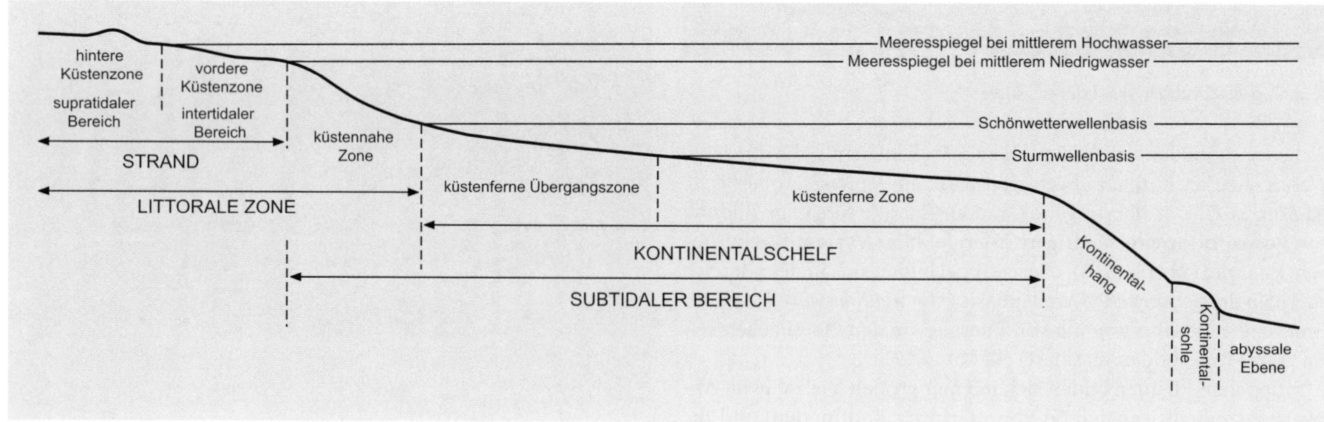

Abb. 2.68 a Rolling-grain-Rippeln (Rollkornrippel) und Vortex-Rippeln (Vortexrippel) (nach Stow 2006; Nichols 2009), **b** Querschnitt von Wellenrippeln (nach Stow 2006), **c** Einige Eigenschaften, die helfen, um Wellenrippellamination zu erkennen (nach Collinson et al. 2006)

Abb. 2.69 Unterteilung des marinen Bereichs

Abb. 2.70 Terminologie für Rippel und Dünen (nach Stow 2006; Nichols 2006)

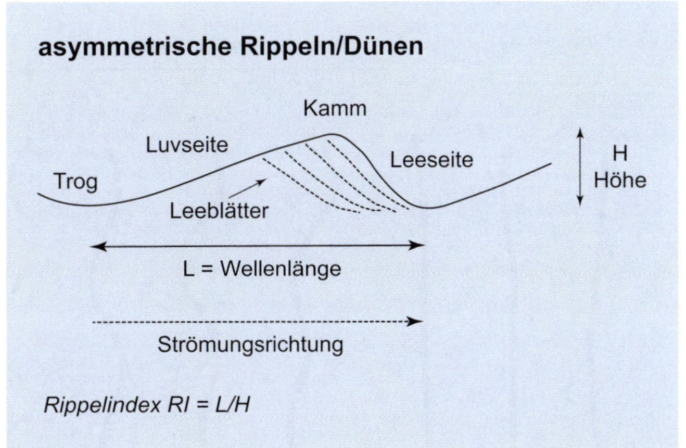

Tab. 2.29 Größenordnung der verschiedenen, durch Strömungen verursachten Schichtungsformen (Rippel, Dünen, Sandwehen, Sandbänke und Draa-Dünen)

Schichtungsformen	Länge	Höhe	Verhältnis Länge/Höhe
Rippel			
Wind-(Adhäsions-)rippel	5–250 cm	0,005–10 cm	Meist > 10
Wind-(aerodynamische) Rippel	0,9–200 cm	0,2–5 cm	Meist hoch (10–100)
Wellenrippel	1–60 cm	0,3–25 cm	Meist 5–15
Strömungsrippel	1–60 cm	0,2–6 cm	Sehr variabel
Dünengröße (allgemein)			
Klein	0,06–6 m	0,075–0,4 m	
Mittelgroß	5–10 m	0,4–0,75 m	
Groß	10–100 m	0,75–5 m	
Sehr groß	100 m	> 5 m	
Subaquatische Dünen, Sandwehen und Sandbänke			
Dünen	1–10 m	0,1–1 m	Meist 5–15
Sandwellen (*sand waves*)	5–500 m	0,5–5 m	Meist hoch (10–100)
Beulenrippel (hummocky cross-stratification)	0,5–5 m	0,05–0,4 m	Meist 5–15
Sandbänke (verschiedene Formen)	1–500 m	0,05–5 m	Sehr variabel
Äolische Dünen und Draa-Dünen			
Transversaldünen Sicheldünen (Barchan-Dünen) Longitudinaldünen(Seif-Dünen)	5–500 m (bisweilen deutlich größer, z. B. Seif-Dünen bis 300 km)	0,1–100 m (bisweilen deutlich größer, z. B. Seif-Dünen > 300 m)	
Draa-Dünen	> 500 m	10–250 m	
Sterndünen	90–6000 m	bis 500 m	

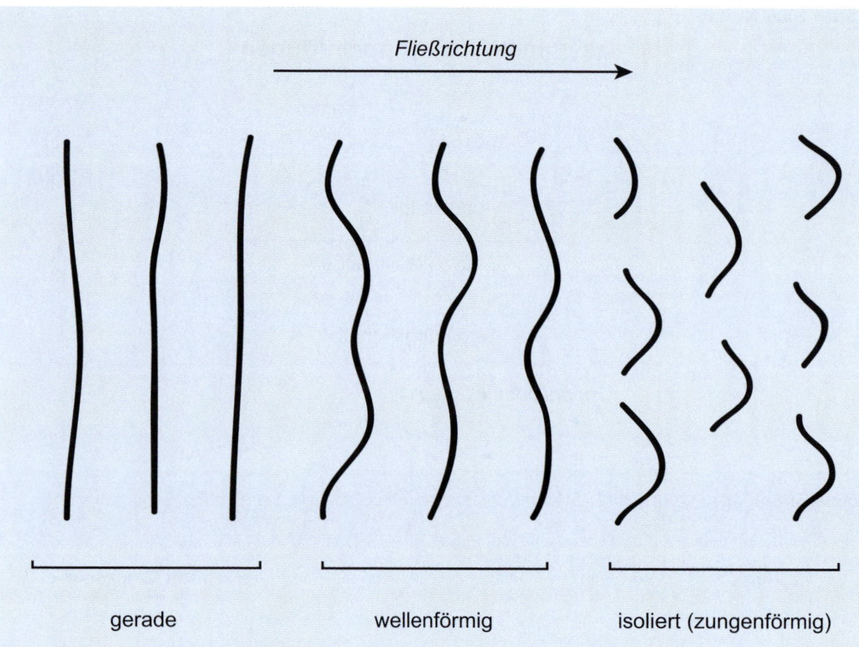

■ **Abb. 2.71** Strömungsrippel in Draufsicht mit geraden, wellenförmigen und isolierten Kämmen und die Klassifizierung von Strömungsrippeln auf der Basis ihrer Form in Draufsicht. Fließrichtung in allen Beispielen von links nach rechts. (Nach Allen 1968; Nichols 2009)

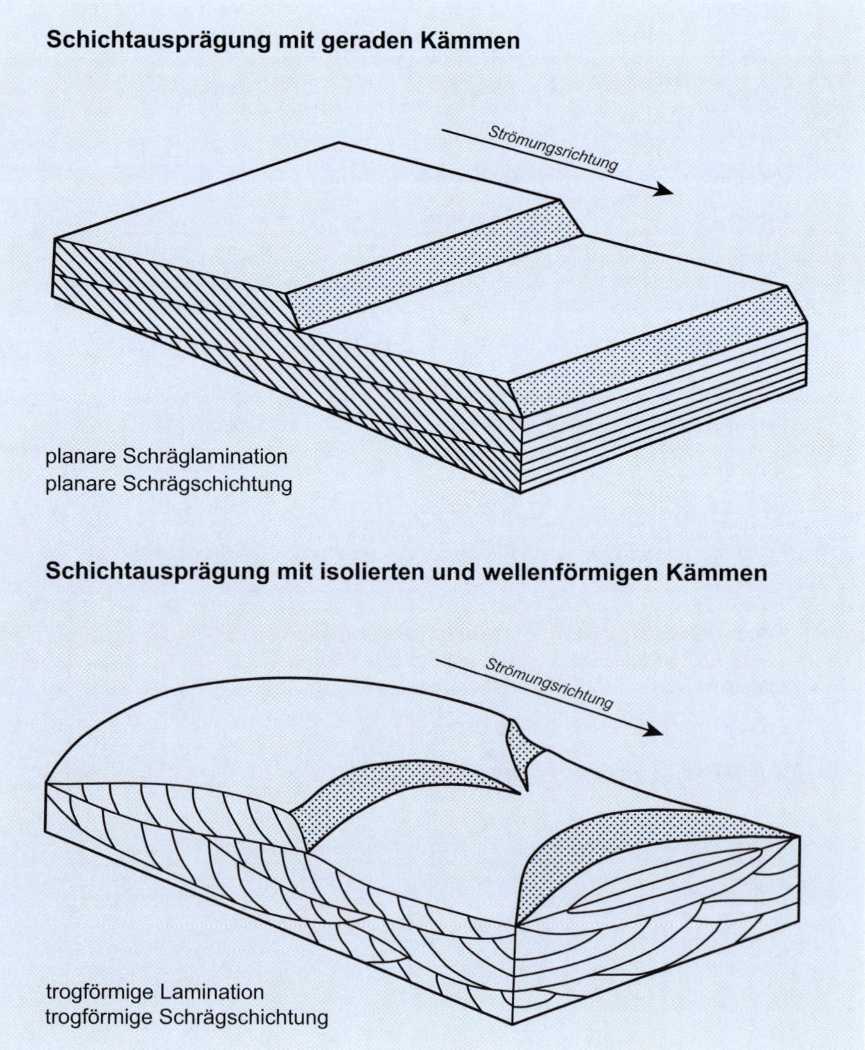

■ **Abb. 2.72** Migrierende Rippel- und Dünenbodenformen mit geraden Kämmen bilden planare Schräglamination und planare Schrägschichtung. Wellenförmige oder isolierte Rippel- und Dünenstrukturen erzeugen trogförmige Schräglamination und trogförmige Bankung. (Nach Tucker 1991)

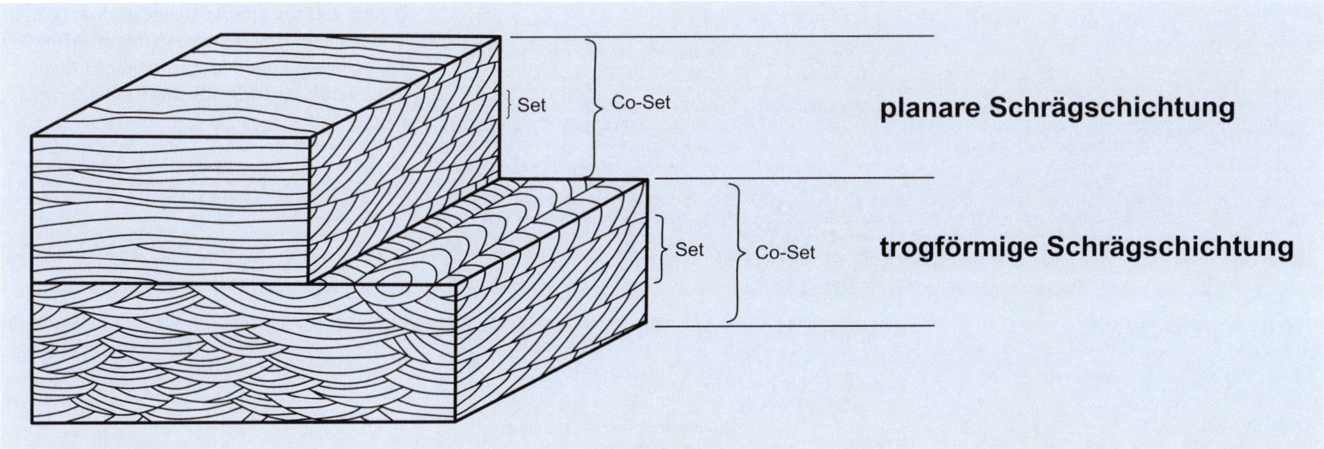

Abb. 2.73 Sets und Co-Sets von Schrägschichtung (nach Collinson und Thompson 1982)

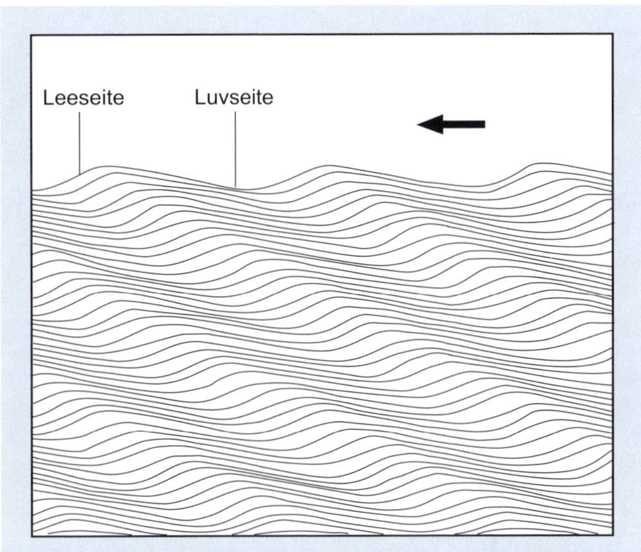

Abb. 2.74 Kletterrippel-Lamination (*climbing ripple lamination*) entstanden infolge rascher Ablagerung aus einem hochdichten Strom, der eine große Menge Sand trägt. (Nach Collinson und Thompson 1982)

Kammes abtauchen. Dagegen sind Strömungsrippel asymmetrisch mit nur in einer Richtung abtauchenden Schräglaminationen, mit der einzigen Ausnahme von **Kletterrippeln** (*climbing ripples*), die über charakteristische, asymmetrische, abtauchende Laminae verfügen (**Abb. 2.74**). Solche Rippel bilden sich bei Ablagerungsereignissen mit hoher Sedimentationsrate. Es gibt keine Abtragung von Sand von der Luvfläche des Rippelkörpers (*stoss side*), so dass bei Migration der Rippel die Sandkörner sich die Luvseite hinaufbewegen.

Ein besonderer Typ der Bodenform wird als **Beulenrippel** (*hummocky cross stratification*, HCS) bezeichnet (**Abb. 2.75**). Diese werden in der Zone zwischen der Schönwetterwellenbasis (*fair-weather wave base*) und Sturmwellenbasis (*storm wave base*) als ein Ergebnis von Sturmaktivität erzeugt, das in einem kombinierten Fluss (Strömungs- und Wellenaktivität) resultiert. Sie bestehen aus gerundeten Sandhügeln (Zentimeter in der Höhe, mehrere Dezimeter in der Länge), wobei die einzelnen Kämme durch mehrere zehn Zentimeter bis einen Meter voneinander getrennt sind. Intern ist die Lamination nach oben hin konvex, wobei die Schräglamination in alle Richtungen in einem niedrigen Winkel (< 10–20°) abtaucht und zur Seite an Mächtigkeit zunimmt. Der nach oben hin konvexe Teil wird als Hügel (*hummock*) bezeichnet und der nach unten hin konkave Teil als Mulde (*swale*). Sind Laminae in der Mulde erhalten (selten), bezeichnet man die Struktur als **flach-wannenförmige Schrägschichtung** (*swaley cross stratification*, SCS). Sturmaktivität kann auch in

der Ablagerung von **Tempestiten** resultieren, die gewöhnlich durch einzelne Sturmereignisse abgelagert werden. Sie besitzen eine erosive Basis, strukturlosen Sand/strukturloses Geröll mit HCS in den darüber liegenden feiner körnigen Sanden und horizontaler Wellenrippellamination oben. Die Sande werden von Tonen überlagert.

Beulenrippel, Wales (Skala 10 cm)

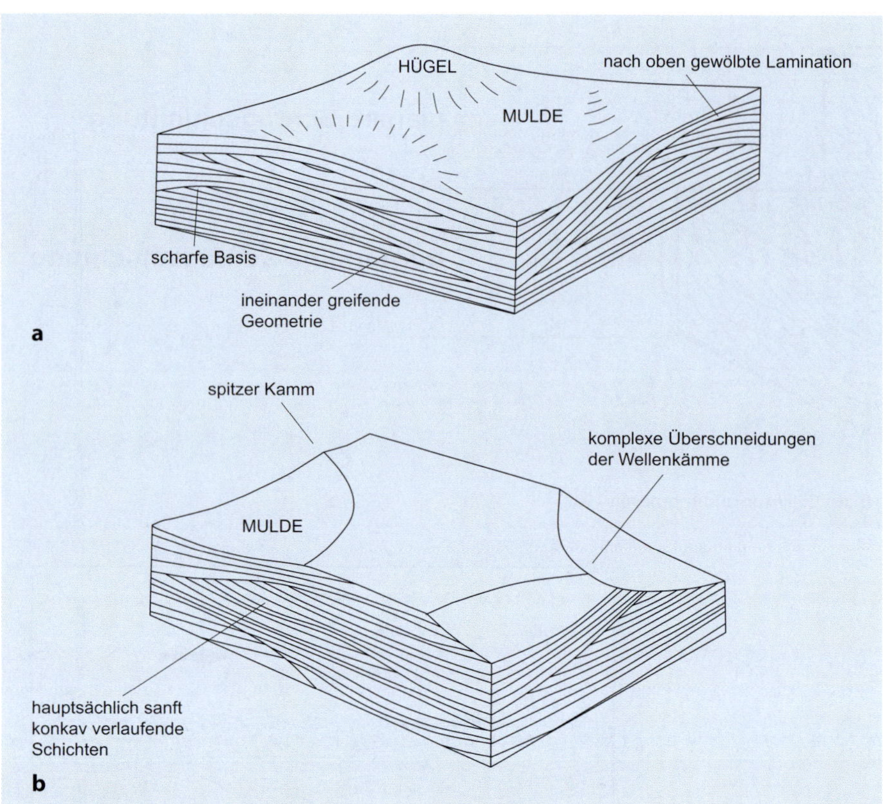

■ **Abb. 2.75a,b** Interne Architektur von (**a**) Beulenrippeln (*hummocky cross stratification*) und (**b**) flach-wannenförmiger Schrägschichtung (*swaley cross stratification*). (Nach Collinson et al. 2006)

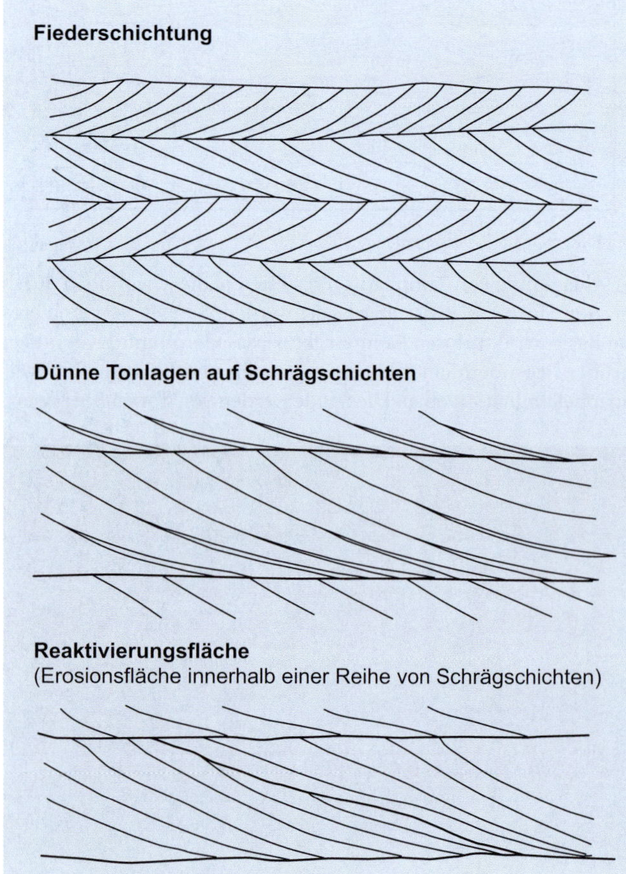

Fischgräten-Schrägschichtung (*herring-bone cross stratification*) wird in Bereichen erzeugt, in denen wechselnde Strömungsrichtungen vorliegen (z. B. in einem von den Gezeiten beeinflussten Gebiet) (■ Abb. 2.76). Falls es zeitliche Differenzen zwischen den Perioden von Strömungsaktivität gibt, können sich dünne Schlammschichten (sog. *mud drapes*) ablagern. Unidirektionale Schrägschichtung bildet sich dort, wo eine dominante Strömungsrichtung vorliegt. Diese Bodenformen können durch die rückwärtige Strömung modifiziert werden (im Allgemeinen durch das Entfernen des Dünen-/Rippelkamms). Diese kleineren Erosionsmerkmale werden als **Reaktivierungsflächen** bezeichnet.

■ Strukturen in Sand-Ton-Mischungen

Variationen in Wellen- oder Strömungsenergie (und sporadische Sedimentzufuhr) in einem bestimmten Ablagerungsmilieu können in der Bildung von Schichtwechselfolgen von Sand und Ton mit einem linsenförmigen oder wellenartigen Erscheinungsbild resultieren (■ Abb. 2.77). **Flaserlamination** tritt bei hauptsächlich sandigen Systemen auf, mit dünnen Auskleidungen von Schlamm (*mud drapes*). **Linsenförmige Lamination** bildet sich, wenn isolierte, von Ton umgebene Rippel vorhanden sind (*starved ripples*). **Wellige Lamination** ist eine Zwischenform.

■ **Abb. 2.76a–c** Merkmale, die auf Gezeiteneinflüsse während Transport und Ablagerung hinweisen. **a** Fischgrät-Schrägschichtung, **b** feine Tonlagen auf Schrägschichtung, Bildung während der Niedrigwasserstadien der Gezeitenzyklen, **c** Reaktivierungsflächen, gebildet durch Erosion eines Teils einer Bodenform (*bedform*), wenn eine Strömung rückwärtig ist. (Nach Nichols 2009)

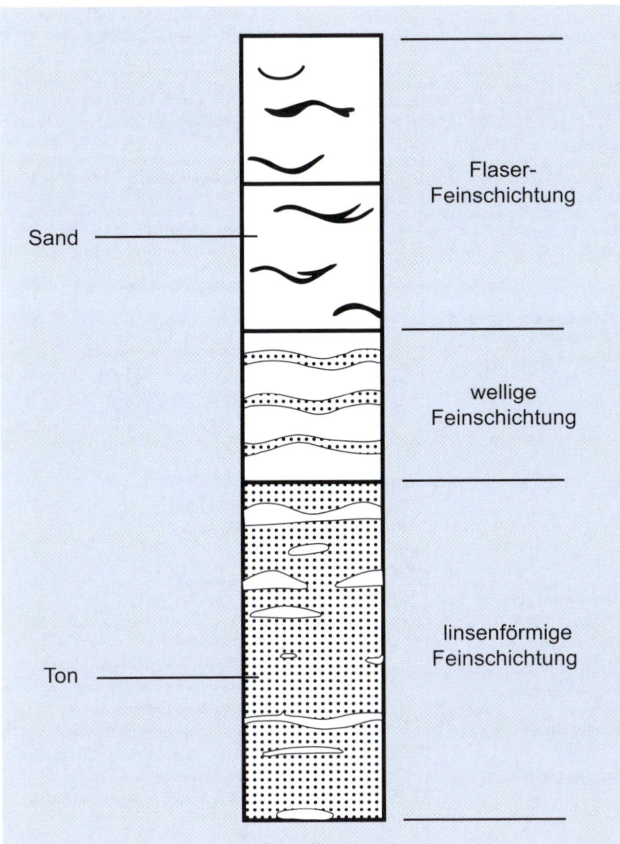

Abb. 2.77 Mischungen von Sand und Ton in unterschiedlichen Verhältnissen erzeugen verschiedene Formen linsenförmiger und welliger Schichtung. (Nach Reineck und Singh 1980)

Linsenförmige Lamination, Wales (Skala 10 cm)

2.4.4 Massenströme

Massenströme (*mass flows*) oder Gravitations-/Dichteflüsse sind Mischungen aus Sediment und Flüssigkeit, die sich unter dem Einfluss von Schwerkraft durch eine Vielzahl physikalischer Mechanismen hangabwärts bewegen. Vier Haupttypen können identifiziert werden (Abb. 2.78):

- **Schuttströme** (*debris flows*) – dichte, viskose Mischungen von Sediment (Ton- bis Blockgröße) und Wasser mit höherem Anteil an Sediment als Wasser. Die Flüsse sind nicht turbulent, was bedeutet, dass keine Sortierung stattfindet. Es handelt sich um **Nicht-Newtonsche Fluide**, die eine gewisse Energiezufuhr erfordern, bevor sie anfangen, sich zu bewegen. Ablagerung tritt auf, wenn die innere Reibung zu groß wird und der Fluss „einfriert". Die resultierende Ablagerung (*debrit*) ist schlecht sortiert (obwohl es etwas Sortierung im oberen Teils des Flusses durch die Beimischung von Wasser geben kann, während an der Basis reibungsinduzierte Invers-Gradierung, sogenannte *traction carpets*, auftreten können). Es gibt wenig proximal-distale Variation.

Ablagerung durch Schuttstrom, Almeria, Spanien

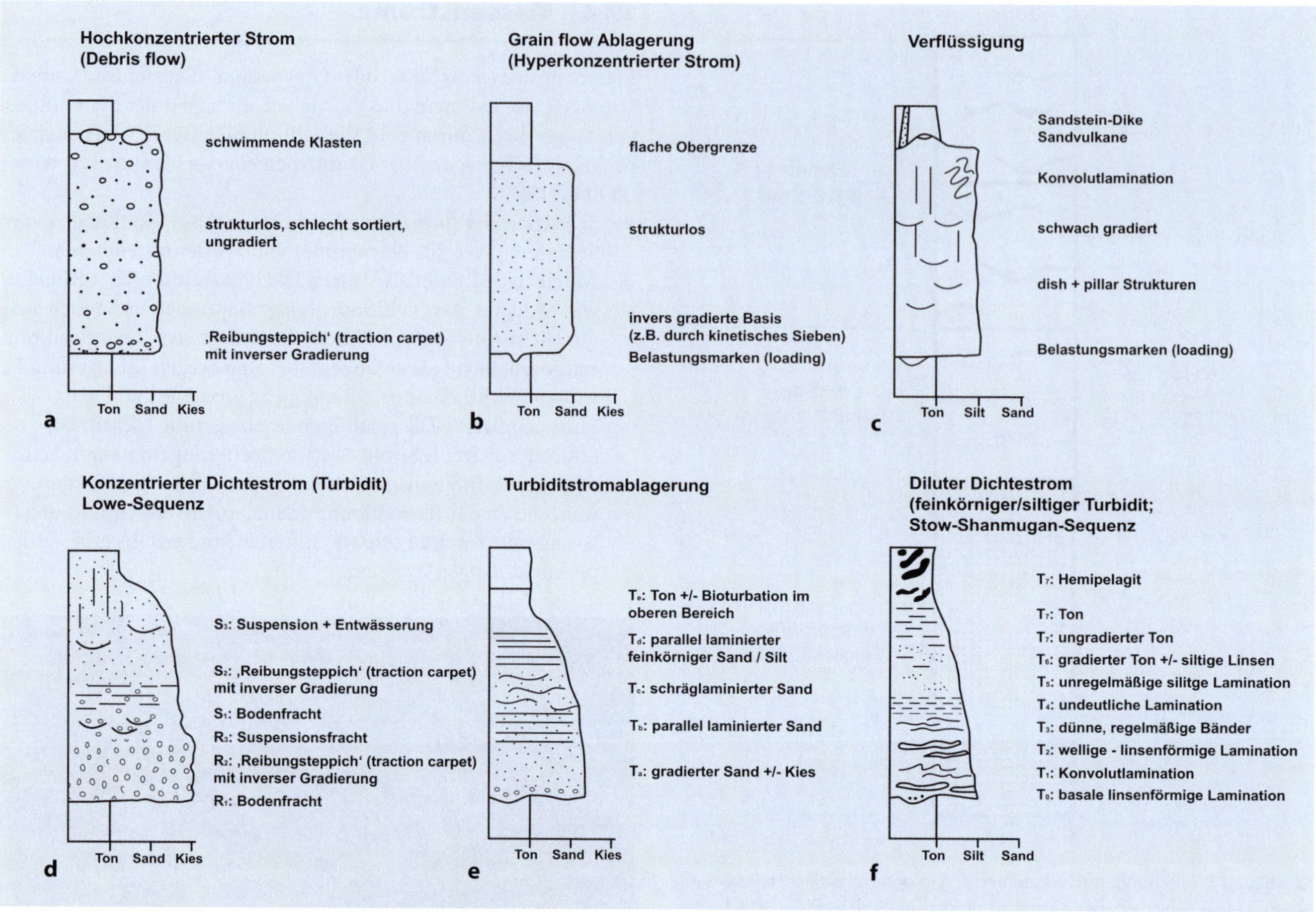

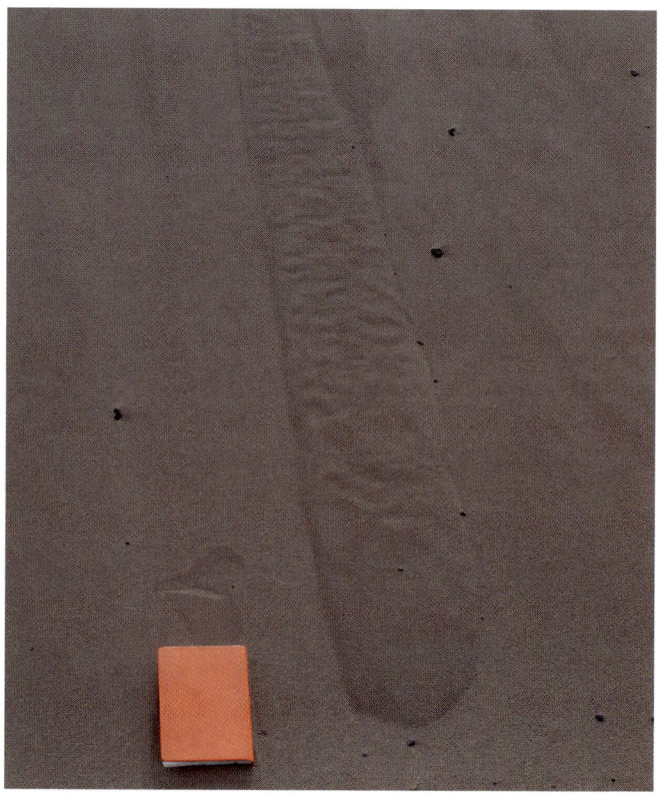

Abb. 2.78 Typische Sequenzen der Haupttypen von Massenströmen (nach Walker und James 1992; Stow 2006).

— **Turbiditische Ströme** (*turbidity flows*) – turbulente Mischungen von Sediment und Wasser (**Turbiditströmungen**). Die Sedimentsortierung weist charakteristische Sequenzen (**Bouma-Sequenzen**) in den Ablagerungen (**Turbiditen**) mit ausgeprägten proximal-distalen Variationen auf. Turbidite werden häufig in niedrig- und hochkonzentrierte Flüsse unterteilt. Ströme mit einer höheren Dichte können Lowe-Sequenzen produzieren, während Ströme mit einer niedrigeren Dichte Stow-Sequenzen produzieren können.

Turbiditabfolge, Nordspanien

Körnerstrom, Garzweiler

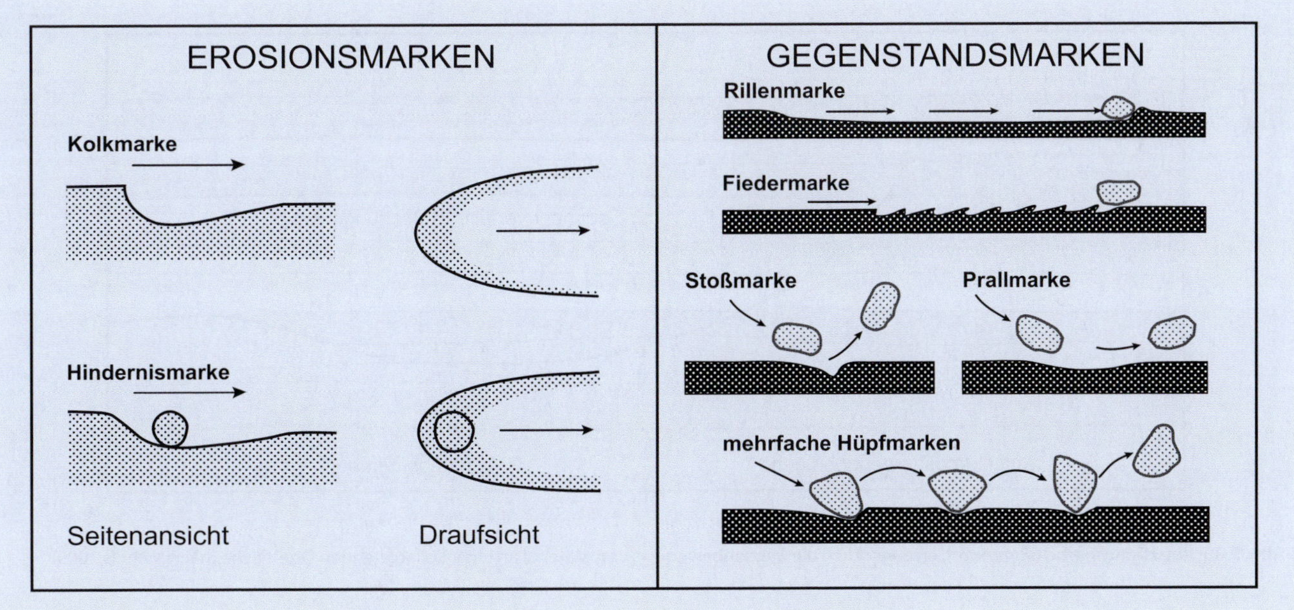

Abb. 2.79 Sohlspuren an der Basis eines Stromes und Erosionsstrukturen (nach Stow 2006; Nichols 2009)

— **Körnerströme** *(grain flows)* – werden in Sedimenten mit einer guten Sortierung des Materials (z. B. äolischen Sanden) erzeugt, welche als Lawine einen steilen Hang herabstürzen. Die Partikel werden durch wiederholte Kollisionen in dem flüssigen Medium voneinander getrennt gehalten. Fällt die kinetische Energie des Flusses unter einen kritischen Wert, kann der Fluss „einfrieren". Körnerströme können Anzeichen von reverser Gradierung tragen.

— **Verflüssigte Ströme** *(liquefied/fluidized flows)* – treten auf, wenn eine Sediment-Wasser-Mischung einer hochenergetischen Erschütterung (z. B. einem Erdbeben) ausgesetzt ist. Dies hat eine Destabilisierung des Sedimentkörpers zur Folge, indem Porenfluide beginnen, sich nach oben zu bewegen. Die Destabilisierung wird als **Liquefaktion** bezeichnet.

2.4.5 Erosionsstrukturen

Strömungsaktivität kann erosiv sein. Dies führt zur Bildung einer Vielzahl von Strukturen in zuvor abgelagerten Sedimenten. Diese Strukturen, die an der Basis von Bettsohlen auftreten, werden als **Sohlspuren** *(sole marks)* bezeichnet und können in zwei Haupttypen unterteilt werden (■ Abb. 2.79):

— **Ausspülungsmarken** *(scour marks)* – bilden sich als ein Resultat von Strömungswirbeln (z. B. Strömungsmarken *(flute marks)*, Rillen und Kämmen, Erosionsrinnen *(gutter casts)* oder Turbulenzen um Hindernisse herum *(obstacle scours)*).

— **Werkzeugmarken** *(tool marks)* – bilden sich infolge der Abdrücke, die durch innerhalb des Flusses mittransportierte Objekte erzeugt wurden (z. B. Rillen – das Objekt schneidet einen Pfad durch das Sediment. Stoß-, Auslass- oder Prallmarken *(prod-, skip-, bounce marks)* – das Objekt bewegt sich springend fort; Rollmarken *(roll marks)* – das Objekt bleibt im Kontakt mit dem unterliegenden Sediment).

Ausspülungen *(scours)* sind Merkmale kleinen Maßstabs. Bei Rinnen (Einsenkungen, die teilweise oder ganz Flüsse begrenzen) und Narben von Rutschungen *(slump scars*; als ein Resultat von gravita-

tiver Instabilität) handelt es sich hingegen um Merkmale mit einem größeren Maßstab (■ Abb. 2.80 und 2.81).

■ Strömungsmarken, Aberystwyth, Wales (Bildbreite 1 m)

■ Ausspülungsmarken, Harz

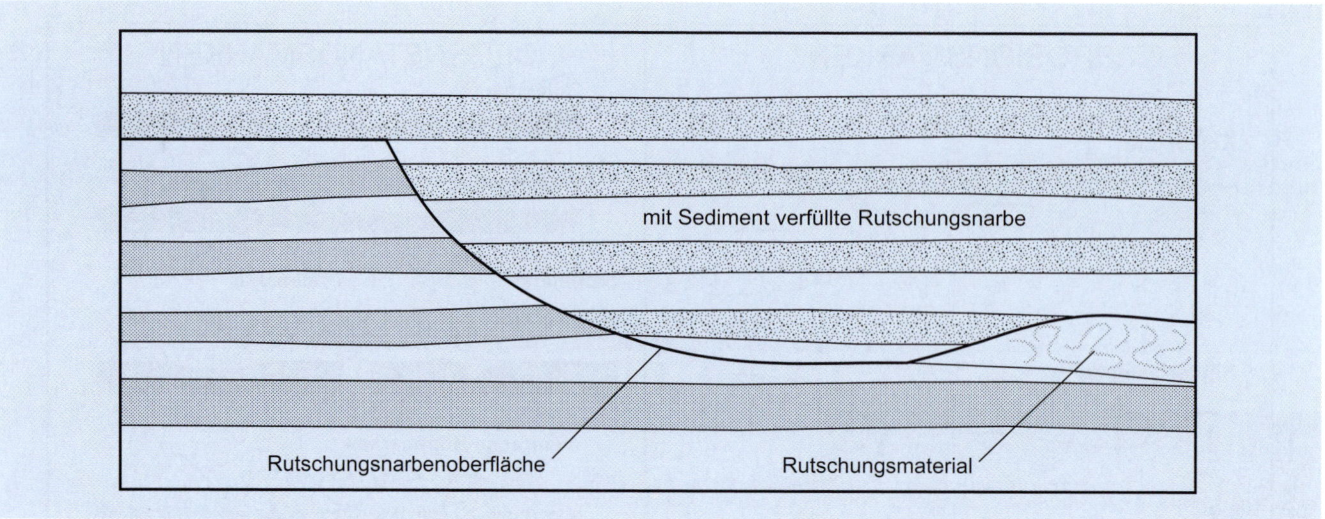

 Abb. 2.80 Rutschungsnarbe (*slump scar*), erzeugt durch die Massenbewegung von Material an einer kollabierenden Oberfläche (nach Nichols 2009)

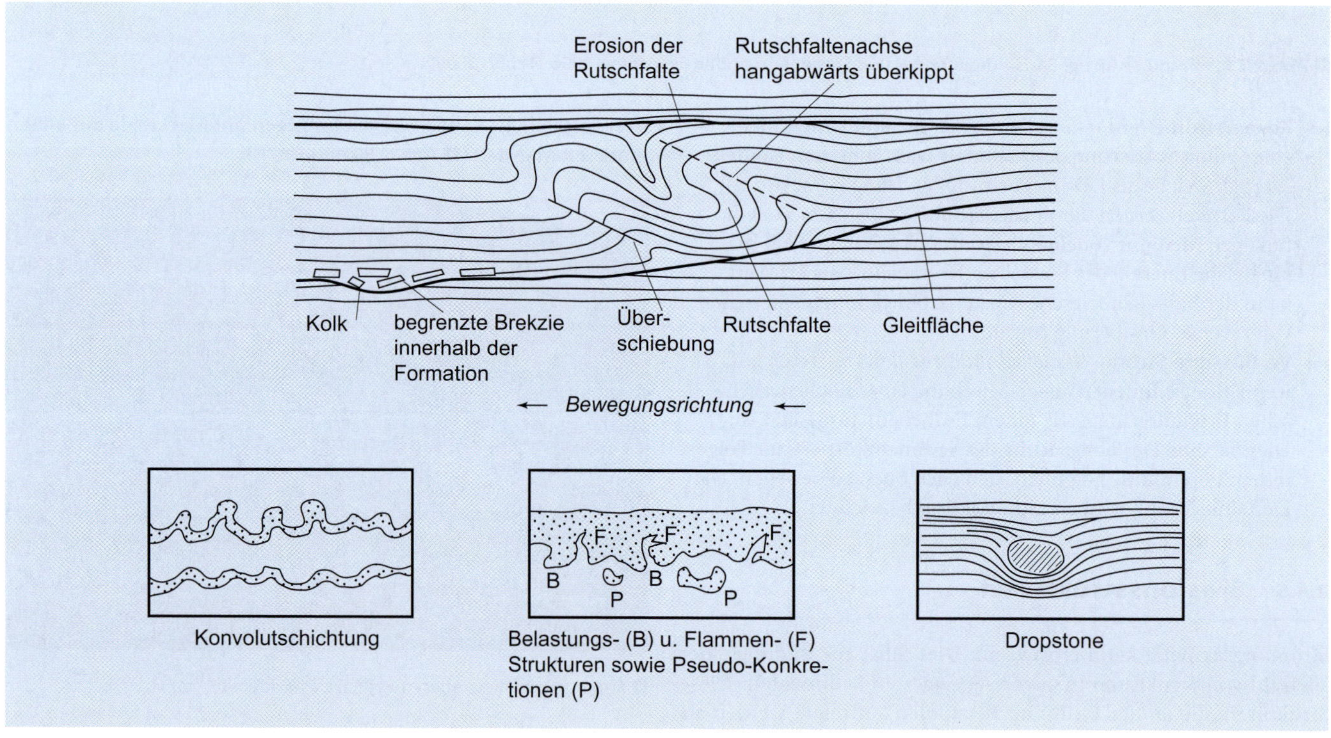

Abb. 2.81 Terminologie von Rutschungen und Weich-Sediment-Deformierungsstrukturen. Bei Rutschungen kommt es sowohl zu einer lateralen Bewegung als auch zu einer internen Störung des Schichtverbands. Die Größenordnung kann im Zentimeter- bis Kilometerbereich auftreten. (Nach Stow 2006; Nichols 2009)

2.4.6 Postablagerungsstrukturen

Vor kurzem abgelagerte Sedimente sind häufig relativ weich infolge der innerhalb der Porenräume eingeschlossenen verbleibenden Wassermenge (■ Abb. 2.81). In diesem Stadium kann sich eine Reihe von Strukturen als ein Ergebnis der Deformation bilden, einschließlich:

- **Überkippte Schrägschichtung** – tritt infolge der Bewegung einer starken Strömung über die zuvor abgelagerten Schichten auf.
- **Konvolutschichtung/-lamination** *(convolute bedding/lamination)* – tritt infolge der Störung der zuvor abgelagerten Bänke/Laminae als Resultat von Erschütterung oder dem Durchfluss einer starken Strömung oder durch Last auf.

■ Konvolutschichtung, Almeria, Spanien

- **Dichtegegensätze** – Gegensätze in der Dichte zwischen zuvor abgelagerten Einheiten und den frisch abgelagerten Schichten können zur Bildung einer Vielzahl von Merkmalen führen, einschließlich **Belastungsstrukturen** (Material mit einer höheren Dichte sinkt in leichteres Material), **Flammenstrukturen** (eine von einer Vielzahl von charakteristischen **Injektionsmerkmalen,** wo leichteres Material diapir-artig nach oben aufsteigt), **Ball-** und **Kissenstrukturen** (dichteres Material sinkt in das darunterliegende Material – kleinere Strukturen werden als Bälle, größere Strukturen als Kissen bezeichnet).

■ Flammenstruktur, Almeriam, Spanien (Skala 2 cm)

■ Ball- und Kissenstrukturen, Wales (Skala 2 cm)

- **Entwässerungsstrukturen** – resultieren aus der Austreibung von Porenwässern infolge von Last oder Erschütterung (■ Abb. 2.82). Wenn das Wasser sich durch das Sediment hinaufbewegt, bildet es charakteristische **Schüssel-** *(dish)* und **Säulenstrukturen** *(pillar structures)*. An den Stellen, an denen die Säulen die Bettoberfläche erreichen, können sich **Sandvulkane** bilden.
- **Sandsteingänge** *(dikes)* und **Sills** – bilden sich, wenn verflüssigter Sand kraftvoll nach oben durch die darüber liegenden Sedimente (häufig durch Frakturen) eingespritzt wird. Gänge sind vertikal, Sills horizontal orientiert.

■ Sandsteingänge, Wales (Skala 2,5 cm)

- **Trockenrisse** – sind polygonale Risse als ein Ergebnis der Austrocknung von tonreichen Sedimenten in subaerischen Milieus (■ Abb. 2.83). Erosion und schnelle Ablagerung der Tonklasten *(Mudflakes)* können in der Bildung eines Tonklasten-Konglomerats resultieren. **Synäreserisse** sind ähnlich, treten jedoch in tonreichen Sedimenten unter Wasser auf.

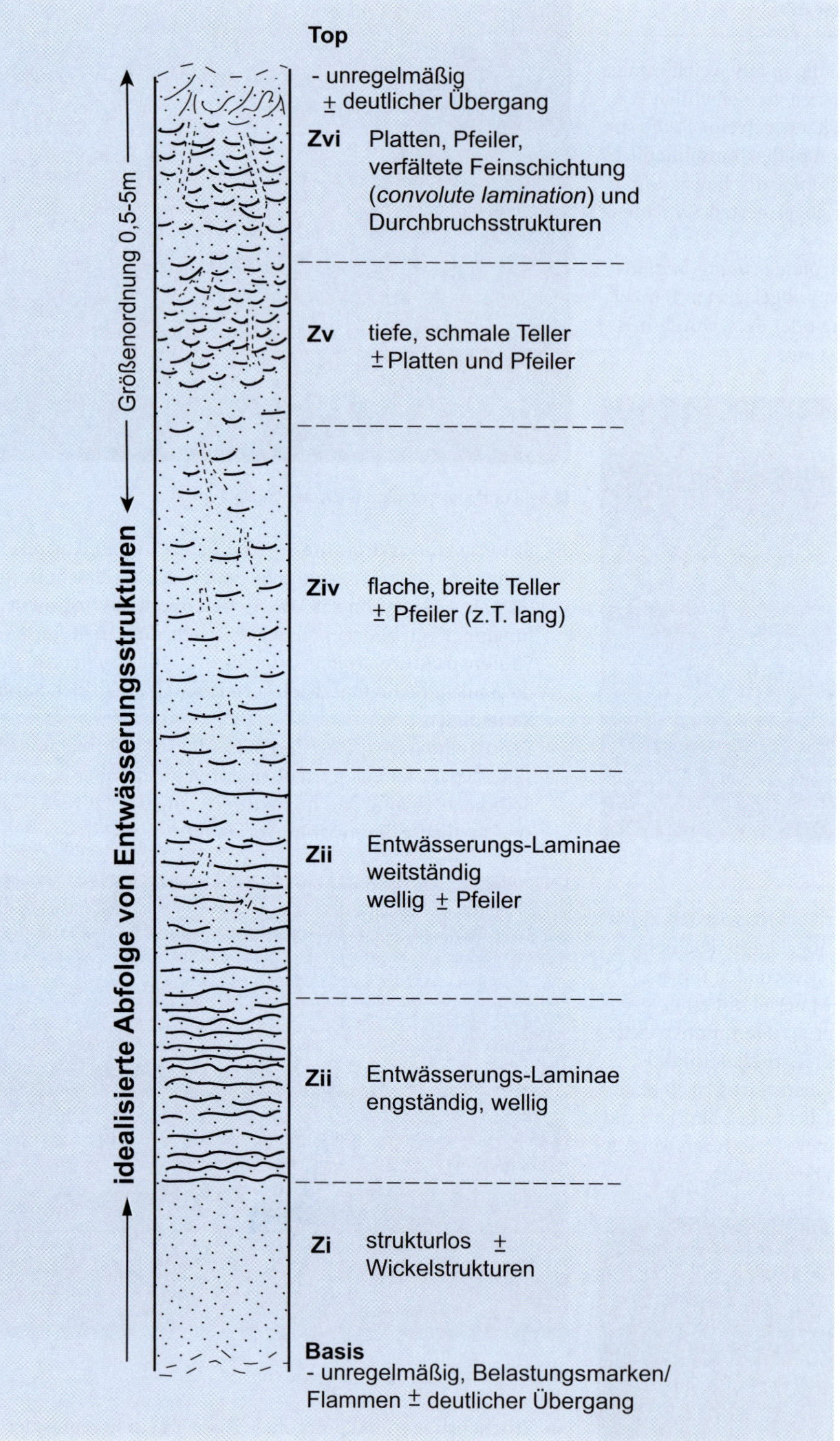

Abb. 2.82 Schematische vertikale Abfolge von Entwässerungsstrukturen mit Schüssel- und Säulenstrukturen, wie sie für massige, sandreiche Turbidite und massige Sandschüttungen typisch sind. Zi–Zvi = Zone i bis Zone vi (nach Stow 2006)

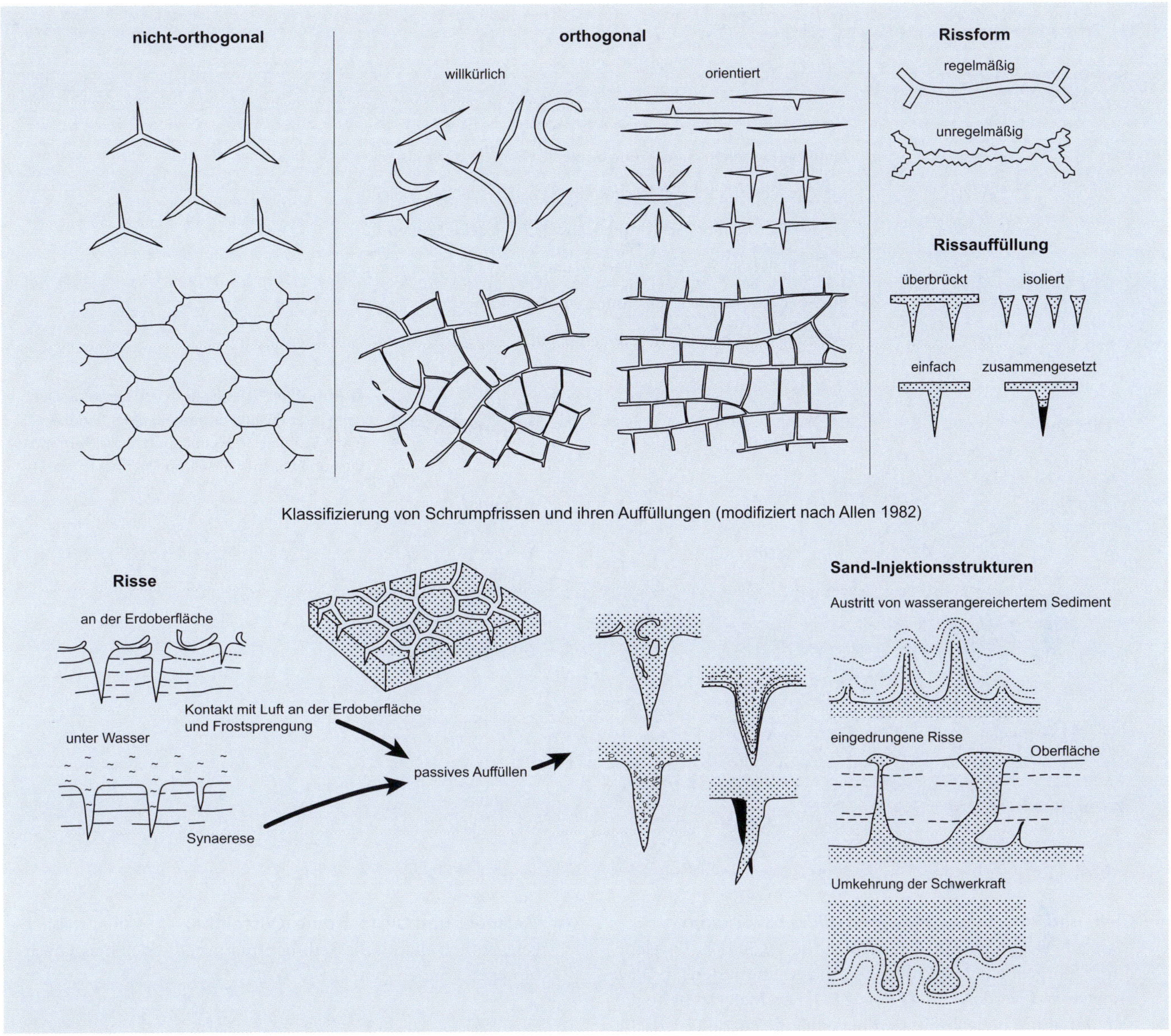

Klassifizierung von Schrumpfrissen und ihren Auffüllungen (modifiziert nach Allen 1982)

◘ **Abb. 2.83** Trocken- und Synäreserisse. Trockenrisse sind subaerisch und entstehen durch Austrocknung. Synäreserisse entstehen durch Entwässerung unter Flachwasserbedingungen. (Nach Collinson et al. 2006)

▬ **Regen- und Hagelabdrücke** – kleine (< 1 cm) kraterartige Vertiefungen, welche sich durch den Einschlag von Regentropfen oder Hagelkörnern auf Lockersedimente bilden.

◘ Trockenrisse, Almeria, Spanien (Bildbreite 50 cm)

◘ Regenabdrücke, Arizona, USA

■ **Tab. 2.30** Bioturbationsindex (nach Tucker 1996)

Grad	Prozent	Klassifikation
0	0	Keine Bioturbation
1	1–4	Bioturbation selten, Schichtung deutlich, einige Einzelspuren
2	5–30	Geringe Bioturbation, Schichtung deutlich, geringe Spurendichte
3	31–60	Mäßige Bioturbation, Schichtgrenzen scharf, einzelne Spuren
4	61–90	Starke Bioturbation, Schichtgrenzen undeutlich, hohe Spurendichte
5	91–99	Intensive Bioturbation, Schichtung vollkommen gestört
6	100	Vollständige Bioturbation, Sedimentaufarbeitung durch wiederholte Überprägung

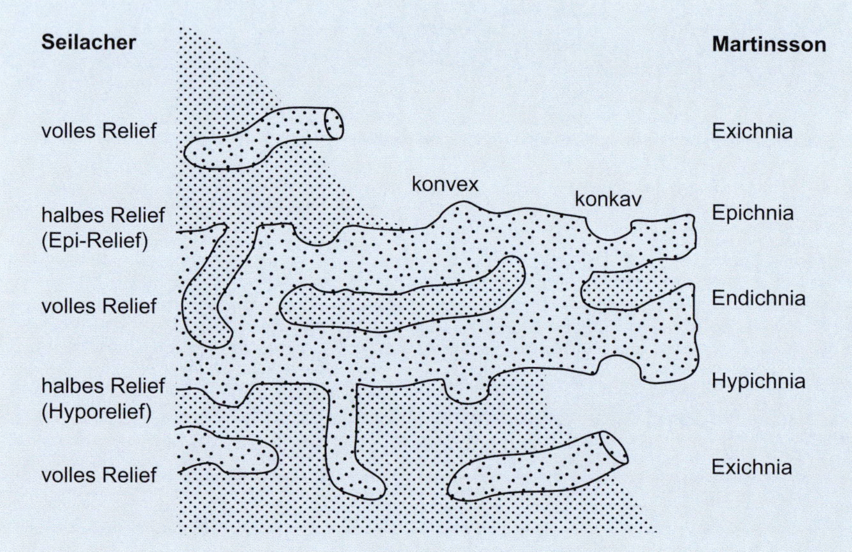

■ **Abb. 2.84** Klassifikation von Ichnofossilien nach ihrer Position innerhalb einer Sandbank (nach Bromley 1996, mit zusätzlicher Terminologie von Seilacher 1964 und Martinsson 1965)

━ **Gleit- und Rutschungsstrukturen** (*slides* bzw. *slumps*) Massenbewegungen von Sedimenten (bis zu 500 km³), welche durch Störgrößen (z. B. Erdbeben, Ablagerungslasten) in Bewegung gesetzt werden (vgl. ■ Abb. 2.81). Das Material bewegt sich daraufhin hangabwärts, wobei es häufig charakteristische **Rutschungsspuren** (*slump scars*) hinterlässt. Gleitstrukturen zeigen keine richtige innere Deformation, während Rutschungsstrukturen deutliche Spuren von Deformation aufzeigen, mit einer häufig in eine Richtung konzentrierten Deformationsrichtung (hangabwärts/stromabwärts).

■ Rutschung, Llangranog, Wales

━ **Mélanges und Olistostrome (Olistolithe)** – großmaßstäbliche, gelegentlich chaotische Sedimentmassen, die sich hangabwärts bewegen können.

2.4.7 Biogene Strukturen

Über Körperfossilien hinaus können Sedimente eine Vielzahl an Strukturen enthalten, deren Herkunft auf die Aktivitäten von Organismen zurückgeführt werden kann.

▪ Ichnofossilien

Bioturbation ist die allgemeine Unterbrechung von Schichtung/Lamination als Ergebnis organischer Aktivität (■ Tab. 2.30, ■ Abb. 2.84). **Ichnofossilien** sind die Lebensspuren von Organismen und können sowohl anhand ihrer Lage als auch anhand ihrer Form beschrieben und klassifiziert werden (■ Abb. 2.85 und 2.86). Es ist wichtig, zwischen Grabgängen (*burrows*) in weichen Sedimenten und Bohrgängen (*borings*) in hartem Untergrund zu unterscheiden.

Ichnofossilien und Ichnofossilassoziationen (**Ichnofazies**) liefern viele nützliche Informationen über Sedimentdichte, Energieniveaus, Ablagerungsraten, Wasserreinheit, Nährstoffniveaus, Sauerstoffeintrag und Salinität etc. und geben auch wertvolle Auskunft über Wassertiefen (■ Abb. 2.87).

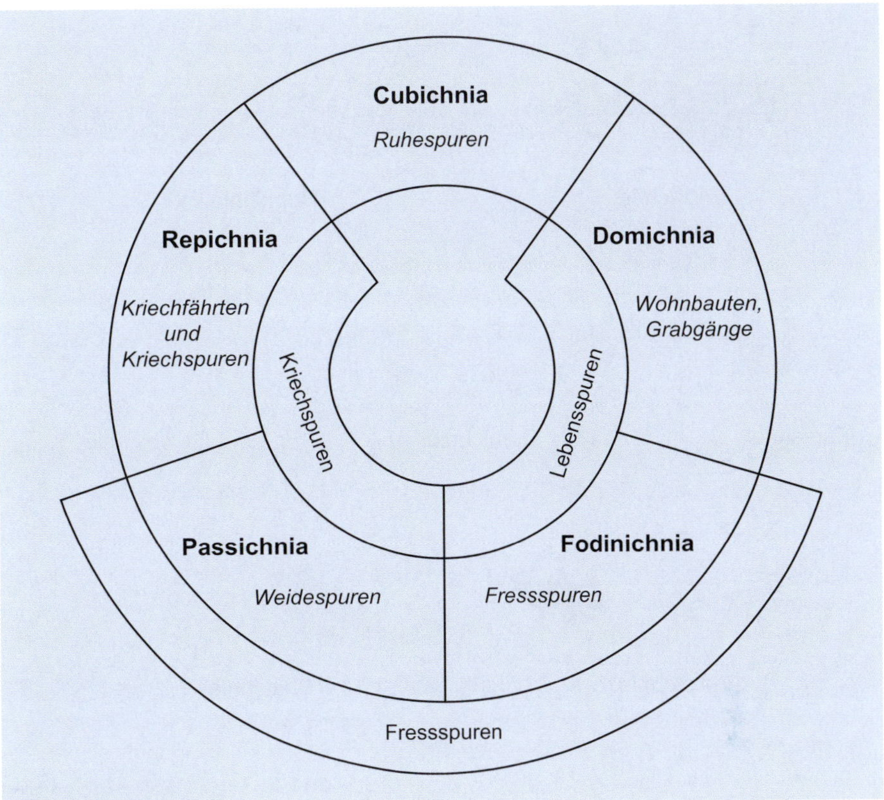

Abb. 2.85 Klassifizierung von Spurenfossilien, basierend auf Interpretationen der Aktivität der Organismen (nach Seilacher 2007)

▪ Stromatolithen und verwandte Strukturen

Stromatolithen sind laminierte Strukturen (Laminae < 1 mm, häufig zerknittert oder gebogen), die im Allgemeinen in feinkörnigen Karbonaten zu finden sind. Sie entstehen durch Einfangen von Karbonatsedimenten, die wiederum durch Bindungsaktivitäten von Blau- und Grünalgen (Bildung mikrobieller Matten) entstehen (▪ Abb. 2.88). Die resultierenden Strukturen sind häufig halbkugelförmig, können jedoch in einer Vielzahl von Formen auftreten. **Thrombolite** ähneln Stromatolithen, werden jedoch durch Cyanobakterien aufgebaut und sind ohne innere Strukturen. **Onkoide** werden ebenfalls durch Cyanobakterien gebildet und sind irreguläre konzentrische Strukturen (Millimeter bis Zentimeter im Durchmesser), die als Klasten innerhalb von Karbonaten auftreten.

▪ *Scolicia*, Nordspanien (Skala 17 cm)

▪ Zoophycos, Almeria, Spanien

▪ Stromatolith, Almeria, Spanien (Skala 30 cm)

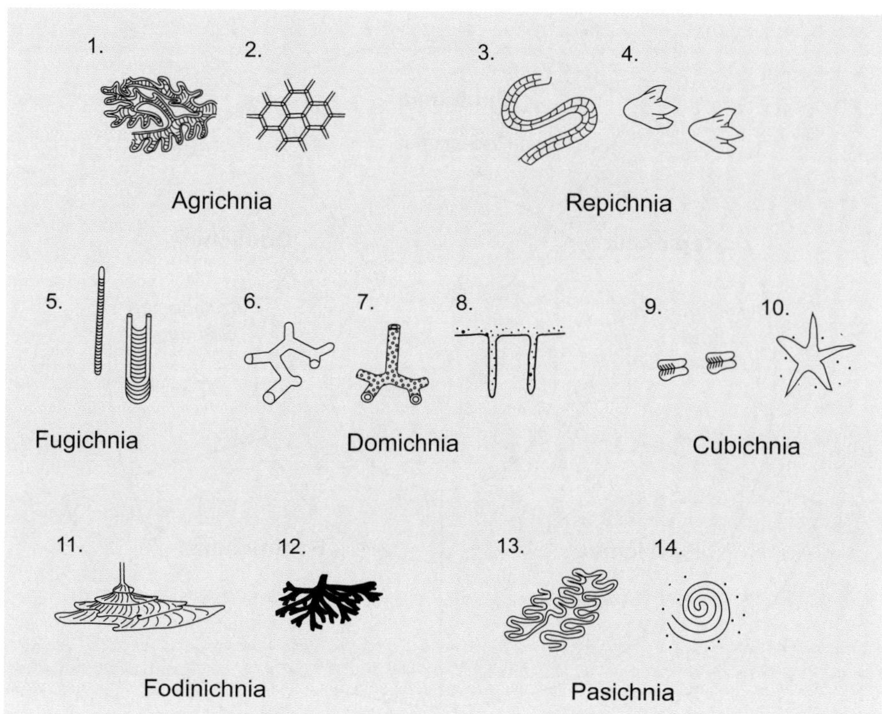

■ **Abb. 2.86** Klassifizierung von Spurenfossilien nach ihrem Verhalten. Hauptkategorien mit typischen Beispielen. Agrichnia = Fallen und Kultivierungsspuren, Cubichnia = Ruhespuren, Domichnia = Wohnbauten-Spuren, Fodinichnia = Fressspuren, Fugichnia = Fluchtspuren, Pasichnia = Weidespuren, Repichnia = Kriechspuren. *1* Phycosiphon, *2* Palaeodictyon, *3* Nereites, *4* Anomoepus, *5* Diplocraterion (U-Form) und Gastrochaenolites, *6* Thalassinoides, *7* Ophiomorpha, *8* Skolithos, *9* Rusophycus, *10* Asteriacites, *11* Zoophycos, *12* Chondrites, *13* Cosmorpaphe, *14* Spirorhaphe. (Nach Benton und Harper 2009; Stow 2006)

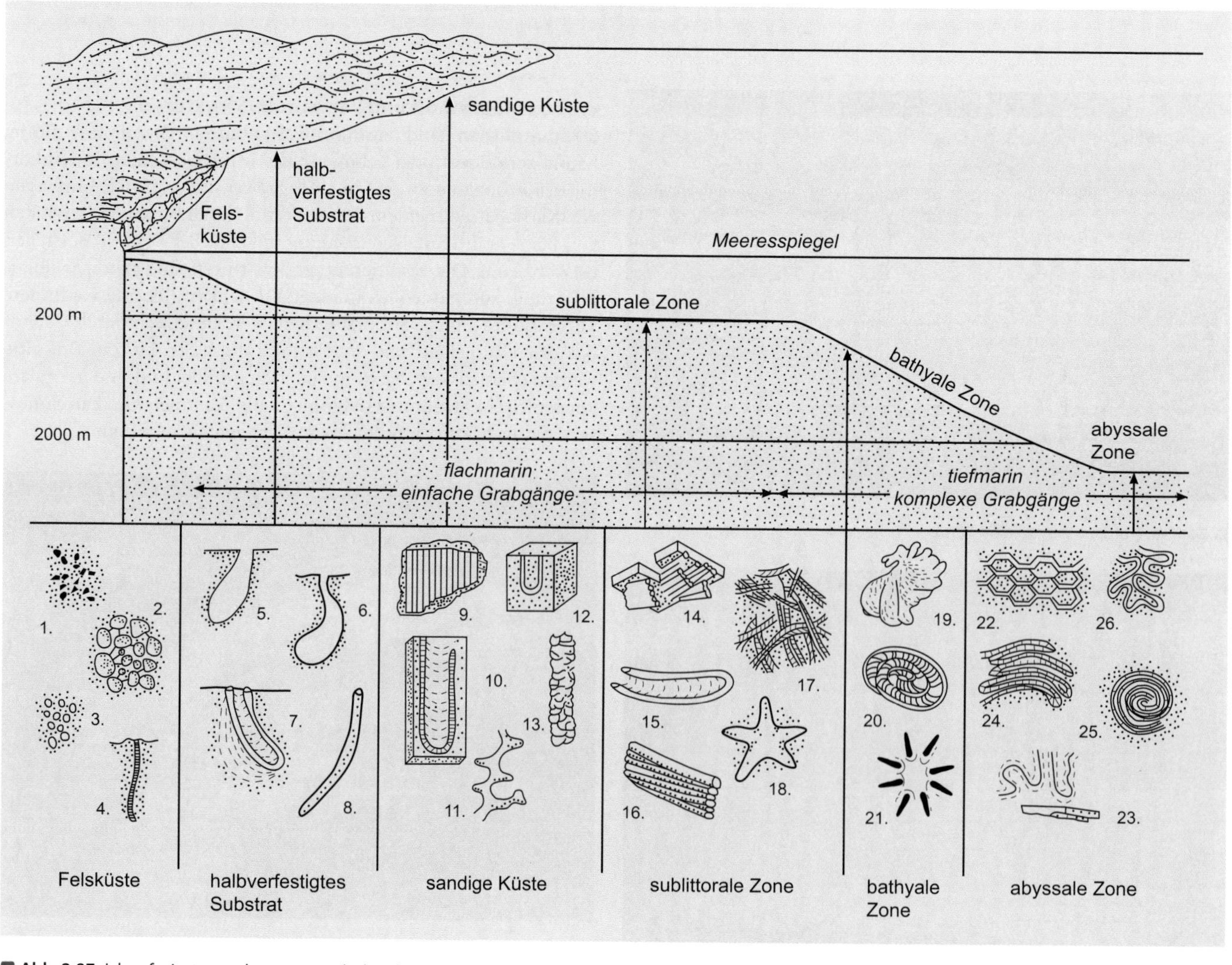

■ **Abb. 2.87** Ichnofaziestypen, benannt nach den dort am häufigsten auftretenden Ichnofossilien (nach Frey und Pemberton 1984)

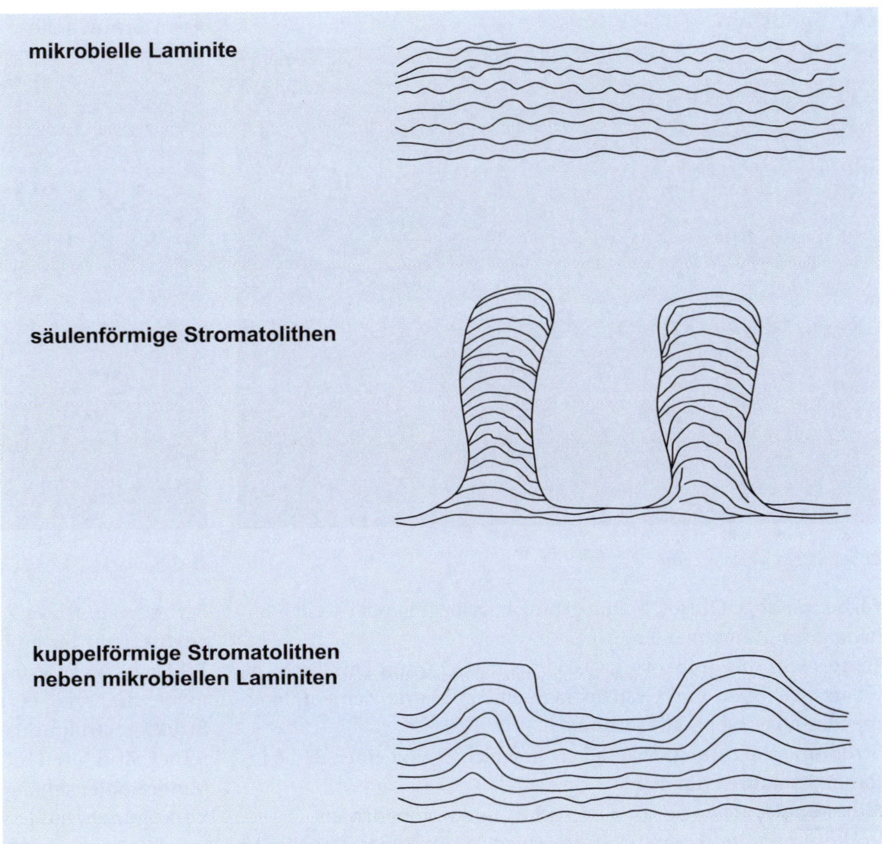

Abb. 2.88 Mikrobiell gebildete Laminite und Stromatolithen (nach Stow 2006)

2.4.8 Sedimentgesteine

Konglomerat

Konglomerat (Skala 30 cm)

Farbe: variabel – abhängig von Komponenten
Textur: gerundete Klasten (> 2 mm Durchmesser) – Kies- bis Bouldergröße – in einer feinerkörnigen Matrix (häufig sandig, auch tonig)
Struktur: strukturlos oder gradiert/geschichtet. Klasten können auch ein Dachziegelmuster zeigen. Sowohl klasten- als auch matrixgestützte Konglomerate möglich
Mineralogie: abhängig von Liefergebiet und Klastenzusammensetzungen. Polymiktisch (mehrere Klastenarten), monomiktisch (eine Klastenart)
Vorkommen: indikativ für Strömungen mit hoher Energie. In verschiedenen Ablagerungssystemen zu finden (z. B. Flusssysteme, Strand, tiefmarine Canyons)

Brekzie

Brekzie (Skala 10 cm)

Farbe: variabel – abhängig von Komponenten
Textur: Eckige Klasten (> 2 mm Durchmesser) – von Kies bis Blöckegröße – in einer feinerkörnigen Matrix (häufig sandig, auch tonig)
Struktur: strukturlos oder gradiert/geschichtet. Sowohl klasten- als auch matrixgestützte Brekzien möglich
Mineralogie: abhängig von Liefergebiet und Klastenzusammensetzungen. Polymiktisch (mehrere Klastenarten), monomiktisch (eine Klastenart).
Vorkommen: indikativ für Strömungen mit hoher Energie. In verschiedenen Ablagerungssystemen zu finden (z. B. Alluvialfächern). Häufig nahe am Liefergebiet (kurzer Transport)

▪▪ Sandstein

◻ Sandstein (Skala 2,2 cm)

Farbe: variabel. Oft rot, braun, grünlich, gelb, grau oder weiß – abhängig von Komponenten
Textur: fein- bis grobkörnig (0,063 bis max. 2,0 mm Durchmesser. Quarz-, Feldspat- und Gesteinsfragmente in Matrix/Zement. Fragmente sind eckig bis gut gerundet.
Struktur: strukturlos oder gradiert/geschichtet (mit einer Reihe interner Strukturen möglich)
Mineralogie: abhängig von Liefergebiet und Komponenten
Vorkommen: indikativ für Strömungen mit mittlerer Energie. In verschiedenen Ablagerungssystemen zu finden (z. B. Flusssystemen, Strand, Deltas).

▪▪ Arkose

◻ Arkose

Farbe: rot, pink
Textur: fein- bis grobkörnig (max. 2,0 mm Durchmesser. Überwiegend Quarz- und Feldspatfragmente (25–50 %) in Matrix/Zement. Fragmente sind eckig bis gut gerundet.
Struktur: strukturlos oder gradiert/geschichtet (mit einer Reihe interner Strukturen möglich)
Mineralogie: abhängig von Liefergebiet und Komponenten – oft ein Verwitterungsprodukt von Granitoiden
Vorkommen: indikativ für Strömungen mit mittlerer Energie

▪▪ Grauwacke

◻ Grauwacke (Skala 2 cm)

Farbe: grau, schwarz
Textur: fein- bis grobkörnig (max. 2,0 mm Durchmesser). Quarz-, Feldspat- und Gesteinsfragmente in einer Matrix (bis 15 %). Fragmente sind eckig bis gut gerundet.
Struktur: strukturlos oder gradiert/geschichtet (mit einer Reihe interner Strukturen möglich)
Mineralogie: abhängig von Liefergebiet und Komponenten
Vorkommen: indikativ für Strömungen mit mittlerer Energie

▪▪ Siltstein

◻ Siltsteinschichten in Tonstein (Skala 20 cm)

Farbe: variabel – schwarz, grau, braun, gelb, weiß
Textur: feinkörnig (< 0,063 mm Durchmesser). Quarz- und Feldspatfragmente in Matrix/Zement. Fragmente sind eckig bis gut gerundet.
Struktur: strukturlos oder gradiert/geschichtet (mit einer Reihe interner Strukturen möglich)
Mineralogie: Quarz und Feldspat – abhängig von Liefergebiet und Komponenten
Vorkommen: indikativ für Strömungen mit niedriger Energie. In ruhigen Ablagerungssystemen zu finden.

■■ Tonstein

◘ Kieseliger Tonstein (Skala 20 mm)

Farbe: variabel – schwarz, grau, braun, gelb, grün, rot, weiß
Textur: sehr feinkörnig (< 0,0039 mm Durchmesser). Individuelle Fragmente sind nicht sichtbar.
Struktur: strukturlos oder gradiert/geschichtet (mit einer Reihe interner Strukturen möglich)
Mineralogie: Quarz, Feldspat, Tonminerale – abhängig von Liefergebiet und Komponenten
Vorkommen: indikativ für Strömungen mit sehr niedriger Energie. In sehr ruhigen Ablagerungssystemen zu finden.

■■ Kalkstein (Kalksteinarten – muscheliger Kalkstein, Mikrit etc.)

◘ Bioklastischer Kalkstein (Skala 2,2 cm)

Farbe: reiner Kalkstein ist oft grau, weiß oder cremig, unreiner Kalkstein kann rot, braun oder schwarz sein
Textur: variabel und abhängig von Fossilgehalt und Größe. Von feinkörnig (Mikrit/Kreide) über kristallin (manchmal zuckerartig) bis konglomerat- oder brekzienartig
Struktur: strukturlos oder gradiert/geschichtet (mit einer Reihe interner Strukturen möglich). Großstrukturen (z. B. Riffkörper) sind manchmal gut entwickelt.
Mineralogie: überwiegend Calcit. Andere Mineralien sind häufig vorhanden (z. B. Quarz – als Körner oder in Form von Chert).
Vorkommen: biochemische Gesteine häufig aus Resten von Organismen (Schalen, Skelette), Karbonatklasten (Intraklasten), oder anderen Fragmenten (Ooiden, Peloiden). Normalerweise flachmarin und oberhalb der Karbonat-Kompensationstiefe. Häufig in Verbindung mit anderen Kalksteinarten.

- Oolithischer Kalkstein – Ooide sind kugelförmige Körner aus Calciumcarbonat (< 2 mm im Durchmesser), die sich durch Ausfällung in flachmarinen Bereichen mit höheren Energien bilden.
- Kreide/Mikrit – ein feinkörniger Kalkstein. Kreide entsteht aus Mikrofossilien (Coccolithen) im tiefmarinen Bereich. Mikrit ist ein allgemeiner Begriff für feinkörnigen Kalkstein.
- Travertin/Tuff/Tropfstein – ein feinkörniger Süßwasserkalkstein, häufig in Höhlen zu finden (Stalaktiten – von Decke wachsend, Stalagmiten – vom Boden wachsend).

■■ Dolomit (Dolostein)

◘ Dolostein (Skala 2,5 cm)

Farbe: weiß, cremig, grau
Textur: Dolostein ist manchmal primär, aber normalerweise sekundär (ein diagenetisch alterierter Kalkstein). Texturen sind manchmal wie die des Ursprungsgesteins, können aber auch sehr alteriert sein (granular bis feinkörnig)
Struktur: strukturlos bis geschichtet. Interne Strukturen sind manchmal vorhanden.
Mineralogie: überwiegend Dolomit. Manchmal mit Calcit oder Quarz/Chert
Vorkommen: oft assoziiert mit anderen Kalksteinen

■■ Eisenstein

◘ Eisenstein (Skala 2,2 cm)

Farbe: braun, rot, grün, gelb
Textur: fein- bis grobkörnig, manchmal mit Oolithen (Eisenoolith)

Struktur: häufig geschichtet
Mineralogie: eisenhaltige Mineralien (mindestens 15 % Fe), z. B. Siderit, Hämatit, Chamosit, Magnetit, Pyrit
Vorkommen: oft assoziiert mit Chert, Kalkstein und anderen Sedimentgesteinen

▪▪ Chert (Feuerstein)

▫ Feuerstein

Farbe: grau, schwarz
Textur: feinkörnig, mit muscheligem Bruch
Struktur: knollenartig, manchmal geschichtet
Mineralogie: mikrokristalliner Quarz
Vorkommen: oft mit Kalkstein assoziiert. Besondere Formen sind **Diatomit** (Kieselgestein aus Diatomeenskeletten) oder **Radiolarit** (Kieselgestein aus Radiolarienskeletten).

▪▪ Phosphat

▫ Phosphat (Skala 2,2 cm)

Farbe: schwarz, braun, gelb, weiß
Textur: fein- bis grobkörnig, geschichtet bis massiv, manchmal oolithisch oder erdig (Guano)
Struktur: häufig knollenartig (geschichtet)
Mineralogie: Phosphate (überwiegend mit K, Fe oder Al verbunden)

Vorkommen: überwiegend marin, oft mit anderen marinen Sedimenten assoziiert. Fundstellen für Guano sind ozeanische Inseln und Küstengebiete (Lebensraum vieler Vögel).

▪▪ Torf

▫ Torf

Farbe: Braun, schwarz
Textur: deutliche Pflanzenreste zu erkennen
Struktur: geschichtet
Mineralogie: organisches Material (ca. 60 % C), häufig Pflanzenreste
Vorkommen: Sumpfgebiete. Assoziiert mit anderen Sedimenten

▪▪ Anthrazit

▫ Anthrazit (Skala 2,5 cm)

Farbe: schwarz, oft metallisch glänzend
Textur: feinkörnig
Struktur: geschichtet (Flöze)
Mineralogie: Kohlenstoff (ca. 94 %), selten Pflanzenreste
Vorkommen: assoziiert mit anderen Sedimentgesteinen. Kontinentales Ablagerungsmilieu

2.5   Ablagerungssysteme

2.5.1   Plattentektonik und Ablagerungsmilieus

Tektonik ist eine der wichtigsten Einflussfaktoren auf Sedimentation. Dies wird durch die Einflussnahme auf die Beckenbildung (d. h. den Beckentyp) als auch auf die Beckenfüllungsarchitektur (d. h. die Verteilung von Sedimenten in Zeit und Raum innerhalb des Beckens) erreicht. Eine Vielzahl von Beckenarten wurde identifiziert; die Klassifizierung basiert auf drei Faktoren (◘ Tab. 2.31):

- die Art der Kruste unterhalb des Beckens (z. B. kontinental, ozeanisch),
- das weitere tektonische Umfeld (z. B. extensiv, kompressiv),
- die Position des Beckens auf der Platte.

Jedes Becken hat seine eigene Entstehungsgeschichte und Entwicklung, basierend auf:

- **Beckentektonik** – z. B. anfängliche Bildung, becken-modifizierende Tektonik (d. h. Extension, Kompression etc.),
- **Ablagerungsmilieus** – z. B. kontinental oder marin (tief/flach), Klima (arid/tropisch etc.), Sedimenteintragsrate, Sedimentart, proximale/distale Variationen usw.

2.5.2   Ablagerungsmilieus

Sedimente und Sedimentgesteine können hinsichtlich ihrer Fazies (d. h. den verschiedenen Merkmalen, welche das Sediment oder Sedimentgestein beschreiben und dabei helfen, es von den Einheiten zu unterscheiden, welche ober- oder unterhalb und lateral liegen) charakterisiert werden (◘ Tab. 2.32). Im Idealfall können Fazies extrapoliert werden, um eine Aussage über die Bedingungen, unter denen das Sediment abgelagert wurde, zu machen (z. B. hoch-/niedrigenergetisch, marin/nicht marin etc.). Anschließend können Fazies in **Faziesassoziationen** oder Sequenzen, welche häufig mit **architektonischen Elementen** (d. h. den strukturellen Elementen) eines Ablagerungsmilieus zusammenhängen, gegliedert werden. Mit wachsender Menge an Informationen wird es zunehmend möglich, das Ablagerungssystem zu identifizieren und zu interpretieren.

Eine Faziesanalyse beinhaltet sowohl die Beschreibung der Gesteinseinheit als auch die Beschreibung seiner Geometrie oder Form, und davon ableitend die Geometrie oder Form der großräumigen Sedimenteinheiten (◘ Abb. 2.89). Außerdem ist es wichtig, die Grenzen zwischen den verschiedenen Einheiten zu beschreiben.

◘ Tab. 2.31 Klassifizierung von Sedimentbecken mit Beispielen (nach Blatt et al. 2006)

Beckenart	Beschreibung	Moderne Beispiele	Historische Beispiele
Extensional			
Terrestrische Riftbecken	Rift innerhalb kontinentaler Kruste, oft assoziiert mit Vulkanismus	Ostafrika-Rift, Baikal-Riftzone	Oberrheingraben
Proto-ozeanischer Rift	Ozeanisches Becken im Anfangsstadium mit neuer ozeanischer Kruste. Die Ränder bestehen aus jungen kontinentalen Riftbecken	Rotes Meer (Ägypten)	Ostgrönland im Jura
Intraplattenumgebung			
Kontinentalsohle und -terrasse	Kontinentalränder im späten Riftstadium in einer Intraplattenumgebung am Kontinent/Ozean-Übergang	Nordwestrand Europas	Paläozoische Ränder des Kontinents Avalonia (Frühpaläozokum)
Intrakratonisches Becken	Breites kratonisches Becken mit fossilem Graben in der Axialzone	Tschadbecken (Afrika)	Michigan-Becken und Williston-Becken (USA) im Paläozoikum
Aktives ozeanisches Becken	Becken mit ozeanischer Kruste, das an divergenten Plattenrändern entsteht (Dehnung immer noch aktiv)	Pazifischer Ozean	Troodos-Ophiolith (Zypern)
Kontinentalplattform	Stabile Kratone, bedeckt mit geringmächtigen und weitverbreiteten Sedimenten	Barentssee (Asien)	Nordamerika im mittleren Paläozoikum
Konvergent			
Trench	Durch die Subduktion von ozeanischer Kruste entstandene, tiefe Tröge	Chile-Trog	Schweizer Kreide
Forearc-Becken	Becken innerhalb eines Inselbogen-Trogsystems	Banda Forearc, Luzon Forearc (Asien)	Midland-Trog, Schottland im Silur
Intraarc-Becken	Becken entlang einer Inselbogen-Plattform mit darüber liegenden und überlappenden Vulkanen	Lago de Nicaragua (Zentralamerika), Südwesten Japans (Asien)	Nord-Armorisches Massiv, Frankreich, im oberen Proterozoikum, Fairway-Aotea-Becken (Asien)
Backarc-Becken	Ozeanisches Becken hinter einem intraozeanischen, magmatischen Inselbogen und kontinentales Becken hinter einem am Kontinentalrand liegenden magmatischen Inselbogen ohne Vorlandfalten- und Überschiebungsgürtel	Marianengraben, Okinawa-Trog (Asien)	Walisisches Becken im Paläozoikum
Peripheres Vorlandbecken	Bildet sich auf der Platte, die im Rahmen der Plattenkollision subduziert oder unterschoben wird (d. h. der äußere Bogen des Orogens)	Persischer Golf	Schweizer Molassebecken (mittleres Cenoman, Kreide)

Tab. 2.31 (*Fortsetzung*) Klassifizierung von Sedimentbecken mit Beispielen (nach Blatt et al. 2006)

Beckenart	Beschreibung	Moderne Beispiele	Historische Beispiele
Retroarc-Vorlandbecken	Bildet sich auf der Platte, die im Rahmen der Plattenkonvergenz oder -kollision überschoben wird (hinter dem magmatischen Inselbogen, der mit der Subduktion der ozeanischen Lithosphäre verbunden ist)	Becken in den Anden	Norddeutschland im Spätkarbon
Huckepack-Becken	Entstehung und Transport eines Beckens auf einer Überschiebung	Peshawar-Becken (Pakistan)	Ainsa-Becken (Spanien, Tertiär)
Transform			
Transtensionales Becken	Entstehung eines Beckens infolge von Extension entlang einer Transform-Störungszone	Chihuahua-Trog (Mexico)	Pannonisches Becken (Pliozän), Totes Meer (Israel/Jordanien)
Transpressionales Becken	Entstehung eines Beckens infolge von Kompression entlang einer Transform-Störungszone	Santa-Barbara-Becken, Ridge-Becken (USA)	Dinariden (Oligozän)

Tab. 2.32 Sequenzen: Terminologie, Mächtigkeit und Zeitrahmen (ka: 1000 Jahre; Ma: Millionen Jahre. (Nach Stow 2006)

Faziesassoziationen	Beschreibung	Schichtdicke (in m)	Zeitrahmen
Sedimentfazies (Lithofazies)	Sediment/Sedimentgestein, das bestimmte physikalische, chemische und/oder biologische (z. B. Biofazies, Ichnofazies) Merkmale widerspiegelt	Ca. 0,01–1,0	Stunden (z. B. Turbidit- oder Flutablagerung) bis 10–20 ka (z. B. tiefmarine Tone)
Fazieszyklen (u. a. Sequenzen, Zyklotheme, Rhythmen)	Rhythmische Wechsel von zwei oder mehr Fazies oder kleindimensionale, systematische Wechsel der Schichtmächtigkeit, Korngröße usw.	Ca. 0,5–5,0	Ca. 10–100 ka
Strukturelle Elemente	Großdimensionale 3D-Bausteine von Ablagerungssystemen. Sie repräsentieren bestimmte Untermilieus (z. B. Rinnen, Loben)	Ca. 5–100	Ca. 100 ka–1,0 Ma
Faziesvergesellschaftungen (inkl. großdimensionaler Sequenzen, Makrosequenzen)	Komplexe Anordnung verschiedener Fazies, Zyklen, Mesosequenzen und Elemente, zusammengefasst zu einzelnen, für bestimmte Ablagerungsräume typische Einheiten (z. B. Tiefseefächer, Alluvialfächer)	Ca. 50–250	Ca. 0,5–10 Ma
Beckenfüllungen (Megasequenzen)	Mächtige sedimentäre Abfolgen, die verschiedene Elemente und Faziesvergesellschaftungen umfassen und die gesamte Füllung eines Sedimentbeckens repräsentieren	Ca. 250 bis > 1000	< 1100 Ma

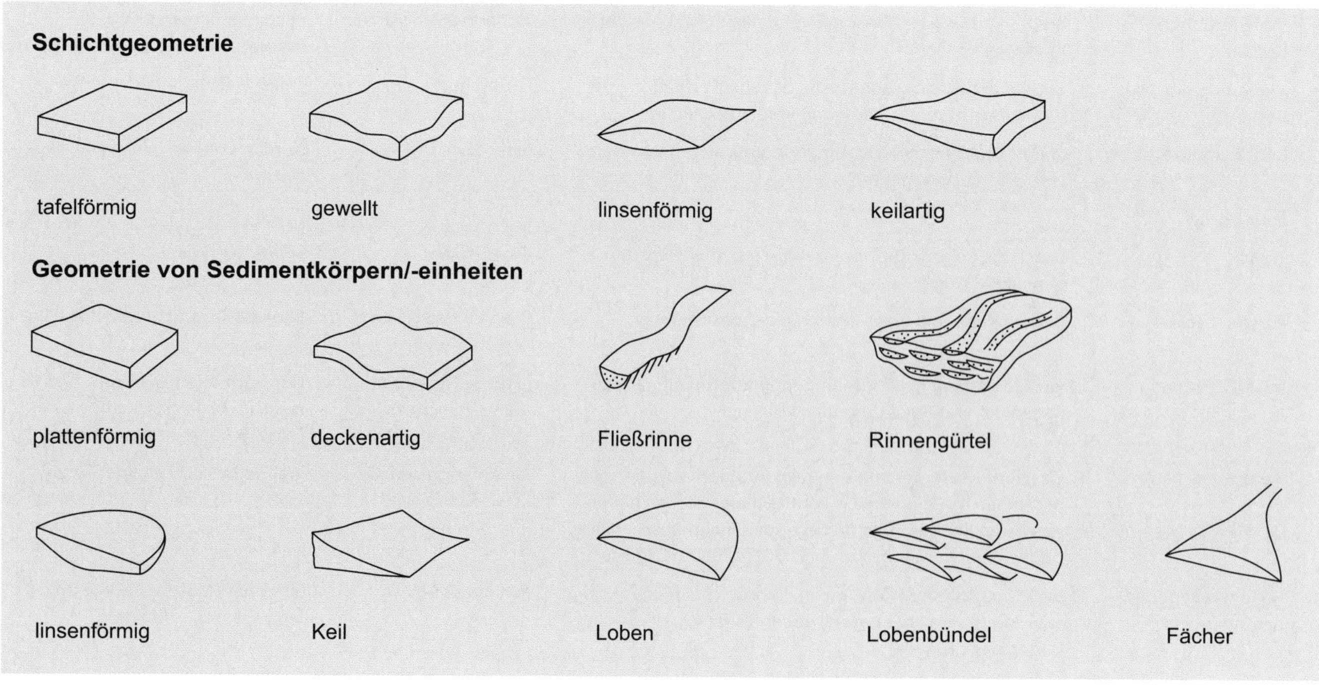

Abb. 2.89 Typische Formen einzelner Schichten und großdimensionaler Sedimentkörper (nach Stow 2005; Brown und Fisher 1980)

■ Fluviale und Schuttfächer-Ablagerungssysteme (■ Abb. 2.90 und 2.91)

Vorkommen: kontinentale, subaeriale Ablagerungssysteme, vorzufinden in einer großen Vielfalt an Klimaten und Orten

Ablagerungsmilieus: Fächer – in proximalen Bereichen/distalen Bereichen sind fluviale Fächer/Playasee; Fluss – mäandrierend (Flutebene/Auenfläche, Bank/Levee/Uferdämme, Durchbruchsfächer, Gleithang), Strominseln (verzweigte Flüsse)

Schichtgeometrie: deckenartig in Fächern, kanalisiert in Flüssen

Ablagerungsprozesse: Massenströme bei Fächern, Strömungsaktivität in beiden, lokale Boden- und Kohlebildung

Sedimentäre Strukturen: Schuttstrom/Schlammstrom und Schichtfluten in Fächern, Parallel- und Kreuzschichtung/-lamination in Flüssen. Dachziegellagerung in Geröllen

Lithologien: Konglomerate (Brekzien), Sandstein, Siltstein, Tonstein. Farbe: typischerweise rot/gelb/braun. Lokale Paläosole (Duricrusts) und Kohlen. Gröbere Sedimente häufig strukturell unreif in proximalen Teilen des Fächers.

Paläoströmungen: weitgehend in eine Richtung

Fossilien: selten Fossilien, hauptsächlich Pflanzen in Flutebene

Faziesassoziationen: Fächer – Playa-(ephemer-)see/Endsee, Wüste (Dünen): Flüsse – Seen-, Delta- oder Mündungsumgebungen

■ Wüstenablagerungssysteme (■ Abb. 2.92)

Vorkommen: in ariden und semi-ariden Gebieten (Niederschlag < 10 cm/Jahr). Hauptkontrollmechanismus ist Niederschlagsarmut.

Ablagerungsmilieus: Ergs (Sandmeere) mit Dünen (mehrere Arten), Steinwüsten, Playaseen, vorübergehende Ströme (Wadis)

Schichtgeometrie: Sanddecken und -linsen (Dünen – unterschiedliche Arten, z.B. Sichel- oder Langdünen), Schutt- und Schlammströme/Konglomerate (Wadis)

Ablagerungsprozesse: Schutt und Schlammströme/Strömung (Wadis), äolische Prozesse (inkl. Körnerstrom), Evaporation

Sedimentäre Strukturen: grobskalige Kreuzschichtung, Parallelschichtung, unsortierte Einheiten (Wadi)

Lithologien: Sandstein, Siltstein, Konglomerate/Brekzien, typischerweise von roter/gelber Farbe. Evaporite, lokale Duricrusts. Sandkörner können glattgeschliffen sein, ebenso glattgeschliffene Gerölle (**Windkanter**). Windabgelagerte Silte (**Löss**)

Paläoströmungen: verschiedene Richtungen, zusammenhängend mit vorherrschenden Winden

Fossilien: selten Fossilien

Faziesassoziationen: Schuttfächer, ephemere Seen und Flüsse

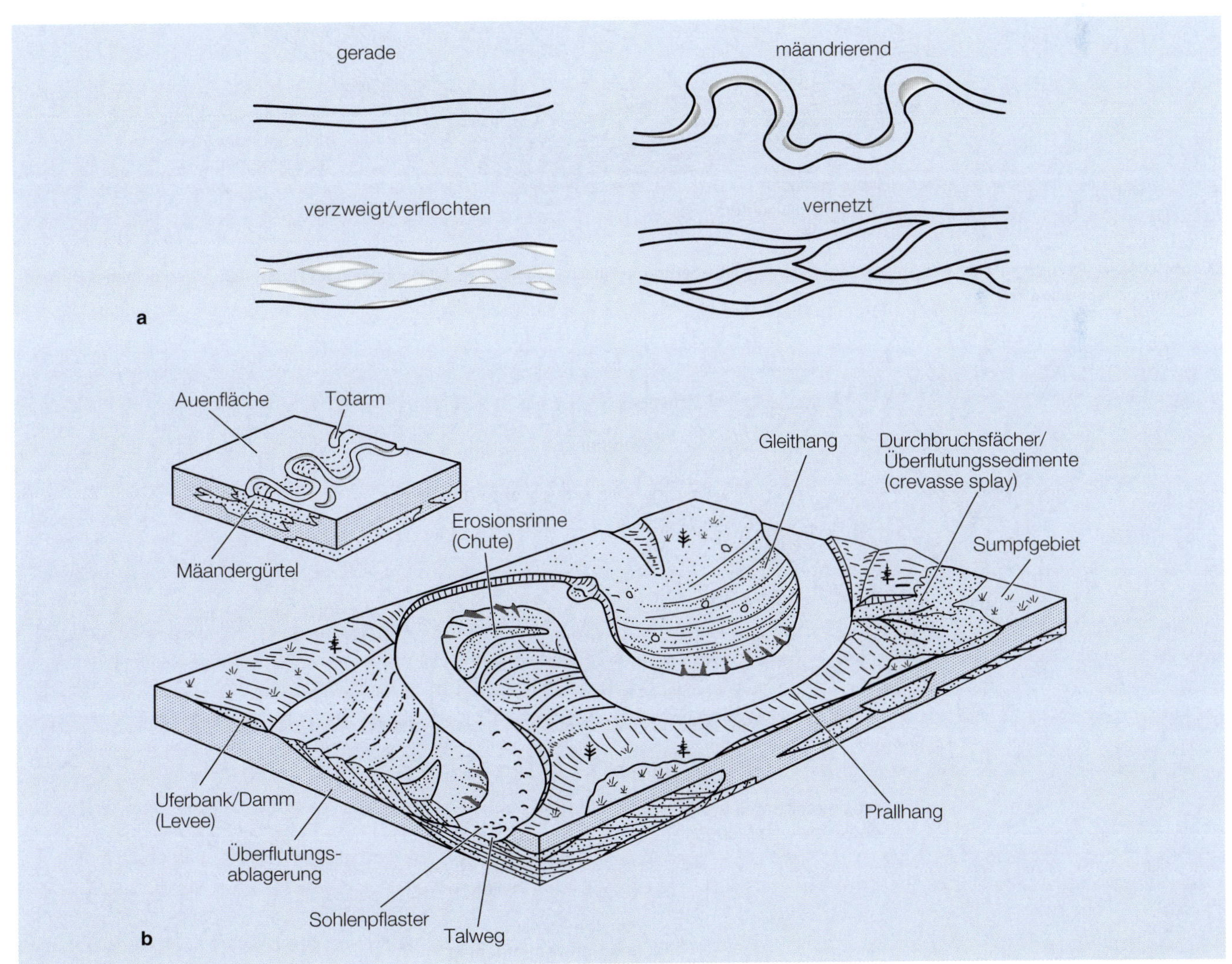

■ **Abb. 2.90a–c** Fluviatile Ablagerungssysteme. **a** Flussbettformen (nach Nichols 2009), **b** Mäandrierendes Flusssystem, **c** Verflochtenes Flusssystem (beide nach Einsele 1992)

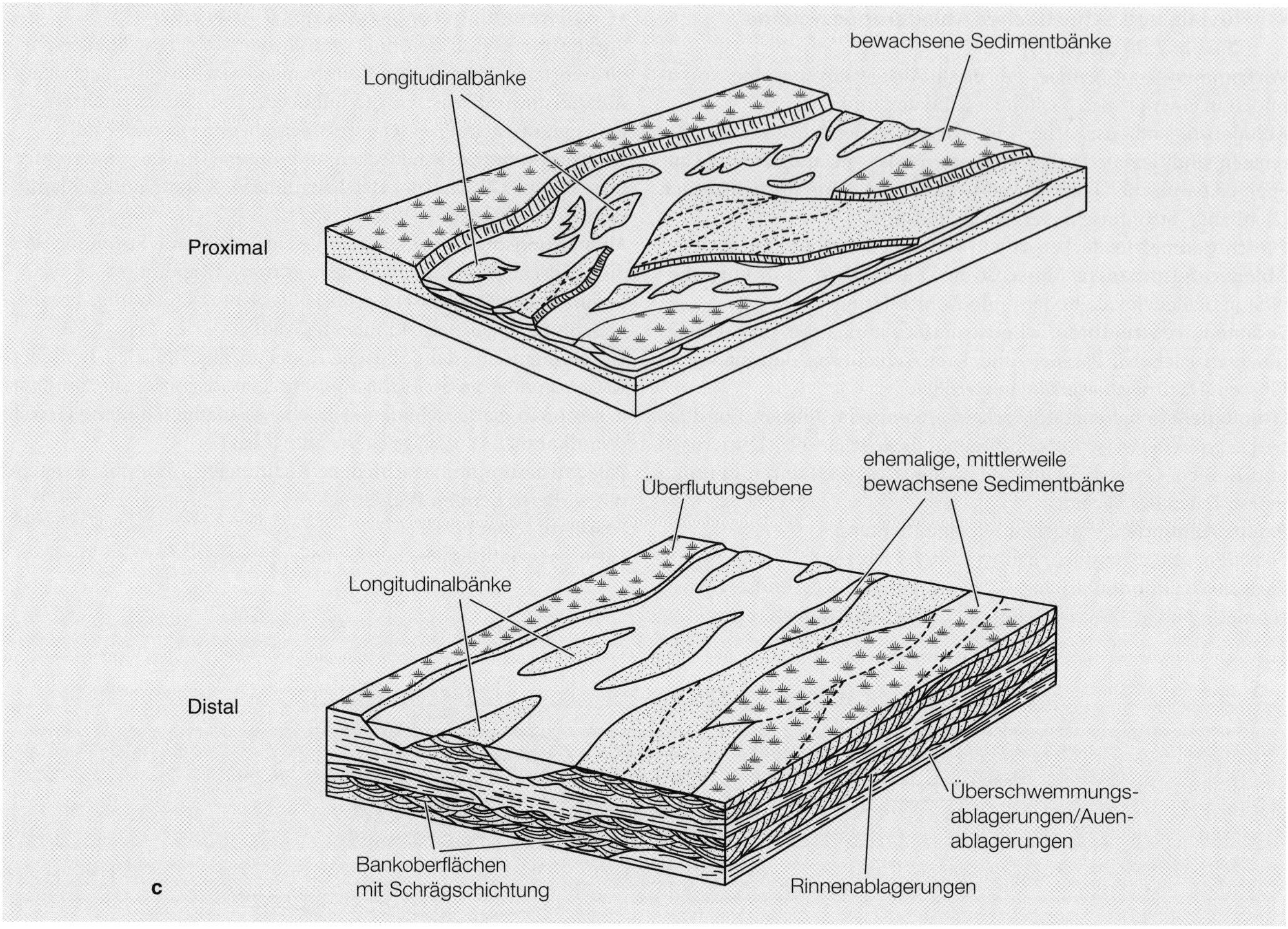

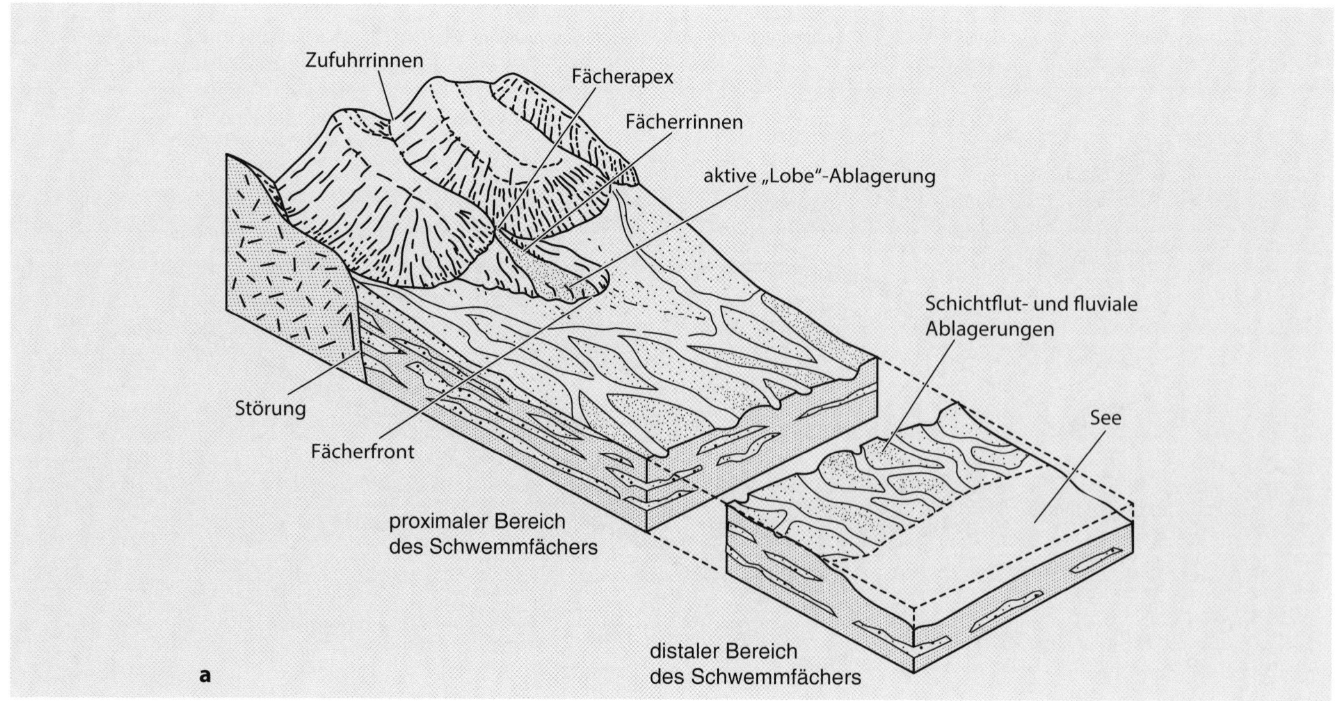

◧ **Abb. 2.90a–c** (*Fortsetzung*) Fluviatile Ablagerungssysteme. **a** Flussbettformen (nach Nichols 2009), **b** Mäandrierendes Flusssystem, **c** Verflochtenes Flusssystem (beide nach Einsele 1992)

◧ **Abb. 2.91a,b** Alluviale Ablagerungssysteme. **a** Proximaler bis mittlerer Fächer und distaler Bereich (*fan delta*) (nach Einsele 1992), **b** Charakteristische Schichtablagerungen durch Schuttstrom- oder Schichtflutsedimentation in Schwemmfächern (nach Nichols 2009)

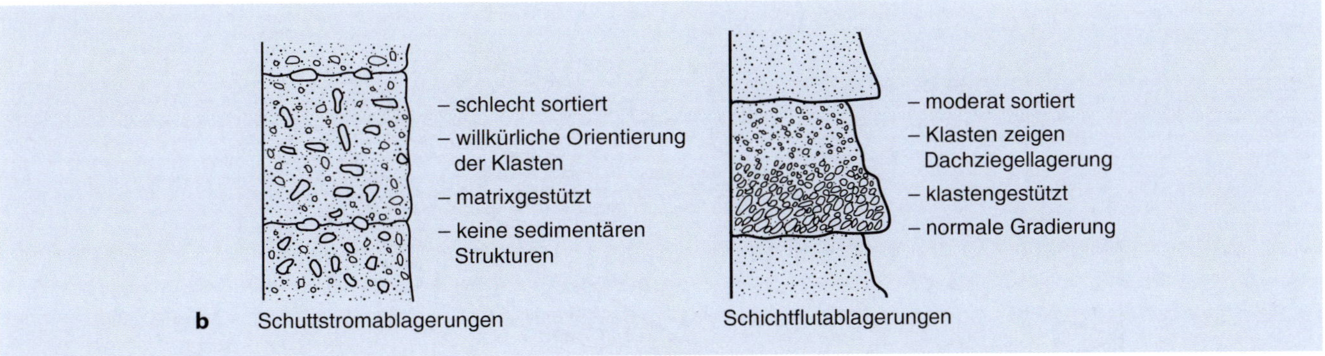

Abb. 2.91a,b (*Fortsetzung*) Alluviale Ablagerungssysteme. **a** Proximaler bis mittlerer Fächer und distaler Bereich (*fan delta*) (nach Einsele 1992), **b** Charakteristische Schichtablagerungen durch Schuttstrom- oder Schichtflutsedimentation in Schwemmfächern (nach Nichols 2009)

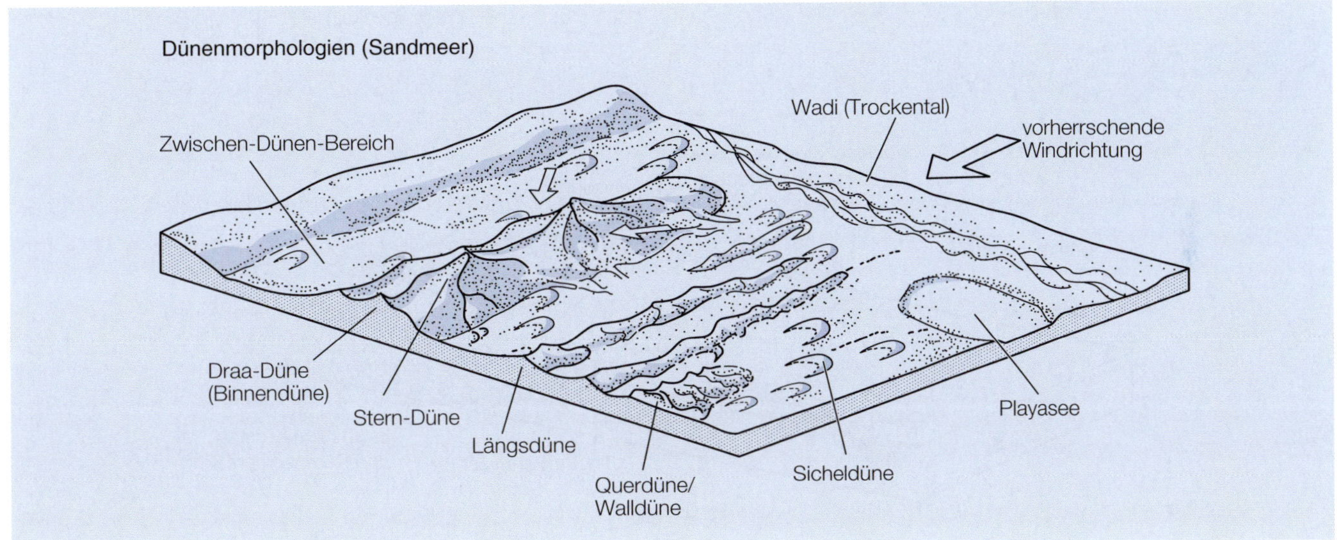

Abb. 2.92 Wüstenablagerungssysteme und Hauptdünenformen (nach Einsele 1992).

■ Lakustrine Ablagerungssysteme (Abb. 2.93)

Vorkommen: kontinentale, subaeriale Ablagerungssysteme, vorzufinden in einer großen Vielfalt an Klimaten und Orten

Ablagerungsmilieus: diverse Gewässer (Süßwasser/Salzwasser), unterschiedliche Tiefen und Größen, dichte Trennlinie (d. h. Sprungschicht zwischen Epilimnion (Oberflächenwasser) und Hypolimnion (Tiefenwasser)), Strand/Flachwassergebiete/ Hang (Rutschungen)/ tieflakustrine Gebiete (Turbidite, feinkorniges Sediment),

Schichtgeometrie: dünn geschichtet/laminiert, deckenartige Geometrie

Ablagerungsprozesse: Wellenprozesse (inkl. Stürme), Massenströme (Turbiditströmungen), Zufluss mit geringerer (*hypopycnal flow*) oder höherer (*hyperpycnal flow*) Dichte als der des Gewässers, Evaporation/Ausfällung (besonders in chemischen Seen, z. B. Totes Meer)

Sedimentäre Strukturen: Wellenrippel, feine Parallellamination (inkl. Warven, d. h. jährliche Ablagerung, mit einer hellen Sommer- und einer dunklen Winterschicht), gradierte Schichten, Rutschungen.

Lithologien: Sandstein, Siltstein, Tonstein, Kalkstein, Evaporite. Bisweilen Konglomerate. Bisweilen Vulkanite (z. B. Asche – wird zur Datierung verwendet). Im Allgemeinen helle Farbe (Grau-, Gelb- und Cremetöne), dunkler in an organischem Material reichen Ablagerungen)

Paläoströmungen: wenig

Fossilien: abhängig vom Chemismus des Sees – Algenmatten, Süßwasserfossilien

Faziesassoziationen: Flüsse (Flutebene), Wüsten, Schuttfächer, Fächerdelta, Delta

■ Deltaische Ablagerungssysteme (Abb. 2.94)

Vorkommen: Stellen, an denen Flüsse in Seen oder ins Meer fließen

Ablagerungsmilieus: Deltaebene (Rinnen, Durchbruchsfächer, Flutebenen – Seen, Sümpfe), Deltafront (Mündungsbarren), Prodelta-Zone (Hang)

Schichtgeometrie: linsenförmige Deltaebene-Rinnen, dünn geschichtete prodeltazonale Ablagerungen

Ablagerungsprozesse: fluviale Prozesse (Deltaebene), Wellen, Gezeiten und Strömungen (Deltafront), Rutschungen/Massenströme (Deltahang)

Sedimentäre Strukturen: Kreuzschichtung/-lamination in Rinnen und Mündungsbarren der Deltaebene, Fiederschichtung (bidirektionale Schrägschichtung) in gezeiten-dominierten Deltas, flaser- und wellige Schichtung, Rutschungen (Deltahang)

Lithologien: Sandstein, Tonstein, Konglomerate (selten, außer in Gilbert-Deltas, die durch grobe Sedimente ausgebildet sind), Kohlen und Bodenbildung (Flutebene)

Paläoströmungen: Progradationsrichtung

Fossilien: terrestrische und Süßwasserfossilien in proximalen, marine Fossilien in distalen Bereichen

Faziesassoziationen: Flüsse, flachmarine klastische Systeme

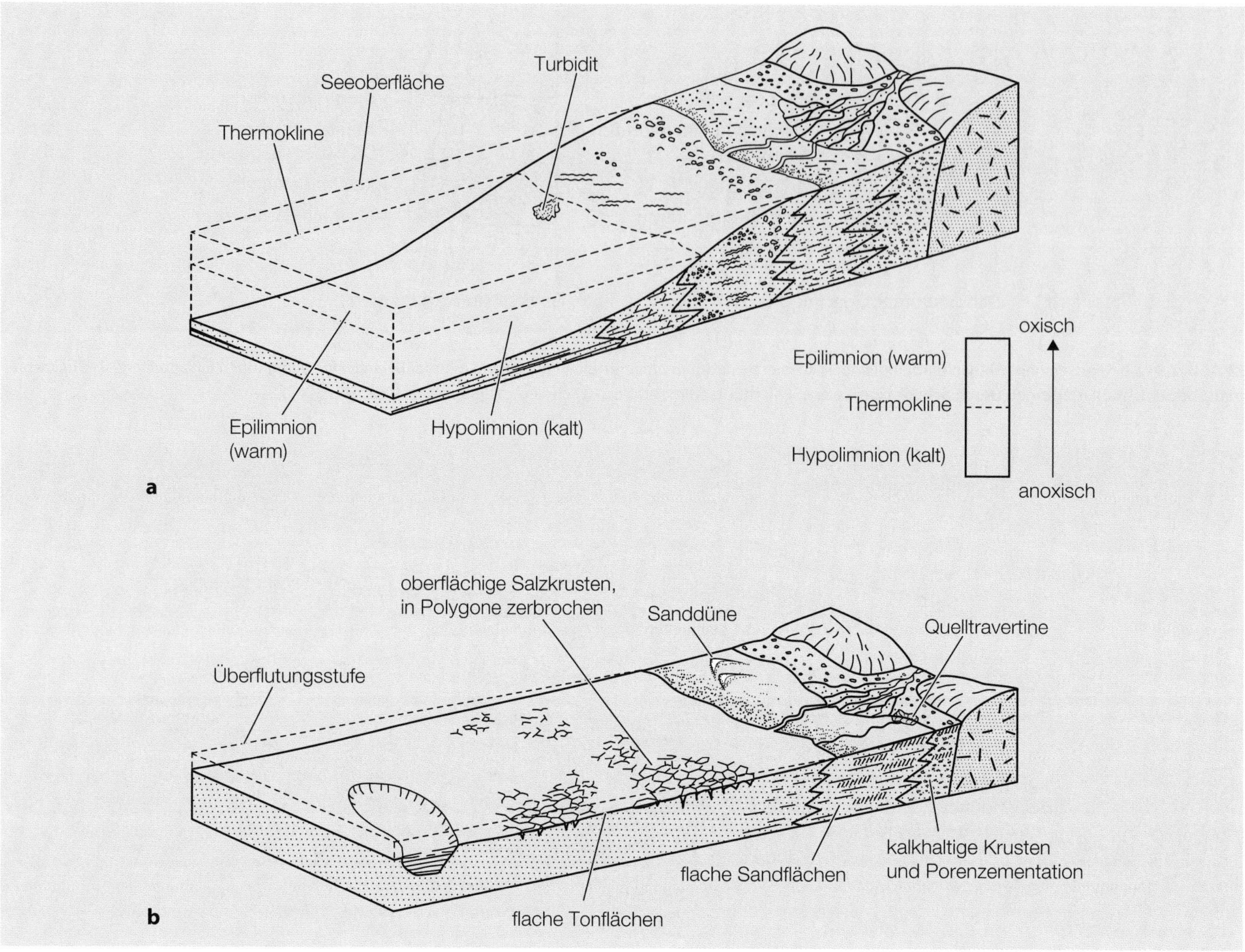

◪ **Abb. 2.93a,b** Lakustrische Ablagerungssysteme. **a** Generalisiertes Faziesmodel für einen ganzjährig wasserführenden See, **b** Faziesmodel für einen Playasee (kontinentale Sabkha) (nach Einsele 1992)

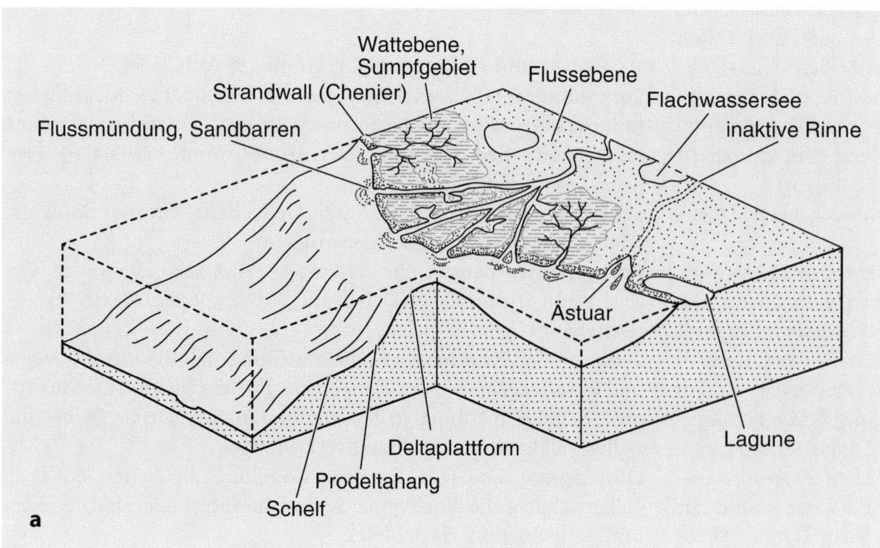

◪ **Abb. 2.94a–c** Deltaische Ablagerungssysteme. **a** Allgemeines Ablagerungsmodell für ein Deltasystem (nach Einsele 1992), **b** Klassifizierung von Deltas anhand von Korngrößen (nach Nichols 2009), **c** Morphologische Variationen in Deltas entsprechend ihrer Kontrollmechanismen (nach Einsele 1992)

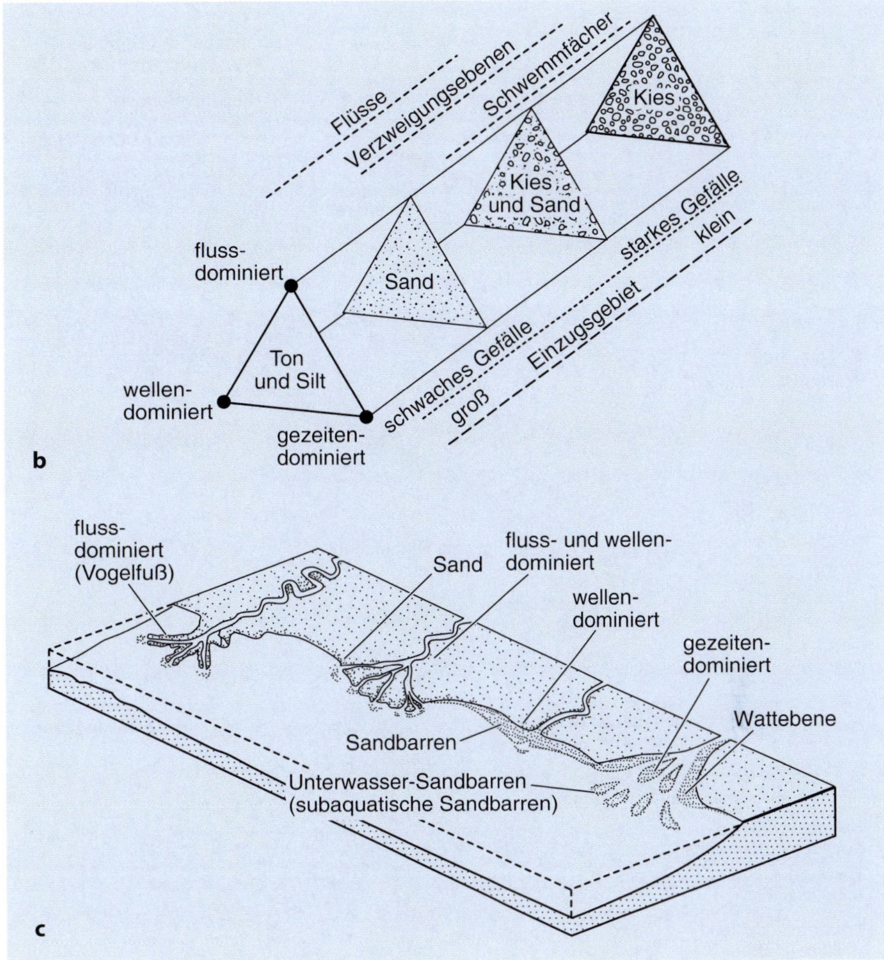

◘ **Abb. 2.94a–c** (*Fortsetzung*) Deltaische Ablagerungssysteme. **a** Allgemeines Ablagerungsmodell für ein Deltasystem (nach Einsele 1992), **b** Klassifizierung von Deltas anhand von Korngrößen (nach Nichols 2009), **c** Morphologische Variationen in Deltas entsprechend ihrer Kontrollmechanismen (nach Einsele 1992)

■ **Küsten und ufernahe klastische Ablagerungssysteme** (◘ **Abb. 2.95**)

Vorkommen: am Rande kontinental-mariner Bereiche

Ablagerungsmilieus: Strandbarriere und Barriere-Inseln, Mündungen, Wattebene, Strand (Schorre oder nasser Strand, Vorstrand)

Schichtgeometrie: längliche Linsen (Strand, Barriere-Inseln), Linsen mit Erosionsbasis (Priel, Gezeitenkanal), tabulare feinlaminierte Schlämme (Wattebene)

Ablagerungsprozesse: Wellen-, Gezeiten- und Strömungsprozesse. Sturmaktivität

Sedimentäre Strukturen: Niedrigwinkel-Laminierung/Schichtung und Wellenbearbeitung (Strand), Kreuzschichtung/-lamination (Gezeitenkanal), Rippel-Kreuzlamination und flaser-/linsenförmige Schichtung (Wattebene)

Lithologien: Sandstein, Siltstein, Tonstein, Evaporite. Bisweilen Konglomerate (gut gerundet, z. B. Steinstrände)

Paläoströmungen: zwei Richtungen in Gezeitengebieten (wo ein niedriges Energieniveau eine Erhaltung erlaubt)

Fossilien: flachmarine Ansammlungen, können in Wattebene begrenzter sein (aufgrund von Exponierung und/oder erhöhten Salzgehalten). Reich an Bioturbation

Faziesassoziationen: Küstenebene, flachmarine Systeme

■ **Flachmarine klastische Ablagerungssysteme** (◘ **Abb. 2.96**)

Vorkommen: offene Schelfmilieus (max. Tiefe von 200 m)

Ablagerungsmilieus: höher-energetisch oberhalb der Schönwetter-Wellenbasis (*fair weather wave base*), niedrigere Energie unterhalb der Sturm-Wellenbasis (*storm wave base*)

Schichtgeometrie: deckenartig mit unterschiedlichen Mächtigkeiten, große Sedimentlinsen (durch submarine Bodenformen entstanden, z. B. große Sanddünen und -rippel)

Ablagerungsprozesse: Wellen-, Gezeiten- und Strömungsaktivität, Sturmprozesse

Sedimentäre Strukturen: Kreuz- und Planarschichtung/Lamination, Beulenrippelschichtung, Tempestite.

Lithologien: Sandsteine, Siltsteine, Tonsteine, selten Konglomerate, Sedimente in der Regel gut sortiert, gut gerundet. Glaukonitische Sandsteine, Eisensteine (oolithisch). Farbe: braun bis grau (grünlich, wo Glaukonit vorhanden ist)

Paläoströmungen: sehr unterschiedlich (parallel zum Ufer, landwärts, ablandig)

Fossilien: flachmarine Ansammlungen. Reichlich Bioturbation

Faziesassoziationen: Küstenebene, Ästuare (d. h. Trichtermündung eines Flusses), proximale- und distale Schelfgebiete

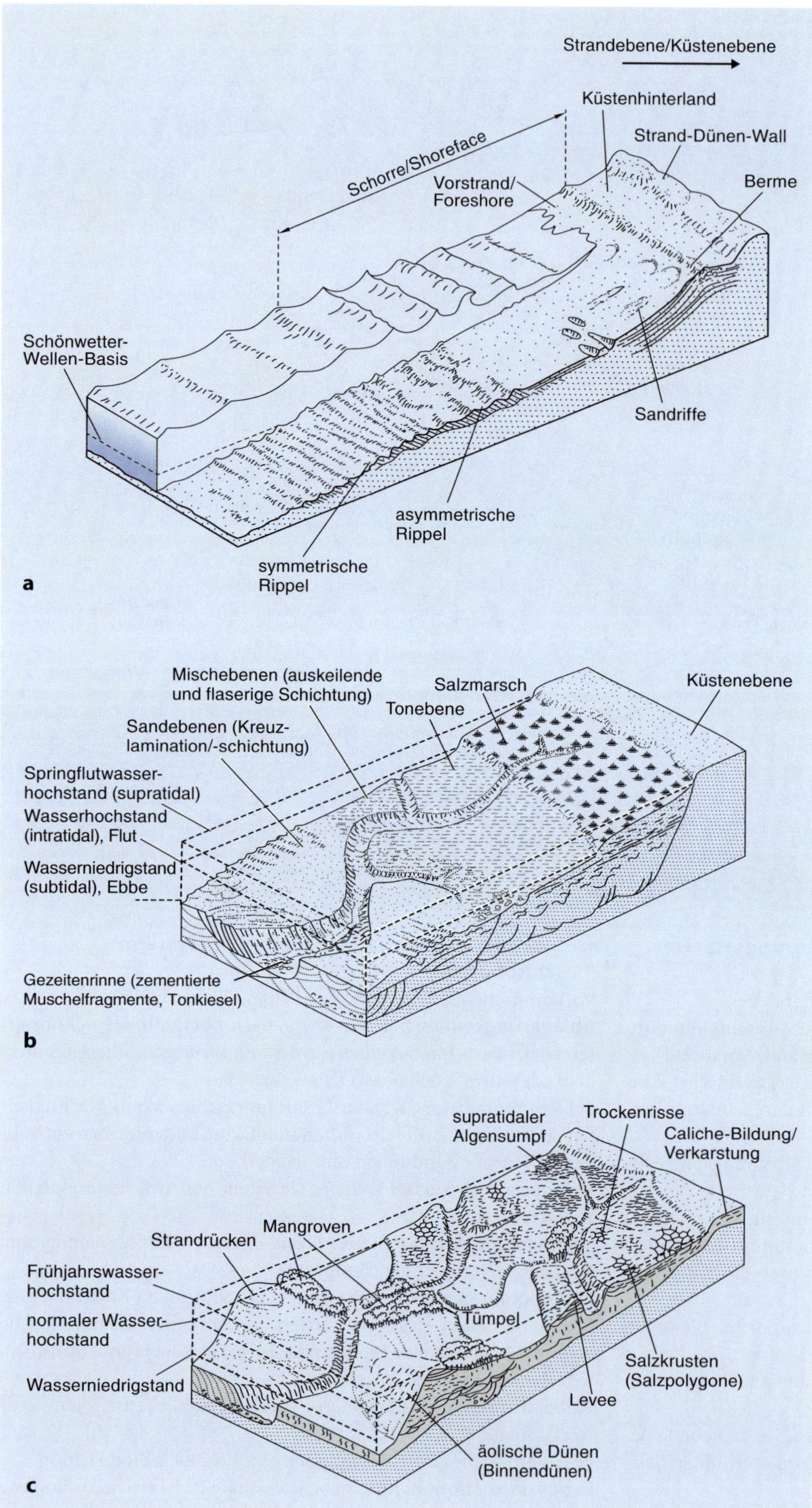

Abb. 2.95a–e Küsten und ufernahe klastische Ablagerungssysteme. **a** Wellenentwicklung oberhalb der Schönwetter-Wellen-Basis in Richtung Strand, **b** Hauptmerkmale von mesotidalen siliziklastischen Watten (*tidal flats*), **c** Haupt-merkmale von Watten assoziiert mit Karbonat-schelfen und -platttformen in warmen humiden Regionen, **d** Hauptmerkmale von algenreichen und evaporitischen Watten in warmen ariden Regionen (nach Einsele 1992), **e** Generalisiertes Faziesmodel für eine Barriere-Insel (*barrier island complex*) (nach Walker and James 1992)

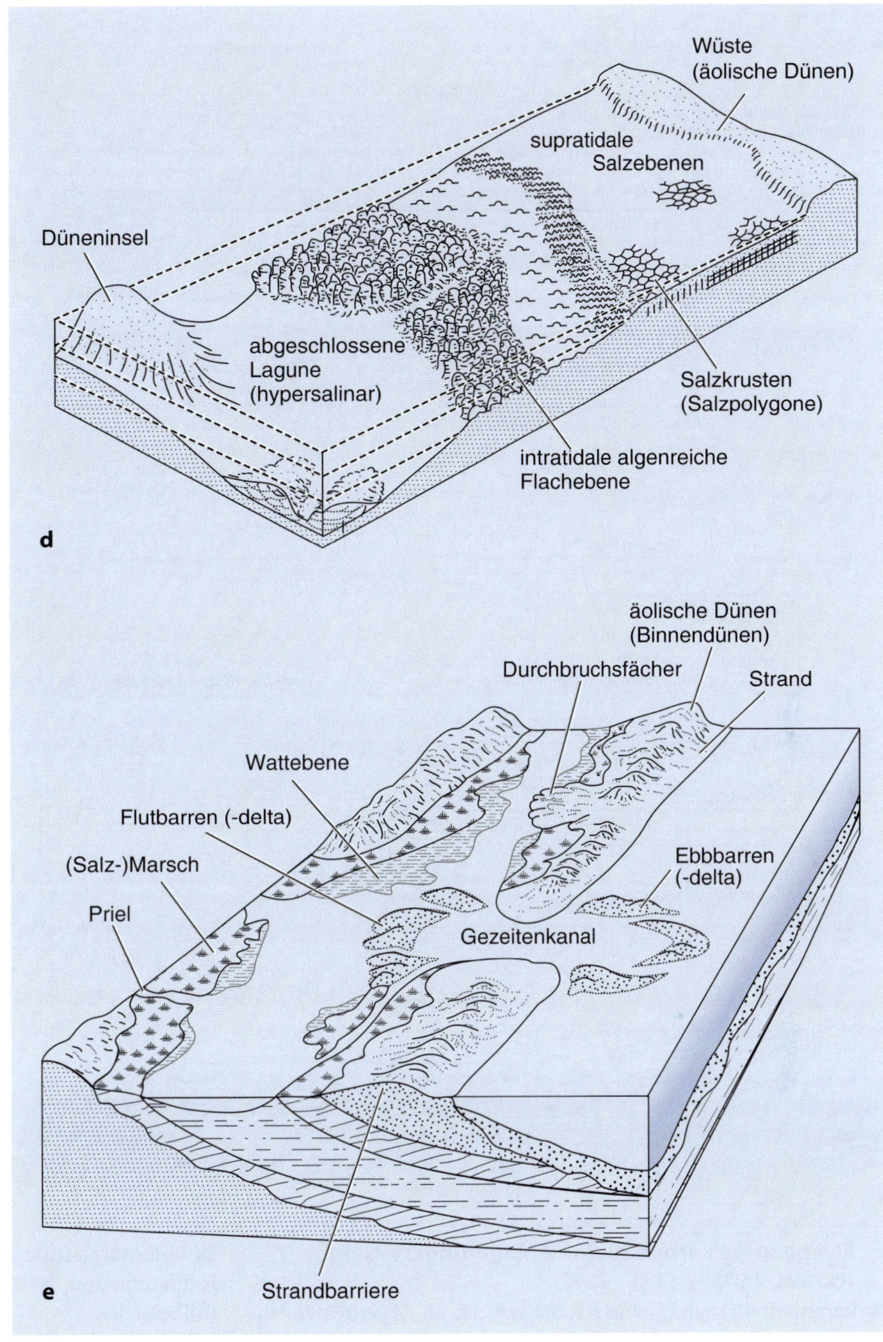

Abb. 2.95a–e (*Fortsetzung*) Küsten und ufernahe klastische Ablagerungssysteme. **a** Wellenentwicklung oberhalb der Schönwetter-Wellen-Basis in Richtung Strand, **b** Hauptmerkmale von mesotidalen siliziklastischen Watten (tidal flats), **c** Hauptmerkmale von Watten assoziiert mit Karbonatschelfen und -platttformen in warmen humiden Regionen, **d** Hauptmerkmale von algenreichen und evaporitischen Watten in warmen ariden Regionen (nach Einsele 1992), **e** Generalisiertes Faziesmodel für eine Barriere-Insel (barrier island complex) (nach Walker and James 1992)

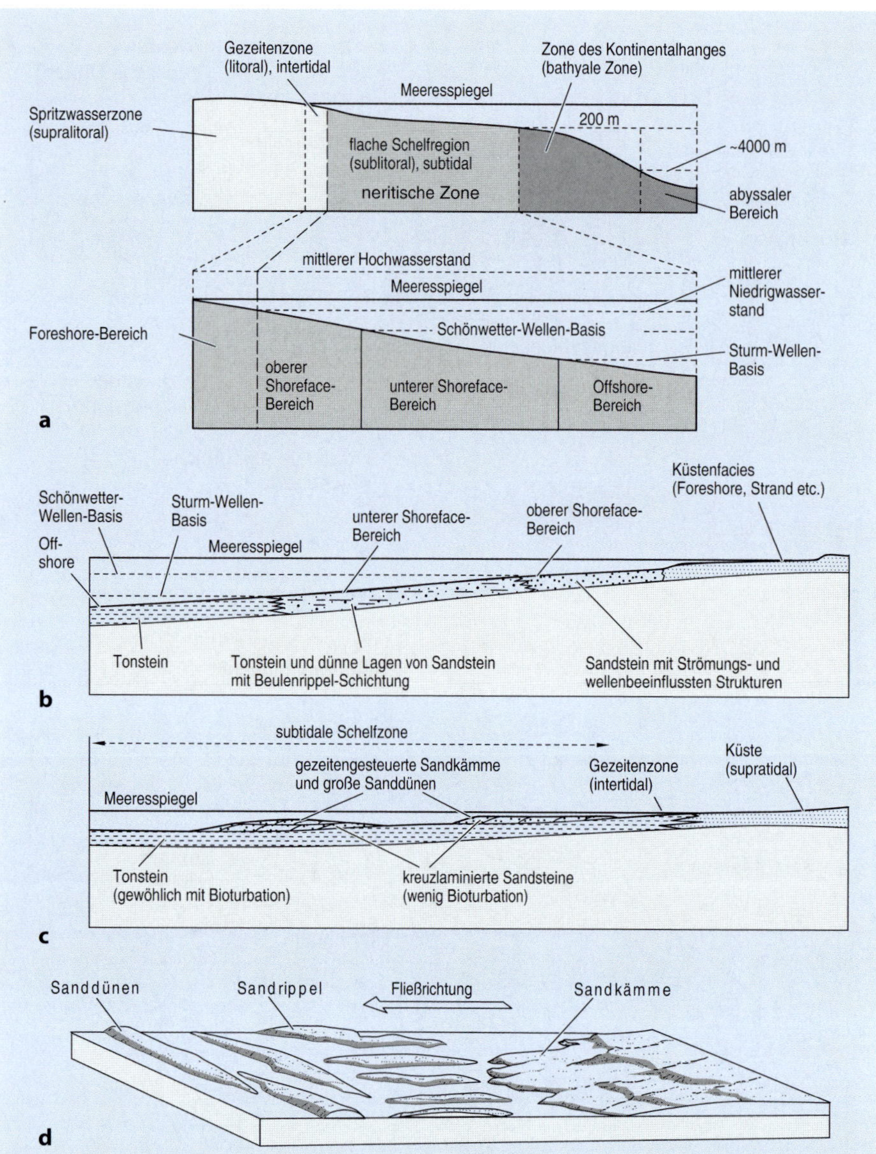

■ **Abb. 2.96a–d** Flachmarine klastische Ablagerungssysteme. **a** Einteilung der verschiedenen marinen Zonen, **b** Faziesverteilung auf einem sturm-dominierten Schelf, **c** Faziesverteilung auf einem gezeiten-dominierten Schelf, **d** Sanddünen, Sandrippeln und Sandkämme auf einem gezeiten-dominierten Schelf (nach Nichols 2009)

■ Flachmarine karbonatische Ablagerungssysteme (■ Abb. 2.97)

Vorkommen: ufernahe Gebiete/Schelfgebiete; im Allgemeinen tropisch/subtropisch; wenig klastischer Eintrag

Ablagerungsmilieus: Strandbarriere, Lagune, Wattebene, offenes Schelf, Riff; Rampen/Plattformen

Schichtgeometrie: Riffstrukturen, deckenartige Sedimentkörper auf Rampen

Ablagerungsprozesse: biologische/biochemische Prozesse. Wellen-, Gezeiten- und Strömungsprozesse; Sturmprozesse

Sedimentäre Strukturen: Kreuzschichtung in oolithischen Bänken, Feinlamination in niedrig-energetischen Milieus (Lagune/hinterer Riffbereich)

Lithologien: Kalksteine (z. B. biogen, oolithisch, mikritisch, sparitisch (Sparit ist ein kristalliner calcitischer Zement)), können grob sein (z. B. Brekzien in Vorriff); Evaporite. Farbe: blass weiß, cremefarben, grau

Paläoströmungen: nicht besonders diagnostisch

Fossilien: reichlich (besonders in Riffen), flachmarine Ansammlungen. Reichlich Bioturbation

Faziesassoziationen: karbonatische Küstenlinien, Evaporite

Abb. 2.97a–e Flachmarine karbonatische Ablagerungssysteme. **a** Hauptmerkmale eines Riffkomplexes. Der Querschnitt zeigt die in den verschiedenen Bereichen des Riffes vorkommenden Morphologien des Korallenwachstums, **b** Typen von Karbonatplatformen (nach Nichols 2009), **c** Hauptmerkmale von Karbonatschelf und -plattform

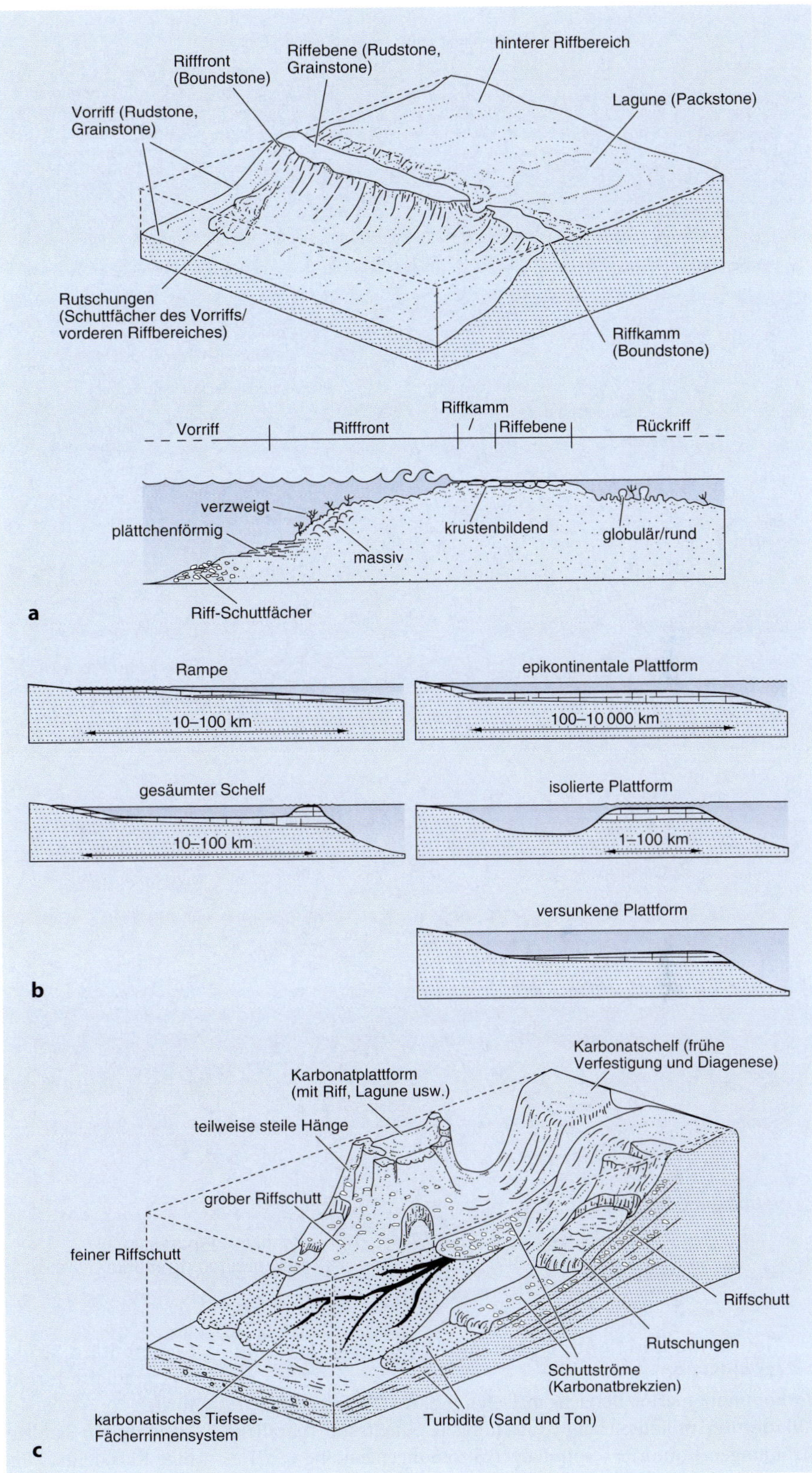

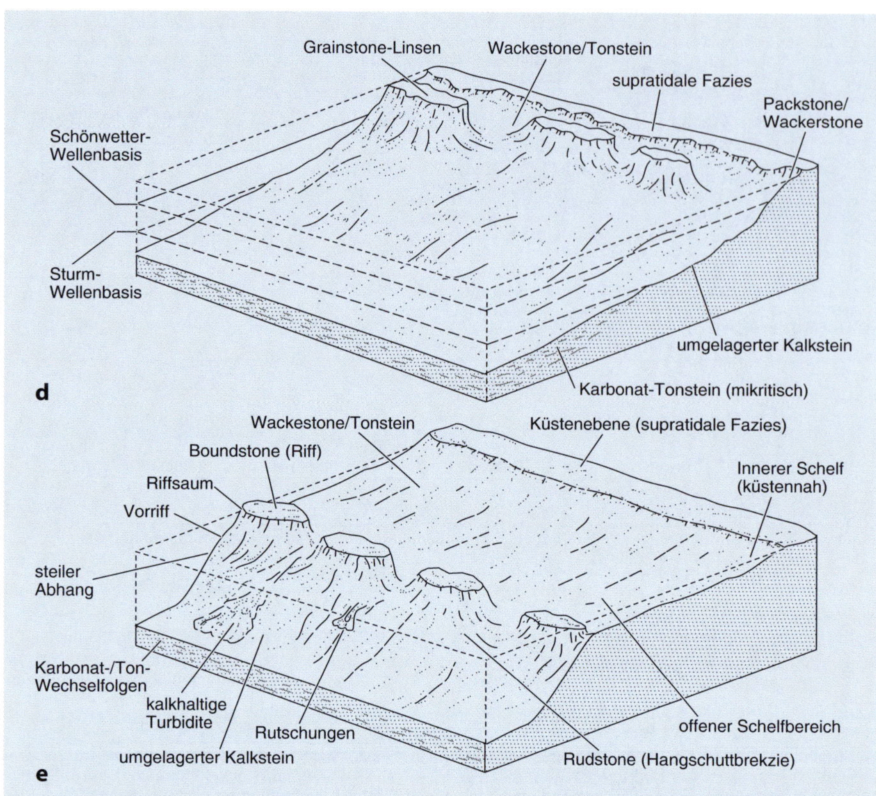

Abb. 2.97a–e (*Fortsetzung*) **d** Morphologische Merkmale einer Karbonatrampe, **e** Morphologische Merkmale eines Karbonatschelfs mit Riffzaum

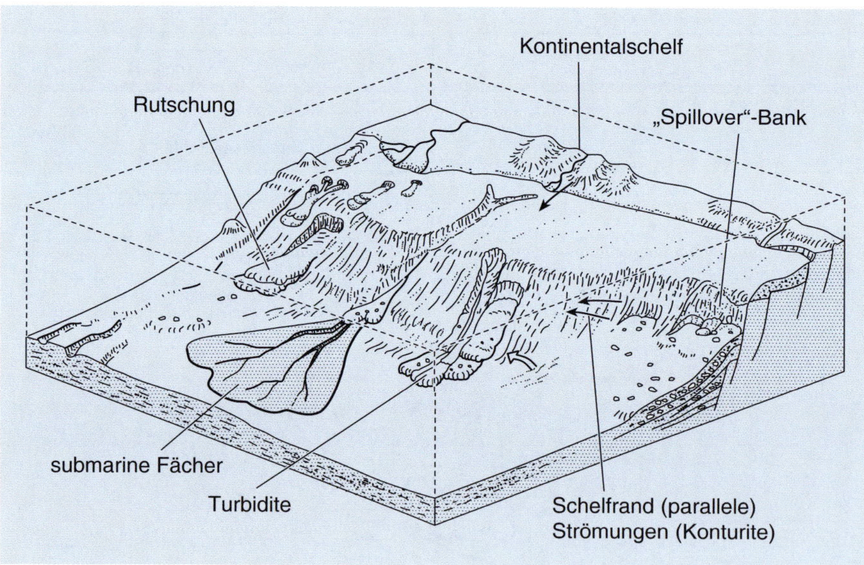

Abb. 2.98 Tiefmarine und klastische Ablagerungssysteme des Kontinentalhangs mit morphologischen Merkmalen

■ **Tiefmarine und Kontinentalhang-Ablagerungssysteme** (**Abb. 2.98**)

Vorkommen: marine Bereiche in Tiefen > 200 m (Schelfrand)

Ablagerungsmilieus: Hang (Rutschungen, Schelfrand (parallele) Strömungen/Konturite – von stetigen Strömungen entlang von Tiefenkonturlinien abgelagert), tiefmarine Fließrinne, Tiefsee-Fächer, Tiefsee-Ebene

Schichtgeometrie: Deckenartige Einheiten, große und kleine Rinnenstrukturen (tiefmarine Fließrinnen, Verteilungsrinnen auf Fächern), unregelmäßige Körper (Rutschungen) am Hang, hemisphärische Bodenformen (Fächer, Loben)

Ablagerungsprozesse: Massenströme (Schutt- und Schlammströme, Turbiditströme) und Rutschungen (Hang)

Sedimentäre Strukturen: chaotische oder strukturlose Einheiten, gradierte turbiditische Schichten (Bouma-Sequenzen), Konturite

Lithologien: Sandstein, Siltstein, Tonstein, Konglomerate, feinkörnige Kalksteine. Unterschiedliche Farben – gewöhnlich Grautöne; Kalksteine sind von hellerer Farbe. Einige Tonsteine können rot sein.

Paläoströmungen: Strömungsrichtungen (Sedimentherkunft), hervorragende Sohlspuren (Strömungsmarken, Belastungsmarken usw.)

Fossilien: pelagisch (Mikrofossilien), Ichnofossilien (Nereites-Ichnofazies)

Faziesassoziationen: Schelfsedimente, tiefmarine Karbonate (abhängig von der Karbonatkompensationstiefe), hemipelagische Ablagerungen

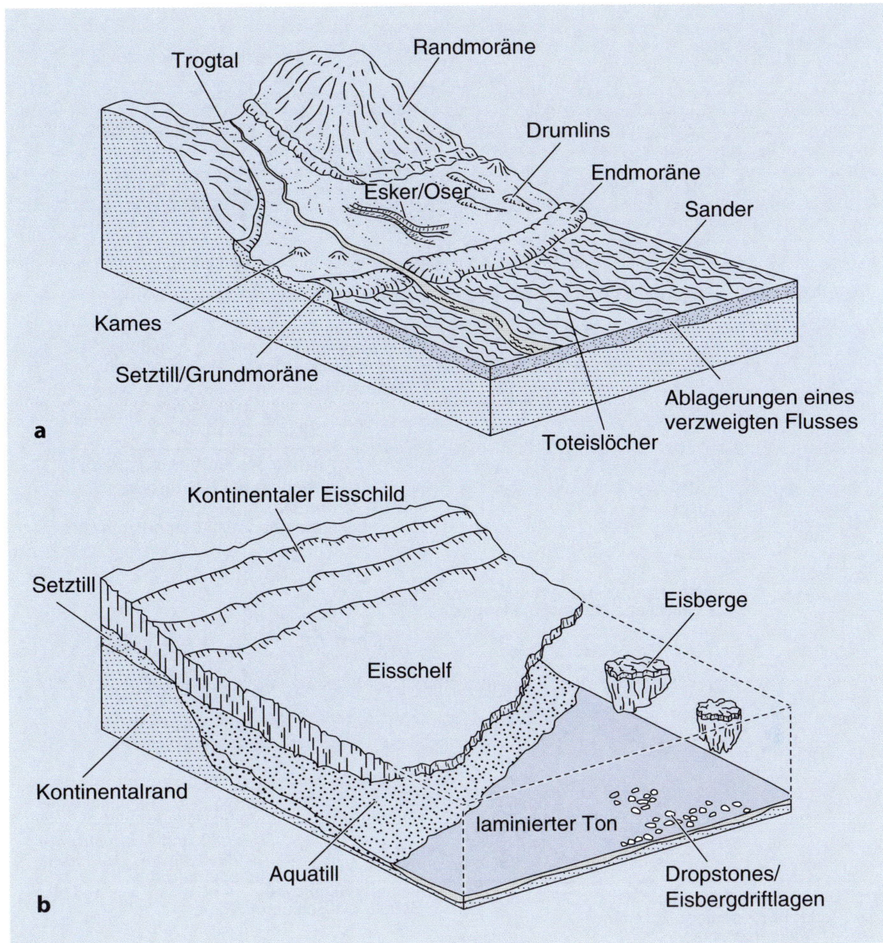

Abb. 2.99a,b Glaziale Ablagerungssysteme. **a** Landformen und Ablagerungen kontinentaler Eisschilde, **b** Glaziomariner Eiskontakt

Glaziale Ablagerungssysteme (■ Abb. 2.99)

Vorkommen: kontinentale Bereiche, polare oder große Höhenlagen

Ablagerungsmilieus: glazial (supraglazial, englazial, subglazial – d. h. auf, in oder unter die Eismasse), glaziomarin, glaziolakustrisch, periglazial (Permafrost)

Schichtgeometrie: U-förmige Täler, chaotische Schichten (Tillit – verfestigte glazialer Geschiebemergel/-lehm, Moräne – durch schmelzende Eismassen erzeugt, können End-, Seiten- oder Grundmoränen sein), deckenartige Bodenformen (marine/lakustrische/Sandur oder Sander), lineare Strukturen (z. B. Esker/Oser), hemisphärische Bodenformen (z. B. Drumlins, Pingos)

Ablagerungsprozesse: Schutt- und Schlammströme, fluvioglaziale Ströme (Schmelzwasser), Kryoturbation (Permafrost), Eisdeformation (z. B. Gletscherbewegung)

Sedimentäre Strukturen: chaotisch/strukturlos (z. B. Moräne), fluviatil (Schmelzwasser), lakustrin (Gletscherseen). Inkl. *Dropstones* (in Seen/im Meer), Warven (Gletscherseen)

Lithologien: Konglomerate/Brekzien, Sandsteine, Siltsteine, Tonsteine. Schlechte (z. B. Moräne) bis gute Sortierung (z. B. glaziolakustrisch). Glaziale Findlinge. Unterschiedliche Farben – überwiegend dunkel

Paläoströmungen: Eisbewegungsrichtungen (Dachziegellagerung, Gletscherschliffe), fluvioglaziale Ströme/Sander

Fossilien: Fossilien selten

Faziesassoziationen: kontinentale/marine Ablagerung, Permafrostgebiete

Vulkanoklastische Ablagerungssysteme (■ Abb. 2.100)

Vorkommen: kontinentale und marine Bereiche vulkanischer Aktivität

Ablagerungsmilieus: Vulkan (proximal-distal zum Schlot), marine, lakustrische und kontinentale Aufarbeitung von epiklastischem Material

Schichtgeometrie: Topographie bedeckend (z. B. Asche) oder auffüllend (z. B. Ströme)

Ablagerungsprozesse: pyroklastische Ströme und pulsierende Strömungen, Aschefall (durch Luft oder Wasser), Autobrekziierung/hydroklastische Fragmentierung, Aufarbeitung (epiklastische Ablagerungen). Lahare (Debrite)

Sedimentäre Strukturen: chaotische oder strukturlose Einheiten, Parallelschichtung, Dünen/Gegenrippel, Schrägschichtung (pyroklastische Ströme). Proximal-distale Verteilung. Fiamme, akkretionäre Lapilli (d. h. Fragmente gebaut von konzentrischer Lagen von vulkanischer Asche). Unterschiedliche Sortierung

Lithologien: Basalte bis Rhyolithe, lithische, kristallene oder gläserne Fragmente. Schlechte bis moderate Sortierung. Farbe variiert nach Zusammensetzung

Paläoströmungen: können in pyroklastischen Strömen wichtig sein

Fossilien: selten

Faziesassoziationen: marine/kontinentale Ablagerungen

2

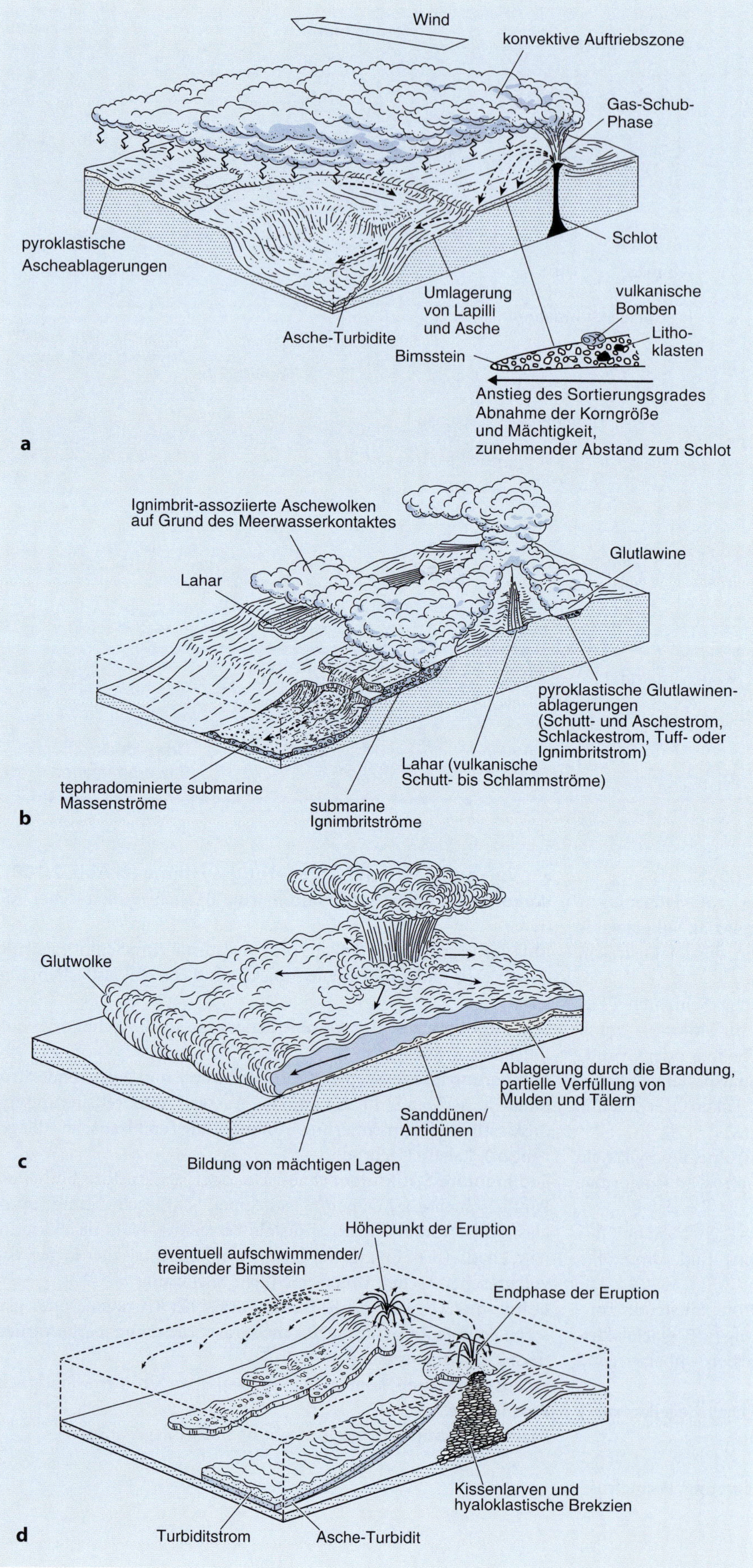

Abb. 2.100a–d Vulkanoklastische Ablagerungssysteme. **a** Plinianische Eruptionen mit Gas-Schub-Phase und konvektiver Auftriebszone. Tephraablagerungen (Bomben und Blöcke, Lapilli und vulkanische Asche), **b** das Kollabieren einer Eruptionssäule löst pyroklastische Ströme und die Bildung von Ignimbriten mit weitläufigem Fallout aus, **c** Entwicklung eine Glutwolke (base surge), **d** Submarines Eruptionsmodell (alle nach Einsele 1992)

2.6 Diagenese

2.6.1 Diagenese und diagenetische Bereiche

Diagenese beinhaltet die physikalischen, chemischen und biologischen Veränderungen, die in einem Sediment als Folge seiner Ablagerung und bei relativ niedrigen Temperaturen und Drücken auftreten. Diagenese beginnt an der Sediment/Atmosphäre-Grenzfläche; der Hauptteil jedoch findet nach der Versenkung statt (◘ Abb. 2.101) Die Hauptphasen der Diagenese sind Kompaktion und Zementation, die zur Lithifizierung des Sediments führen. Die geläufigsten Zemente sind Quarz und Calcit, doch eine Reihe von anderen Mineralen können ebenfalls Zemente bilden, wie z. B. Chlorit, Hämatit, Dolomit, Siderit, Phosphate, evaporitische Minerale und Zeolithe.

Der Grad der Lithifikation ist abhängig von der Menge an ausgefälltem Zement – ist diese niedrig, kann das Gestein leicht in individuelle Körner zerlegt werden (d. h. das Gestein ist bröckelig). Mit steigendem Grad der Zementation wird das Gestein zunehmend verhärtet.

Diagenese tritt oft in oberflächennahen Bereichen auf, unterteilt in (◘ Abb. 2.102):

- **phreatische Zone** – die Porenräume sind gesättigt an Fluiden, oder
- **vadose Zone** – oberhalb des Grundwasserspiegels, daher teilweise fluidgefüllte und teilweise gasgefüllte Porenräume.

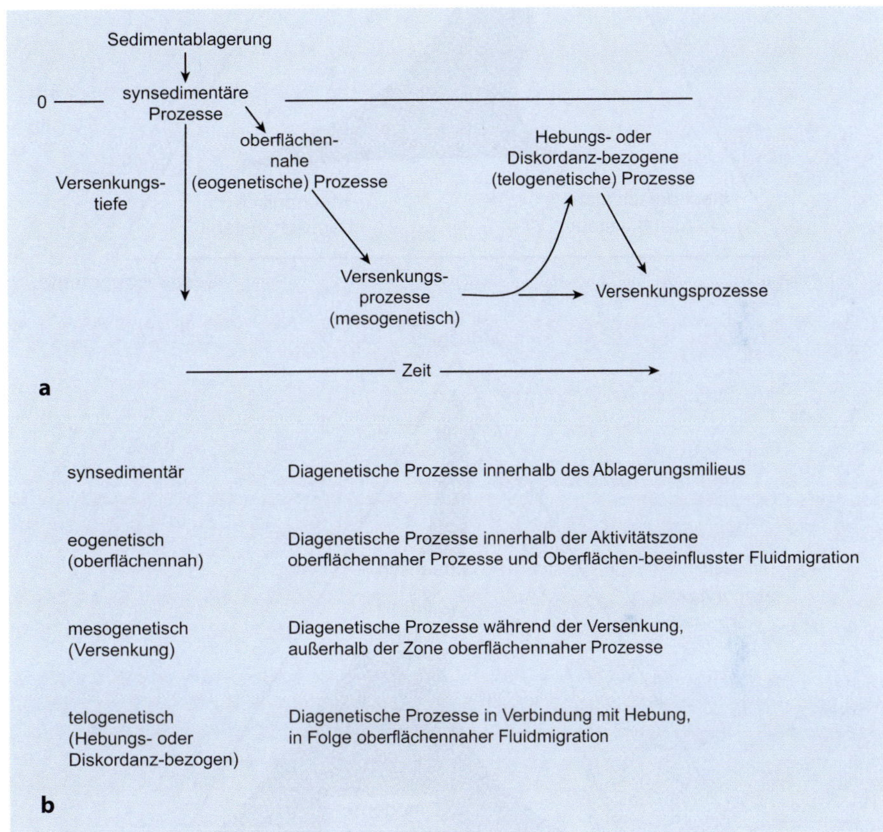

◘ **Abb. 2.101 a** Übersicht über die verschiedenen diagenetischen Bereiche von Sedimentgesteinen (nach Harwood 1988), **b** Die wichtigsten diagenetischen Systeme (nach Blatt et al. 2006)

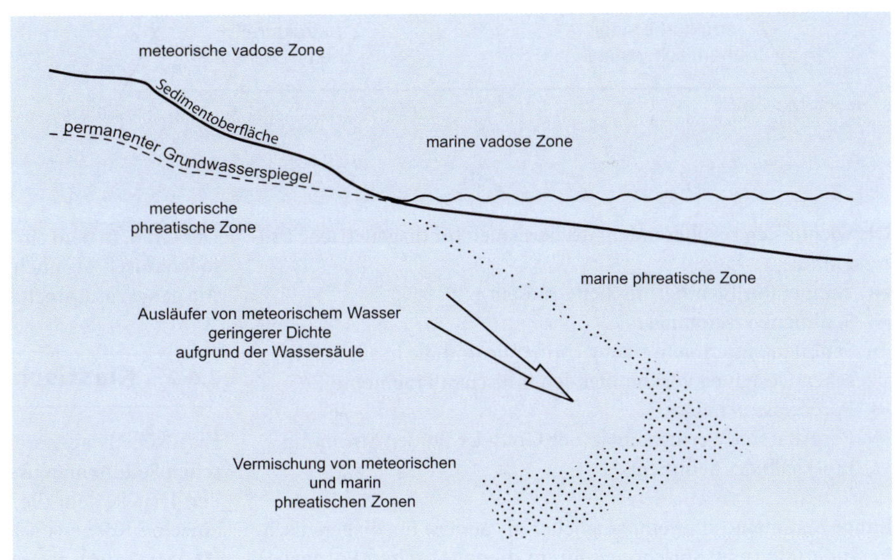

◘ **Abb. 2.102** Oberflächennahe diagenetische Milieus (nach Harwood 1988)

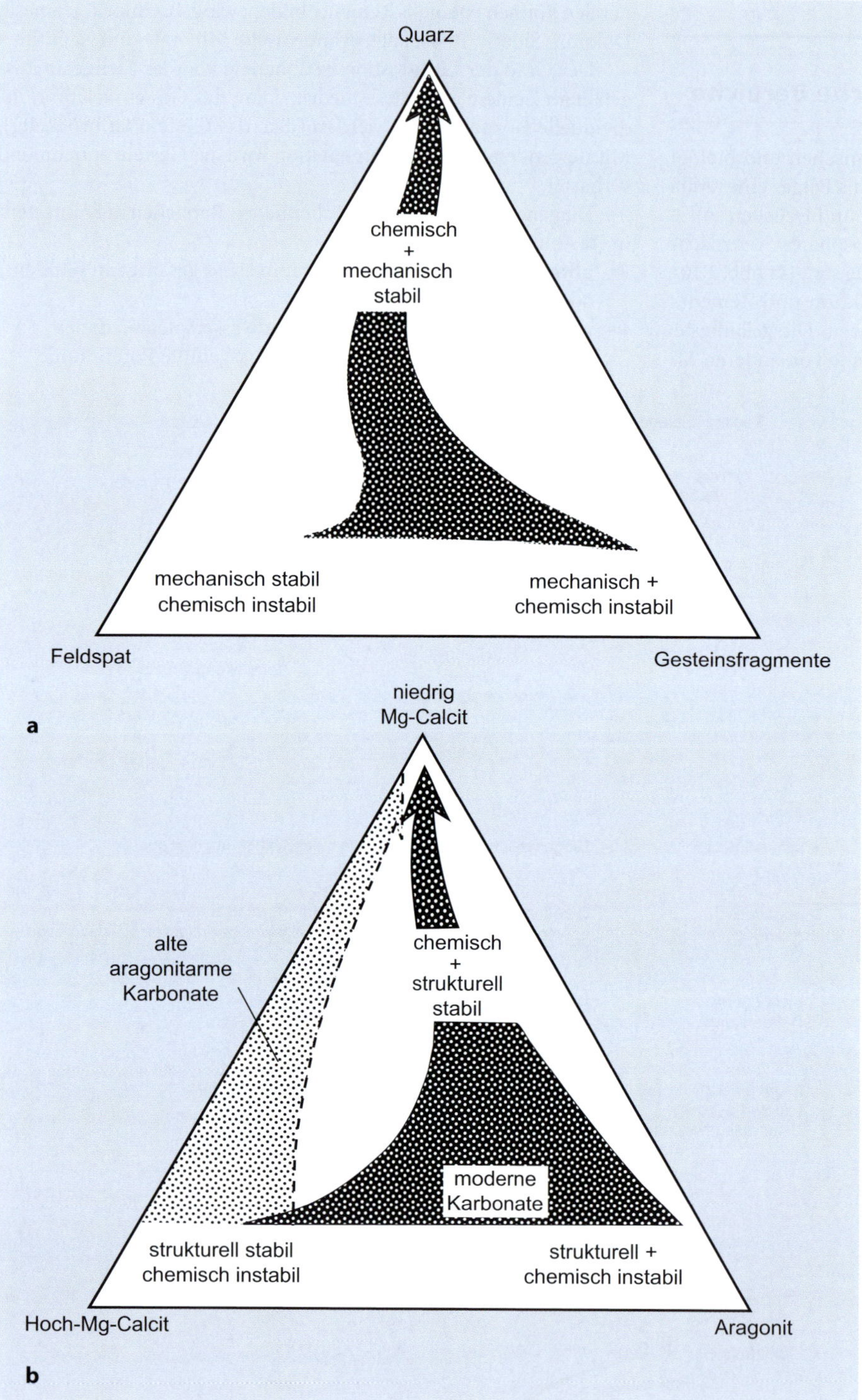

■ **Abb. 2.103a,b** Diagenetisches Potenzial von Sedimentgesteinen. **a** Dreiecksdiagramm von siliciklastischen Endgliedern zeigt den mechanischen und chemischen Widerstand gegenüber diagenetischer Verwitterung. Breite des Pfeils nimmt mit ansteigendem diagenetischen Potenzial zu. **b** Dreiecksdiagramm von karbonatischen Endgliedern zeigt das hohe diagenetische Potenzial von Aragonit und Hoch-Mg-Calcit-dominierten Sedimenten. Breite des Pfeils nimmt mit ansteigendem diagenetischen Potenzial zu. (Nach Harwood 1988)

Die wichtigsten regulierenden Mechanismen für diagenetische Prozesse sind:

- Temperatur (geothermischer Gradient),
- Sedimentversenkungsrate,
- Sedimentzusammensetzung (Minerale und die in siliciklastischen Gesteinen vorkommenden lithischen Fragmente),
- Porenwasserchemie,
- Porosität und Permeabilität (der Grad der fluiden Strömung innerhalb des Sediments).

Einige Sedimente sind empfänglicher als andere für diagenetische Veränderung (man spricht von ihrem **diagenetischen Potenzial**).

Der Grad, in dem ein Sediment umgewandelt werden kann – sowohl mechanisch als auch chemisch – basiert in hohem Maße auf der Ausgangszusammensetzung (■ Abb. 2.103).

2.6.2   Klastische Diagenese

Klastische Diagenese ist die Anfangsphase der Diagenese in klastischen Sedimenten und geht einher mit spröder Kompaktion: Durch den Druck, dem die Sedimentkörner ausgesetzt sind, ordnen sich einzelne Körner und Klasten neu an, um Volumen zu reduzieren (■ Abb. 2.104). Diese Verminderung der Porosität führt zu einer

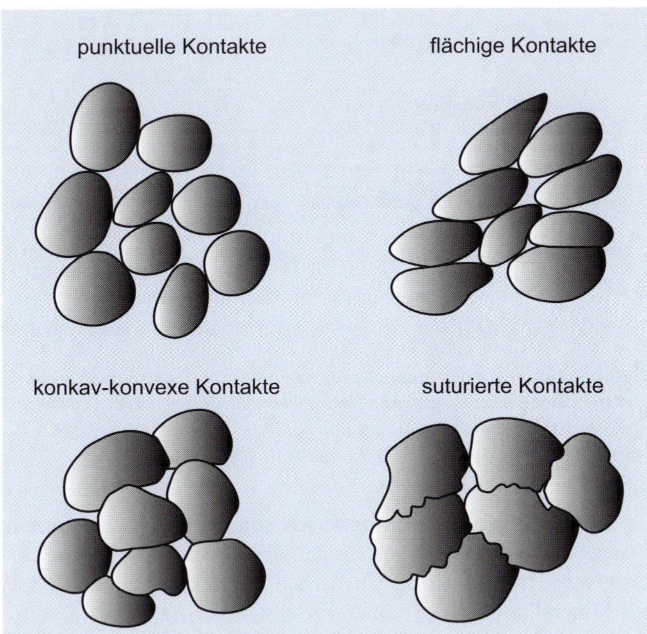

Abb. 2.104 Arten des Kornkontaktes: Es gibt einen progressiven Verlauf der Kompaktion von Punkt- zu Langkontakten (mit einer Reorientierung der Körner als Folge), nach konkav-konvex und zu suturierten Kontakten (wobei beide mit einem Grad an Druckauflösung einhergehen). (Nach Nichols 2009)

Zunahme der Sedimentdichte. Der Porositätsverlust (45–25 % in reinen Quarzsanden) geht einher mit einem Permeabilitätsverlust. Die Kompaktionsraten sind variabel und abhängig von:

- anfänglicher Sedimentsortierung (gute Sortierung vs. schlechte Sortierung),
- Anteil an feinkörnigem Material (Ton-/Siltgehalt),
- prozentualem Anteil duktiler Körner (z. B. Muskovitkörner, Ton-/Siltklasten),
- Versenkungstiefe.

Der Grad der Kompaktion innerhalb eines klastischen Sediments kann durch Betrachtung der Kornkontakte zwischen den individuellen Körnern ermittelt werden (Abb. 2.104). Steigende Kompaktion führt am Anfang zu einem besseren Packungsmuster innerhalb des Sediments. Mit steigendem Druck wird das Sediment dichter und die Zementation schreitet fort.

▪ Zementation

Mit steigendem Kompaktionsgrad führt der zunehmende Druck zu chemischer Kompaktion oder Drucklösung entlang der Korn-Korn-Kontakte. Die so gelösten Stoffe bewegen sich durch den Sedimentkörper, um als Zement an einer anderen Stelle ausgefällt zu werden. Demnach ist Zementation das Wachstum von authigenen Mineralen innerhalb des Sediments. Typische Zemente beinhalten Quarz, Calcit, Hämatit und Tonminerale.

2.6.3 Karbonatdiagenese

Diagenese in Karbonaten kann zeitnah nach der Ablagerung einsetzen. Mechanische Kompaktion tritt bei Kalksteinen selten auf und kann zu gebrochenen Körnern, Bruch und Deformation von Ooiden und Peloiden und der Reorientierung von Körnern zu einer dichteren Packungsstruktur führen. Da Karbonate Zemente häufig zu einem frühen Zeitpunkt im diagenetischen Prozess bilden, ist chemische

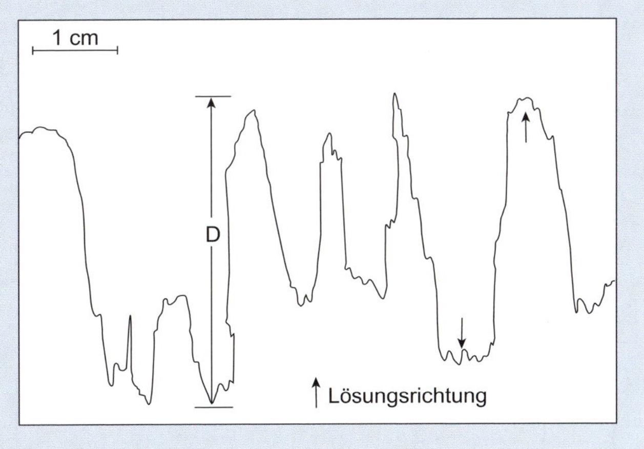

Abb. 2.105 Stylolithe in Karbonatgesteinen zeigen die minimale Lösung, die stattgefunden hat

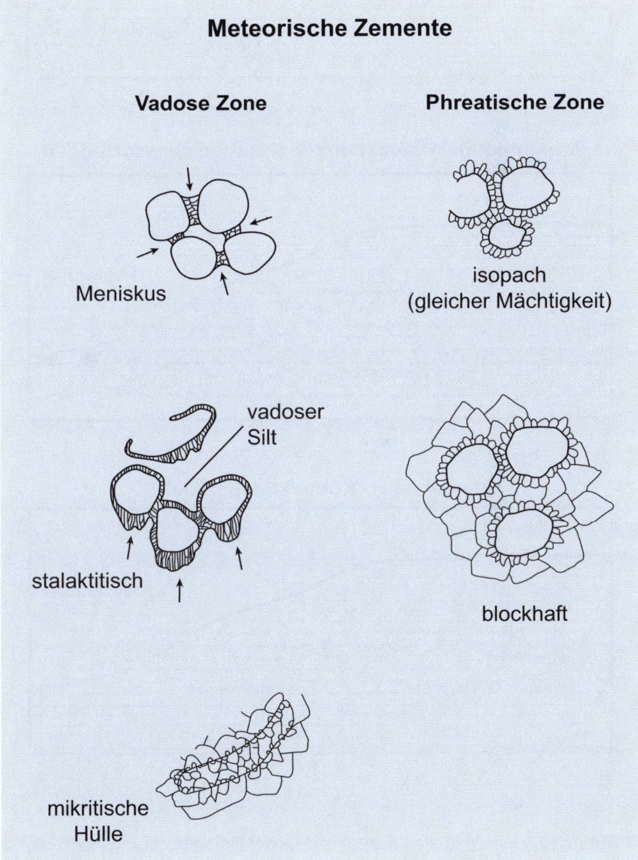

Abb. 2.106 Typische Zemente, ausgefällt in vadosen und phreatischen Teilen der meteorischen, diagenetischen Umgebung (nach Blatt et al. 2006)

Kompaktion üblicher (dies führt zu einer Reduzierung der Mächtigkeit von 50 % und mehr). Hierbei bilden sich **Stylolithe**, die sich durch den Sedimentkörper schneiden und senkrecht zu der Achse mit der maximalen Belastung ausgerichtet sind (Abb. 2.105). Die verbleibenden Tonminerale lagern sich an den Stylolithspuren an.

▪ Zementation

Die Ausbildung von Zementen in Karbonatsedimenten tritt sowohl in den vadosen als auch in den phreatischen Zonen auf, und führen zur Bildung verschiedener Zementtypen (Abb. 2.106). Da

2

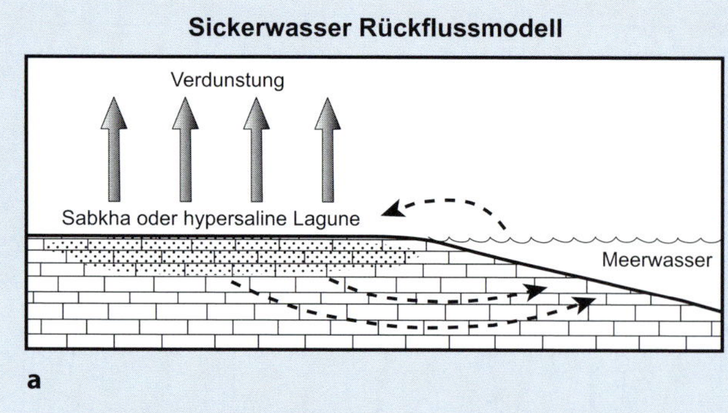

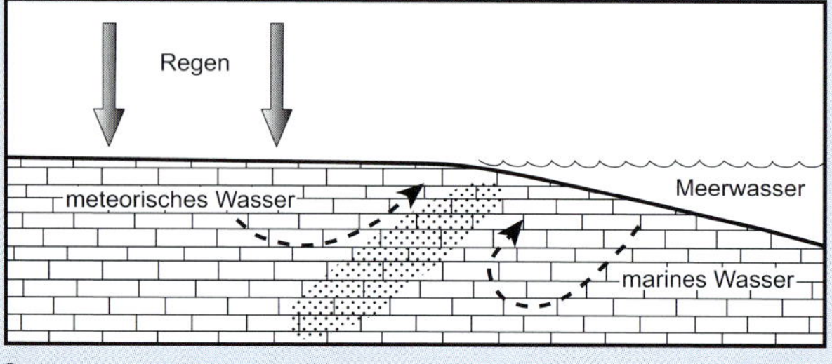

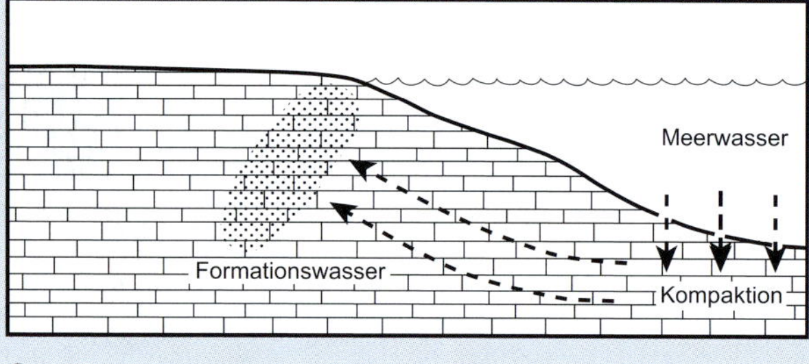

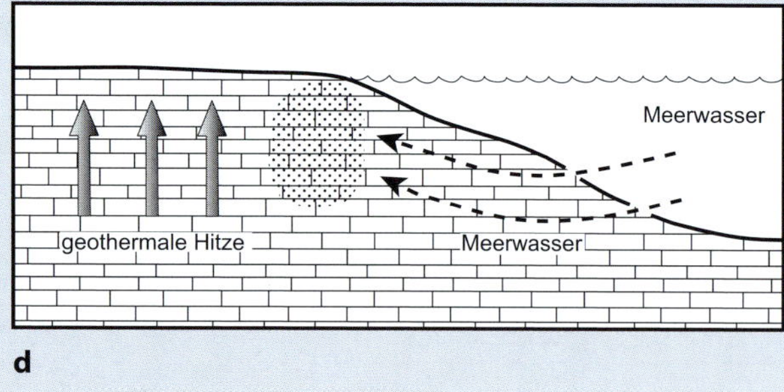

■ **Abb. 2.107** Vier Modelle für die Prozesse der Dolomitisierung (nach Nichols 2009)

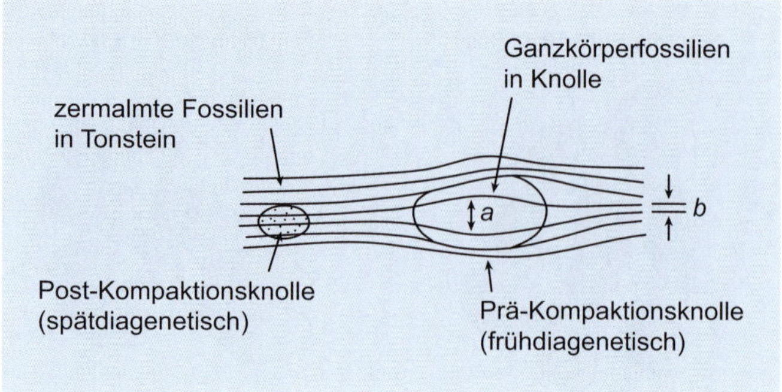

■ **Abb. 2.108** Frühe diagenetische (bevor Kompaktion stattgefunden hat) und spätdiagenetische (nach Kompaktion) Knollen in Tonsteinen. Der Grad der Kompaktion kann anhand vorhandener frühdiagenetischer Knollen eingeschätzt werden nach: $(a - b) / a \cdot 100\,\%$. (Nach Tucker 1996)

Rekristallisation und **Austausch** können ebenfalls auftreten. Erstgenanntes weist auf eine diagenetische Reaktion hin, welche normalerweise früh in der diagenetischen Entwicklung auftritt, wobei ein Mineral zum selben Mineral rekristallisiert (z. B. magnesiumreiches Calcit zu magnesiumarmen Calcit). Bei einem Austausch handelt es sich um eine Reaktion, bei der ein Mineral die Stelle eines anderen Minerals im Kristallgitter einnimmt (z. B. Calcit wird durch Anhydrit ersetzt, Calcit durch Dolomit).

■ Dolomitisierung

Dolomit ist ein Gestein, welches zu einem großen Teil oder vollkommen aus dem Mineral Dolomit, $CaMg(CO_3)_2$, besteht. Während Dolomit in einigen Milieus primär ausfällt (z. B. in hypersalinen Wässern in Seen und Watten), ist die Mehrheit der dolomitischen Abfolgen sekundär, gebildet infolge des Austausches von Calcit durch Dolomit. Dies tritt generell früh in der diagenetischen Entwicklung und in relativ flachen Tiefen auf. Eine Anzahl an Faktoren erleichtern die Dolomitisierung, einschließlich

- erhöhte Temperaturen (begünstigen Versenkungs-Dolomitisierung),
- erhöhte Karbonat-Ionenkonzentrationen,
- höhere Mg:Ca-Verhältnisse (begünstigen evaporativen Rückfluss),
- reduzierte Komplexbildung oder Hydratation von Magnesium-Ionen (begünstigen Mischbereiche),
- Entzug von Sulfat-Ionen und die
- Anwesenheit bestimmter Mikroben.

Vier Hauptmodelle sind zur Erklärung von in großem Umfang stattfindender Dolomitisierung vorgeschlagen worden. Dazu gehören (■ Abb. 2.107):

Sickerwasser-Rückfluss-Modell – Ausfällung von Gips aus marinen Gewässern in Sabkhas (flachen, unregelmäßig überfluteten Oberflächen, sowohl kontinental als auch küstennah) und hypersalinen Lagunen, was einen relativen Anstieg an Mg-Ionen und eine Abnahme an Ca-Ionen zur Folge hat. Das Mg-reiche Grundwasser sinkt ab, dies führt zu einer Dolomitisierung der liegenden Kalksteine.

Meteorisch-marin/Grundwasser-Mischungsmodell – Die Vermischung von Süßwasser mit Meerwasser führt zu einer abnehmenden Sättigung von Calcit und einer zunehmenden Sättigung von Dolomit. Daher tritt Dolomitisierung in der Mischungszone auf.

Versenkungskompaktion/Formationswasser-Modell – Tondiagenese in der Tiefe führt zu einer Anreicherung des Grundwassers mit Magnesium. Das Durchfließen dieses Wassers durch Kalksteineinheiten kann Dolomitisierung verursachen.

es sich bei den gebildeten Zementen hauptsächlich um Calciumcarbonat (abgeleitet von dem Muttergestein) handelt, kann frühe Lithifikation auftreten. In der Gezeitenzone kann sich *Beachrock* (zementierte Strandsedimente) bilden, während sich zementierte Oberflächen (*Hardgrounds*) auf dem Flachmeerboden bilden können.

Gleichzeitig mit der Zementation setzt die Verwitterung durch biologische Aktivität ein.

Die meisten diagenetischen Prozesse in Karbonaten sind reversibel. Dieser Prozess (**Lösung**) führt zur Bildung von **sekundärer Porosität** innerhalb von Kalksteinen sowie **Karsthohlräumen** und **Lösungsbrekzien**.

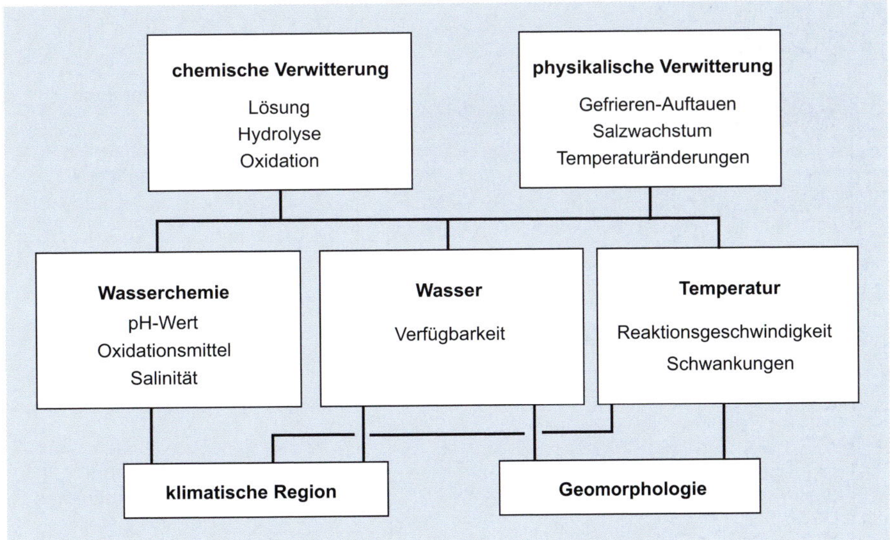

◘ Abb. 2.109 Verwitterungsprozesse und ihre Kontrollmechanismen (nach Nichols 2009)

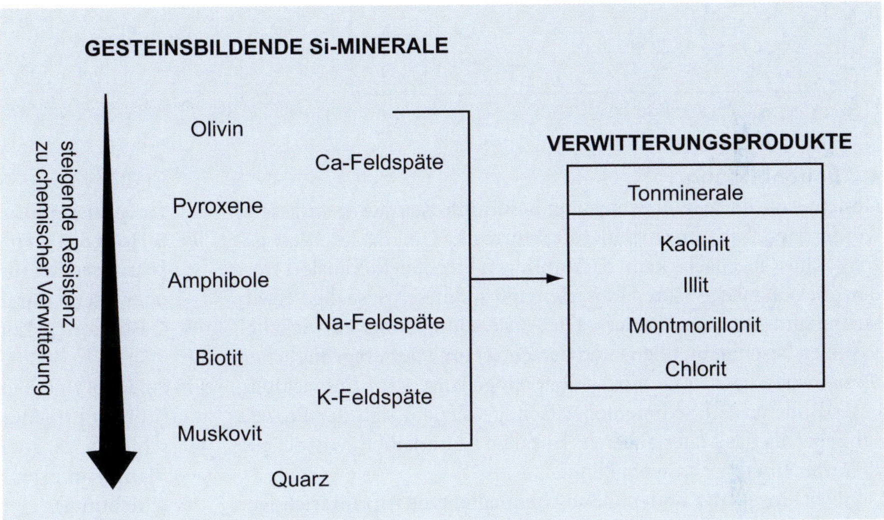

◘ Abb. 2.110 Chemische Verwitterung von silikatischen Mineralen (nach Nichols 2009)

Meerwasser-/Konvektions-Modell – Ozeanströmungen oder geothermische Gradienten treiben große Mengen an Meerwasser durch eine Karbonatplattform. Dies führt zur Dolomitisierung.

Der Prozess der Dolomitisierung kann auch umgekehrt werden, wobei der Dolomit durch Calcit ausgetauscht wird. **Dedolomitisierung** tritt in der Anwesenheit von Evaporiten wie z. B. Calciumsulfat auf.

2.6.4 Konkretionen

Variationen in Porosität und Permeabilität innerhalb eines Sediments zusammen mit Heterogenitäten innerhalb des Sedimentkörpers können in ungleichmäßiger Zementation und der Bildung von **Konkretionen** (eher gerundet) und **Knollen** (eher unregelmäßig) resultieren (◘ Abb. 2.108). Sie können in bestimmten Horizonten innerhalb des Sedimentkörpers gebildet werden. Typische Zemente beinhalten Calcit, Siderit, Pyrit und Quarz/SiO$_2$. Zusätzlich können spezifischere Konkretionsformen auftreten, einschließlich:

Flintknollen – Diese sind in Kalksteinen üblich, in denen sie klare Schichten bilden können. Der Quarz wird von silikatischen Organismen gebildet, als Kieselgel mobilisiert und lokalisiert ausgeschieden.

Septarienknollen – Hierbei handelt es sich um Karbonatkonkretionen in Tonsteinen mit einer Serie calcit-gefüllter Risse, die sich in einer frühen Versenkungsphase des Sediments bilden. Der genaue Entstehungsvorgang ist unklar.

Konus-in-Konus-Struktur – entsteht während fortgeschrittenen Diagenesestadium in der Versenkungszone und beinhaltet konzentrische Konen von Calcit, manchmal Gips, Siderit oder Pyrit.

2.7 Verwitterung

Verwitterung beinhaltet sowohl physikalische als auch chemische Prozesse, die gemeinsam oder getrennt voneinander die Zerlegung und Alteration von Gesteinen in seine einzelnen Minerale oder Gesteinsfragmente kontrollieren (◘ Abb. 2.109). Das Klima spielt bei diesen Prozessen eine wichtige Rolle, wobei chemische Verwitterung besonders aktiv in tropischen und semitropischen Gebieten ist. Das verwitterte Material verändert sich anschließend weiter und bildet Böden aus, oder es wird an einen anderen Ablagerungsort transportiert.

- **Physikalische Verwitterung** – Das Gestein zerbricht in Stücke (bei grobkörnigeren Lithologien können die Stücke Einzelminerale sein)
- **Chemische Verwitterung** – Die Gesteinsbestandteile werden in einer Reihe von chemischen Prozessen umgewandelt und gehen zum Teil in Lösung. Bildung von Tonmineralen (◘ Abb. 2.110)

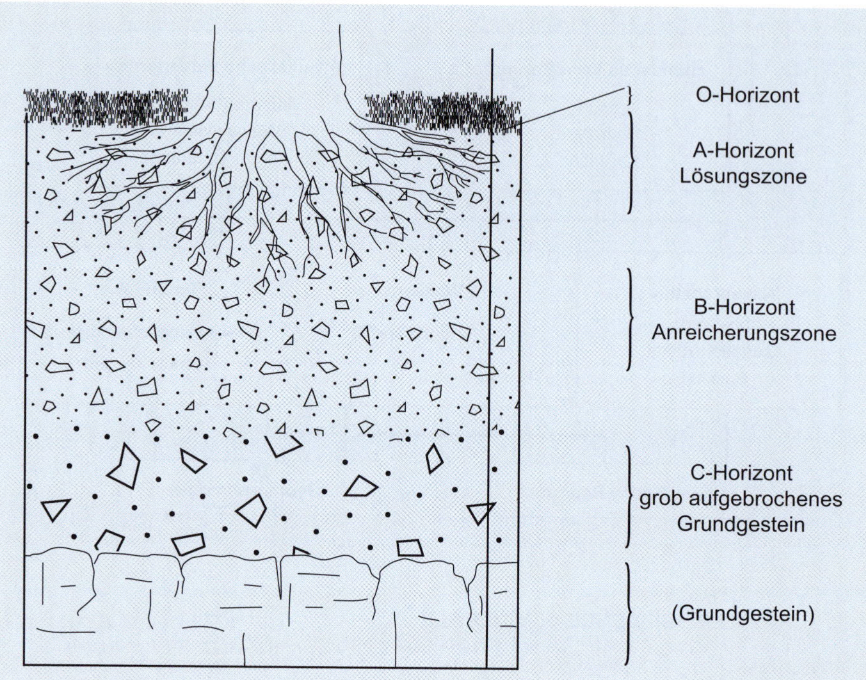

Abb. 2.111 Verallgemeinertes Bodenprofil. Die Mächtigkeiten der einzelnen Horizonte variieren, abhängig vom Klima und der jeweiligen Stufe der Bodenentwicklung. (Nach Blatt et al. 2006)

■ Bodenbildung

Gesteine, die der Verwitterung über bestimmte Zeiträume ausgesetzt worden sind, besitzen eine mikrofrakturreiche Oberfläche. Diese geschwächte Oberfläche kann daraufhin von Flechten kolonisiert werden, die organische Säuren freisetzen und auf diese Weise die Verwitterung und Alteration fördern. Die Ansiedelung höher entwickelter Pflanzen beschleunigt den Grad der Zersetzung der ursprünglichen Gesteinsoberfläche und führt – über einige Jahre – zur Entwicklung eines Bodens. Auf Sedimentoberflächen vollzieht sich der Prozess schneller, da das Material bereits zerfallen ist und höher entwickelte Pflanzen einfacher wurzeln können.

Der Prozess der Bodenbildung beinhaltet eine Anzahl wichtiger Veränderungen, einschließlich:

- Modifizierung und Zerstörung ursprünglicher Texturen und Strukturen im Ausgangsgestein oder Ausgangssediment, einschließlich der Auflösung von Mineralen und Entfernung von löslichen Kationen,
- Entstehung von Tonmineralen (Verwitterungsprodukte), und ihre spätere Migration innerhalb des Bodenprofils,
- Konzentration an unlöslichen Eisen- und Aluminiumoxiden und -hydroxiden in Teilen des Bodenprofils (Redoxgrenze, d. h. die Grenze zwischen aerobem Sediment und anaerobem Sediment),
- Oxidierung von organischem Material,
- Senkung des pH-Wertes (Zunahme der Azidität),
- Variationen des Eh-Wertes (Redoxpotential des Bodens, d. h. das Verhältnis oxidierter und reduzierter Stoffe im Boden).

Mit den genannten Veränderungen kann ein allgemeines Bodenprofil entwickelt werden, welches in verschiedene Horizonte unterteilt werden kann (■ Abb. 2.111):

- **O-Horizont** – organische Decke (d. h. oberirdisches pflanzliches Material).
- **A-Horizont** – dunkelfarbener, feinkörniger, an Nährstoffen und organischem Material reicher Horizont, bestehend aus organischem Material (Humus), Ton- und anderen Mineralen. Dies ist die Wurzelzone von Pflanzen und repräsentiert den Bereich von Materiallösung.
- **B-Horizont** – Horizont von hellerer Farbe, reich an Mineralen (von oben herab verlagert). Minerale können sich anreichern oder lateral durch fluide Strömung abtransportiert werden.
- **C-Horizont** – Zone des verwitterten Grundgesteins.

Ein **Paläosol** ist ein fossiler Bodenhorizont (■ Abb. 2.112), das häufig auftritt in kontinentalen Sedimentabfolgen mit:

- schlechter Sortierung,
- Mangel an primären sedimentären Strukturen (z. B. Schrägschichtung),
- ohne Sedimenttexturen (z. B. Rundungsgrad der Körner, siehe ▶ Abschn. 2.4.2).

Es gibt eine Reihe von Kriterien, die man nutzen kann, um Paläoböden besser zu identifizieren (Blatt et al. 2006):

- Die Einheiten sind geschichtet und relativ dünn (gewöhnlich < 20 m): Die Bodenmächtigkeit variiert abhängig von Ausgangsgestein, Klima und Zeit.
- Übergangszone an der Basis des Paläobodens.
- Charakteristische Strukturen und Texturen. Fossile Böden weisen keinerlei Strömungsstrukturen (z. B. Schrägschichtung) auf, sind schlecht sortiert und sehr tonhaltig. Tonüberzüge auf Körnern sind üblich.
- Fossilien sind meist *in-situ*-Vegetation (z. B. Baumstümpfe oder Wurzelhorizonte).
- Die Einheiten zeigen manchmal Farbvariationen. Die gewöhnlichen, während der Bodenbildung erzeugten Farben sind rot – als Resultat des Transports von Eisenoxid aus dem A- in den B-Horizont – und weiß – als Resultat der Ausfällung von Calcit in B-Horizonten semiarider Regionen. Hämatit tritt gewöhnlich in einem kontinuierlichen Farbbereich auf, Calcit ist hingegen häufig ungleichmäßig und knollig (z. B. Caliche, s. u.).
- Mineralogische Variationen innerhalb des Bodens: Der obere Teil ist oft angereichert an stabilen Mineralen (z. B. Quarz, Kaolinit, Zirkon, Turmalin).

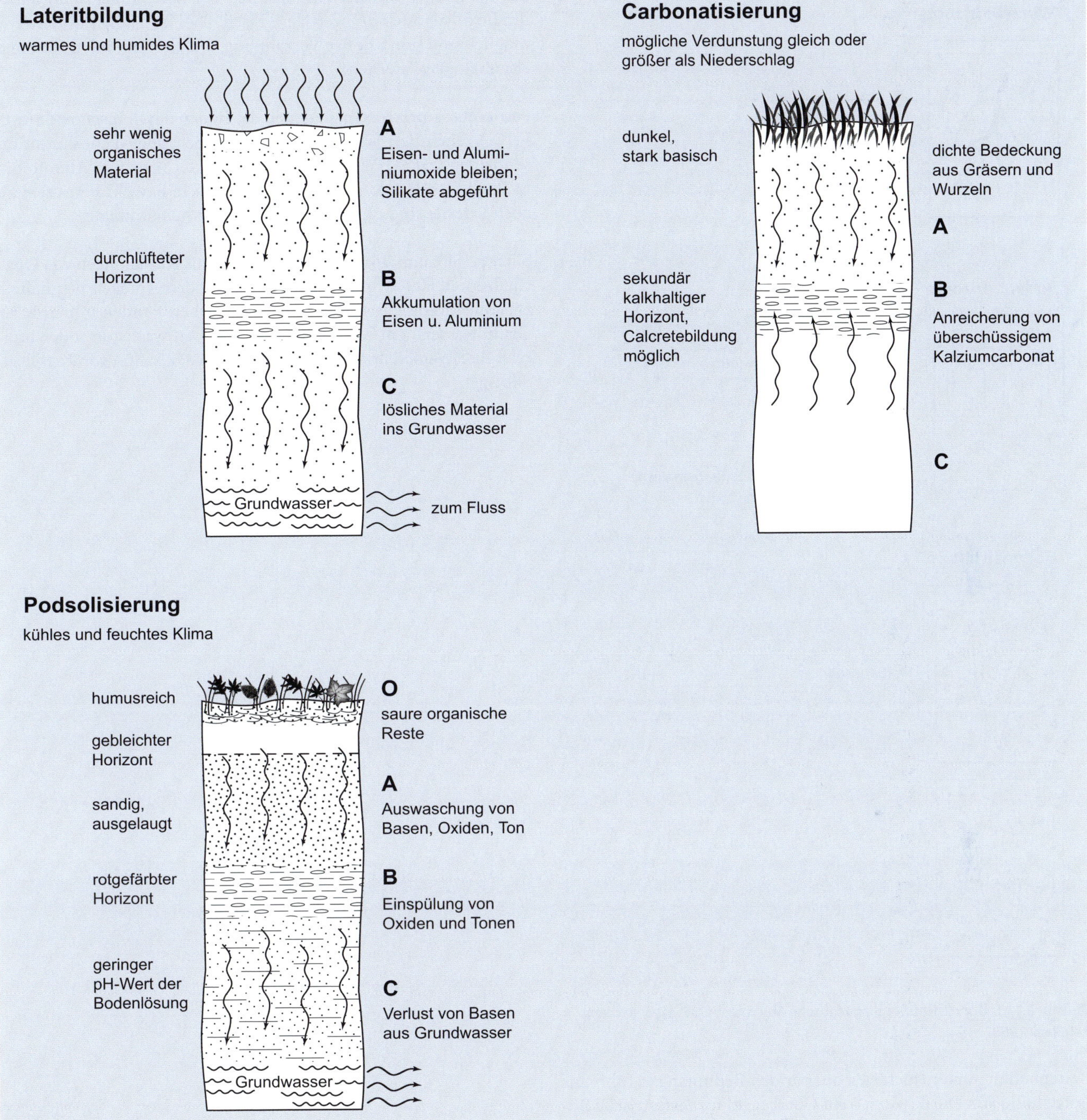

Abb. 2.112 Drei häufige Bodentypen und ihre Bildungsprozesse (nach Allen 1997)

- Elementvariationen: Die Einheiten sind manchmal verarmt an Alkali- und Erdalkali-Kationen (außer in Zement).
- Trockenrisse können vorhanden sein. Sie sind oft verfüllt mit Material aus darüber liegenden Schichten.

Das Ausmaß und die Entwicklung der verschiedenen Horizonte – wie auch die Ausprägung von Paläosolen – werden durch Klima, Vegetation und der Grundgebirgslithologie gesteuert (**Abb. 2.113**). Wichtige Beispiele sind:

- **Humide Gebiete** – reich an pflanzlichem Leben. Das führt zu sauren Bodenbedingungen und Lösung und Abtransport von bestimmten Elementen (z. B. Na, K, Ca, Mg). Innerhalb des Bodenprofils wird zweiwertiges Eisen (Fe^{2+}) zu dreiwertigem Eisen (Fe^{3+}) oxidiert, das unlöslich ist und innerhalb des B-Horizontes als Hämatit oder eine andere eisenhaltige Verbindung ausfällt (Goethit, Limonit).
- **Trockenes Klima** (Niederschlag < 75 cm/Jahr) – Der Boden ist weniger sauer, weil die Pflanzendecke nicht so dicht ist. Calcium kann innerhalb des Bodenprofils erhalten bleiben und sich in den B-Horizonten als Knollen konzentrieren. Bildung von Durikrusten.
- **Arides Klima** (Niederschlag < 10 cm/Jahr) – Entstehung von Evaporiten innerhalb des Bodenprofils. Bildung von Durikrusten.

Wurzelhorizonte

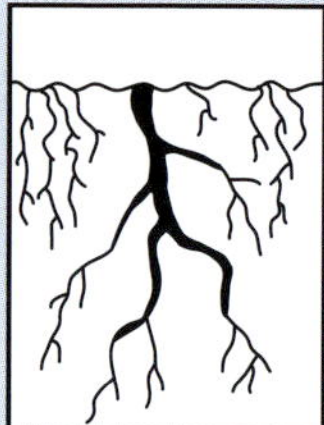

- abgeschnittene Enden
- Verjüngung nach unten hin
- Verzweigung nach unten hin

Bodenhorizonte

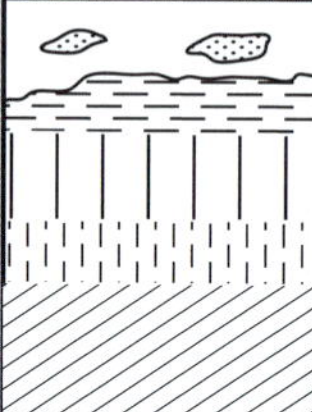

- Rip-Up Klasten im aufliegenden Sediment
- erosiv, scharfe Obergrenze
- Stufenweise fortschreitende Veränderungen nach unten hin
- wenig verändertes Ausgangsmaterial

Bodenstrukturen

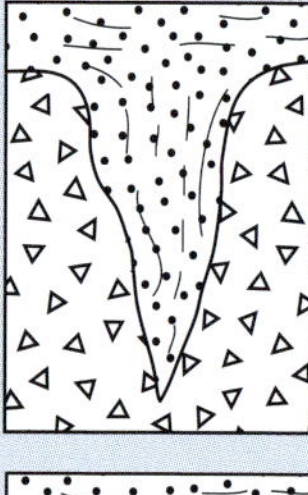

- Sandkeil

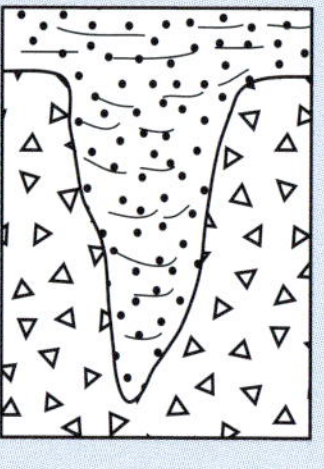

- Eiskeil

Abb. 2.113 Übersicht über diagnostische Merkmale für Paläosole (nach Retallack 1988)

Bodenbildung unter trockenen oder ariden Bedingungen führt zur Entstehung von Durikrusten – ein Überbegriff für terrestrische Böden, die außerhalb des Einflusses des Grundwassers entstehen:

Krustenkalke (*Calcrete*) Kontinuierliche/diskontinuierliche Horizonte aus Calciumcarbonat-Knollen (**Caliche**). Ihre Entstehung ist eng mit der Niederschlagsmenge verknüpft. Während sie in Regionen mit Niederschlagsmengen von bis zu 100 cm/Jahr entstehen können, sind sie am Besten in trockeneren Gebieten entwickelt. Beträgt die Niederschlagsmenge < 50 cm/Jahr, ist die Caliche-Schicht wesentlich kontinuierlicher. Mit steigendem Niederschlag nimmt die Tiefe der Karbonatausbildung zu (bis zu ca. 2 m).

Aluminocrete Böden (Bauxite) in großen Teilen aus amorphem oder kristallinem Aluminiumhydroxid (Gibbsit, Diaspor, Boehmit) zusammengesetzt und häufig pisolithisch. Sie werden in humiden subtropischen und tropischen Gebieten gebildet. Ihre Bildung ist stark abhängig von der Abwesenheit von sowohl gelöstem Siliziumdioxid als auch dreiwertigem Eisen. Dies ist häufig nur teilweise möglich und führt zu der Verzahnung von aluminiumhaltigen und eisenhaltigen Lateriten.

Ferricrete Durikrusten, in denen der Boden durch Eisenoxide (z. B. Fe_2O_3) zementiert ist. Ein Laterit ist ähnlich, aber nicht nur an Eisenoxiden (z. B. $HFeO_2$, Fe_2O_3) reich, sondern auch an Aluminium (z. B. $Al_2O_3 \cdot 3H_2O$). Sie sind oft pisolithisch. Sowohl Ferricrete als auch Laterite sind typisch für humide tropische Klimate.

Silcrete Siliziumdioxidreiche Horizonte, die Ausfällungen von Opal, Chalzedon, Chert und Quarz in variierenden Anteilen beinhalten. Das Siliziumdioxid stammt aus SiO_2-reichen Fluiden (Oberfläche, Grundwasser), entweder direkt über Kristallwachstum oder indirekt über Wasserentzug und spätere Rekristallisation von Kieselgel/Silikagel.

Fossilien

Tom McCann

T. McCann, M. Valdivia Manchego, *Geologie im Gelände,*
DOI 10.1007/978-3-8274-2383-2_3, © Springer-Verlag Berlin Heidelberg 2015

3.1   Fossilien und Paläoökologie

Fossilien sind die erhalten gebliebenen Überreste oder Spuren von Tieren, Pflanzen und anderen Organismen. Man findet sie in verschiedenen Sedimentgesteinen, besonders in Kalksteinen, Schiefern, Siltsteinen und Sandsteinen. Paläoökologie ist die Studie der fossilen Organismen in ihrer Umwelt und ihren Lebensgemeinschaften. Die wichtigsten physikalischen und chemischen Kontrollmechanismen für die Verbreitung von rezenten und fossilen Organismen sind:

- Temperatur: beeinflusst großmaßstäbliche Verbreitung sowohl in Anzahl als auch Diversität
- Licht: der Bereich der maximalen biologischen Produktivität liegt in den oberen 10–20 m der Wassersäule (d. h. 10–20 m unterhalb der Wasseroberfläche)
- Sauerstoffniveau: aerobisch ($> 1{,}0$ ml l^{-1}); dysaerobisch ($0{,}1$–$1{,}0$ ml l^{-1}); anaerobisch ($< 0{,}1$ ml l^{-1})
- Substrat (d. h. Boden, z. B. Sand, Ton)
- Salinität: stenohalin – normale bis nahezu normale Salinität; euryhalin – erhöhte Salinität
- Wasserturbulenzen: hoch- oder niedrigenergetische Umgebungen

- Nährstoffe
- Klima (z. B. tropisch, gemäßigt)

Im Wasser lebende Organismen können entweder **infaunal** (innerhalb des Sediments unterhalb der Sediment/Wasser-Grenze lebend) oder **epifaunal** sein (am Meeresboden, auf Seetang oder auf Steinen lebend). Organismen stehen innerhalb von Ökosystemen miteinander in Konkurrenz um Nährstoffe, Licht oder Lebensräumen, was zu ökologischer Stratifizierung (sog. *tiering*) führen kann.

3.1.1   Entstehung und Erhaltung von Fossilien

Die Entstehung (**Fossilisation**) und Erhaltung von Fossilien ist abhängig von:

- Struktur und Zusammensetzung der ursprünglichen Hart- und Weichteile,
- Art und Korngröße des umschließenden Sediments,
- chemischen Bedingungen während der Ablagerung und danach (Diagenese).

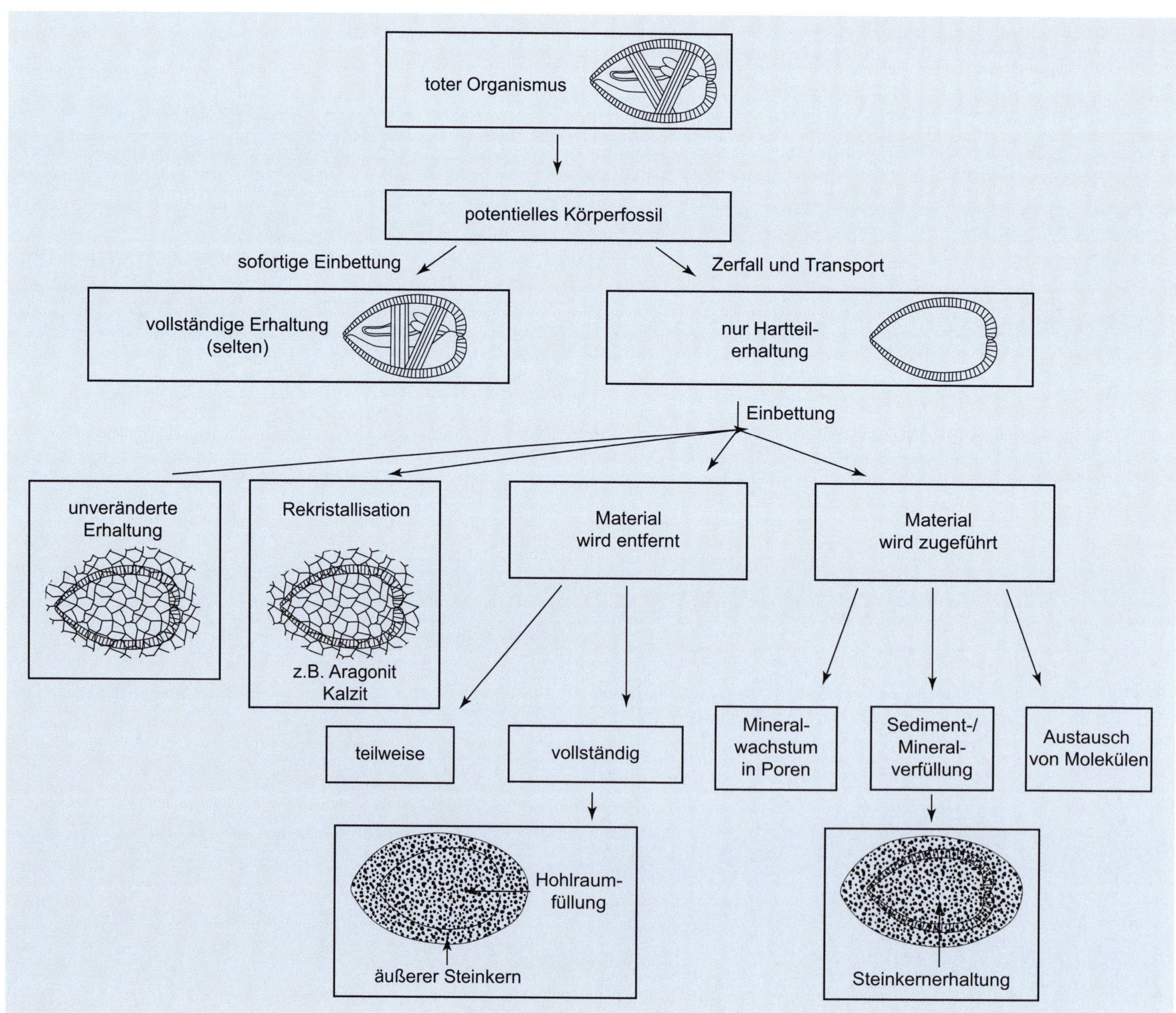

Abb. 3.1 Fossiliation einer abgestorbenen Bivalve. Abfolge von Stadien zwischen Tod des Organismus und Entstehung des Fossils. (Nach Benton und Harper 2009)

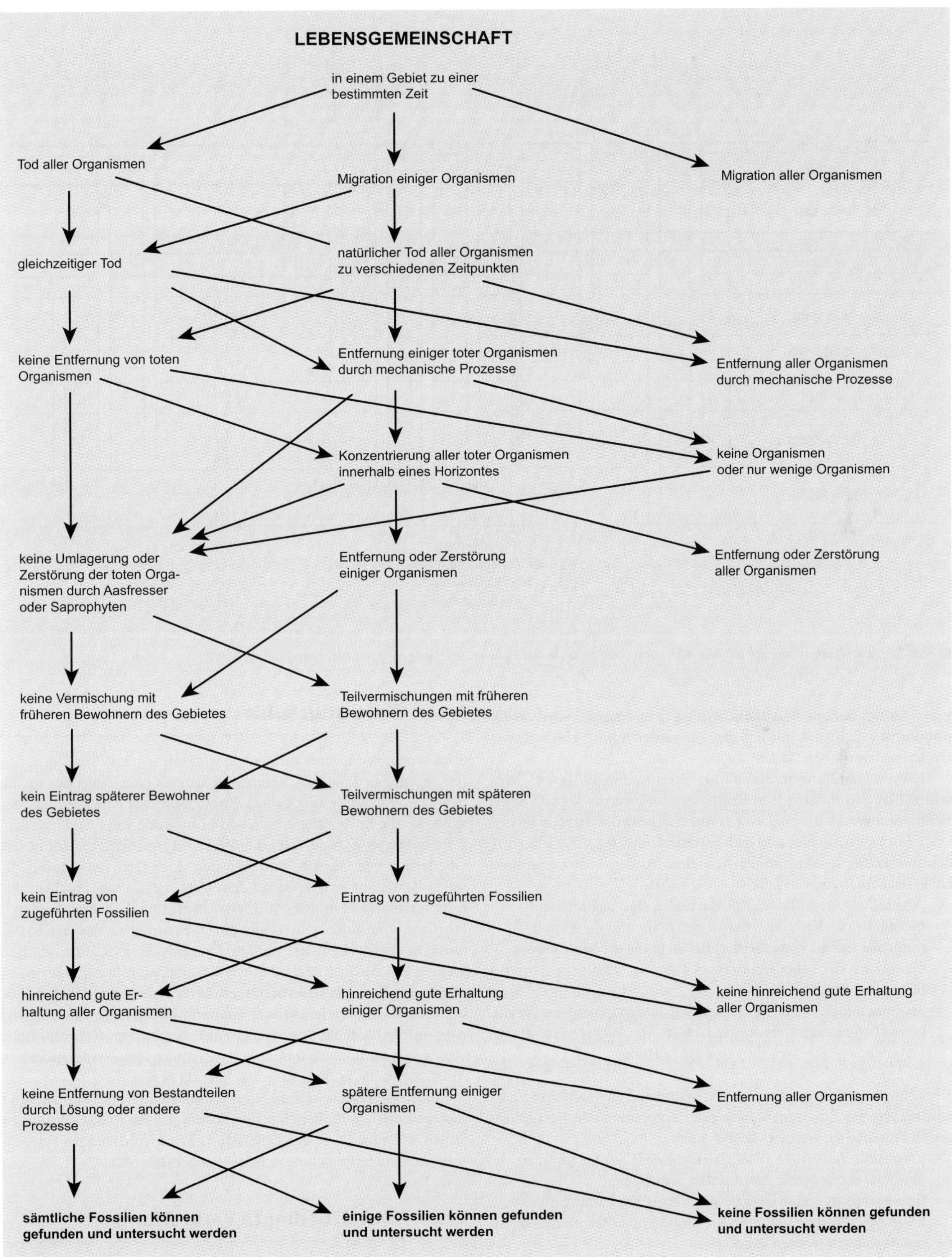

Abb. 3.2 Aspekte in der Taphonomie einer lebenden Gemeinschaft (Lebensgesellschaft) (nach Ager 1963)

3

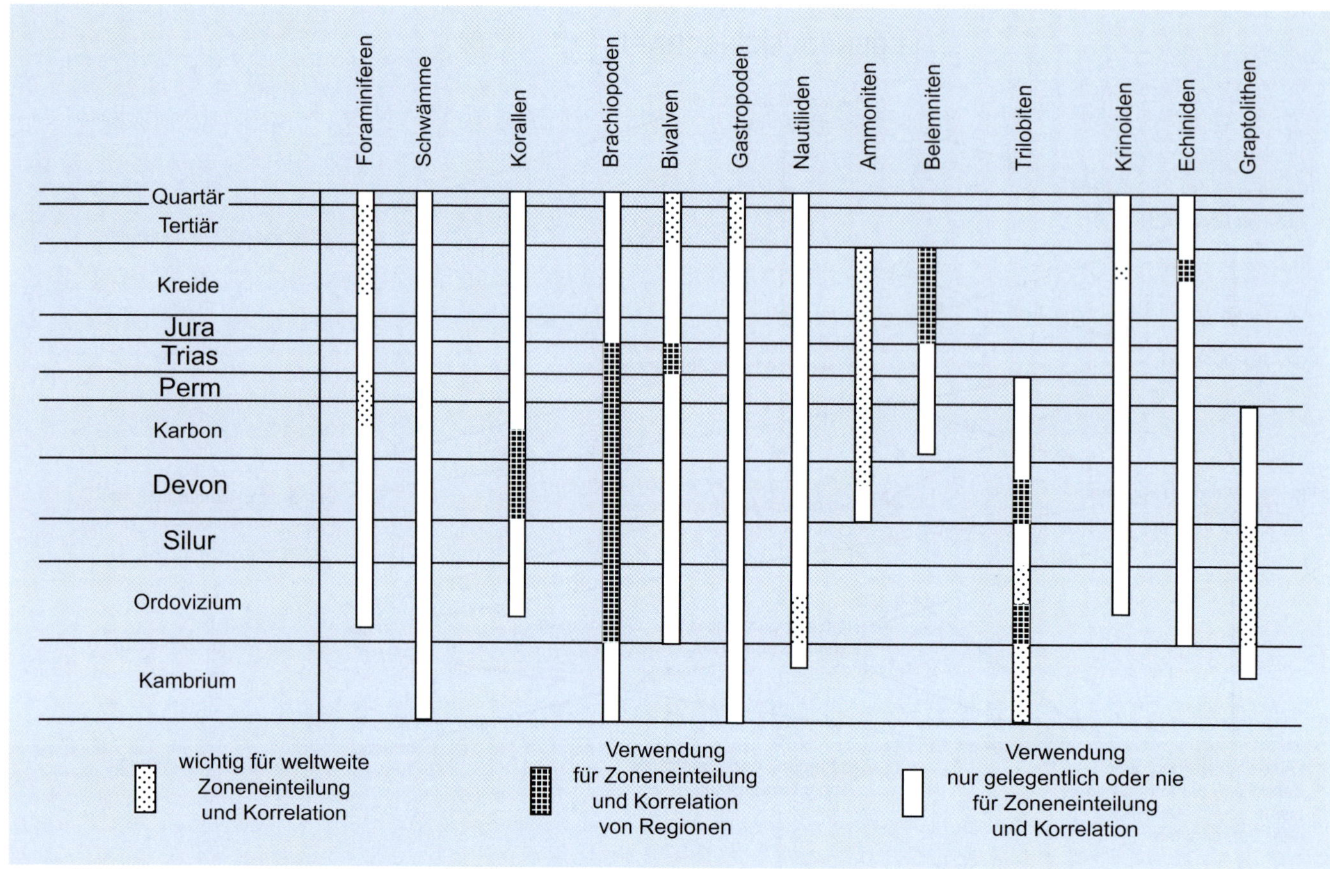

Abb. 3.3 Ungefähre stratigraphische Bereiche von Fossilgruppen der Hauptinvertebraten (nach Benton und Harper 2009)

Das Studium der zur Fossilisation führenden Prozesse wird als **Taphonomie** bezeichnet. Im Allgemeinen werden nur die Hartteile von Organismen erhalten (Abb. 3.1).

Die Umwandlungen, die mit der Fossilisation auftreten – einschließlich diagenetischer Mechanismen – führen zu signifikanten Veränderungen zwischen der Zusammensetzung der ursprünglichen lebenden Gemeinschaft und dem resultierenden Fossilbericht (d. h. dem Vorhandensein bestimmter Fossilien). Andere Faktoren spielen ebenfalls eine Rolle, wie z. B.:

- Anatomie – Organismen mit Hartteilen sind begünstigt
- Biologie – das Verhalten von Organismen und die Populationsgröße (selten vs. verbreitet) haben einen großen Einfluss
- Ökologie – der Lebensraum eines Tieres ist wichtig (z. B. marin oder terrestrisch)
- Sedimentologie – Ablagerungsgebiete bilden günstigere Fossilationsbedingungen als erosive Gebiete; des Weiteren spielt der Sedimenttyp (fein vs. grob) eine große Rolle

Die Rekonstruktion vergangener Ökosysteme können mit drei Fachausdrücken zur Zusammenfassung der Kategorien von Fossilüberresten beschrieben werden (Abb. 3.2):

- **Vergesellschaftung** – Fossilansammlung eines bestimmten Horizontes oder einer bestimmten Schicht
- **Gemeinschaft** – eine Gruppe von Vergesellschaftungen, die hinsichtlich ihres Charakters von anliegenden Gemeinschaften unterschieden werden kann
- **Fossilgemeinschaft** – eine Vergesellschaftung, Gemeinschaft oder eine Gruppierung von Gemeinschaften, die das Spektrum biologischen Lebens in einem bestimmten Gebiet widerspiegeln.

3.1.2   Biostratigraphie

Stratigraphie ist basiert auf dem stratigraphischen Prinzip, d. h. unten liegende Sedimentschichten sind älter als oben liegende (wo die Schichten nicht überkippt sind). Stratigraphie ist eine wichtige Methode für die Korrelation und relative Datierung von Gesteinsserien. Biostratigraphie ist eine Teildisziplin und beschäftigt sich mit der Gliederung von Gesteinseinheiten und ihrer relativen chronologischen Beziehung basierend auf dem Vorkommen von Fossilien. Biostratigraphische Einheiten (d. h. Biozonen) sind Einheiten, die durch Fossilien (eine einzelne Art oder eine Gemeinschaft von Arten) definiert oder charakterisiert werden. Ein und dieselbe Gesteineinheit kann unterschiedlich gegliedert werden, abhängig davon, welche Organismen oder Gruppen von Organismen benutzt werden. Ein Biohorizont ist eine stratigraphische Grenze in einem Gesteinskörper, die zwei unterschiedliche Biozonen trennt. Bestimmte stratigraphische Perioden sind durch charakteristische Fossilgruppen (sog. Indexfossilien oder Leitfossilien) ausgezeichnet (Abb. 3.3).

Biostratigraphische Einheiten unterscheiden sich von anderen stratigraphischen Einheiten dadurch, dass sich die charakteristischen Organismen im Laufe der Zeit ändern. Diese Änderungen spiegeln verschiedene Entwicklungsschritte wieder (Abb. 3.4).

3.1.3   Umweltbedingte Verbreitung

Das marine Milieu, das von besonderer Wichtigkeit für die Entstehung von Organismen (und die später vorhandenen Fossilien) ist, kann hinsichtlich der Tiefe unterteilt werden (Abb. 3.5 und 3.6).

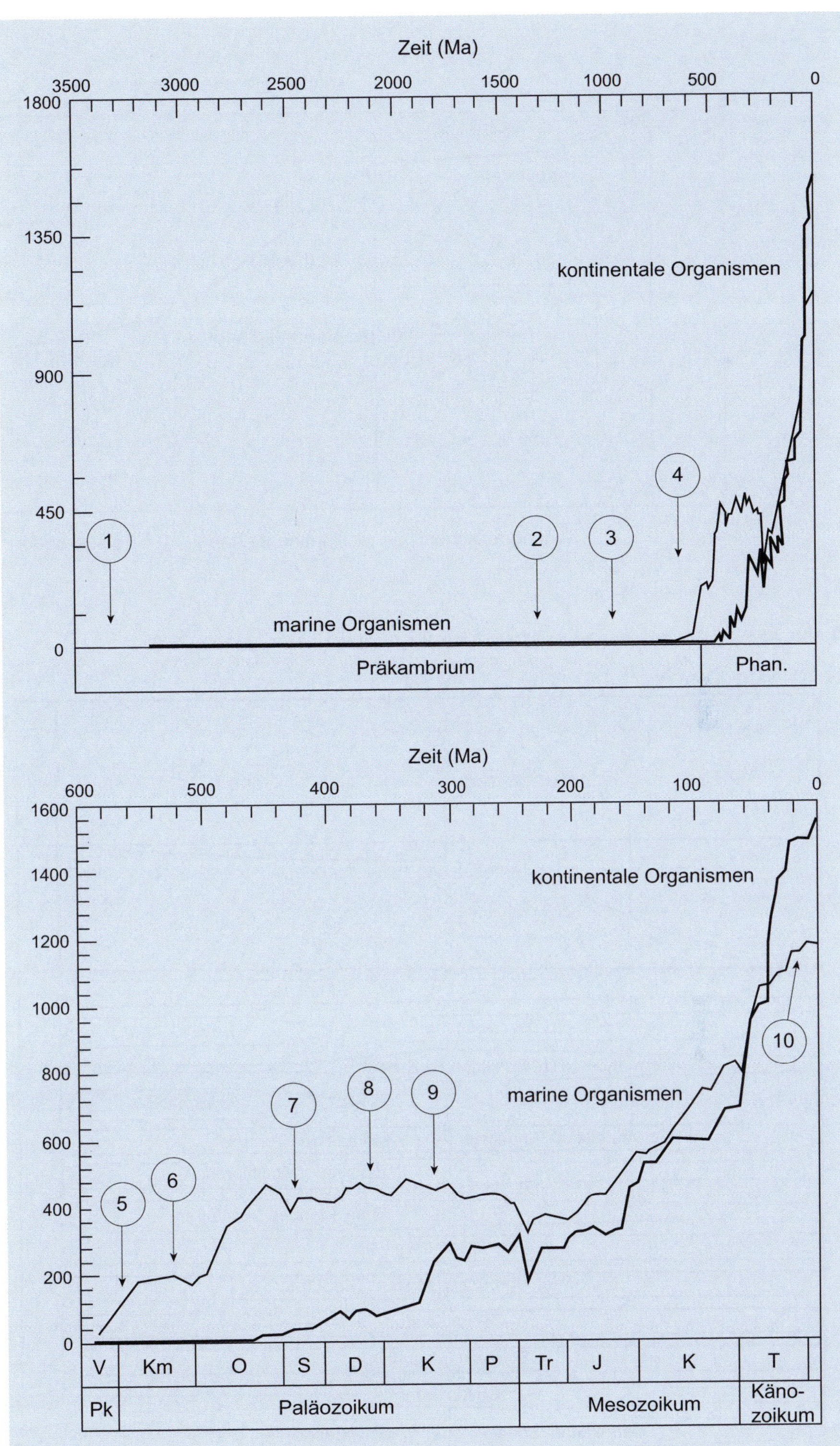

Abb. 3.4 Entstehung der organismischen Vielfalt in zehn wichtigen Entwicklungsschritten: *1* Ursprung des Lebens, *2* Eukaryoten und der Anfang der Reproduktivität, *3* Vielzelligkeit, *4* Skelette, *5* Räuber-Beute-Beziehung, *6* biologische Riffe, *7* Eroberung des Festlandes, *8* Bäume und Wälder, *9* Flug, *10* Bewusstsein. Ma: Millionen Jahre (Nach Benton und Harper 2009)

Am Meeresboden lebende Organismen sind benthisch; innerhalb der Wassersäule lebende Organismen umfassen zwei Gruppen:

1. **planktisch** (planktonisch): Organismen, die passiv in der Wassersäule treiben oder schwach schwimmen
2. **nektisch** (nektonisch): aktive Schwimmer

Neritische Organismen leben in flachen Küstengewässern, während **pelagische/ozeanische** Faunen die Oberflächenwässer oder mittleren Tiefen der offenen Ozeane bewohnen. **Bathypelagische** Organismen leben in den tieferen Teilen der Ozeane.

Hinsichtlich ihrer geographischen Verbreitung können Organismen faunalen oder floralen Provinzen zugeordnet werden – das sind Regionen, in denen bestimmte Faunen- oder Florengattungen charakteristisch auftreten. Organismen können endemisch (kein Vorkommen außerhalb einer bestimmten Provinz) oder kosmopolitisch sein (Vorkommen über ein weites Gebiet).

3

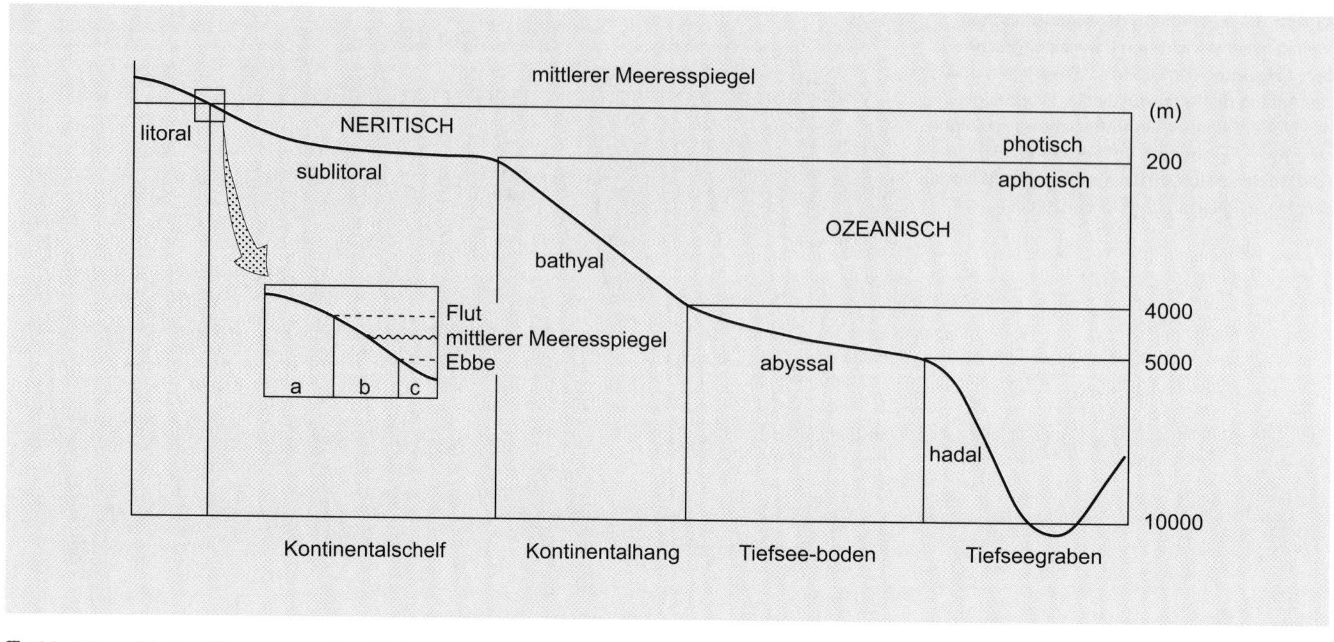

Abb. 3.5a–c Marine Milieus. **a** supralitoral, **b** litoral, **c** sublitoral (nach Clarkson 1998)

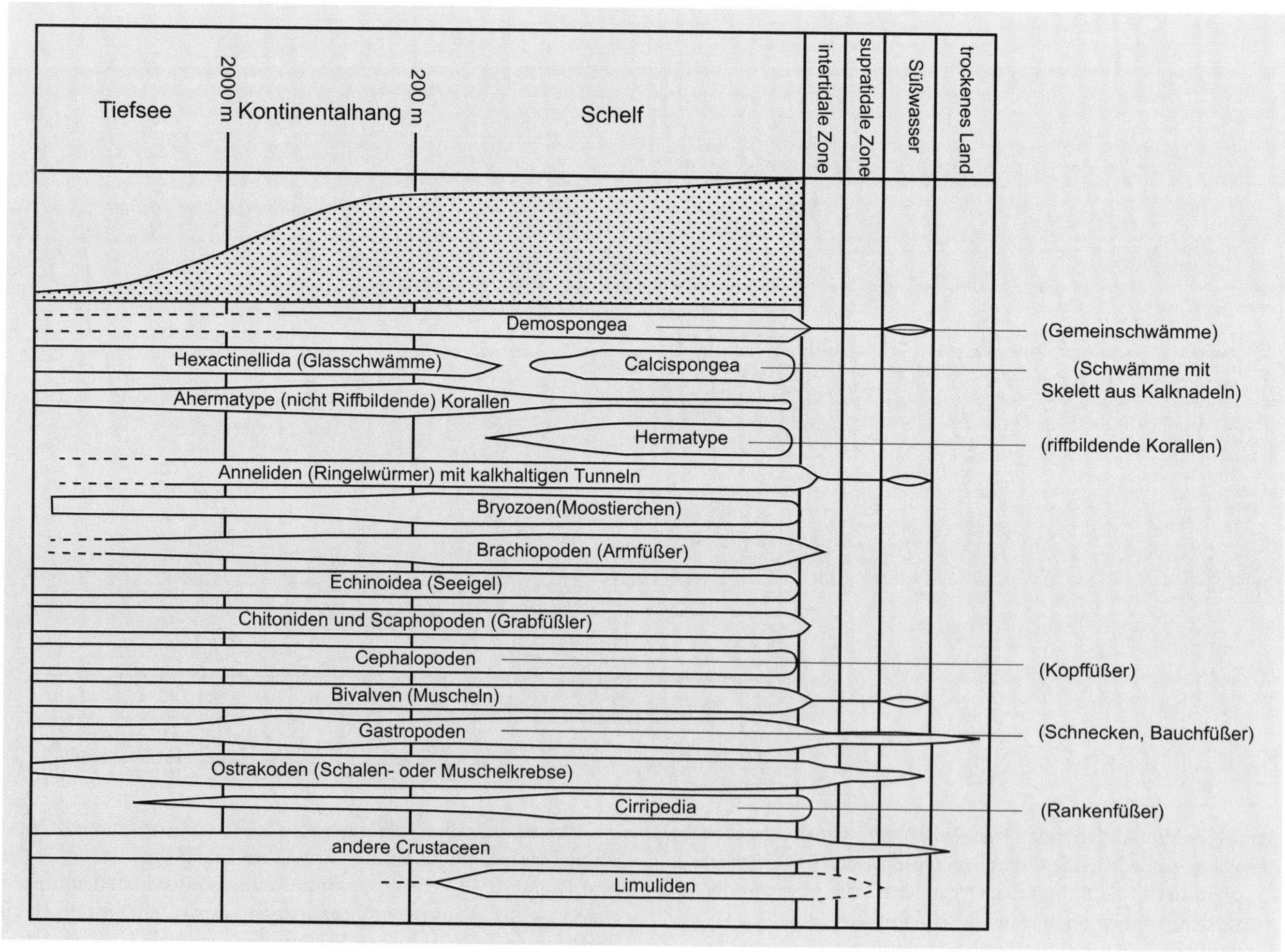

Abb. 3.6 Verbreitung von lebenden Organismen über einen Tiefengradienten (nach Benton und Harper 2009)

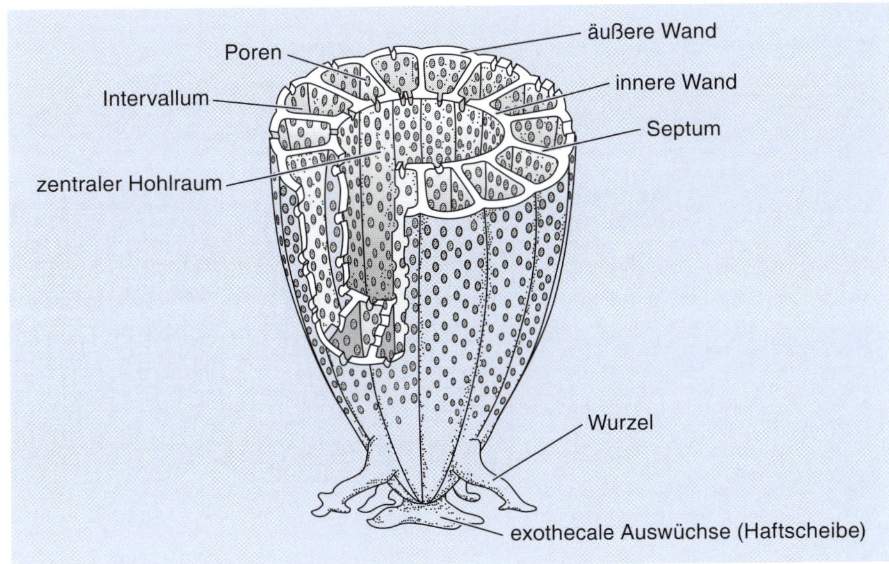

Abb. 3.7 Archäocyathiden. Schematischer Aufbau eines Archaeocyathen (nach Benton und Harper 2009).

3.2 Fossilgruppen

■■ Archäocyathiden (Archaeocyatha)

Zeitraum: Unter- bis Mittelkambrium
Milieu: flachmarin

Archäocyathiden sind eine ausgestorbene Gruppe von kelchförmigen, kalkhaltigen Organismen, die als artverwandt mit den Schwämmen betrachtet werden. Es existieren sowohl solitäre als auch koloniebildende Formen. Archäocyathiden sind riffbildende Organismen im Altpaläozoikum. Sie traten zuerst zu Beginn des Kambriums auf und waren bis zur Mitte des Unterkambriums weiträumig verbreitet. Am Ende des Unterkambriums waren die Archäocyathiden rückläufig und starben im Mittelkambrium aus (■ Abb. 3.7).

sie Calcit. Kieselige Spicula wurden in Stromatoporen aus dem Karbon und Mesozoikum identifiziert). Ihr Skelett besteht aus welligen Laminae (d. h. feinen Einzellagen) die punktuell von senkrechten Säulen durchzogen sind. Nach gegenwärtiger Ansicht gehören sie in die Verwandtschaft der Schwämme. Im Silur und Devon gehörten sie zu den wichtigsten riffbildenden Organismen, während des Jungpaläozoikums und Mesozoikums gingen sie zurück (■ Abb. 3.8).

■ Typisches Archäocyathid, hier *Archaeocyathus atlanticus* (unteres Kambrium)

■■ Stromatoporen (Stromatoporoidea)

Zeitraum: Ordovizium bis Kreide
Milieu: flachmarin

Stromatoporen waren knollig bis flächig ausgebildete, modulare Organismen (d. h. Organismen, die aus mehreren gleichartigen Einheiten – Modulen – aufgebaut sind) mit einer morphologischen Ähnlichkeit zu einigen tabulaten Korallen (s. unten). Gewöhnlich waren sie mit Flachwasser-Karbonaten assoziiert. Typischerweise enthalten

■ Typische Stromatoporen, hier der Art *Stromatopora concentrica* (Devon)

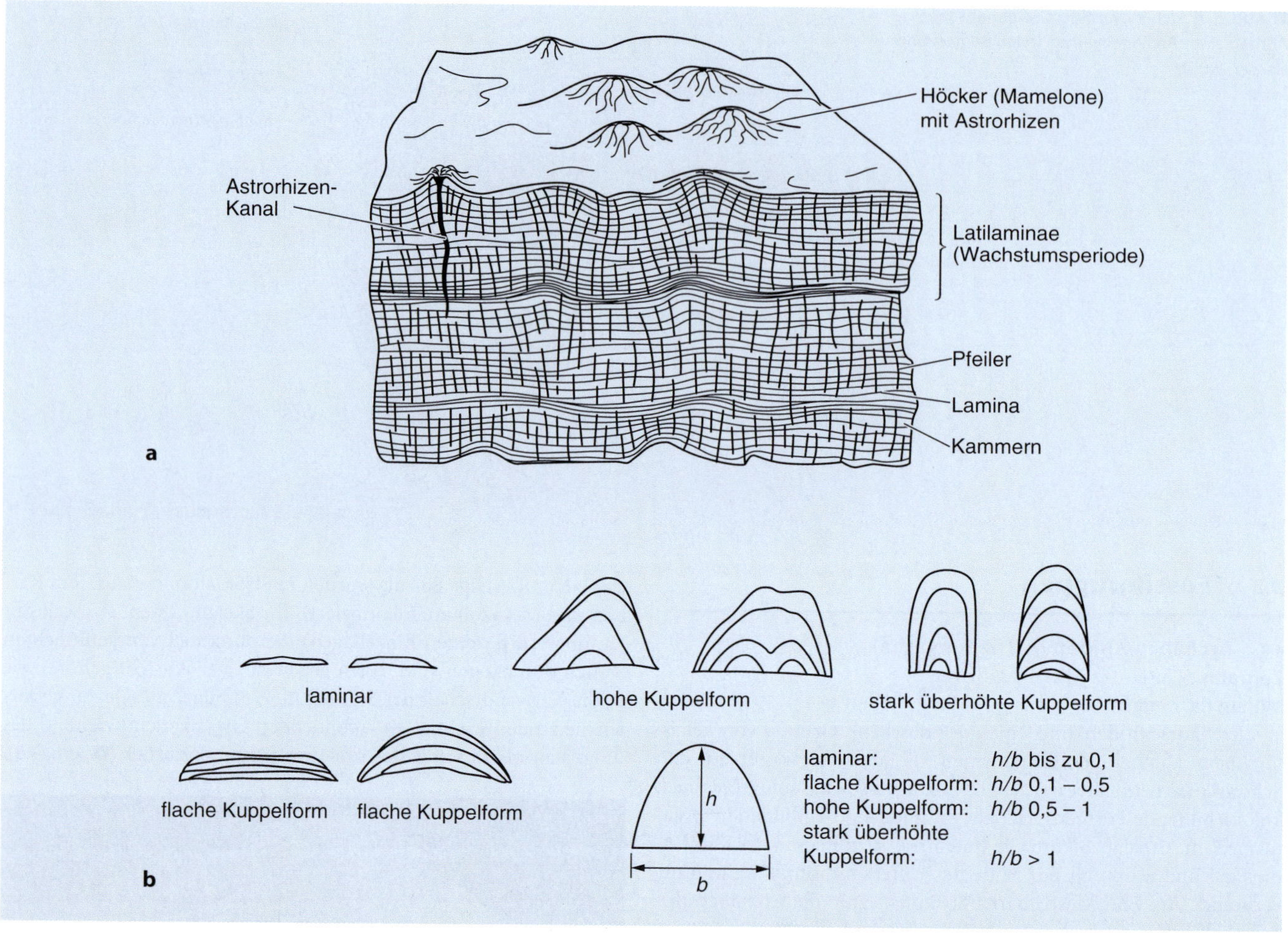

◻ **Abb. 3.8a,b** Stromatoporen. **a** Morphologie, **b** Wachstumsformen (nach Benton und Harper 2009)

▪▪ Schwämme (Porifera)

Zeitraum: Kambrium bis heute

Milieu: subaquatisch (marin bis Süßwasser, polar bis tropisch, flachmarin bis abyssal)

Schwämme sind knollen- bis kelchförmige Organismen aus im Allgemeinen differenzierten, aber unabhängigen Zellverbänden (Parazoa), die in Schichten angeordnet sind. Es handelt sich um sesshafte Filtrierer, die Wasser durch innere Kanalsysteme pumpen. Das interne Skelett besteht aus nadelartigen, kalkigen oder kieseligen Spicula, organischen Fasern oder Laminae (d. h. feinen Einzellagen) aus Calcit (◻ Abb. 3.9).

◻ Typischer Schwamm, hier der Art *Thamnopora reticulata* (Mitteldevon)

Abb. 3.9a,b Schwämme. **a** Morphologie, **b** Hauptformen von Schwämmen (nach Benton und Harper 2009).

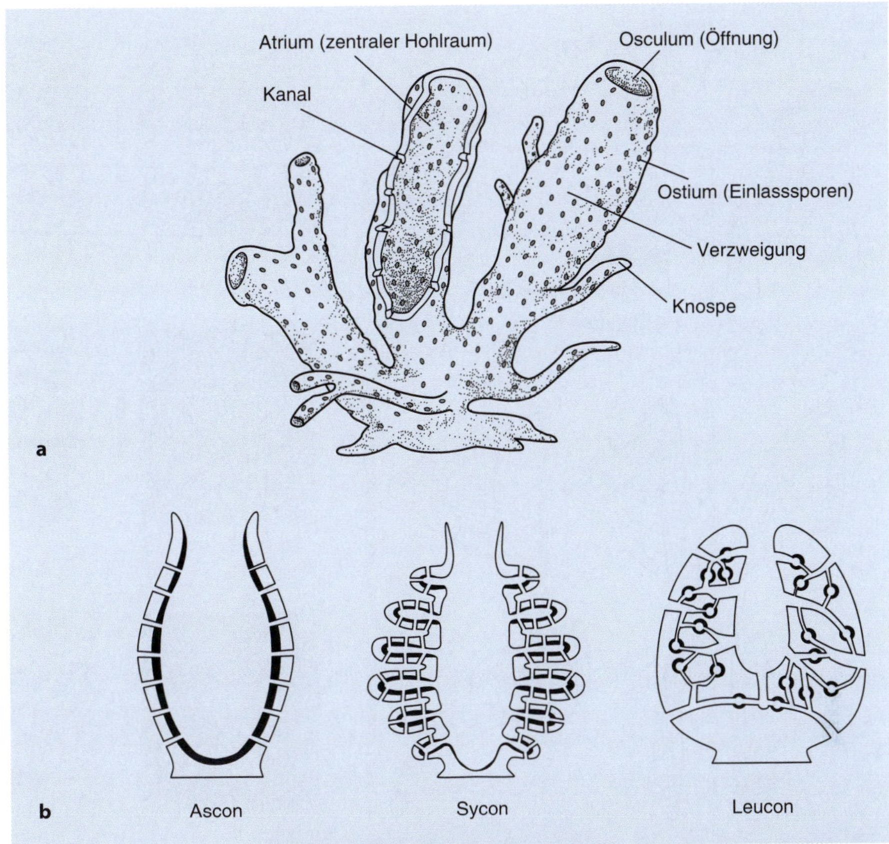

Nesseltiere (Cnidaria, Klasse Anthozoa: Korallen)

Typische Tabulata, hier der Art *Halysites catenularia* (Obersilur)

Typische Rugosa, hier der Art *Calceola sandalina* (Mitteldevon)

Zeitraum: Ordovizium bis heute

Milieu: marin, flach (benthisch) bis in größere Tiefen (z. B. sog. rugose Korallen)

Die Gruppe der Nesseltiere besitzt eine große Varietät von sowohl solitär als auch in Kolonien lebenden Cnidarien, einschließlich Quallen, Seeanemonen und Korallen. Diese primär radiärsymmetrisch aufgebauten Organismen besitzen zwei Zellschichten, die durch eine mittlere nichtzelluläre Schicht getrennt sind. Das Skelett kann sowohl extern als auch intern sein und ist entweder aus Chitin, Keratin (Horn) oder Calcit aufgebaut.

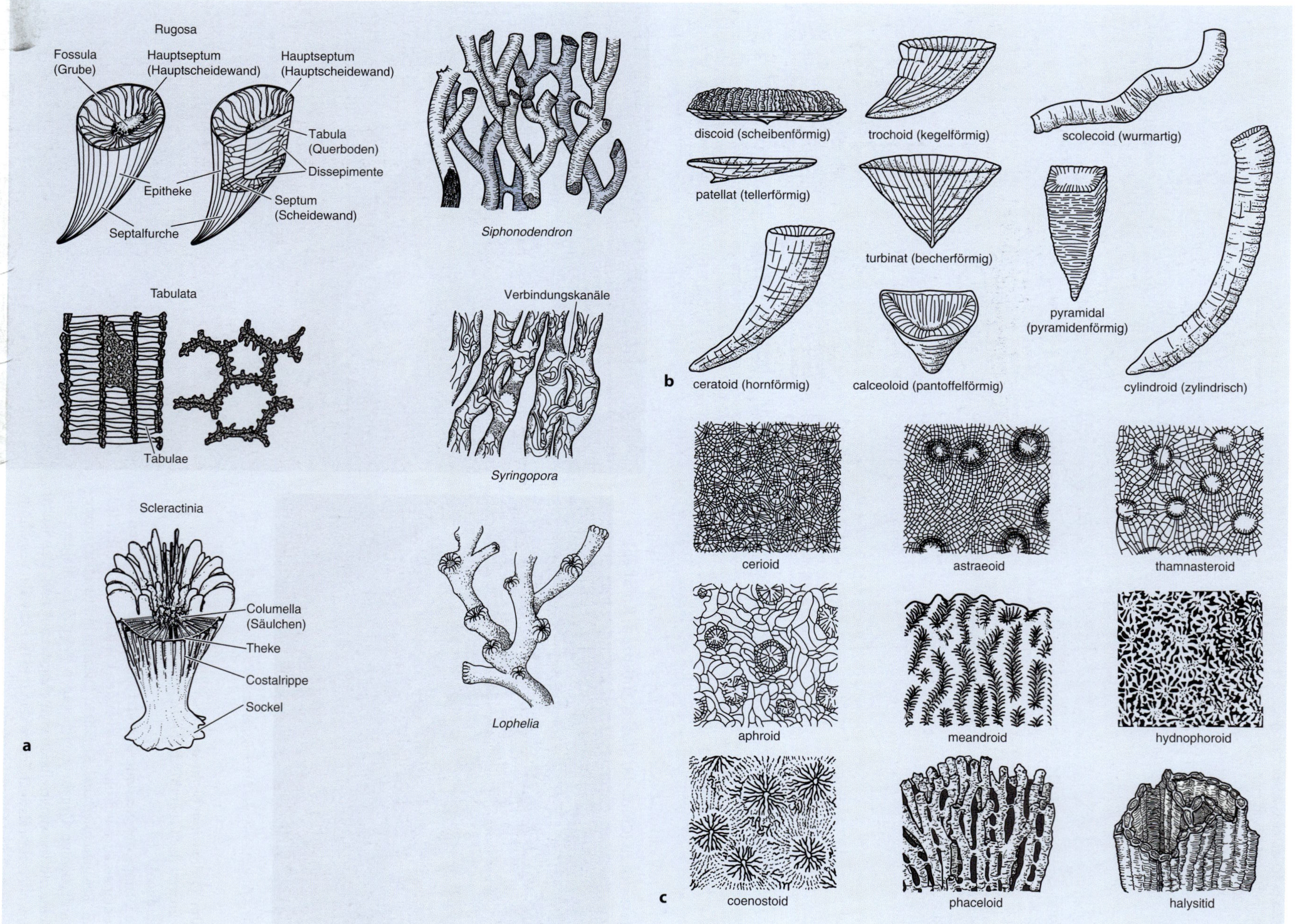

▫ **Abb. 3.10a–c** Korallen. **a** Hauptkorallenarten, **b** Terminologie der Hauptarten des Solitarwachstums, **c** Terminologie der Hauptartens des Koloniewachstums (nach Benton und Harper 2009).

 Typische Scleractinia, hier der Art *Favia* (rezent)

Die wichtigsten Cnidaria-Fossilien sind wegen ihrer riffbildenden Funktion die Korallen, obwohl Weichteil-Cnidaria (ohne Skelett) aus dem Jungproterozoikum bekannt sind (Ediacara-Fossilien). Die Diversität von Korallen nimmt mit der Wassertiefe ab (d. h. Faunen mit einer hohen Diversität von mehr als 30 Gattungen entstammen wahrscheinlich flacheren Bereichen), wohingegen Faunen mit einer niedrigen Diversität entweder in tiefem Wasser, kaltem Wasser oder unter weniger günstigen Bedingungen (z. B. trübem Wasser) auftreten (Abb. 3.10).

Korallen besitzen massive, externe, kalkige Skelette. Vier Hauptgruppen wurden identifiziert, einschließlich:

- Tabulate Korallen (Ordnung Tabulata) – calcitische, ausschließlich koloniebildende Korallen aus einzelnen Koralliten. Verbindungen sind zwischen den einzelnen Koralliten üblich. Scheidewände (Septen) sind nicht vorhanden oder nur kurz, im Allgemeinen als Stachelreihen oder niedrige Leisten ausgebildet. (Unterordovizium bis Perm)
- Rugose Korallen (Ordnung Rugosa) – calcitische, solitär lebende und koloniebildende Korallen mit Haupt- und Kleinsepten, die abwechselnd im Korallit angeordnet sind. Tabulae sind nahezu immer vorhanden. (Mittelordovizium bis Oberperm)
- Skleraktinische Korallen (Ordnung Scleractinia) – aragonitische, solitäre und koloniebildende Korallen mit einer komplexen, sechsfachen Symmetrie der Septen. Die Wände sind im Allgemeinen porös. (Mitteltrias bis heute)
- Octocorallia-Korallen (Unterklasse Octocorallia) – koloniebildende Organismen mit einer bilateralen, äußerlich radialen Symmetrie. Das interne Skelett besitzt keine kalkigen Septen. Stattdessen sind Spicula aus Calcit oder Keratin (Horn) vorhanden. Sie tragen bis heute mit über 3000 Arten einen erheblichen Anteil zur Diversität der Korallen bei. Ihr Fossilbericht ist deutlich ärmer als jener der Scleractinia. (Ediacara bis heute)

▪▪ Mollusken (Weichtiere, Mollusca)

 Typischer Gastropod, hier der Art *Conus antiguris* (Mittleres Pliozän)

 Typische *Nautilus* (rezent)

 Typischer Ammonit, hier der Art *Perisphinctes* sp. (Jura)

 Typischer Belemnit (geschliffen), hier der Art *Megatheutis gigantea* (Oberjura)

 Typische Muschel, hier der Art *Mercenaria mercenaria* (Pliozän)

Zeitraum: Kambrium bis heute
Milieu: marin bis Süßwasser bis terrestrisch

Heutzutage umfasst die Gruppe der Mollusken u. a. Schnecken, Muscheln, Austern, Kalmare und Oktopusse. Bei den meisten Mollusken handelt es sich um frei lebende Metazoen mit einem dorsalen, stützenden Exoskelett aus Calcit. Der bedeutendste Teil ist das bilateral symmetrische Gehäuse oder die Schale (außer bei Schnecken und in einigen Gruppen ausgestorbener Ammoniten – heteromorphen Ammonoiden, die besonders formenreich in der Oberkreide waren). Die meisten Mollusken sind einvalvig (einschalig) oder bivalvig (zweischalig). Bei den Bivalven verbindet ein organisches Ligament die rechte und linke Klappe. Erstes Auftreten im Kambrium mit einer enormen Ausbreitung im Ordovizium. Drei Hauptgruppen werden unterschieden:

- **Gastropoden** (Schnecken, Klasse Gastropoda) – Mollusken, bei denen der Großteil des Körpers von einem asymmetrischen, spiralförmig gewundenen Gehäuse bedeckt ist. Hierbei handelt es sich um die Mollusken mit der größten Diversität und Verbreitung. Die Schalen können kegelförmig (gewöhnlich rechtsdrehend gewunden, manchmal linksdrehend) oder planispiral (d. h. in eine Ebene), noch seltener napfförmig und manchmal auch reduziert oder vollständig verloren sein. (Kambrium bis heute)
- **Cephalopoden** (Kopffüßer, Klasse Cephalopoda) – bilateral symmetrische, gekrümmte bis eingerollte Mollusken, gewöhnlich mit einem Außenskelett, das eine Vielfalt an Formen ausbilden kann. Selten asymmetrisch. Das Gehäuse ist durch Septen gegliedert und von einem Siphonalkanal durchzogen. Bei späteren Formen ist das Gehäuse in seiner Größe reduziert, intern oder nicht mehr vorhanden. Cephalopoden sind die größten, intelligentesten und agilsten Mollusken, mit einer strukturellen Komplexität, die alle anderen Invertebraten übersteigert. Gewundene Formen sind durch ihre Suturen (Lobenlinien) charakterisiert. (Kambrium bis heute)

Innerhalb der Cephalopoden sind drei Gruppen von großer stratigraphischer Bedeutung:

- Nautiloiden (Unterklasse Nautiloidea) – diverse Gruppe von kleinen bis großen Cephalopoden, gewöhnlich mit orthokonischen (geraden) bis fest gewundenen planispiralen, externen Gehäusen. Orthokeratitische Suturen. (Kambrium bis heute)
- Ammoniten (Unterklasse Ammonoidea) – diverse Gruppe von kleinen bis großen Cephalopoden (ausgewachsene Tiere konnten bis zu 6 m Größe im Durchmesser erreichen) mit externem Gehäuse, die gewöhnlich planispiral gewunden sind, obwohl eine große Gehäusevarietät vorliegt. Die Suturen sind goniatitisch, ceratitisch oder ammonitisch. (Devon bis Kreide)
- Belemniten (Ordnung Belemnitida) – projektilförmige Cephalopoden mit einem internen Skelett. (Karbon bis Kreide)

Pelecypoden (Muscheln, Klasse Pelecypoda) sind zweischalige (bivalve) Mollusken. Der dorsale Rand der Valven ist mit einem Schloss (Zähne und Zahngruben) ausgestattet. Die Schalen werden durch ein dorsales Ligament geöffnet, Schließung durch Adduktionsmuskel. Pelecypoden bilden eine morphologisch hochdiverse Gruppe mit typischen Muschelformen bis zu großen Hörnern und gestreckt zylindrischen Röhren, bei denen es sich um die wichtigsten Riffbildner der Oberkreide (z. B. Rudisten) handelt. Einige von ihnen besitzen sogar ein internes Skelett. Viele haben eine grabende oder bohrende Lebensweise (infaunal), andere sind epifaunal. Funde erstrecken sich vom flachmarinen Bereich bis in tiefere Gewässer. Erste Süß- und Brackwasser-Pelecypoden traten im Devon auf. Ihre Schalen sind meistens bilateral symmetrisch (entlang der Drehachse), obwohl einige wichtige Gruppen (z. B. Austern, Rudisten) eine Asymmetrie aufweisen (Abb. 3.11, Tab. 3.1).

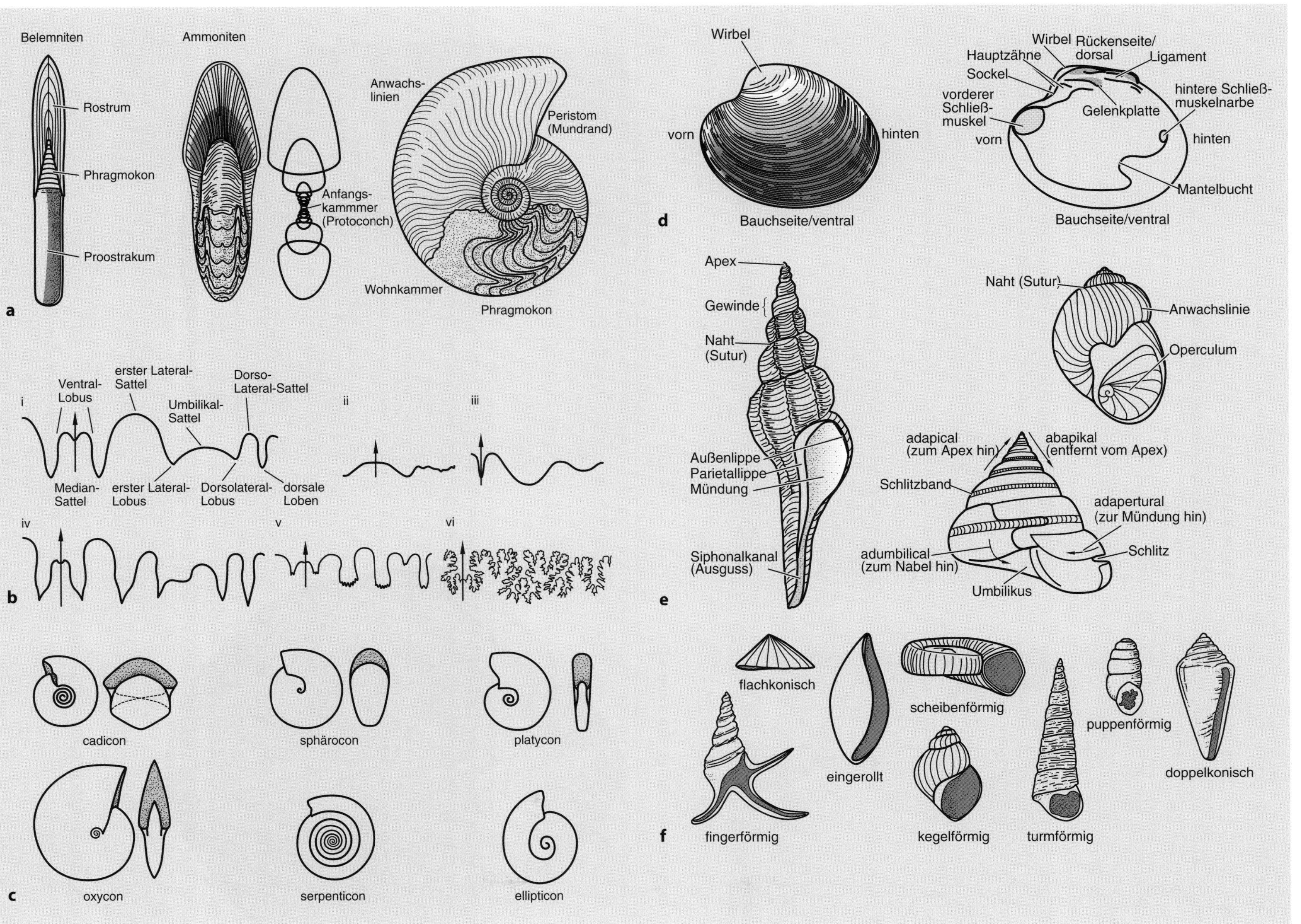

◘ **Abb. 3.11a–f** Mollusken. **a** Morphologie der Belemniten und Ammoniten, **b** Suturen der Cephalopoden, **c** ammonoide Schalenformen, **d** Morphologie der Pelecypoden, **e** Morphologie von Gastropoden, **f** Schalenformen bei Gastropoden (nach Benton und Harper 2009)

□ Tab. 3.1 Morphologie von Muscheln

Muschelart	Eigenschaften	Weitere Merkmale
Glycymeris	Infaunale, flachgrabende Muscheln	Gleichschalig, Schließmuskel gleicher Größe
Mya	Infaunale, tiefgrabende Muscheln	Längliche Klappen, meist keine Zähnchen, ausgeprägte Mantellinie
Mytilus	Epifaunale Muscheln mit Byssusfäden (Muschelseide)	Längliche Klappen mit flacher Unterseite, hinterer Teil der Klappe sowie hintere Schließmuskelnarbe sind reduziert, heften sich mit Byssusfäden (Muschelseide) an
Ostrea	Epifaunale Muscheln, oft einseitig fixiert	Unterschiedlich geformte Klappen, ein großer Schließmuskel
Gryphaea	Nicht fixierte Muscheln	Unterschiedlich geformte Klappen, manchmal mit Haken zur Verankerung oder um Einsinken im Substrat zu verhindern
Pecten	Frei schwimmende Muscheln	Klappen unterscheiden sich in Form und Größe, ein Schließmuskel, Gelenkscharnier oft ohrförmig verlängert
Teredo	Bohrende Muscheln	Längliche, zylindrisch geformte Schalen mit stark ausgeprägter Skulptur

▪▪ Brachiopoden (Armfüßer, Brachiopoda)

□ Typische Brachiopode (articulata), hier der Art *Coenothyris vulgaris* (Muschelkalk)

□ Typische Brachiopode (inarticulata), hier der Art *Lingula sp.* (Oberdevon)

Zeitspanne: Kambrium bis heute

Milieu: vorwiegend flachmarin (manche mit hoher Salztoleranz), Vorkommen mancher Arten in Tiefen bis zu 6000 m.

Brachiopoden bilden eine diverse Gruppe von hohem stratigraphischem Nutzen besonders im Paläozoikum. Ihre beiden Schalen (pedikal und ventral) sind ungleich und können in ihrer Form er-

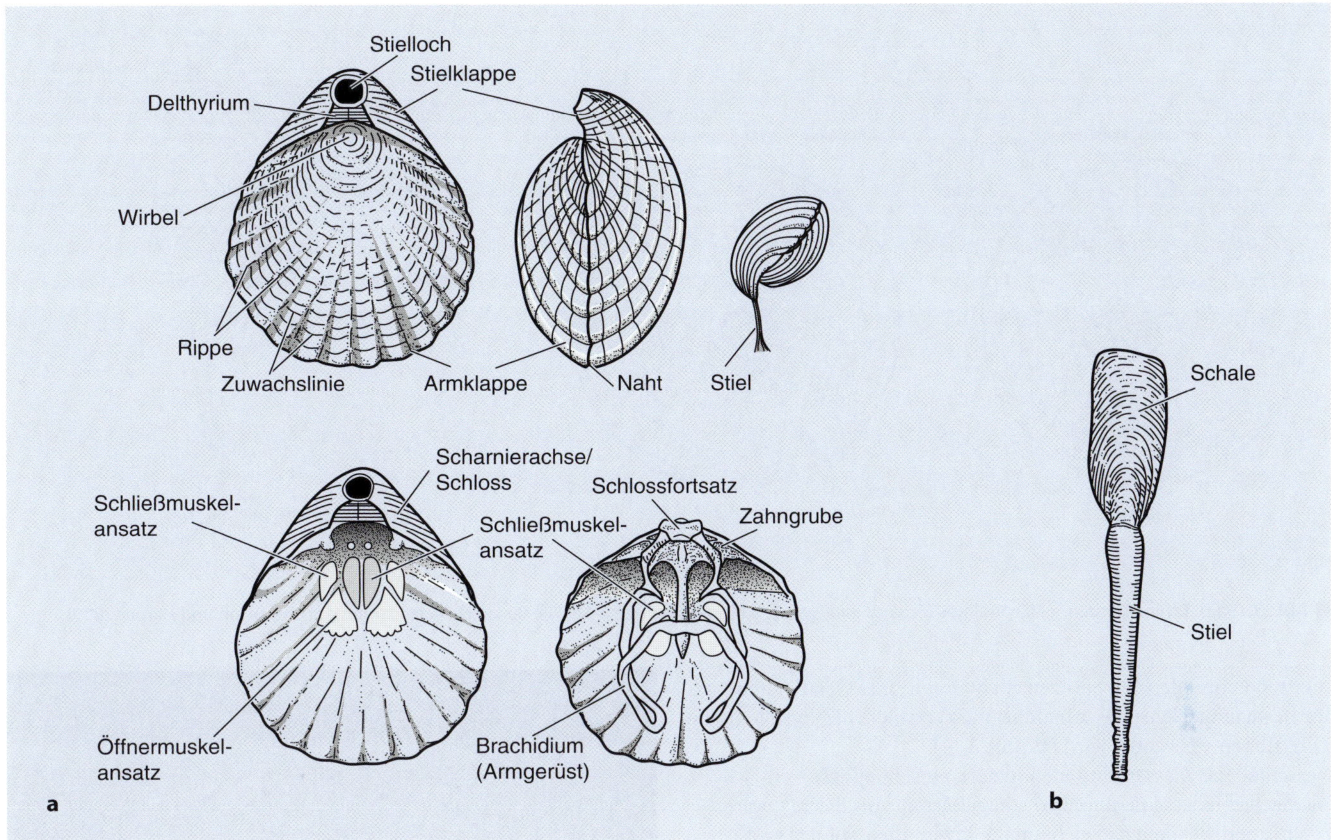

Abb. 3.12a,b Brachiopoden. **a** Morphologie der Articulata, **b** Morphologie der Inarticulata (nach Clarkson 1998).

heblich voneinander abweichen. Jede Brachiopodenschale ist für sich bilateral-symmetrisch. Es gibt zwei Hauptgruppen:

- Klasse der Inarticulata-Brachiopoden gewöhnlich ohne Schloss zwischen den beiden Klappen. Vor allem im Altpaläozoikum von Bedeutung (Aussterben der meisten Familien bis Ende des Devons),
- Klasse der Articulata-Brachiopoden mit einem Schloss, das Paare ventraler Zähne und dorsaler Zahngruben umfasst. Hierbei handelt es sich um die wichtigste Gruppe der Brachiopoden (**Abb. 3.12**).

Echinodermen (Stachelhäuter, Echinodermata)

Typischer Seeigel, hier der Art *Cidaris vendocinensis* (Kreide)

Typische Seelilie, hier der Art *Encrinus liliiformis* (Mittlere Trias)

Zeitraum: Jungproterozoikum bis heute
Milieu: marin (flach bis abyssal)

Echinodermen sind eine diverse Gruppe, in der die verschiedenen Individuen im Allgemeinen über eine fünfstrahlige (pentamere) Radialsymmetrie verfügen. Ausnahmen sind die frühen paläozoischen Gruppen, z. B. Helicoplacoidea, Carpoidea oder Homalozoa, die eine dreistrahlige bzw. bilaterale Symmetrie zeigen. Das Gehäuse ist aus einzelnen Kalkplatten oder Kalkkörperchen aufgebaut. Die

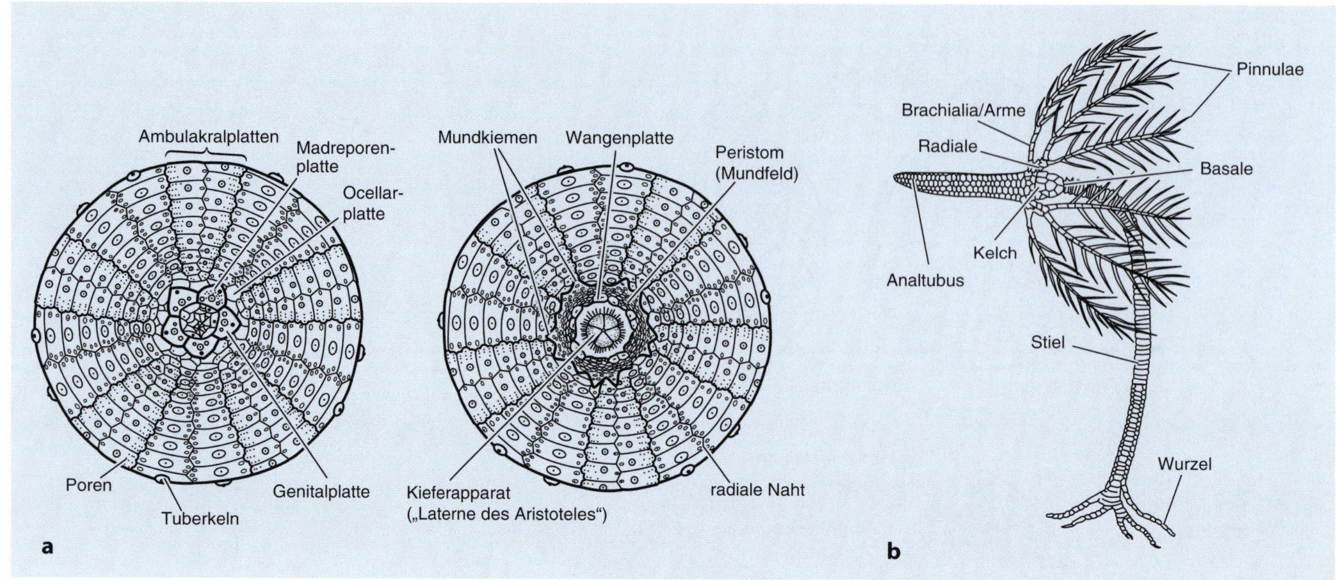

■ **Abb. 3.13a,b** Echinodermen. **a** Morphologie (*Echinus esculentus*), **b** Morphologie eine Seelilie (Krinoid, *Dictenocrinus*) (nach Benton und Harper 2009)

meisten Echinodermen besitzen ein hydraulisches Gefäßsystem, das für Bewegung, Nahrungsaufnahme und verschiedene physiologische Funktionen verwendet wird (■ Abb. 3.13).

Verschiedene Klassen sind identifiziert, einschließlich:

- Seeigel (Klasse Echinoidea) – kugelförmige bis flache Organismen, bei denen es sich um die Echinoiden mit der größten stratigraphischen Bedeutung handelt. (Unterkambrium bis heute)
- Seelilien (Klasse Crinoidea) – Echinodermen mit einem konischen, kugelförmigen oder kelchförmigen Körper, von dem häufig lange Arme ausgehen. Sie sind hauptsächlich mittels langer, säulenartiger Stiele am Substrat befestigt oder freilebend. (Mittelkambrium bis heute)
- Blastoiden (Subphylum Blastozoa, Klasse Blastoidea) – armtragende Echinoiden, häufig gestielt und mit einem konischen oder kugelförmigen Körper und gut entwickelter fünfstrahliger Symmetrie. (Silur bis Perm)
- Cystoiden (Subphylum Blastozoa, Klasse Eocrinoidea) – die ältesten, armtragenden Echinodermen mit einer gut entwickelten, fünfstrahligen oder bilateralen Symmetrie. (Kambrium bis Silur)

Graptolithen („Schriftsteine", Hemichordata)

Zeitraum: Kambrium bis Oberkarbon
Milieu: marin

Bei den Graptolithen handelt es sich um die fossilen Überreste von koloniebildenden, planktonischen bis benthischen Organismen, die vorläufig als Hemichordaten (Kiemenlochtiere) angesehen werden. Von stratigraphischer Bedeutung sind sie im Altpaläozoikum (■ Abb. 3.14)

Arthropoda (Gliederfüßer)

Arthropoda bilden eine große und diverse Gruppe, die Insekten, Krabben, Garnelen und Ostracoden umfasst. Sie verfügen im Allgemeinen über eine bilaterale Symmetrie mit einem segmentierten Kopf, welcher in spezialisierte Bereiche unterteilt ist. Eine äußere Körperhülle (Kutikula) aus Chitin aus verschiedenen, untereinander verbundenen Segmenten fungiert als Exoskelett. Arthropoden besitzen Reihen paariger Extremitäten.

■ Typische Graptolithen, hier der Art *Didymograptus* sp. (Ordovizium)

Trilobiten (Klasse Trilobita)

Zeitraum: Kambrium bis Perm
Milieu: flachmarin

Trilobiten besitzen einen Rückenpanzer, der der Länge nach in eine axiale Rachis und in zwei pleurale Segmentreihen unterteilt ist. Sie verfügen des Weiteren über eine dreifache Unterteilung (Cephalon = Kopf, Thorax = Rumpf, Pygidium = Schwanz). Die Extremitäten bestehen gewöhnlich aus einem einfachen Paar prä-oraler Antennen und vielen post-oralen paarigen Spaltbeinen. Trilobiten sind charakteristisch für das Kambrium (mit einem Maximum an Diver-

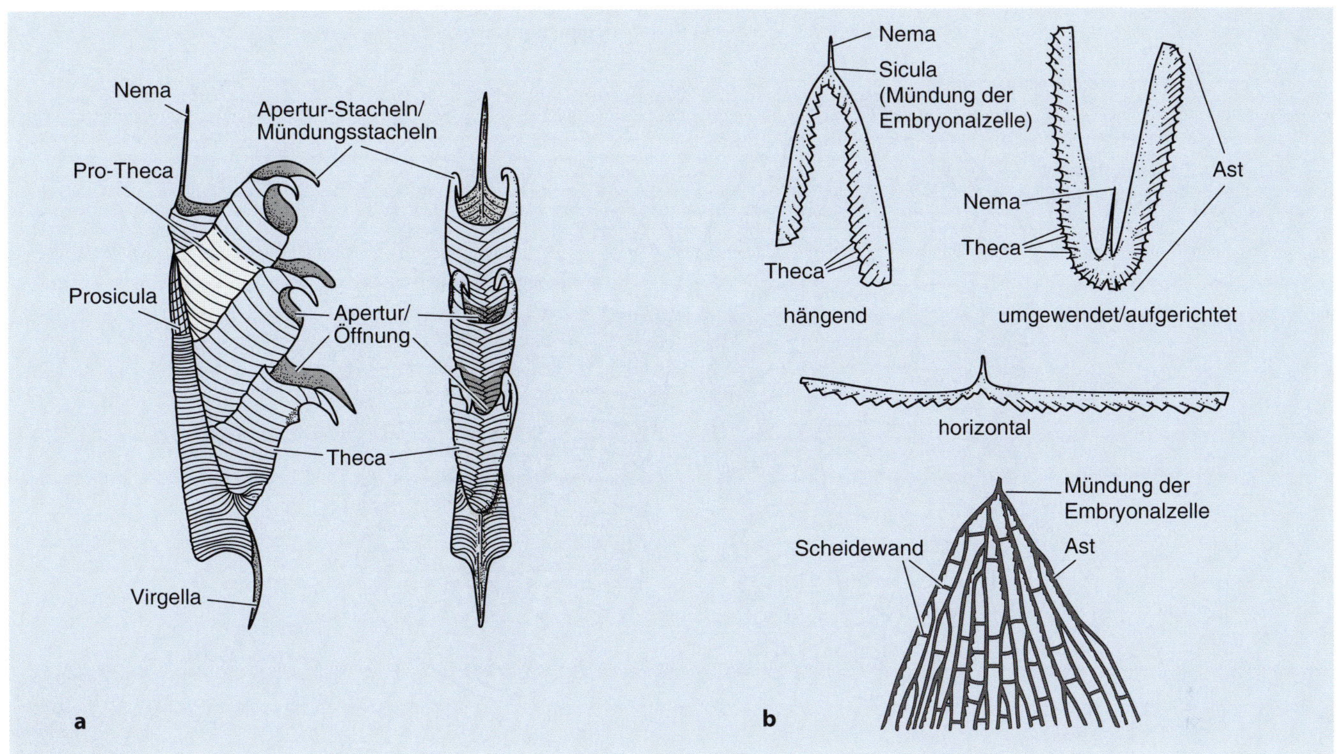

Abb. 3.14a,b Graptolithen. **a** Morphologie (*Saetograptus chimaera*), **b** Morphologien von Graptolithen-Kolonien (nach Benton und Harper 2009)

sität im Oberkambrium), merklich abnehmend im Ordovizium. Sie besaßen komplexe, zusammengesetzte Augen, konnten aber auch blind sein und zeigen vielfältige Anpassungen an ihre Umgebung (z. B. Salinität, Temperatur, Sedimentart) (**□** Abb. 3.15).

□ Typische Trilobiten, hier der Art *Dalmanites sp.* (U. Silur)

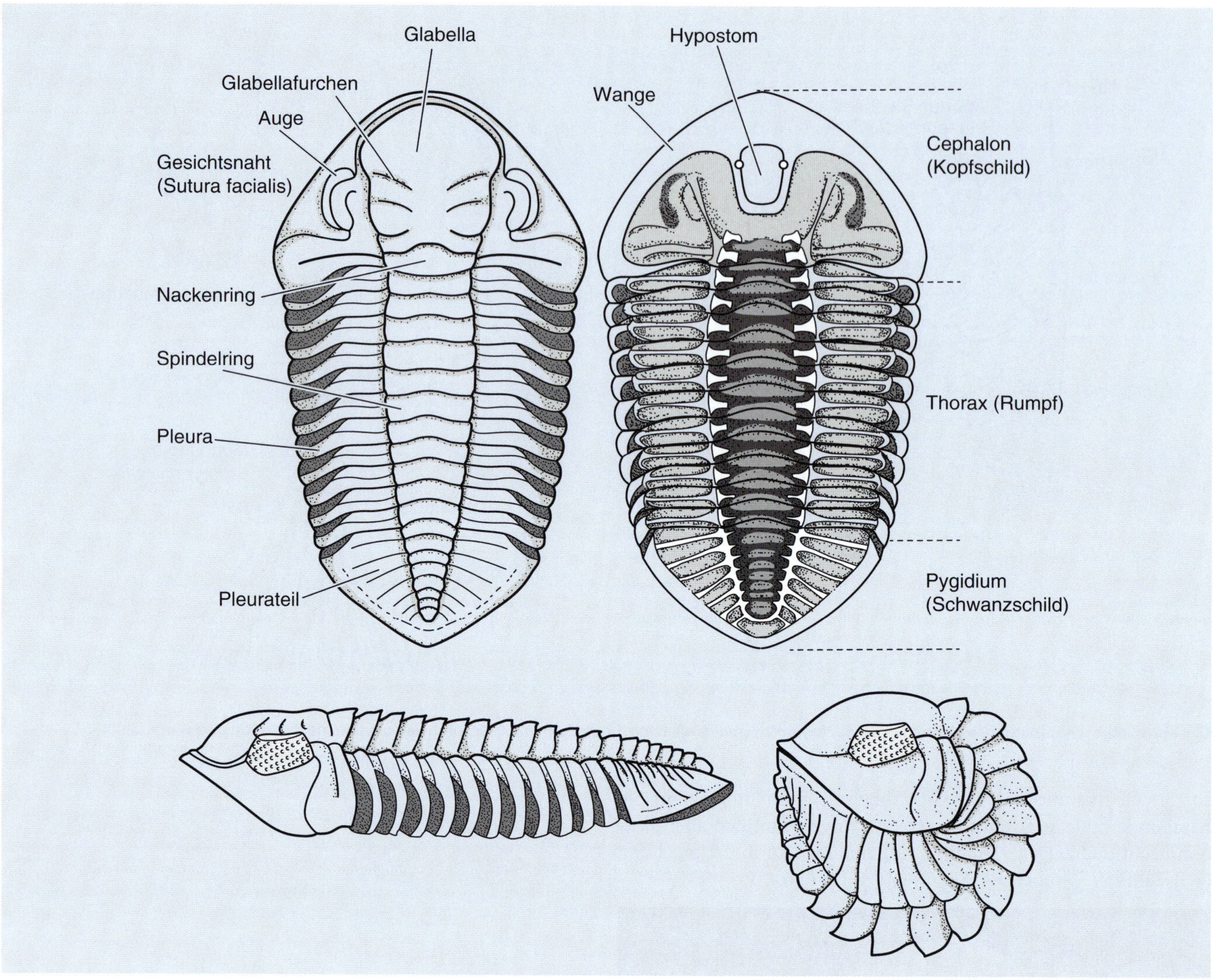

Abb. 3.15 Trilobiten-Morphologie (*Acaste downingiae*) (nach Clarkson 1998)

Foraminifera (Protista)

Zeitraum: Präkambrium bis heute
Milieu: marin und Süßwasser

Foraminiferen sind einzellige Organismen, die eine große Bedeutung in der Stratigraphie als sehr gute Leitfossilien haben. Hauptsächlich werden sie mithilfe eines Mikroskops untersucht. Es gibt allerdings auch größere Formen, die mit dem bloßen Auge betrachtet werden können (einige paläozoische Arten können Durchmesser bis zu 200 mm erreichen, einige tertiäre Formen sind bis zu 150 mm groß). Das Gehäuse besteht aus organischem Material oder Calciumcarbonat und kann sowohl einfach aufgebaut als auch agglutiniert sein (d. h. es besteht aus Fremdmaterialien, die vom Organismus angelagert und zementiert wurden). Es besteht häufig aus mehreren Kammern, die durch Zwischenwände (Septen) voneinander getrennt sind (**Abb. 3.16**).

Nummulitenkalk (Eozän)

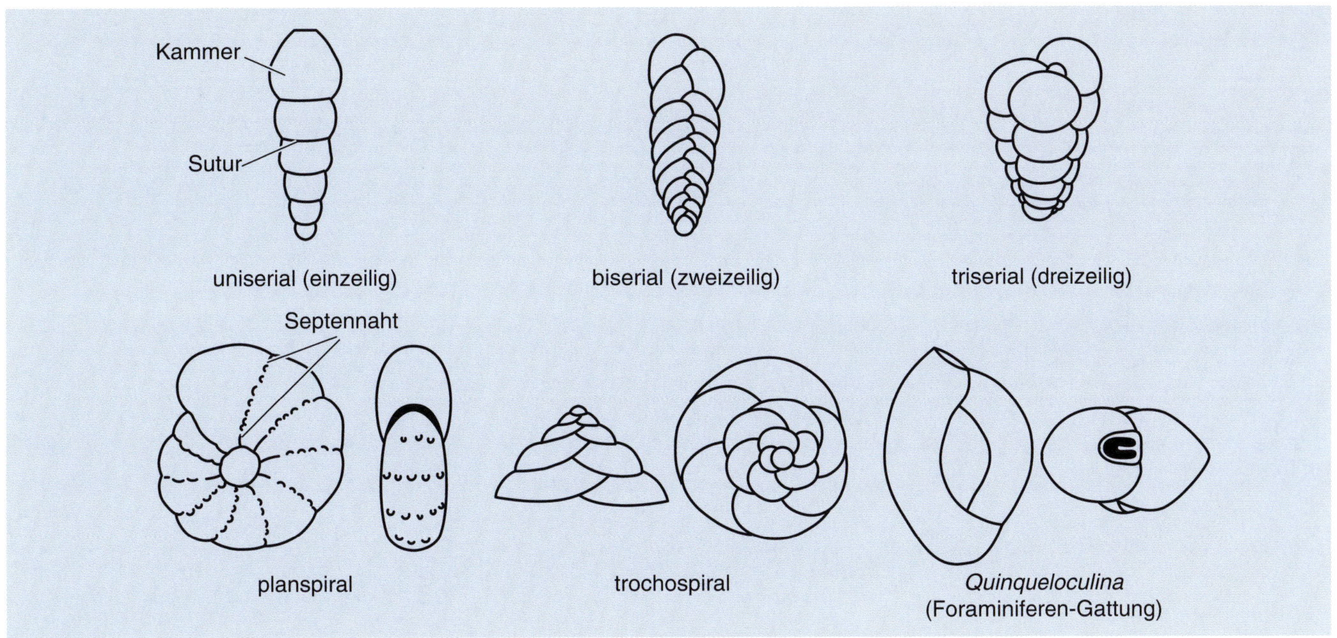

Abb. 3.16 Foraminifera. Morphologie und Schalenformen (nach Benton und Harper 2009)

Die geologische Karte – ein 3D-Modell

Mario Valdivia Manchego

T. McCann, M. Valdivia Manchego, *Geologie im Gelände,*
DOI 10.1007/978-3-8274-2383-2_4, © Springer-Verlag Berlin Heidelberg 2015

Geologische Karten sind meist dekorativ (■ Abb. 4.1). Von Weitem sind bunte Flächen zu sehen, aus der Nähe erkennen wir, dass diesen topographische Karteninformationen hinterlegt sind. Jedes Farbfeld stellt eine geologische Einheit dar und wird von anderen Farbfeldern durch geologische Grenzen mit dünnen schwarzen Linien getrennt. Farbübergänge ohne eindeutige Grenzen wird man auf geologischen Karten nicht finden. Die Legende liefert die Informationen zu den dargestellten Gesteinseinheiten. Die geologische Karte dient zur Darstellung geologischer Raumstrukturen und zum Informationsaustausch zwischen Geowissenschaftlern. Es handelt sich um eine Aufsicht auf diese Raumstrukturen, wie sie an der Geländeoberfläche sichtbar sind oder vermutet werden. Die Besonderheit dieser Karten ist, dass auch Rauminformationen des Untergrundes ablesbar sind (■ Abb. 4.2 und 4.3).

In diesem Kapitel werden Struktur und Inhalt geologischer Karteninformation vorgestellt, für diejenigen, die geologische Karten lesen und verstehen möchten, aber auch für diejenigen, die vor der Aufgabe stehen, diese auf der Grundlage von Geländeinformationen zu erstellen.

Tatsächlich liegt der grundlegende Unterschied zwischen geologischen Karten und anderen thematischen Kartenwerken darin, dass sie nicht nur Angaben zu oberflächennahen Merkmalen enthalten. Vielmehr sind ebenso Informationen zur Raumlage der Gesteinskörper in der Tiefe dargestellt.

Tiefeninformationen werden abgeleitet aus:

- dem geländeformabhängigen Verlauf geologischer Grenzen,
- Signaturen zur Raumorientierung geologischer Strukturen,
- vertikalen Profilschnitten.

Das geologische Sehen der Landschaft umfasst somit das gedankliche Umsetzen von Informationen an der Geländeoberfläche zu einem Raumbild der geologischen Schichtenfolge im Untergrund.

4.1   Inhalt und Aufbau geologischer Karten

Die geologische Karte stellt die Verbreitung der Gesteinseinheiten, ihre Lagerungsverhältnisse und Strukturelemente wie zum Beispiel Verwerfungen und Faltenachsen dar.

Die Gesteinseinheiten sind in der Legende nach

- stratigraphischen Kriterien (zeitliche Einstufung) und
- lithologischen Kriterien (Gesteinsarten und -abfolgen) untergliedert.

Farbige Flächen kennzeichnen auf der Karte das Vorkommen der Gesteinseinheiten an der Erdoberfläche. Meist schwarze Grenzlinien trennen die Flächen voneinander. Die Karte und die zugehörigen Profilschnitte dienen – ähnlich einer technischen Zeichnung mit Auf- und Seitenansicht – der Darstellung eines dreidimensionalen Gesteinskörpers. Diese Darstellung ist maßstabsabhängig vereinfacht und stellt ein Modell, im Sinne einer Hypothese, auf der Grundlage der zugänglichen Informationen dar. Die Datengrundlage wird ausführlich in einem Begleitbuch, der geologischen Kartenerläuterung, dargelegt.

Geologische Karten sind eine besondere Art von thematischen Karten, da sie nicht nur die Oberflächeninformation darstellen,

sondern auch Informationen zu den geologischen Strukturen im Untergrund liefern. Diese 3D-Informationen können aus der Karte abgeleitet und anhand von Profilschnitten dargestellt werden.

Die geologische Karte ist ähnlich wie eine topographische Karte aufgebaut (■ Abb. 4.4). Titel und Kartennummer, Ausdehnung der Kartenblätter (Kartenausschnitt), Projektion und Koordinatensystem der geologischen Karten sind in der Regel von den topographischen Kartenwerken übernommen. Die Legende kennzeichnet die einzelnen Kartiereinheiten nach Farbe, zeigt die stratigraphische Zuweisung (alt unten, jung oben) und beschreibt kurz die Lithologie. Vertikale Profilschnitte geben einen Eindruck über die Strukturen im Untergrund und sind durch den Profilverlauf im Kartenfenster festgelegt. Sie erleichtern es dem Betrachter, sich die Strukturelemente im Tiefenverlauf besser vorzustellen.

■ Farben und Signaturen

Um alle Informationen über beobachtete Strukturelemente dem Betrachter der Karte zugänglich zu machen, sind spezielle Kartensignaturen notwendig. Auf geologischen Karten stellen zwei Gruppen von Signaturen die geologischen Verhältnisse an der Erdoberfläche dar: Farbsignaturen für das Auftreten der Gesteinsformationen, Linien und Symbole für Lagerungsverhältnisse und Tektonik (■ Abb. 4.5). Jede der im Gelände differenzierten Gesteinseinheiten wird durch eine Farbe dargestellt, die in stratigraphischer Abfolge in der Legende erläutert werden. Dünne schwarze Striche ziehen Grenzen zwischen den Gesteinseinheiten. Die Farbzuordnung dient zunächst nur zur klaren Differenzierung der Gesteinseinheiten auf der Karte, kann aber auch nach üblichen Farbmustern erfolgen, häufig zeigen helle Farben junge und dunkle Farben ältere Gesteinseinheiten an. Ähnliche Farbtöne für angrenzende Gesteinseinheiten sollten vermieden werden.

■ Der Aufschluss

Die Gesteine treten an der Erdoberfläche meist nicht flächendeckend auf. Vegetation, Bodenbildung und auch Bebauung verdecken die Gesteinsformationen im Untergrund. Bereiche, an denen Gesteine an der Geländeoberfläche frei zugänglich sind, bezeichnet man als Aufschlüsse. Eine Aufschlusskarte (■ Abb. 4.6) zeigt alle unverdeckten Vorkommen der Gesteine in einem Kartiergebiet. Im Rahmen einer geologischen Kartierung (▶ Kap. 6) gilt es, aus den lokalen Beobachtungen eine flächendeckende Information zu erstellen. In jeder geologischen Karte steckt daher ein bestimmter Anteil an Interpretation des Bearbeiters.

Die geologischen Kartierergebnisse stützen sich auf direkte Geländebeobachtungen wie:

- Aufschlüsse,
- Lesesteine,
- Relief,
- Gewässernetz,
- Bodenbildung,
- Vegetation.

Davon ausgehend können wir lokale Informationen aus Aufschlussbereichen auf die Fläche übertragen, Grenzen ziehen und tektonische Elemente definieren. Es entsteht eine bunte Karte, auf der jede Farbe eine Kartiereinheit darstellt.

■ **Abb. 4.1 a** Ergebnis einer Kartierungsübung der Uni Bonn im Raum Saarburg. Geologische Karten stellen die Vorkommen der geologischen Gesteinsformationen an der Oberfläche dar. **b** Die Projektion dieser geologischen Karte auf die Morphologie zeigt deutlich, wie die Schichten des Mesozoikums flach auf dem Perm und dem variszischen Grundgebirge liegen. Blick von NW (Topographische Kartengrundlage © GeoBasis-DE/LvermGeoRP2014-11-05)

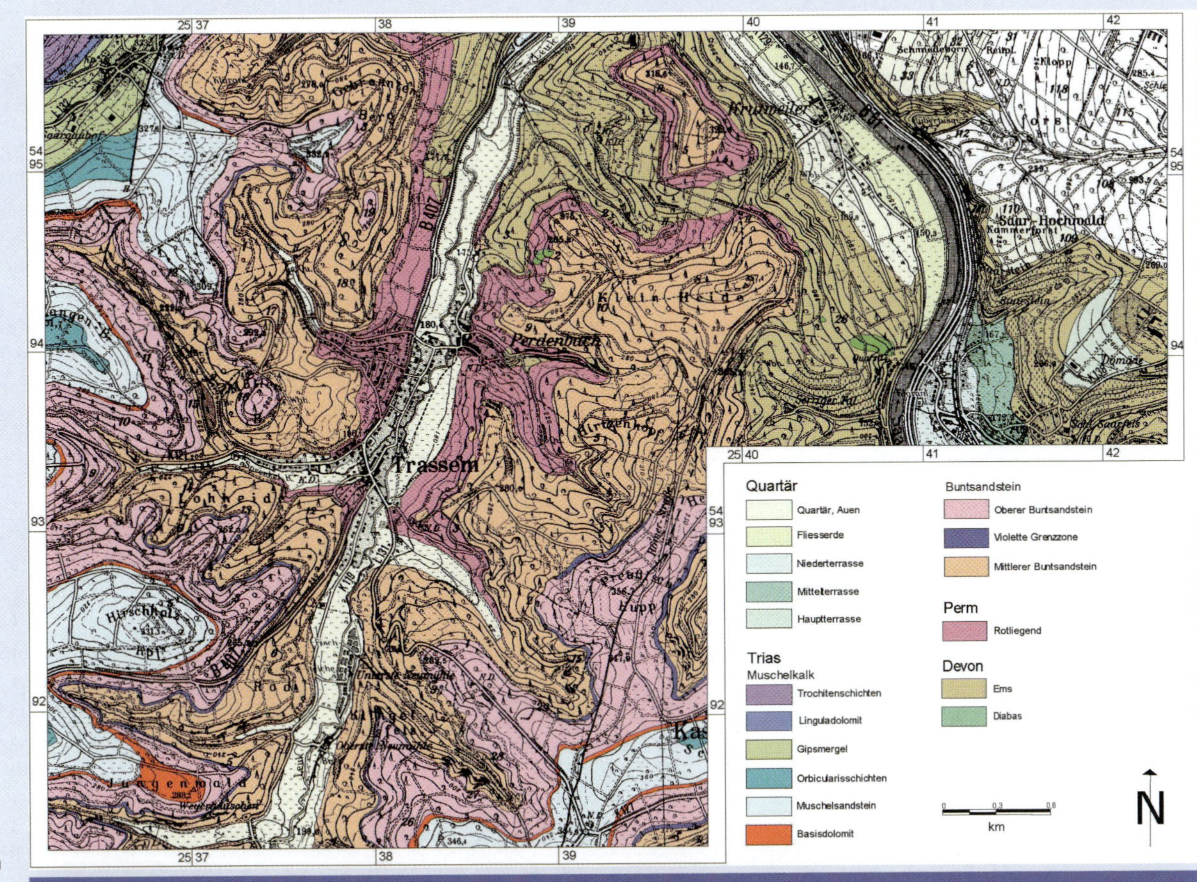
Quartär
Quartär, Auen
Fliesserde
Niederterrasse
Mittelterrasse
Hauptterrasse
Trias
Muschelkalk
Trochitenschichten
Linguladolomit
Gipsmergel
Orbicularisschichten
Muschelsandstein
Basisdolomit
Buntsandstein
Oberer Buntsandstein
Violette Grenzzone
Mittlerer Buntsandstein
Perm
Rotliegend
Devon
Ems
Diabas
Trassem
Perdenbach
km
N
a

Trassem
Quartär
b

Abb. 4.2 a Blick auf das Rheintal bei Bonn in südliche Richtung. Das auf ein überhöhtes Höhenmodell projizierte Luftbild gibt einen Eindruck der Landschaft mit dem quartären Rodderberg-Vulkan hinten rechts und den tertiären Vulkanrümpfen des Siebengebirges vorne links. (Geobasisdaten des Landes NRW © Geobasis NRW 2012), **b** Die Geologische Karteninformation zeigt auf demselben Höhenmodell deutlich, wie die Kuppen des Siebengebirges als festere vulkanische Schlote besser der Erosion widerstehen als die devonischen Schichten. Geologische Strukturen prägen das Relief (Geologische Karte: Blatt Königswinter - © Geol. L.-Amt Nordrh.-Westf. 1995 / DHM: GeoBasis NRW)

Abb. 4.3 Das geologische Raumgefüge und die drei klassischen Darstellungsformen

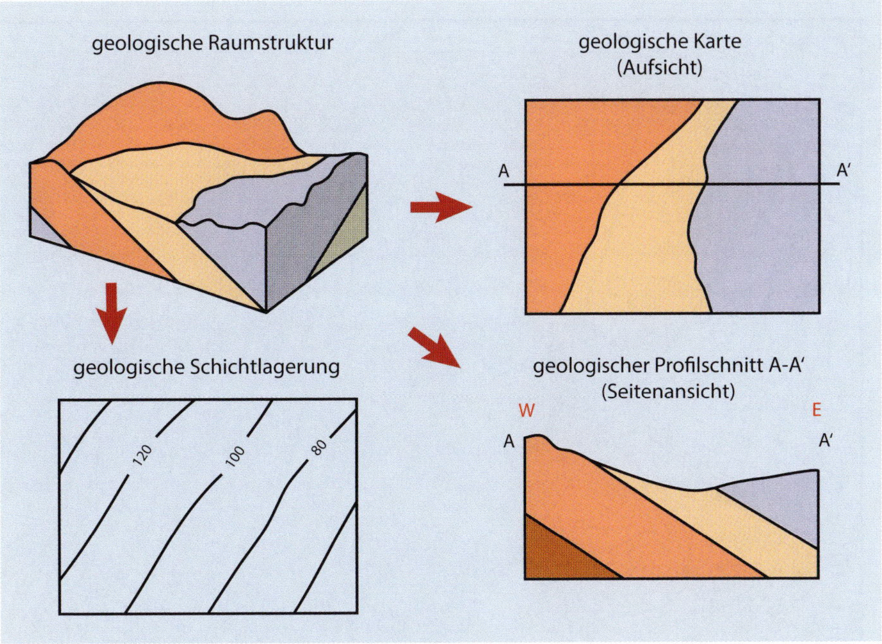

Abb. 4.4 Elemente einer geologischen Karte. Die Legende zeigt die stratigraphische Einteilung der Einheiten und die verwendete Farbe. Profilschnitte erleichtern die räumliche Vorstellung. Kartenausschnitt, Projektion und Koordinatensystem sind meist von topographischen Kartenwerken übernommen

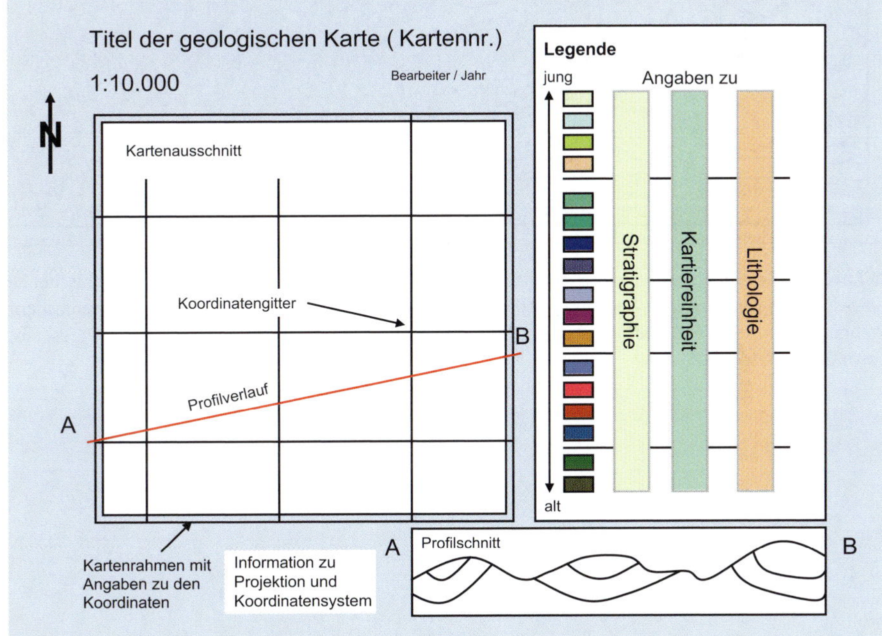

Die Legende – eine Farbcodierung

Die Legende (**Abb. 4.7**) gibt die Farbcodierung vor. Jeder Kartiereinheit ist eine Farbe zugeordnet, mit der sie sich leicht von benachbarten Kartiereinheiten unterscheiden lässt. Die zeitliche Einstufung der Kartiereinheiten, die Stratigraphie, gibt ihre Reihenfolge von alt („unten") nach jung („oben") vor. Während der Arbeit im Gelände werden Kartiereinheiten in entsprechenden Farben auf der topographischen Karte mit Buntstiften markiert. Eine kurze lithologische Beschreibung der Kartiereinheiten ist in die Legende integriert und gibt wichtige Merkmale der kartierten Einheiten wieder.

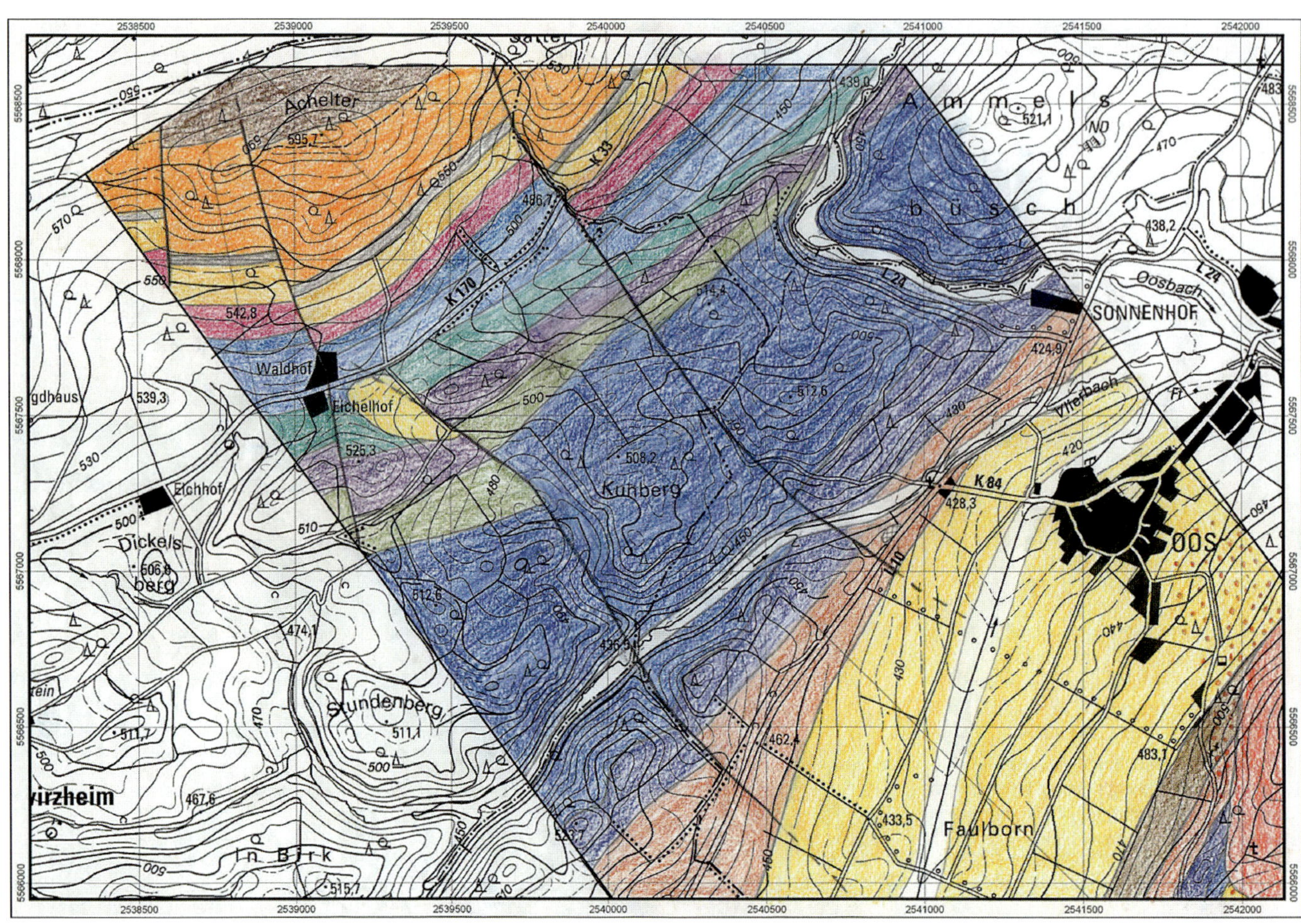

■ **Abb. 4.5** Die Aufnahme geologischer Karten erfolgt im Gelände auf der Grundlage topographischer Karten. Darauf sind das Koordinatengitter, Relief, Gewässernetz, Verkehrswege, Bebauung und Vegetation dargestellt. Bereits im Gelände markieren wir auf den topographischen Karten mit Buntstiften die Verbreitung einzelner Gesteinseinheiten und legen mit dünnen Bleistiftlinien präzise die Grenzen fest (Topographische Kartengrundlage © GeoBasis-DE/ LvermGeoRP2014-11-05)

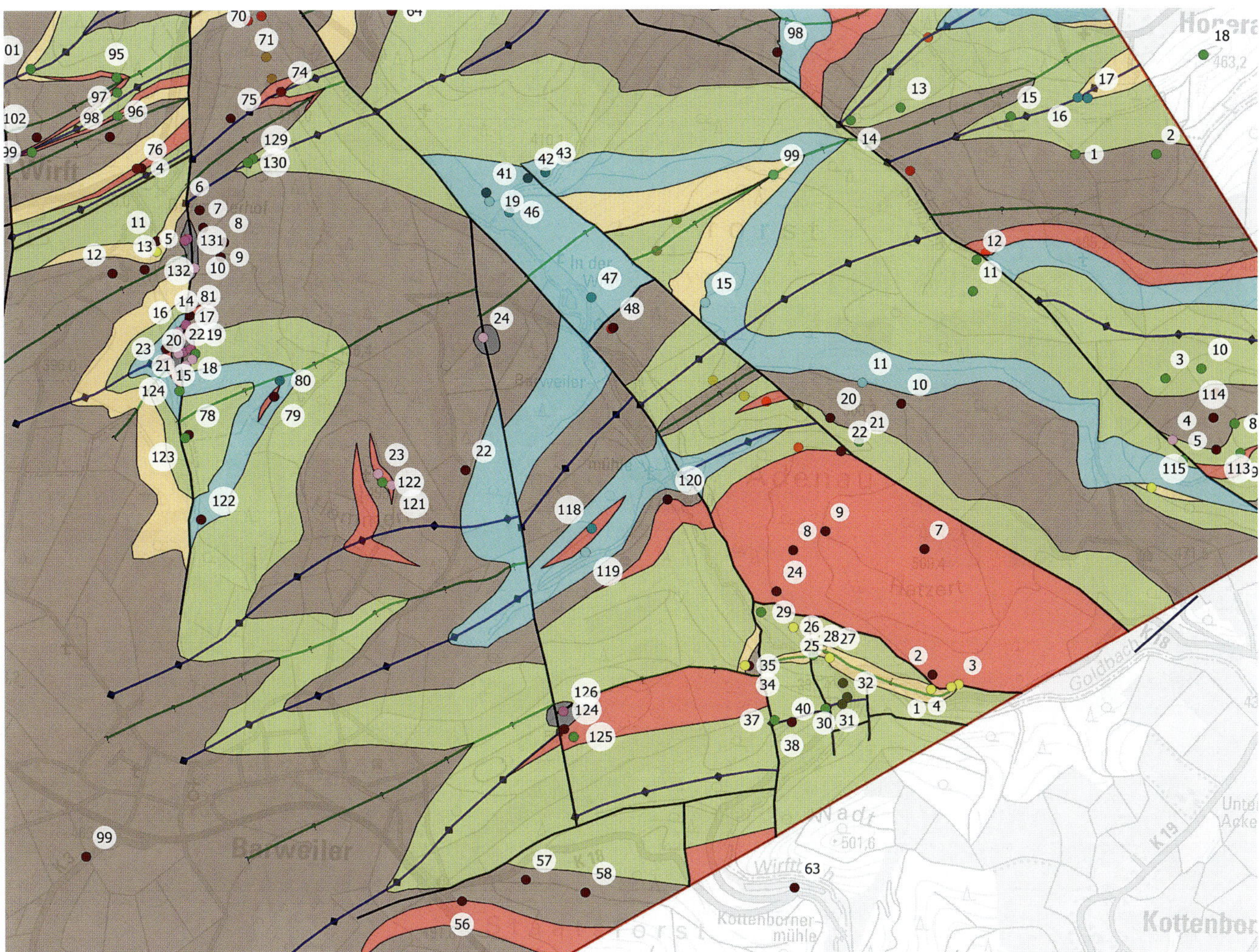

Abb. 4.6 Punkte, an denen Gesteinsbeschreibungen vorliegen. In der Aufschlusskarte werden alle für die Kartierung relevanten Aufschlüsse und bei fehlenden Aufschlüssen auch Bodensondierungen und Lesesteinfunde eingetragen. Die Zuordnung zu den Aufschlussinformationen erfolgt über die gekennzeichnete Aufschlussnummer. (Topographische Kartengrundlage © GeoBasis-DE/LvermGeoRP2014-11-05 – Geologische Karteninformation: T. Zgoll)

Farbcodierung auf geologischen Karten

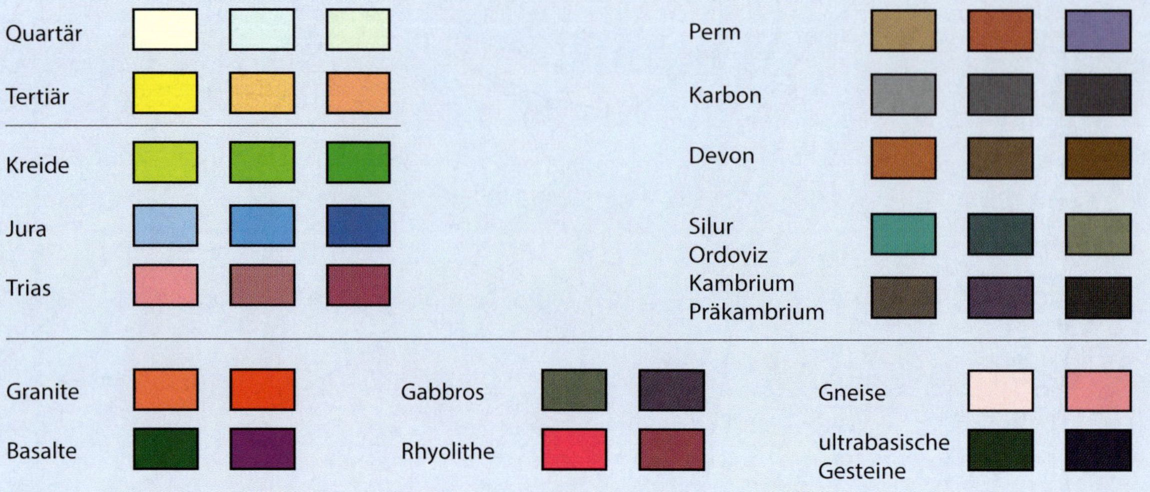

Quartär   Perm

Tertiär   Karbon

Kreide   Devon

Jura   Silur
Ordoviz

Trias   Kambrium
Präkambrium

Granite   Gabbros   Gneise

Basalte   Rhyolithe   ultrabasische
Gesteine

a

150	Turbó	Helle mittel bis Grobsandsteine, z.T. geröllführend und mürbe	Alb
140	San Martin	graue bis dunkelgraue Mergel, zum Teil mit mikritischen Kalkbänken	**Unterkreide**
130	Roque (Cabó)	Dickbankige bioklastische Kalke mit Foraminiferen, an der Basis fossilführende mergelige Kalke (Ammoniten, Rudisten, Echinodermata)	Apt
120			
110	Dogger:	Dickbankige Dolomite	**Jura**
100	Lias	Top: Wechselfolge von dunklen Mergeln und grauen mergeligen Kalkbänken Basis: Kalke und Dolomite, gebankt	
090	Keuper	Gips und bunte Tonsteine mit Vorkommen von Ophiten (basische Vulkanite)	**Trias**
080	Muschelkalk	Dunkle mikritische Kalke und Dolomite mit Einschaltungen von Mergeln	
070	Fazies Konglomerat	Konglomerate Komponenten- und Matrixgestützt in Wechsellagerung mit hellen Sandsteinen (hellrot bis orange) und roten bis bunten Tonen.	
060	Fazies Sandstein	Basis Konglomerate und helle Sandsteine, zum Hangenden Wechselfolge von Sandsteinen (hellrote bis orange) und roten bis bunten Tonen.	
050	Fazies Ton-/Siltstein	Rotviolette Tonsteine mit Feinsand-/Siltsteinlagen, an der Basis konglomeratisch. Es können einzelne Horizonte Karbonatknollen führen.	**Perm**
040	Malpas	Dunkle Tonsteine, Sandsteine und konglomeratische Lagen mit pyroklastischen Lagen.	Stefan **Karbon**
030	Erill Castell	graugrünliche andestische, rhyolithische und basische Laven und Pyroklastika (z.T. verkieselt). An der Basis Konglomerate und kohlef. Ton-/Sandst.	
020	Manjanet	Graue (braun verwitternd) unregelmäßig gebankte Kalke (Crinoiden) mit Zwischenlagen von dunklen Tonen - zum Top zunehmend	Mitteldevon **Devon**
010	Fontjanina	Dunkle Tonschiefer mit Einschaltungen von knotigen Kalkbänken	Unterdevon

b

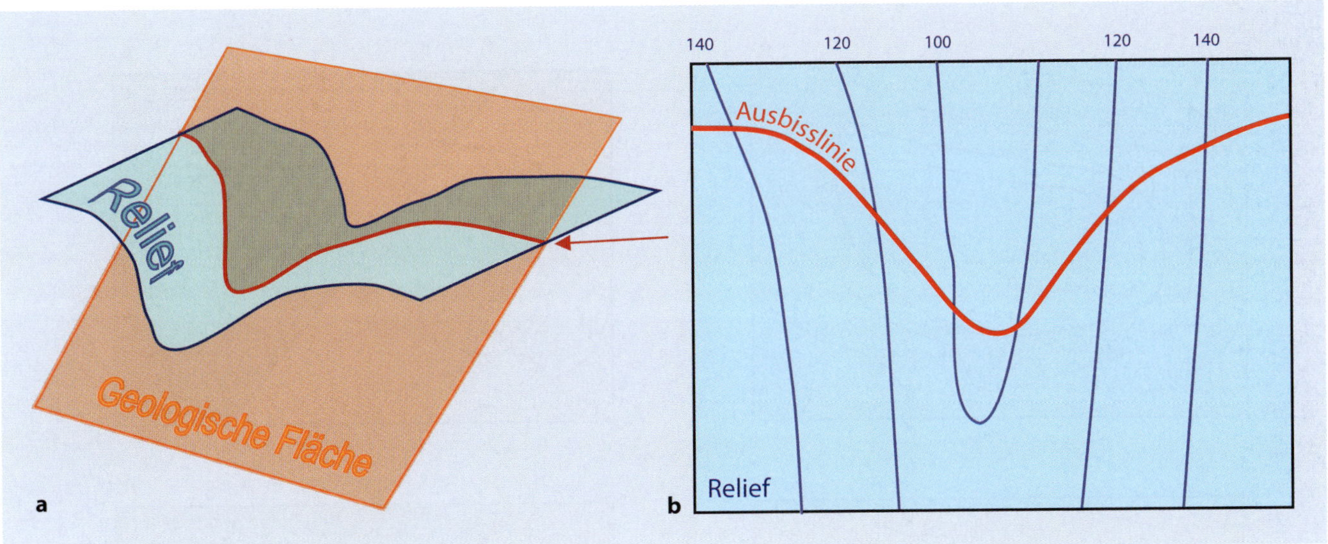

Abb. 4.8a,b Die Ausbisslinien sind Schnittflächen geologischer Flächen (Schichtgrenzen, Verwerfungen) mit dem Relief. Es handelt sich geometrisch um Raumkurven (**a**), die auf einer Kartenprojektion (**b**) dargestellt werden

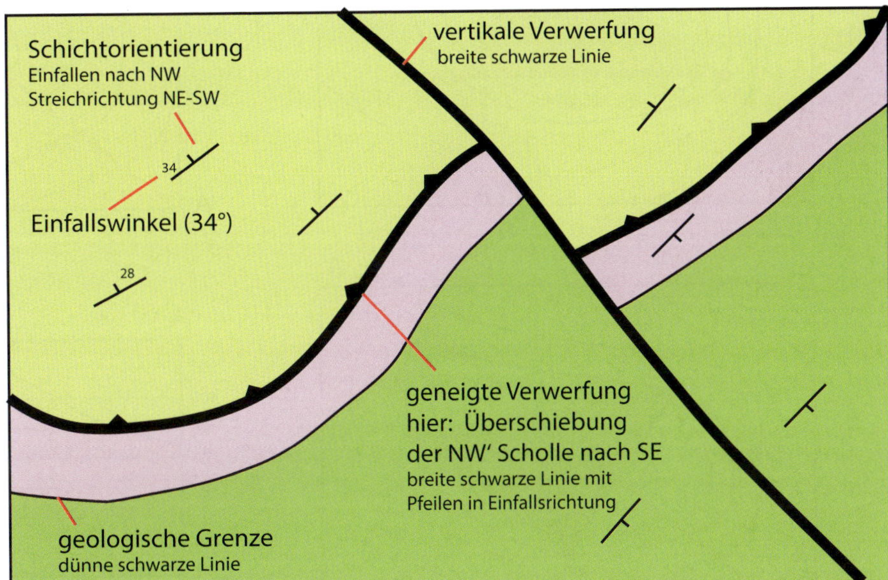

Abb. 4.9 Ausbisslinien auf der geologischen Karte. Geologische Grenzen werden mit dünnen schwarzen Linien gekennzeichnet, Verwerfungen mit breiteren Linien in Abhängigkeit ihrer tektonischen Relevanz. Eine weitere Signatur ist das lokale Einfallen der Schichten

4.2 Interpretation und Verlauf von Ausbisslinien

Ausbisslinien (**Abb. 4.8 und 4.9**) sind geologische Grenzen auf der geologischen Karte. Geometrisch betrachtet sind sie die Schnittlinien geologischer Grenzflächen mit dem Relief. Dabei handelt es sich in der Regel um Schichtgrenzen oder Verwerfungsflächen. Wie die Ausbisslinien auf der geologischen Karte verlaufen, hängt vom Relief sowie von der Raumlage und der Form der geologischen Fläche ab. Der Verlauf der Ausbisslinien lässt daher Rückschlüsse auf die Raumlage geologischer Grenzflächen zu.

Charakteristische Verläufe von Ausbisslinien können gut an konkreten Beispielen veranschaulicht werden (**Abb. 4.10**). Eine topographische Karte stellt mithilfe von Höhenlinien die Geländeoberfläche (auch Geländeoberkante GOK) dar, unser Beispiel zeigt einen Hügel, dessen Gipfel 513 m ü. NN (Normalnull, entspricht dem Meeresspiegel) liegt (**Abb. 4.10a–l**).

Fall A – horizontale/söhlige Schichtfläche (**Abb. 4.10a–d**): Die Ausbisslinie verläuft parallel zu den Höhenlinien, sie schneidet sie nicht. Dies bedeutet, dass die Höhe der geologischen Grenzfläche im Kartenausschnitt konstant ist. Damit liegt die geologische Schichtgrenze horizontal.

Abb. 4.7 a Farbcodierung, wie sie bei vielen geologischen Karten Anwendung finden. Bestimmte Farbtöne sind für stratigraphische Bereiche und Gesteinsarten üblich. **b** Beispiel einer Legende als Vorlage für eine Geländeaufnahme. Bei der Differenzierung zahlreicher Einheiten gilt der Grundsatz, die Farbgebung so zu wählen, dass eine Unterscheidung benachbarter Einheiten gut möglich ist

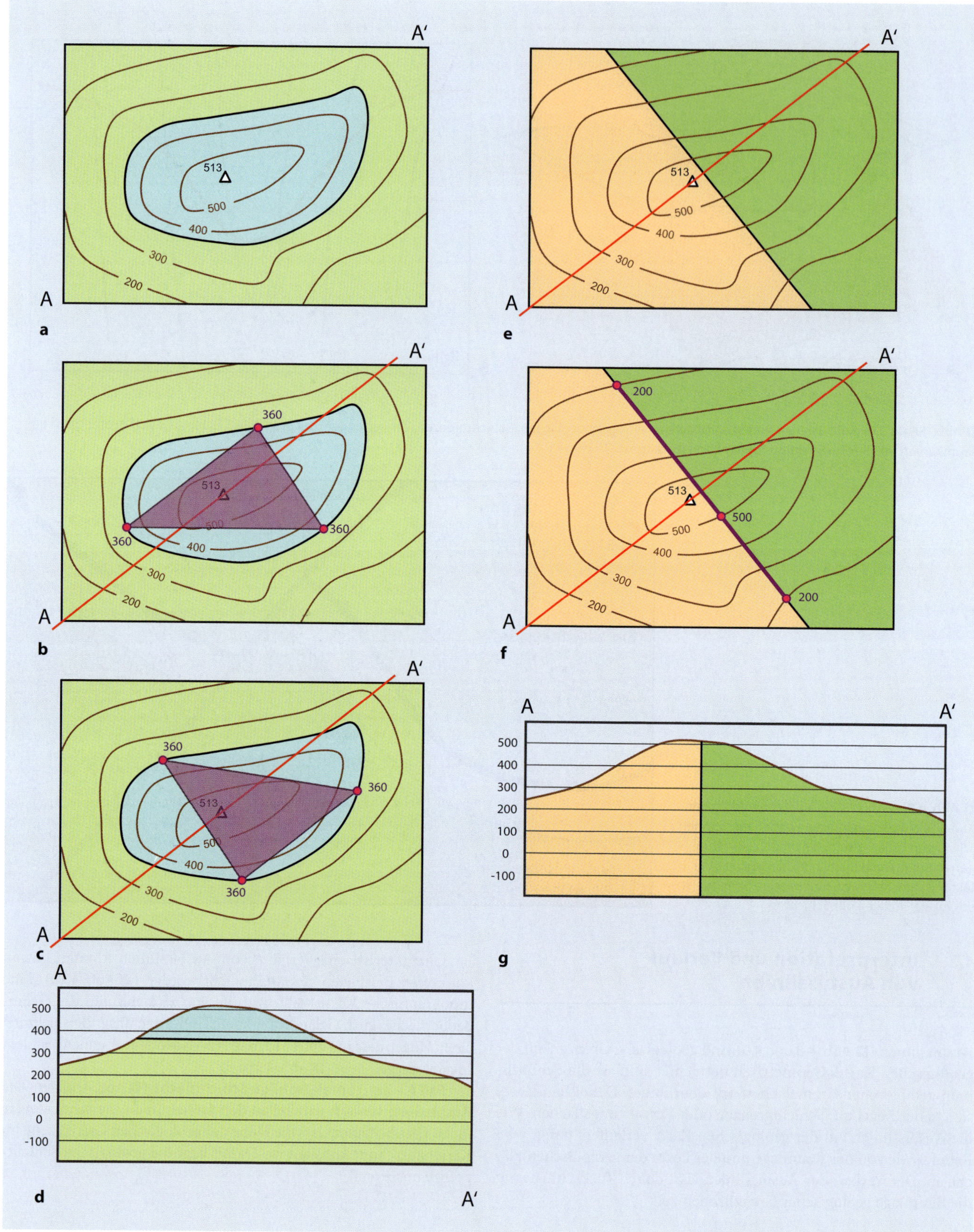

■ **Abb. 4.10a–l** Ebene Schichtgrenzen können in unterschiedlicher Raumlage (horizontal/söhlig, vertikal/saiger, geneigt) das Relief schneiden, was auf der Karte durch entsprechend verlaufende Ausbisslinien wiedergegeben wird. **a–d** Horizontale Schichtfläche in Karte und Profilschnitt, **e–g** Vertikale Schichtfläche in Karte und Profilschnitt

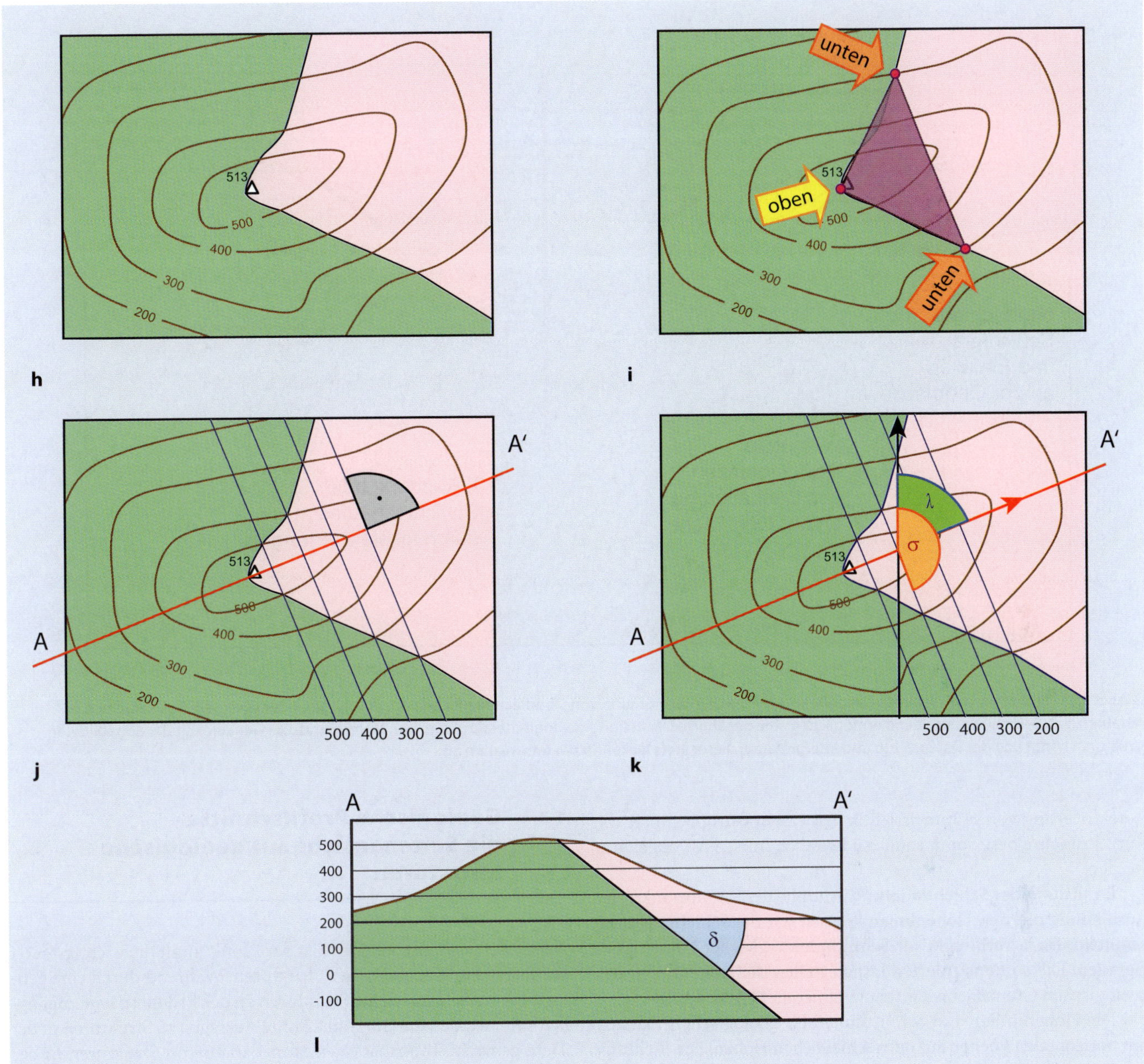

Abb. 4.10a–l *(Fortsetzung)* h–l Geneigte Grenzfläche in Karte und Profilschnitt. Das Einfallen kann anhand der Schnittpunkte mit den Höhenlinien ermittelt werden

Wir können drei beliebige Punkte der Ausbisslinie zu einem Dreieck verbinden, dessen Eckpunkte stets in gleicher Höhe liegen. Die Raumlage des aufgespannten Dreiecks ist horizontal. Der Profilschnitt zeigt die horizontale Schichtgrenze bei 360 m ü NN.

Fall B – vertikale/saigere Schichtfläche (Abb. 4.10e–g): Die Ausbisslinie schneidet alle Höhenlinien und ihr Verlauf wird in keiner Weise vom Relief beeinflusst. Dies bedeutet, dass die geologische Schichtgrenze vertikal verläuft – die Schichtgrenze steht saiger.

Wenn wir drei beliebige Punkte der Ausbisslinie zu einem Dreieck verbinden, liegen die Verbindungslinien übereinander. Die Raumlage des aufgespannten Dreiecks ist somit vertikal.

Fall C – geneigte Schichtflächen (Abb. 4.10h–l): Die Ausbisslinie schneidet die Höhenlinien. Ihr Verlauf wird vom Relief, dargestellt durch die Höhenlinien, beeinflusst. Flach lagernde Schichtflächen zeigen einen Verlauf der Ausbisslinien, der dem Fall der horizontalen Schichtlagerung ähnlich ist. Bei steilen Schichtflächen sieht die Linie eher wie bei saigeren Schichtgrenzen aus.

Bilden wir aus drei beliebigen Punkten der Ausbisslinie ein Dreieck, ist dessen Raumlage in eine bestimmte Richtung geneigt. Zwei der auf Abb. 4.10i markierten Punkte liegen auf der Höhe 300 m ü. NN. Der dritte Punkt liegt auf der Kuppe, also bei 513 m ü. NN. Daraus ergibt sich bereits eine ungefähre Einfallrichtung nach Nordost (NE).

Die Himmelsrichtungen werden in geowissenschaftlichen Texten und Abbildungen durch die Anfangsbuchstaben der englischen Schreibweise abgekürzt. Daher finden wir stets für Osten die Abkürzung „E". Für alle anderen Richtungen stimmen deutsche mit den englischen Abkürzungen überein. Zusätzlich ist es üblich, bei der

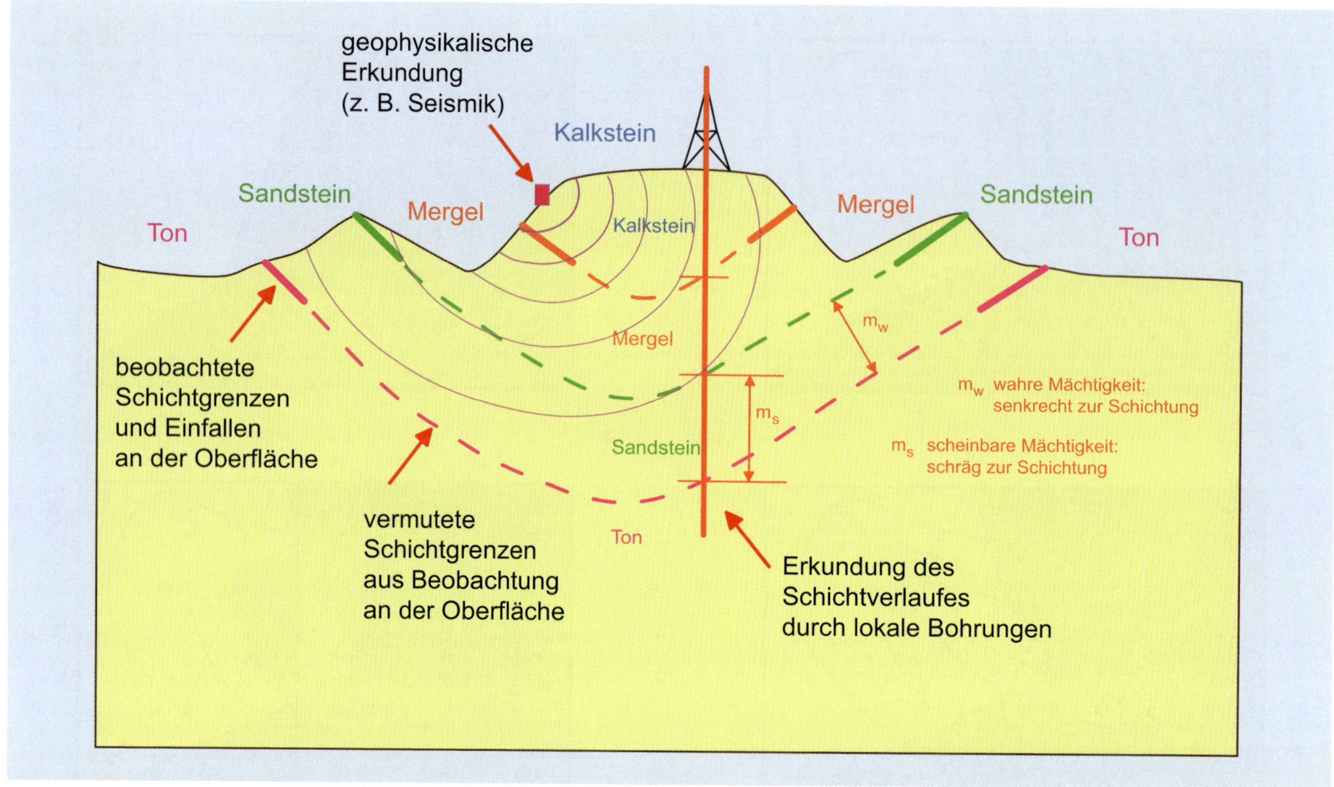

Abb. 4.11 Profilschnitt. Tiefeninformationen werden durch Interpretation von Oberflächeninformation, Bohrungen oder über geophysikalische Messverfahren, z. B. Seismik, ermittelt und ermöglichen eine genäherte Darstellung geologischer Strukturen im Untergrund. Die Genauigkeit der abgebildeten Strukturen hängt von der Datendichte und Interpretation dieser stets lückenhaften Information ab

Adjektivierung von Himmelsrichtungen ein Apostroph hinter die Kürzel zu schreiben. Somit kann „südwestlich" mit „SW'" abgekürzt werden.

Ermittlung der Schichtlagerung: Mithilfe der Schnittpunkte der Ausbisslinie mit den Höhenlinien können wir die Schichtlagerung ermitteln. Dazu verbinden wir Schnittpunkte gleicher Höhe durch Geraden. Die so konstruierten Linien stellen die Höhenlinien der geologischen Grenzfläche dar (blaue Linien in ■ Abb. 4.10j).

Die Höhenlinien sind Schnittlinien der geologischen Flächen mit horizontalen Ebenen auf unterschiedlichen Höhen. Die Richtung der Höhenlinien in Bezug zur Nordrichtung ist das Streichen oder die Streichrichtung.

Leicht erkennt man, dass die dargestellte Schichtfläche im Beispiel von Westsüdwest (WSW) nach Ostnordost (ENE) abfällt. Die Ausrichtung der Höhenlinien der Schichtlagerung ist dabei parallel zur Streichrichtung (σ, orange in ■ Abb. 4.10k) der Schicht. Die Einfallsrichtung (λ, grün) steht senkrecht dazu. Sie stellt die Richtung des stärksten Gefälles auf der geologischen Fläche dar. Eine Kugel rollt auf einer geneigten Fläche immer in Einfallsrichtung (► Abschn. 7.4). Einfallsrichtung und Streichrichtung können nun in Bezug zur Nordrichtung (schwarz) mithilfe eines Geodreiecks abgelesen werden. Profile werden stets senkrecht zum Streichen und somit parallel zur Einfallsrichtung gelegt. Im Profilschnitt ist der Einfallswinkel (δ) zwischen einer Horizontalen und der geologischen Fläche ablesbar.

4.3 Geologische Profilschnitte – die Seitenansicht auf geologische Strukturen

Neben der geologischen Karte ist der Profilschnitt die wichtigste Art der Darstellung geologischer Strukturen. Während durch eine geologische Karte dargestellte Strukturen an der Erdoberfläche zugänglich sind, werden durch Profilschnitte Aussagen zu Strukturen in der Tiefe gemacht. Informationen zum Verlauf von Strukturen in der Tiefe werden aus der Oberflächeninformation abgeleitet oder durch Bohrungen oder mithilfe geophysikalischer Messverfahren ermittelt.

Profilschnitte (■ Abb. 4.11 und ■ Abb. 4.12) geben auf der geologischen Karte einen Einblick in die räumlichen Strukturen im Untergrund. Häufig werden dynamische Prozesse mithilfe von Profilen dargestellt, indem einzelne Schritte des Ablaufs gezeigt werden. Um tektonische Deformationsprozesse quantitativ zu rekonstruieren, können wir bilanzierte Profile erstellen. Dabei setzen wir konstante Strecken, Flächen oder Volumina während der Deformation der beteiligten Gesteinskörper voraus. Somit stellen Profile meist mehr als nur einen Zustand dar, sie sind auch ein Ansatzpunkt, um über die Entstehung der untersuchten Strukturen nachzudenken. Im Gelände hilft die Profilskizze dabei, Zusammenhänge geologischer Einheiten besser zu verstehen, denn schon eine einfache grafische Darstellung erleichtert das Erkennen von zunächst scheinbar komplexen geologischen Strukturen.

Profilschnitte können bei geschichteten Gesteinsabfolgen aus Oberflächeninformationen, wie Schichtgrenzen und Schichtlagerung, geometrisch abgeleitet werden. Hierzu setzt man häufig das Konstruktionsverfahren über die Winkelhalbierende der Einfalls-

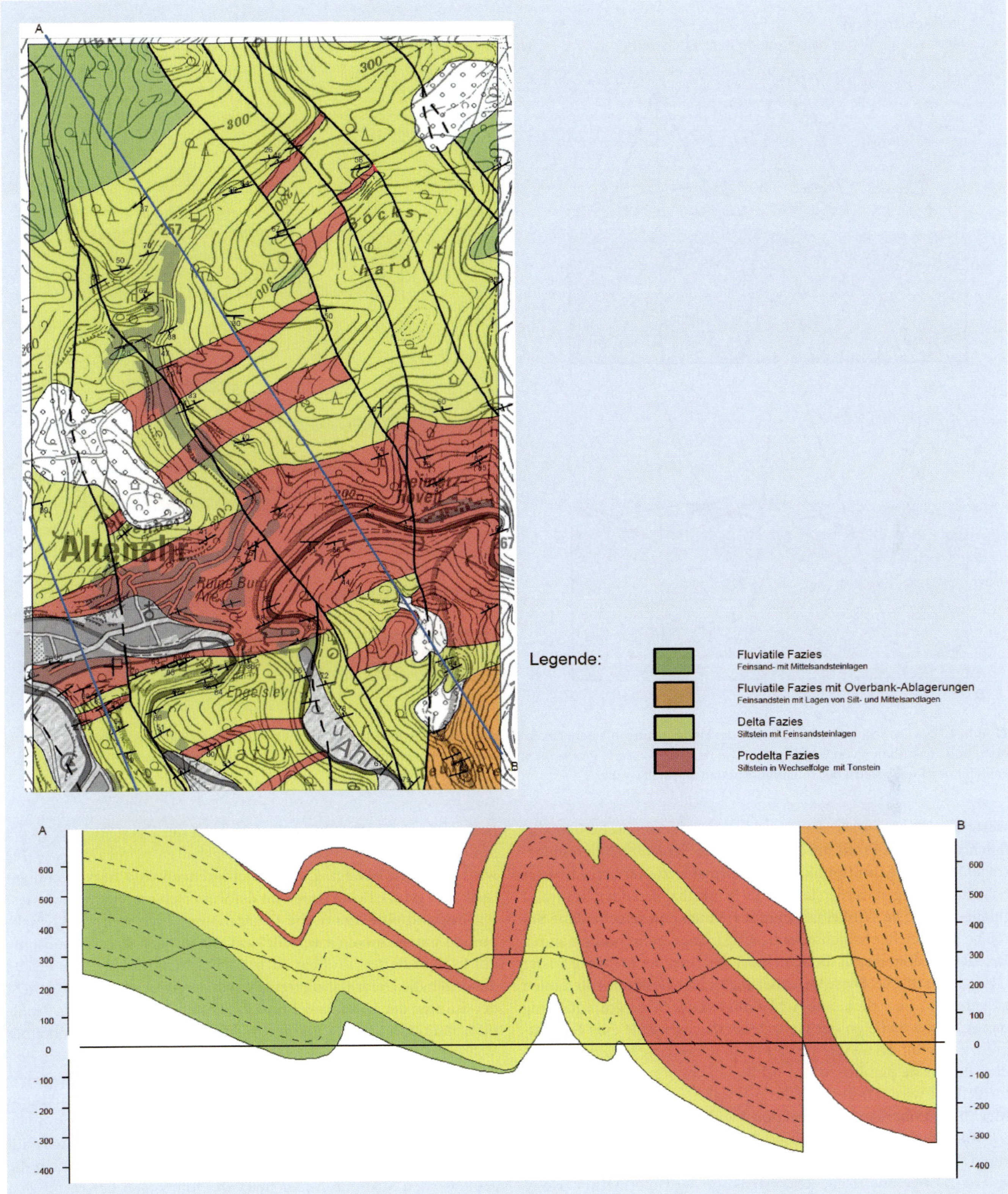

Abb. 4.12 Profilschnitt durch eine einfache gefaltete Schichtenfolge. Das Auftreten der vier Fazieseinheiten und das Schichteinfallen an der Geländeober-fläche (schwarze Linie bei 300 m) werden hier mit Hilfe eines Profilschnitts dargestellt und geologisch erklärt. Profile sind stets orientierte Schnitte durch ein geologisches Raummodell. (Topographische Kartengrundlage © GeoBasis-DE/LvermGeoRP2014-11-05 – Geologische Karteninformation: H. Lieder-Wolf)

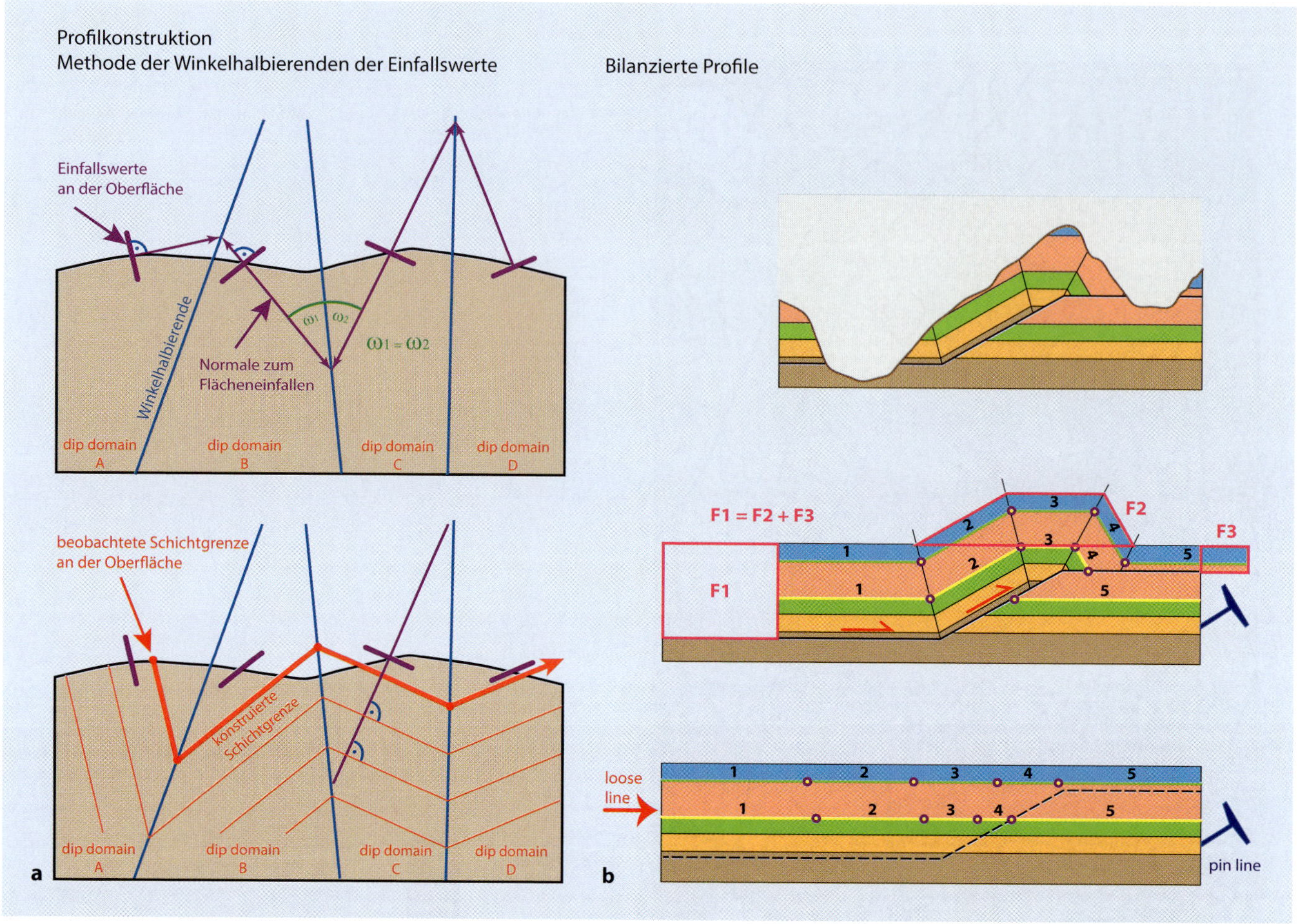

◘ Abb. 4.13   a Die Profilkonstruktion nach der Methode über die Winkelhalbierenden der Einfallswerte ermöglicht bei gefalteten Schichtfolgen die Verfolgung und Konstruktion von Schichtgrenzen in Tiefe. **b** Bilanzierte Profile rekonstruieren den Ausgangszustand ausgehend vom deformierten Zustand. Daraus kann für den Profilbereich der Einengungsbetrag ermittelt werden

werte ein (◘ Abb. 4.13). Ausgehend vom gemessenen Schichteinfallen werden im Profil die Normalen zum Schichteinfallen eingetragen. An den Schnittpunkten der Normalen zweier benachbarter Schichtmessungen werden jeweils die Winkelhalbierenden bestimmt (blaue Linie). Die Winkelhalbierende trennen nun verschiedene Bereiche mit gleicher Schichtorientierung (*dip domains*) voneinander. In jeder dip domain gilt die Schichtorientierung der Messung an der Geländeoberfläche. Diese Orientierung ist hier als dünne rote Linien eingetragen, sie stellen eine Art Feldlinien der Schichtorientierung dar. An einer Stelle an der Geländeoberfläche wurde eine Schichtgrenze erkannt. Diese Grenze kann nun in die Tiefe fortgesetzt werden, indem sie parallel zu den Feldlinien von *dip zone* zu *dip zone* fortgeführt wird. Dieses Verfahren gewährleistet die Konstanz der Mächtigkeit über den Konstruktionsbereich hinweg.

Bilanzierte Profile (◘ Abb. 4.13b) zeigen keinen statischen Zustand, sondern haben das Ziel, Deformationsprozesse zu rekonstruieren. Die geometrische Rekonstruktion der Deformation erfolgt auf der Profilebene. Die Hauptbewegung sollte dabei parallel zur Profilebene liegen. Die Schichtgrenzen zeigen bei korrekter Zurückformung konstante Längen. In ◘ Abb. 4.13b ist unten die Schichtung vor der Deformation dargestellt. Gestrichelt ist der Verlauf der Überschiebungsbahn gekennzeichnet, die mit Beginn der Deformation aktiv wird. Die Deformation führt zur Überschiebung und Faltung der *Hangendscholle* (◘ Abb. 4.13b mitte). Schließlich trägt die Erosion Teilbereiche der Schichtenfolge ab und zurück bleibt der

heutige Zustand (◘ Abb. 4.13b oben). Bei der Darstellung zeigt die *pin line* die Seite des Profils, die „festgehalten" wird. Die *loose line* wird hingegen bewegt. Zwei Schichtgrenzen sind hervorgehoben (gelb und grün). Beide haben im deformierten und nichtdeformierten Zustand eine identische Gesamtlänge, auch wenn die Knickpunkte unterschiedlich verteilt sind. Neben der Streckenkonstanz gilt in bilanzierten Profilen auch die Flächenkonstanz. Die Fläche des durch die Deformation frei gewordenen Rechtecks F1 entspricht der Summe der Bereiche F2 und F3. Durch Übertragen der Profilinformation in den 3D-Raum spricht man entsprechend von einer Volumenkonstanz.

Am Beispiel zweier Kuchensorten kann man gut erläutern, wie sich Erkundung und Darstellung einfacher geologischer Strukturen im Vergleich zu komplexen Strukturen unterscheiden (◘ Abb. 4.14). Der Blick von oben auf beide Kuchen lässt kaum Rückschlüsse auf die interne Struktur zu. Junge Sedimente (Schokolade) decken die geologischen Strukturen (Kuchen) ab. Bohrungen liefern für den Kuchen 1 (links) übereinstimmende Ergebnisse – die Schichten sind immer in derselben Tiefe anzutreffen. Durch Korrelation der Bohrungen kann man sagen, dass der linke Kuchen aus einer horizontal gelagerten Schichtung zu bestehen scheint. Rechts ist eine Korrelation schwierig, die Bohrung scheint auf wechselnde Mächtigkeiten hinzudeuten.

Serienschnitte legen die geologischen Strukturen offen und zeigen, dass es je nach ihrer Komplexität unterschiedlich schwer ist,

Abb. 4.14a–e Zwei Kuchensorten als Beispiel für Erkundung und Darstellung geologischer Strukturen. **a** Der Blick von oben lässt kaum Rückschlüsse auf die interne Struktur zu. **b**, **c** Bohrungen liefern im einen Fall übereinstimmende Ergebnisse, die auf eine horizontale Schichtung hindeuten. Im anderen Fall sind die Ergebnisse sehr unterschiedlich. **d**, **e** Serienschnitte durch beide Kuchen. Wie vermutet ist ein Kuchen horizontal geschichtet, während der andere wesentlich komplexer ist, als ursprünglich vermutet

die Geometrie der Schichten zu erfassen. Das Modell von Kuchen 1 wird bestätigt, während die Strukturen des Kuchens 2 wesentlich komplexer sind als ursprünglich vermutet.

■ Profilverlauf und Maßstab

Profilschnitte werden auf der geologischen Karte durch den Profilverlauf markiert. Anfang, Ende und mögliche Knickpunkte des Profilverlaufes werden durch Buchstaben gekennzeichnet, um den eindeutigen Bezug zur Karte herzustellen.

Der Profilschnitt soll dem Betrachter die wesentlichen geologischen Strukturelemente verständlich erläutern. Daher wird der Verlauf des Profils so gewählt, dass

- wichtige Strukturelemente im Profilverlauf liegen,
- die Mehrzahl der Schichtglieder darin auftreten,
- tektonische Strukturen quer zum Streichen angeschnitten werden (Faltenbau, Schichteinfallen, Verwerfungen u. a.).

Das Relief spielt bei der Wahl des Profilverlaufes nur eine untergeordnete Rolle. Die Geländeoberfläche bildet die obere Grenze des Profilschnittes und ist meist durch die geologischen Strukturen im Untergrund geprägt. Steile Hänge im Gebirge oder in Tälern können einen tiefen Einblick in die geologischen Strukturen gewähren. Dies sollte bei der Wahl des Profilschnittes berücksichtigt werden. Komplizierte geologische Strukturen erfordern möglicherweise eine Profilschnittserie, um ihre räumliche Struktur zu verstehen.

Der Maßstab der geologischen Karte gibt den Maßstab des Profilschnittes vor. Geologische Profilschnitte sind in der Regel nicht überhöht, denn dies würde zur verzerrten Darstellung der geologischen Strukturen im Untergrund führen.

4.4 Signaturen

Die Raumorientierung geologischer Strukturelemente wird über Punkt- und Liniensymbole dargestellt. Obwohl die genutzte Signaturgruppe stets ähnlich ist, gibt es keine international einheitliche Vorgabe. Jeder Bearbeiter darf selbst die Signaturen im Rahmen der üblichen Konventionen mit einer Bedeutung belegen. Eine eindeutige Erläuterung der Signaturen in der Kartenlegende ist somit immer erforderlich.

Die Punktsymbole stellen lokale Informationen dar, die einzelnen Beobachtungs- oder Messpunkten zuzuordnen sind. Üblicherweise sind dies unterschiedliche Flächenorientierungen oder die Ausrichtung von linearen Elementen.

Folgende geometrische Strukturelemente können auf geologischen Karten unterschieden werden:

- Flächenorientierung:
  - Schichtflächen (lokale und regionale Lagerungsverhältnisse),
  - Schieferflächen (Ausrichtung der Deformation, bei bekannter Schichtlagerung können damit Faltenachsen bestimmt werden),
  - Kluftflächen (Ermittlung der Spannungsmuster, Wegsamkeiten der Grundwasserleiter);

Tab. 4.1 Signaturen für die Raumorientierung von Schichtung und Schieferung

Signatur	Bedeutung	Beschreibung	Alternative Signaturen
32	Schichteinfallen mit 32° nach NE [42/32]	Kurzer Dreieckspfeil oder Strich in Einfallsrichtung (Azimut), langer Strich (meist 6–8 mm) in Streichrichtung. Zahl gibt den Einfallswinkel an	32 32
	Saigeres Schichteinfallen mit Streichrichtung NW/SE	Langer Strich in Streichrichtung, beidseitig zwei Dreieckspfeile oder kurze Striche senkrecht zum langen Strich	
	Söhlige Lagerung (waagerecht, horizontal) [–/0]	Zwei lange Striche kreuzen sich im rechten Winkel. Ausrichtung ohne Bedeutung, da es keine Einfallsrichtung bei horizontaler Lagerung gibt.	
32	Überkippte Lagerung mit 32° nach NE [42/32]	Kleine Schleife an der Signatur: Schichteinfallen zeigt überkippte Lagerung an.	32 32
32 32 32	Schieferung: hier 1., 2. und 3. Schieferung mit 32° nach NE [42/32]	Mit der Zahl der Querstriche können aufeinanderfolgende Schieferungsphasen unterschieden werden.	

Lineation:

- Faltenachsen (Geometrie des Faltenbaus),
- Harnischstriemung (Bewegungsrichtung an Verwerfungen),
- Gletscherschrammen (Fließrichtung von Gletschereis),
- Strömungs- und Schleifmarken – *flute casts, groove casts* (Fließrichtung bei Sedimentation),
- Ausrichtung von Fossilgehäusen oder Fossilresten (Strömungsrichtung bei Ablagerung oder Aufarbeitung).

Insbesondere Informationen zur Orientierung von Schichtflächen, Schieferflächen und zum Verlauf von Faltenachsen sind häufig auf geologischen Karten zu finden. Die Raumorientierung von Schichtung und Schieferung kann mit den Signaturen aus ◘ Tab. 4.1 angegeben werden.

■ Klüftung

Kluftflächen (*joint planes*) sind rissartige feine Trennflächen, die den Gesteinskörper durchziehen (▶ Abschn. 7.2). Sie unterscheiden sich von Verwerfungen dadurch, dass an den Klüften kein Versatz stattgefunden hat. Kluftsysteme entstehen in Gesteinen in der Regel durch tektonische Spannungen oder thermische Kontraktion bei der Abkühlung.

Mithilfe der Orientierung von Kluftflächen sind Aussagen über das tektonische Spannungsregime möglich. Ebenso bilden Kluftmuster die Grundlage zur Untersuchung von Kluftaquiferen in der Hy-

drogeologie. Kluftorientierungen können wir im Gelände einmessen und über Signaturen (◘ Tab. 4.2) in die Karte eintragen. Wie auch Schicht- und Schieferflächen können sie mit Richtungsdiagrammen (Schmidtsches Netz oder Rosendiagramm) statistisch dargestellt werden (▶ Abschn. 7.4). Kluftrosen zeigen die Richtungsmaxima an und lassen Hauptrichtungen von nahezu parallel verlaufenden Kluftsystemen, den sogenannten Kluftscharen, erkennen.

Häufig werden Kluftflächen als Lineamente aus der Interpretation von Luft- oder Satellitenbildern abgeleitet. Die Lineamente sind in diesem Fall die Schnittlinien der Kluftflächen mit der Geländeoberfläche. Die Darstellung auf der Karte erfolgt durch dünne, meist gerade oder leicht gebogene Linien (◘ Tab. 4.3).

■ Faltenachsen

Bei der Darstellung einer gefalteten Schichtenfolge können neben den Messungen des lokalen Schichteinfallens auch lokale Orientierungen der Faltenachsen (▶ Abschn. 7.3) dargestellt werden (◘ Tab. 4.4). Die Orientierung der Faltenachsen können wir als Linear direkt an kleinskaligen Falten oder an Schnittkanten zwischen Schichtung und Schieferung bestimmen.

Die Spur der Faltenachsenebene (oder -fläche) ist die Schnittlinie zwischen der Faltenachsenebene und der Geländeoberfläche. Mithilfe spezieller Symbole (◘ Tab. 4.5) kann die strukturgeologische Bedeutung entlang des Linienverlaufes kenntlich gemacht werden.

⊡ Tab. 4.2 Signaturen für die Orientierung von Klüften

Signatur	Bedeutung	Beschreibung	Alternative Signaturen
	Kluftfläche flach (0–30°) [218/flach]	Die lange Linie zeigt in Streichrichtung und das kleine Rechteck an einem Ende der Linie gibt die Einfallsrichtung an. Alternativ kann der Einfallswinkel ebenfalls angegeben werden.	27
	Kluftfläche mittel (30–60°) [218/mittel]		
	Kluftfläche steil (60–90°) [218/steil]		

⊡ Tab. 4.3 Kluftflächen aus der Interpretation von Luft- oder Satellitenbildern

Signatur	Bedeutung	Beschreibung	Alternative Signaturen
	Kluftausbisslinie (*joint plane outcrop line*)	Zwei Kluftscharen sind eingetragen: NE/SW-gerichtet NW/SE-gerichtet Gesicherte Lineamente sind als durchgezogene Linie eingetragen, vermutete als gestrichelte Linie.	

⊡ Tab. 4.4 Signaturen zur Darstellung von Faltenachsen

Signatur	Bedeutung	Beschreibung	Alternative Signaturen
19	Lokale Orientierung von Faltenachsen und Lineationen [287/19]	Der Pfeil zeigt die Einfallsrichtung (Azimut) von Faltenachsen und Lineationen an. Die Pfeilspitze zeigt in Richtung des Abtauchens, dabei kann die Anzahl der Pfeilspitzen zwischen flachem, mittlerem und steilem Einfallen unterscheiden.	19 Flach (0–30°) 48 mittel (30–60°) 78 Steil (60–90°)
	Lokale Orientierung einer horizontalen Faltenachse oder Lineation	Die horizontale Lage der Faltenachse oder Lineation wird durch die beidseitigen Pfeile dargestellt.	

Tab. 4.5 Signaturen für die Spur der Faltenachsenfläche

Signatur	Bedeutung	Beschreibung	Alternative Signaturen
	Antiklinale (Sattel): Spur der Faltenachsenebene	Die Pfeile deuten auf *divergentes* Schichteinfallen entlang der Spur hin. Die Spur der Faltenachsenebene ist die Schnittlinie zwischen der Faltenachsenebene und der Geländeoberfläche.	
	Synklinale (Mulde): Spur der Faltenachsenebene	Die Pfeile deuten auf *konvergentes* Schichteinfallen entlang der Spur hin.	

Tab. 4.6 Signaturen für Verwerfungen

Signatur	Signatur	Beschreibung	Alternative Signaturen
	Gesicherte Verwerfung vermutete Verwerfung (*fault*)	Darstellung einer Verwerfung, deren Bewegungsrichtung nicht bekannt ist. Vermutete Verwerfungen werden gestrichelt eingezeichnet.	
	Abschiebung (*normal fault*)	Die Rechtecke zeigen in Einfallsrichtung der Abschiebung und zugleich in Richtung des abgesunkenen Blocks (Tiefscholle).	
	Aufschiebung (*reverse fault, thrust*)	Die Spitzen der Dreiecke zeigen in die Einfallsrichtung der Aufschiebung und zugleich in Richtung des aufgeschobenen Blocks (Hochscholle). Die Signatur zeigt keinen Bewegungssinn an, dieser kann durch einen zusätzlichen Pfeil kenntlich gemacht werden.	
	Überschiebung (*thrust*)	Die Spitzen der Dreiecke zeigen in Richtung des überschobenen Blocks (Hochscholle). Die Signatur zeigt keinen Bewegungssinn an, dieser kann durch einen zusätzlichen Pfeil kenntlich gemacht werden.	
	Blattverschiebung dextral (*strike slip fault*)	Die Bewegungsrichtung von Blattverschiebungen wird durch die Pfeile gekennzeichnet.	

■ **Verwerfungen**

Verwerfungen sind Bruchflächen, an denen eine Bewegung der angrenzenden Gesteinskörper stattgefunden hat (► Abschn. 7.2). Durch die Bewegung kam es zu einem Versatz der Gesteinskörper. Verwerfungen können mit den Signaturen aus ■ Tab. 4.6 dargestellt werden.

Wissen wo – Orientierung im Gelände mit Karte und GPS

Mario Valdivia Manchego

T. McCann, M. Valdivia Manchego, *Geologie im Gelände,*
DOI 10.1007/978-3-8274-2383-2_5, © Springer-Verlag Berlin Heidelberg 2015

Gebiete geologischer Geländearbeiten liegen häufig fernab von jeder Hauptstraße und sind nur zu Fuß über Wege oder Pfade erreichbar. Meist durchstreift man das Gelände querfeldein. Die Orientierung und Positionsbestimmung ist daher gerade in unübersichtlichem Gelände sehr wichtig und erfolgt immer mithilfe einer topographischen Kartengrundlage.

Erst wenn ich weiß, wo ich auf der Karte bin … (Positionsbestimmung)
… kann ich entscheiden, wohin ich gehe. (Routenplanung)

Positionsbestimmungen sind für jede Art von Beobachtungs- und Messpunkten notwendig, da im Rahmen der Geländeaufnahme räumliche Zusammenhänge erfasst werden. Lokalisierte Einzelbeobachtungen sind später für die Interpretation der geowissenschaftlichen Informationen relevant. Ebenso ist die Positionsbestimmung natürlich Grundlage für Routenplanungen im Gelände.

Die Wahl einer präzisen, detailreichen und aktuellen Kartengrundlage ist daher wichtig, unabhängig davon, ob ein GPS-Gerät zur Positionsbestimmung eingesetzt wird oder nicht. Beachte: Jeder sollte im Gelände auch ohne GPS-Hilfe orientierungsfähig sein.

Karte, GPS-Gerät, Kompass und der Blick ins Gelände helfen bei der Orientierung im Gelände. Das GPS liefert Koordinaten, die es ermöglichen, die eigene Position auf einer gedruckten Karte wiederzufinden. Die Karteninformation kann auch auf dem GPS als digitale Karteninformation vorliegen. Viele Smartphones unterstützen diese Funktion.

An Aussichtspunkten fällt es leicht, mithilfe der Karte die eigene Position zu bestimmen, da sich markante Punkte gut finden lassen (◻ Abb. 5.1). Ohne Blick auf markante Punkte ist die Orientierung deutlich schwerer.

◻ Abbildung 5.2a zeigt eine typische Situation im Wald im Rheinland. Der dichte Bewuchs erlaubt hier selten eine Aussicht. Ein Pfad, der hier beim Höhenpunkt 313,5 durch den Wald führen soll, ist nicht wirklich zu finden. Eine Kartiererin oder ein Kartierer befindet sich hier abseits von eingetragenen Wegen und sucht an bewaldeten Hängen nach Aufschlüssen und Lesesteinen. Die Orientierung fällt zunehmend schwerer, schließlich ist die eigene Position auf der Karte nicht mehr bekannt und zu allem Überfluss wird es langsam dunkel …

Die Karte (◻ Abb. 5.2b) zeigt Wege, die das Gebiet durchziehen und die vor Dunkelheit erreichbar sind. Um zu entscheiden, welcher der kürzeste Weg ist, wird zunächst der aktuelle Standort so genau wie möglich bestimmt. In solchen Situationen, in denen andere Orientierungsmöglichkeiten kaum greifen, ist ein GPS-Gerät sehr hilfreich. Über die angezeigten Koordinaten kann die Position auf der topographischen Karte rasch mithilfe des Koordinatengitters abgegriffen werden. Ausgehend vom Koordinatengitter der Gitterweite 1 km werden unter Berücksichtigung des Maßstabes die zusätzlichen Beträge der Koordinaten (letzte drei Stellen: Abstand in Metern) mithilfe eines Geodreiecks abgetragen. Der Schnittpunkt stellt die aktuelle Position dar. Der blaue Punkt gibt den bestimmten Standort wieder. Etwa 300 m in NNE' Richtung beginnt ein eingetragener Weg beim Höhenpunkt 313,5.

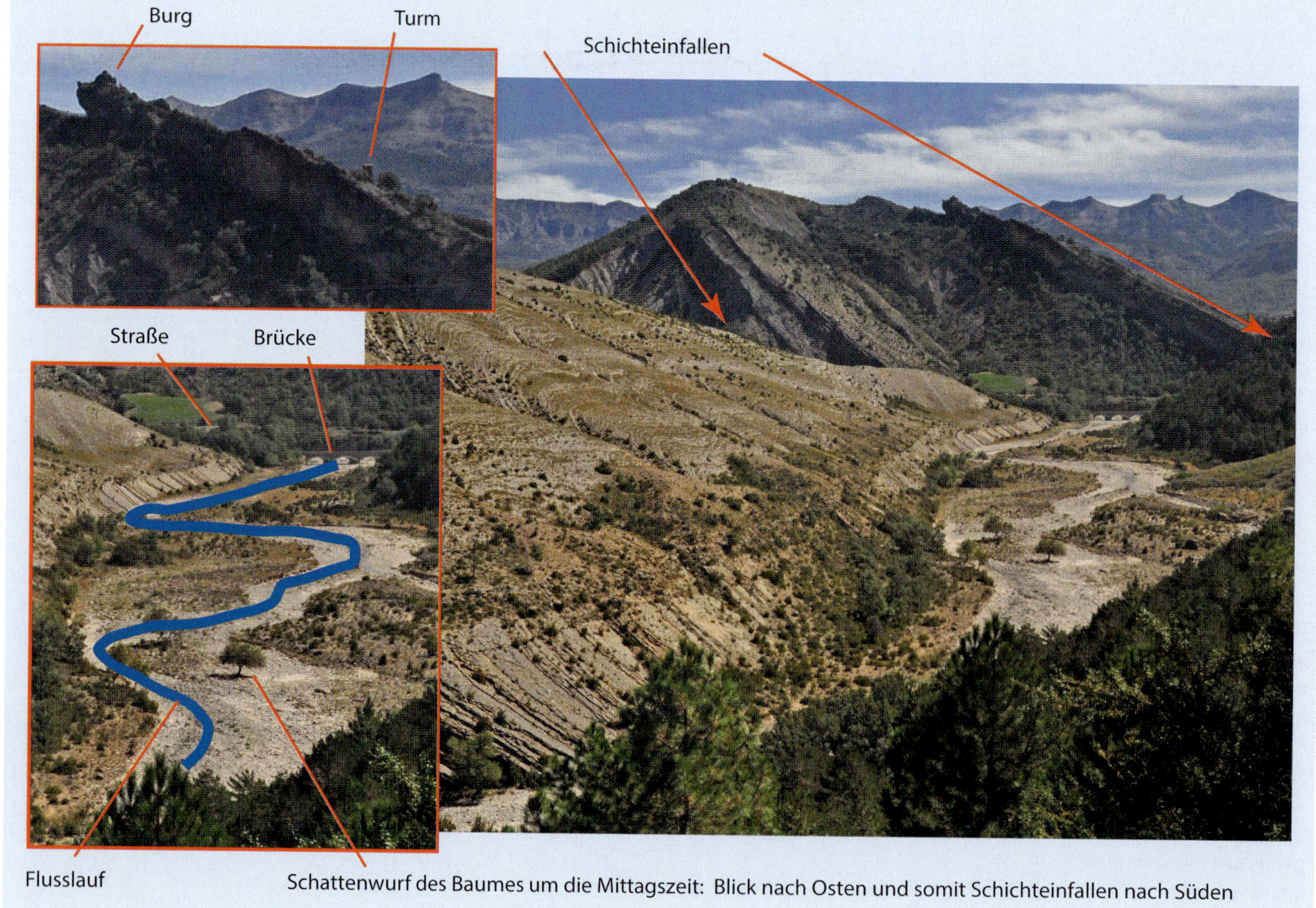

◻ **Abb. 5.1** An Aussichtspunkten fällt es leicht, mithilfe der Karte die eigene Position zu bestimmen. Markante Punkte, wie Flussläufe, Straßen oder Gebäude helfen bei der Orientierung. In diesem Beispiel kann die generelle Richtung des Schichteinfallens abgeleitet werden. Das Anpeilen von definierten Punkten hilft bei der Positionsbestimmung ohne GPS (◻ Abb. 5.26).

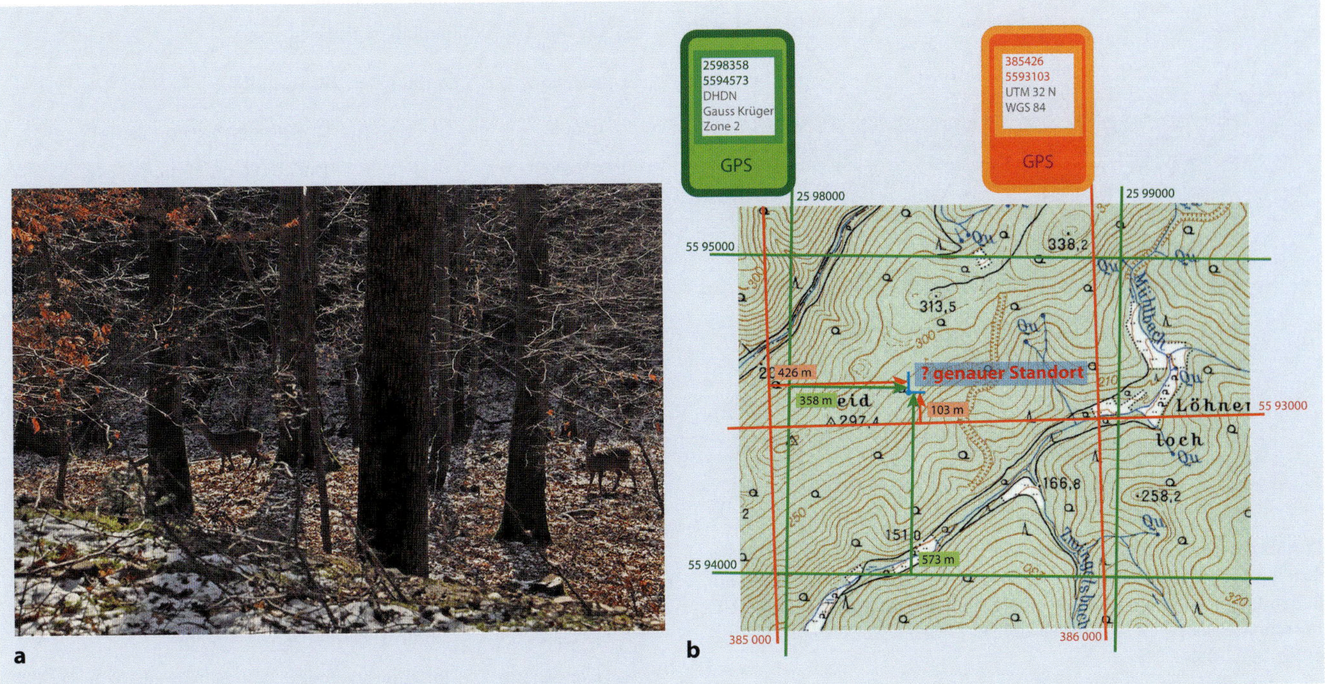

Abb. 5.2 Waldgebiet im Rheinland (**a**) und dazugehörige Karte (**b**). Zur Orientierung ist hier ein GPS sehr hilfreich, wenn man nicht die Waldbewohner fragen möchte. Ausgehend vom Gitternetz auf der Karte wird der Betrag der letzten drei Stellen der Koordinaten (Einheit: Meter) mit einem Geodreieck abgetragen, um den Standort auf der Karte zu ermitteln. Das am GPS eingestellte Koordinatensystem muss dazu mit dem auf der Karte übereinstimmen. Koordinatensysteme unterscheiden sich im Gitternetz und in den Koordinatenpaaren.

5.1 Die topographische Kartengrundlage

Die topographische Karte wird vor der Geländearbeit ausgewählt. Topographie (abgeleitet vom griechischem Wort *topos* = Ort) ist eine Ortsbeschreibung im Sinne einer genauen Lokalisierung von Punkten, Strecken und Flächen auf der Erdoberfläche. Positionsbestimmung und Orientierung erfolgen über die Objekte auf den Informationsebenen (■ Abb. 5.3) und über Koordinaten. Wichtige Informationsebenen (*layer*) topographischer Karten sind Bebauung, Gewässer, Vegetation und Relief. Digitale Versionen der topographischen Karten werden meist in eine Reihe von thematisch differenzierten Ebenen gegliedert, die nach Bedarf über ein Geoinformationssystem (GIS) zusammengestellt werden können (▶ Abschn. 7.6). Hierbei spielt die Art der Objekte (■ Abb. 5.4) auch eine Rolle, meist wird zwischen Flächen-, Linien- und Punktobjekten unterschieden.

Format und Layout der meisten weltweit verfügbaren topographischen Karten zeigen einen ähnlichen Aufbau (■ Abb. 5.5). Der Kartenausschnitt ist vom Kartenrahmen mit den Angaben zu den Koordinatenwerten umgeben. Die Informationen zur Projektion, auf die sich die im Kartenrahmen angegebenen Koordinaten beziehen, finden sich in der Regel in einem klein gedruckten Textfeld am Rand des Kartenausschnittes.

Ein Maßstabsbalken erleichtert das Ablesen von Entfernungen auf der Karte. Generell gilt, dass die geographische Nordrichtung in Bezug zum Kartenblatt nach „oben" zeigt. Diese Elemente der topographischen Karte werden auf den geologischen Karten meist unverändert übernommen.

Topographische Kartenwerke liegen in verschiedenen Maßstäben vor, die sich aufgrund der unterschiedlichen Generalisierungsstufen deutlich voneinander unterscheiden (■ Tab. 5.1).

Der Blattschnitt (▶ Abschn. 5.2, ■ Abb. 5.8) legt die räumliche Zuordnung der Kartenblätter in unterschiedlichen Maßstäben fest.

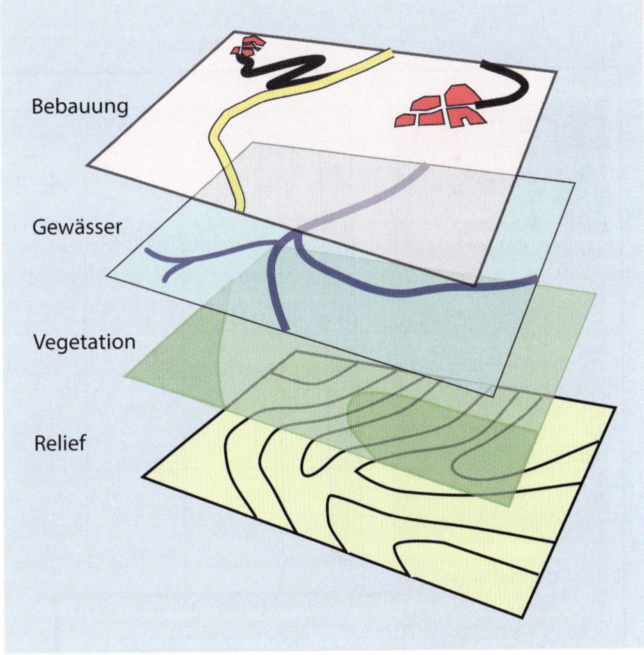

Abb. 5.3 Informationsebenen (Layer) topographischer Kartenwerke

Die Legende erläutert die auf der Karte verwendeten Signaturen (■ Tab. 5.2). Diese Signaturen werden auf geologischen Karten nicht in der Legende erläutert, daher sollten sie den topographischen Kartengrundlagen entnommen werden (■ Abb. 5.6).

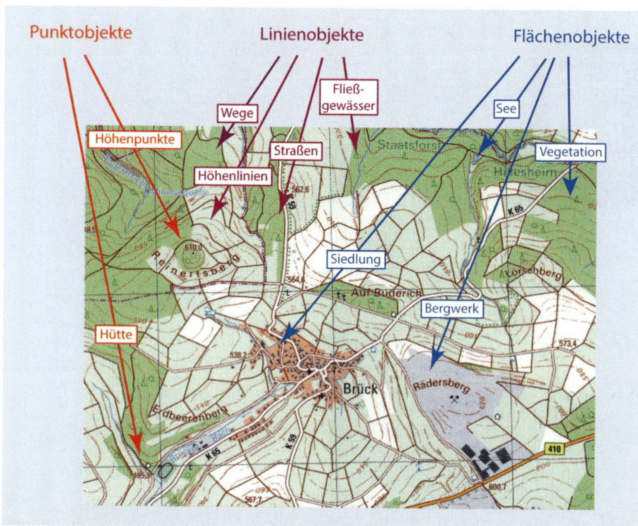

Abb. 5.4 Die topographische Karte setzt sich aus verschiedenen Objektarten zusammen, die auf mehreren Ebenen getrennt nach Objektart und Bedeutung gespeichert sind und differenziert abgerufen werden können. Ausschnitte aus der TK 25, 5706 Hillesheim (© GeoBasis-DE/LVermGeoRP2014-11-05)

Tab. 5.1 Topographische Karten

Maßstab	Kennung	Bezeichnung
1:5000		DGK (Deutsche Grundkarte)
1:10.000		TKV 10 (Vergrößerung der TK 25)
1:25.000		TK 25 (Messtischblatt)
1:50.000	L	TK 50
1:100.000	C	TK 100
1:200.000	CC	TK 200 (Übersichtskarte)

Tab. 5.2 Auf topographischen Karten verwendete Signaturen

Flächeninformationen	Linieninformationen	Punktinformationen
Höhenlinien	Verkehrswege	Markante Einzelgebäude
Vegetation	Gewässerläufe	Quellen, Brunnen
Flächenhafte Gewässer	Verwaltungs- und Grundstücksgrenzen	Höhlen- und Stolleneingänge
Flächenhafte Bebauung	Böschungskanten	Höhenpunkte und trigonometrische Punkte

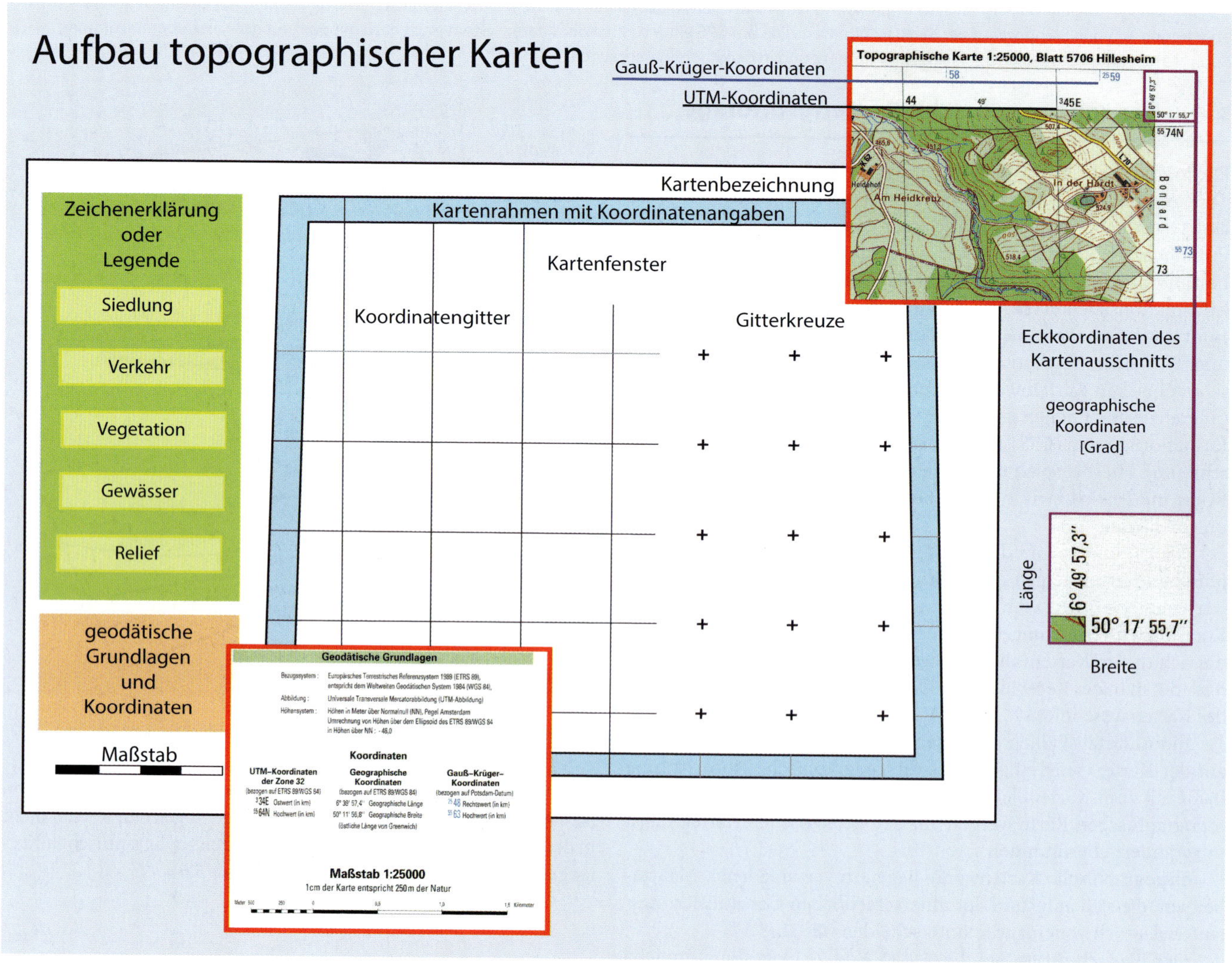

Aufbau topographischer Karten

Abb. 5.5 Aufbau topographischer Karten, mit Ausschnitten aus der TK 25, 5706 Hillesheim (© GeoBasis-DE/LVermGeoRP2014-11-05)

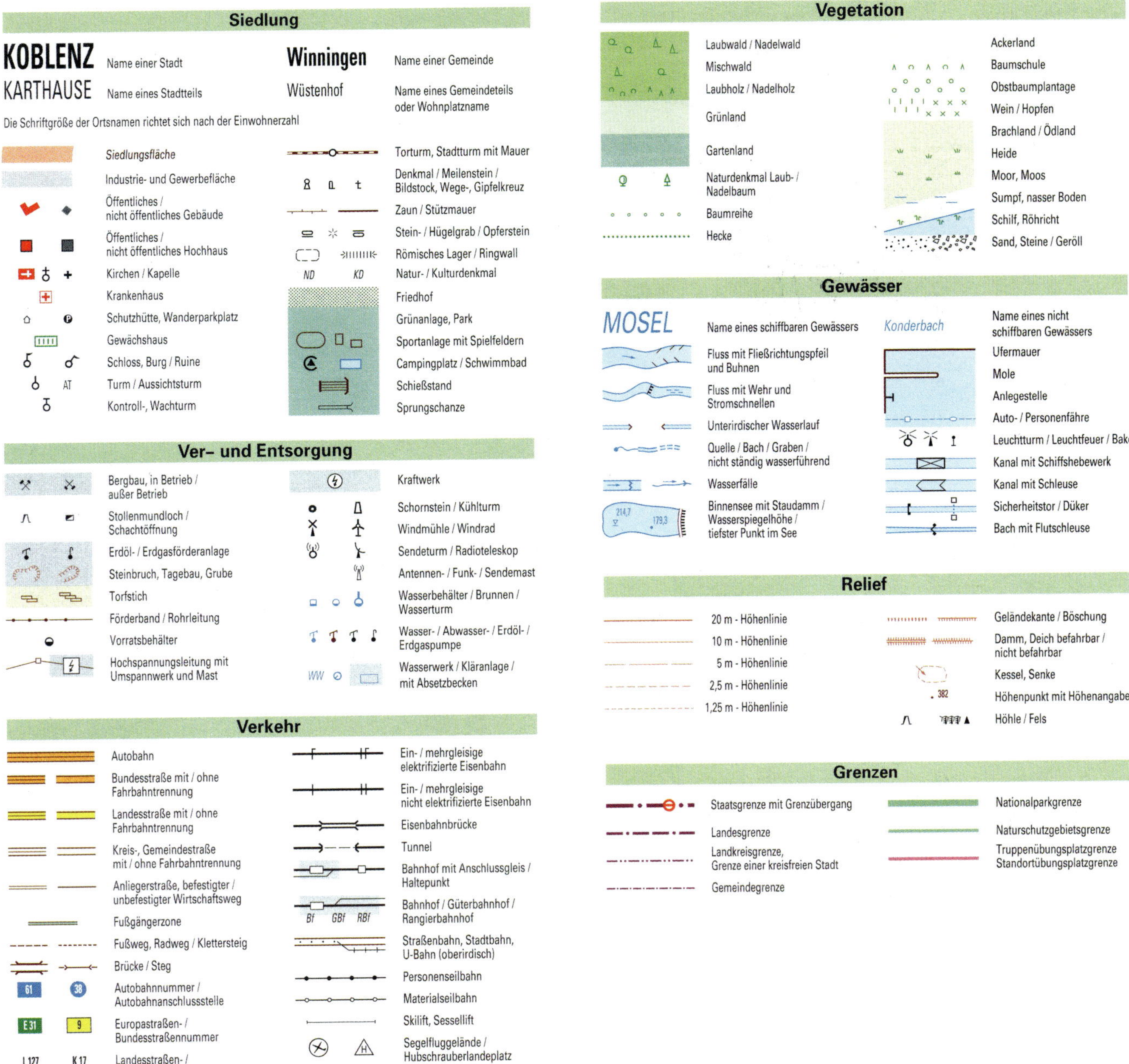

◘ **Abb. 5.6** Auszug aus der Zeichenerklärung der TK 25, 5706 Hillesheim (© GeoBasis-DE/LVermGeoRP2014-11-05) im Maßstab 1:25.000

■ Generalisierung

Alle Kartenwerke stellen eine Verkleinerung der Geländeoberfläche dar. Die Verkleinerung aller Landschaftselemente durch die jeweiligen Kartenmaßstäbe zwingt zur Vereinfachung (Generalisierung), wobei mit zunehmender Verkleinerung, also bei kleineren Maßstäben, die Darstellungsform einfacher und komprimierter wird (◘ Abb. 5.7).

Kartenobjekte sind

- deutlich überdimensional dargestellt, damit sie auf der Karte erkennbar bleiben,
- vereinfacht, das heißt Details werden reduziert,
- Objekte werden weggelassen, um die Informationsdichte zu reduzieren.

Die Wahl eines geeigneten Kartenmaßstabes gewährleistet, dass genügend Detailinformationen auf der Karte verfügbar sind.

Besonders geeignet als Kartengrundlage für die geologische Geländeaufnahme sind die Kartenwerke im Maßstab 1:25.000 oder 1:20.000. Die Informationsdichte dieser Karten ermöglicht es problemlos, Kartenausschnitte auf den Maßstab 1:10.000 zu vergrößern. Dieser Maßstab hat sich für viele Geländeaufnahmen als Standard etabliert. Er erlaubt ein einfaches Umrechnen von Entfernungen in den Kartenmaßstab. Neuere Kartenwerke (etwa ab dem Jahr 2000) sind inzwischen meist mit einem UTM-Netz (siehe ► Abschn. 5.4) verfügbar und ermöglichen dadurch ein leichtes Zuordnen von Koordinaten auf der Karte.

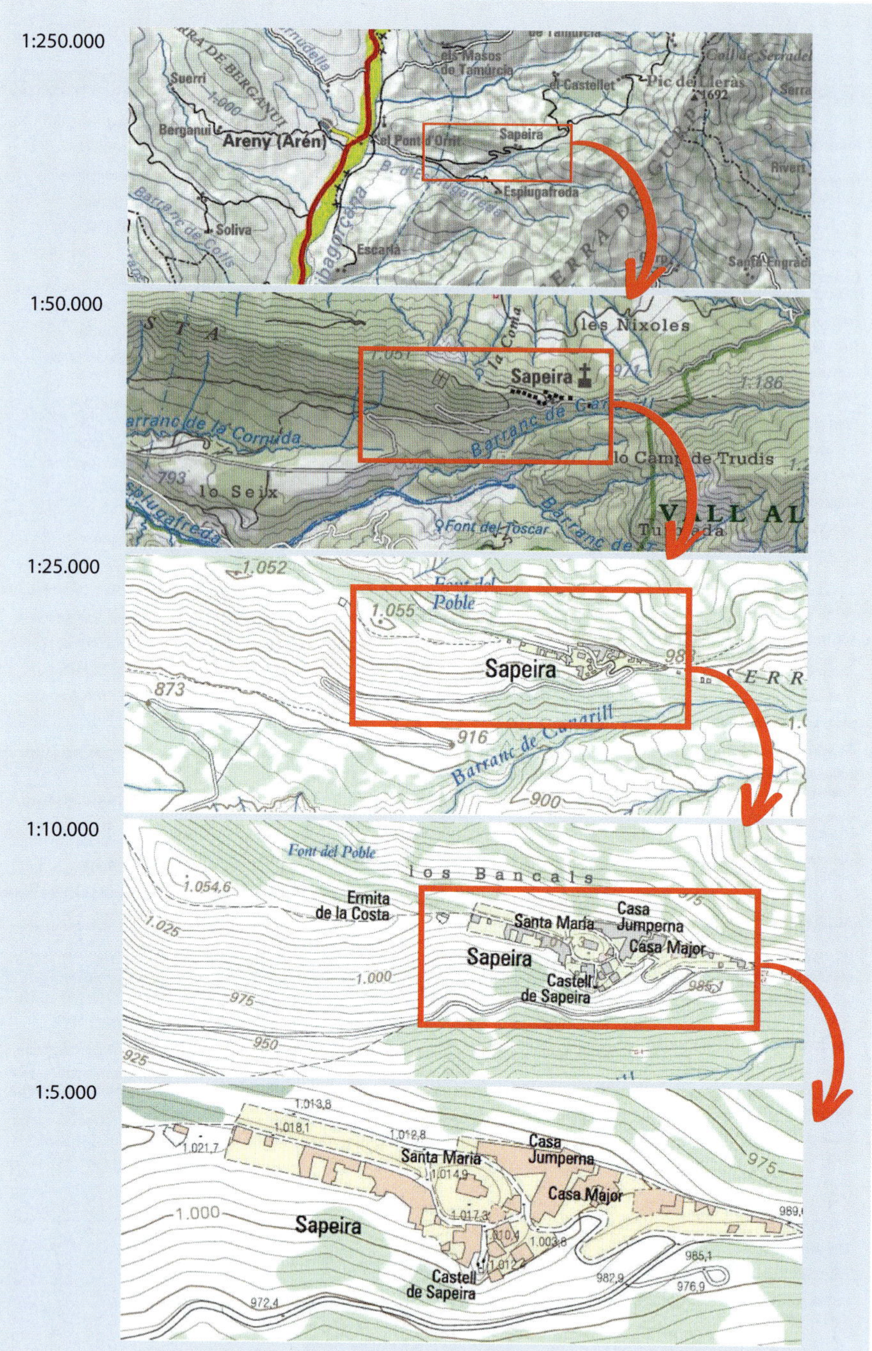

Abb. 5.7 Jede dieser Kartendarstellungen zeigt an den Maßstab angepasste Details. Die Karte im Maßstab 1:250.000 stellt nur sehr stark vereinfachte – generalisierte – Informationen dar und ist für Geologen daher kaum als Kartiervorlage brauchbar. Hingegen zeigen die Karten ab dem Maßstab 1:25.000 und größer ausreichende Details für die Orientierung im Gelände. (© Institut Cartogràfic i Geològic de Catalunya)

▪ Beispiele der Generalisierung

Gebäude: Bei großen Maßstäben wird bei der grundrisstreuen Darstellung (1:5000) jedes Gebäude einzeln und lagegerecht erfasst. Bei kleineren Maßstäben geht man zunächst zur grundrissähnlichen Wiedergabe über, bei der einzelne wichtige Gebäude dargestellt werden. Schließlich erfolgt bei kleinen Maßstäben (< 1:25.000) die Teilblockdarstellung der Gebäude, bei der die grobe Innengliederung einer Siedlung erkennbar bleibt.

Verkehrswege: Die Generalisierung führt dazu, dass Verkehrswege verbreitert und dadurch Krümmungen unterdrückt werden. Die Straßenbreiten betragen bei der Darstellung im Maßstab 1:25.000 bereits etwa das 4-fache und im Maßstab 1:100.000 sogar das 15-fache der realen Breiten. Dies sollte bei der Orientierung im Gelände anhand der Verkehrswege berücksichtigt werden.

Knicke und Krümmungen an Wegen und Straßen sind ab dem Maßstab 1:50.000 deutlich vereinfacht, bei engen Serpentinen können sogar einzelne Schleifen wegfallen. Außerdem werden nur noch größere Feld- und Waldwege dargestellt.

Fließende Gewässer: Bäche und Flüsse werden auf topographischen Kartenwerken von der Quelle bis zur Mündung dargestellt. Ähnlich wie bei den Verkehrswegen werden bei der Generalisierung hin zu den kleineren Maßstäben die Verläufe vereinfacht und kleinere Fließgewässer verschwinden aus der Karte.

Geländeform und Relief: Die Geländeoberfläche wird mithilfe von Höhenlinien (auch: Höhenkurven, Niveaulinien oder Isohypsen) dargestellt. Diese stellen die Schnittlinie horizontaler Ebenen verschiedener Höhen mit der Geländeoberfläche dar. Die Dichte der Höhenlinien wird bei kleineren Maßstäben deutlich reduziert,

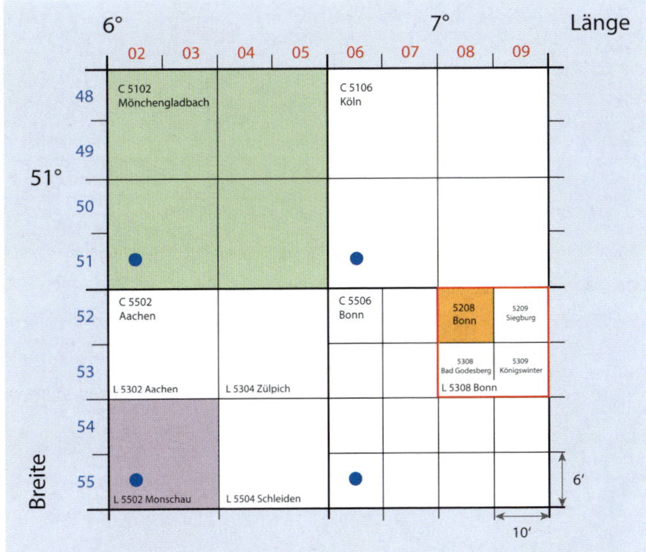

Abb. 5.8 Der Blattschnitt der topographischen Kartenwerke in Deutschland baut auf der Grundlage der TK 25 auf. Vier Kartenblätter der TK 25 bilden ein Kartenblatt der TK 50, ebenso wie vier Kartenblätter der TK 50 ein Kartenblatt der TK 100 und wiederum vier von diesen ein Kartenblatt der TK 200 bilden. Das Kartenblatt der TK 25 Bonn hat die Nummer 5208 – zusammengesetzt aus 52, aus den von Nord nach Süd aufsteigenden Zahlen, und 08 aus den von West nach Ost aufsteigenden Zahlen. Der Name wird nach dem bedeutendsten Ort auf dem Kartenblatt vergeben

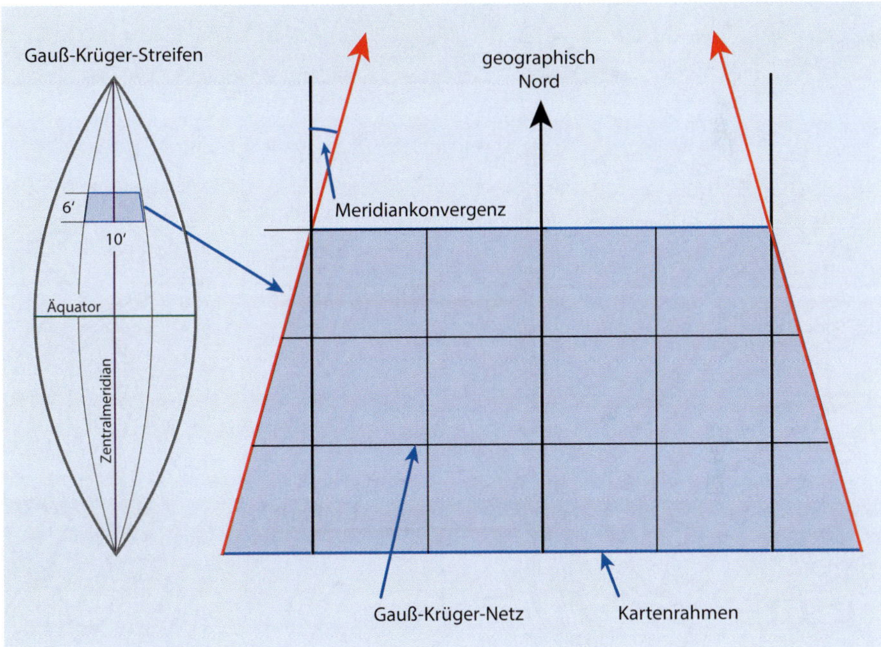

Abb. 5.9 Die Begrenzung des Kartenausschnittes der TK 25 ist auf 10' Breite und 6' Länge definiert. Links ist der entsprechende Gauß-Krüger-Streifen mit dem Kartenausschnitt generalisiert dargestellt (Zentralmeridian Breite 6°, östlicher Randmeridian 4°30', westlicher Randmeridian 7°30'). Daraus resultiert, dass die Kartenausschnitte nicht rechteckig sind, sondern eine nach Norden leicht zulaufende Trapezform zeigen

der Verlauf wird vereinfacht. Kleinere Reliefformen sind daher ab dem Maßstab 1:50.000 nicht mehr auf der Karte erkennbar. Daher sollte als topographische Kartengrundlage für eine Geländeaufnahme stets versucht werden, Maßstäbe von 1:25.000 oder größer heranzuziehen.

5.2 Der Blattschnitt topographischer Karten

Der sogenannte Blattschnitt legt die Begrenzung der Karte fest (**Abb. 5.8**). Jedem Kartenblatt ist eine Kartennummer zugewiesen. Gemeinsam mit dem Kartennamen, der sich in der Regel nach dem bedeutendsten Ort auf der Karte richtet, ermöglicht die Kartennummer die eindeutige Identifizierung jedes Kartenblattes. Der Kennzeichnungsmodus kann von Land zu Land unterschiedlich sein, jedoch sind sie meist hierarchisch gegliedert und durch Namen und eine Kennziffer eindeutig zuzuordnen. Da die geologischen Karten auf der Grundlage der topographischen Karten

erstellt werden, übernehmen diese die Kennzeichnung der topographischen Karten.

Die Begrenzung des jeweiligen Kartenausschnittes der TK 25 ist auf 10' Breite und 6' Länge definiert. In **Abb. 5.9** ist der entsprechende Gauß-Krüger-Streifen (siehe ▶ Abschn. 5.4) mit dem Kartenausschnitt generalisiert dargestellt. Das Abgreifen von Koordinaten auf dem Kartenausschnitt sollte aufgrund der leichten Trapezform des Kartenausschnittes immer mithilfe der Koordinatenkreuze und -gitter im Kartenausschnitt erfolgen. Das Abtragen senkrecht zum Kartenrand führt generell zu Fehlern.

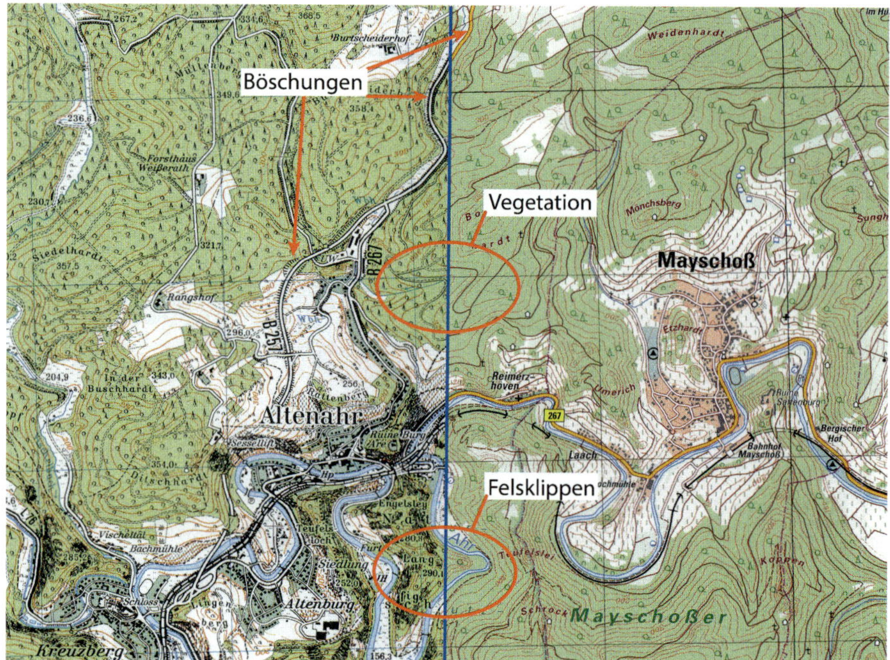

■ **Abb. 5.10** Vergleich unterschiedlicher topographischer Karten (Ausschnitte TK 25 5407 Altenahr (*links*), TK 25 5408 Bad Neuenahr (*rechts*) © GeoBasis-DE/LVermGeoRP2014-11-05). Links die ältere Ausgabe und rechts die neuere Ausgabe. Sie unterscheiden sich deutlich in der Darstellung der Bebauung, aber auch in der Darstellung der Vegetation. Bei der neueren Darstellung fällt auf, dass Böschungsinformationen sowie die Darstellung von Felsklippen, die für die Geländeaufnahme wichtig sind, fehlen. Die Farbfelder der Vegetation sind nicht durch Linien begrenzt.

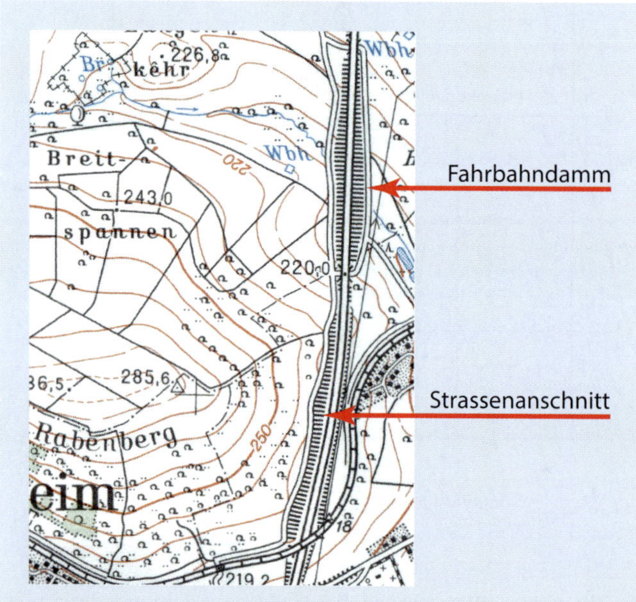

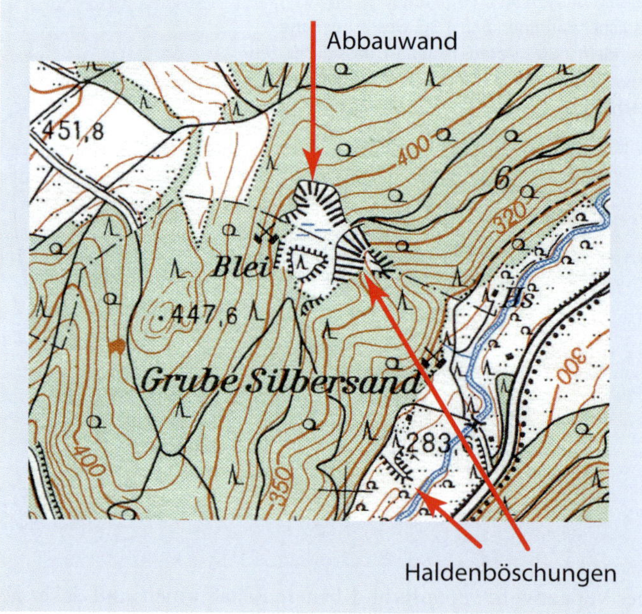

■ **Abb. 5.11** Südlich des topographischen Punktes 220,0 ist die Straßenböschung mit der Signatur zur Straße hin zugewandt, d. h. es liegt ein Straßeneinschnitt, ein potenzieller Aufschlussbereich, vor. Nördlich des topographischen Punktes ist die Böschungssignatur von der Straße abgewandt, es handelt sich hierbei um eine künstliche Aufschüttung, ein Fahrbahndamm. Dieser Bereich ist für die geologische Aufnahme nicht von Bedeutung, da die Gesteine dort nicht anstehen (Ausschnitt TK 25 5609 Mayen © GeoBasis-DE/LVermGeoRP2014-11-05)

■ **Abb. 5.12** Böschungssignaturen im Bereich eines Aufschlusses, die Länge der „Zähne" zeigt die Höhe, ihre Richtung ausgehend von der Grundlinie die Richtung des Böschungsgefälles an. Die stillgelegte Grube zeigt den Abbaubereich im Norden und angeschüttete Halden im Südwesten (Ausschnitt TK 25 5609 Mayen © GeoBasis-DE/LVermGeoRP2014-11-05)

5.3 Topographische Informationen – geologisch interpretiert

Topographische Informationen sind für die geologische Geländeaufnahme von Bedeutung, da sie bereits wichtige Hinweise für die Geländebegehung liefern. Mit Blick auf die topographische Kartengrundlage können folgende Informationen von Bedeutung sein:

- Aufschlüsse: Felsklippen, Steinbrüche, Böschungen an Straßen- und Weganschnitten,
- Gelände- und Reliefformen,
- Quellaustritte,
- Orientierung des Gewässernetzes.

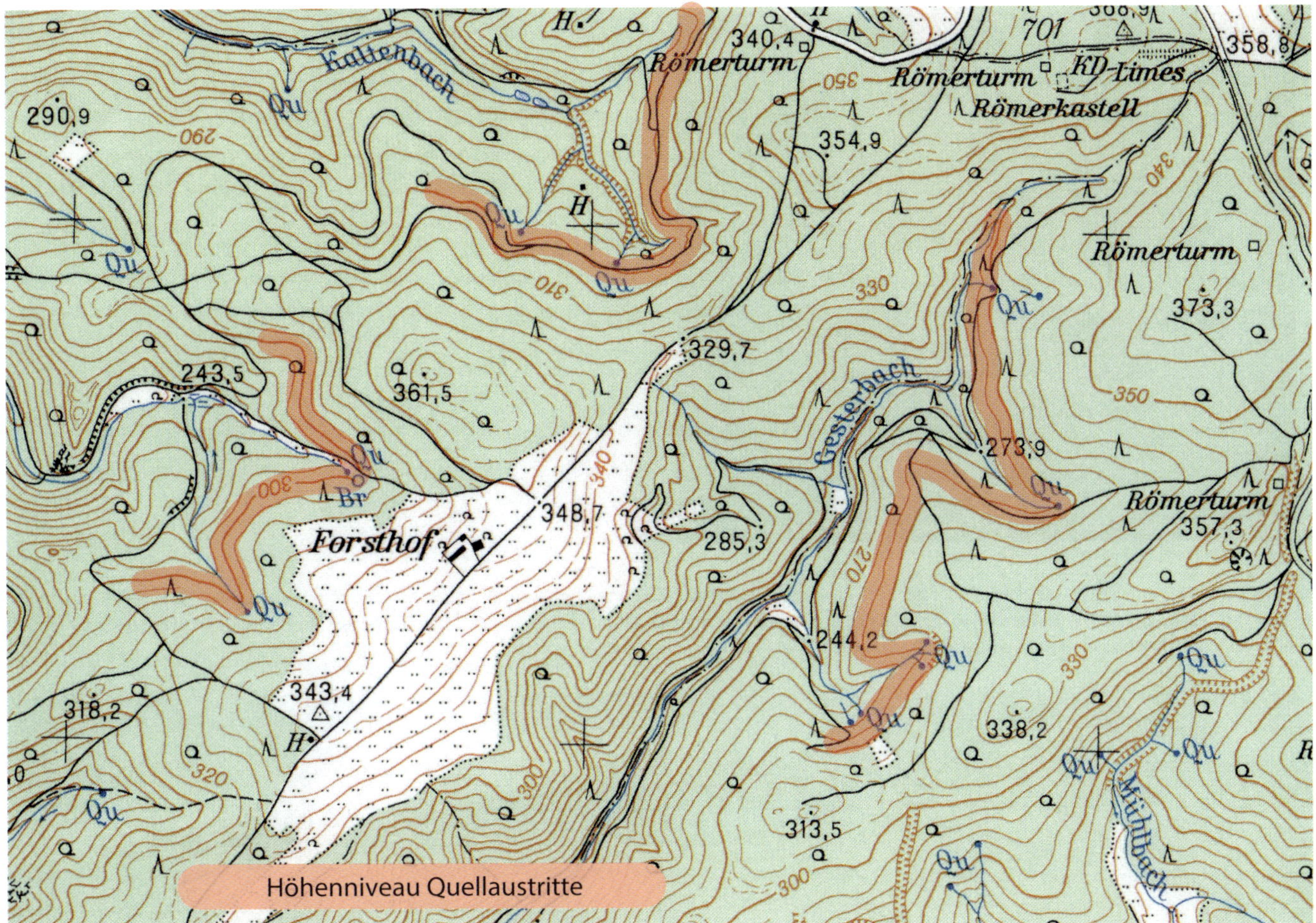

Abb. 5.13 Quellaustritte um das Höhenniveau um 300 m zeigen an, dass möglicherweise die Obergrenze einer wasserstauenden Schicht auf dieser Höhe verläuft (Ausschnitt TK 25 5510 Neuwied © GeoBasis-DE/LVermGeoRP2014-11-05)

Mit geübtem Auge lassen sich auf topographischen Karten rasch Punkte identifizieren, an denen im Gelände möglicherweise Aufschlüsse vorliegen (**▪** Abb. 5.10, 5.11 und 5.12). Diese Stellen eignen sich zu Beginn jeder Geländeaufnahme, um einen Überblick über die Gesteinsformationen zu erhalten. Insbesondere in Gebieten mit dichter Vegetation hat dies eine besondere Bedeutung. Zudem können Quellaustritte ein Hinweis darauf sein, dass in der entsprechenden Höhe die Obergrenze einer wasserstauenden Schicht verläuft (**▪** Abb. 5.13).

5.4 Projektionen – Was die Erde mit einer Apfelsine gemeinsam hat

Die Abbildung der Erdoberfläche ist Aufgabe der Geodäsie und Kartographie. Die Übertragung der Information der Erdoberfläche auf die Ebene der Karten erfolgt durch:

- Vereinfachung der Erdform durch Ellipsoide in Form sogenannter Referenzellipsoide.
- Positionierung der Ellipsoide (Lage) durch Koordinatenbezugssysteme.
- Projektion der Ellipsoidoberfläche auf eine Ebene.

Geowissenschaftler sind auf Karten verschiedener Projektionen und Koordinatenbezugssysteme angewiesen. Der Erdkörper kann in ei-

ner ersten groben Näherung durch eine Kugel dargestellt werden. Tatsächlich ist aber die Darstellung durch ein Ellipsoid treffender, da der Radius zwischen Erdmittelpunkt und den Polen geringer als zwischen Mittelpunkt und Äquator ist.

Hinzu kommt, dass die Erdoberfläche nicht der Oberfläche eines Idealellipsoids gleichkommt, sondern Unregelmäßigkeiten, Dellen und Beulen bezogen auf das Ellipsoid zeigt. Die positiven und negativen Abweichungen vom Ellipsoid liegen in der Größenordnung von 100 m und werden durch die variierende Dichteverteilung im Inneren der Erde verursacht. Diese ungleiche Dichteverteilung spiegelt sich in der Variation des Schwerefeldes der Erde wieder. Das sogenannte Geoid ist eine Bezugsfläche im Schwerefeld der Erde, auf der das Potenzial der Erdschwere an jedem Punkt konstant ist (Äquipotenzialfläche). Das Geoid ist somit eine gedachte geometrische Form, auf deren Oberfläche überall die gleiche Massenanziehung gemessen wird. Die Wasseroberfläche der Weltmeere zeigt näherungsweise diese Äquipotenzialfläche an, in kontinentalen Bereichen ist sie nicht unmittelbar auszumachen. Die durch das Geoid beschriebene Referenzfläche dient als Grundlage zur Höhenbestimmung.

Mithilfe von Ellipsoiden unterschiedlicher Geometrie und Positionierung kann die Form des Geoids wahlweise weltweit oder lokal genähert werden (**▪** Abb. 5.14). Die daraus abgeleiteten Koordinatensysteme können unterschiedliche Ursprünge haben.

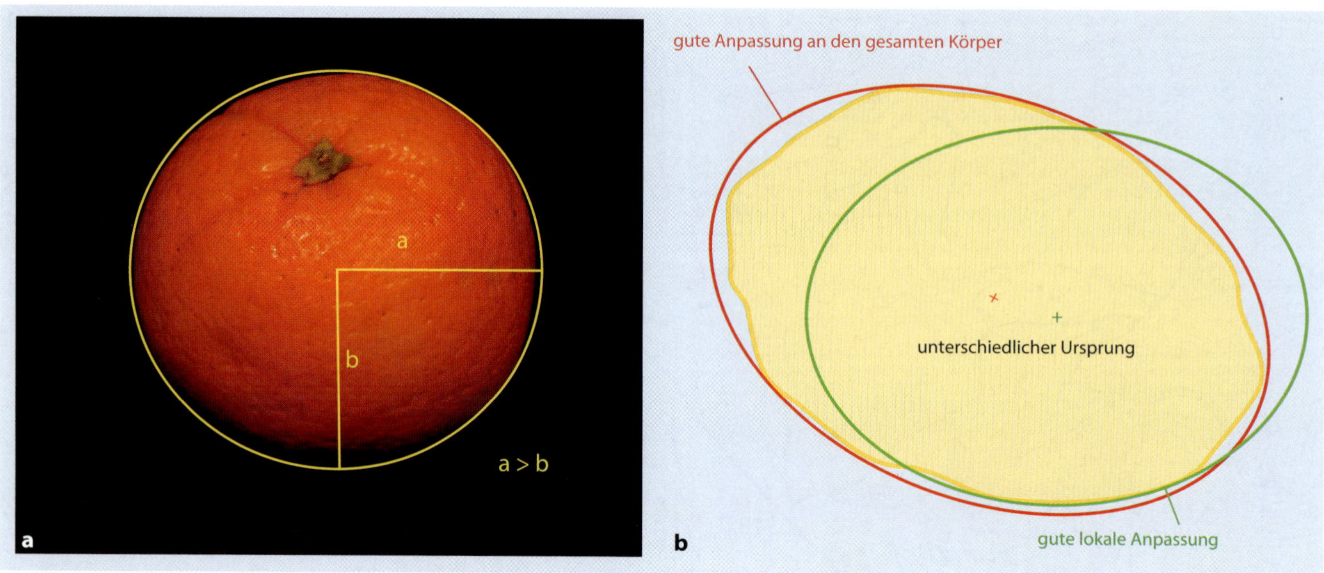

Abb. 5.14 Die Form einer Apfelsine (**a**) oder der Erde kann durch ein Ellipsoid beschrieben werden (**b**). Manche Ellipsoide stellen eine gute Näherung der Erdform insgesamt dar (z. B. WGS 84) andere hingegen stellen regional oder lokal optimale Anpassungen dar. Die gezeigten Ellipsoide besitzen unterschiedliche Formen und die abgeleiteten Koordinatenbezugssysteme haben unterschiedliche Ursprünge

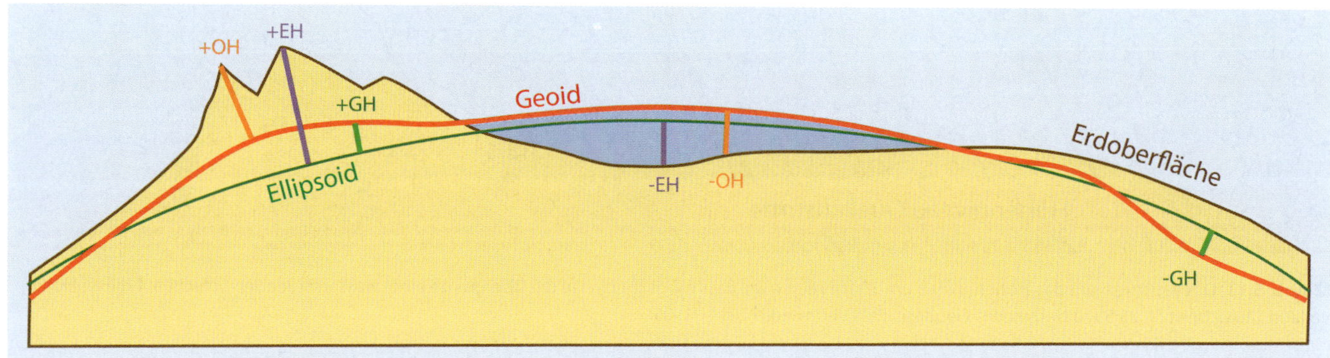

Abb. 5.15 Bezug zwischen Geoid, Ellipsoid und Erdoberfläche. Die Erdform kann geometrisch durch ein Ellipsoid genähert werden. Das Geoid beschreibt die Äquipotenzialfläche des Schwerefeldes (entspricht auf den Ozeanen der mittleren Meereshöhe). Das Relief der Erdoberfläche weicht als „lokale Rauigkeit" ab. EH = ellipsoidische Höhe, GH = Geoidhöhe und OH = orthometrische Höhe (mittlere Meereshöhe) lassen sich daraus ableiten

Wichtige Referenzellipsoide sind:

- World Geodetic System 1984 (WGS 84),
- WGS 72,
- WGS 60,
- Bessel 1841,
- International und Fischer 1968.

Die Abstände zwischen Geoid, Ellipsoid und der Erdoberfläche können jeweils als Höhe angegeben werden (Abb. 5.15):

Geoidhöhe: Abstand zwischen Geoid und geodätischem Ellipsoid. Vom Ellipsoid nach innen: negativ, vom Ellipsoid nach außen: positiv.

Ellipsoidische Höhe: Abstand eines Punktes an der Erdoberfläche zum Bezugsellipsoid. Vom Ellipsoid nach innen: negativ, vom Ellipsoid nach außen: positiv.

Orthometrische Höhe: Abstand eines Punktes an der Erdoberfläche zum Geoid (mittlere Meereshöhe). Vom Geoid nach innen: negativ, vom Geoid nach außen: positiv.

Kartenbezugssysteme (KBS), geodätisches Kartendatum und Projektionen

Kartenbezugssysteme sind Koordinatensysteme, die ihren Ursprung immer bezogen auf ein bestimmtes Referenzellipsoid festgelegt haben. Lage und Position des Koordinatensystems werden als geodätisches Kartendatum (*map datum*) bezeichnet. Bei Verwendung eines anderen Referenzellipsoids ändert sich auch das Kartendatum. Meist wird in jedem Land ein spezifisches Kartendatum verwendet, das die optimale Abbildung der Erdoberfläche in diesem Bereich ermöglicht. Erst nach Einführung des WGS 84 als globales Kartenbezugssystem ist eine weltweit einheitliche Positionsbestimmung über GPS-Systeme möglich geworden.

Die Übertragung der Ellipsoidoberfläche auf eine Ebene erfolgt über Projektionen, dabei wird versucht, die dabei auftretenden Verzerrungen der Oberflächenabbildung zu minimieren.

Die einfachste Projektion ist die Parallelprojektion auf eine Ebene (Abb. 5.16). Die Projektionsfläche ist eine Ebene, die das Objekt, beispielsweise eine Kugel, tangential berührt. Punkte auf der Kugeloberfläche werden senkrecht zur Projektionsfläche auf diese projiziert. Wo die Projektionsfläche die Kugeloberfläche berührt, ist die Verzerrung gering, mit zunehmendem Abstand nimmt diese zu.

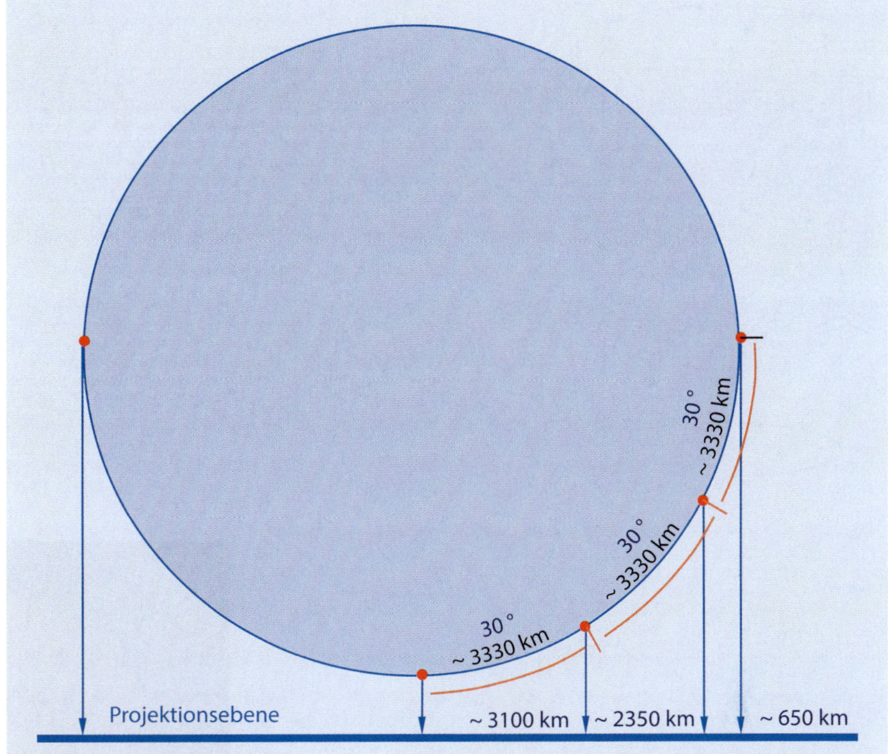

Abb. 5.16 Parallelprojektion einer Kugeloberfläche auf eine ebene Projektionsebene. Leicht erkennbar ist, dass Abstände zwischen Punkten, die auf der Kugeloberfläche äquidistant sind (z. B. 3330 km auf der Erdoberfläche), auf der Projektionsebene verzerrt dargestellt werden. Bereiche, an denen die Projektionsebene das Objekt tangential berührt, werden verzerrungsarm dargestellt. Mit zunehmender Entfernung von diesem Berührungspunkt nimmt die Verzerrung zu

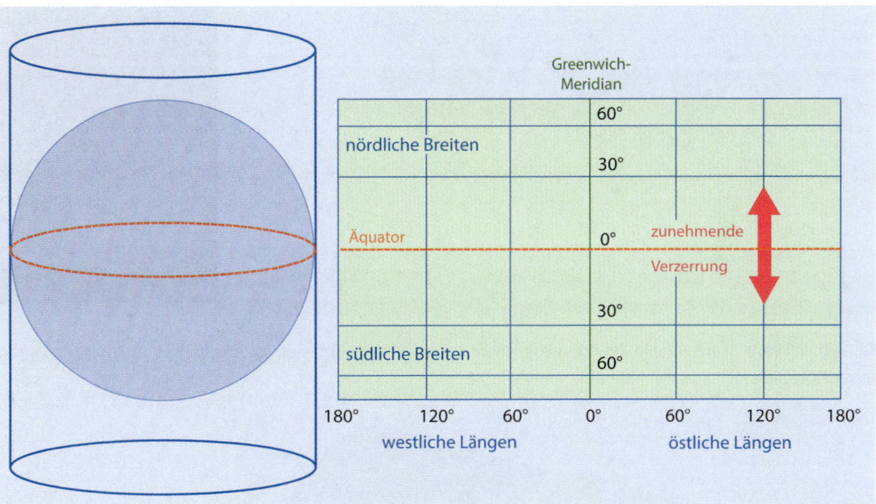

Abb. 5.17 Bei einer Zylinderprojektion berührt die Projektionsebene die Kugel entlang einer Kreislinie, beispielsweise entlang des Äquators

Diese Projektion ist insbesondere zur Darstellung der Polargebiete geeignet.

Bei einer Zylinderprojektion (**Abb.** 5.17) berührt die Projektionsfläche die Kugel nicht mehr nur an einem Punkt, sondern entlang einer Kreislinie. Am Beispiel der Erde könnte dies der Äquator sein (das ist bei der klassischen Mercatorprojektion der Fall), in dessen Nähe wäre dann die Verzerrung der Projektion minimal. Bei zunehmendem Abstand vom Äquator verstärkt sich die Verzerrung der Karte. Eine Reduzierung der Verzerrung wird mit Durchdringungszylindern als Projektionsfläche erreicht (**Abb.** 5.18). Der Zylinder schneidet das Kugelobjekt nun an zwei Kreislinien, die Verzerrung bleibt dadurch über weite Bereiche niedrig.

Während dem Gauß-Krüger-System (GK, das auch im Deutschen Hautdreiecksnetz, DHDN, verwendet wird) eine Zylinderprojektion zugrunde liegt, wird das UTM-System (*Universal Transverse Mercator*) von einer Durchdringungszylinderprojektion abgeleitet.

Beide Systeme verwenden dabei eine transversale Zylinderprojektion (**Abb.** 5.19, 5.20 und 5.21): Der jeweilige Zylinder verläuft nicht entlang des Äquators, sondern entlang eines Längenkreises. Dazu wird die Erdoberfläche in schmale Streifen (bei GK 3°, bei UTM 6° breit) zerlegt. Jeder Streifen liegt um einen sogenannten Haupt- oder Zentralmeridian, der gemeinsam mit der Ost-West-Richtung ein kartesisches Koordinatensystem mit der Einheit Meter aufspannt.

Die Koordinate in Nord-Süd-Richtung (Hochwert) wird durch den Abstand zum Äquator festgelegt. Dabei steigen die Werte des Hochwertes auf der Nordhemisphäre vom Äquator nach Norden an. Auf der Südhemisphäre hingegen wird der Äquator zur Vermeidung von negativen Hochwerten auf 10.000 km gesetzt und der Abstand zum Äquator davon abgezogen. Damit erhält man für einen Punkt, der 1 km nördlich des Äquators liegt, den Hochwert 1000. Für einen zweiten Punkt 1 km südlich des Äquators erhält man hingegen den Hochwert 9.999.000. Diese Umrechnung wird als „false northing" bezeichnet. Die Koordi-

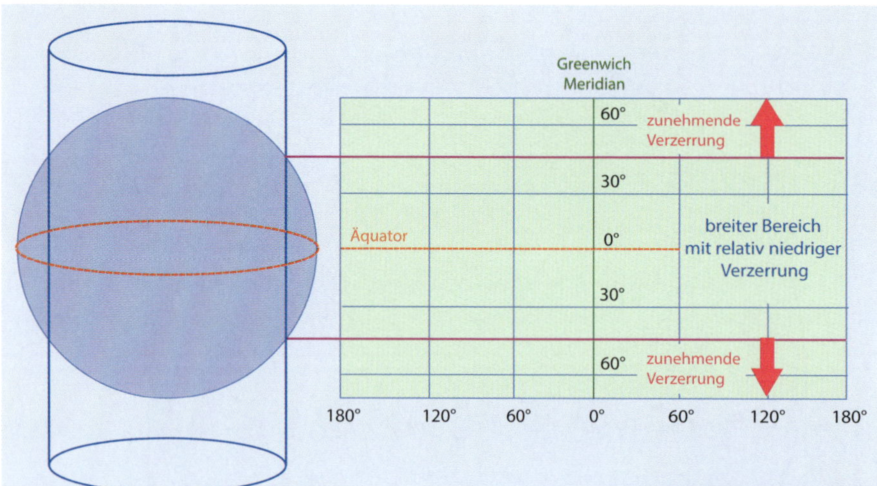

▫ **Abb. 5.18** Bei der Projektion auf einen Durchdringungszylinder schneidet der Zylinder die Kugel an zwei Kreislinien. Der Streifen mit geringer Verzerrung ist breiter als im Fall der einfachen Zylinderprojektion

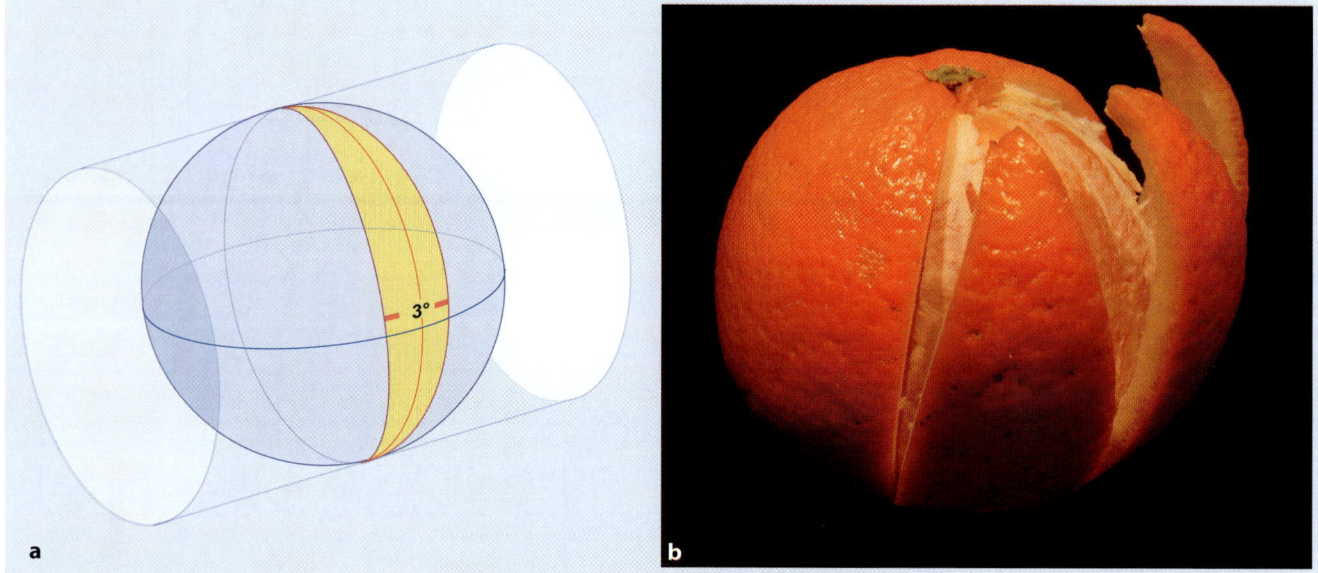

▫ **Abb. 5.19a,b** Transversale Zylinderprojektion. **a** Gauß-Krüger-Streifen (*gelb*) eines Hauptmeridians (*rot*), Streifenbreite = 3 Längengrade, **b** Vergleich mit einer Apfelsine

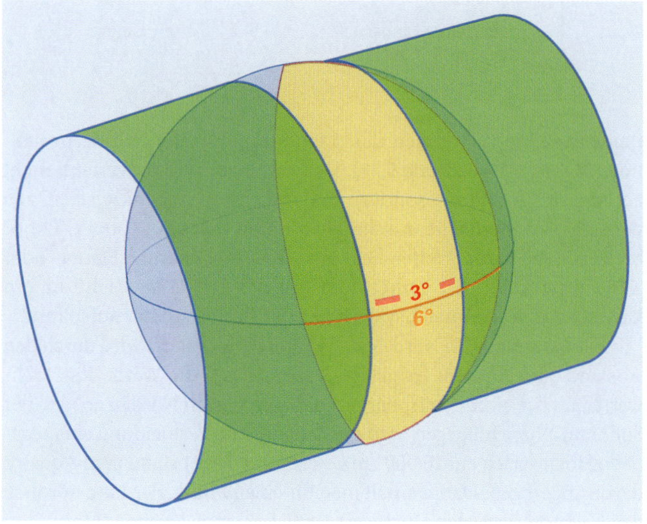

▫ **Abb. 5.20** Transversale Zylinderprojektion. Eine UTM-Zone (*gelb*) ist 6 Längengrade breit. Der Durchdringungszylinder bildet zwei Schnittkreise, die am Äquator einen Abstand von 3 Längengraden haben und konstant 360 km voneinander entfernt sind

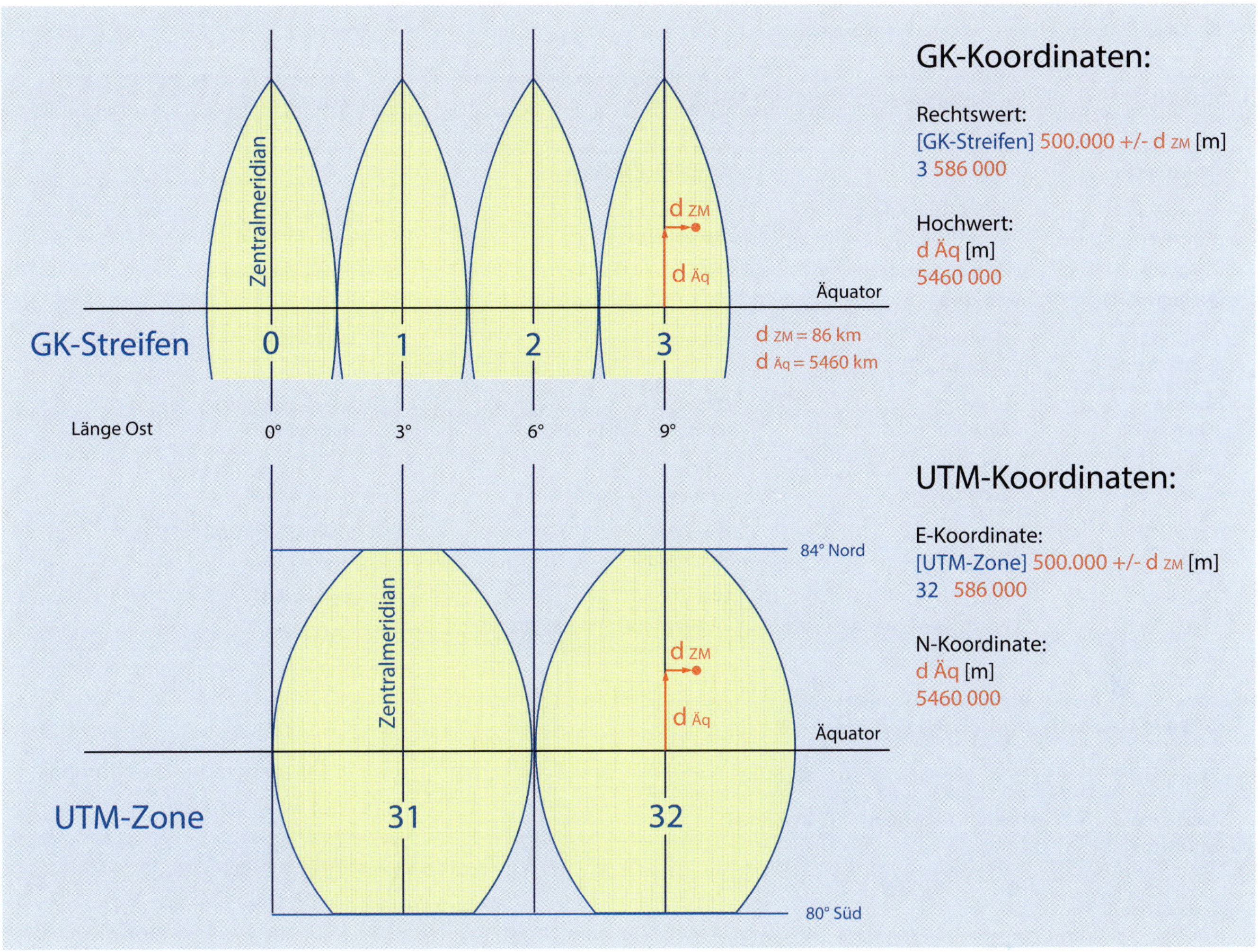

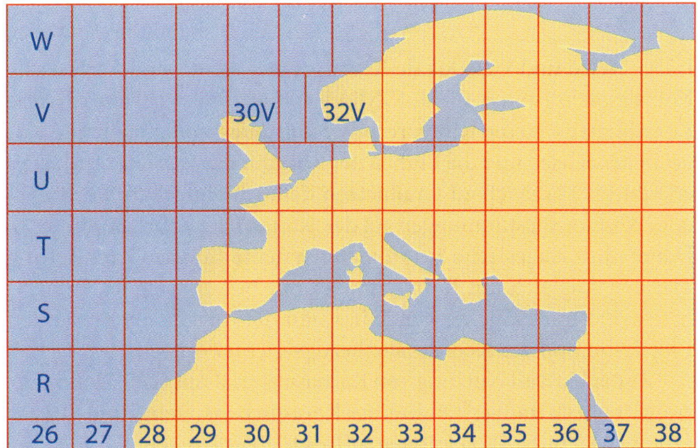

◻ **Abb. 5.21** Bei den transversalen Zylinderprojektionen (hier Gauß-Krüger-Projektion und UTM) wird die Erdoberfläche in schmale Streifen (GK 3°, UTM 6° breit) zerlegt. Jeder Streifen liegt um einen sogenannten Haupt- oder Zentralmeridian, der gemeinsam mit der E-W-Richtung ein kartesisches Koordinatensystem mit der Einheit Meter aufspannt. Die Koordinate in N-S-Richtung (Hochwert) wird durch den Abstand zum Äquator festgelegt. Die Koordinate in E-W-Richtung (Rechtswert) gibt ausgehend vom Zentralmeridian (mit der Koordinate 500.000) den Abstand von diesem an. Bei Gauß-Krüger-Koordinaten gibt die erste Zahl des Rechtswertes die Kennziffer des Streifens an. Bei UTM-Netzen wird die Zone entsprechend angegeben

nate in Ost-West-Richtung (Rechtswert) gibt ausgehend vom Zentralmeridian (per Definition mit der Koordinate 500.000) den Abstand von diesem in Metern an, in dem der Abstand hinzuaddiert (östlich des Zentralmeridians) oder abgezogen (westlich davon) wird.

Bei Gauß-Krüger-Koordinaten wird jedem Streifen eine Kennziffer zugeordnet (Nummer 0–119, ausgehend von Greenwich nach Osten gezählt) und diese dem Rechtswert vorangestellt. Bei UTM-Netzen werden die 6° breiten Streifen in Nord-Süd-Richtung in 8° hohe Rechteckfelder untergliedert (◻ Abb. 5.22). Damit ergeben sich Zonen, die mit einem Paar aus einer Zahl und einem Buchstaben benannt werden. Für die Polarregionen (nördlich 84° N und südlich 80° S) wird im UTM-System stattdessen eine stereografische Projektion (UPS) verwendet.

- **Welches Koordinatensystem ist für die Geländeaufnahme geeignet?**

Drei wichtige Kategorien von Koordinatensystemen (Projektionen) kommen meist zum Einsatz:
- geographische Koordinaten – Länge und Breite (Einheit: Grad),
- UTM-Netze (Einheit: Meter),
- Lokale Koordinatensysteme (Beispiel: Gauß-Krüger, Einheit: Meter).

◻ **Abb. 5.22** Übersicht der UTM-Zonen für Europa und Umgebung. Die 6° breiten UTM Zonen werden in N-S-Richtung in 8° hohe Rechteckfelder untergliedert. Eine Ausnahme sind die Felder 31 V (schmaler) und 32 V (breiter – umfasst zusätzlich den westlichen Teil von Norwegen)

◘ Tab. 5.3 Beispiele für Projektionen auf topographischen Karten

Land (Gebiet)	Positionsformat (position format)	Kartenbezugssystem / Kartendatum (map datum):	Kartensphäroid / Bezugsellipsoid (map spheroid)
Deutschland (Rheinland)	UTM/UPS Zone 32	WGS 84 (World Geodetic System 84 entspricht ETRS89	WGS 84
Deutschland (Rheinland)	DHDN Gauß-Krüger (2. Streifen)	Potsdam (Rauenberg)	Bessel 1841
Frankreich (Nordpyrenäen)	Lambert III (Sud) standard	NTF	Clarke 1880 IGN
Frankreich (Nordpyrenäen)	Lambert-93 CC43 (zone 2)	RGF93	IAG GRS80
Spanien (Catalunya)	UTM/UPS Zone 31	ED 50 (European Datum 1950)	International 1924; Hayford 1909
Italien (Elba)	UTM/UPS Zone 32	ED 50 (European Datum 1950)	International 1924; Hayford 1909
Italien (Elba)	Gauss-Boaga Zone 1 (W)	Roma 40 Monte Mario	International 1924; Hayford 1909
Österreich (Vorarlberg)	BMN (österr. Bundesmeldenetz)	MGI (Militärgeographisches Institut) Hermannskogel bei Wien	Bessel 1841

◘ Tab. 5.4 Für Deutschland wichtige EPSG-Codes

Projektion	EPSG	KBS	Ellipsoid
Gauß-Krüger, DHDN-Zone 2	31466	Potsdam	Bessel 1841
Gauß-Krüger, DHDN-Zone 3	31467	Potsdam	Bessel 1841
Gauß-Krüger, DHDN-Zone 4	31468	Potsdam	Bessel 1841
Gauß-Krüger, DHDN-Zone 5	31469	Potsdam	Bessel 1841
UTM-Zone 32N	25832	WGS84	WGS84/ETRS89
UTM-Zone 33N	25833	WGS84	WGS84/ETRS89

UTM-Netze und viele lokale Koordinatensysteme sind kartesische Koordinatensysteme, die auf Zylinderprojektionen beruhen. Diese Koordinatensysteme haben rechtwinklig aufeinander stehende Koordinatenachsen und die Einheit der Koordinaten ist Meter [m]. Dies erlaubt im Vergleich zu Gradnetzen deutlich einfachere Positions- oder Abstandsbestimmungen auf den Karten (siehe auch ◘ Abb. 5.2). Daher sind kartesische Koordinatensysteme für die Orientierung und den Abgleich mit Karten im Gelände besser geeignet. Koordinaten sind nur dann verwendbar, wenn die Angabe der gewählten Projektion und des Koordinatenbezugsystems vorliegt.

Zur effektiven Nutzung von Kartenmaterial mit GPS-Unterstützung ist ein Grundverständnis der Koordinatensysteme und der zugrunde liegenden Projektionen hilfreich. Beispielsweise können die Angaben in ◘ Tab. 5.3 bei der Auswahl des Positionsformates eines GPS-Gerätes für UTM eingegeben werden.

▪ EPSG-Codes

Unter ESPG-Codes (European Petroleum Survey Group Geodesy) versteht man eindeutige Schlüsselnummern geodätischer Datensätze, die Kombinationen von Koordinatenreferenzsystemen, Refe-

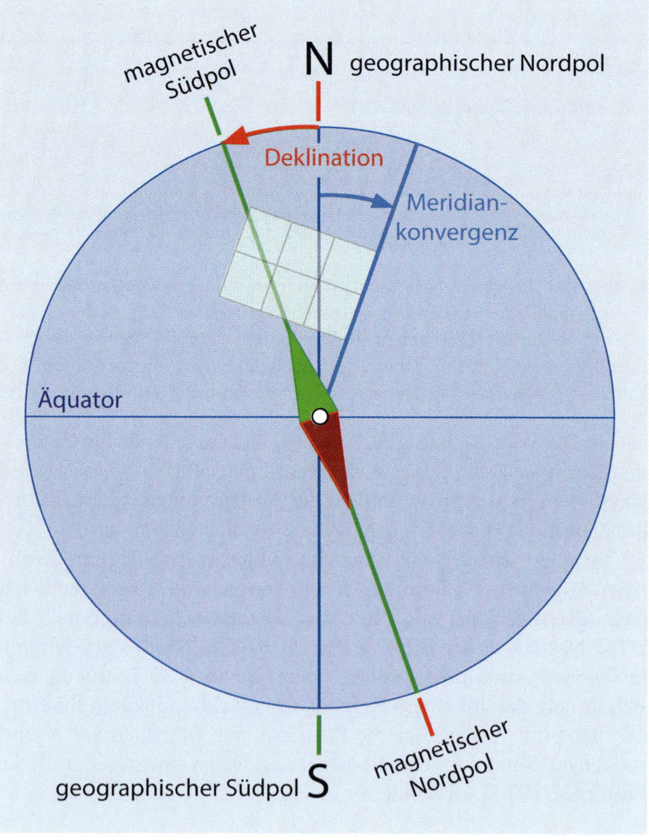

◘ Abb. 5.23 Der Zusammenhang zwischen magnetischem und geographischem Nordpol wird durch die Deklination definiert. Die Meridiankonvergenz ist die Abweichung der N-Richtung eines kartesischen Koordinatensystems (GK, UTM) von der geographischen N-Richtung

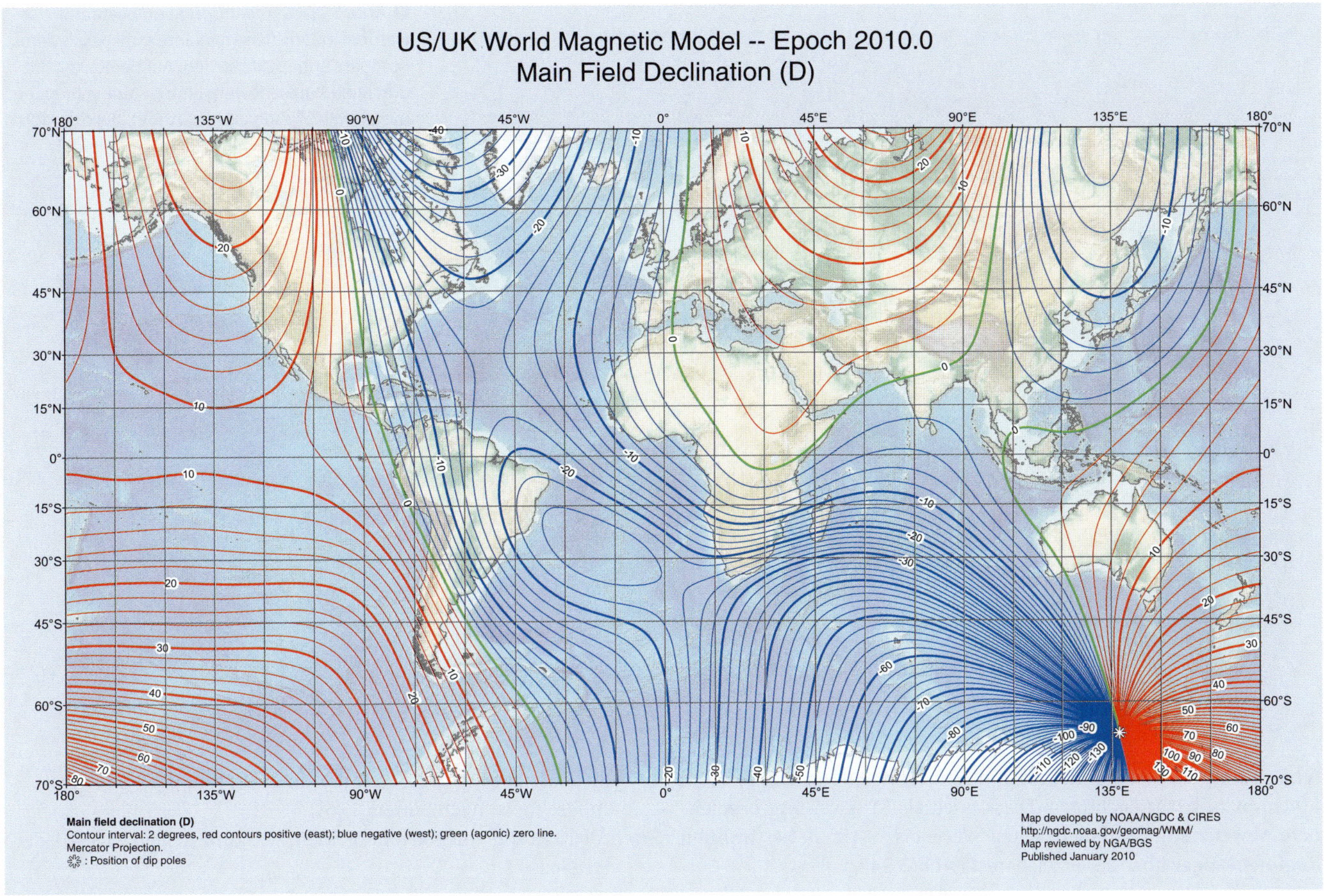

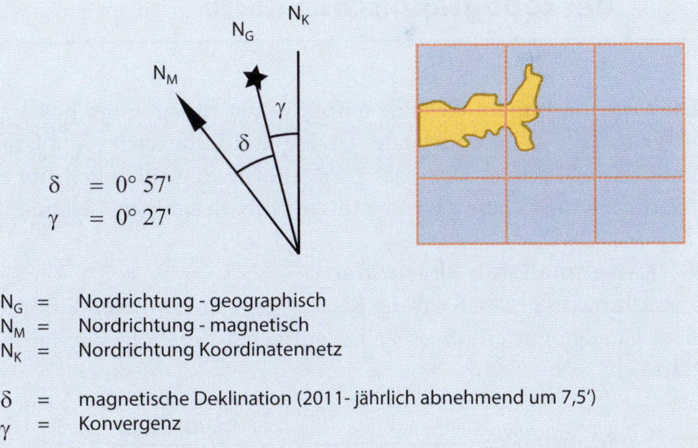

Abb. 5.24 Deklination der magnetischen Feldlinien 2010 (NOAA/NGDC & CIRES)

renzellipsoiden und Projektionen umfassen. Mithilfe dieser Codes können Koordinateneinstellungen in GIS-Systemen rasch durchgeführt werden. Wichtige ESPG-Codes für den Bereich Deutschlands finden sich in **Tab. 5.4**.

5.5 Geographische und magnetische Pole

Wird ein Kompass zur Orientierung mit topographischen Karten eingesetzt, so ist die Unterscheidung von geographischen und magnetischen Polen von Bedeutung. Der geographische Nordpol ist der in der Nordhemisphäre gelegene Durchstoßpunkt der gedachten Erdachse an der Erdoberfläche. Er liegt bei 90° 0' 0" N 0° 0' 0" E und ist somit der Schnittpunkt aller Längengrade. Der magnetische Pol ist hingegen der Punkt an der Erdoberfläche, auf den alle Feldlinien zulaufen. Wegen der entsprechenden Definition magnetischer Pole in der Physik befindet sich der magnetische Südpol der Erde im Norden. Er lag 2010 im nördlichen Kanada. Die magnetischen Pole können aufgrund variabler Sonnenaktivität ihre Position täglich um Dutzende Kilometer verändern. In den letzten 400 Jahren ist der magnetische Pol zunächst nach Süden gewandert, um sich dann seit etwa 1900 wieder nach Norden zu verschieben.

■ Deklination

Die Abweichung der variablen magnetischen Nordrichtung vom festgelegten geographischen Norden ist die Deklination (**Abb. 5.23, 5.24 und 5.25**). Sie liegt für Mitteleuropa derzeit (2010) im Mittel bei 1–2° E, das heißt, der magnetische Pol liegt um diesen Winkel östlich des geographischen Nordens. Genaue orts- und

Abb. 5.25 Angaben zur Deklination auf einer topographischen Karte. Im Beispiel ist die Abweichung zwischen magnetischer und geographischer Nordrichtung etwa 1° 57'. Der Wert für die Deklination ist für 2011 angegeben, zusammen mit der Variation für die nächsten Jahre. Die Magnetnadel des Kompasses richtete sich demnach 2011 unter der Berücksichtigung der Konvergenz etwa 1° westlich in Bezug zur N-S-Richtung des Koordinatennetzes aus. Die Konvergenz liegt bei etwa 0,5° 27', damit weicht die N-S-Richtung des Koordinatennetzes insgesamt etwa 1,5° von der N-S-Ausrichtung der Kompassnadel ab

zeitabhängige Angaben können im Internet über einen *declination calculator* durch Eingabe von Koordinaten für die kommenden Jahre im Voraus berechnet werden.

Die Deklination ist bei der Orientierung im Gelände mithilfe topographischer Karten und bei Auswertung der mit dem geologi-

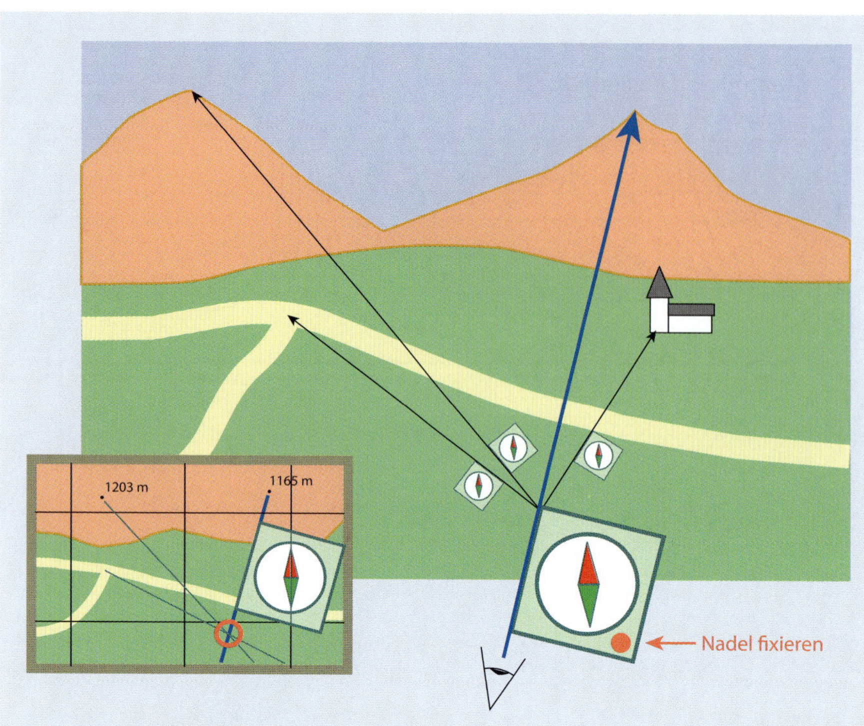

Abb. 5.26 Der Standort kann bestimmt werden, indem zwei markante Punkte mit dem Kompass angepeilt werden. Auf der Karte wird durch die Punkte jeweils eine Gerade mit der ermittelten Richtung eingezeichnet, der Standort befindet sich am Schnittpunkt der Geraden

schen Kompass bestimmten Raumorientierungen von Flächen und Linearen zu berücksichtigen. Diese auch als Missweisung bezeichnete Abweichung kann nicht selten Werte bis zu 15°, in bestimmten Regionen sogar über 25° erreichen (■ Abb. 5.24).

5.6 Positionsbestimmung mithilfe der topographischen Karte

Die Orientierung im Gelände mithilfe einer topographischen Kartengrundlage ist eine Sache der Übung und sollte auch ohne Hilfsmittel wie GPS oder Kompass gelingen. Die folgenden Schritte ermöglichen die sichere kartengestützte Orientierung im Gelände.

■ Kartenmaßstab überprüfen

Zunächst wird der Maßstab der Karte abgelesen. Um einen Eindruck über gängige Entfernungen zu bekommen, ist die folgende Formel hilfreich:

$$\text{Maßstab} = \frac{1}{\text{Maßstabszahl}} = \frac{\text{Abstand}_{\text{Karte}}}{\text{Abstand}_{\text{Realität}}}$$

Daraus folgt:
Kartenmaßstab 1:10.000: 100 m ≙ 1 cm, 1 km ≙ 10 cm
Kartenmaßstab 1:25.000: 100 m ≙ 0,25 cm, 1 km ≙ 4 cm

Abstände auf der Karte sollte man sicher zu entsprechenden Entfernungen im Gelände umwandeln können.

■ Nordrichtung festlegen

Die Nordorientierung, nach der die Karte ausgerichtet ist, wird nun im Gelände bestimmt. Natürlich ist dies am einfachsten mit dem Kompass oder entsprechend ausgerüsteten GPS-Geräten möglich. Weitere Möglichkeiten sind (vgl. ■ Abb. 5.1):
– der Stand der Sonne zu bestimmten Tageszeiten (beachte Nord-/Südhemisphäre),

– die Ausrichtung von Satellitenschüsseln (auf der Nordhemisphäre meist nach Süden: 176°),
– Ausrichtung von Kartenobjekten, wie zum Beispiel Wege oder Straßen.

Die Karte kann nun mit dem Nordpfeil in Nordrichtung ausgerichtet werden. Dies erleichtert das Erkennen von Landschaftsmerkmalen auf der Karte. Hierbei sind stets Deklination und Konvergenz zu beachten.

■ Bestimmung der eigenen Position

Schließlich folgt die Bestimmung des Standpunktes, was bereits beim Ausgangspunkt jeder Geländebegehung durchgeführt werden sollte. Damit wird zweifelsfrei festgelegt, von welchem Punkt aus der Weg ins Gelände beginnt. Während des Geländeaufenthaltes wird die Position regelmäßig durch Vergleich mit den örtlichen Gegebenheiten (Geländeformen, Wegenetz, Gewässer, markante Bauwerke) aktualisiert.

Im Gelände sollte der eigene Standort ständig bekannt sein. Ist man sich über den eigenen Standort nicht mehr sicher, zum Beispiel weil keines der Landschaftsmerkmale auf der Karte wiederzufinden ist, sollte die eigene Position rasch neu bestimmt werden.

■ Bestimmen der genauen Position mit Kompass

Die klassische Methode zur Positionsbestimmung mit einem Kompass ist die Schnittpunktbestimmung über zwei oder mehr Peilrichtungen auf der Karte (■ Abb. 5.26). Markante Objekte im Gelände können Gebäude (z. B. Kirchtürme), Wegkreuzungen oder auch Berggipfel sein. Sie sollten auf der mitgeführten topographischen Karte eindeutig zu identifizieren sein (vgl. ■ Abb. 5.1). Wir peilen diese Objekte mit dem Kompass an und zeichnen die resultierende Richtung als Gerade durch das Objekt auf der Karte ein. Idealerweise sollten die Peilrichtungen der Objekte etwa im rechten Winkel zueinanderstehen. Die Peilrichtungen schneiden sich auf der Karte am eigenen Standort. Wird eine dritte Peilung durchgeführt, so sollte der Schnittpunkt bestätigt werden.

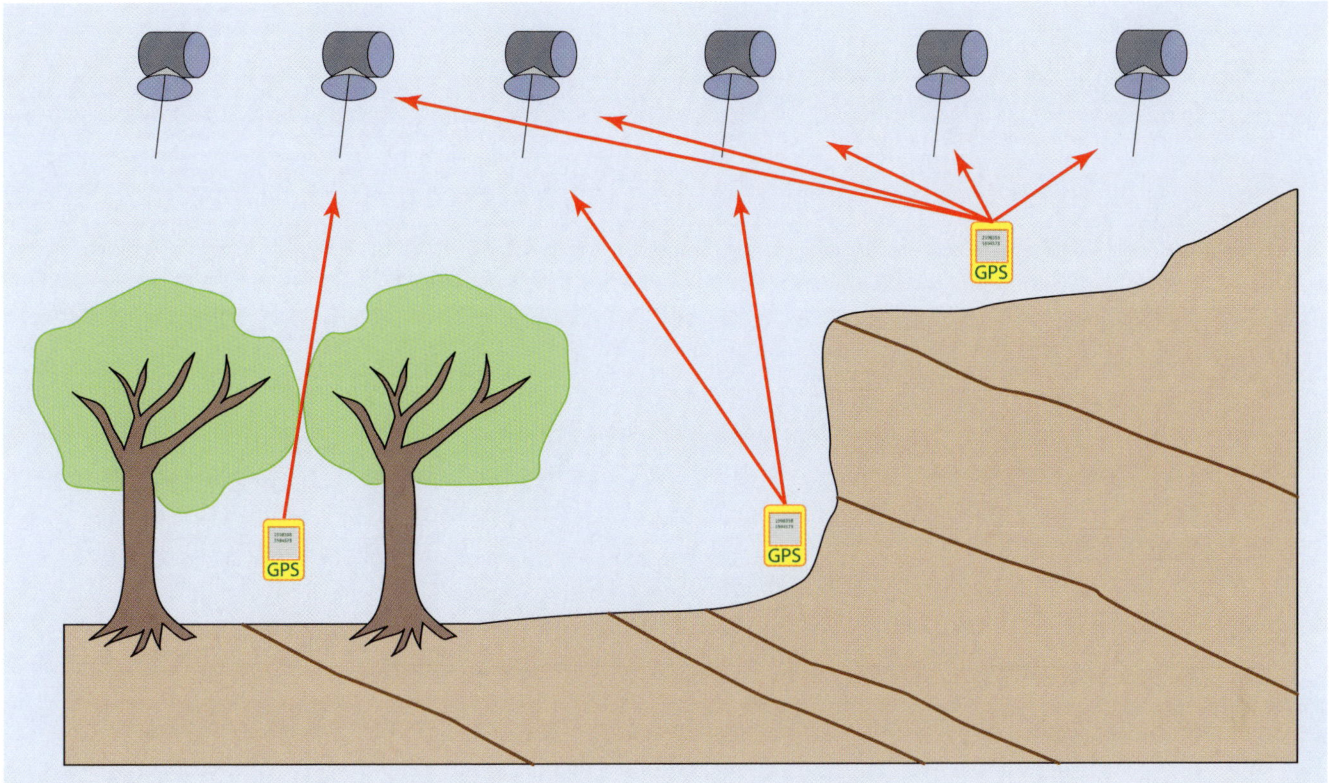

◘ Abb. 5.27 Am Fuß von Felswänden und in Wäldern ist der Empfang beeinträchtigt und die Genauigkeit der Positionsbestimmung deutlich schlechter

5.7 Standortbestimmung mit GPS

Natürlich stehen heute bei der Standortbestimmung an erster Stelle die GPS-Systeme. Entsprechende Empfänger sind neben den Handgeräten in Navigationssystemen und Mobiltelefonen inzwischen weit verbreitet. Die Positionsbestimmung erfolgt über die Berechnung von Raumkoordinaten (x, y, z) aus der Position einer Serie von Satelliten. Die Genauigkeit der Positionskoordinaten in der Horizontalen ist genauer als in der Vertikalen und liegt bei guten Empfangsbedingungen zwischen 5 und 10 m. Dabei ist die von den Geräten angegebene Genauigkeit die absolute Genauigkeit in Bezug zur Position auf der Erdoberfläche im gewählten Koordinatensystem. Bewegt man sich von einem Messpunkt zum Beispiel 2 m in eine bestimmte Richtung und misst dort erneut, so wird der sich aus den gemessenen Koordinaten ergebende Abstand auch etwa 2 m betragen. Es ist daher tatsächlich sinnvoll, wenige Meter voneinander gelegene Punkte entlang eines Profils oder Steinbruchs zu bestimmen. Bei partiell abgedecktem Himmel, etwa am Fuß von Felswänden oder in dichtem Wald, ist der Empfang beeinträchtigt und die Genauigkeit der Positionsbestimmung dadurch deutlich schlechter (◘ Abb. 5.27).

Hat man sich entschieden, GPS-Empfänger einzusetzen, ist zunächst das Koordinatensystem des Geräts mit dem der Karte abzugleichen. Grundsätzlich sollte man sich früh vergewissern, welches Koordinatensystem für die Geländeaufnahme geeignet ist und durch das Kartenmaterial abgebildet wird. Einfach ins Feldbuch notierte Koordinatenpaare ohne Kenntnis des zugrunde liegenden Koordinatensystems sind wertlos. Insbesondere bei Nutzung von GPS-Empfängern in Smartphones ist eine sorgfältige Überprüfung der Einstellungen ratsam.

Zu achten ist auf Projektionskategorie und Projektionsdatum/ KBS (vgl. ◘ Tab. 5.3), zum Beispiel:

- UTM 31 N, WGS 84.
- UTM 31 N, ED 50.

Beides sind Universal-Transversal-Mercator-Projektionen des 31. Streifens der nördlichen Hemisphäre (Projektionskategorie). Die Erste hat das WGS 84 (Ellipsoid WGS 84) und die Zweite das European Datum 1950 (Ellipsoid International 1924) als Kartenbezugssystem (Kartendatum). Bei identischen Koordinaten zeigen die beiden Systeme eine Abweichung von 100 m in Ost-West-Richtung und 170 m in Nord-Süd-Richtung. Die Angabe UTM 31 N beispielsweise genügt also nicht zur eindeutigen Positionsbestimmung.

Geologisch kartieren – von der Geländebeobachtung zur geologischen Karte

Mario Valdivia Manchego

T. McCann, M. Valdivia Manchego, *Geologie im Gelände,*
DOI 10.1007/978-3-8274-2383-2_6, © Springer-Verlag Berlin Heidelberg 2015

Bei einer geologischen Kartierung werden die Gesteinsvorkommen lithologisch beschrieben, stratigraphisch sowie genetisch interpretiert und die Beobachtungen im Detail auf der Kartengrundlage eingetragen. Der Kartierende möchte mithilfe der an der Oberfläche angeschnittenen Strukturen die im Untergrund verborgenen Gesteinskörper – deren Grenzen und Entstehung – verstehen. Das Ziel einer geologischen Kartierung besteht darin, die geologischen Strukturen an der Oberfläche kartographisch und in der Tiefe räumlich abzubilden, ihre Entstehung (Genese) abzuleiten und diese zu erläutern.

Grundlegende Schritte geologischer Kartierungen:
- Vorkommende Gesteinsarten (Lithologie) bestimmen.
- Genetisch zusammenhängende Lithologien zu kartierbaren Kartiereinheiten zusammenführen.
- Lage der Gesteinsvorkommen und Verlauf sowie Art ihrer Grenzen festlegen mithilfe von:
  - Aufschlüssen,
  - Relief- und Landschaftsformen,
  - Bodenbeschaffenheit und -farbe,
  - Quellaustritten und Bodenfeuchte,
  - Vegetation.
- Bestimmung der Lagerungsverhältnisse (beeinflusst durch tektonische Deformation, Erosion und Sedimentation).
- Stratigraphische Zuordnung der Kartiereinheiten.
- Genetische Zusammenhänge beschreiben (sedimentologisch, metamorph, magmatisch).
- Genetische Gesamtinterpretation der zeitlichen und räumlichen Bildungsgeschichte im regionalen Kontext.

Geologische Interpretationen ergänzen lückenhafte Geländeinformationen

Die Informationen, die zur Erstellung einer geologischen Karte (◼ Abb. 6.5) zur Verfügung stehen, sind eigentlich immer lückenhaft. Beispielsweise aufgrund von Bewuchs, Bodenbildung, Gletscherbedeckung oder Bebauung sind die Gesteine über weite Bereiche nicht direkt an der Erdoberfläche zugänglich – sie sind nicht aufgeschlossen. Ausnahmen sind Gebiete ohne Vegetation und Bodenbildung.

Daher wird leider alleine über die Darstellung aller Aufschlusspunkte noch keine geologische Karte entstehen. Die flächenfüllende Darstellung der geologischen Einheiten ist nur dann möglich, wenn die Lücken zwischen lokalen Einzelbeobachtungen mithilfe von Zusatzinformationen geschlossen werden. Diese sind im Gelände zu erarbeiten. Die Aufschlusskarte zeigt die Bereiche und Punkte auf der Karte an, an denen die Gesteine an der Oberfläche freiliegen (◼ Abb. 4.6 in ▶ Abschn. 4.1).

Die Geländebeobachtungen geben den Kartierungsablauf vor. Er wird gesteuert durch:
- Prognosen zu Aufbau und Geometrie der geologischen Strukturen im Untergrund und durch
- genetische Zusammenhänge der Kartiereinheiten in geologischen Zeiträumen.

Dies ist ein wesentlicher Unterschied zu weiteren Arten von Kartierungen (wie zum Beispiel Vegetationskartierungen), die im Wesentlichen Oberflächeninformationen erfassen und darstellen. Bei geologischen Geländeaufnahmen sind die Beobachtungen stets raumzeitlich (4D) zu verstehen.

Alle Informationen, die im Rahmen einer geologischen Kartierung aufgenommen werden, finden sich im Kartierbericht oder in den geologischen Kartenerläuterungen wieder:
- ausführliche Schicht- und Aufschlussbeschreibungen,
- Forschungsstand,

- Datenbestand (Position, Zahl, Dichte und Art der Aufschlusspunkte),
- Zusatzinformationen (z. B. Bohrungen, Seismik),
- geologische Interpretation zum Zeitpunkt der Geländeaufnahme (stratigraphische Zuordnungen können sich z. B. über Jahrzehnte ändern).

Modellvorstellungen steuern den Kartierablauf

Ausgehend von den ersten Beobachtungen stellen wir bereits früh eine Arbeitshypothese zur geologischen Gesamtstruktur auf. Diese Hypothese oder Modellvorstellung führt zu ersten Annahmen über das Auftreten von Gesteinskörpern an der Geländeoberfläche. Durch weiteres Kartieren können diese Hypothesen gestützt oder widerlegt werden. Der Kartiervorgang ist dann besonders effizient, wenn im Gelände gezielt nach geeigneten Informationen gesucht wird. Neue Zusatzinformationen werden integriert – das Modell wird optimiert. Dieser Optimierungsvorgang wird iterativ solange wiederholt (◼ Abb. 6.1), bis ein zufriedenstellendes Modell erarbeitet wurde oder aufgrund der Aufschlusssituation oder aus zeitlichen Gründen keine neuen Erkenntnisse zu erwarten sind. Wichtigstes Ziel ist, dass alle Beobachtungen sich gut durch das geologische Modell erklären lassen und schließlich als geologische Karte und Profilschnitte dargestellt werden können.

Begleiten wir als Beispiel einen Geologen zu einer Kartierung. Zu Beginn der Geländeaufnahme findet er im bisher unbekannten Gelände einen Aufschluss mit Sandsteinen, die relativ steil nach Süden einfallen (◼ Abb. 6.2).

Folgende Rückschlüsse macht er:
- es handelt sich um Sedimente,
- sie stehen relativ steil, sind also tektonisch deformiert,
- die Deformation fand nach der Verfestigung der Sedimente statt.

Das einfachste Modell zu diesem Zeitpunkt wäre eine mächtige Sandsteinabfolge, die konstant nach Süden einfällt. Dies ist seine erste Modellhypothese.

Nur wenige Hundert Meter weiter bemerkt er, dass der Boden sich ändert. Kleine dunkle Tonbruchstücke bedecken den Boden. Der Kartierer hat die Grenze vom Sand- zum Tonstein überschritten und trägt diese natürlich in seine Karte ein. Zugleich passt er sein Gedankenmodell an – über dem Sandstein folgt eine Abfolge von Tonsteinen (◼ Abb. 6.3).

Die Tonsteine liegen auf dem Sandstein, dennoch kommen dem Kartierer Zweifel. Er fragt sich, ob die Schichten „normal" (jüngere Schicht liegt auf älterer) oder „überkippt" (ältere Schicht liegt auf jüngerer) vorliegen. Er überprüft die Schichten und findet im Sandstein Schrägschichtungsstrukturen, die durch fluviale Dünen entstehen. Sie stehen hier aber „auf dem Kopf" und zeigen eindeutig, dass die Schichtlagerung überkippt ist. Dies ist für die genetische Interpretation sehr wichtig und führt zur zweiten Modellhypothese.

Er wundert sich nur, dass der südliche Hügel demnach aus Tonstein, einem weichen Gestein, bestehen soll. Da es eher unwahrscheinlich ist, dass diese Gesteinsart Härtlinge im Relief ausbildet, möchte er dies überprüfen.

Am südlichen Hügel bemerkt er tatsächlich einen erneuten Übergang zum Sandstein. Ganz erstaunt stellt er fest, dass die Schichten hier entgegengesetzt – nach Norden – einfallen. Die neue Information passt nicht in sein bisheriges Modell, es wird erneut optimiert. Am Ende des ersten Tages kommt er zum Camp zurück und erzählt seinen Kollegen (◼ Abb. 6.4), dass eine Ost-West-streichende Synform (▶ Abschn. 7.3) aus Sandsteinen vorliegt, mit Tonsteinen im Faltenkern. Die gesamte Schichtenfolge ist überkippt, daher hat sich der Sandstein auf den Tonsteinen abgelagert. Dies ist seine dritte Modellhypothese.

Abb. 6.1 Optimierungsablauf geologischer Hypothesen während einer Kartierung. Die Überprüfung von Prognosen durch Geländebeobachtungen führt in mehreren Schritten (iterativ) zur Optimierung des Modells

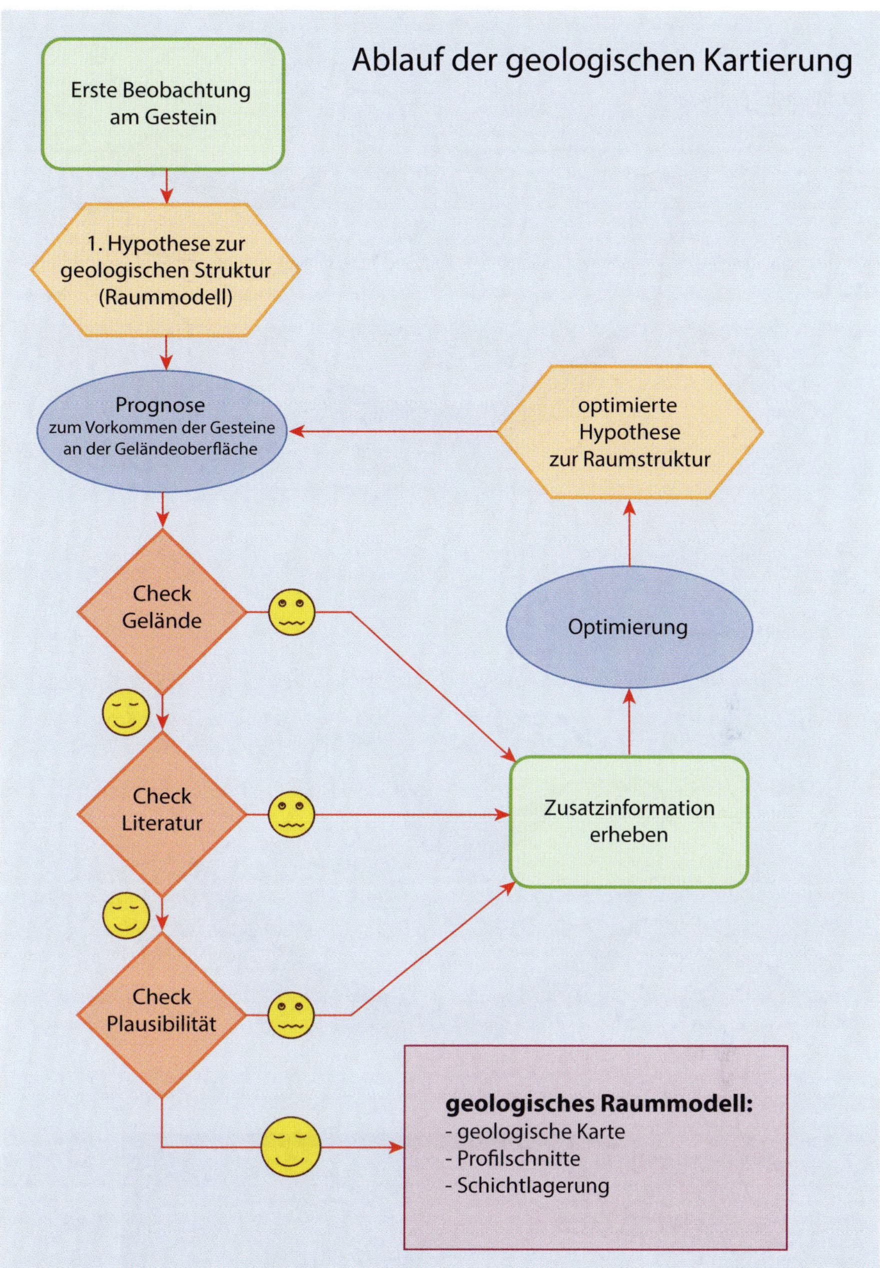

Abb. 6.2 Zu Beginn einer Geländeaufnahme trifft ein Kartierer auf relativ steil nach S einfallende Sandsteine. Nach seiner ersten Modellhypothese handelt es sich um eine mächtige Abfolge von Sandsteinen, die konstant nach S einfällt

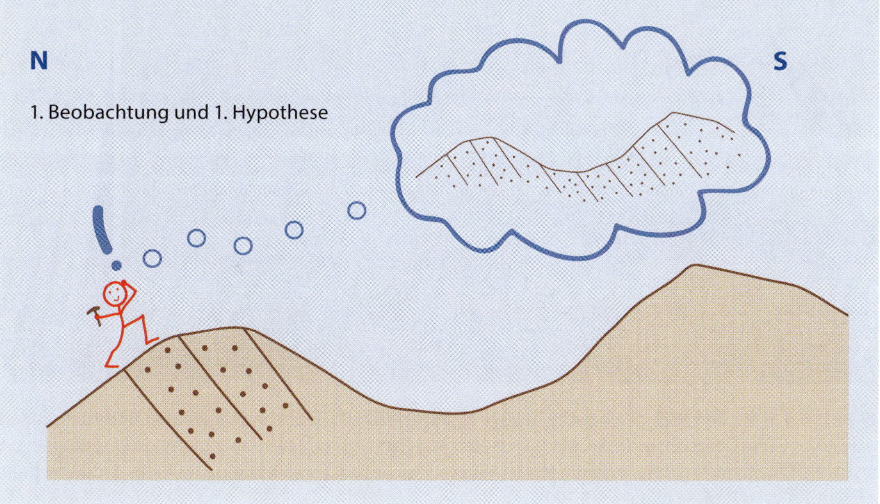

Abb. 6.3 Etwas weiter trifft der Kartierer auf Tonsteine. Bei der Suche nach Hinweisen darauf, ob die Schichten normal oder überkippt vorliegen, findet er im Sandstein „auf dem Kopf" stehende Schrägschichtungsstrukturen. Entsprechend passt er seine Modellhypothese an

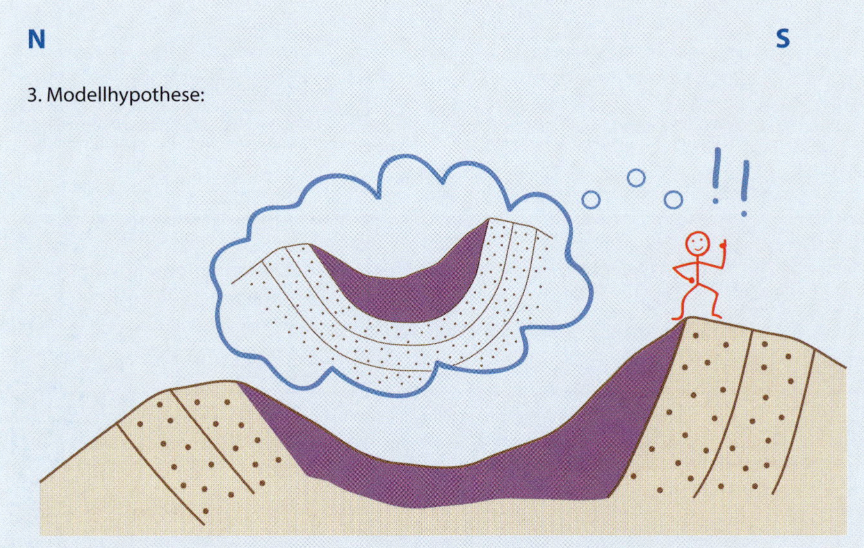

Abb. 6.4 Am benachbarten Hügel trifft der Kartierer wieder auf Sandsteine, die aber in die entgegengesetzte Richtung einfallen. Offensichtlich handelt es sich um eine Synform mit Tonsteinen im Faltenkern, wobei die gesamte Struktur überkippt ist

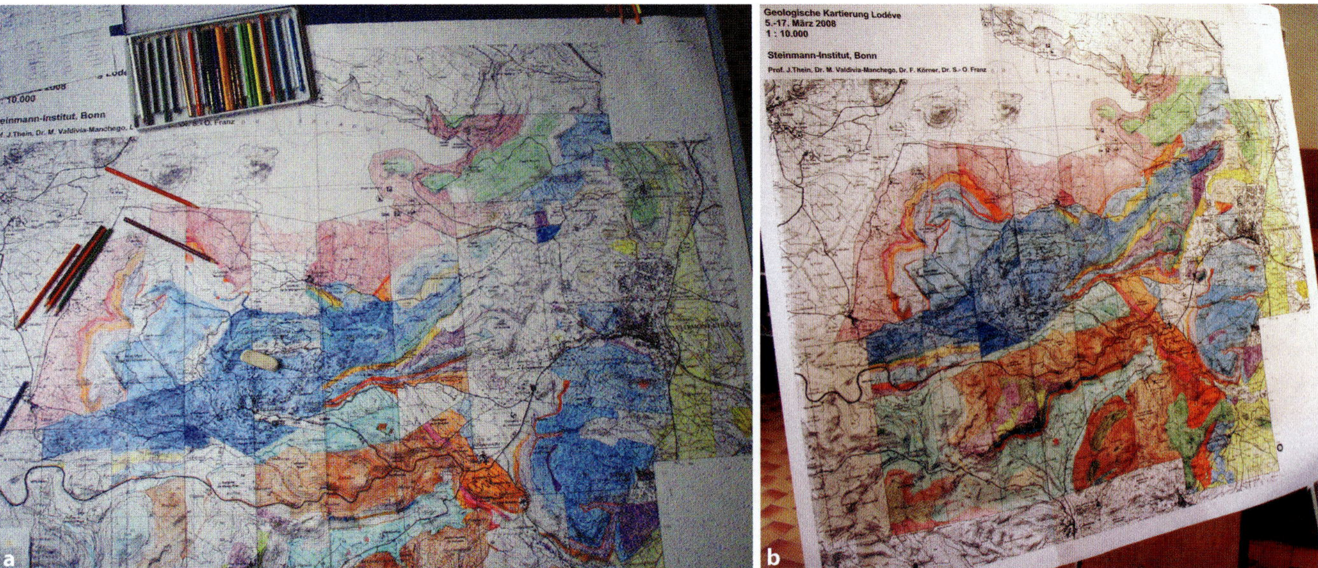

Abb. 6.5 a Mit dem Ziel, geologische Bezüge zu benachbarten Gebieten zu erkennen und zu diskutieren, tragen verschiedene Kartierteams ihre Tagesergebnisse in eine Übersichtkarte ein. Mit Buntstiften und Radiergummi werden Ergebnisse eingetragen und korrigiert, die Ergebnisse der Teilgebiete fügt sich allmählich zu einem Ergebnis zusammen. Der Tagesablauf des nächsten Kartiertages kann dadurch effektiver geplant werden. **b** Ergebnis der geologischen Kartierung in Lodève, Südfrankreich 2008

Nachdem wir nun die prinzipielle Vorgehensweise im Gelände betrachtet haben, können wir fast selbst ins Gelände gehen. Zuvor sollte noch die Geländeausrüstung vorbereitet werden. Der Aufenthalt im Arbeitsgebiet ist in Ruhe zu planen, denn keiner der benötigten Ausrüstungsgegenstände sollte vor Ort fehlen.

6.1 Die richtige Geländeausrüstung: Checkliste

Meist stellt sich vor einem Geländeaufenthalt die Frage, welche Ausrüstung notwendig oder nützlich ist. Eine Checkliste ist beim Packen hilfreich.

Persönliche Ausrüstung

Geeignete wetterfeste Kleidung ☐

Festes Schuhwerk ☐

Rucksack ☐

Erste-Hilfe-Set, Medikamente ☐

Uhr, Mobiltelefon ☐

Verpflegung ☐

Geologische Standardausrüstung zur Aufschlussaufnahme und Dokumentation

Hammer ☐

Lupe ☐

Geologenkompass (zusätzlich Anlegeblech) ☐

Feldbuch, Bleistifte ☐

DIN A4 Kartenmappe ☐

Fotoapparat ☐

Zollstock oder Maßband ☐

Salzsäure (HCl 10 %) ☐

Orientierung

Kartengrundlage ☐

GPS-Gerät und Batterien ☐

Kompass ☐

Fernglas ☐

Probennahme

Probentüten ☐

Probenbehälter ☐

Edding® (wasserfest) ☐

Sondierungen in Böden und Lockersedimenten (1–2 m Tiefe)

Bohrstock nach Pürckhauer ☐

Vorschlaghammer mit Kunststoffkopf ☐

Bohrprotokollbögen ☐

Sonderbedarf

Sedimentologische Profilaufnahmebögen ☐

Schmidtsches Netz ☐

Buntstifte ☐

Transparentpapier ☐

Elektronisches Datenauslesen

Notebook ☐

Ladegeräte ☐

Datenkabel ☐

■ **Geologische Standardausrüstung**

Zur Bestimmung, Aufnahme und Dokumentation der Gesteinsformationen im Gelände benötigen wir folgende Ausrüstungsgegenstände:

Der **Hammer** – ein Klassiker: Für eine sichere Gesteinsbestimmung brauchen wir frische Bruchflächen, die wir durch Aufschlagen oder Spalten der Gesteine mit dem Hammer (■ Abb. 6.6) erhalten.

■ **Abb. 6.6** Geologenhämmer von links nach rechts: alter Pickhammer mit langem Holzstiel, Pickhammer in einem Stück geschmiedet, Spalthammer mit aufgesetztem Kopf, Pickhammer mit etwas längerem Stiel, Schürfhammer. Ganz rechts: kein Geologenhammer, da viel zu klein …

Zugleich dient er dazu, den Ritztest auf Quarz durchzuführen, da der Stahl in etwa die Härte 6 der Mohs-Härteskala (▶ Abschn. 1.3) aufweist. Dabei wird das Gestein über den Hammerkopf gezogen, entsteht ein deutlicher Kratzer, so ist meist der Quarzanteil im Handstück dafür verantwortlich. Natürlich ist er auch ein beliebter Maßstab für Aufschlussbilder. Es gibt unterschiedliche Größen im Handel, generell sind die Hämmer mit einem Gewicht um 1 kg und einer Stiellänge um 30 cm zu empfehlen. Es gibt Hämmer, die aus einem Stück geschmiedet wurden, und solche, deren Schlagkopf und Stiel aus zwei Teilen zusammengesetzt sind.

Die Hämmer, die aus einem Stück geschmiedet wurden, sind langlebiger, da der Stiel sich nicht vom Kopf lösen kann, sie sind meist aus hochwertigerem Stahl gearbeitet. Der Schlagkopf hat eine breite Seite, mit der man auf das Gestein einschlägt, um es zu spalten. Die andere Seite kann spitz zulaufen (Pickhammer) und flach auslaufen (Spalt- oder Schürfhammer). Mit der Pickhammerspitze können kleinere Bruchstücke aus dem Gestein herausgeschlagen werden. Zugleich kann die Spitze im Gelände sehr hilfreich sein, wenn man sie in den Boden schlägt, um beispielsweise steile Hänge hinaufzukommen. Wie der Name schon sagt, dient der Spalthammer dazu, Gesteine nach der Schieferung oder Schichtung aufzuspalten. Er wird häufig in Fossillagerstätten verwendet, um das Gestein auf der Suche nach Fossilien schichtparallel aufzuspalten. Beim Schürfhammer ist das flache Ende des Hammerkopfes im Vergleich zum Spalthammer etwas breiter und nicht so spitz zulaufend. Er dient dazu, im Lockergestein und Bodenhorizonten kleine Schürfe anzulegen.

Die **Lupe** (8× bis 12×) ist fast noch wichtiger als der Hammer. Erst die sichere optische Bestimmung der Minerale, des Fossilinhaltes und des Gesteinsgefüges im Detail lässt eine präzise Gesteinsbestimmung zu.

Die Lupe (■ Abb. 6.7) wird dabei etwa 2–3 cm nah vor das Auge und das zu bestimmende Gestein mit einem ähnlichen Abstand vor die Lupe gehalten. Das sichtbare Feld liegt dabei in etwa zwischen der Größe einer 1-Cent und einer 20-Cent-Münze. Es ist ratsam,

Abb. 6.7 Lupe. Als Maßstab eignet sich bei der Betrachtung mit der Lupe eine 5-Cent-Münze, die parallelen Linien haben einen Abstand von jeweils 1 mm

Abb. 6.8 a Feldbücher mit Skizzen und Notizen zum Aufschluss (**b**), **c** Die Tagesnotizen und Daten im Feldbuch werden aufgearbeitet

Abb. 6.9 Mit einem Geologenkompass (**a**) oder einem Marschkompass mit Neigungsmesser (**b**) können Schichten und Strukturen eingemessen werden. **c** Das Anlegeblech aus Aluminium, hilft den Kompass auch bei schwierigen Flächen korrekt anzulegen. Das Klemmbrett ist eine geeignete Kartenunterlage

auf gute Lichtverhältnisse zu achten. Durch langsames Bewegen der Gesteinsprobe können wir die geringe Tiefenschärfe ausgleichen und erhalten so einen räumlichen Eindruck des Gefüges im Millimeterbereich.

Ein guter Maßstab beim Blick durch die Lupe ist eine 5-Cent-Münze, die man oft bei der Hand hat: Die sechs parallelen Linien haben einen Abstand von 0,9–1 mm.

Das **Feldbuch** (Abb. 6.8) ist immer noch die unersetzliche Dokumentationsgrundlage der im Gelände gewonnenen Informationen. Am besten eignet sich ein fest gebundenes Blanko-Heft. Darin werden die Aufschlussbeschreibungen und -skizzen, Gesteinsansprachen, Kompassmessungen und jede weitere relevante Beobachtung notiert. Es sollte groß genug sein, um Aufschluss- und Profilskizzen vernünftig anzufertigen, aber zugleich in die Tasche passen. Daher sind die Formate DIN A5/A6 am beliebtesten.

Mit dem **Geologen-** oder **Gefügekompass** (Abb. 6.9) können die Raumlagen von Flächen und Linearen bestimmt werden. Dies stellt die Grundlage jeder geologischen Strukturanalyse dar und ist daher unerlässlich. Dabei wird die Orientierung als Wertepaar aus Einfallsrichtung (Azimut) und dem Einfallswinkel (Einfallen) angegeben.

Beispiel: 317/23

Schichtung fällt flach (23°) nach NW (317°) ein.

Auch Marschkompasse mit integriertem Neigungsmesser können eingesetzt werden. Die verschiedenen Messvorgänge mit unterschiedlichen Kompassen werden im Detail in ▶ Abschn. 7.4 beschrieben.

Zollstock oder **Maßband** (Abb. 6.10) sind bei Fotografien von Handstücken und Aufschlusspartien ein präziser Maßstab. Ins-

besondere werden sie bei der sedimentologischen Profilaufnahme benötigt, um die Mächtigkeit der Schichtglieder zu bestimmen (▶ Abschn. 7.5).

Ein festes DIN A4 **Klemmbrett** ist als Kartenunterlage und beispielsweise bei Profilaufnahmen für die Eintragungen auf Formblättern hilfreich.

Das **GPS-Gerät** (Abb. 6.11) dient zur genauen Positionsbestimmung. Die Positionskoordinaten können gemeinsam mit der Höhe über dem Meeresspiegel (NN, Normalnull) abgespeichert werden. Dabei liegt die absolute Genauigkeit auf der Horizontalen bei guten Bedingungen bei 3–8 m. Die relative Genauigkeit zwischen zwei Messpunkten, die nacheinander gemessen werden, kann dabei deutlich unter 1 m liegen. In der Vertikalen liegt die Genauigkeit meist nicht unter 10 m.

Die Genauigkeit der Positionsbestimmung hängt von der freien Sicht zu den Satelliten am Himmel ab. Ungenaue Positionsangaben können sich im Wald, am Fuß steiler Felswände oder in tiefen Schluchten ergeben, da nicht zu allen Satelliten freie Sicht besteht. Mobiltelefone mit integriertem GPS-Empfänger sind inzwischen fast Standard und können unter günstigen Bedingungen Positionsangaben mit ähnlicher Genauigkeit erreichen.

Die **Salzsäure** (HCl 10 %) dient zur Bestimmung von Calcit (Abb. 6.12). Bei Calcitgehalt schäumt die aufgetropfte Salzsäure durch das entstehende CO_2 auf, nach der Reaktion:

$$CaCO_3 + 2HCl \rightarrow Ca^{2+} + 2Cl^- + H_2O + CO_2$$

Dolomitische Gesteine schäumen nur schwach, meist nur an zerriebenem Gestein, weil die Reaktionsoberfläche größer ist.

☐ **Abb. 6.10** Maßband als präziser Maßstab bei Fotografien, hier erosiv abgeflachte Rippel (**a**) und bei der Aufnahme eines Profils im Tertiär des Jaca-Beckens, Nordspanien (**b**)

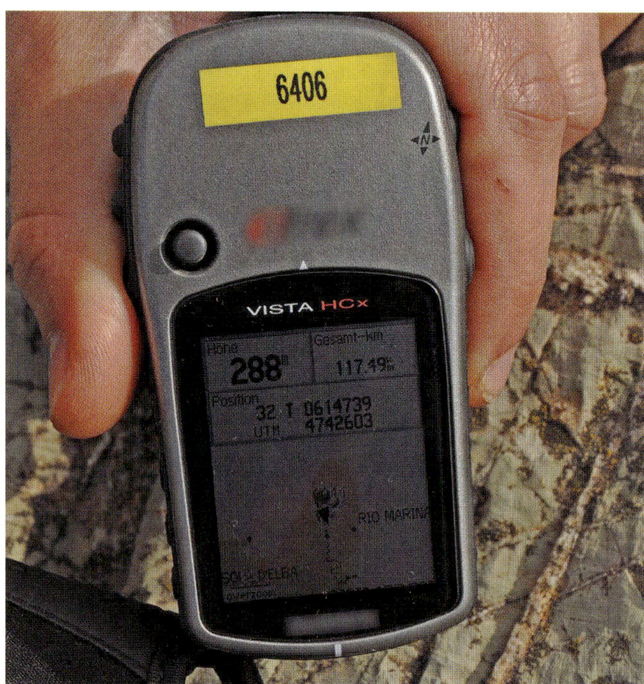

☐ **Abb. 6.11** GPS-Gerät

Mergelige Kalke und Mergel schäumen mit Salzsäure mittelstark bis leicht. Der bei der Reaktion freigesetzte Tonanteil des Gesteins färbt den entstehenden Schaum. Dies kann mit einem Papiertaschentuch leicht geprüft werden.

Die verdünnte Salzsäure ist vorsichtig zu handhaben und nur tropfenweise auf das Gestein zu geben. In manchen Ländern (z. B. in Südamerika wegen des Einsatzes in der Kokainherstellung) ist das Mitführen und Kaufen von Salzsäure nicht erlaubt. Es ist daher empfehlenswert, sich im Vorfeld zu informieren.

6.2 Gesteinsansprache und Aufschlusssituation

Im Gelände ist die Gesteinsbestimmung – die Gesteinsansprache – die wichtigste Aufgabe des Kartierers vor Ort. Es geht um:

- die lithologische Bestimmung von Handstücken,
- die Suche nach prägnanten Wechseln in der Gesteinsabfolge, die eine geologische Grenze begründen,
- die lithologische und genetische Festlegung von Kartiereinheiten,
- die Zuordnung von Gesteinen zu Kartiereinheiten.

Wichtige Beobachtungskriterien zur Gesteinsansprache erstrecken sich über einen Skalenbereich, der sich von der Betrachtung mit der Lupe bis zum gesamten Kartiergebiet reicht (☐ Abb. 6.13). Daher sollten alle Beschreibungen und auch das Bildmaterial einen eindeutigen Skalenbezug erhalten.

■ Die Geländebegehung

Zu Beginn der Geländebegehung ist es hilfreich, sich durch eine Orientierungsbegehung einen ersten Überblick zum Vorkommen der im Arbeitsgebiet anstehenden Gesteine zu verschaffen. Schon am ersten Aufschluss schlagen wir Gesteine an und bestimmen sie lithologisch. Dabei wenden wir die in Teil I erläuterten Kriterien an. Das Handstück verrät uns nicht nur, welche Gesteinsart an dieser Stelle auftritt, sondern hilft uns, erste Aussagen über das „geologische Setting", die zu erwartende Geologie der Umgebung, zu machen. Sind es Sedimentgesteine, Magmatite oder Metamorphite? Je nachdem, um welche Gesteinsart es sich handelt, zielen die Vorstellungen in eine bestimmte Modellrichtung. Mit den ersten Beobachtungen legen wir uns ein Gedankenmodell zur geologischen Situation zurecht, welches durch weitere Informationen ergänzt oder optimiert, wenn nötig verworfen und neu generiert wird. Auf diese Weise können wir jeder-

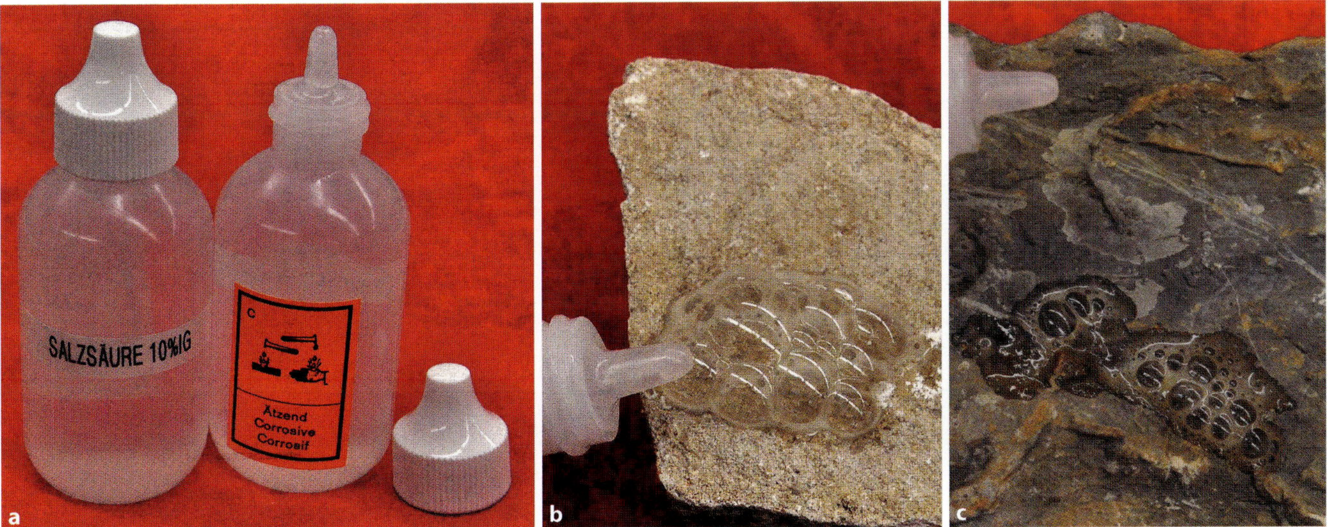

Abb. 6.12 Salzsäure (**a**) dient zur Bestimmung von Calcit, auf einem Kalkstein schäumt sie auf (**b**). Bei mergeligen Kalken oder Mergel färbt sich der Schaum (**c**)

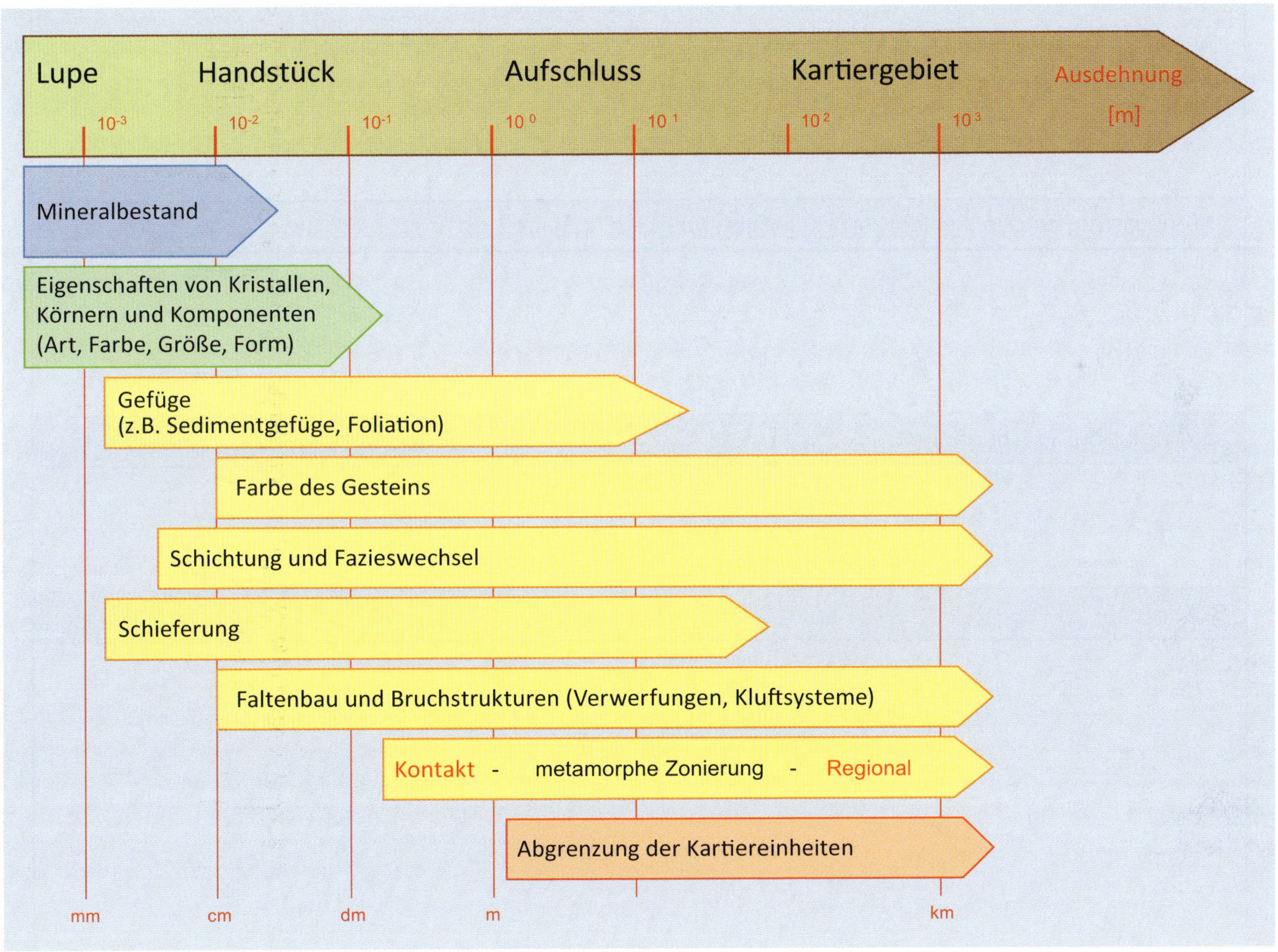

Abb. 6.13 Merkmale bei der Gesteinsansprache. Viele Beobachtungen erstrecken sich über einen größeren Skalenbereich

Aufschlussnr.		GPS-Waypoint	
Datum		Koordinaten x/y	
Lokalität Kurzbeschreibung			Nr. Fotos
Lithologie			
Besondere Merkmale (Sedimentstrukturen, Fossilführung, Gefüge)			
Kompassmessungen (Schichtung – S, Schieferung – SF, Lineare – L)			
Stratigraphie / Kartiereinheit			Probennr.
Skizze			

Abb. 6.14 Formblatt für die Aufnahme von Aufschlüssen

Abb. 6.15 Böschungssignaturen im Bereich von Aufschlüssen aus unterschiedlichen topographischen Karten. Rechts: Die Länge der „Zähne" zeigt die Höhe, ihre Richtung ausgehend von der Grundlinie die Richtung des Böschungsgefälles an. Links: Hier ist die Böschungssignatur des hufeisenförmigen Steinbruchs mit Querliniensignatur in Richtung des Böschungseinfallens dargestellt

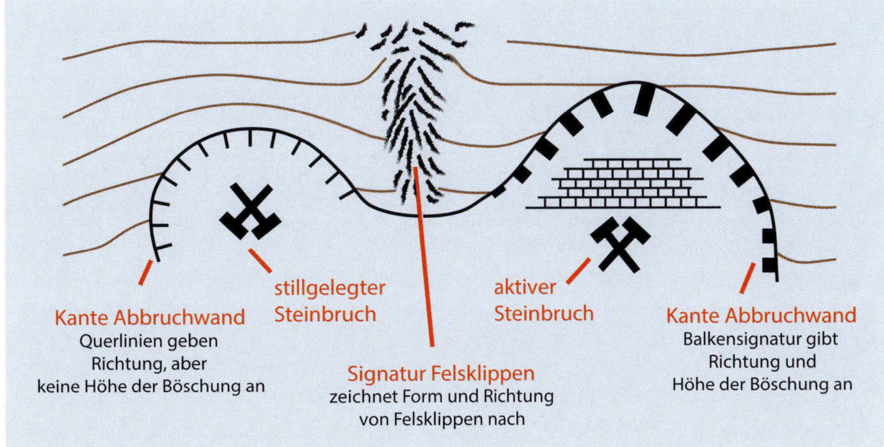

zeit Auskunft über unsere Modellvorstellungen geben und zugleich die Geländeaufnahme gezielt fortsetzen, indem wir auf das Modell basierende Fragen stellen und im Gelände nach Antworten suchen.

Bei der Geländeaufnahme sammeln wir nicht nur Informationen, die später ausgewertet und interpretiert werden, wir entwickeln bereits vor Ort ein geologisches Strukturmodell.

■ **Aufschlusssituation im Kartiergebiet**

Die Gesteinsansprache im Gelände richtet sich nach Art und Zahl der Aufschlüsse. Folgende Beispiele für Aufschlusstypen und Gesteinsvorkommen sind häufig anzutreffen:

- Aufschlussbereiche oder flächenhafte Aufschlussinformationen: Ideale Bedingungen, um die Gesteinsformationen im Detail aufzunehmen, insbesondere:
  - Steinbrüche (verlassen oder in Betrieb),
  - Felsklippen (durch Erosion freigelegt),
  - flächenhaft freigelegte Schichtenfolgen (oberhalb der Baumgrenze oder in ariden Gebieten).
- Linienhafte Aufschlussinformationen: Häufigste Aufschlussart, daher lohnt es sich durchaus, Wege, Höhenrücken (auch wegen der Aussicht) und Bachläufe auf der Suche nach Anschnitten abzulaufen. Hierzu zählen:
  - künstliche Anschnitte an Wegen und Straßen,
  - anstehendes entlang von Höhenrücken,
  - Anschnitte in Bachläufen.
- Hilfreiche punktförmige Informationen: Sind meist dann wichtig, wenn keine der anderen Aufschlussformen verfügbar ist:
  - Gesteinsbruchstücke im Boden (auf Wiesen auch in Maulwurfshügeln),
  - Lesesteine in Handstückgröße,
  - Gesteinsbruchstücke im Wurzelteller umgestürzter Bäume,
  - Bodensondierungen (1–2 m tief nach Pürckhauer).

Sowohl die Handstücke wie auch die Aufschlüsse selbst sind detailliert und verständlich für andere zu beschreiben. Die Eintragung der Geländebeobachtungen sollte routinemäßig nach einem bestimmten Muster erfolgen, damit keine wichtige Beobachtung vergessen wird. Schließlich ist es nie sicher, ob man zurückkehren kann, um fehlende Beobachtungen nachzuholen. Der klassische Gedanken: „Da komme ich in den nächsten Tagen noch mal vorbei und nehme den Aufschluss dann richtig auf …" sollte lieber gleich verworfen werden. Eingetragen wird:

- genaue Lokalität,
- lithologische und strukturgeologische Beschreibung,
- Profilaufnahme, Skizzen und Fotos,
- geologische Interpretation der aufgenommenen Abfolge.

Das Formblatt in ■ Abb. 6.14 kann im Sinne einer Checkliste bei der Aufschlussaufnahme hilfreich sein.

■ **Suche nach geeigneten Aufschlüssen**

Eine erste Übersicht über die Aufschlusssituation im Untersuchungsgebiet kann aus den topographischen Karten abgeleitet werden. Steinbruch- und Böschungssignaturen (■ Abb. 6.15) ebenso wie eingetragene Felsklippen liefern gerade in dicht bewachsenen Gebieten gute Ausgangspunkte für eine Geländeaufnahme. Häufig finden sich, etwa auf der neuen Ausgabe der deutschen TK 25, zwar Steinbruchbereiche markiert, aber keine Böschungssignaturen eingetragen.

Inzwischen sind gute Satellitenbilder über Google Earth® verfügbar, die im Vorfeld und während der Geländebegehung weitere Details liefern können.

■ **Positionsbestimmung**

Jedem Aufschluss weisen wir eine Aufschlussnummer zu und notieren die jeweilige Position. Bei der Positionsbestimmung mit dem GPS kann die Position direkt unter Angabe der Aufschlussnummer abgespeichert werden, oder man notiert sich im Feldbuch die fortlaufende Nummer des Wegpunkts (*waypoints*) des Aufschlusses. Ratsam ist, das Gerät täglich auszulesen und die Daten zu sichern. Wer möchte, kann sich auch die Koordinaten direkt ins Feldbuch schreiben, dann aber unbedingt Koordinatensystem und Projektion des GPS-Gerätes überprüfen, gegebenenfalls richtig einstellen und im Feldbuch notieren. Im Feldbuch notierte Koordinaten ohne Angaben zu Koordinatensystem und Projektion sind häufig wertlos.

■ **Die geologische Skizze**

Eine geologische Skizze hebt die geologisch relevanten Strukturen mit wenigen Linien vereinfacht hervor. Aus einiger Entfernung werden die übergeordneten Strukturen konturiert, sie können später mit Details aus der Nähe ergänzt werden. Ebenso werden Maßstab und Ausrichtung nach den Himmelsrichtungen angegeben.

Mit Ausblick auf die Landschaft aus der Ferne (■ Abb. 6.16) und einer Überprüfung vor Ort können geologische Strukturen herausgearbeitet werden, die auf den ersten Blick nicht eindeutig erscheinen. Bei dieser Art von Modellskizzen werden Teilbeobachtungen zu einer Übersicht zusammengefügt. Skizzen helfen dadurch, Strukturen in ihrem räumlichen Zusammenhang zu verstehen und

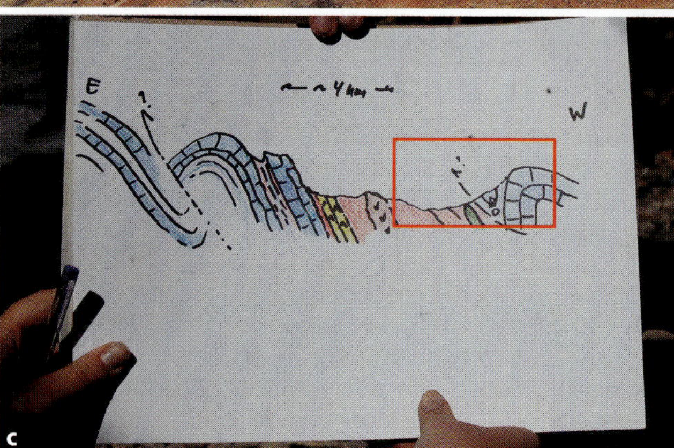

Abb. 6.16 Der Blick auf einen Gebirgszug in den peruanischen Anden (Huancavelica) (**a**). Nach und nach erkennen wir geologische Strukturen (**b**), die schematisch in einer Profilskizze festgehalten werden (**c**)

zu beurteilen. Dabei werden die zeichnerisch sichtbar gemachten Gedankenmodelle gegebenenfalls wieder verworfen und optimiert, bis sich alle Beobachtungen in einer Modellvorstellung ohne Widersprüche wiederfinden.

Schon beim Skizzieren denken wir fast automatisch über den genetischen Zusammenhang der Strukturelemente und Gesteinskörper nach, da jede Linie eine bestimmte geologische Bedeutung hat.

Die Skizze hilft auch, anderen komplexe strukturelle Gegebenheiten mitzuteilen – meist besser als mit vielen Worten. Zugleich können Messpunkte, Probenentnahmestellen oder Detailbeobachtungen wie Fossil- oder Mineralfunde auf der Skizze kenntlich gemacht werden.

■ Gitternetzverfahren für maßstabsgetreue Detailskizzen

Neben den Übersichtsskizzen, die die Aufschlusssituation auf das Wesentliche reduzieren, können auch auf das Detail bezogene, maßstabsgetreue Zeichnungen angefertigt werden. Diese Zeichnungen sollen ein exaktes Abbild der Strukturen sein. Eine bewährte Methode ist, den aufzunehmenden Bereich mit einem regelmäßigen Netz aus Nylonschnüren zu bespannen. Die konstante Maschenweite ermöglicht es, Feld für Feld Detailstrukturen zeichnerisch unverzerrt zu erfassen (■ Abb. 6.17).

In beiden Fällen werden Strukturen während des Zeichnens noch vor Ort überprüft und gedeutet. Daher birgt eine Skizze im Vergleich zu einem Foto mehr Informationen, wie zum Beispiel über die Art der sichtbaren Flächenelemente, Internstrukturen, über Korngröße, Fossil- und Mineralgehalt.

Fotos und Skizzen ergänzen sich als Informationsträger. Ein wenig Zeit zum Skizzieren sollte im Gelände immer sein, denn gleichzeitig ist es auch Zeit, über das Gesehene nachzudenken (■ Abb. 6.18).

■ Aufschluss-Detailaufnahme

Sobald im Aufschluss die vorkommenden Gesteinsarten bestimmt und die Strukturelemente erfasst sind, kann eine Detailerfassung folgen.

Zur Detailaufnahme werden:

- Orientierungen von Flächenelementen und Linearen mithilfe des Gefügekompasses bestimmt,
- Gesteinsproben entnommen,
- Profilaufnahmen durchgeführt.

Die Lokalisierung und Dokumentation von Kompassmessungen, Beprobungen und Profilverläufen kann im Gelände gut über die Aufschlussskizze erfolgen.

■ Genetische Interpretation

Zu den Aufgaben vor Ort gehört neben der reinen Dokumentation der Gesteinsvorkommen, sich auch die Frage nach der Entstehung der Gesteinsformationen zu stellen. Für die abschließende genetische Interpretation kann sich rasch der Bedarf an weiteren Beobachtungen ergeben, nach denen vor Ort gezielt gesucht werden soll.

Häufige genetische Fragestellungen sind:

- Wie ist die Bildungsreihenfolge der unterschiedlichen Gesteinseinheiten?
- Liegt die Schichtenfolge normal oder überkippt vor?
- Welches tektonische Spannungsmuster verursachte die Deformation?
- Welche sedimentäre Fazies lag zum Zeitpunkt der Fossileinbettung vor?

■ **Abb. 6.17** Gitternetz mit einer Maschenweite von 1 m an einer plio-pleistozänen (d. h. um die Grenze Tertiär-Quartär) Verwerfung westlich des Braunkohletagebaus Hambach (Niederrheinische Bucht)

6.3 Auf der Suche nach geologischen Grenzen

Das Auffinden geologischer Grenzen ist die zentrale Zielsetzung einer geologischen Geländeaufnahme, sie grenzen unterschiedliche Kartiereinheiten (■ Abb. 6.19) voneinander ab. Die Festlegung der Kartiereinheiten stellt den ersten Schritt einer flächenhaften Kartierung dar und erfolgt unter Berücksichtigung folgender Kriterien:

Lithologische Kriterien: Welche Gesteinsarten treten im Untersuchungsgebiet auf?

Genetische Kriterien: Welche Entstehungsprozesse können in den zu kartierenden Gesteinseinheiten unterschieden werden? Zum Beispiel Sedimentationsprozesse und assoziierte Faziesräume, tektonische Aktivität, Metamorphoseverläufe und -intensität sowie magmatische Phasen und Chemismus.

Stratigraphische Kriterien: Welchen Bildungszeitraum und welche zeitliche Abfolge zeigen die Gesteinseinheiten?

Kartiertechnische Kriterien: Welche der oben genannten Unterscheidungsmerkmale der Gesteinseinheiten lassen sich zu Kartiereinheiten zusammenfassen und lithologisch gut im Gelände unterscheiden?

Mithilfe der genetischen Kriterien werden Gesteinseinheiten zusammengefasst, die gemeinsam durch einen Bildungsprozess oder dem Zusammenspiel verschiedener Prozesse in einem definierten Bildungsraum entstanden sind und eine Fazies ausbilden. Die lithologischen Kriterien stellen die Frage, ob diese genetischen Einheiten tatsächlich auch im Gelände zu unterscheiden sind. Lithologisch ähnliche Gesteine genetischer Einheiten sind schlecht voneinander abgrenzbar und sollten daher zu einer Kartiereinheit zusammengefasst werden. Die auf diese Weise definierten Kartiereinheiten werden zeitlich zugeordnet, das heißt die Reihenfolge ihrer Entstehung festgelegt und mit der stratigraphischen Zeiteinstufung abgeglichen. Die stratigraphische Zuordnung erfolgt durch Vergleich mit bereits vorhandene Gesteinsbeschreibungen in der wissenschaftlichen Literatur oder geologischer Kartenwerke. Absolute Altersdatierungen sind nur begrenzt möglich. In magma-

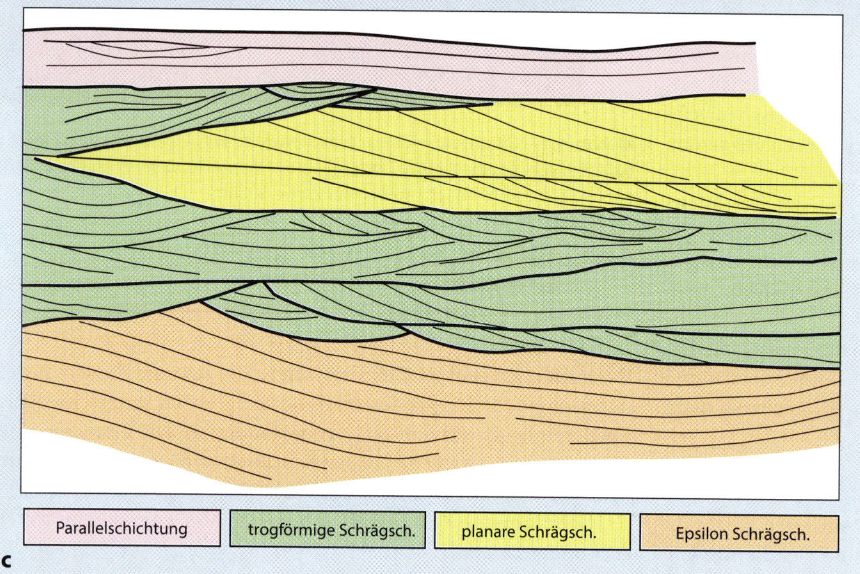

■ **Abb. 6.18** Skizzieren im Gelände. Studierende skizzieren detailliert Sedimentstrukturen im Zusammenhang mit der umgebenden Schichtung (**a**). Vergrößerung der Sedimentstrukturen der Hauptterrassensedimente in einer Kiesgrube bei Bonn (**b**). Die Zeichnung zeigt im Ergebnis die wesentlichen Sedimentstrukturen und die Analyse der Schrägschichtungskörper (**c**)

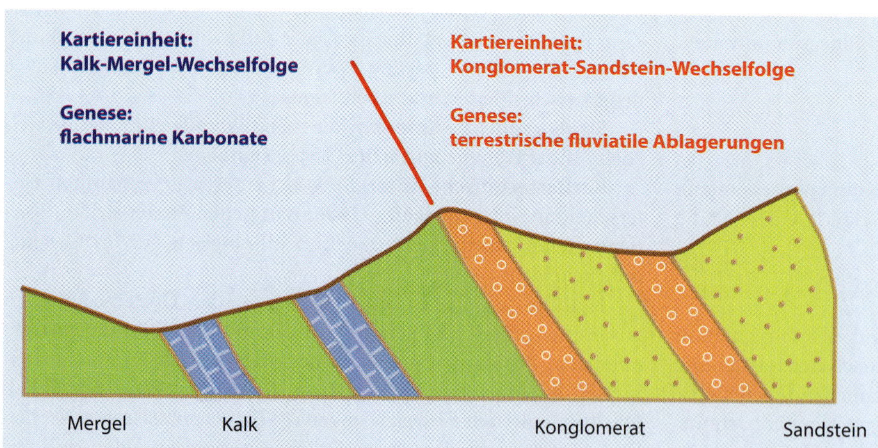

■ **Abb. 6.19** Kartiereinheiten wurden hier nach lithologischen und genetischen Kriterien festgelegt. Die Kalk-Mergel-Wechselfolge bildet eine genetische Einheit und ist unter flachmarinen Bildungsbedingungen entstanden. Nach einer Regression (Meeresspiegelsenkung) haben sich darauf fluviale Konglomerate und Sande abgelagert. Die Basis des unteren Konglomerates bildet somit die kartierbare Grenze zwischen den beiden Kartiereinheiten

tischen und metamorphen Gesteinen können radiometrische Datierungen zur Entstehung einzelner Mineralphasen durchgeführt werden. In Sedimentgesteinen sind radiometrische Datierungen in dieser Form nicht möglich, hier sind auftretende Leitfossilien, die ein kurzes Zeitfenster in der Erdgeschichte kennzeichnen, hilfreich. Das Alter der Sedimentgesteine wird indirekt, beispielsweise über ihren Bezug zu Orogenesen (Gebirgsbildungsphasen) und Meeresspiegelschwankungen, ermittelt. Bei jungen Sedimenten greifen Datierungsverfahren, wie die Warvenchronologie und optische Luminizenz (OSL).

■ **Geologische Grenzflächen – ihre Bedeutung und Form**

Die geologischen Grenzen zwischen Kartiereinheiten sind geometrisch betrachtet Flächen, wir können also von geologischen Grenzflächen sprechen. Sie trennen jeweils zwei Gesteinskörper oder geologische Einheiten voneinander und ergeben mit der Geländeoberfläche

Abb. 6.20 Die Geometrie geologischer Grenzflächen unterschiedlicher Komplexität: ebene bis leicht gebogene Fläche, gefaltete Fläche und Grenzfläche unregelmäßiger Körper. Der Verlauf der Ausbisslinien an der Geländeoberfläche ist bei komplexeren Grenzflächen schwieriger zu verfolgen

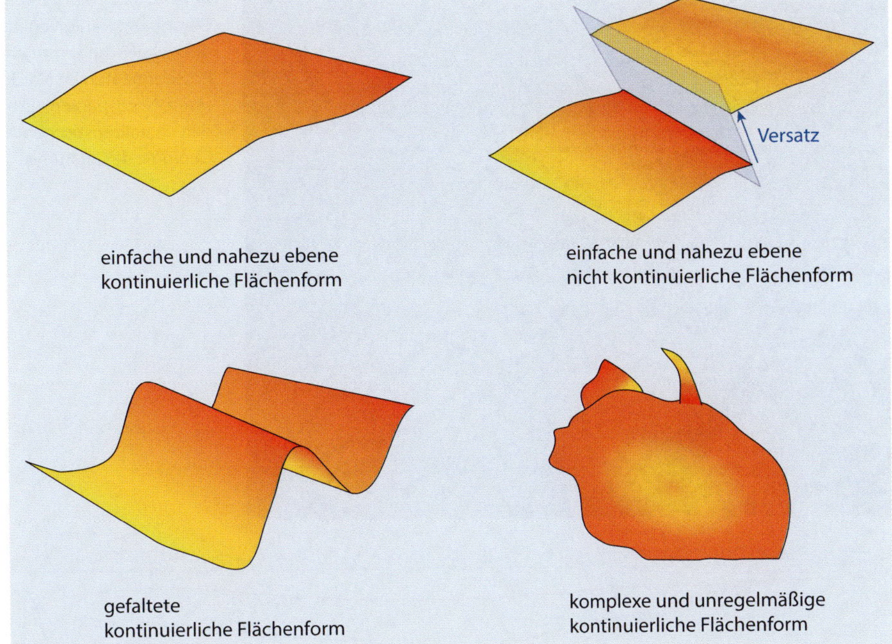

Abb. 6.21a–d Die Ausbisslinien der unterschiedlichen geologischen Grenzflächenformen sehen auf geologischen Karten auch unterschiedlich aus. Zur Vereinfachung wurde für die Abbildungen eine horizontale und ebene Geländeoberfläche angenommen. **a** Einfaches Schichteinfallen nach SW mit nahezu ebenen Schichtflächen, **b** Einfaches Einfallen nahezu ebener Schichten nach SW, an zwei Verwerfungen versetzt. Die Schollen im NW und SE sind relativ zur zentralen Scholle abgesunken. **c** Gefaltete Schichtenfolge mit abtauchenden Faltenachsen. Der Verlauf der Ausbisslinien ist auch hier vom Streichen abhängig. **d** Geologische Grenze einer irregulär geformten Intrusion. Die Ausbisslinie ist nicht konstruierbar und muss im Detail auskartiert werden

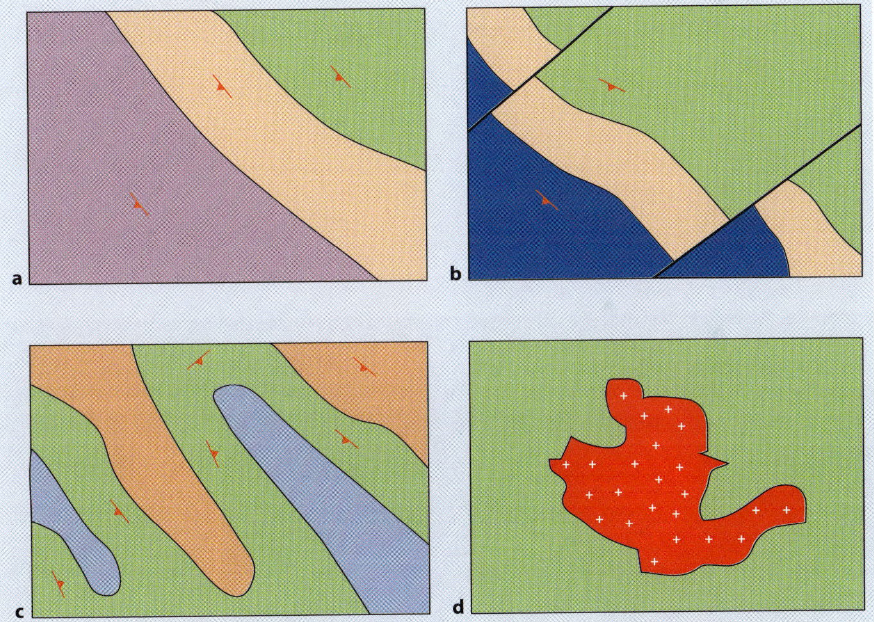

Schnittlinien, die Ausbisslinien. Die Form und Orientierung der Grenzfläche ist direkt auf die beteiligten Bildungsprozesse zurückzuführen, dabei handelt es sich primär um kontinuierliche Flächen. Diese Flächen zeigen keine Lücken oder Sprünge. Ein Blatt Papier ist eine kontinuierliche Fläche. Man kann es knicken, falten, zerknüllen oder rollen, es bleibt eine kontinuierliche Fläche. Sobald das Blatt zerrissen wird, entsteht eine diskontinuierliche Fläche. Verwerfungen stellen solche Risse in den sonst primär kontinuierlichen Flächenformen dar.

Folgende geologische Grenzflächenformen treten auf:

- ebene oder leicht gebogene Flächen – horizontal (söhlig), flach bis steil oder vertikal (saiger):
  - Schichtflächen sedimentärer und vulkanoklastischer Abfolgen,
  - Foliation und Scherflächen in metamorphen Einheiten,
  - Erosionsdiskordanzen innerhalb sedimentärer Abfolgen,
  - Verwerfungsflächen und Überschiebungsbahnen (tektonische Grenzen),
  - magmatische und hydrothermale Gänge;
- gefaltete Flächen:
  - tektonisch gefaltete sedimentäre Schichtgrenzen,
  - deformierte Foliation metamorpher Einheiten,
  - Verwerfungsflächen und Überschiebungsbahnen (tektonische Grenzen),
  - durch Salztektonik deformierte Einheiten;
- unregelmäßige und komplexe Flächen:
  - plutonische Körper,
  - subvulkanische Intrusionen und vulkanische Extrusiva,
  - magmatische und hydrothermale Gänge,
  - Zonierung in metamorphen Gesteinen,
  - Erosionsdiskordanzen (ehemaliges Relief).

Abb. 6.22 Markierung von Ausbisslinien mithilfe digitaler Luftbilddaten. Gerade bei wenig Vegetation ist dies häufig eine gute Möglichkeit, Geländebeobachtungen zu ergänzen. Auf dem Luftbild ist die Grenze zwischen Rotsedimenten im Norden und Karbonatabfolgen im Süden gut erkennbar (Arén, Nordspanien). Die Schichten fallen flach nach Süden ein und zeigen den charakteristischen Ausbisslinienverlauf (Luftbild : © Institut Cartografic i Geologic de Catalunya)

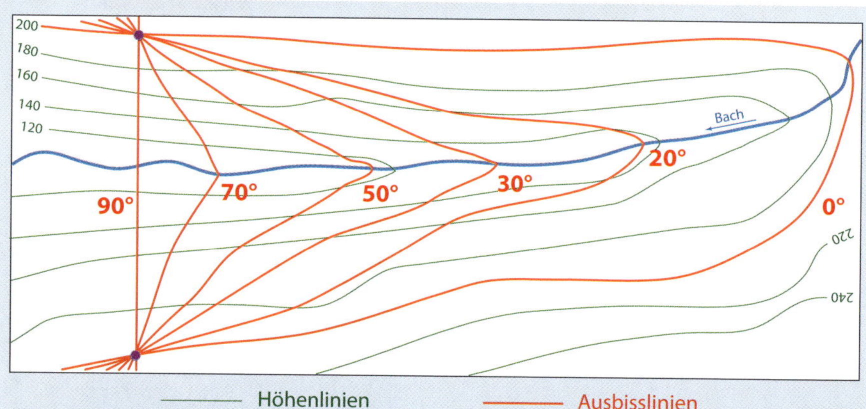

Abb. 6.23 Der Verlauf von Ausbisslinien unterscheidet sich je nach Schichteinfallen. Je flacher eine Grenzfläche im Raum liegt (hier Einfallsrichtung nach E), umso stärker wird die Ausbisslinie von der Morphologie beeinflusst

Abb. 6.24 Luxemburg bei Echternach, Blick nach Norden über das Tal der Sûre östlich Diekirch (**a**). Die Suche nach Aufschlüssen gestaltet sich in Mitteleuropa aufgrund der intensiven Land- und Forstwirtschaft nicht immer einfach. Unter der Wiese im Vordergrund verbergen sich die Schichten des Keupers, die nur lokal in einem Steinbruch aufgeschlossen sind (**b**)

Während für einfache und nahezu ebene Grenzflächen die Ausbisslinie leicht im Gelände nachzuverfolgen ist und ihr Verlauf auch aus dem Einfallen der Fläche konstruiert werden kann (► Abschn. 4.2), ist der Aufwand beispielsweise für gefaltete Abfolgen höher. Besonders schwierig zu kartieren sind unregelmäßige Grenzflächen, da für sie anders als bei den beiden anderen Flächenformen keine geometrischen Annahmen mit einfließen können. Zum Beispiel muss der Umriss eines plutonischen Körpers an der Geländeoberfläche Punkt für Punkt bestimmt werden. Er kann nicht geometrisch ermittelt werden, wie das bei einfachen Lagerungsverhältnissen sedimentärer Gesteinsabfolgen der Fall ist (**Abb. 6.20 und 6.21**).

Abb. 6.25 Ein Acker bei Eschershausen (Niedersachsen) mit Lesesteinbestreuung an der Grenze zwischen Ceratitenkalk (*links*) und dem unteren Keuper in siltiger Fazies (*rechts*). Auf den ersten Blick fallen nur die hellen mikritischen Ceratitenkalke auf dem Ackerboden auf. Die braunen wenige Zentimeter großen Siltstein-Bruchstücke, die den Boden vollständig abdecken, werden dabei leicht übersehen

Aus aufeinanderfolgenden geologischen Prozessen entstehen Kombinationen verschiedener Grenzflächenarten und -formen. Solche komplexen geologischen Strukturen, deren Genese im Gelände nicht immer sofort verständlich ist, erfordern meist neben einer detaillierten Geländeaufnahme auch eine gezielte Probennahme, die weitere zusätzliche Informationen liefern kann (▶ Abschn. 7.5).

Geologische Grenzen im Gelände verfolgen

Konnte eine geologische Grenze lokal festgestellt werden, so sollte unmittelbar ihr weiterer Verlauf im Gelände bestimmt werden. Ist die Grenze beispielsweise durch einen markanten lithologischen Wechsel an der Oberfläche gut erkennbar, so können wir sie abgehen, ihren genauen Verlauf in die Karte eintragen und mit GPS-Werten stützen. Hilfreich sind in diesem Fall auch georeferenzierte Luftaufnahmen (mit Koordinaten versehene Luftbilder). Auf ihnen können die im Gelände gefundenen Grenzen anhand markanter Farbunterschiede oder Reliefkanten weitergeführt werden (Abb. 6.22).

Der Verlauf von Ausbisslinien hängt vom Schichteinfallen ab. Saigere oder steile Flächen ziehen in Streichrichtung unbeeinflusst durch das Relief des Geländes. Je flacher eine Fläche im Raum liegt, umso mehr wird ihre Ausbisslinie durch die morphologische Oberflächenform beeinflusst (Abb. 6.23). Bei horizontalen Flächen liegen die Ausbisslinien höhenlinienparallel.

6.4 Lesesteinkartierung & Co. – klare Grenzen bei wenig Aufschlüssen

Häufig werden für die Beschreibung geologischer Strukturen Landschaften mit wenig Vegetation und geringer Bodenbildung bevorzugt, da dort die Strukturen natürlich viel besser zu erkennen sind. Dies sieht in der Realität des humiden Mitteleuropas oft anders aus: kaum Aufschlüsse – „nur" Feld, Wald und Wiese, soweit das Auge reicht (Abb. 6.24). Doch auch hier gelingt es, die geologischen Grundstrukturen mit etwas Fingerspitzengefühl zu erfassen. Neben den Landschaftsformen helfen Details, die ein ungeübtes Auge rasch übersieht, ein differenziertes Bild des geologischen Untergrundes zu entwerfen.

Abb. 6.26 **a** Ein unauffälliger Ackerboden in der Eifel. **b** Erst bei näherem Hinsehen kann eine Aussage über die Gesteinsvorkommen gemacht werden. Der Acker ist tatsächlich übersät von kleinen eckigen Gesteinsbruchstücken, in diesem Fall sind es hellbraune fein- und mittelkörnige Sandsteine

Lesesteinbestreuung

Frisch gepflügte Äcker können einheitliche oder auch stark variierende Spektren von Lesesteinen an den Tag fördern. Aus einer Tiefe von 0,5–0,8 m werden Gesteinsbruchstücke durch den Pflug regelmäßig an die Oberfläche transportiert. Die häufigsten Lesesteine im Spektrum sind in der Regel auch repräsentativ für die darunter liegende Schichtenfolge (Abb. 6.25).

■ **Abb. 6.27 a** Roter toniger Boden (Keuper) bei Eschershausen (Niedersachsen). Deutlich ist der fettige Glanz durch den Anschnitt mit der Klinge erkennbar, ebenso die hellen Bruchstücke des feinsandigen Schilfsandsteins. **b** Direkter Vergleich zweier deutlich durch die Färbung unterscheidbare Feinsandsteine der Keuperabfolge – eine Unterscheidung wäre bei der Kartierung gut möglich

■ **Abb. 6.28 a** Heller Boden unter der Wiese. Der Boden ist auffällig, jedoch ist aus der Entfernung keine genauere Angabe möglich. **b** Aus der Nähe sieht das anders aus, glänzende transparente Gipskristalle, rötliche Tonsteine und dunkele mergelige Tonsteine liegen auf der Oberfläche. Hierbei handelt es sich um Evaporite und tonige Zwischenlagen eines randmarinen Ablagerungsraumes aus dem Keuper bei Pont de Suert (Nordspanien)

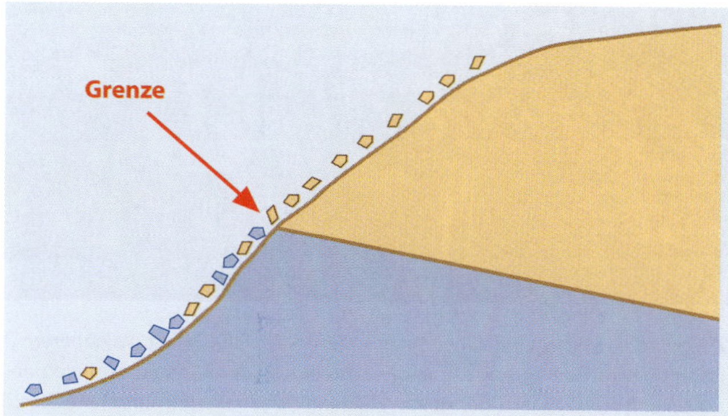

■ **Abb. 6.29** Am Hang bewegen sich die Lesesteine durch die Schwerkraft abwärts. Geht man den Hang hinauf, liegt die Grenze meist dort, wo die hangabwärts vorkommenden Gesteine vollkommen aus dem Spektrum verschwinden und zugleich die „neuen" Lesesteine das Spektrum bestimmen

Lesesteinkartierung zu erfassen, quert man einen Acker mehrfach und beobachtet mögliche Wechsel im Lesesteinspektrum.

Liegt der Acker am Hang, ist dabei die Streuung der Gesteine hangabwärts zu beachten. Geht man einen Acker bergauf, so sind nicht die ersten „neuen" Lesesteine für eine Grenze ausschlaggebend, sondern das Verschwinden der „alten" (■ Abb. 6.29). Häufig lässt man sich bei der Festlegung der Grenze durch das auffälligere Gestein täuschen.

Bei Lesesteinen zeigt eine Streuung wechselnder Lithologien über breitere Bereiche (■ Abb. 6.30) an:

- Streuung hangabwärts einer Schichtgrenze oder
- Nahezu parallel zur Geländeoberfläche ausbeißende Schichtgrenze oder
- Wechsellagerung.

Mächtigere Böden führen meist zu einer unklareren Abgrenzung der Flächen anhand der auftretenden Lesesteine. Bodenfließen (Solifluktion) und landwirtschaftliche Nutzung (Pflügen) tragen dazu bei, die im Boden auftretenden Gesteinsbruchstücke zu vermischen.

Eine Hilfe zur Festlegung der Grenzen auf landwirtschaftlich genutzten Flächen liefert die unterschiedliche Bodenfeuchte. Bei

Bei einer Bestimmung des Lesesteinspektrums geht es daher nicht darum, die auffälligsten Gesteine zu finden, sondern die häufigsten. Dafür ist der Ackerboden durchaus aus der Nähe zu betrachten (■ Abb. 6.26, 6.27 und 6.28). Um geologische Grenzen durch eine

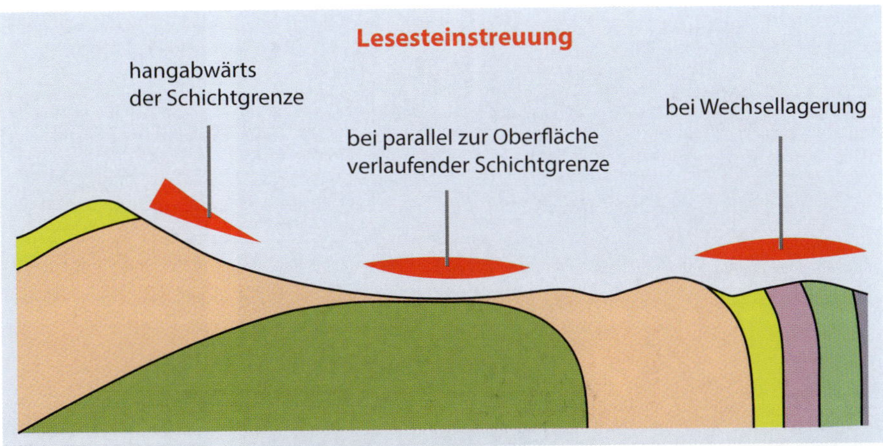

Abb. 6.30 Bereiche stärkerer Lesesteinstreuung

Abb. 6.31 Ein Wald in Mitteleuropa, die Aufschlusssituation ist dürftig (**a**). Am Fuß der Baumstämme hat Regenwasser, das am Stamm abgeflossen ist, Lesesteine aus dem Wurzelbereich freigespült (**b**)

höherem Tonanteil steigt die Fähigkeit des Bodens, Feuchte zu speichern. Feuchter Boden erscheint dunkler als trockener Boden. Dieses Merkmal kann auch bei der Auswertung von Luftbildern herangezogen werden.

Liegt eine starke Streuung der höher am Hang vorkommenden Gesteine vor oder haben sich mächtige Fließerden gebildet, wird eine Grenze alleine durch Oberflächenbeobachtungen schwerer zu erfassen sein. Hier könnten einzelne Bodensondierungen (siehe unten) hilfreich sein. Aber auch morphologische Kleinformen wie Knicke oder Kanten am Hang können uns ein Indiz für eine wechselnde Lithologie im Untergrund liefern.

Bei der Geländeaufnahme durch Lesesteine ergeben sich folgende Schritte:

- Übersicht über das Spektrum der vorkommenden Gesteine verschaffen,
- gut differenzierbare lithologische Kartiereinheiten festlegen,
- Vorkommen der Lesesteine bestimmen und die Fundorte in die Karte eintragen (GPS),
- Merkmale wie Grenzen von Staunässe oder morphologische Knicke als Verlauf eingetragen,
- bei Bedarf Sondierungen setzen.

Aus diesen Informationen können auch in Gebieten mit stärkerer Bodenbildung und Bewuchs die Grenzverläufe zwischen Kartiereinheiten überraschend genau festgelegt werden.

■ Aufschlusssituation in bewaldeten Gebieten

Eine typische Situation in Mitteleuropa: Stundenlang läuft man durch den Wald auf der Suche nach geologischen Informationen zum Untergrund. Und selbst hier gibt es Hinweise. Am Fuß der Baumstämme liegen Lesesteine, die durch Regenwasser, das über Jahre am Stamm abgeflossen ist, aus dem Wurzelbereich freigespült wurden (Abb. 6.31). Natürlich bieten die Wurzelteller umgestürzter Bäume eine gute Fundstelle (Abb. 6.32). Mit Glück können hier sogar Hinweise auf die Schichtlagerung erkannt werden.

Im Bereich von Wiesen hilft häufig nur eine Reihe von Sondierungen. Unterstützung erhalten wir von den Maulwürfen (Abb. 6.33), sie durchgraben das Erdreich in maximal 1–2 m Tiefe und fördern das Material an die Oberfläche. Das in den Maulwurfshügeln enthaltene Kleinstlesesteinspektrum lässt beinahe immer eine sichere Zuordnung zu.

■ Quellaustritte

Gerade in den feuchten Jahreszeiten sind Quellaustritte (Abb. 6.34) gute Hinweise auf Schichtung und Tektonik. Besonders deutlich sind sie zu erkennen, wenn es sich um einen Säuerling handelt: Die am Quellaustritt ausfallenden Eisenoxide und -hydroxide färben den Quellaustritt rotbraun.

Meist handelt es sich um Schicht- oder Überlaufquellen (Abb. 6.35). In beiden Fällen befindet sich im Liegenden eines Aquifers eine wasserstauende Schicht. Das Wasser tritt entlang der Ausbisslinie der Schichtgrenze an verschiedenen Stellen aus.

Abb. 6.33 a Maulwürfe durchgraben das Erdreich und fördern dabei auch kleine Lesesteine an die Oberfläche. b Die hier emporgebrachten Gesteinsbruchstücke bestehen ausnahmslos aus hellroten Feinsandsteinen des Mittleren Buntsandsteins. Bei Burg Breuberg im Odenwald

(Abb. 6.36). Meist werden Bodenproben aus 1–2 m Tiefe entnommen. Dadurch will man an Informationen über die Bodenhorizonte und das Ausgangsgestein unter den Böden gelangen.

Bodenbildungsprozesse über dem Festgestein führen zur Ausbildung von Bodenhorizonten, die mithilfe von Sondierungen oder Schürfen in ihrer vertikalen Abfolge differenziert werden können. Bei mächtigeren Bodenbildungen können auf diese Weise Informationen über das Gestein im Untergrund gesammelt werden, da Bodenbildung und Ausgangsgestein genetisch eng miteinander zusammenhängen.

Zur differenzierteren Beschreibung der Bodenhaupthorizonte (A, B, C) verwendet man nachgestellte Kleinbuchstaben (Abb. 6.37). Das feste oder lockere Ausgangsgestein liegt unterhalb der eigentlichen Bodenbildung und wird als C-Horizont bezeichnet. Darüber folgt der mineralische Unterboden, der B-Horizont (Anreicherungshorizont). Der mineralische Oberboden, der A-Horizont (Auswaschungshorizont) schließt die Abfolge der Bodenhorizonte nach oben hin ab und wird auch als Mutterboden oder Krume bezeichnet.

Abb. 6.32a,b Im Wurzelteller des umgestürzten Baumes hängen laminierte Siltsteine. Sie stehen nun steil, die Wurzeln hatten sie aber in flacher Lagerung durchdrungen. Mit etwas Glück sind somit neben der Bestimmung der Lithologie auch Hinweise auf die Lagerungsverhältnisse möglich

■ Bodenhorizonte, Sondierungen

Helfen die bisher genannten Verfahren aufgrund mächtigerer Bodenbildung nicht weiter, so bleibt nur die Sondierung mit dem Bohrstock beziehungsweise der Sondierstange nach Pürckhauer

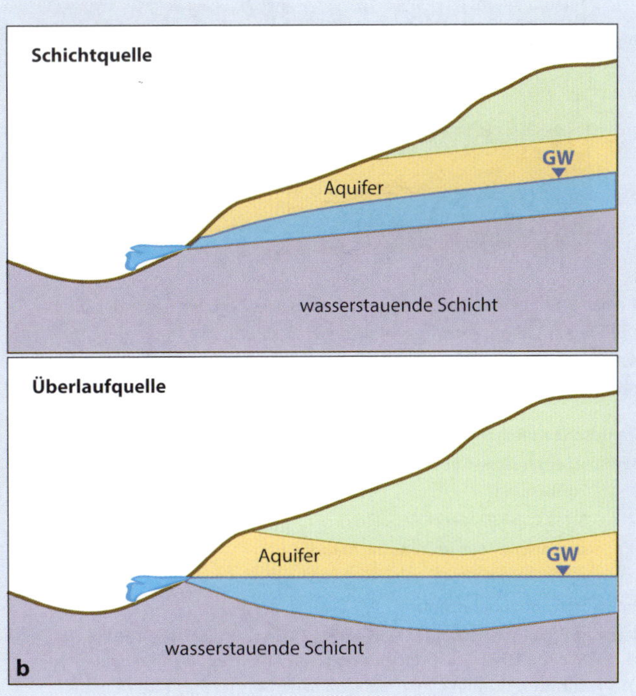

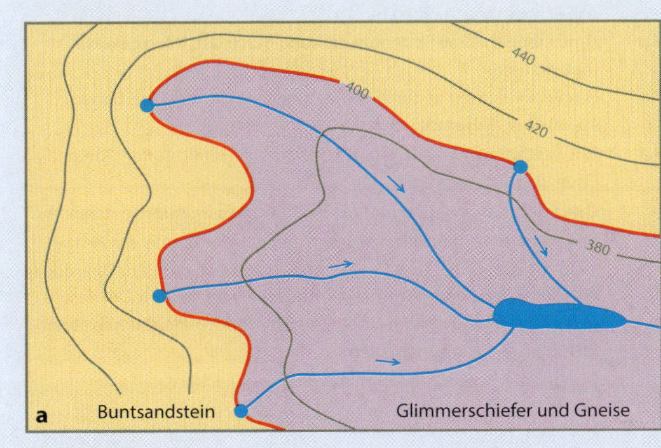

Abb. 6.34a–c Quellen können gerade in den feuchten Jahreszeiten wertvolle Hinweise geben. a Quellaustritt eines Säuerlings, durch ausgefällte Eisenoxide und -hydroxide rot gefärbt. In diesem Fall handelt es sich wahrscheinlich um eine kluftgebundene Quelle, die Wasser aus größerer Tiefe artesisch fördert. b Eine Überlaufquelle an einem Hang, an dem die Grenze zwischen sandiger Permotrias über tonigem Karbon verläuft. c Gefasste kluftgebundene Quelle im Capanne Granit (Elba)

Abb. 6.35 a Hier liegen vier Quellen in etwa 400 m Höhe. Möglicherweise verläuft hier die Obergrenze einer wasserstauenden Schicht. b Quelltypen in der Profilansicht. GW: Grundwasser

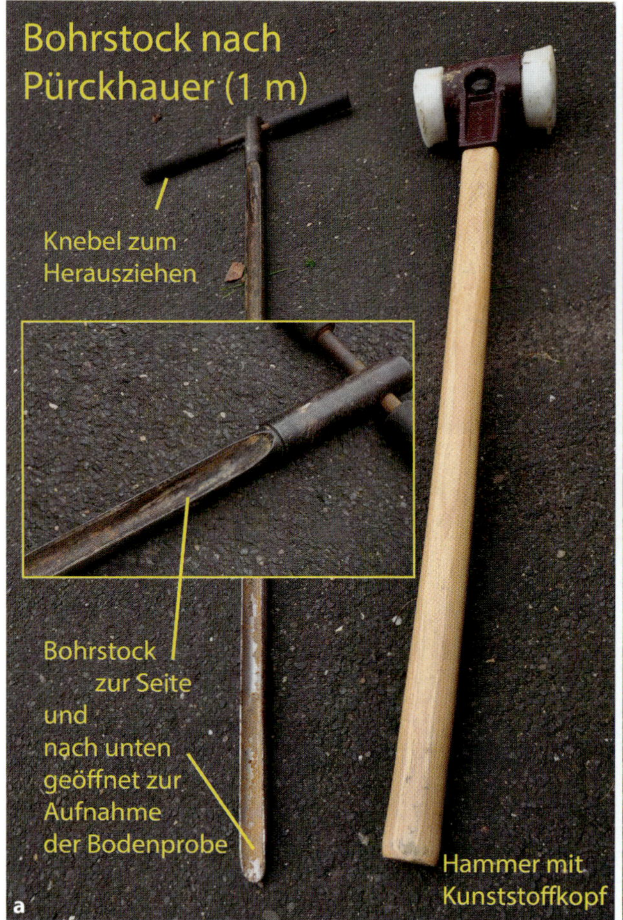

■ **Abb. 6.36 a** Bohrstock nach Pürckhauer (1 m), **b** Einsatz im Gelände

■ **Abb. 6.37** Bodenprofil. Mit Ap wird ein Bodenhorizont beschrieben, der durch regelmäßige landwirtschaftliche Bearbeitung (p = Pflug) geprägt ist. Ah bezeichnet den humosen Oberboden (h = Humus) ohne landwirtschaftliche Nutzung. Das Festgestein (C) wird im verwitterten Zustand mit Cv bezeichnet

Organische Auflagen

Merkmal: organische Substanz mehr als 30 Gew.-% (entspricht 60 Vol.-%)

H	Torfbildung
L	Streu von Pflanzenresten (*litter*)
O	organische Feinsubstanz (nicht torfig)

Mineralische Bodenhorizonte

Merkmal: organische Substanz weniger als 30 Gew.-% (entspricht 60 Vol.-%)

A	Mineralischer Oberbodenhorizont mit Anreicherung an organischer Substanz (Humus), Verarmung an mineralischer Substanz (Auswaschung)

Mineralische Bodenhorizonte

Merkmal: organische Substanz weniger als 30 Gew.-% (entspricht 60 Vol.-%)

Ah	Bis zu 15 Gew.-% akkumulierter Humus (dunkle Färbung), humoser Anteil nimmt nach unten hin ab
Ap	Durch regelmäßige Bodenbearbeitung durch den Pflug gebildet (Ackerkrume)
Aa	Humusanreicherung durch Vernässung (anmooriger Oberboden) 15–30 Gew.-% Humus
Ae	Auswaschungshorizont (eluvial): verarmt an Huminstoffen, Ton und Eisen, dadurch gebleicht
Al	Durch Tonauswaschung und -verlagerung (Lessivierung) entstanden
B	Mineralischer Unterbodenhorizont, durch Verwitterung des Festgesteins (Unterboden) und Einlagerung von Stoffen aus dem Oberboden entstanden (Illuvialhorizont). Er enthält weniger als 75 Vol.-% Festgesteinsreste und ist vom Ober- und Unterboden meist durch einen Farbwechsel zu unterscheiden
Bh	Durch Einwaschung von Huminstoffen angereichert
Bs	Durch Einwaschung von Sesquioxiden angereichert (insbesondere Fe_2O_3, Mn_2O_3, Al_2O_3)
Bt	Durch Einwaschung mit Ton angereichert
Bv	Durch Verwitterung verbraunt (Eisenoxidation) und verlehmt (Mineralumwandlung)
C	Mineralischer Untergrund: Ausgangsgestein, aus dem der Boden durch physikalische und chemische Verwitterung entstanden ist
Cv	Schwach verwittert, Übergang zum frischen Gestein, bei Festgesteinen zu Bruchstücken entlang der Klüftung verwittert
Cn	Unverwittert (*novus* = frisch, unversehrt), bei Festgesteinen nicht angewittert, massiver Fels

Weitere mineralische Bodenhorizonte

S   Mineralbodenhorizont mit Stauwassereinfluss, zeitweilig oder ständig luftarm

G   Mineralbodenhorizont mit Grundwassereinfluss

P   Mineralischer Unterbodenhorizont mit mehr als 45 Gew.-% Tonanteil (Pelosol)

T   Mineralischer Unterbodenhorizont mit mehr als 75 Gew.-% Carbonat aus Lösungsrückständen von Karbonatgestein (Terra Fusca, Terra Rossa)

Y   aus anthropogenen Aufschüttungen oder Aufspülungen entstandener Horizont

Die im Laufe der Bodenentwicklung entstandenen Bodenhorizonte bilden unterschiedliche charakteristische Bodenprofile. Böden mit weitgehend gleicher Profilausprägung werden zu einem Bodentyp zusammengefasst, da sie durch vergleichbare Bodenbildungsprozesse entstanden sind. Details zur bodenkundlichen Kartierung werden hier nicht weiter vertieft. Die *Bodenkundliche Kartieranleitung* der Ad-hoc-Gruppe Boden (Hrsg. Bundesanstalt für Geowissenschaften und Rohstoffe in Zusammenarbeit mit den staatlichen geologischen Diensten, 5. Aufl. 2005) ist ein Standardwerk zur bodenkundlichen Geländeaufnahme.

6.5 Anstehendes Gestein erkennen – Relief und Verwitterung

Die Lagerungsverhältnisse und Eigenschaften von Gesteinen an der Erdoberfläche prägen die Landschaftsformen. Dies fällt besonders gut in wenig bewachsenen Regionen auf. Die auftretenden Reliefformen hängen im Wesentlichen von der Festigkeit und der Form der Gesteinskörper ab.

Dieser Abschnitt erläutert markante Aufschlusssituationen mithilfe von Geländeaufnahmen. Dabei wurde eine Auswahl wesentlicher Merkmale getroffen, die häufig im Gelände zu finden sind und auch für den geologisch interessierten Betrachter gut erkennbar sind. Weiterführende Diagramme zu den Gesteinen und ihrer Entstehung und Klassifikation finden sich in ▶ Kap. 2.

6.5.1 Sedimentäre Abfolgen

Das charakteristische Merkmal von Sedimentgesteinen ist ihre Schichtung, sie ist durch einen Materialwechsel erkennbar. Dieser Materialwechsel wird durch unterschiedliche Ablagerungsbedingungen verursacht. Auch Fugen zwischen Schichtbänken entstehen durch einen kurzzeitigen Wechsel in der Sedimentation. Wie Sedimentgesteine entstehen, ist ausführlich in ▶ Abschn. 2.4 beschrieben.

Das makroskopische Erscheinungsbild von Sedimentgesteinen ist bedingt durch:

- die Lithologie,
- mögliche Wechsellagerungen,
- interne Sedimentstrukturen,
- Fossilführung.

Wir interpretieren die Bildungsbedingungen von Sedimenten im Wesentlichen über diese Merkmale. Auf den kommenden Seiten möchten wir daher eine Auswahl typischer Gesteinsvorkommen in Bildern zeigen und auf wesentliche Merkmale hinweisen. Dabei haben wir Wert darauf gelegt, dass sowohl dem angehenden Geowissenschaftler für eine Geländebegehung, wie auch dem geowissen-

◘ **Abb. 6.38a–c** Playasedimente. Die Abbildungen zeigen, wie wichtig die Angabe eines Maßstabs ist. **a, b** Permische Ablagerungen des Lodève-Beckens (Südfrankreich), **c** Silte und Tone der Tremp-Formation (Kreide-Tertär-Grenze) in Nordspanien. Balkenbreite: **a** 10 cm, **b** 2 m, **c** 4 m

schaftlich Interessierten für bevorstehende Wanderungen durch die Natur wesentliche Anhaltspunkte vermittelt werden. Nur Beobachtungen, die makroskopisch oder mit der Lupe tatsächlich im Gelände durchzuführen sind, werden dabei am Bildmaterial beschrieben. Zum Vergleich zeigen wir auch Bilder von rezenten Bildungen.

Sedimentäre Abfolgen bestehen aus einer Serie übereinander abgelagerter Gesteinsschichten mit wechselnder Lithologie. Sie können durch tektonische Kräfte verstellt und deformiert sein und somit wechselndes Schichteinfallen zeigen. Die Muster der Gesteine zeigen über verschiedene Dimensionen hinweg Ähnlichkeit, sie haben also fraktale Eigenschaften. Eine Reliefform von wenigen Zentimetern kann daher kilometergroßen Strukturen ähneln. Daher ist bei der Darstellung dieser Strukturen zum Größenvergleich ein Maßstab immer erforderlich.

Drei Beispiele aus roten Playasedimenten (◘ Abb. 6.38) zeigen, wie schwierig es fällt, den tatsächlichen Maßstab abzuschätzen. Welche Breite haben die Balken auf den drei Teilabbildungen?

Bei söhligem bis flachem Schichteinfallen (Einfallswinkel 0–20°) bilden die härteren, verwitterungsresistenten Bänke die steileren Hangabschnitte, wobei die Oberkante dieser Bänke meist einen deutlichen morphologischen Knick darstellt (◘ Abb. 6.39). Die steilen Hänge bleiben auch bei fortschreitender Erosion erhalten. Da die Sedimente im Liegenden rascher abgetragen werden, wird das darüber liegende Schichtpaket instabil, bricht an vorhandenen Klüften aus dem Schichtverband und rutscht gravitativ den Hang abwärts.

Abb. 6.39a–d Flaches Schichteinfallen. **a** Die Turbidite der Marnoso-Arenacea-Formation bei Casola Valsenio (Nordapennin, Italien) zeigen, wie die härteren sandigen Lagen (hell) als Kanten zwischen den tonig-siltigen Partien herauswittern. **b** Sandige Schüttungen innerhalb der flach liegenden Abfolge des Montañana-Deltas (Nordspanien) brechen an den vorgegebenen Klüften aus dem Schichtverband, da die Schichten im Liegenden durch fortschreitende Erosion abgetragen werden. Deutlich ist der sich bildende Hangschutt erkennbar. **c** Die weicheren Silte und Tone an der Kreide-Tertiär-Grenze (Tremp-Formation, Nordspanien) sind unterhalb der einst in Rinnen abgelagerten Sandsteine bereits deutlich abgetragen, weshalb die Sandsteine aus dem Hang ragen. **d** Die Skizze illustriert, wie die Erosion unterschiedlich widerstandsfähiger Gesteinsschichten zur Bildung von Kanten führt

Das Kluftnetz bestimmt also die Geometrie der Felskante. Abbildung 6.40 zeigt, wie diese im Fall eines polygonalen Kluftnetzes aussieht. Weil der Sandstein kompetenter als die weichen Tonsteine ist, entstanden die Klüfte während der Diagenese und Deformation, um Spannungen auszugleichen.

An der Basis der Hänge bilden sich Schuttkegel aus dem Gesteinsmaterial, das sich aus der Schichtung löst. Diese Schuttkegel wachsen insbesondere bei steilen Hängen rasch nach oben und bilden einen natürlichen Böschungswinkel von etwa 40°. Dabei werden die Schichten an der Hangbasis verdeckt.

Mit steigendem Einfallswinkel der Schichtenfolge ändert sich die Landschaftsform. Bei Einfallswinkeln zwischen 10° und 30° bilden die Schichtoberflächen der widerstandsfähigen Bänke häufig die flachen Hänge der Landschaft als schichtparallele Geländeformen aus (Abb. 6.41). Ab einer geneigten Schichtlagerung von etwa 40° beginnen die härteren Bänke morphologische Rücken auszubilden

(Abb. 6.42), die durch Senken mit leichter erodierbarem Gestein voneinander getrennt sind. Bei steil bis saiger stehender Schichtung (70–90°) bilden sich diese Rücken als regelrechte Zinnen heraus. Dies erfolgt umso stärker, je größer der Kontrast der Festigkeit zwischen den einzelnen Schichtgliedern ist.

■ Massenbewegungen im Gebirge, Brekzien

Durch Verwitterung gelockertes Gesteinsmaterial löst sich aus dem Gesteinsverband und bewegt sich mit der Schwerkraft. Im Gebirge können diese Prozesse durch Niederschlag und Wind beschleunigt werden. Dieser gravitative Massentransport (Abb. 6.43–6.46) kann allmählich oder durch Einzelereignisse, wie bei einem Bergsturz oder dem Niedergang einer Mure erfolgen. Berg- oder Felsstürze sind gravitative Rutschungen von Felsmassen, die entlang von Kluftsystemen instabil werden und in Bewegung kommen. Der Auslöser von Bergstürzen kann unterschiedlicher Natur sein, Auftauprozesse in

◘ **Abb. 6.40 a** Basisabfolge des Keupers bei Echternach (Luxemburg). Sandige Rinnen eines mäandrierenden Flusssystems liegen in einer Abfolge von Tonen einer Überschemmungsebene. Auffällig sind die „Nasen" der Sandsteine entlang des Aufschlusses, die Sandsteine brechen entlang eines polygonalen Kluftmusters. Erosionsfurchen schneiden in die Tone. Abgetragene Tone und Bruchstücke des Sandsteins sammeln sich am Fuß des Hanges als Schuttkegel. **b** Das polygonale Kluftmuster kann wie hier am Beispiel der Marnoso-Arenacea-Turbidit-Abfolge (Miozän) im Nordapennin charakteristische Sägezahnmuster in den festeren Sandbänken ergeben. **c** Aufsicht auf das polygonale Kluftmuster einer feinsandigen Lage innerhalb der Turbiditabfolge der Boixols-Decke (Nordspanien). Vorsicht, nicht mit Trockenrissen verwechseln!

◘ **Abb. 6.41a–c** Einfallswinkel zwischen 10° und 30°. **a** Die hellen Lagen sind Karbonate innerhalb toniger Playasedimente (Lodève-Becken, Südfrankreich). Aufgrund ihrer höheren Festigkeit wurden sie durch Erosion freigelegt. **b** Mächtige Kalksteinbänke an der Basis sind durch sandige Abfolgen überlagert. Die Schichtung wird zur Oberkante hin flacher. Dies ist auf eine Verstellung der Schichtenfolge während der Sedimentation (synsedimentär) zurückzuführen. Die jüngsten Schichten (oben) sind daher am wenigsten von der Deformation betroffen. Montañana, Nordspanien. **c** Auf dem Bild der Sierra de Montsec ist deutlich die zum Rücken hin steiler werdende Schichtung erkennbar. Die steil gestellten Schichten bilden den markanten Rücken, durch den seit dem Tertiär der Fluss Ribagorzana eine Schlucht eingeschnitten hat

■ **Abb. 6.42a,b** Landschaftsformen bei steilem Schichteinfallen. **a** Mit etwa 50° nach N einfallende Karbonatabfolge (Cotiella-Decke) bei Alins, Nordspanien. Die mächtigen Kalke wurden im Miozän verstellt. Die Erosion hat die auflagernde kalkig-mergelige Wechselfolge abgetragen. **b** Am Hirschberg im Vorarlberg (Österreich) bildet die Wechselfolge der Drusbergschichten mit härteren mikritischen Kalken und weicheren tonigen Mergeln in steiler Lagerung diese markanten Relieformen. **c** Eine sandig-tonige Turbiditabfolge des Juras bei Pont de Suert (Nordspanien). Auch hier wurden die härteren sandigen Bänke von der Erosion herauspräpariert und bilden entsprechende Kleinrücken an der Oberfläche

■ **Abb. 6.43** Hangschuttfächer in Süd-Usbekistan. Entlang der steilen felsigen Talhänge bilden sich Schuttfächer, die aus eckigen Blöcken bestehen. Die Sortierung ist sehr schlecht und das Gefüge ist komponentengestützt. Durch Zementation der Zwischenräume und Verfestigung des Gesteins könnte daraus eine grobe Brekzie entstehen

■ **Abb. 6.44** Hangrutschung in Süd-Usbekistan. Deutlich erkennbar ist die Abrisskante der Rutschung, unterhalb liegt die konvexe Scherfläche frei. In tonigen und tonführenden Sedimenten, die durch Regenereignisse wassergesättigt sind, können sich Gleitflächen ausbilden, an denen Massenbewegungen stattfinden

Permafrostgebieten, starke Niederschlagsereignisse, Schmelzwasserereignisse, Spannungsentlastung bei Insolation oder auch seismische Ereignisse können diese verursachen. Muren sind Massenbewegungen eines Wasser-Gesteinskomponenten-Gemisches, wobei der Wasseranteil in der Regel zwischen 50 und 30 Volumenprozent liegt. Der Abgang einer Mure kann durch einen Bergsturz ausgelöst werden. Das Material des Bergsturzes kann dann durch Zufuhr von Wasser (Niederschlag, Oberflächenwasser) in ein Wasser-Gestein-Gemisch überführt werden, das in Richtung der Schwerkraft meist kanalisiert hinabfließt. Sobald das Gefälle nachlässt, verlangsamt sich die Fließgeschwindigkeit, der Wasseranteil fließt aus und es bilden sich Fächer oder auch Murkegel, bestehend aus schlecht sortiertem Transportmaterial der Mure.

Eckige Gesteinskomponenten entstehen unmittelbar aus mechanisch zerfallendem Gestein. Durch Zementation der Zwi-

Abb. 6.45a,b Bergsturz im Tarmatal (Peru). Am steilen und deutlich zerklüfteten Felshang kam es zum Abbruch von Felsmassen, die nun als Schuttfächer auf dem Talboden liegen. Die Übersteilung des Hanges ist durch das laterale Einschneiden des Flusses verursacht. Die Schuttkegel bedecken nun die randlichen Bereiche des Flussbettes. Das Lockermaterial wird vom Fluss mitgeführt und dadurch teilweise wieder abgetragen. Schon nach Transportstrecken von wenigen Kilometern im Flussbett werden aus den eckigen Blöcken der plutonischen Gesteine gerundete Gerölle

Abb. 6.46 Bergsturz, der sich am steilen Hang zu einem kanalisierten Schlamm- und Geröllstrom (Mure) entwickelt und einen Sedimentfächer auf den Feldern der Talebene bildet (Colcatal, Peru)

schenräume mit neu gebildeten Mineralen entsteht eine Brekzie (■ Abb. 6.47). Insbesondere in terrestrischen Ablagerungsbereichen können diese häufig komponentengestützen und schlecht sortierten klastischen Sedimente entstehen. Sie bilden sich in der Nähe vom Ursprungsgestein, denn sie haben meist nur einen gravitativen Transportweg zurückgelegt (Bergstürze, Schuttkegel). Brekzien mit matrixgestützem Gefüge sind in der Regel durch Schichtfluten (*sheet flood*), also wassergesättigte Sedimentströme, entstanden. Analog dazu können Brekzien insbesondere in tektonisch aktiven marinen Ablagerungsräumen mit starkem Relief (Horst- und Grabenstrukturen), in der Umgebung von submarinem Vulkanismus oder durch seismisch induzierte Massenbewegungen entstehen.

■ Die Entstehung der Gerölle und Konglomerate

Die Gesteinsklasten werden beim fluviatilen Transport gerundet (■ Abb. 6.48), weil Gesteinskanten abgeschlagen werden. Schon im Gebirge liegen sie nach kurzem Transportweg als gut gerundete Gerölle vor. Der Transport der größeren Gerölle erfolgt in kleineren

Wasserläufen als Rollfracht, dies insbesondere bei Hochwasser. Das Rollen und die Stöße der Klasten sind dann gut hörbar. Weichere Gesteine verschwinden talabwärts aus dem Geröllspektrum. Durch Analyse des Geröllspektrums (Herkunftsanalyse, *provenance analysis*) können Rückschlüsse über die Gesteinsvorkommen im Liefergebiet gemacht werden. Dabei ist auf die Abhängigkeit des lokalen Geröllspektrums von der Festigkeit der Gesteine zu achten.

An Stränden vor Steilküsten kommt es durch die Wellenbewegung ebenfalls zur Rundung der Klasten (■ Abb. 6.48c). Die weniger resistenten sedimentären Nebengesteine werden dabei zu Sand und feineren Korngrößen zerrieben. Die Bewegung der Klasten im Brandungsbereich ist durch die gegenseitigen Stöße deutlich hörbar.

Die gerundeten Komponenten der Konglomerate (Gerölle > 2 mm) werden durch strömendes Wasser (Flüsse, Brandung), Schlammströme (*mass flows*) oder Gletschereis transportiert. Bei Transport und Ablagerung kommt es zu einer Größensortierung. Der Porenraum zwischen den Klasten ist meist mit einem feineren Sediment (Matrix) gefüllt. Dabei können die Gerölle sich überwiegend gegenseitig berühren (komponentengestütztes Gefüge) oder in der Matrix „schwimmen" (matrixgestütztes Gefüge). Bestehen die Komponenten aus einer Gesteinsart, nennt man sie monomikte Konglomerate.

Füllt man ein Glas mit Glasmurmeln, so wird sich automatisch ein komponentengestütztes Gefüge ergeben (■ Abb. 6.49). Fügen wir nun eine weiße Flüssigkeit als Matrix hinzu, so erkennt man gut den Porenraum zwischen den sich berührenden Komponenten. Nach weiterem Auffüllen umschließt die Matrix die Komponenten und es scheint, als ob das Gefüge nun matrixgestützt sei, da sich die Komponenten scheinbar nicht mehr berühren. Im Anschnitt können auf diese Weise komponentengestützte Gefüge stellenweise ein matrixgestütztes Gefüge vortäuschen. Ein matrixgestütztes Gefüge liegt dann vor, wenn im Anschnitt der durchschnittliche Abstand zwischen den Komponenten größer als der mittlere Klastendurchmesser ist. Beispiele mit komponentengestütztem Gefüge zeigt ■ Abb. 6.50, ein Beispiel mit matrixgestütztem Gefüge zeigt ■ Abb. 6.51. Polymikte Konglomerate bestehen hingegen aus einem bunten Geröllspektrum (■ Abb. 6.52).

◙ **Abb. 6.47 a** Zentimetergroße Gesteinsklasten im Bereich eines hydrothermalen Ganges (Laspaúles, Nordspanien). Durch Regen werden Gesteinsbruchstücke aus dem Gang gespült. Neben Bruchstücken des grauen Nebengesteins (verkieselte Vulkanite) sind milchig weiße Calcite mit ihren deutlichen Spaltflächen und transparente idiomorphe Quarzkristalle erkennbar. **b** Klastengestütze Brekzie im Karbon (Usbekistan), die eckigen Komponenten sind Klasten aus metamorphem Gestein (Glimmerschiefer, Gneise und Quarzite). Diese Brekzie belegt die tiefgründige Erosion eines Orogens. **c** Eckige Klasten aus mikritischem Kalk der Unteren Kreide bei Pont de Suert (Nordspanien). Die Kalkklasten sind durch einen mikritischen Zement verfestigt. Durch Verstellung und Erosion der kretazische Kalke sind im Tertiär lokale Schuttfächer entstanden, die nun als Brekzie vorliegen

◙ **Abb. 6.48 a** Die Rundung der Gesteinsklasten beginnt bereits im Gebirge. Wenige Kilometer vom Liefergebiet finden sich hier auf 4900 m ü. NN bei Huancayo (Peru) bereits angerundete sowie vollkommen gerundete Blöcke. Sie stammen von den Bergen im Hintergrund, mit tertiären granodioritischen Intrusionen und kontaktmetamorph überprägtem Paläozoikum. Die Aufarbeitung junger Gletschermoränen durch die Flusssysteme ist noch nicht abgeschlossen. **b** Im Rio-Colorado-Tal der östlichen Anden bei Tarma (Peru) liegen gut gerundete granodioritische Gerölle der Ostanden vor. Nach einem Transportweg von etwa 50 bis 100 km sind fast ausschließlich die festen Granodiorite als Klasten vertreten. Metamorphe Gesteine und Sedimentgesteine sind durch ihre geringere Festigkeit aus dem Geröllspektrum nahezu verschwunden, obwohl sie im Gebirge den höheren Gesteinsanteil darstellen. **c** Gerölle an der peruanischen Küste bei Ica. An der Steilküste werden die festen Gesteine porphyrischer Intrusionen und des granodioritischen Küstenbatholiths durch die Brandung erodiert. Durch die ständige Bewegung im Bereich der Brandung werden die Klasten gerundet. Die weniger resistenten sedimentären Nebengesteine werden dabei zu Sand und feineren Korngrößen zerrieben, die weggespült werden

□ **Abb. 6.49 a** In einem Glas voller Glasmurmeln liegt ein komponenten-gestützes Gefüge vor. **b** Fügen wir eine weiße Flüssigkeit als Matrix hinzu, ist der Porenraum zwischen den sich berührenden Komponenten gut zu erkennen. **c** Allerdings scheint es nun, dass sich die Komponenten nicht mehr berühren. Im Anschnitt können komponentengestütze Konglomerate auf diese Weise ein matrixgestütztes Gefüge vortäuschen

■ **Abb. 6.50a–d** Komponentengestütztes Gefüge. **a** Gerölle am Strand (Elba, Italien), die größten Komponenten haben einen Durchmesser von bis zu 10 cm. Sie liegen lose aufeinander, der Porenraum ist nicht durch eine Matrix gefüllt. Die Komponenten bestehen aus verschiedenen Gesteinsarten, am häufigsten sind weiße Milchquarze und beige Feinsandsteine. Farblich treten rötliche Radiolarite und dunkle Serpentinite hervor. **b** Tertiäres Konglomerat mit komponentengestütztem Gefüge (Südpyrenäen, Spanien). Die gut gerundeten Komponenten bestehen hier überwiegend aus Milchquarz und dunklerem Quarzit. Die Matrix ist ein Feinsandstein. **c** Eine 3 m hohe Wand mit Anschnitt eines rezenten fluvialen Konglomerates (Huancayo, Peru). Auch hier ist das Gefüge komponentengestützt und zeigt im oberen Bereich von links nach rechts Ansätze von Dachziegellagerung. Die Matrix besteht aus sandigem Feinkies. Auf mittlerer Höhe ist eine Lage mit deutlich gröberen Komponenten erkennbar, sie deutet auf ein Ereignis mit stärkerer Strömung hin. Zur Oberkante hin werden die Komponenten erkennbar kleiner, möglicherweise fand eine laterale Verlagerung der Flussrinne statt. **d** Bei der Dachziegellagerung lagern sich die flachen Gerölle schräg übereinander. Gerölle im Seniotal (Appenin, Italien) legen sich schräg auf Gerölle, die in Fließrichtung vor ihnen liegen, die Fließrichtung ist hier von rechts nach links

■ **Abb. 6.51** Matrixgestütztes Gefüge eines rezenten Schlammstromes über laminierten fluvialen Sanden einer Überflutungsebene (Ica, Peru). Bei starken Regenfällen können sich insbesondere in ariden Regionen Schlammströme mit einem heterogenen Gemisch aus Wasser und Sediment bilden. Die großen Klasten liegen verteilt in der Matrix und zeigen das charakteristische matrixgestützte Gefüge

■ **Sandsteine und Siltsteine**

Die Korngröße der Sandsteine (0,063–2 mm) ermöglicht es, die Korneigenschaften und den Mineralbestand mit der Lupe gut zu erkennen. Die Ablagerungsräume von Sandsteinen sind sehr vielfältig. Daher ist die präzise Beschreibung der Lithologie, der Sedimentstrukturen sowie der Wechsellagerung mit anderen Gesteinen schon im Gelände für die spätere genetische Interpretation von großer Bedeutung (siehe auch ▶ Abschn. 7.5).

Ein wesentliches Merkmal der klastischen Sandsteine ist die Korngröße (■ Abb. 6.53). Bei Feinsandsteinen (0,063–0,2 mm) kann mit bloßem Auge noch gut eine Körnung erkannt werden. Eingelagerte Glimmer haben häufig einen größeren Durchmesser. Mittelsandsteine (0,2–0,63 mm) sind durch ihre deutlich sichtbare Körnung erkennbar. Dabei sind etwa 2–5 Körner auf einer Strecke von einem Millimeter Länge unter der Lupe erkennbar. Bei Grobsandstein (0,63–2 mm) sind es unter der Lupe entsprechend weniger Körner. Eine geringe Rundung der Sandkörner weist auf einen kurzen Transportweg hin.

Die Korngröße der Siltsteine (■ Abb. 6.54) liegt zwischen 0,002 und 0,063 mm, dadurch kann bei Siltsteinen mit der Lupe (8–10×) schon eine Körnung erkannt werden. Die Körner sind jedoch so

◘ Abb. 6.52 a Ein nahezu monomiktes Konglomerat besteht aus gut gerundeten Milchquarzgeröllen in einer sandigen Matrix. **b** Das polymikte Konglomerat zeigt ein buntes Geröllspektrum (Tertiär, Arén, Spanien)

◘ Abb. 6.53a–c Sandsteine einer kretazischen Turbiditabfolge auf Elba. **a** Feinsandsteine (0,063–0,2 mm). Eingelagerte Glimmer haben einen größeren Durchmesser und blitzen auffällig in der Sonne. **b** Mittelsandstein (0,2–0,63 mm). In diesem Sandstein sind viele Körner an der Obergrenze des Mittelsandes und einige Körner sogar größer. Daher könnte man das Gestein als Mittel- bis Grobsand oder groben Mittelsand bezeichnen. **c** Grobsandsandstein (0,63–2 mm). In diesem Fall liegt die Größe der meisten Körner bei 1 mm oder darüber. Natürlich gibt es auch Körner, deren Korngröße noch im Mittelsandbereich liegt. Daher könnte man das Gestein als Grob- bis Mittelsandstein oder als Grobsandstein mit feinkörnigen Anteilen bezeichnen. Die Körner sind nicht gerundet oder angerundet und das Gestein weist eine schlechte Sortierung auf. Daher handelt es sich um ein unreifes Sediment, das erst einen relativ kurzen Transportweg hinter sich gebracht hat und somit in der Nähe des zerfallenden Ursprungsgesteins (evtl. Granite) abgelagert wurde. 1-Cent-Münze als Maßstab

klein, dass eine optische Mineralbestimmung und eine Beschreibung der Korneigenschaften kaum möglich sind. Siltsteine treten häufig in Wechsellagerung mit Tonsteinen und Sandsteinen auf. Bei ruhigen Ablagerungsbedingungen bilden sie meist eine laminare Schichtung aus. Schrägschichtung kann schon bei geringer Strömung auftreten, da die Siltfraktion leicht durch das strömende Medium aufgenommen und transportiert wird.

Dünen oder Rippel sind sedimentäre Transportkörper, in einem gerichtet strömendem Medium wie Wasser oder durch Wind können in unterschiedlichen Dimensionen dünenförmige Körper entstehen, die sich meist in Strömungsrichtung verlagern. Die Bewegung dieser Transportkörper in Strömungsrichtung erfolgt durch Aufgreifen und Transport von Sedimentpartikeln auf der strömungszugewandten Seite (flacher Hang, Luv) und Ablagerung auf der strömungsabgewandten Seite (steiler Hang, Lee). Dünenförmige Transportkörper klastischer Sedimente können Schrägschichtungsstrukturen in der sedimentären Abfolge hinterlassen. Die unterschiedlichen Ausprägungen von Schrägschichtungsstrukturen und ihre genetische Interpretation sind in ▶ Abschn. 2.4 erläutert. Die Bildung von Schrägschichtungsgefügen kann jeder gut draußen beobachten (◘ Abb. 6.55–6.58).

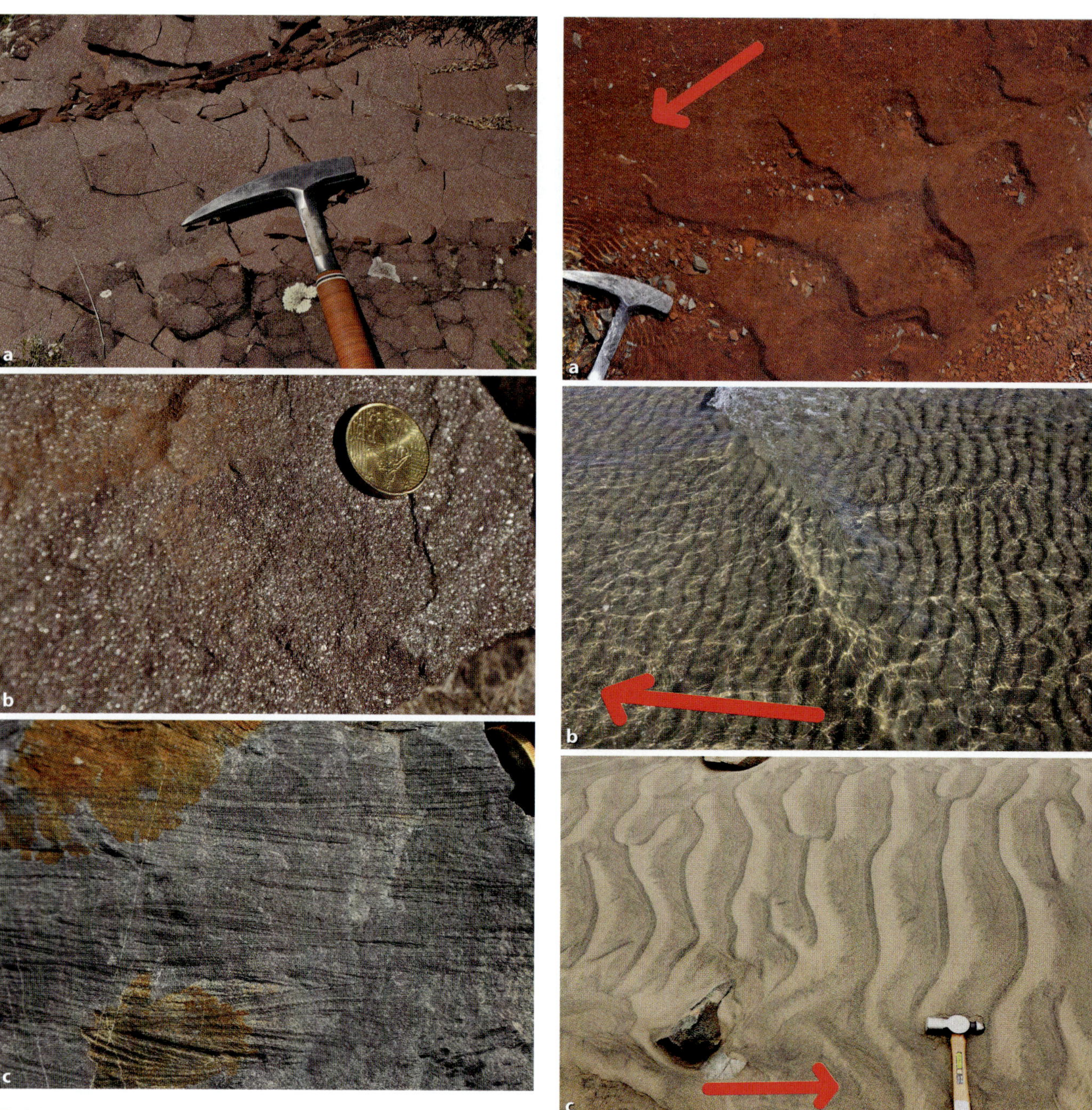

◻ **Abb. 6.54 a** Hämatitführender rot-violett laminierter Siltstein des Perms bei Laspaúles (Nordspanien). Er wurde als Playasediment im Überflutungsbereich mäandrierender Flusssysteme abgelagert. Der Siltstein zerfällt an der Oberfläche nach der Lamination. **b** Detailaufnahme. Die Lamination geht auf Hellglimmer zurück. In strömendem Wasser verhalten sich größere Hellglimmerschuppen hydraulisch ähnlich wie die Siltfraktion. Bei abnehmender Strömung lagert sich die Siltfraktion jedoch rascher ab, die Glimmerplättchen legen sich hingegen erst allmählich auf die frische Sedimentoberfläche. Der hohe Glimmeranteil auf einzelnen Sedimentflächen führt dazu, dass sich das Gestein entlang dieser Lagen leicht spalten lässt. Zugleich lässt der hohe Glimmeranteil auf ein kristallines Liefergebiet (metamorphe und plutonische Gesteine) schließen. **c** Flaserförmige Schrägschichtung in Siltsteinen (Unterdevon) bei Kreuzberg (Ahrtal, Eifel). Die Schrägschichtung innerhalb dieser Siltsteine ist deutlich durch den Wechsel heller quarzreicher und dunklerer leicht tonführender Lagen erkennbar. Nach oben gehen sie in eine laminare Schichtung über. Diese Siltsteine wurden unter flachmarinen proximalen Bedingungen noch oberhalb der Schönwetter-Wellenbasis abgelagert. Von links nach rechts haben sich Rippel überlagert und zeigen zwischen den einzelnen Schrägschichtungssets laminare Schichtung, möglicherweise ein Hinweis auf tidalen Einfluss

◻ **Abb. 6.55a,b** Kleine Dünenkörper in verschiedenen Ablagerungsmilieus. Die jeweilige Strömungsrichtung ist mit einem Pfeil gekennzeichnet. **a** Irreguläre Dünenformen aus rotem Sand in einem kleinen Bachlauf in Südfrankreich. Die sandigen Dünenkörper überfahren in Strömungsrichtung die gröberen Lockersedimente am Boden der Rinne. Deutlich ist die flache strömungszugewandte Seite (Luv) und die steile strömungsabgewandte Seite (Lee) erkennbar. **b** Rippelbildung mit nahezu flachen Kämmen im Brandungsbereich am Strand der Adria. Der Pfeil zeigt die Richtung der auf den Strand zulaufenden Welle an. Durch den Wellengang und das auf- und ablaufende Wasser entstehen fast symmetrische Rippelquerschnitte (Oszillationsrippel). **c** Sandrippel in der Küstenwüste in Peru. Auch hier sind die flachen Luv- (heller) und steilen Leehänge (dunkler) der zentimeterhohen Rippel erkennbar. Zwischen den Rippelkämmen lagert sich feiner, sehr heller Sand im Windschatten ab

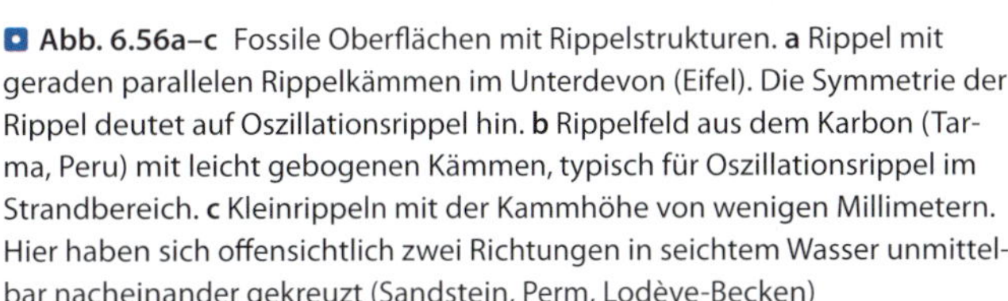 **Abb. 6.56a–c** Fossile Oberflächen mit Rippelstrukturen. **a** Rippel mit geraden parallelen Rippelkämmen im Unterdevon (Eifel). Die Symmetrie der Rippel deutet auf Oszillationsrippel hin. **b** Rippelfeld aus dem Karbon (Tarma, Peru) mit leicht gebogenen Kämmen, typisch für Oszillationsrippel im Strandbereich. **c** Kleinrippeln mit der Kammhöhe von wenigen Millimetern. Hier haben sich offensichtlich zwei Richtungen in seichtem Wasser unmittelbar nacheinander gekreuzt (Sandstein, Perm, Lodève-Becken)

 **Abb. 6.57a,b** Schrägschichtung im Anschnitt. **a** Trogförmige Schrägschichtung entsteht bei Überlagerung von Dünen mit gebogenen Kämmen. Marno-so-Arenacea-Formation (Miozän) bei Casola Valsenio, Apennin, Italien. **b** Schrägschichtung im Buntsandstein bei Breuberg (Odenwald, Deutschland). Deutlich ist die erosive Basis der Schrägschichtungssets erkennbar. Die unteren Schrägschichtungsblätter (ehemals Lagen am Leehang einer Düne) sind an ihrem oberen Rand in einem scharfen Winkel (20–30°) vom darüber folgenden Sedimentköper angeschnitten worden. Auf diese Weise kann man gut die normale Schichtlagerung ablesen

◘ **Abb. 6.58a–c** Schrägschichtung im Anschnitt. **a** Im zentralen Bereich des Aufschlusses (Höhe ca. 3 m) erkennt man einen großen Schrägschichtungskörper. Er bildete sich eine fluviale Düne, die im Bild von rechts nach links wanderte. Darüber folgt ein völlig ungeschichteter Sandkörper, der auf eine rasche Sedimentation bei starker Strömung hindeutet. Die ganze Abfolge wird durch einen jüngeren Rinneneinschnitt erodiert, deutlich sind die Gerölle an der Rinnenbasis erkennbar (Hauptterrasse des Rheins bei Bonn, Deutschland). **b** Sandige Rinnenfüllung im Buntsandstein bei Stadtoldendorf, Niedersachsen. Aufgeschlossen ist die Schrägschichtung (Epsilon-Schrägschichtung) am Gleithang der Rinne (rechts vom Rinnenkörper). Darüber folgt eine Wechselfolge von Tonen und Sanden der Überflutungsebene **c** Metermächtige Schrägschichtungssets des Old-Red-Sandsteins (Südwestengland) Hierbei handelte es sich um äolische Dünen, die sich unter ariden Bedingungen im Devon am Südrand des damaligen Kontinents Laurussia aus dem Abtrag des kaledonischen Orogens gebildet hatten

◘ **Abb. 6.59a–c** Tonsteine. **a** Rotvioletter nahezu ungeschichteter Tonstein des Perms bei Laspaúles (Nordspanien). Dortige hämatitführende Tonsteine haben sich als Playasedimente unter ariden Bedingungen in kleinen Seen auf den Überflutungsebenen mäandrierender Flusssysteme gebildet. Deutlich erkennbar ist das scherbige Auseinanderbrechen an der Oberfläche. Die polygonalen Klasten können flächendeckend auftreten. **b** Die deutlich laminierten Tonsteine auf der Halbinsel Paracas (Peru) haben sich im Tertiär küstennah in Lagunen gebildet. Durch Oxidation der in den einzelnen Lagen unterschiedlichen Eisenanteile wird in den sonst sehr hellen Gesteinen die Lamination deutlich. **c** Grauer geschieferter Tonstein des Silurs aus Usbekistan bricht hier deutlich nach der Schieferung. Die dunkle Farbe ist auf Anteile von organischem Material zurückzuführen. In homogenen Tonsteinen ist Schieferung häufig schwer von der Schichtung zu unterscheiden

Abb. 6.60a–c Entstehung von Trockenrissen. **a** Im Zentrum des Tümpels ist der Feuchtigkeitsgehalt noch hoch, das Netz der Trockenrisse ist noch weit gespannt. Bei zunehmender Austrocknung verdichtet sich das Trockenrissmuster vom Rand ins Zentrum. Charakteristisch ist, dass sich sehr häufig drei Risse in einem Punkt treffen. **b**, **c** Durch die Volumenreduktion knapp unter der Oberfläche beginnen sich feine Lagen konvex nach oben zu wölben und sich von dem darunter liegenden Ton zu lösen

▪ Tonsteine

Mit ihrer Korngröße < 0,002 mm zeigen Tonsteine (■ Abb. 6.59) keine mit dem Auge erkennbaren Körner und sind meist laminar bis ungeschichtet. Die laminare Schichtung ist durch eine leichte Alternation der Korngrößen bedingt. Tonsteine lagern sich aus der Suspensionsfracht in nahezu strömungsfreien Gewässern ab. Häufig treten Wechsel mit siltigen Lagen auf, die auf leichte Veränderung der Strömungsbedingungen (höhere Geschwindigkeit) und der Sedimentzufuhr hindeuten.

In tonigen wassergesättigten Sedimenten können durch Verdunstung des gebundenen Wasseranteils Trockenrisse entstehen. Die Tonminerale reduzieren durch den Wasserverlust ihr Volumen. Es kommt zu Spannungen in der trocknenden Oberfläche und es bildet sich ein polyederförmiges Netz an Rissen. Die Risse pflanzen sich bei fortschreitender Austrocknung von der Oberfläche in die Tiefe fort, zumindest innerhalb der tonigen Sedimentlage. Der Tonanteil des Sediments muss dabei über 20 % liegen. In sandigen Sedimenten können sich aufgrund der fehlenden Kohäsionskräfte keine Trockenrisse bilden. Unter echter Kohäsion versteht man die Haftkräfte, die insbesondere zwischen den Tonmineralen unter Einfluss von Wasser wirken. Auch feuchte Sande zeigen eine höhere Kohäsion im Vergleich zu trockenen, daher baut man Sandburgen auch besser mit feuchtem Sand. Diese werden durch Kapillarkräfte zusammengehalten, man bezeichnet dies auch als scheinbare Kohäsion. Die Entstehung von Trockenrissen kann jeder selbst leicht beobachten (■ Abb. 6.60). Trocknet ein Tümpel aus, ist im Zentrum der Feuchtigkeitsgehalt zunächst noch hoch, das Netz der Trockenrisse ist noch weit gespannt. Bei zunehmender Austrocknung verdichtet

sich das Trockenrissmuster vom Rand ins Zentrum. Charakteristisch ist, dass sich sehr häufig drei Risse in einem Punkt treffen. Die Austrocknung der oberflächlichen Lagen führt zu deren Volumenreduktion, dadurch beginnen sich feine Lagen konvex nach oben zu wölben und sich von den darunter liegenden Lagen zu lösen. Millimeterdicke gewölbte Tonlagen liegen schließlich völlig frei auf dem Untergrund.

Leicht kann man sich nun vorstellen, wie sie durch Wasser nach einem Regenereignis oder auf der Überflutungsebene eines Flusssystems fortgespült werden. Sie werden dann im Wasser rasch zerfallen und in die Suspensionsfracht übergehen, wenn sie nicht unmittelbar durch Sedimente überdeckt werden.

Trockenrisse können bei einem höheren Anteil an Karbonat anstelle von Ton, beispielsweise bei mergeligem Sediment, eine unregelmäßige Ausbildung zeigen (■ Abb. 6.61).

Werden in sedimentären Abfolgen Trockenrisse gefunden, so ist dies ein eindeutiges Indiz dafür, dass diese Sedimente zumindest zeitweise trocken gefallen sind (■ Abb. 6.62).

▪ Kalksteine und Mergel

Mergel (■ Abb. 6.63) entstehen aus der synsedimentären Mischung von Kalkschlamm und klastischem Toneintrag. Sie sehen im Aufschluss häufig ähnlich wie Tonsteine aus, nur dass sie beim HCl-Test aufschäumen. Mergel treten oft als Übergangsfazies in Wechsellagerungen von Tonsteinen und Kalken auf.

Kalksteine bestehen im Wesentlichen aus Calcit, der sich meist biogen gebildet hat. Die vielseitigen Erscheinungsformen und die Klassifikation der Kalksteine sind in ► Abschn. 2.4 im Detail erläu-

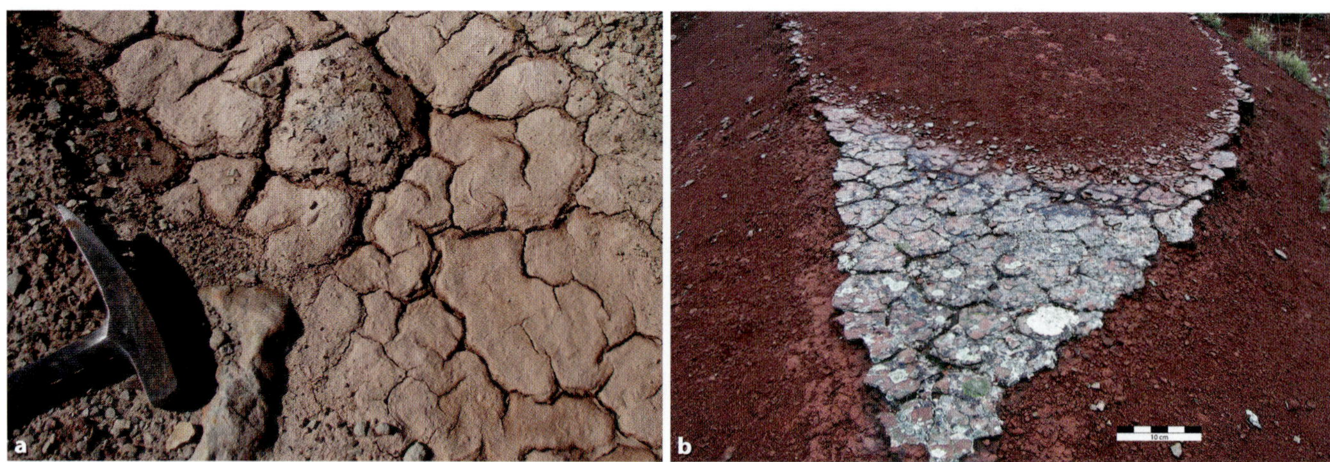

Abb. 6.61a,b Trockenrisse können bei einem höheren Anteil an Karbonat anstelle von Ton eine unregelmäßige Ausbildung zeigen. **a** Rezente Trockenrissbildung bei einem mergeligen Ton. Der Verlauf der Risse ist unregelmäßig. **b** Karbonatische Lagen in den Playasedimenten der permischen Abfolge des Lodève-Beckens (Südfrankreich). Auch hier ist der unregelmäßige Verlauf der Trockenrisse in der helleren karbonatischen Lage erkennbar

Abb. 6.62 a Fossile Trockenrisspolyeder auf der Schichtunterseite lagunärer unterdevonischer Sedimente bei Tarma (Peru). **b** Aufsicht auf eine Schichtoberseite mit Trockenrissbildung in der permischen Abfolge bei Noales (Nordspanien). Deutlich ist noch die randliche Aufwölbung der tonigen Sedimente erkennbar. **c** Schichtunterseite im Mittleren Buntsandstein bei Breuberg (Ausschnitt 50 cm breit). Die noch polygonalen und teilweise angerundeten Umrisse der flachen Tonklasten zeigen einen sehr kurzen Transportweg vom Ort der Trockenrissbildung auf einer Überflutungsebene an

tert. Kalke verwittern oberflächlich leicht und dadurch wechselt das Erscheinungsbild im Gelände. Daher sollten Kalksteine immer frisch aufgeschlagen werden, um eine Gesteinsbestimmung durchzuführen.

Im Gelände lassen sich verschiedene mikritische Kalke makroskopisch häufig gut durch ihre Färbung und durch mögliche Fossilführung unterscheiden (■ Abb. 6.64).

Stylolithische Lösungserscheinungen (■ Abb. 6.65) entstehen diagenetisch im überdeckten Kalkstein durch Drucklösung an Schichtfugen. Dabei verzahnt sich an der ursprünglich glatten Schichtgrenze das hangende mit dem liegenden Schichtpaket. Lösungsrückstände zeichnen die nun gezackte Grenze der Schichten nach. Gelangen Kalksteine in einem tieferen Meeresbecken nahe an die Karbonatkompensationstiefe (CCD – Carbonate Compensation

Abb. 6.63 a Heller fein laminierter Mergel der Nisportino-Formation (Ostelba). Die Lamination entsteht durch minimale Wechsel in der Zufuhr von Ton in den flachmarinen Ablagerungsbereich von Karbonaten. **b** Heller grauer Mergel des Lias (Lodève-Becken, Südfrankreich). Das homogene Gestein zerfällt scherbig in polygonale Klasten. **c** Mergelig-kalkige Wechselfolge im Jura der Südpyrenäen. Einzelne mergelige Kalkbänke liegen in Wechsellagerung mit laminierten dunklen Mergeln bzw. tonigen Mergeln. Die Kalkbänke entstanden durch Karbonatturbidite in einem marinen Becken mit vorherrschender toniger Sedimentation

Abb. 6.64a,b Mikritische Kalksteine (*lime mudstones*). **a** Ein heller mikritischer Kalkstein (Calpionellen-Kalk, Elba). Der frische Anschlag zeigt den charakteristischen unregelmäßigen Bruch des hellen Kalkes. **b** Oberflächlich zeigt dieser mikritische Kalkstein eine ähnliche Farbe wie oben, jedoch ist diese Färbung nur oberflächlich, tatsächlich ist der Kalk aufgrund seines höheren organischen Anteils sehr dunkel

Depth), kommt es ebenfalls zu Lösungsvorgängen (Abb. 6.66). Die CCD ist eine Tiefengrenze in den Ozeanen unterhalb der Kalziumkarbonat in Form von Calcit oder Aragonit vollständig in Lösung geht. Die genaue Tiefe der CCD hängt von Temperatur, Druck und dem CO_2-Partialdruck in der Tiefe ab.

$$CaCO_3 + CO_2 + H_2O \Leftrightarrow Ca^{2+} + 2HCO_3^-$$

Die Reaktionsgleichung zeigt, dass bei höheren CO_2-Partialdrücken Kalziumkarbonat in Lösung geht, bei steigenden Temperaturen hin-

gegen wird die Reaktion in Richtung der Kalziumkarbonatausfällung gehen. Die CCD liegt daher bei kälterem Wasser höher als bei wärmerem Wasser. Daher kann sie in den Polarregionen nur wenige hundert Meter unter der Meeresoberfläche und in niedrigeren Breiten meist zwischen 3700 und 5000 m liegen.

Sinterkalke (Abb. 6.67) sind Süßwasserkalke, die an Quellaustritten von Wasser entstehen, das mit gelöstem Calciumcarbonat angereichert ist. Eine erhöhte CO_2-Konzentration, die meist auf vulkanische Aktivität oder Magmenentgasung entlang von Wegsamkeiten in der Kruste zurückzuführen ist, führt dazu, dass Minerale im Untergrund verstärkt in Lösung gehen. Gelangt dieses Wasser

Abb. 6.65 a Hellbraune Stylolithen in Millimetergröße sind hier im dunklen mikritischen Kalkstein des Muschelkalkes (Pont de Suert, Nordspanien) zu erkennen. Deutlich ist der gezackte Verlauf zu erkennen. **b** Gröbere Stylolithe in Dezimetergröße im mikritischen Palombini-Kalk (Elba, Italien). Die Schichtfuge mit den Lösungsrückständen ist herausgewittert

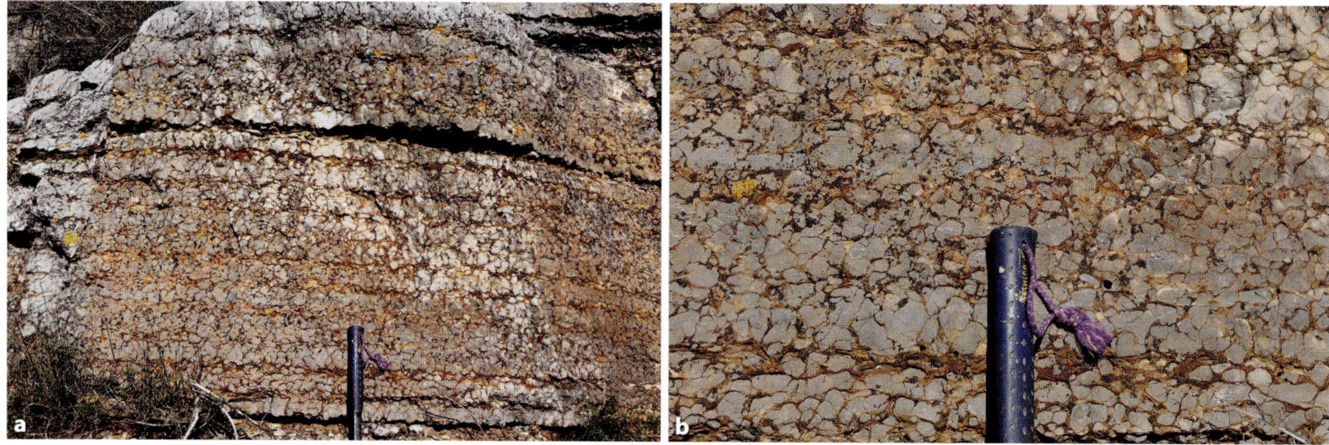

Abb. 6.66a,b Lösungsvorgänge können auch frühdiagenetisch erfolgen, wie hier beim Griotte-Kalkstein (Südfrankreich). Ursprünglich lag eine Wechsellagerung von mikritischen Kalksteinen und Tonsteinen vor, die ursprüngliche Schichtung (auf dem Bild horizontal) ist kaum noch zu erkennen (a und b). Möglicherweise gelangten die mikritischen Kalke als Kalkturbidite in einem tieferen marinen Becken in den Bereich der CCD. Die dort einsetzende Lösung der Kalke führte zur Zerstörung des ursprünglichen Gefüges. Die rötlichen Tone füllten die Lösungshohlräume in den Kalklagen und es entstand das charakteristische Gefüge dieser Lösungsbrekzie.

an die Oberfläche, so ist dies mit einer Druckentlastung verbunden. Das CO_2 kann nun entweichen – wie beim Öffnen einer Mineralwasserflasche – und Kalk wird ausgefällt. Die Kalkausscheidungen können ausgehend von der Quelle die Geländeoberfläche bedecken und Sinterterrassen ausbilden. Dabei schließen sie Pflanzen und anderes organisches Material ein, wodurch das charakteristische poröse Gefüge mancher Sinterkalke (z. B. Travertin) entsteht.

In Kalksteinen können sich SiO_2-reiche Konkretionen (*siliceous concretions*) bilden (Abb. 6.68). Die Mobilisation und Ausscheidung von SiO_2 erfolgt in Kalken meist ausgehend von Resten SiO_2-reicher Organismen, wie Kieselschwämmen oder Radiolarien.

Im Sediment wird fein verteiltes SiO_2 bei hohem pH-Wert (besonders ab pH 9) gelöst und als Kieselsäure mobilisiert. Es scheidet sich in Zonen mit höherem organischem Anteil und niedrigerem pH-Wert wieder aus

$$SiO_2 + 2H_2O \Leftrightarrow H_4SiO_4$$

Radiolarite sind Tiefseesedimente, die sich unterhalb der Calcit-Kompensationstiefe (CCD) durch Ablagerung SiO_2-reicher Reste von Organismen wie Radiolarien bilden (Abb. 6.69).

Abb. 6.67 **a** Travertinrücken in der südlichen Toskana (Italien). Entlang einer Kluft treten kalkreiche Lösungen an die Oberfläche, die dort den Sinterrücken ausbilden. Einzelne lokale Austrittsöffnungen auf dem Rücken bilden kleine vulkankegelartige Erhebungen aus. **b** Ein Querschnitt durch den Rücken zeigt deutlich den lagigen Aufbau, der von der zentralen Kluft nach außen hin abfällt. **c** Durch Ausfällung der Kalke bilden sich in Bachläufen kleine Sinterterrassen, die die umgebende Vegetation mit Krusten umschließen. **d** In Höhlen handelt es sich meist um Sickerwasser, das zur Kalkausscheidung führt. Von stalaktitischen Gardinen an der Decke tropft das Wasser nach unten und bildet am Boden Stalagmiten (Grotta del Vento, Alpi Apuane, Italien). **e** Sinterterrassen unterhalb von aus Kalkstein austretenden Thermalquellen bilden einen Steilhang bei Huancavelica, Peru. **f** Travertinsteinbruch (südliche Toskana, Italien). An der gesägten Abbauwand sind deutlich die lagigen Sinterkalkablagerungen erkennbar

■ **Abb. 6.68a,b** SiO$_2$-reiche Konkretionen in Kalksteinen. **a** In diesem jurassischen Kalkstein bleiben die SiO$_2$-reichen Konkretionen bei der Verwitterung bevorzugt stehen. **b** Verkieselte Crinoidenstielglieder aus dem Jura in Südfrankreich (Lodève-Becken). Das Calciumkarbonat der Stielglieder ist hier fast vollständig durch SiO$_2$ ersetzt worden, dadurch präpariert die Verwitterung die Fossilien aus dem Kalk heraus

◘ **Abb. 6.69a,b** Radiolarite. **a** Eine typische Wechselfolge in Radiolariten: Die hellen Lagen sind fast reines SiO_2 in den dunkelvioletten Lagen ist der Anteil an Tonen der Hintergrundsedimentation höher. Offensichtlich erfolgte die Ablagerung der Radiolarienlagen zyklisch (Diaspri-Formation in Ligurien, Italien), **b** Kieselgellinsen aus nahezu reinem SiO_2 innerhalb von Radiolaritablagerungen weisen auf eine schichtinterne Mobilisation und Anreicherung von SiO_2 hin

◘ Abb. 6.70a,b Erosionsfurchen können in unterschiedlichen Dimensionen und Gesteinen vorkommen. **a** In Kalken können bei zunehmender Lösung entlang von Klüften (chemische Verwitterung) tiefe Furchen entstehen, sogenannte Schlotten oder Schratten. (Schrattenkalk, Bizau, Vorarlberg, Österreich), **b** In wenig verfestigten Gesteinen wird in Rinnen Material weggespült (physikalische Erosion). Da sich die Erosionsrinnen nicht stark versteilen können, schneiden sich die zerfurchten Täler rückschreitend immer weiter in den Hang. Es entstehen Badlands als Landschaftsform. Calanchi im Pliozän, Valle del Senio, Italien

◘ Abb. 6.71 a Rillenkarren in Gips (Huancavelica, Peru), **b** Rillenkarren in Kalkstein (Laspaúles, Nordspanien). Hier sind auch Firstrillenkarren ausgebildet, bei denen die Rillen von einer Kammlinie ausgehen

▪ Verwitterungsformen

Im Gelände finden sich sehr unterschiedliche Verwitterungsformen, die auf physikalische und chemische Verwitterung der Gesteine zurückzuführen sind (◘ Abb. 6.70). Häufig sind Verwitterungsformen charakteristisch für bestimmte Gesteinsarten. Daher sollen die Bilder im folgenden Abschnitt eine kleine Übersicht über besonders charakteristische Ausprägungen geben, die bei Geländeaufnahmen oder auch einfach bei Wanderungen durch die Natur angetroffen werden können.

Gut lösliche Gesteine wie Gips oder Kalkstein werden bei Niederschlag entlang der Ablaufrinnen des Regenwassers verstärkt gelöst. Dadurch entstehen charakteristische zerfurchte Erosionsformen, die Rillenkarren (◘ Abb. 6.71). Tiefere Rillen entstehen entlang von Klüften (◘ Abb. 6.72). Dolinen sind Einsturztrichter, die über Höhlen in gut löslichen Gesteinen entstehen können (◘ Abb. 6.73).

Zellenkalke oder -dolomite stammen aus evaporitischen Ablagerungsräumen. Spät- bis postdiagenetisch wurden Evaporiteinschlüsse (Salz, Gips) aus dem Gestein gelöst, was kleine Hohlräume zurückließ (◘ Abb. 6.74).

Wabenverwitterung (◘ Abb. 6.75) entsteht durch Lösung und Ausscheidung von Zement. In klastischen Gesteinen, deren Körner durch einen Zement verbunden sind (z. B. Calcit oder auch SiO_2),

■ **Abb. 6.72 a** Schrattenbildung an der Schichtoberfläche, deutlich erkennt man die steilen Lösungskarren, die sich meist entlang von Kluftsystemen bilden (Roque-Kalkstein, Laspaúles, Spanien). **b** Mikritische Kalke des Palombini-Kalksteins (Ligurien, Italien) gehen an der Oberkante in eine verkieselte Lage über. Es entstehen pilzartige Strukturen, bei denen die obere lösungsresistente und harte Lage die darunterliegenden Kalksteinsäulen vor der Erosion schützt

■ **Abb. 6.73 a** Dolinen sind Einsturztrichter, die über Höhlen in gut löslichen Gesteinen entstehen können. Kommt ein Hohlraum im Untergrund zum Einsturz, bildet sich an der Oberfläche eine trichterartige Vertiefung. Das Auftreten von Dolinen ist ein charakteristisches Merkmal für Verkarstung von Kalksteinen, kann aber auch auf Lösung von Evaporiten zurückzuführen sein. **b** Eine Karstschlotte im Querschnitt. Sie haben sich in der dolomitischen Abfolge des Zechsteins gebildet und wurden durch die rotbraunen Sedimente des unteren Buntsandsteins aufgefüllt (Spessart)

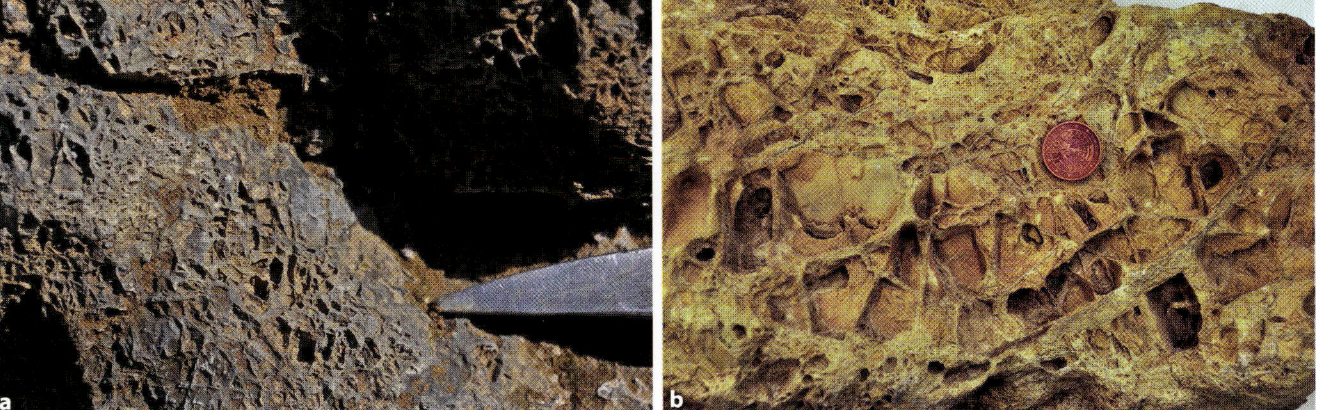

■ **Abb. 6.74a,b** Zellenkalke oder -dolomite entstehen durch die spät- bis postdiagenetische Lösung von Evaporiteinschlüssen (Salz, Gips). Die polygonalen Zellen sind ein guter Indikator für evaporitische Ablagerungsbedingungen. **a** Calcareo Cavernoso, Elba, Italien, **b** Muschelkalk, Norddeutschland

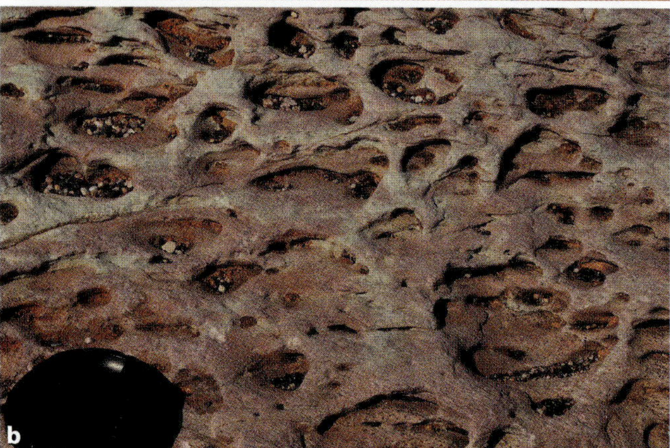

** Abb. 6.75a–c** Verschiedene Arten von Wabenverwitterung. **a** Wabenverwitterung in gut sortiertem Quarzsandstein mit calcitischem Zement. **b** Schwach metamorpher Sandstein (Quarzit) mit Wabenverwitterung durch Mobilisation und Ausscheidung von SiO_2. **c** Zellenartige Verwitterungserscheinungen in einem Metavulkanit (Ortano-Formation auf Elba, Italien). Durch sekundäre eisenreiche Vererzungen entlang der Klüfte ist das Gestein um diese verfestigt. Im Brandungsbereich werden diese verfestigten Kluftzonen herauspräpariert

wird das Bindemittel durch Sickerwasser gelöst und mobilisiert. Häufig sind die Wegsamkeiten des Wassers im Gestein durch Mikroklüfte vorgegeben. Beim Verdunsten der Lösungen nahe der Gesteinsoberfläche wird das gelöste Bindemittel entlang der Wegsamkeiten wieder ausgeschieden und verfestigt das Gestein in diesen Bereichen. Zugleich verliert das Gestein in den Zonen, in denen das Bindemittel herausgelöst wurde, an Festigkeit und kann so durch Wind und Wasser leichter abgetragen werden. Zurück bleiben wabenartige Zellwände der verfestigten Bereiche. Auch Lösungen, die von außen durch Kluftsysteme in das Gestein eindrangen und dort SiO_2, Calcit oder Erzminerale ausfällten, können zur Bildung entsprechender Verwitterungserscheinungen führen.

Verwitterung in ariden Gebieten

In Wüsten führen häufig starke Temperaturschwankungen zwischen Tag und Nacht dazu, dass Gesteine zerfallen (◘ Abb. 6.76). Sehr effektiv ist auch die Erosion durch Wind (Deflation). Der verwehte Sand greift Gesteine an, das feine Material wird vom Wind abtransportiert. Auf dem Wüstenboden kann sich durch Ausblasen von Sand ein Steinpflaster bilden, solche Steinwüsten werden nach dem Arabischen als Hamada bezeichnet (◘ Abb. 6.77). Durch Windschliff entstehen die sogenannten Windkanter (◘ Abb. 6.78), an denen sich die vorherrschende Windrichtung ablesen lässt. Deflation kann auch zu einer Sortierung von groben und feinen Partikeln führen (◘ Abb. 6.79). Der Sand kann sich zu Dünen ansammeln (◘ Abb. 6.80) und so zur Entstehung einer Sandwüste (Erg) beitragen.

Bei Caliche handelt es sich um Kalkkonkretionen in Böden arider Gebiete (◘ Abb. 6.81).

Evaporitbildung – wenn Salze aus Lösungen ausgeschieden werden

Durch eine verstärkte Verdunstung können aus gesättigten Lösungen Salze, Karbonate und Sulfate ausgeschieden werden (◘ Abb. 6.82 und 6.83). Dies erfolgt gut beobachtbar in kleinen Meerwasserpfützen an den Küsten, aber vor allem in küstennahen Lagunen sowie in marinen Becken oder in terrestrischen Salzseen arider Gebiete. Die Salzausscheidung erfolgt dabei nahe der Wasseroberfläche, die gebildeten Evaporitkristalle können dann in tieferen Gewässern auf den Boden sinken oder auch gravitativ umgelagert werden.

Unter ariden Bedingungen können sich in der Nähe der Meeresküste oder in der Umgebung von Salzseen an der Oberfläche Salzkrusten (◘ Abb. 6.84) ausbilden. Durch das Salz, das als Aerosol auf die Oberfläche niedergeht, wird eine millimeter- bis zentimeterdicke Lage des Sedimentes durch Zementation verfestigt. Diese schützt das darunterliegende Lockersediment vor der Erosion. Es können polygonartige Risse entstehen, die durch das Aufwölben der Salzkruste bei Ausdehnung durch Erwärmung der zementierten Sedimentkörner entsteht.

Abb. 6.76a–c Verwitterung und gravitativer Transport in ariden Gebieten. **a** Laminierte Siltsteine zerfallen unter ariden Bedingungen durch Temperaturschwankungen entlang der feinkörnigen Lagen. Paracas-Formation (Tertiär), Peru. **b** Ein Rhyolithgang in tertiären Sedimenten formt als Härtling eine Kuppe. Die durch Temperaturschwankungen zerfallenen Bruchstücke streuen den Hang hinunter. Deutlich sind oben gröbere Klasten und zum Fuß des Hanges kleinere Klasten erkennbar. Paracas, Peru. **c** Gesteinsbruchstücke hinterlassen beim Hinunterrollen charakteristische Spuren im feinkörnigen Lockersediment (Rollspuren)

Abb. 6.77 Eine Hamada (Steinwüste) bildet sich durch Windabtragung (Deflation) in ariden Zonen. Vom Wind verwehter Sand greift zerbrochenes Gesteinsmaterial an und zerkleinert es weiter. Das feinere Material (Sand, Silt und Ton) wird abtransportiert

Abb. 6.78 a Windkanter zeigen die vorherrschende Windrichtung an. Ihre Form erhalten sie durch den äolisch transportierten Sand, der sie ähnlich wie beim Sandstrahlen abschleift. Links Quarzit, mitte und rechts Rhyolith. **b** Auf den Flächen dieser aus einem hydrothermalen Gang herausgewitterten Quarze sind deutlich die pockenartigen Einschläge größerer Körner und die charakteristische matte Oberfläche erkennbar

■ **Abb. 6.79 a** Die Sortierung von Sedimentkörnern am Wüstenboden erfolgt durch den Wind. Die feine Kornfraktion wird in Windrichtung (Pfeil) ausgeblasen. Durch diesen Prozess der Deflation bilden sich flache Dünen aus den gröberen Residualkörnern. Zwischen den Dünenkämmen lagert sich im Windschatten lagenweise feinkörniger Sand ab. **b** Detail

■ **Abb. 6.80** Auf der Paracas-Halbinsel (Peru) ist die beginnende Bildung einer Sandwüste (Erg) zu beobachten. Ausgehend von den Härtlingsrücken vulkanischer Gänge bilden sich aus dem feinen Material in den Vertiefungen Sanddünen

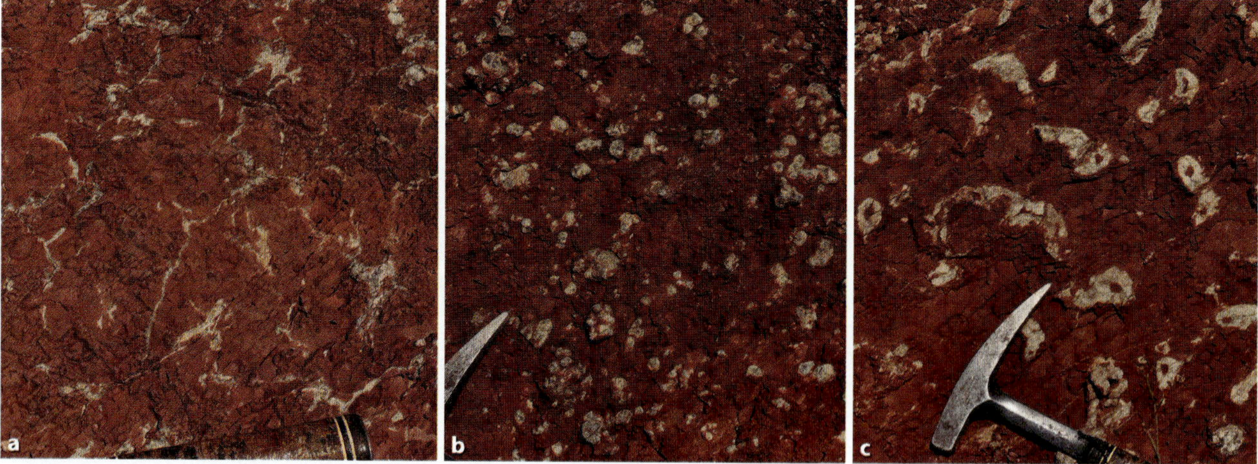

■ **Abb. 6.81a–c** Caliche-Bildungen in tonigen Böden unter ariden Bedingungen. Sie sind charakteristisch für Playasedimente oder in Ablagerungen auf Überflutungsebenen in ariden Gebieten. Wasser löst im Untergrund Karbonate und steigt wegen der starken Verdunstung an der Oberfläche an kapillaren Klüften nach oben. Durch die Verdunstung des Wassers nahe der Oberfläche wird Kalk aus den Lösungen ausgeschieden. Es können zunächst kalkige netzartige Klüftfüllungen entstehen (**a**), aber auch knollige Konkretionen (**b**) oder Konkretionen an Wurzelfäden, die als Hohlraum in den Konkretionen erhalten bleiben (**c**). Durch Wachstum der Konkretionen können sich im Boden feste Krusten bilden, sie zeigen in ariden Gebieten die Grenze zwischen feuchtem und trockenem Boden an. Permotrias in Nordspanien

■ **Abb. 6.82　a** Salze (überwiegend Halit, NaCl) scheiden sich aus dem Meerwasser in kleinen Lachen auf den Felsen im Brandungsbereich aus. Deutlich sind die Salzkristalle am Rand des Wasserspiegels und die nebulöse Ausfällung im Zentrum der kleinen Pfütze zu erkennen (Bildbreite 20 cm). **b** Salzseen können unter ariden Bedingungen im kontinentalen Bereich entstehen. Der Salzsee Laguna de Pito südöstlich von Zaragoza bildet sich, indem tertiäre Evaporitserien der Umgebung gelöst und hier insbesondere in den Sommermonaten wieder ausgeschieden werden und eine begehbare Salzkruste bilden

■ **Abb. 6.83　a** Salze sind wegen ihrer sehr guten Löslichkeit an der Oberfläche nur selten anzutreffen. Nur in trockenen Regionen bleiben Salzformationen, wie dieser Salzdiapir in Cardona (Nordostspanien), direkt an der Oberfläche erhalten. **b** Keuper-Gips in den Südpyrenäen. Die tektonisch deformierten Evaporite werden durch Bäche angeschnitten und zerfallen rasch an der Oberfläche. Die unterschiedliche Färbung geht auf den Tonanteil zurück. **c** Der Gerbirgszug der Catena dell Gesso im Nordappenin besteht aus Gipsabfolgen des Messiniums, im Vordergrund stehen die liegenden weichen Abfolgen der oberen Marnoso Arenacea Formation (Tortonium-Messinium) und über der Gipsabfolge folgen die mergeligen Tone der Argille Azurre (Pliozän). Zwischen den weichen Abfolgen im Liegenden und Hangenden wird der Gips als Gebirgszug herauspräpariert

Abb. 6.84 **a** Salzkruste mit polygonartigen Rissen (Paracas, Peru). **b** Detail

Abb. 6.85 Charakteristische durch Verwitterung erweiterte Klüfte in einem Granit (Usbekistan). Durch konzentrische Klüfte im Randbereich des Plutons entstehen schalenartige Blöcke

Abb. 6.87 Bildung sogenannter Tafoni im Capanne-Granodiorit auf Elba (Italien). In plutonischen Gesteinen können sich durch Ausscheidung von Eisen- und Manganoxiden dünne Krusten an Gesteinsoberflächen bilden. Feuchtigkeit im Gestein scheidet durch Verdunstungsprozesse an der Oberfläche die Lösungsfracht aus und es bilden sich mit der Zeit schalenartige Lagen, in den denen das Gestein verfestigt ist. Insbesondere durch die chemische Verwitterung der Feldspäte kann das plutonische Gestein unterhalb dieser Krusten bereits verwittern. Brechen diese Krusten durch z. B. Insolation auf, dann wird der innere Bereich rasch durch Wind und Regen abgetragen und es entstehen diese charakteristischen Hohlräume

Abb. 6.86 Durch Exfoliation abgelöste schalenartige Lagen im Capanne-Granodiorit auf Elba (Italien). Durch Druckentlastung des plutonischen Körpers während der Erosion entstehen von außen nach innen konzentrische Kluftsysteme, die dann unterstützt durch die Insolation zum Zerbrechen des Gesteins in flache Blöcke führt. Insbesondere in homogenen Plutoniten kann diese Art der Verwitterung beobachtet werden

6.5.2 Magmatische Gesteine an der Erdoberfläche

Plutonite entstehen aus Schmelzen, es handelt sich meist um relativ homogene Gesteinskörper. Bei der Verwitterung dieser Gesteine an der Oberfläche bilden sich sehr charakteristische Landschaften, die schon von Weitem Rückschlüsse auf deren Genese zulassen. Durch Druckentlastung entstehen im Randbereich des Granits konzentrische Klüfte, an denen sich später schalenartige Lagen ablösen (Exfoliation, ◻ Abb. 6.85 und 6.86). Die Verwitterung ist meist über den Lösungstransport entlang dieser Klüfte aktiv. Durch die Sonneneinstrahlung (Insolation) werden Gesteinskörper oberflächennah stärker aufgeheizt als weiter innen. Dieser Effekt und die unterschiedliche Ausdehnung von Mineralen verursachen bei ständiger Aufheizung und Abkühlung zu Spannungen im Gestein, die zu Aufspaltung des Gesteinsverbandes führen können.

Eine weitere typische Verwitterungsform von Granit sind grottenähnliche Hohlräume, sogenannte Tafoni (◻ Abb. 6.87 und 6.88). Eine Ausscheidung dünner Krusten von Eisen- und Manganoxi-

Abb. 6.88 In exponierten Lagen können die bereits durch Tafoni-Bildung gezeichneten Plutonite durch Wind und Sand zu markanten Skulpturen geschliffen werden (Granit nordöstlich von Samarkand, Usbekistan). Die Granite zerfallen zu Sand, der bei starkem Wind aufgenommen wird und exponierte Felsen ähnlich dem Sandstrahlverfahren angreift (Korrasion)

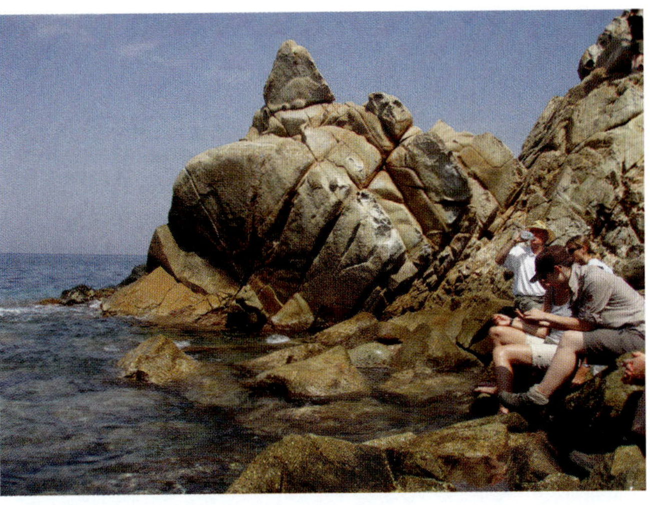

Abb. 6.89 Diagonales Kluftmuster im Capanne-Granodiorit auf Elba (Italien). Das durch die Brandung eindringende Salzwasser löst das Gestein verstärkt an den Klüften (Salzsprengung und Feldspatverwitterung). Auf diese Weise bilden sich Furchen, die schließlich zum Zerfall des Gesteins führen

Abb. 6.90 Bei fortschreitender Silikatverwitterung entlang der Klüfte zerfällt das Gestein entlang der Klüfte – es „vergrust". Für den Stofftransport und die Umwandlung des Gesteins an den Kluftflächen können sowohl meteorisches Wasser aus Niederschlägen wie auch hydrothermales Wasser verantwortlich sein. Diese Art der chemischen Verwitterung wird unter warm-humiden Klimabedingungen begünstigt. Übrig bleiben an den Kanten gerundete Blöcke. Diese charakteristische Verwitterungsform wird unter dem Begriff der Wollsackverwitterung zusammengefasst (Felsenmeer im Odenwald)

Abb. 6.91 Wollsackverwitterung und Zerfall zum Blockmeer (Monte Capanne, Elba, Italien). Im linken Bereich ist der Granit noch intakt, deutlich sind die nahezu orthogonal zueinanderstehenden Kluftflächen erkennbar, die zur charakteristischen Wollsackverwitterung führen. Im rechten Bereich hingegen zerfällt der Granit bereits in Blöcke, die der Schwerkraft folgend herunterfallen oder -rollen und somit ein Haufwerk aus ungeregelten Blöcken bilden

den durch Verdunstung an der Oberfläche schützt diese vor Verwitterung, während im Inneren die Verwitterung der Feldspäte fortschreitet. Bricht die Kruste auf, wird der innere Bereich schnell abgetragen.

Wasser dringt in die Klüfte des Gesteins ein und greift dort insbesondere die Feldspäte an. Der Gesteinsverband wird dabei locker, der Granit „vergrust". Die noch intakten Kernsteine zwischen den Klüften zeigen die sogenannte Wollsackverwitterung. Schließlich zerfällt das Gestein zu einzelnen Blöcken (Abb. 6.89–6.92). Jüngere Sedimente können die an der Oberfläche freigelegten, Intrusionen im Laufe der Zeit wieder überdecken (Abb. 6.93). Plutonische Gesteine können lokale Inhomogenitäten aufweisen, die auf unterschiedliche Schmelzen oder auf Aufnahme und Aufschmelzung von Nebengestein (Assimilation) zurückzuführen sind (Abb. 6.94).

■ **Abb. 6.92 a** Angewitterter Granit (Elba) die großen weißen Ortoklase und die beigen Quarze werden im Gestein durch Verwitterung und Erosion der feinkörnigen Kristalle freigelegt. **b** Vergruster Biotit-Granit (Monte Giove, Elba). Im oberen Teil des Bildes ist der Granit mit noch intaktem Gefüge zu sehen. Durch
Verwitterung der Kalifeldspäte (Kaolinitisierung) erfolgte eine Umwandlung in Tonminerale (Kaolinit, Montmorillonit). Die größeren Kalifeldspäte sind nur
randlich angegriffen und fallen als große Kristalle aus dem Gesteinsgefüge. Der Grus besteht aus Quarz, Biotit, Feldspäten und Tonmineralen. **c** Umgelagerter
Granitgrus in der Nähe. Deutlich stechen die großen Kalifeldspäte hervor. Ein daraus gebildetes verfestigtes unreifes Sediment würde demnach als Arkose
bezeichnet. **d** Ein grober schlecht sortierter Sandstein der Marina-de-Campo-Formation (Elba). Die weißen eckigen Körner fallen direkt auf, hierbei handelt
es sich um Feldspäte. Der größte Anteil besteht aus leicht angerundeten Quarzkörnern in einer kalkigen feinkörnigen Matrix. Dieses unreife Sediment könnte
nach kurzer Transportstrecke durchaus aus einem Gesteinsgrus in einem marinen Becken entstanden sein

Abb. 6.93 Rotliegend-Sedimente liegen auf dem variszischen Granit von Dieburg (Spessart). Die im Karbon eingedrungenen Granite lagen im Perm durch Hebung und Erosion bereits an der Erdoberfläche und bildeten dort ein deutlich erkennbares Relief. Die Sedimente des Rotliegend bedeckten die ehemalige Geländeoberfläche und glichen das Relief allmählich aus

Abb. 6.94 Dunkle amphibolitische Linse im Diorit (Dörrmorsbach, Spessart). Nicht selten treten in plutonischen Gesteinen linsenartige Körper auf, die sich im Mineralbestand vom eigentlichen Gesteinskörper unterscheiden. Diese Linsen können durch die nicht vollkommene Mischung zweier Schmelzen oder durch die Aufschmelzung von Nebengestein entstanden sein. Eine genaue Klärung ist nur durch geochemische und petrographische Untersuchungen möglich

Abb. 6.95 a Vertikaler basaltischer Gang in den Tuffen des pleistozänen Herchenbergs (Brohltal, Eifel). Nach dem Auswurf der mächtigen pyroklastischen Abfolge, die den Vulkanbau bildet, drangen vom Förderschlot basische Schmelzen vom Hauptschlot radialsymmetrisch in Risse des Vulkanbaus ein. **b, c** Eozäner basaltischer Gang im Granodiorit von Dieburg (Odenwald). Die Basalte drangen in den variszischen Granodiorit an Dehnungsfugen ein, die beim beginnenden Einbruch des Oberrheintals entstanden. Deutlich erkennbar ist die Kontaktzone, der Basalt ist dort am Kontakt zum Nebengestein rascher abgekühlt. Dies führte am Rand der Intrusion zur Erhöhung der Viskosität. Durch Fließbewegungen im Kern des Ganges zerscherte der abgekühlte Basalt in der Randzone. Im Inneren des Ganges liegt das Gestein hingegen mit intaktem Gefüge vor

Abb. 6.96 a Herausgewitterter basischer Schlot auf der Hochebene in Peru (Huancavelica). Der im Tertiär in Tuffe eingedrungene Schlot ist aus den umgebenden weicheren Tuffen freigelegt worden. Die Schuttfächer am Fuß des Schlotes zeigen seinen Zerfall an der Oberfläche an. **b** Im Vordergrund verläuft ein vertikaler basischer Gang (Tertiär) durch die permischen Rotsedimente des Lodève-Beckens. Dieser Gang wittert als „Mauer" aus den weicheren Sedimenten heraus. Im Hintergrund der herausgewitterte Schlot, von dem dieser Gang ausgeht

■ Magmatische Gänge und Schlote

Oberflächennah steigen Schmelzen und mineralisierte Fluide häufig an den durch Kluftsysteme vorgezeichneten Wegsamkeiten auf oder erweitern diese durch den eigenen Aufstieg. Dabei können Gangbrekzien entstehen (■ Abb. 6.99). Besonders häufig in oberflächennahen Gesteinen sind basische Gänge, da die hochtemperierten Schmelzen (bis 1300 °C) auch nahe der Erdoberfläche noch geringviskos sind. Pegmatit- und Aplitgänge sind hingegen meist in Verbindung mit plutonischen Intrusionen vorzufinden und zeigen bereits eine tiefgründige Erosion an. Die intrudierten Gänge sind immer jünger als das umgebende Nebengestein (■ Abb. 6.95–6.99).

■ **Abb. 6.97** Hellroter pegmatitischer Gang im Gabbro von Niederbeerbach (Odenwald, Deutschland). Der steilstehende Gang wurde im oberen Bereich nach links zerschert. Der Gang umschließt im unteren Bereich linsenartige Schollen des Gabbros

■ **Abb. 6.98** Dunkle porphyrische Gänge in der känozoischen Sedimentabfolge auf der Halbinsel Paracas, Peru. Sie vereinen sich links oben zu einem größeren Magmenkörper

Abb. 6.99 a Weißer aplitischer Gang in den Gneisen der paläozoischen Porto-Azzurro-Einheit auf Elba. Auffallend sind die scharfen Kontakte des Aplits, der aus Quarz und Kalifeldspat besteht, mit dem Nebengestein. Der Aplit zeigt im Kontaktbereich kleinere Kristalle, im Kern können etwas größere Kristalle auftreten. **b** Von oben zeigt derselbe aplitische Gang einen tektonischen Versatz um etwa 30 cm. Die bruchhafte Zerscherung fand statt, als der Aplitgang bereits auskristallisiert war. **c** Kontaktbereich einer aplitischen granitoiden Intrusion in einem Granit. Der Kontaktsaum des aplitischen Ganges ist sehr fein kristallisiert (Capanne Granit, Elba). **d** Quarz-Gang in Porphyren der peruanischen Küste bei León Dormido. Bei der Intrusion ist das Nebengestein zerbrochen worden und liegt nun umschlossen durch die Schmelze als Gangbrekzie vor

■ Lavaströme und Pyroklastika

Basische Laven treten an der Oberfläche am häufigsten aus und können in Abhängigkeit ihrer Temperatur, ihrem Gasgehalt und der Austrittsbedingungen unterschiedlich ausgebildet sein. Regional können ryholithische, latitische oder andesitische Laven und Ignimbrite verstärkt auftreten. Hier sollen die vulkanischen Erscheinungen, die aufgrund von Verwitterung und Erosion häufig unscheinbar im Gelände vorkommen, an einigen Beispielen beschrieben werden.

Die bei der Abkühlung und Erstarrung von Schmelzen an der Oberfläche entstehenden Säulen (■ Abb. 6.100–6.102) sind auf die damit verbundene Volumenreduktion des Lavakörpers zurückzuführen. Ausgehend von den Abkühlungsflächen bilden sich senkrecht dazu die polygonalen Kluftmuster.

Subaquatisch ausfließende basische Magmen bilden kissenförmige Lavakörper – Pillow-Basalte – (*pillows*). Die Lava kühlt sich im Kontakt mit dem Wasser rasch ab. Die Abschreckung führt dazu, dass sich um die glutflüssige Lava Krusten bilden, die die noch flüssige Lava umschließen (■ Abb. 6.103).

In den Gasblasen von Basalten können sekundäre Minerale kristallisieren und die Hohlräume ganz oder teilweise ausfüllen (■ Abb. 6.104).

Xenolithe (■ Abb. 6.105–6.107) sind Fremdgesteine, die bei einer vulkanischen Eruption mit an die Oberfläche gefördert werden. Sie können viel über den tieferen Untergrund aussagen, der vielleicht sonst nicht unmittelbar aufgeschlossen ist.

Das Auswurfmaterial bei explosiven Eruptionen (■ Abb. 6.108–6.114) wird als Pyroklastika bezeichnet. Nach der Korngröße werden Asche (< 2 mm), Lapilli (2–64 mm) und Bomben (> 64 mm) unterschieden. Lava kann in Fontänen oder als Lavafetzen aus dem Schlot befördert werden, im Kraterrandbereich bilden sich Schlacken. Der Gasgehalt saurer Magmen ist oft so hoch, dass sie aufschäumen (Bims) und bei einer sehr explosiven Eruption zu feinem Material (Asche) fragmentiert werden. Die Ablagerungen können durch Auskristallisieren des Glasanteils verfestigen (Tuff). Es gibt auch pyroklastische Ströme (Glutwolken), Mischungen aus Pyroklastika und heißem Gas, die sich wie eine Lawine ausbreiten. Bestehen deren Ablagerungen aus Bims und Asche, werden sie Ignimbrit genannt. Wurden sie sehr heiß abgelagert, verschweißen sie zu einem festen Gestein, das fast wie ein Lavastrom aussieht (▶ Abschn. 2.2).

Abb. 6.100　a Basaltischer Lavastrom bei Oberbettingen (Westeifel, Deutschland). Er zeigt eine breite, grobe Säulenausbildung. Die Ausrichtung der Säulen ist stets senkrecht zur Abkühlungsfläche, im Falle des Lavastromes einerseits von der Basis nach oben und andererseits von der Oberfläche nach unten. Die grobe Säulenausbildung deutet darauf hin, dass der Strom insgesamt rasch abgekühlt ist. Nahe der Abkühlungsfläche bilden sich meist unregelmäßige und dicke Säulen, im Kern des Lavakörpers, der langsamer abkühlt, können sich regelmäßigere und dünnere sechsseitige Säulen ausbilden. **b** Basaltische Lavaströme auf der Hochebene Perus bei Huancavelica. Die Steilwand zeigt deutlich Säulenausbildung auf zwei Etagen. Hier ist über einem ersten, bereits erstarrten Lavastrom ein zweiter Lavastrom geflossen. Der harte Basalt ist widerstandsfähig gegenüber der Erosion und wird an der Oberfläche freipräpariert. **c** Steilwand im Steinbruch am Roßberg (Odenwald, Deutschland). An der ehemaligen Abbauwand ist ein etwa 100 m hohes Profil vertikaler Basaltsäulen aufgeschlossen. Im Kraterbereich des eozänen Vulkans hatte sich ein Lavasee gebildet, der diesen mächtigen basaltischen Körper in aufeinanderfolgenden Phasen ausgebildet hat

Abb. 6.101a,b Tafelberge im Lodève-Becken in Südfrankreich sind tertiäre Lavaströme, die auf den roten tonig-siltigen Playasedimenten des Perms ausgeflossen sind. **a** Die Tafelberge prägen die Landschaft, der feste Basalt (grau) schützt die erosionsanfälligen Sedimente vor der Erosion. Basaltischer Hangschutt streut von oben den Hang hinunter. **b** Ein Lavastrom mit Säulen bildet die deutlich erkennbare Steilstufe am oberen Bereich des Hanges

■ **Abb. 6.102 a** An diesem Basaltschlot in Mayschoss (Ahrtal, Eifel) ist das Umbiegen der Abkühlungsklüfte von nahezu horizontal am Rand des vertikalen Schlotes (rechts und teilweise auch links) zu steil im Kern des Schlotes deutlich erkennbar. Das Umbiegen der Säulen geht auf den kühlen Randbereich der basischen Intrusion zurück. **b** Säulen können nicht nur in basischen Vulkaniten auftreten. Auf dem Bild sind wechselnde Richtungen der Säulenausbildungen im permischen Rhyolith von Sailauf (Spessart, Deutschland) erkennbar. Die Aufschlusswand (Höhe ca. 40 m) zeigt den Randbereich des Förderschlotes, nur dort ist die Säulenbildung besonders ausgeprägt

■ **Abb. 6.103 a** Diese Felsen mit Madonnastatue an der Nordküste Elbas bestehend aus Kissenlava (*pillow lava*). Der Basalt ist am Ozeanboden an einem Mittelozeanischen Rücken ausgeflossen (MORB, *mid-ocean ridge basalt*). **b** Im Aufschluss zeigen die Basaltkissen runde Kerne aus festem Gestein und randliche Bereiche, die meist schalenförmig ausgebildet sind und leichter verwittern. **c** Der Übergang vom Kern eines Kissens (oben links) zum randlichen Bereich (unten und rechts). Frische Basaltkissen haben eine glasig ausgebildete Außenkruste, die auf die Abschreckung im Wasser zurückzuführen ist, die dunkle glasige Zone im unteren Bereich des Bildes. Vom Kern zum Rand des Kissens ist deutlich die Zunahme der Blasen, die durch Entgasungsprozesse entstehen, zu erkennen (Vesikel). Diese vesikulä-re Zone ist häufig zu beobachten und kann auch als Indiz für die Wassertiefe bei Ausfluss der Lava herangezogen werden. Je niedriger der Wasserdruck, umso stärker die Entgasung (Erill-Castell-Formation, Karbon, Nordspanien)

Abb. 6.104 Gasblasen im Basalt wurden hier sekundär mit Mineralen ausgefüllt. Diese durch SiO$_2$-reiche Fluide (Wässer mit erhöhtem Mineralgehalt) entstandenen Füllungen sind häufig Achate oder Zeolithe, die wie links unten im Bild aus dem Basalt herauswittern können

Abb. 6.105 Dunkle Einsprenglinge (Pyroxene), zum Teil idiomorph, treten in einer feinkörnigen basischen Matrix auf (porphyrisches Gefüge). Bei den hellen Komponenten handelt es sich um Fremdgesteine (Xenolithe), die vom Magma aufgenommen wurden (Ruderbüsch, Eifel)

Abb. 6.106a,b Xenolithe sind Fremdgesteine, die bei einer vulkanischen Eruption mit an die Oberfläche gefördert werden. Sie können als Lapilli oder Bomben ausgeworfen werden. **a** Kleine basaltische Bombe mit etwa 10 cm Durchmesser, im Kern findet sich ein rötlicher Sandstein (Buntsandstein), der von der Lava an die Oberfläche transportiert und dabei ummantelt wurde. **b** Roter laminierter Siltstein (Buntsandstein) in den Laven des Lühwald-Vulkans

Abb. 6.107a,b Xenolithe können viel über den tieferen Untergrund aussagen, der vielleicht sonst nicht unmittelbar aufgeschlossen ist. Meist sind die Xenolithe thermisch alteriert, dies macht die Ansprache etwas schwieriger. **a** Toniger Siltstein-Xenolith im Basalt des Ruderbüsch-Lavastroms. Deutlich erkennbar ist der dunklere Saum um den Xenolithen, an dem möglicherweise auch Aufschmelzungsvorgänge stattgefunden haben. **b** Glimmerschiefer-Xenolith im permischen Rhyolith von Sailauf (Spessart, Deutschland)

Abb. 6.108 Randlicher Kraterbereich des quartären Lühwald-Vulkankegels bei Oberbettingen (Westeifel, Deutschland). Die Aufschlusswand (ca. 20 m hoch) zeigt drei aufeinanderfolgende Bereiche. Im unteren Bereich sind rötliche Lapilli-Tuffe aufgeschlossen. Sie zeigen eine Gradierung, werden nach oben hin feiner. Darüber folgt eine deutlich gröbere braune Abfolge aus Lapilli und Schlacken. Die Abfolge wird von grauen Basalten abgeschlossen, sie waren die letzte Phase der Ausbruchstätigkeit. Nach einer explosiven Anfangsphase der Eruption ist der Lavaspiegel im Schlot angestiegen und es kam zum Auswurf von Schlacken. Schließlich stieg der Lavaspiegel bis in den Kraterbereich und es bildete sich ein Lavasee. Die Mächtigkeit der Basalte nimmt von links (zentraler Bereich des Lavasees) nach rechts (Randbereich) deutlich ab

Abb. 6.109a,b Lapilli sind pyroklastische Auswürflinge mit einem Durchmesser zwischen 0,2 und 6,4 cm. Sie zeigen einen nahen explosiven Ausbruchsort an. **a** Basaltische Lapilli-Lagen auf hellen Tuffen (Goßberg bei Hillesheim, Westeifel, Deutschland). **b** Lapilli-Abfolge mit leichter Gradierung: Grobe Lapillis an der Basis, feinere Lapillis im zentralen Bereich, oberhalb der Münze wieder etwas gröber

Abb. 6.110 Bombe in andesitischen Tuffen. Beim Einschlag in die hellen Tuffe ist die Schichtung deformiert worden (Huancavelica, Peru)

Abb. 6.111a–c Vulkanoklastische Brekzien sind eine Art von Pyroklastiten, die durch explosive Eruptionen entstehen können (Laspaúles, Errill Castell Formation, Spanien). **a** Die Komponenten können rein vulkanischen Ursprungs sein, hier sind basaltische und andesitische Komponenten subaquatisch abgelagert worden. **b** Zu Beginn einer Ausbruchsphase kann verstärkt Nebengestein aus dem Schlotbereich ausgeworfen werden. Hier treten in andesitischen Tuffen Sandsteine und gefrittete helle Tone auf. **c** Matrixgestütze, vulkanoklastische Brekzie, die Komponenten sind ausgerichtet und daher durch einen pyroklastischen Strom abgelagert worden

■ **Abb. 6.112** Gerichtetes Gefüge in einem Ignimbrit. Der in einer Glutwolke transportierte Bims ist hier ausgelängt und rötlich verwittert. Die Komponenten sind deutlich ausgerichtet und miteinander verschweißt (Erill-Castell-Formation, Laspaúles, Nordspanien)

■ **Abb. 6.113a,b** Gelangen pyroklastische Auswürflinge (Lapilli, Bomben) unmittelbar in Kontakt mit Wasser, so werden die Klasten abgeschreckt und können einen glasigen Rand zeigen. Bestehen die Komponenten überwiegend aus Glas, werden die Gesteine als Hyaloklastite bezeichnet. **a** In einer feinkörnigen Matrix (Tuff) treten xenolithische Komponenten auf (dunkel: Basalte, hell: Andesite). **b** Vergrößerung von links, der andesitische Xenolith zeigt einen deutlichen Abschreckungssaum (Erill-Castell-Formation, Nordspanien)

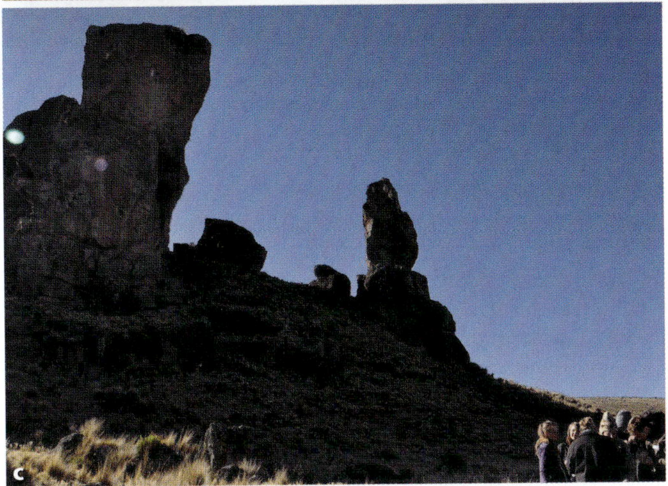

◘ Abb. 6.114 a Turmförmige Erosionsreste eines andesitischen Schlotes, ein möglicher Förderkanal der Ignimbritdecken in den Hochanden bei Huancavelica, Peru. **b** Die Erosion setzt bei den hellen Ignimbritlagen an vertikalen Klüften an und das Gestein zerfällt und bildet Schuttfächer. **c** Übrig bleiben bizarre Felsformationen, die das ursprüngliche Kluftmuster nachzeichnen

6.5.3 Metamorphe Gesteine an der Erdoberfläche

Als Kristallin bezeichnet man neben den magmatischen auch metamorphe Gesteine, sie kommen an der Erdoberfläche häufig in orogenen Bereichen mit tiefgründig abgetragener kontinentaler Kruste oder als obduzierte ozeanische Lithosphäre (Ophiolithe) vor. Metamorphite sind sehr vielfältig, sie entstehen aus unterschiedlichen Ausgangsgesteinen (Protolithe oder Edukte). Die Protolithe erfahren bei der prograden Metamorphose Mineralumwandlungen, die durch Druck- und Temperaturzunahme sowie durch Stoffaustauschprozesse gesteuert werden. Bei der retrograden Metamorphose finden Veränderungen in den Mineralparagenesen durch Metamorphosepfade hin zu niedrigeren Drücken und Temperaturen statt.

Metamorphe Gesteine werden ausführlich in ▶ Abschn. 2.3 beschrieben, durch die Bestimmung der genauen Mineral- und Stoffzusammensetzung können Temperatur- und Druckfelder ihrer Entstehung (metamorphe Fazies) und somit ihre Bildungstiefe bestimmt werden. Es ist aber auch möglich, daraus die Wechselwirkungen mit Nebengesteinen und Details zum Stofftransport abzuleiten. Radiometrische oder isotopengeochemische Datierungen von Mineralen, die sich während der Metamorphose neu gebildet haben, wie zum Beispiel Granate, lassen die Bestimmung von Metamorphosealtern zu.

Treffen wir im Gelände auf metamorphe Gesteine, so erkennen wir diese aufgrund ihres Gefüges und ihrer charakteristischen Mine-

rale, in Abhängigkeit von Metamorphosegrad und Ausgangsgestein. Genau diese Fragen möchten wir vor Ort auch beantworten:

- Aus welchem Ursprungsgestein (Protolith oder Edukt) ist das metamorphe Gestein entstanden?
- Welche Prozesse und Bedingungen haben zur Metamorphose geführt?

Am Aufschluss können wir zwar keine geochemischen Analysen durchführen, die für die präzise genetische Interpretation der metamorphen Gestein erforderlich sind. Diese werden an Gesteinsproben im Labor durchgeführt. Doch gerade für die Probenahme ist eine genaue Bestimmung des Mineralbestandes und des Gefüges vor Ort und die daraus folgende Zuordnung zu einer Metamorphosefazies (▶ Abschn. 2.3) wichtig.

Viele metamorphe Gesteine sind im Gelände aus der Entfernung eher unscheinbar, daher ist das Aufschlagen des Gesteins und Betrachten mit der Lupe für die Bestimmung wirklich zu empfehlen.

Besonders Quarzite (◘ Abb. 6.119) und Marmore können innerhalb metamorpher Serien markante Reliefbildner sein (◘ Abb. 6.115). Viele andere metamorphe Gesteine verwittern und zerfallen durch die lagige Textur und den hohen Anteil an Schichtsilikaten und Feldspäten relativ rasch an der Oberfläche.

Insbesondere bei niedrig- bis mittelgradiger Metamorphose können viele metamorphe Gesteine auch gut im Gelände nach ihrem Ausgangsgestein unterschieden werden.

◼ **Abb. 6.115** Blick auf die Schichtflächen von steilstehenden devonischen Quarziten. Sie bilden eine Antiklinalstruktur mit steiler Faltenachse. Im Vordergrund stehen die Schichten steil und biegen nach rechts oben im Hintergrund um und werden dort flacher. Die Quarzite werden herauspräpariert, da sie verwitterungsresistenter als die umgebenden Schiefer sind (Oberlauf des Río Isábena – Südpyrenäen, Spanien)

◼ **Abb. 6.116** Berggipfel aus Marmor in den Alpi Apuani bei Gorfigliano (Italien). Die angeschnittenen Marmore sind sehr homogen und bilden hier auch exponierte Bereiche des Gebirges aus

Siliziklastische Sedimente als Protolith Die Metapelite entstehen aus feinkörnigen klastischen Sedimenten wie Ton oder tonige Siltsteine. Metapsammite haben einen höheren Sandanteil im Protolith. Die Metamorphose setzt bei den Metapeliten mit der Neubildung von Schichtsilikaten wie Serizit, Muskovit oder Biotit auf Schieferflächen ein (Kristalloblastese). Daraus entstehen in der Grünschieferfazies zunächst Phyllite mit einem Serizit-Anteil von über 50 %, der auf den Schieferflächen einen seidenartigen Glanz erzeugt (◼ Abb. 6.117). Die Schichtsilikate bilden noch sehr kleine Minerale aus. Bei ansteigendem Metamorphosegrad können in der Amphibolit-Fazies Glimmerschiefer entstehen. Dabei sind überwiegend Muskovit und Biotit als Schichtsilikate vertreten, die als große, mit bloßem Auge deutlich erkennbare, Minerale auftreten (◼ Abb. 6.118). Die Foliation als Art der Schieferung ist bei den Glimmerschiefern als Gefügemerkmal deutlich ausgebildet. Charakteristisch für Glimmerschiefer ist die Neubildung und das Wachstum größerer Einzelminerale wie Granat, Pyroxene, Disthen, Andalusit und Staurolith (◼ Abb. 6.120). Die Unterscheidung von Glimmerschiefern und Gneisen (◼ Abb. 6.121 und 6.122) fällt häufig nicht leicht. Die aus Sedimenten entstandenen Paragneise entstehen im Bereich der Amphibolit-Fazies und zeigen im Vergleich zu den Glimmerschiefern einen höheren Feldspatanteil und entsprechend geringeren Glimmeranteil. Makroskopisch kann man sagen, dass Gneise einen Feldspatanteil von über 20 % aufweisen, dies ist eine grobe Hilfe, um sie im Gelände von den Glimmerschiefern zu unterscheiden. Paragneise sind häufig reich an Biotit und zeigen meist gräuliche Farben.

Saure und intermediäre Magmatite als Protolith Während die Paragneise sich aus siliziklastischen Sedimenten gebildet haben, entstanden die Orthogneise aus sauren und intermediären Plutoniten durch gerichteten Druck im Bereich der Amphibolit-Fazies. Die charakteristischen rotierten Orthoklase im Gefüge der Augengneise, die „Feldspataugen", sind sehr häufig ehemalige Einsprenglinge eines Granits. Dieses Merkmal, wie die rötliche Färbung der Orthoklase kann auf die Entstehung aus einem Plutonit hinweisen. Größere Feldspäte (Porphyroblasten) können seltener aber auch durch Kristallwachstum während der Deformation in Paragneisen entstehen.

Karbonatische Gesteine als Protolith Karbonatische Gesteine wie Kalke, Dolomite und Mergel werden bei der Regional- und Kontaktmetamorphose in Marmore (◼ Abb. 6.116 und Abb. 6.123) und Kalksilikatfelse umgewandelt. Bei der Kontaktmetamorphose spricht man dann von Skarnen. Sie treten somit in durchaus unterschiedlichen Metamorphosefazies auf. Eine Festlegung auf eine bestimmte Metamorphosefazies ist bei Marmoren schwierig und kann über das metamorphe Nebengestein erfolgen. Reine Marmore entstehen aus reinen Kalken und Dolomitmarmor aus Dolomit, die Mineralzusammensetzung bleibt bestehen. Durch Umkristallisation (Sammelkristallisation) wird das ursprüngliche Sedimentgefüge durch Kornvergröberung zerstört. Feinkörnige Marmore sind daher eher niedrig-metamorph, grobkristalline hingegen höher-metamorph. Dunkle Schlieren in Marmoren sind häufig auf in Graphit umgewandelte organische Einlagerungen zurückzuführen. Aus Mergeln und karbonatisch-silikatischen Wechselfolgen entstehen Kalksilikatfelse, die durch einen möglichen Glimmeranteil (häufig Phlogopit) oder wechselnde Quarzgehalte im Marmor auffallen.

Basische Magmatite als Protolith Die Metabasite sind für die Bezeichnung der Metamorphosefaziesbereiche verantwortlich. Mögliche Protolithe sind Basalte, Gabbros, Diorite, aber auch Amphibolite. In der Grünschiefer-Fazies bilden sich Grünschiefer (◼ Abb. 6.124), die ihre grüne Farbe durch die Minerale Chlorit, Epidot und Aktinolith erhalten. Bei mittleren Drücken und mittleren bis hohen Temperaturen, in der Amphibolit-Fazies, bilden sich aus den basischen magmatischen Gesteinen amphibolreiche Metabasite, in denen neben den Amphibolen auch Plagioklas, Granat, Pyroxen und Biotit vorkommen. Bei zunehmender Temperatur kann der Metamorphosepfad in die Granulit-Fazies führen, hier verschieben sich die Mineralanteile zugunsten der Pyroxene, begleitet von Plagioklas und Biotit. Die Eklogit-Fazies umschreibt den Bereich höchster Drücke und hoher Temperatur. Das charakteristische Erscheinungsbild erhält der Eklogit durch den grünen Omphacit (Pyroxen) und die rotbraunen Granate. Die an Subduktionszonen gebundene Blauschiefer-Fazies beschreibt den Bereich niedriger Temperaturen und hoher Drücke. Aus der Ozeanischen Kruste können Glaukophanschiefer entstehen, die ihren bläulichen Schimmer durch Glaukophan (Amphibol) erhalten (◼ Abb. 6.125). Weitere Minerale dieser auch als Blauschiefer bezeichneten Metabasite sind Lawsonit, Zoisit, Epidot, Omphacit, Albit und Calcit (◼ Abb. 6.126).

□ **Abb. 6.117a–d** Übergang von Tonsteinen zum Phyllit. **a** Nicht geschieferte Tonsteine spalten nach der Schichtung. Auf den Schichtflächen können beispielsweise Fossilien erhalten sein. Bei geschiefertem Gestein können auf den Schieferflächen keine Fossilien auftreten, sie werden vielmehr zerschert. **b** Schieferfläche aus dem Unterdevon (Katzenberg, Mayen). Die Schieferflächen sind eben und zeigen bei Materialwechsel Unebenheiten auf den Schiefer- flächen und bereits einen leichten matten Glanz, der von gesprossten Schichtsilikaten hervorgerufen wird. **c** Ausgehend vom Schiefer (oben) erkennt man im Uhrzeigersinn die Zunahme des Glanzes auf den Schieferflächen (Huaytapallana, Peru). **d** Ein Phyllit mit deutlichem Glanz durch Schichtsilikatneubildung auf den Schieferflächen (Sierra de los Filabres, Betische Kordillieren, Spanien – Foto T. Lorscheid)

■ **Abb. 6.118a–e** In Glimmerschiefern, die sich im Bereich der Amphibolit-Fazies bilden, können sich durch Reaktion von Chlorit und Quarz xenomorphe bis idiomorphe Granat-Porphyroblasten ausbilden. **a** Biotit-Muskovit Glimmerschiefer (Böllstein, Odenwald). In beiden Fällen bilden die Schichtsilikate den größten Anteil im Gesteinsgefüge. **b** Heller Serizit-Glimmerschiefer mit mm-großen Almandin-Kristallen (südlicher Gotthard, Tessin). **c** Glimmerschiefer mit xenomorphem Granat und Staurolith (südlicher Gotthard, Tessin). **d** Glimmerschiefer mit cm-großen braun-schwarzen Almandin-Porphyroblasten (Ötztal, Österreich). **e** Chloritglimmerschiefer mit Almandingranat (Granatenkogel, Österreich)

Abb. 6.119 **a** Schwachmetamorpher Quarzit mit erhaltenen Sedimentstrukturen (Verrucno-Formation, Elba), **b** Quarzitische Konglomerate mit ausgelängten Geröllen (Kambrium, Huaytapallana, Peru) **c** Metavulkanit, deutlich ist die Foliation erkennbar, das Edukt war wahrscheinlich ein intermediärer bis saurer vulkanischer Tuff (Ortano, Elba)

Abb. 6.120 Der dunklere lagige Glimmerschiefer und Paragneis umhüllt den helleren Orthogneis im Böllsteiner Odenwald. Die ursprünglich granitische Intrusion, die in siliziklastische Abfolgen eindrang, wurde im Rahmen der variszischen Orogenese metamorph überprägt

◘ **Abb. 6.121a–d** Für Gneise ist die lagige Textur (Foliation) und Bänderung charakteristisch. Neben einem hohen Anteil an Glimmern tritt ein Feldspatanteil von über 20 % und Quarz in wechselnden Anteilen auf. **a** Die hellen Lagen sind Quarz-Feldspat-reich und zeigen bereits beginnende Aufschmelzungsprozesse (Migmatisierung) an. Um diese Leukosome erkennt man häufig einen Saum dunkler Minerale, wie Biotit. Durch die einsetzenden Schmelzprozesse wurden sie aus dem Leukosom verdrängt (Orthogneis, Böllstein Odenwald). **b** Augengneis mit deutlicher Foliation (Rhodope Massiv, Bulgarien, Foto: T. Lorscheid). **c** Biotit-Hornbende-Paragneis bei Breuberg, Odenwald. Das Gestein zeigt dunkle Biotit und Hornblende-reiche Lagen und Linsen. **d** Migmatit mit charakteristischem Leukosom aus Quarz und Feldspat (Huancavelica, Peru)

◘ **Abb. 6.122a,b** Verwitterung von Gneisen. Der hohe Anteil an Feldspat und Glimmern lässt die Gneise durch Silikatverwitterung zerfallen. Durch die Hydrolyse, die durch warme und feuchte Bedingungen begünstigt wird, werden Ionenaustauschprozesse an den Kristalloberflächen in Gang gesetzt, die das Gestein stofflich stark verändern. Es bildet sich schließlich das Tonmineral Kaolin und das Gesteinsgefüge zerfällt. Neben klimatischen Bedingungen kann die Hydrolyse durch heiße Fluidkonvektion in Kontaktzonen verursacht werden. **a** Das Gefüge der Biotit-Gneise zerfällt durch die Kaolinitisierung vor allem der Feldspäte. **b** Im alterierten Kontaktbereich zur einer permischen Rhyolithintrusion zeigt der Gneis Hakenschlagen, die Foliation des verwitterten kaolinreichen Gneis wird durch Bodenfließprozesse umgebogen (Sailauf, Spessart)

Abb. 6.123a–c Marmor ist metamorpher Kalkstein oder Dolomit. **a** Kontaktmetamorph überprägte Kalk-Silt-Wechselfolge (mögliches Edukt: Nisportino Formation). Die quarzitischen Silsteine zeigen Boudins innerhalb der hellgrauen Marmorbänke (Chiessi, Elba). **b** Valdana-Marmor im Ortanotal, Elba. Die an der Basis massigen Marmore zeigen im oberen Bereich des Aufschlusses einen Übergang zu dünnbankigen Lagen von Kalksilikatfelsen. Nach Ablagerung der Kalke folgte durch verstärkte klastische Zufuhr ein Übergang in eine Kalk-Ton-Wechselfolge. **c** Falte in einem dolomitischen Marmor im Norden von Syros. Die Lagen zeigen den Wechsel zwischen den verwitterungsresistenteren stärker dolomitischen und den calcitischen Lagen (Foto: M. Lissner)

Abb. 6.124 Grünschiefer mit hohem Anteil an Chlorit aus dem Tauern-fenster (Foto: T. Lorscheid)

■ **Abb. 6.125a–c** Eklogite und Glaukophanschiefer bilden gemeinsam mit Serpentiniten Subduktionszonen an der Kruste-Mantel-Grenze ab. **a** Übergang von Glaukophanschiefer (blaugrau) zu Eklogiten (grünlich) auf Syros. Glaukophanschiefer bilden sich bei hohem Druck und relativ niedriger Temperatur aus ozeanischer Kruste, die Eklogite bilden sich bei höherem Druck und höherer Temperatur zum Beispiel aus Basalten oder Gabbros. Der Übergang zwischen der Eklogit Fazies und Blauschiefer-Fazies liegt bei 500 °C und über 8 Kbar, bei über 30 km Tiefe. (Foto: M. Lissner). **b** Übergang von Omphacit- (grün) und glaukophanreichen (graublaue) Zonen. Die Stabilität des Glaukophans unter eklogitfaziellen Bedingungen kann auf höhere Wassergehalte zurückgeführt werden. (Syros, Foto: M. Lissner). **c** Eklogit (Omphacit und Granat) aus der Eklogit-Zone des Tauern-Fensters, die Edukte waren Metagabbros

■ **Abb. 6.126** Metagabbro mit dunklem basischem Ganggestein. Der helle Klinozoisit und der grünliche Omphacit ersetzen im Gefüge die ursprünglichen Plagioklase und Augite (Syros, Foto: M. Lissner)

Ultrabasische Gesteine als Protolith Aus ultrabasischen Mantelgesteinen wie Peridotit können in Grenzbereichen zu subduzierter ozeanischer Kruste Serpentinite (■ Abb. 6.127) entstehen. Durch H_2O-Zufuhr aus der subduzierten ozeanischen Kruste wandelt sich Olivin in Serpentin um. Serpentinite treten assoziiert zu Ophiolithabfolgen auf und können im Gelände mit Glaukophan- oder Grünschiefern der grünschieferfaziell überprägten ozeanischen Kruste oder aus Mantelgestein gebildeten Eklogiten auftreten. Linsenför-

mige Serpentinitkörper treten häufig an tektonischen Bahnen auf und können daher mit anderen metamorphen Gesteinen gemeinsam auftreten, die in keinem direkten genetischen Zusammenhang dazu stehen. Ophicalcite (■ Abb. 6.128) sind serpentinreiche Gesteine, in denen sich durch CO_2-Zufuhr Calcit ausbilden konnte. Die Ophicalcite sind netzartig durch helle calcitische Adern und Schlieren durchzogen und treten ebenso in Ophiolithabfolgen auf.

Abb. 6.127 Serpentinite zeigen den charakteristischen grünlich-grauen Schimmer im Aufschluss. Antigorit und Chrysotil aus der Serpentingruppe sind in den meisten Serpentiniten die dominierenden Minerale und sie verleihen dem Gestein seine typische Farbe (Ortano-Tal, Elba)

Abb. 6.128 Ophicalcite mit den charakteristischen Calcitadern, Rio Nell Elba, Italien

Gesteinsabfolgen und Krustendeformation – Tools und Aufnahmetechniken im Gelände

Mario Valdivia Manchego

T. McCann, M. Valdivia Manchego, *Geologie im Gelände*,
DOI 10.1007/978-3-8274-2383-2_7, © Springer-Verlag Berlin Heidelberg 2015

Die heutige Landschaft und ihre Veränderung in historischen Zeiträumen helfen uns, die jungen bis rezenten Krustenprozesse zu verstehen. Der Schlüssel, um auch die Krustenentwicklung in geologischen Zeiträumen zu verstehen, ist die raumbezogene Untersuchung sedimentärer, magmatischer und metamorpher Gesteinsabfolgen und deren Lagerungsverhältnisse. Die präzise Aufnahme der geologischen Raumstrukturen im Gelände ist für die Modellbildung vor Ort (► Kap. 6), aber auch für die vertiefende Analyse und Untersuchung von Proben und Messdaten im Labor und am Computer von großer Bedeutung. Ziel dieses Kapitels ist es daher, praktische Hinweise zur Erhebung von Daten im Gelände zu liefern. Fragestellungen, die sich bei Geländeaufnahmen ergeben, werden aufgegriffen und geeignete Vorgehensweisen erläutert.

Die tektonische Deformation der Erdkruste spielt in diesem Zusammenhang eine wesentliche Rolle. Sie ermöglicht uns einerseits, Rückschlüsse auf vergangene Deformationsphasen und plattentektonische Prozesse zu ziehen und andererseits steuert die Krustendeformation gemeinsam mit klimatischen Prozessen die Erosion und die sedimentären Prozesse an der Erdoberfläche.

7.1 Tektonische Prozesse deformieren die Erdkruste

Rheologie ist die Wissenschaft, die sich mit dem Fließen, Kriechen und Zerbrechen von Stoffen beziehungsweise ihrer bruchhaften und plastischen Deformierbarkeit beschäftigt. Das rheologische Verhalten der Erdkruste (◘ Abb. 7.1) kann durch die Deformationsmodelle Elastizität, Viskosität und Plastizität beschrieben werden.

Elastisches und **sprödes Verhalten**: niedrige Temperatur, geringer Umgebungsdruck (lithostatischer Druck). Wird ein gerichteter Druck (Spannung) auf das Gestein ausgeübt, kann
- das Gestein dauerhaft bruchhaft deformiert werden (irreversibel) oder
- das Gestein nach kurzer Zeit wieder die ursprüngliche Form annehmen, die Deformation ist reversibel.

Plastisches (duktiles) Verhalten: hohe Temperaturen, hoher Umgebungsdruck (lithostatischer Druck). Wird ein gerichteter Druck auf das Gestein ausgeübt, kann das Gestein sich über längere Zeiträume bruchlos deformieren, dieser Vorgang ist irreversibel. Das Gestein behält die Form nach der duktilen Verformung.

Viskoses Verhalten: hohe Temperaturen und Aufschmelzprozesse in den Gesteinen. Bei Temperaturen von 650 °C und höher können in der Erdkruste und im oberen Mantel partiell aufgeschmolzene Gesteine vorkommen (in der Kruste: Migmatite). Die Aufschmelzprozesse hängen neben der Temperatur vom Druck, der Anwesenheit von fluiden Phasen (Wasser und CO_2) und der mineralogischen und chemischen Zusammensetzung der Ausgangsgesteine ab. Das Verhalten dieser partiell aufgeschmolzenen Gesteine auf Deformation ist vergleichbar mit dem einer viskosen Flüssigkeit (Beispiel: Wasser besitzt eine niedrigere Viskosität als Honig). Die Deformation ist irreversibel. Dabei sinkt die Viskosität bei steigender Temperatur und bei Zunahme des gerichteten Druckes.

Die Deformation erfolgt in der unteren kontinentalen Kruste plastisch. In Abhängigkeit der lokalen Krustenstruktur liegt der spröd-duktile Übergang zwischen 10 und 20 km Tiefe. Darüber nimmt die elastische Eigenschaft der Kruste und damit auch die bruchhafte Deformation zur Oberfläche hin zu. Während im Bereich der plastischen Deformation das Gefüge metamorpher Gesteine überprägt wird, kommt es in höheren Stockwerken durch Scherprozesse verstärkt zu Faltung (◘ Abb. 7.2), Schieferung oder zur Bildung von Verwerfungen. Der derart deformierte Krustenbereich zeigt makro- wie mikroskopisch eine deutliche Inhomogenität. Durch wechselnde Lithologien innerhalb der deformierten Gesteinskörper entstehen komplexe Raumstrukturen, die durch die unterschiedliche Festigkeit und ihre Lagerungsverhältnisse die Erosionsmuster und Landformen an der Erdoberfläche prägen. Man sagt, dass Gesteine kompetent oder weniger kompetent sind. Dabei bezeichnet diese Eigenschaft einerseits den Widerstand gegenüber den Erosionskräften, sie beschreibt aber auch die Deformationsresistenz bei mechanischem Stress. Kompetente Gesteine werden durch Erosionskräfte herauspräpariert und brechen eher bei starker mechanischer Belastung. Inkompetente Gesteine sind leicht erodierbar und reagieren plastisch bei gerichtetem Druck. Ein gutes Beispiel sind hier Doppelkekse, die Ober- und Unterseite aus Keks sind kompetent gegenüber der Schokocremefüllung, sie ist nicht kompetent.

Die Deformation der Erdkruste kann aus den tektonischen Strukturen abgeleitet werden. Folgende tektonische Strukturen und Prozesse (◘ Abb. 7.3) sind für die strukturgeologische Analyse von Bedeutung (siehe auch ◘ Abb. 7.1): Verwerfungen und Klüfte (Bruch), Foliation und verschiedene Arten von Falten.

Rheologisches Verhalten	Physikalisches Modell	Gesteinsverhalten
Elastizität über der Spannungsgrenze des Gesteins → bruchhafte Deformation	Feder	elastische Deformation bruchhafte Deformation
Plastizität	Reibungsklotz	
Viskosität	poröser Kolben in zäher Flüssigkeit	

◘ **Abb. 7.1** Das rheologische Verhalten der Gesteine in der Erdkruste ist für das Verständnis des Ablaufes tektonischer Prozesse von Bedeutung

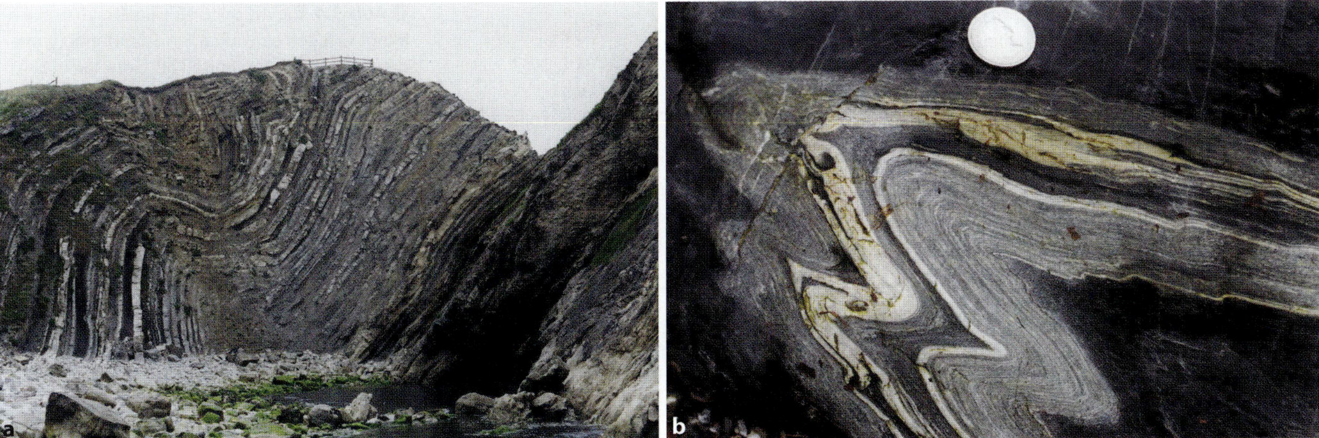

 Abb. 7.2a,b Falten in unterschiedlichen Größenordnungen. **a** Deformierte Kalk-Mergel-Wechselfolge (Jura) am Lulworth Cove in Wealden, Südostengland. **b** Fältelung (Kleinfalten) durch viskose Deformation in partiell aufgeschmolzenem Gestein (variszische Migmatite, Südwestengland)

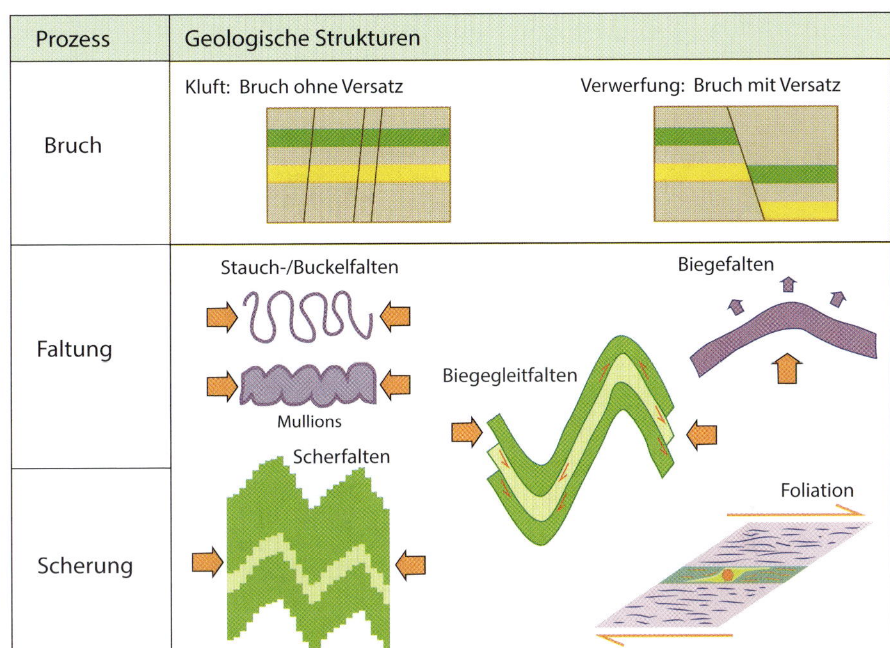

 Abb. 7.3 Bruch, Scherung und Faltung sind Prozesse, die von der Rheologie des Gesteins abhängen und zu unterschiedlichen Deformationen des Gesteinskörpers führen

7.2 Klüfte und Verwerfungen – Brüche im Gestein

Im oberen Bereich der Erdkruste verhalten sich die Gesteine zunächst elastisch, wenn Kräfte auf sie einwirken. Gerichtete Kräfte erzeugen Spannungen im Gesteinskörper (*stress*), die zur Verformung (*strain*) führen. Zunächst ist die Deformation elastisch, also reversibel. Durch weiteren Anstieg der Spannungen kann es zur Überschreitung der Elastizitätsgrenze kommen, das Gestein wird danach irreversibel deformiert und bricht schließlich (□ Abb. 7.4).

Nach Überschreitung der Elastizitätsgrenze entstehen im Gestein Mikrorisse. An diesen Stellen, die im Gestein verteilt auftreten, ist die Gesteinskohäsion verloren gegangen, dies bedeutet, dass die Biege-, Scher- oder Zugfestigkeit des Gesteins an diesen Stellen gleich null ist. Bei wachsender Spannung wachsen diese Risse besonders entlang bevorzugter Flächen, bis sich durchgehende Bruchflächen gebildet haben und die Spannung durch Bewegung abgebaut werden kann. Die Bildung der Bruchflächen (*fracturing*) ist in Abhängigkeit

der Art der einwirkenden Spannung unterschiedlich ausgeprägt (□ Abb. 7.5). Die größte Hauptspannung (σ_1) ist kompressiv und parallel zur Winkelhalbierenden des spitzen Winkels zwischen konjugierten Verwerfungen ausgerichtet. Die kleinste Hauptspannung (σ_3) steht senkrecht dazu und zeigt die Richtung der Zugspannung oder Dehnung an. Die intermediäre Hauptspannung (σ_2) steht senkrecht zu den beiden anderen Hauptspannungsrichtungen und liegt somit parallel zur Schnittlinie der konjugierten Verwerfungsflächen.

Folgende Brucharten gibt es:

Zugbrüche entstehen, wenn ein Gesteinskörper gerichtet auseinandergezogen wird. Die Kräfte, die die Zugspannung hervorrufen, können von außen ansetzen oder durch Schrumpfung des Gesteinskörpers selbst entstehen. Die Zugfestigkeit der Gesteine liegt lediglich bei 1/10 der Druckfestigkeit. Die Kluftbildung im Gestein ist meist auf Zugspannungen im Gestein zurückzuführen und entsteht senkrecht zur kleinsten Hauptspannungsrichtung (σ_3).

Scherbrüche entstehen, wenn entgegengesetzt gerichtete Kräfte (Dehnung oder Kompression) auf zwei Seiten eines Gesteinskörpers einwirken. Das Gestein bildet zunächst Bruchflächen aus und zerschert an diesen Flächen. Die Scherflächen liegen in einem Win-

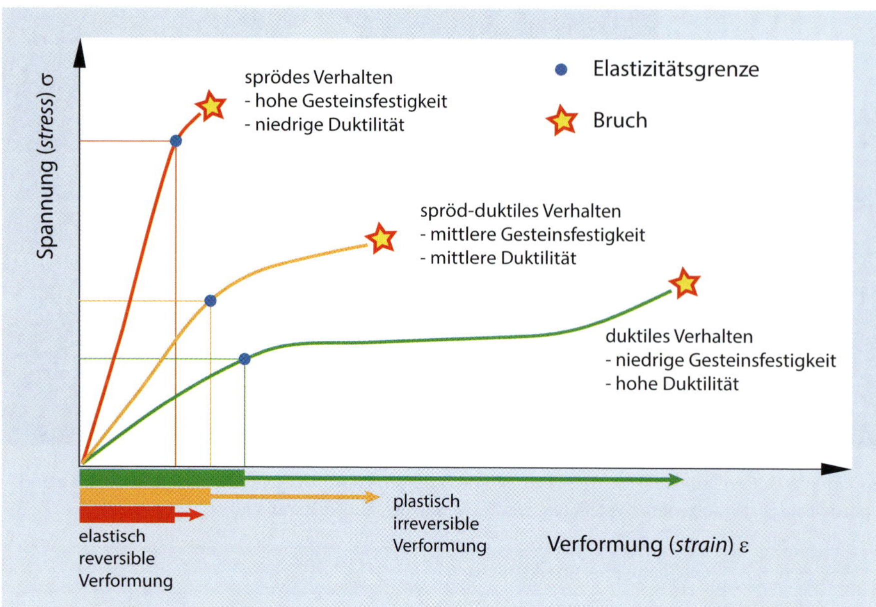

Abb. 7.4 Die Art der Deformation im Gestein hängt von den einwirkenden Spannungen und den Gesteinseigenschaften ab. Gesteine mit einer hohen Festigkeit werden bei steigenden Spannungen zunächst nur elastisch deformiert, bei Erreichen der Elastizitätsgrenze steht der Bruch dann unmittelbar bevor. Gesteine mit einer niedrigen Festigkeit und somit hohen Duktilität erreichen die Elastizitätsgrenze schon bei niedrigen Spannungen und gehen dann in den Bereich der plastischen Verformung über. Diese irreversible Verformung kann in solchen Gesteinen sehr stark sein, bevor es zum Bruch kommt. Die Elastizitätsgrenze und der Bruchpunkt hängen neben den Gesteinseigenschaften von Temperatur, lithostatischem Druck und Porendruck ab

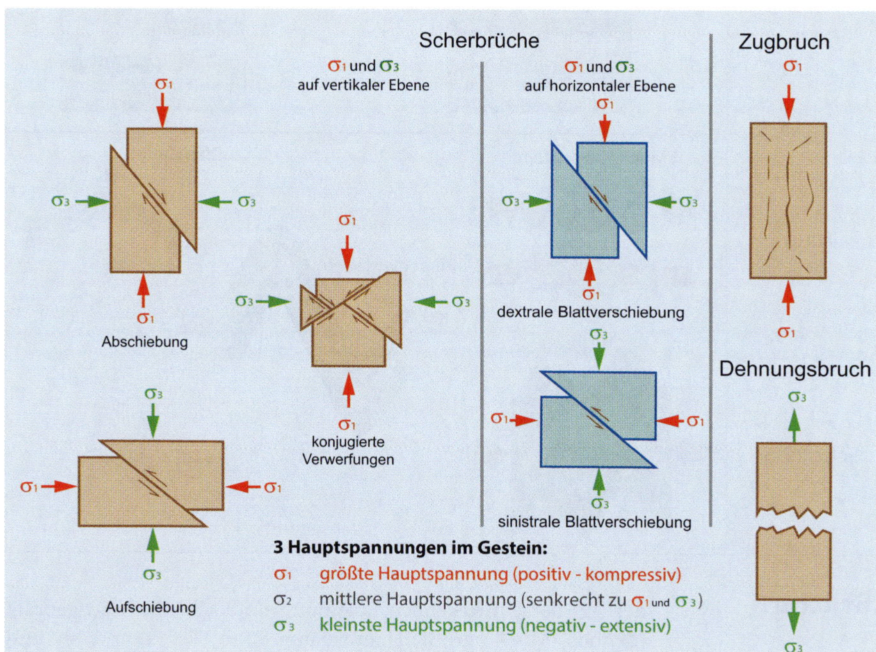

Abb. 7.5 Brucharten im Gestein. Die drei Hauptspannungsrichtungen im Gestein sind durch das tektonische Spannungsregime vorgegeben. Sie bestimmen die Ausbildung der Brüche und die Scherprozesse im Gestein

kel < 45° schräg zur größten Hauptspannungsrichtung. Durch die Bewegung an den Scherflächen (bruchhafte Deformation) werden die Spannungen im Gestein abgebaut. Verwerfungen sind somit Scherbrüche, an ihnen sind die Gesteine aneinander vorbeigeschoben worden.

Dehnungsbrüche können bei gerichtetem Druck als Vorstufe von Scherbrüchen oder bei niedrigerem Umgebungsdruck parallel zur größten Hauptspannungsrichtung (σ_1) entstehen. Mikrorisse öffnen sich im Gestein entlang definierter Zonen, um die Spannung durch Dehnung auszugleichen. Dehnungsbrüche können auch bei der Entlastung von Gesteinkörpern auftreten, in der Regel durch Nachlassen des lithostatischen Druckes bei der Erosion des überlagernden Gesteins.

7.2.1 Klüfte im Gelände

Kluftbildung in den Gesteinen ist an der Erdoberfläche sehr gut sichtbar (**Abb. 7.6–7.10**) und beeinflusst in großem Maße die Verwitterung der Gesteine. Es handelt sich um Risse, an denen es nicht zu einer Verschiebung kam. Eine Kluft ist der feine „Riss in der Tasse", durch den der Tee ausläuft. Die Öffnung einer extensiven Kluft ist der Abstand zwischen den Kluftwänden, ist die Kluftöffnung einige Millimeter breit, spricht man von einer Spalte.

Klüfte können bei der Faltung kompetenter Schichten, bei der Entlastung von Gesteinskörpern durch tektonischen Aufstieg und aufgrund von Kompressionsspannungen in Orogenen entstehen.

Meteorisches und hydrothermales Wasser, Gase wie CO_2 oder Radon, aber auch zum Beispiel Kohlenwasserstoffe können diese Wegsamkeiten nutzen und das Gestein somit durchdringen. Kluftwasserleiter sind hydrogeologisch von großer Bedeutung für den

◘ **Abb. 7.6a–c** Klüfte in Kalksteinen. **a** Klüfte in gebanktem Kalkstein des oberen Muschelkalkes bei Saarburg. Die dünneren Bänke sind stärker geklüftet als die mächtigeren Bänke. Die Klüfte stehen senkrecht zur nahezu horizontalen Schichtung. Die nahezu flächige Abbauwand im rechten Bereich ist selbst eine Kluftfläche. Nach links nimmt die Klüftung deutlich zu, in diese Richtung nähert man sich einer Störungszone. **b** Herausgewittertes Kluftmuster auf der Schichtoberfläche des mikritischen Calpionellen-Kalkes (Ostelba). Die nahezu ebenen Mikroklüfte zeigen hier drei Hauptausrichtungen. Eine Hauptrichtung streicht E–W (etwa Richtung Hammerschaft), die zweite Richtung ist fast senkrecht dazu (etwa Richtung Hammerkopf) und die dritte Richtung liegt zwischen den beiden anderen. Entlang der Kluftflächen fand an der Schichtoberfläche eine verstärkte Lösung statt. **c** Dunkle massige mikritische Kalke des Mitteldevons bei Laspaúles (Nordspanien). Das Gestein wurde entlang einer Aufschiebung tektonisch zerrüttet. Die dabei entstandenen unregelmäßigen Klüfte sind sekundär mit aus Lösung ausgefälltem Calcit verheilt

◘ **Abb. 7.7a–c** Klüfte in siliciklastischen Gesteinen. **a** Vertikale Klüfte senkrecht zur Schichtung in einer Siltsteinbank des Unterdevons im Vinxtbachtal (Rheinisches Schiefergebirge). Die Klüfte sind hier nahezu parallel und zugleich parallel zu einer benachbarten Verwerfungszone ausgerichtet. **b** Ein nahezu orthogonales Kluftmuster in der siltigen Abfolge der Nisportino-Einheit (Ostelba). Senkrecht zur Schichtoberfläche zeigt das Kluftsystem hier zwei orthogonal zueinander stehende Hauptspannungen an (hier Faltung und Bruchtektonik). **c** Orthogonales Kluftmuster in kalkigen Quarzsandsteinen der Oberkreide bei Arén (Nordspanien). Die freigelegte kissenförmige Oberfläche entstand durch Verwitterung des Gesteins durch verstärkte Lösung des kalzitischen Zements ausgehend von den oberflächennahen Klüften. Die Verwitterungsform an der Oberfläche erinnert an die Wollsackverwitterung in plutonischen Gesteinen oder an *chocolat tablet boudinage*

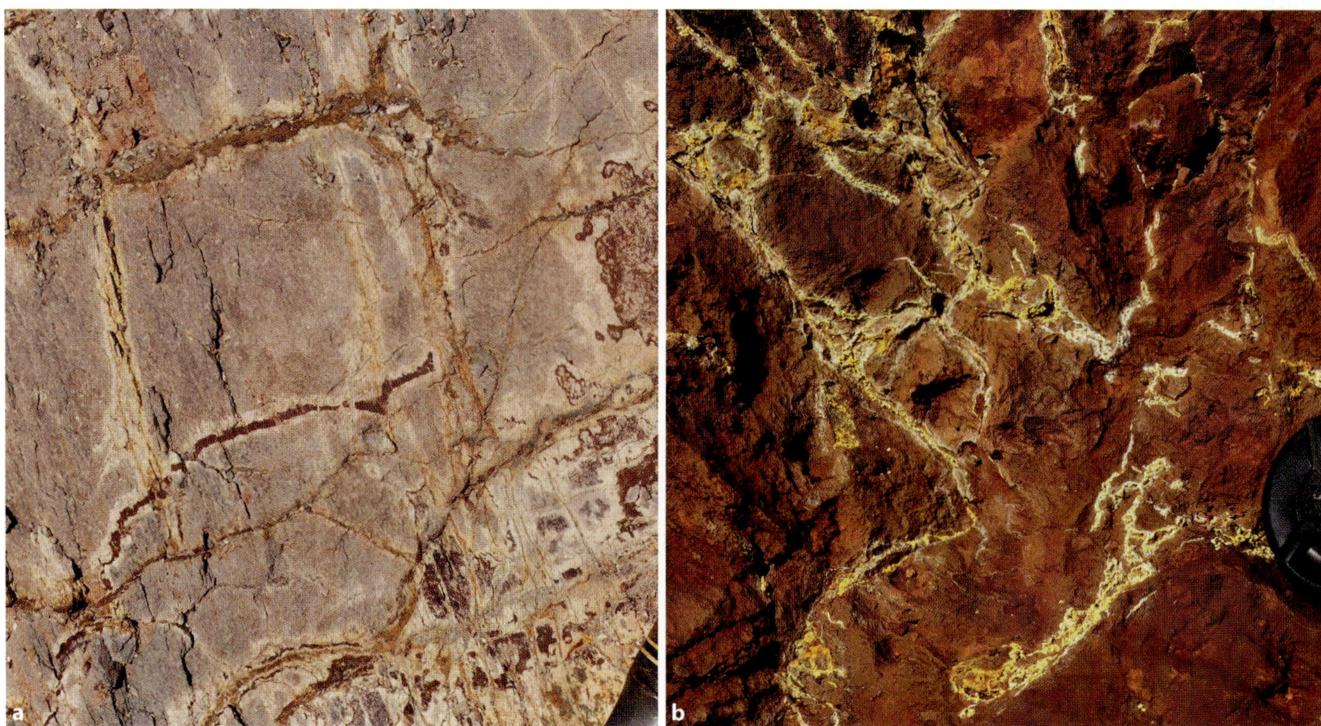

◘ **Abb. 7.8 a** Kluftmuster in Radiolarit (Ostelba). Das polygonale Kluftmuster zeigt zur Geländeoberfläche hin (oben) eine deutliche Zunahme der Kluftdichte und -weite. Wurzeln weiten die Klüfte bei Wasseraufnahme und durch Wachstum. **b** Klüfte im Buntsandstein bei Breuberg (Odenwald). In der 20–30 m hohen Wand eines ehemaligen Steinbruchs erkennt man deutlich die vertikalen Klüfte mit einer Kluftweite von bis zu 0,5 m

◘ Abb. 7.9a–e Klüfte als Wegsamkeit für Fluide. **a** Unregelmäßiges Kluftmuster in ursprünglich rötlichen tonigen Siltsteinen der Permotrias (Pont de Suert, Nordspanien). Entlang der Klüfte sind ausgebleichte Alterationssäume erkennbar. Hydrothermale Lösungen sind von den Klüften in das Gestein eingedrungen und haben das ursprüngliche Gestein verändert. Die Bildung von Serizit (feinschuppiger Muscovit) aus Tonmineralen (Serizitisierung) kann zur hellen Färbung führen. In einigen Klüften sind hydrothermal gebildete dunkle hämatitreiche Ausscheidungen erkennbar. **b** Schwefelausblühungen am unregelmäßigen Kluftmuster der tonigen Lagen innerhalb der Verrucano-Formation (Ostelba). Schwefelreiche Lösungen aus verwitterten Erzen (Pyrit) blühen an der Gesteins-oberfläche durch Verdunstung aus und zeichnen das komplexe Kluftmuster nach. **c** Kluft mit idiomorphen Quarzkristallen (Breite 2 cm) im silifizierten Basalt der Erill-Castell-Formation (Karbon, Nordspanien). **d** Eisenreicher Erzgang (8 cm breit) im Kluftsystem der quarzitischen Sandsteine der Verrucano-Formation (Ostelba). In einer ersten Phase hat sich an den Kluftwänden Pyrit ausgeschieden. Erst in einer zweiten Phase kam es zur Ausscheidung von Hämatit im zentra-len Bereich des Ganges. **e** Dendriten bilden sich als Mineralausscheidungen aus Lösungen an feinen Klüften. Charakteristisch sind die fraktalen Muster, die auf Kluftflächen durch mehrphasige Ausscheidungsprozesse entstehen: Manganoxid auf porphyrischem Aplit (Eurit, Elba)

Abb. 7.10a–c Durch Verwitterung herauspräparierte calcitische und siderritische Kluftfüllungen im mikritischen Calpionellen-Kalk (Ostelba, Italien). **a** Deutlich ist das räumliche Gefüge der Klüfte erkennbar. **b** Das dichte Kluftmuster zeigt deutlich fraktale Strukturen: es gibt Bereiche mit weiterem Kluftabstand und andere mit sehr engen Abständen. **c** Die Vergrößerung zeigt, dass das Kluftmuster in den dichten Bereichen ähnlich ist wie in den weitmaschigen Bereichen (Fotos: J. Schmid-Kieninger)

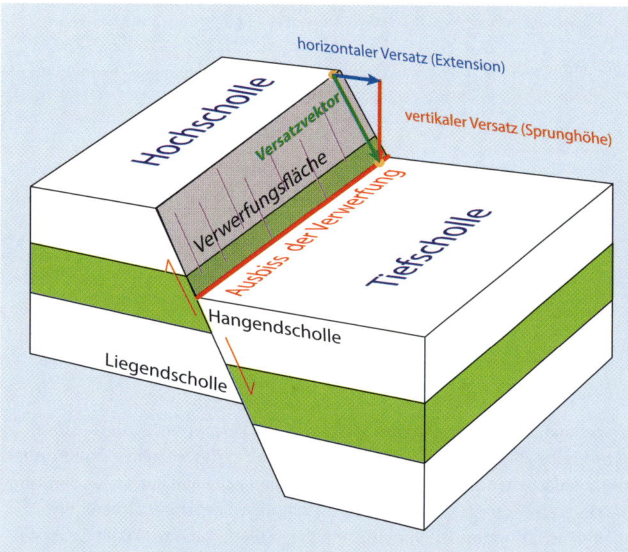

Abb. 7.11 Bezeichnungen der Bruchschollen an einer Verwerfung (hier Abschiebung). Die Streifen auf der Verwerfungsfläche sind Harnischstriemungen, die die Orientierung des Versatzvektors anzeigen

Grundwasserhaushalt. Ebenso können in Kluftsystemen hydrothermale Mineralisationen ausgeschieden werden. Sie können auch als Wegsamkeiten für den Aufstieg von Magma dienen.

Die geologische Aufnahme von Klüften wird in ▶ Abschn. 7.4 am Beispiel der hydrogeologischen Aufnahme erläutert.

7.2.2 Verwerfungen

Verwerfungen sind Bruchflächen im Gestein, an denen eine Bewegung der angrenzenden Gesteinsblöcke stattgefunden hat. Die Beschreibung und die Klassifikation der Verwerfungen erfolgen nach:

- dem Einfallswinkel und der Form der Verwerfungsflächen (Geometrie),
- den Bewegungsrichtungen der tektonischen Schollen an der Verwerfungsfläche (vektorieller Versatz).

Die Verwerfungsfläche trennt zwei angrenzende tektonische Blöcke oder Schollen. Hat an der Verwerfung ein vertikaler Versatz stattgefunden, so kann eine Hochscholle (*upthrown block*) von einer Tiefscholle (*downthrown block*) unterschieden werden. Bei geneigten Flächen hat der Versatz neben einer vertikalen auch eine horizontale Komponente. Es kann zwischen steilen Verwerfungen mit einem Einfallen > 45° (*high angle faults*) und flachen Verwerfungen mit geringerem Einfallen < 45° (*low angle faults*) unterschieden werden.

Der tatsächliche Versatzvektor auf der Verwerfungsfläche ergibt sich aus den horizontalen und vertikalen Versatzvektoren.

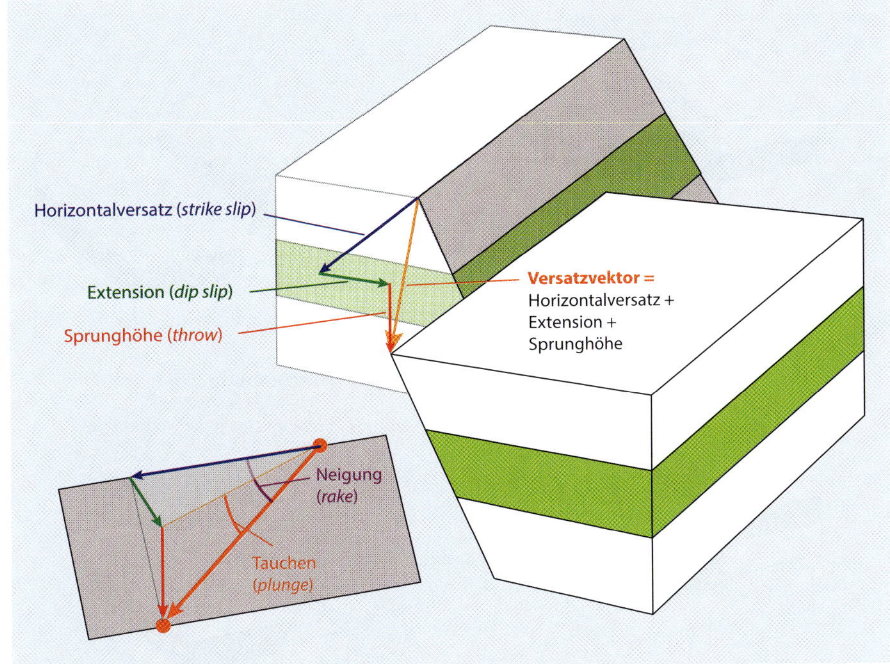

Abb. 7.12 a Der Versatzvektor kann in drei senkrecht aufeinanderstehende Vektoren zerlegt werden: Horizontalversatz, Extension (beide horizontal) und Sprunghöhe (vertikal). **b** Die Neigung (rake) der Verschiebung ist der Winkel auf der Verwerfungsfläche zwischen Streichrichtung und Versatzvektor. Das Tauchen (plunge) ist hingegen der Winkel zwischen der Horizontalen und dem Versatzvektor

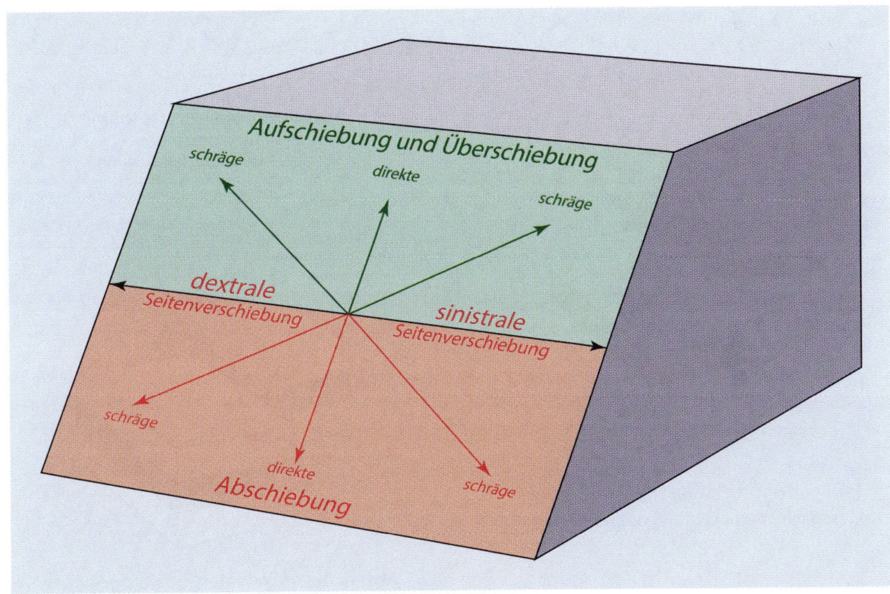

Abb. 7.13 Versatzvektoren als Klassifikationsmerkmale von Verwerfungen (nach Cloos). Die hangende Scholle ist abgedeckt und man blickt auf die Scherfläche auf der Liegendscholle. Mithilfe von Harnischstriemungen können Orientierung und Richtung des Versatzvektors festgestellt werden

Bei geneigten Verwerfungen liegt stets ein Block „über" dem anderen. Daraus ergeben sich die Bezeichnungen Hangendscholle (*hanging wall*) für den oben aufliegenden Block und Liegendscholle (*foot wall*) für den unten liegenden Block (Abb. 7.11). Bei saigeren Verwerfungen greifen diese Begriffe natürlich nicht.

Die Richtung der Verschiebung an Verwerfungen ist definiert durch die Bewegung des Hangenden relativ zum Liegenden. Der Versatzvektor verbindet zwei Punkte auf beiden Seiten der Verwerfung (Abb. 7.12–7.14), die vor der Verschiebung zusammenlagen. Die Richtung des Versatzvektors kann über Harnischstriemungen bestimmt werden. Harnische (*slickensides*) sind Schleifmarken an den Verwerfungsflächen (Abb. 7.15–7.17). Meist sind die Striemungen als Lineare gut erkennbar, die Richtung der Bewegung ist durch die kleinen Absätze, die im Druckschatten Kanten bilden, erkennbar. Außerdem können sich im Druckschatten Minerale neu bilden.

Die Länge des Vektors ist der Verschiebungsbetrag oder Versatz (*net slip*). Die Raumlage des Vektors (Länge und Orientierung) kann in zwei horizontale (senkrecht zueinanderstehende) und einen vertikalen Teilvektor aufgeteilt werden:

- horizontaler Vektor parallel zum Streichen der Verwerfungsfläche: Horizontalversatz (*strike slip*),
- horizontaler Vektor in Einfallsrichtung (senkrecht zum Streichen): Extension (*dip slip*),
- vertikaler Vektor: Sprunghöhe (*throw*).

In Abb. 7.11 ist der Horizontalversatz gleich null, daher setzt sich der Versatzvektor lediglich aus dem Extensionsvektor und dem Vektor der Sprunghöhe zusammen.

Die Neigung (*rake*) der Verschiebung ist der Winkel auf der Verwerfungsfläche zwischen Streichrichtung und Versatzvektor (Abb. 7.12b). Das Tauchen (*plunge*) ist hingegen der Winkel zwischen der Horizontalen und dem Versatzvektor.

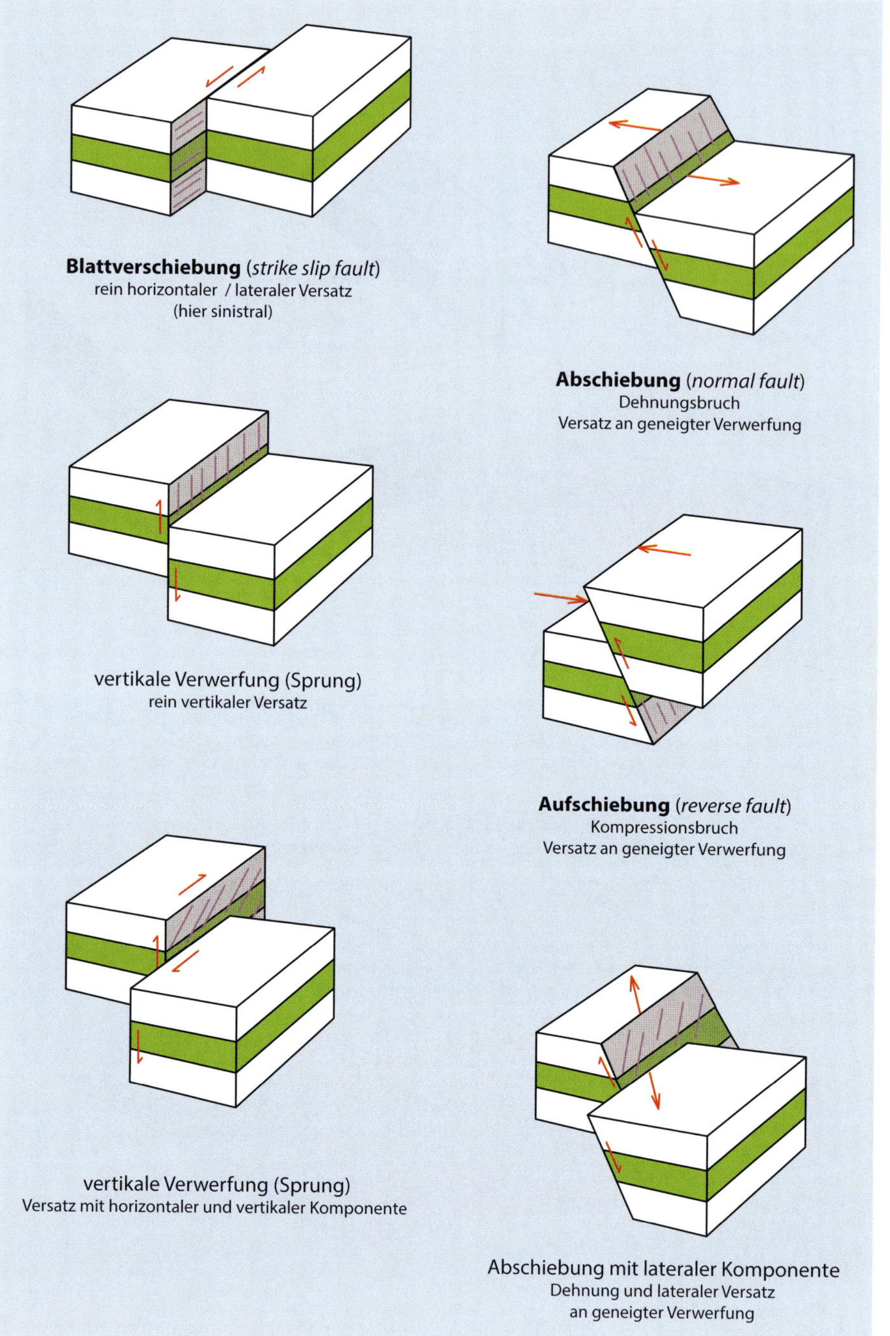

■ **Abb. 7.14** Gerichtete Dehnung oder Kompression steuert die Ausbildung von Verwerfungen. Das gesamte Verwerfungsspektrum kann aus horizontalen und vertikalen Versatzkomponenten abgeleitet werden. Sie ergeben Richtung und Orientierung des Versatzvektors. Die Streifung auf der Verwerfungsfläche zeigt auch hier die Orientierung möglicher Harnischstriemen und damit die Versatzrichtung an

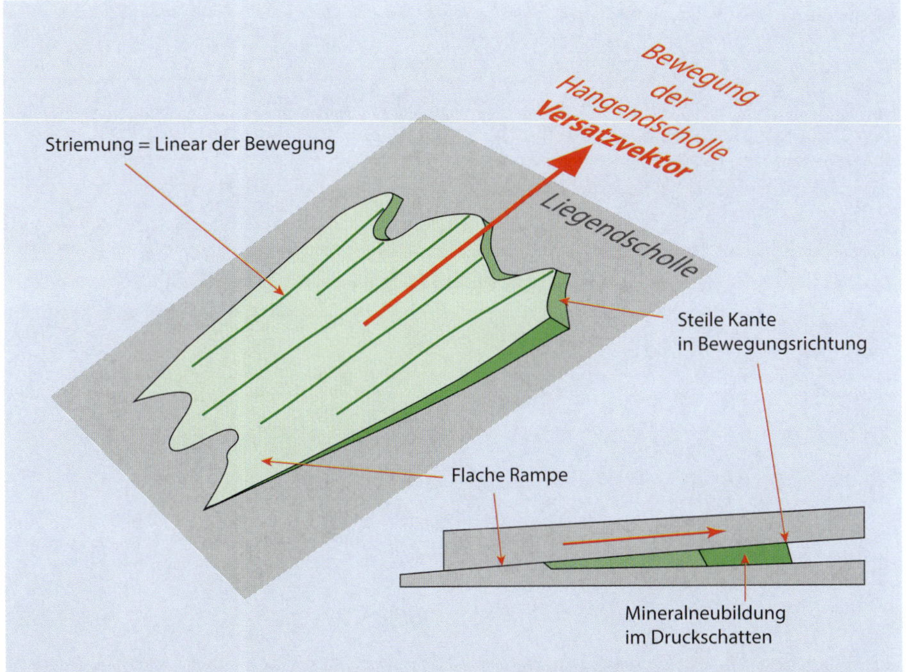

◘ **Abb. 7.15** Harnische sind Striemungen auf den Scherflächen, die den Bewegungssinn anzeigen. Meist sind die Striemen als Lineare gut erkennbar, die Richtung der Bewegung ist durch die kleinen Absätze, die im Druckschatten Kanten bilden, erkennbar. Außerdem können sich im Druckschatten Minerale neu bilden

◘ **Abb. 7.16 a** Harnisch mit Mineralneubildung in Serpentinit (Ostelba). Deutlich sind die Striemen und die Abbruchkanten erkennbar, die die Richtung des Versatzvektors anzeigen (roter Pfeil). Streicht man mit der Hand über diese Flächen parallel zur Striemung, so fühlt sich die Harnischfläche in Versatzrichtung glatt an. Dies ist die Richtung, in der sich der aufliegende Gesteinblock bewegt hat. In entgegengesetzter Richtung fühlt sich Fläche hingegen rau an, da die Hand über die Abbruchkanten fährt. **b** Diese Harnische im Serpentinit (Ostelba) zeigen zwei Richtungen. Eine ältere Richtung (*rot*) wird durch eine orthogonal dazu stehende jüngere Richtung (*blau*) überprägt

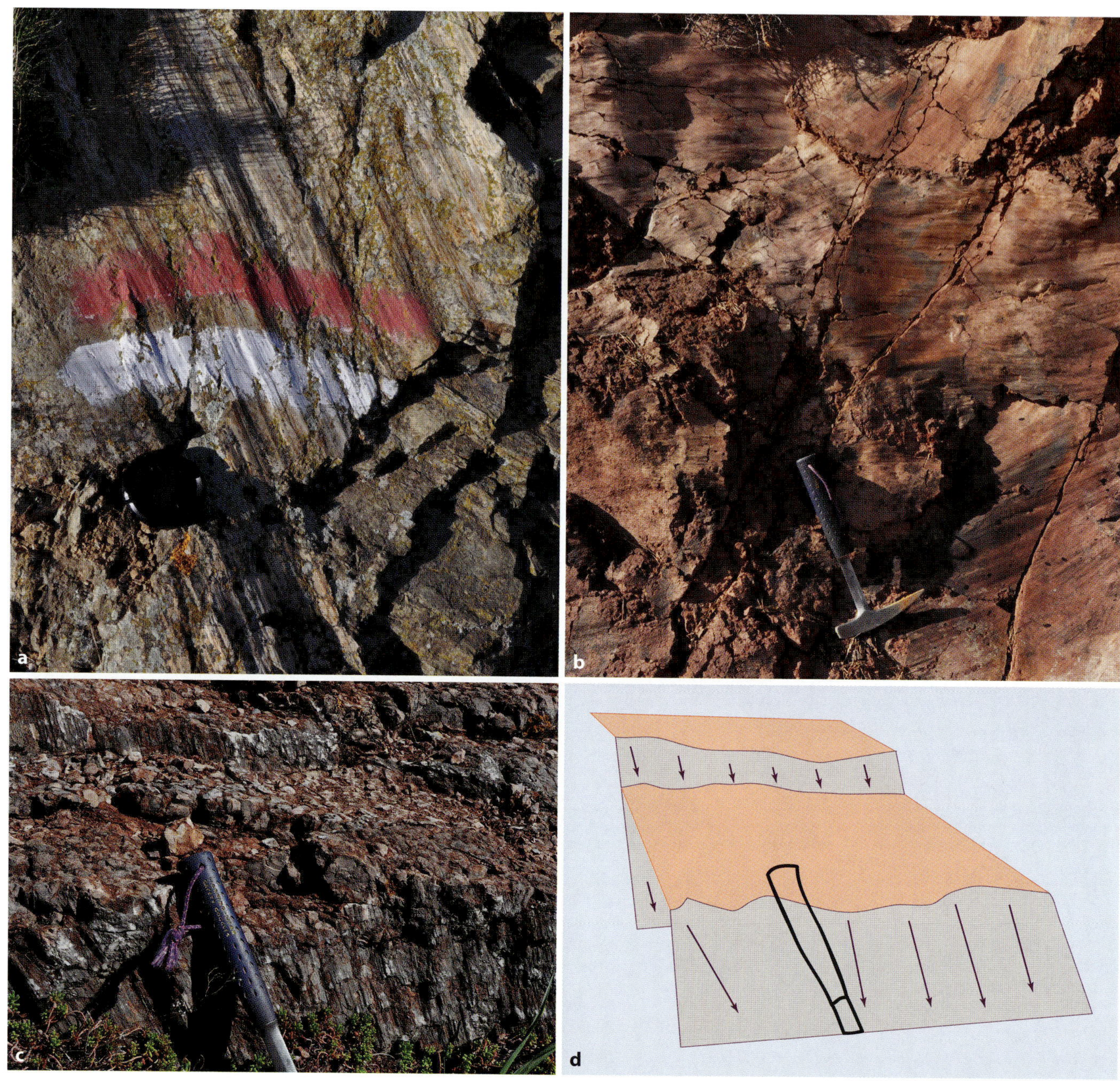

▣ Abb. 7.17 a Striemung und Rillen an Radiolariten (Ostelba), die auf der Scherfläche keine klaren Abrisskanten zeigen. Das Linear der Harnischstriemung kann gut bestimmt werden, jedoch fällt es schwer, die Orientierung des Versatzvektors festzulegen. **b** Scherspuren in Tonsteinen (Permotrias, Laspaúles, Nordspanien). Die Hauptrichtung liegt nahezu von links nach rechts, bei leicht wechselnder Richtung. Eine zweite Richtung geht von oben rechts nach unten links im Bild. **c** Harnische an zwei parallelen Gleitflächen im Griotte-Kalkstein (Pic du Vissou, Südfrankreich). Die Versatzvektoren sind auf beiden Flächen gleich ausgerichtet, somit sind hier zwei Abschiebungen aufgeschlossen (Staffelbruch). **d** Skizze zu (c)

Die Darstellungen von Verwerfungen in Profilschnitten senkrecht zur Verwerfungsfläche zeigen meist nur den scheinbaren Versatz auf der Profilebene. Der scheinbare Versatz berücksichtigt nur den Dehnungs- (*heave*) oder Verkürzungsbetrag (*offset*) des Extensionsvektors (*dip slip*) und die Sprunghöhe (*throw*). Der Vektor des Horizontalversatzes (*strike slip*) steht senkrecht zur Profilebene und wird nicht einbezogen. Dies sollte der Betrachter von Profilschnitten stets bei der Interpretation mitberücksichtigen.

Der Bewegungssinn und das Einfallen führen zur Benennung der charakteristischen Verwerfungsformen.

Abschiebung (*normal fault*):
- Einfallen meist > 45°
- Hangendscholle rutscht auf der Liegendscholle hinunter
- Auslöser: tektonische Dehnung

Aufschiebung (*inverse fault*):
- Einfallen meist < 45°
- Hangendscholle wird auf die Liegendscholle geschoben
- Auslöser: tektonische Kompression

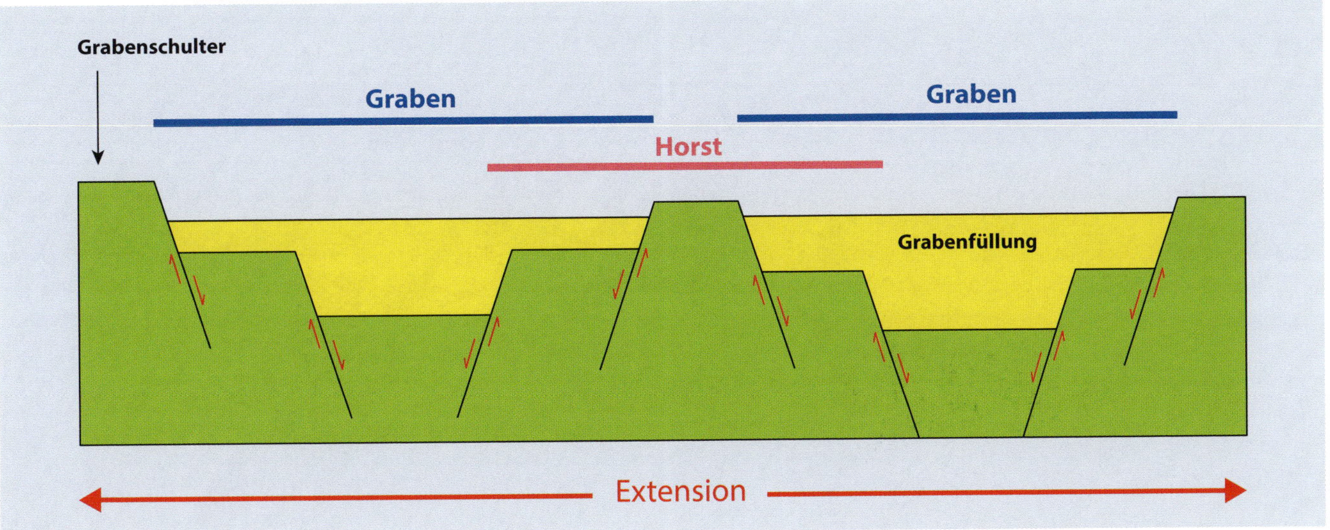

Abb. 7.18 Durch Krustendehnung können Serien von Abschiebungen entstehen und die Extension ausgleichen. Das Ergebnis sind Gräben als Absenkungsräume und Horste als Hochbereiche zwischen Teilgräben (Graben-Horst-Strukturen). Der Rand der Grabenstruktur wird als Grabenschulter bezeichnet. Staffelbrüche oder Schollentreppen führen hinab zur tiefsten Scholle des Grabens

Überschiebung (*thrust fault*):

- Einfallen < 45°, meist deutlich flacher
- Hangendscholle wird mit großen Schubweiten über die Liegendscholle geschoben (Deckentektonik)
- Auslöser: tektonische Kompression

Abscherhorizont (*detachment*):

- Einfallen < 45°, meist deutlich flacher bis horizontal
- Hangendscholle wird über die Liegendscholle gezogen
- Auslöser: tektonische Dehnung oder auch gravitative Bewegungen

Blattverschiebung oder **Seitenverschiebung** (*slip fault, transform fault*):

- Einfallen sehr steil bis saiger
- Versatzvektor horizontal,
  sinistral: vom Betrachter aus linkshändiger Versatz der Scholle jenseits der Verwerfung
- dextral: vom Betrachter aus rechtshändiger Versatz der Scholle jenseits der Verwerfung
- Auslöser: seitliche Verschiebung von Schollen

Gräben, Decken und Detachments

Durch Krustendehnung können Serien von Abschiebungen entstehen und die Extension ausgleichen. Das Ergebnis sind Gräben (**Abb. 7.18–7.20**) als Absenkungsräume und Horste als Hochbereiche zwischen Teilgräben (Graben-Horst-Strukturen). Der Rand der Grabenstruktur wird als Grabenschulter bezeichnet. Staffelbrüche oder Schollentreppen führen hinab zur tiefsten Scholle des Grabens.

Bei Kompression können sich flache Überschiebungsbahnen (**Abb. 7.21a**) ausbilden, an denen die Gesteinspakete übereinander geschoben werden. Kommt es zu Überschiebungsbeträgen von mehreren Kilometern oder sogar zur Stapelung von Gesteinspaketen mit einer Serie übereinanderliegender Überschiebungsbahnen, spricht man von Deckentektonik. Unter Abscherhorizonten (**Abb. 7.21b**) versteht man flache Abschiebungen, an denen Krustendehnung stattgefunden hat. Die Bewegung an den flachen Detachments kann auch gravitativ gesteuert sein. Über dem Detachment liegende Gesteinsserien werden häufig an einer Serie synthetischer listrischer Verwerfungen abgeschoben und rotiert.

Listrisch ist die Bezeichnung für schaufelförmige Verwerfungen, sie sind nahe der Oberfläche steil und werden mit zunehmender Tiefe flacher. Fallen die sekundären Verwerfungen in entgegengesetzter Richtung der Hauptverwerfung ein, so bezeichnet man sie als antithetische Verwerfungen, fallen sie hingegen in Richtung der Hauptverwerfung ein, nennt man sie synthetisch.

Überschiebungen können in Deformationsrichtung in das Vorland fortschreiten (*fault propagation*), das heißt, es entstehen sukzessiv neue Überschiebungen, und zwar meist als listrische Rampen, die den älteren Überschiebungen vorgelagert sind (**Abb. 7.22**). Dabei werden die älteren Schollen auf den jüngeren „huckepack" nach vorne getragen. Es entstehen Huckepack-Strukturen (*piggyback*). Da die einzelnen Schollen an den listrischen Überschiebungsbahnen leicht rotiert werden, können an der Oberfläche Sedimentbecken entstehen, die entsprechend als Huckepack-Becken (*piggyback basins*) bezeichnet werden.

Bei Dehnung kann sich die plastische Verformung in der Tiefe derart auswirken, dass eine Abschiebung nach unten hin in einen flachen Abscherhorizont einbiegt. An dieser listrischen Abschiebung bildet sich ein Halbgraben (**Abb. 7.23**). Der Hangendblock wird verbogen (antithetische Flexur) oder er zerbricht an sekundären listrischen Verwerfungen in einzelne Schollen.

Wie sehen Anfang und Ende von Verwerfungen aus? Große Verwerfungszonen treffen an ihren Enden oft in einem Winkel auf andere Verwerfungszonen, auf diese Weise können Aufschiebungen, Abschiebungen und Blattverschiebungen kombiniert sein. Verwerfungen können sich auch verzweigen. Verwerfungen sind meist keine ebenen Flächen, sondern zeigen einen gebogenen Verlauf. Sie haben ein Ende und einen Anfang an der Oberfläche und eine Frontallinie im Untergrund. Dort geht die bruchhafte Deformation in duktile Deformation über, es entstehen Flexuren, da dort der kritische Bruchpunkt noch nicht erreicht wurde.

Abb. 7.19 a Kleine Grabenstruktur in einer tonig-mergeligen Abfolge aus dem Lias (Lodéve-Becken, Südfrankreich). An Klüften und Verwerfungsflächen wurde sekundär Kalzit ausgeschieden (hell), diese wittern aus der weichen Abfolge heraus. **b, c** Am Rand der Grabenstruktur hat sich ein komplexe Struktur von konjugierenden Abschiebungen gebildet

■ **Abb. 7.20 a** Im kleinen Skalenbereich ist hier eine SiO_2-reiche Radiolaritlage (hell) an sehr steilen Abschiebungen (nahezu saiger) ähnlich wie Klaviertasten versetzt worden. Die vertikalen Versatzbeträge von Hoch- und Tiefschollen liegen im Millimeterbereich. **b** Abschiebungen in einem Quarzit. Der Versatz beträgt auch hier einige Millimeter. Deutlich erkennbar sind der bruchhafte Versatz im oberen Abschnitt und die flexurartige Verbiegung der Lagen im unteren Bereich, bei geringerem Versatzbetrag

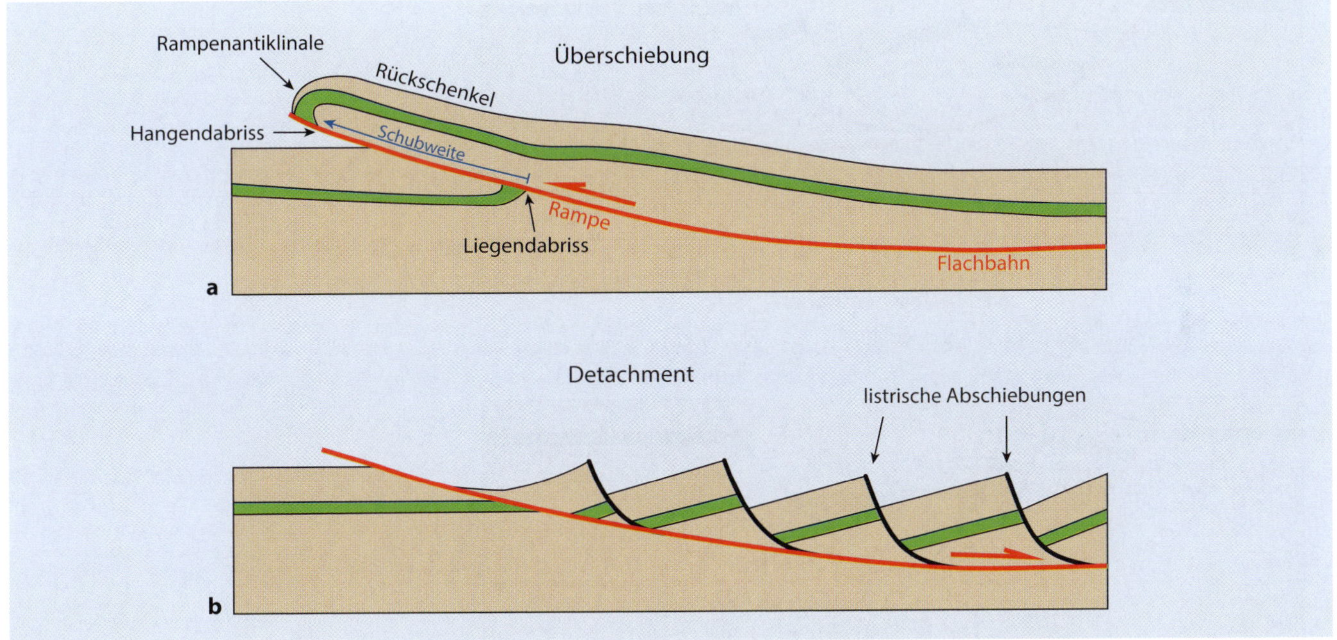

■ **Abb. 7.21 a** Überschiebung eines Gesteinspakets (Decke) durch Kompression. **b** Abscherung von Gesteinsschollen an einer flachen Verwerfung (Detachment) durch Dehnung oder gravitativ. Die über der Verwerfung liegenden Gesteinsserien sind durch synthetische listrische Abschiebungen in rotierte Blöcke zerlegt

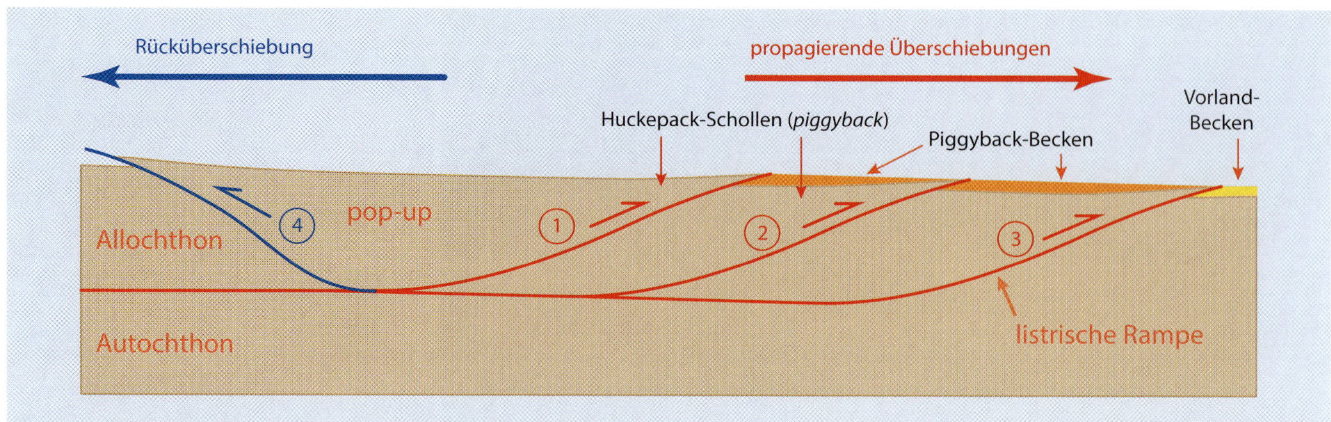

■ Abb. 7.22 Überschiebungen können in Deformationsrichtung in das Vorland fortschreiten. Hier ist bei anhaltender Einengung von links zuerst Überschiebung *1* entstanden, später die Überschiebungen *2* und *3*. Dabei werden die älteren Schollen auf den jüngeren Schollen „huckepack" nach vorne getragen (*piggyback*). Da die einzelnen Schollen an den listrischen Überschiebungsbahnen leicht rotiert werden, können an der Oberfläche Sedimentbecken entstehen (*piggyback basin*)

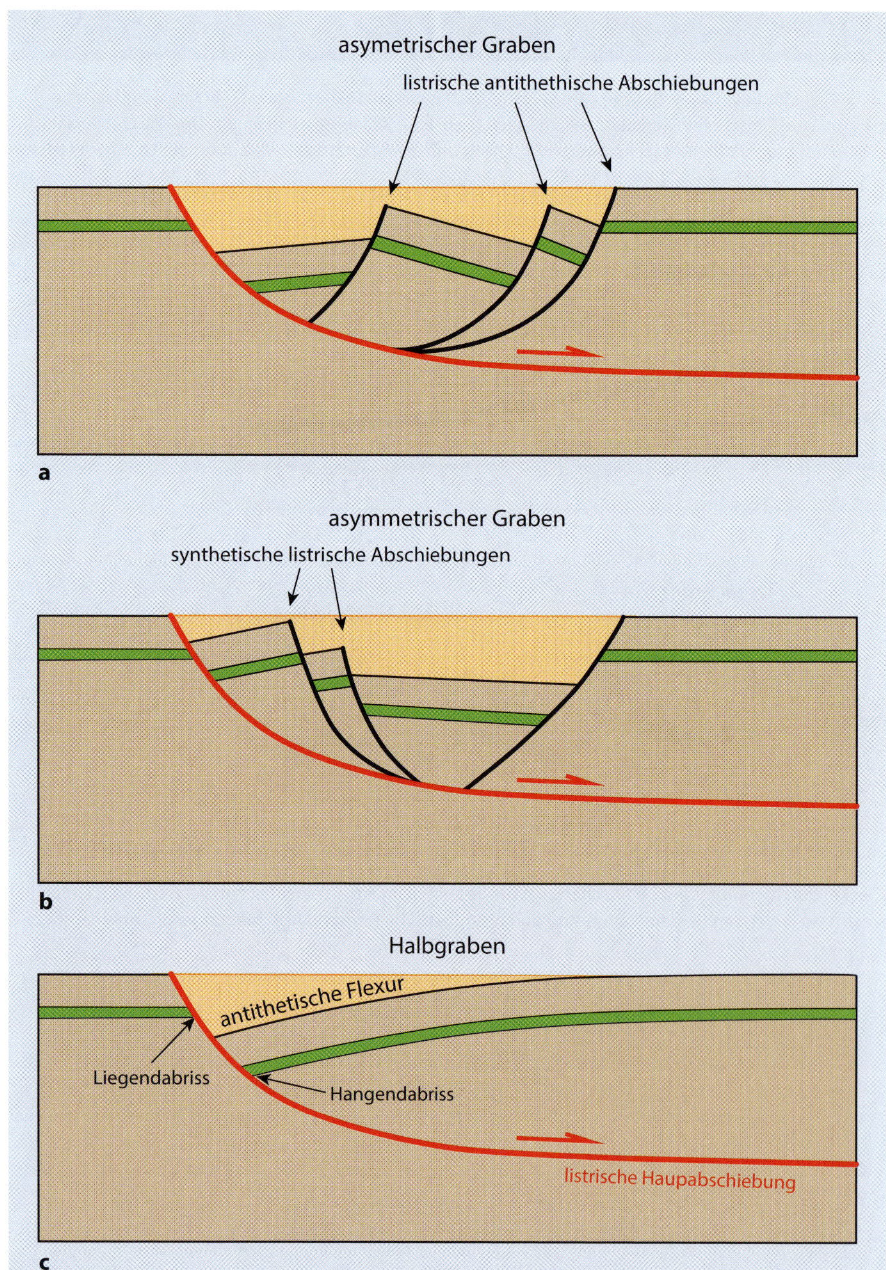

■ Abb 7.23a–c Listrische Verwerfungen im Dehnungsregime führen zur Ausbildung von Halbgraben-Strukturen (**a–c**). Oberhalb der listrischen Hauptabschiebung kann es auch zu bruchhafter Deformation kommen. Einzelne Schollen werden an sekundären listrischen Verwerfungen rotiert. Fallen diese sekundären Verwerfungen in entgegengesetzter Richtung der Hauptverwerfung ein, so bezeichnet man sie als antithetische Verwerfungen (**a**), fallen sie hingegen in Richtung der Hauptverwerfung ein, nennt man sie synthetisch (**b**). Das duktile Verhalten der Hangendscholle führt zu einer antithetischen Flexur (**c**). In allen drei Fällen ergeben sich somit asymmetrische Grabenstrukturen

■ **Abb. 7.24 a** Abschiebungen an einem Graben. Die Verwerfungszonen bestehen häufig aus zahlreichen Einzelverwerfungen, die in der Akkommodationszone ineinander übergehen. Der Übergang erfolgt über Relaisrampen, wenn der Versatz gering ist, und bei stärkerem Versatz über gebrochene Relaisrampen. Nach unten geht die bruchhafte Deformation in duktile Deformation über, es entstehen Flexuren, weil der kritische Bruchpunkt noch nicht erreicht wurde. **b** Blick auf eine Schichtoberfläche im Calpionellen-Kalk (Ostelba). Eine Serie von kleinen Abschiebungen bildet einen Staffelbruch im kleinen Maßstab, deutlich sind die auslaufenden Verwerfungsflächen und die Akkomodationszonen erkennbar

Da die an einer Verwerfung versetzen Blöcke oft relativ zueinander rotiert wurden, kann der Versatz an einem Ende nahezu Null sein und in duktile Verformung übergehen. Verwerfungszonen bestehen häufig aus zahlreichen Einzelverwerfungen, die wiederum durch kleinere Verwerfungen verbunden sind. Typisch für Gräben sind Staffelbrüche mit zahlreichen Einzelverwerfungen mit geringem Versatz (■ Abb. 7.24). Sie gehen in sogenannten Akkommodationszonen mit Relaisrampen ineinander über.

Am Ende einer Seitenverschiebung kann sich die Bewegung mithilfe zahlreicher kleiner Verwerfungen zu einer zweiten Seitenverschiebung fortsetzen, die ähnlich orientiert, aber zur Ersten versetzt ist.

Sogenannte Domino- oder Buchrückenverwerfungen (■ Abb. 7.25) entstehen durch eine bankparallel gerichtete Verschiebung. An zunächst vertikal zur Schichtung stehenden Klüften werden die einzelnen Bruchschollen wie aneinandergelehnte Bücher oder Dominosteine rotiert und bilden an den Kluftflächen kleine Abschiebungen. Dies ist häufig in Bereichen der Faltenumbiegung von Scherfalten zu sehen, dort gleiten die einzelnen Bänke aneinander vorbei und erzeugen diese Strukturen in den kompetenteren Bänken.

Abb. 7.25 Domino- oder Buchrückenverwerfungen in Radiolarit (Ostelba)

Abb. 7.26 **a** Abschiebung in der turbiditischen sandig-mergeligen Wechselfolge der pliozänen Marnoso-Arenacea-Abfolge (Nordapennin, Casola Valsenio). Durch die Bankung ist der Versatz deutlich erkennbar, er beträgt hier 1,5 m. Diese Verwerfung deutet auf ein extensives Regime hin und ist nur an der Steilwand erkennbar. An der Oberfläche ist sie hingegen nicht auszumachen. **b** Abschiebung in einem Migmatit, die bruchhafte Deformation erfolgte nach der Bildung des Migmatits im oberen Bereich der Kruste (Paläoproterozoikum, Tansania – Foto: K. Liedtke)

Abb. 7.27 **a** Saigere Verwerfungsfläche in den massigen kretazischen Santa-Fe-Kalken bei Alins (Nordspanien). Deutlich sind die glatten parallelen Flächen erkennbar, an denen das Gestein zerrieben wurde. **b** Steile Verwerfungsfläche in devonischen Kalken im Lodéve-Becken (Südfrankreich). Die guten erkennbaren nahezu horizontalen Rillen und Harnische zeigen einen fast horizontalen, also lateralen Versatz an. **c** Steile Verwerfung zwischen dem gebankten jurassischen Calpionellen-Kalk (rechts) und der mergelig-tonigen Abfolge der darunterliegenden Nisportino-Einheit auf Elba. An der Verwerfungsfläche wurde die Nisportino-Einheit stark zerschert und deformiert. Letztere ist deutlich weniger kompetent als die gebankten Kalke, die kaum Deformationsspuren zeigen

▪ Der Blick auf Verwerfungen im Gelände

Verwerfungen sind Brüche im Gesteinspaket, an denen eine Bewegung stattgefunden hat (Abb. 7.26 und 7.27). Die Bewegung fand meist in mehreren aufeinanderfolgenden Schritten statt, insbesondere dann, wenn der Versatzbetrag groß ist. Zugleich wird das Gestein meist in einer Zone um die Bruchfläche bruchhaft oder in größerer Tiefe plastisch deformiert. Daher ist es leider so, dass Verwerfungen im Gelände nur selten deutlich aufgeschlossen sind. Die Zerrüttung um die Verwerfungszone herum führt in vielen Fällen dazu, dass die Aufschlussbedingungen um die eigentliche Verwerfung schlecht sind. Es ist sogar so, dass sich durch die Zerrüttung häufig Täler entlang von Verwerfungsverläufen bilden, da das Gestein dort leichter erodierbar ist. Verwerfungen werden also eher selten wirklich gesehen. Jedoch kann man auf sie schließen, wenn man die Arten der Verwerfungen kennt und das Augenmerk auf die Gesteine richtet, die beiderseits von möglichen Verwerfungen auftreten.

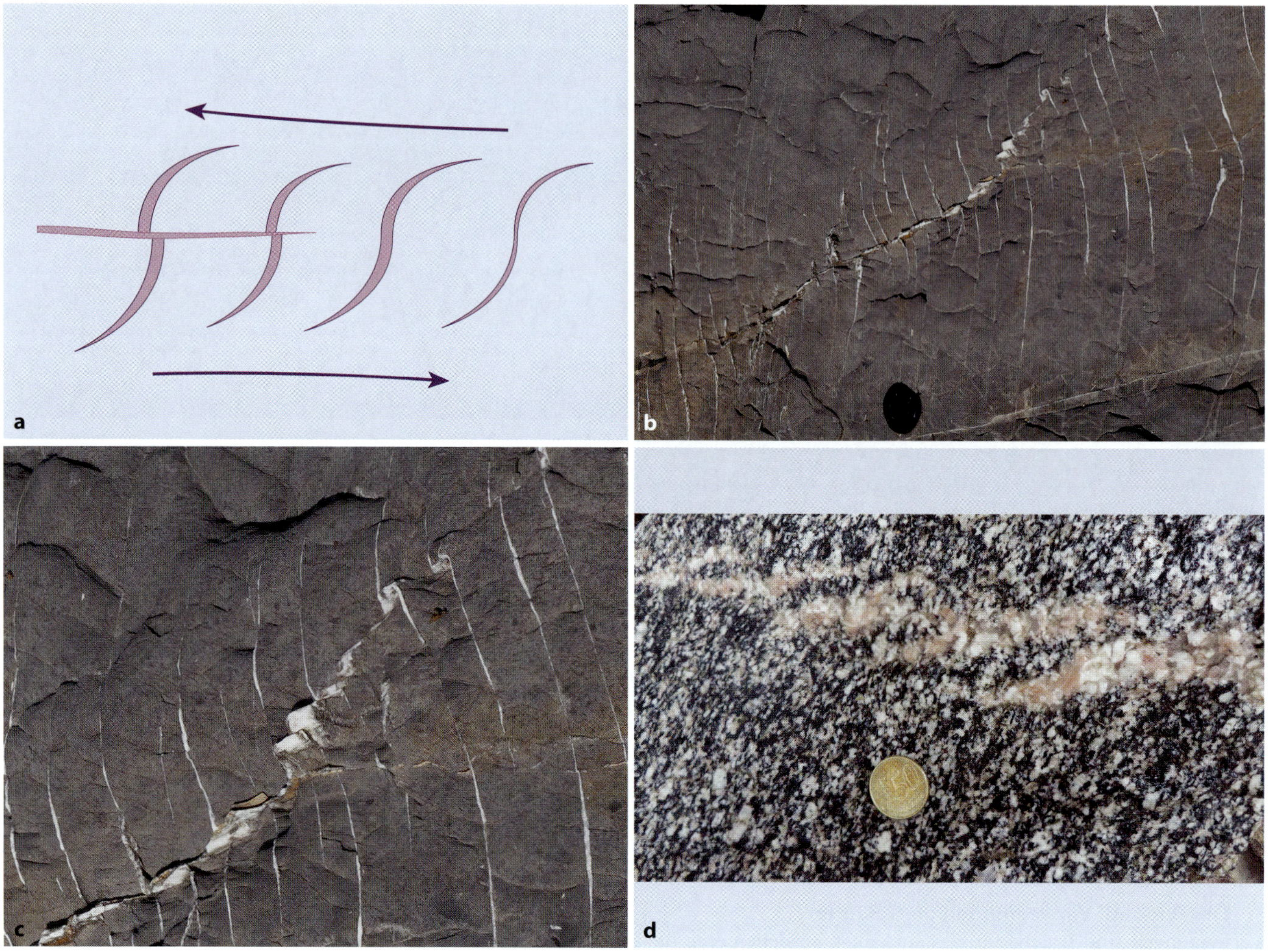

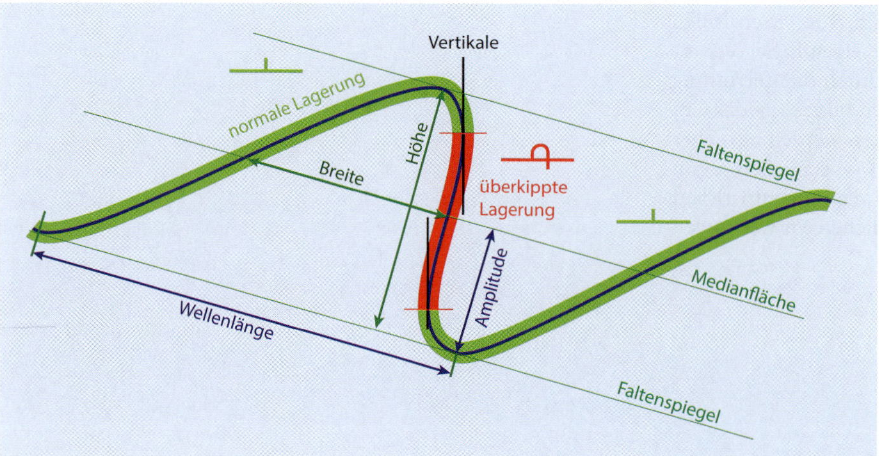

■ **Abb. 7.28 a** Fiederspalten mit sinistralem Schersinn. Durch die Scherkräfte öffnen sich bei sprödem Verhalten des Gesteins sigmoidale Klüfte. Können die Spannungen alleine durch die Kluftbildung nicht mehr ausgeglichen werden, dann bildet sich eine Scherfläche aus. **b** Mit Kalzit gefüllte Fiederspalten in mergeligem Kalkstein, stufenartig ist die Scherfläche aufgeschlossen. Der obere Bereich wurde sinistral verschoben. **c** Detail. **d** Diese Fiederspalten in Diorit wurden mit granitoider Schmelze gefüllt. Scherkräfte haben im erkaltenden Diorit an der Grenze zwischen plastischer Deformation und sprödem bruchhaftem Verhalten die Fiederspalten gebildet. Granitoide Schmelze konnte eindringen und dort als Pegmatit auskristallisieren

■ **Abb. 7.29** Faltenbau: geometrische Bezeichnungen. Über die Faltenscheitel (d. h. Sättel) und -tröge können die Faltenspiegel geometrisch definiert werden, sie bilden eine obere und untere umhüllende Fläche der Faltenstruktur. Die Medianfläche geht durch die Wendepunkte der Krümmungsrichtung. Ausgehend von diesen Hilfsflächen können nun weitere Größen wie Höhe und Breite der Falten, Amplitude und Wellenlänge bestimmt werden. Alle diese Eigenschaften können über eine Faltenstruktur hinweg variieren und beschreiben daher meist die lokale Situation eines Faltenbaus. In der Skizze zeigt der grüne Bereich entlang der Falte normale Lagerung. Im roten Bereich liegt bei diesem vergenten (d. h. verkippten) Faltenbau eine überkippte Lagerung vor: Von links nach rechts kippt die Schichtung über die saigeren (vertikalen) Lagerungsverhältnisse hinweg in eine inverse Lagerung. Gezeigt sind auch die Signaturen, die zur Darstellung auf der Karte verwendet werden können

▣ Abb. 7.30 Die Faltenachsen verlaufen entlang der Faltenumbiegungen der Schichtgrenzen (Synklinale: *blau*, Antiklinale: *rot*). Die Fläche, die durch alle Faltenachsen einer Faltenumbiegung geht, ist die Faltenachsenfläche. Die Faltenachsenfläche kann bei einfachen Falten nahezu eben sein und bei komplexeren Faltenstrukturen gebogen. Zwischen den Faltenachsen liegen die Faltenschenkel

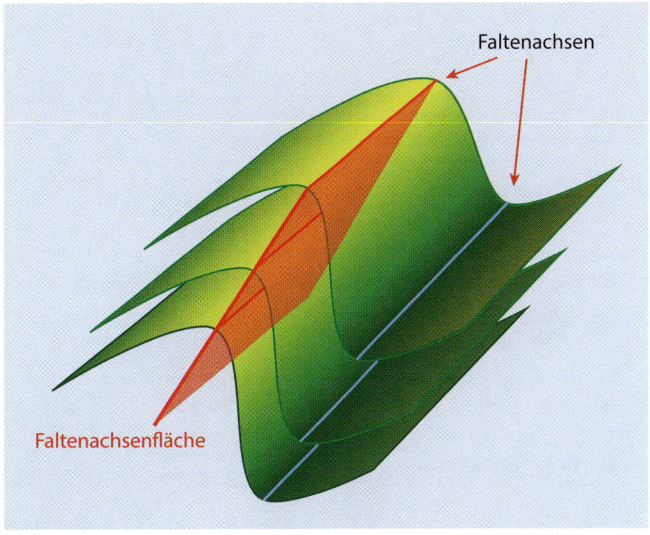

▣ Abb. 7.31 Die Stellen mit der stärksten Krümmung werden Scharnier genannt. Unter Wendepunkten versteht man die Punkte, an denen die gekrümmte Fläche von einer konkaven in eine konvexe Form übergeht. Die Schenkel sind die Abschnitte zwischen den Wendepunkten und den Faltenscharnieren. Die höchste Stelle einer Falte wird Scheitel und die tiefste Stelle Trog genannt. Die Verbindungslinie zwischen den Scheitel- oder Trogpunkten wird Faltenspiegel genannt. Bei symmetrischen Falten (*links*) liegt die Faltenachsenebene senkrecht zum Faltenspiegel. Bei senkrechten Faltenachsenebenen sind die Scharniere deckungsgleich mit Scheitel und Trog. Bei vergenten (d. h. verkippten) und bei unregelmäßigen Falten (*rechts*) ist dies in der Regel nicht der Fall

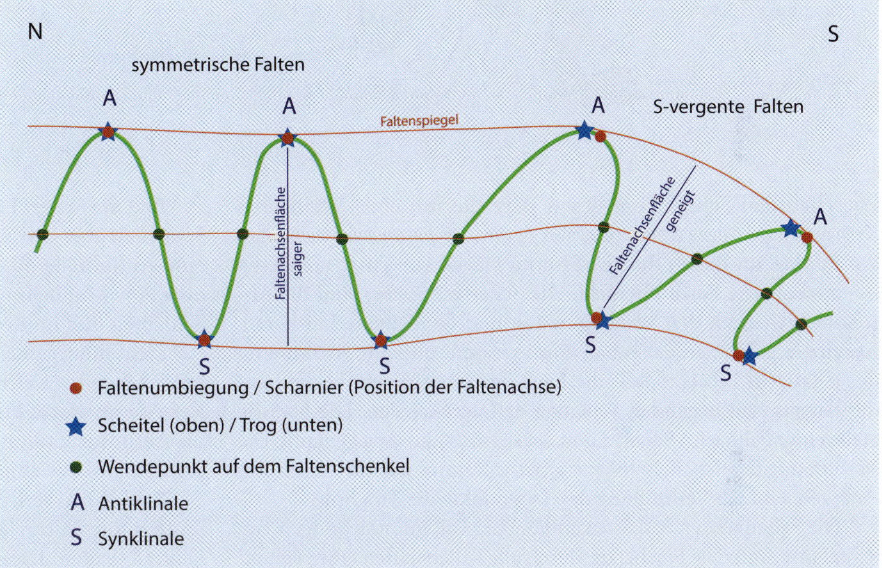

■ Fiederspalten

Fiederspalten (▣ Abb. 7.28) entstehen im Gestein bei ansetzenden Scherspannungen. Durch bruchhafte Deformation entstehen sigmoidale Klüfte, die sekundär gefüllt werden. Durch ihre Form kann auf die Richtung der ansetzenden Spannungen rückgeschlossen werden.

7.3 Faltenstrukturen

Tektonische Falten (▣ Abb. 7.29) entstehen durch periodisches Biegen und Krümmen von Schichtenfolgen aufgrund gerichteter kompressiver Spannung innerhalb der Kruste. Werden Gesteinspakete durch Faltungsprozesse gebogen, rotieren sie aus ihrer ursprünglichen Lage. Die Rotation kann um nur wenige Grad erfolgen, aber durchaus auch 90° übersteigen und führt dann zur überkippten Lagerung.

Während der Verformung nimmt die Druckfestigkeit des Gesteinspakets zunächst ab und steigt später bei zunehmender Verformung wieder an. Ausgehend von Inhomogenitäten und Schwächezonen im Schichtverband beginnt die Faltung mit einer leichten Biegung der Schichtung. Diese erste Krümmung führt durch die Reduzierung der Druckfestigkeit zu einer steigenden Instabilität. Die Faltenamplitude beginnt nach der Initialphase zu wachsen.

Mit dem Wachstum der Faltenamplitude erweitert sich auch der durch die Faltung deformierte Bereich. Ausgehend von einer Keimzone pflanzt sich die Faltung fort, ähnlich, wie beim Zusammenschieben einer Tischdecke. Die Verformung der Schichtung durch Faltung nimmt lokal schließlich ab, wenn die Druckfestigkeit und der Verformungswiderstand wieder zunehmen. Danach geht die Verformung in eine bruchhafte Deformation über, es können Aufschiebungen und Überschiebungen entstehen, die nunmehr den gerichteten Druck ausgleichen.

Die Beschreibung und Aufnahme der Faltenstrukturen im Gelände erfolgt über ihre Geometrie (▣ Abb. 7.29–7.31). Die geometrischen Elemente, die zur Beschreibung herangezogen werden, sind im Wesentlichen durch die Faltenumbiegungen und ihre Raumlage innerhalb der Schichtenfolge sowie der dazwischen liegenden Faltenschenkel erkennbar.

Der Faltenbau ist im Gelände mit etwas Glück im Querschnitt erkennbar, häufig jedoch sind nur Ausschnitte der dreidimensionalen Faltenstruktur sichtbar. Betrachten wir den Faltenbau am Beispiel einer gefalteten Schichtfläche im Querschnitt, so fällt auf, dass sich die Krümmung der Schichtfläche entlang des Profilschnittes kontinuierlich verändert. Die Stellen mit der stärksten Krümmung werden Faltenumbiegung oder Scharnier (*hinge, fold closure*) genannt.

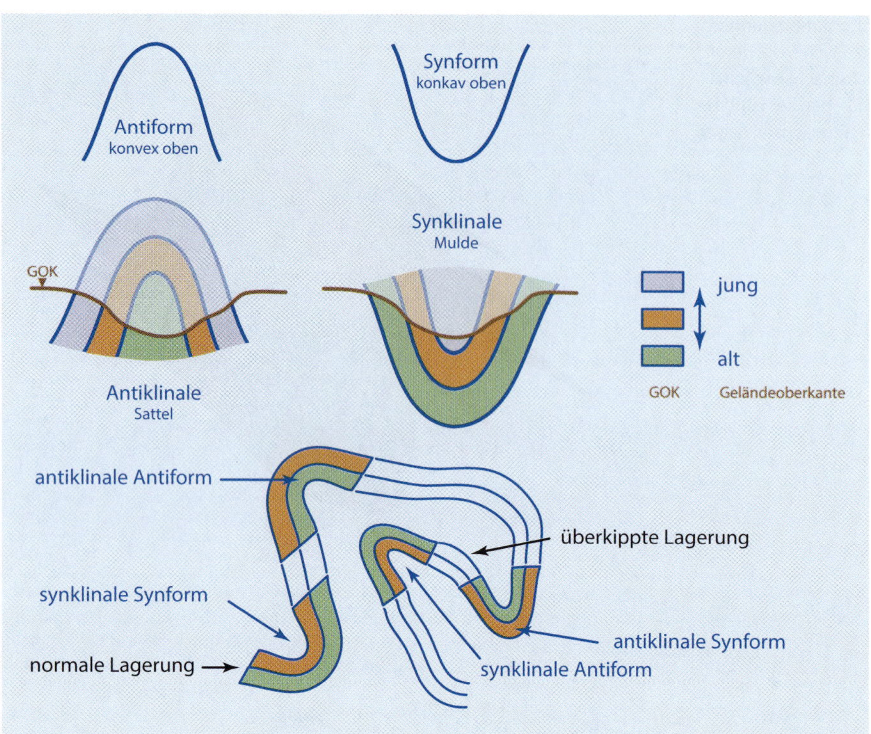

Abb. 7.32 Ausgehend von der Faltenform kann zunächst die Antiform (konvex oben) von der Synform (konkav oben) unterschieden werden. Bei normaler Lagerung, d. h. unter Einbeziehung der stratigraphischen Reihenfolge, werden antiforme Strukturen als Antiklinalen oder Sättel und synklinale Strukturen als Synklinalen oder Mulden bezeichnet. In komplexen Faltenstrukturen können Bereiche inverser Lagerung auftreten, dabei wird die reine Form als Adjektiv benutzt (antiform oder synform) und die stratigraphische Strukturbezeichnung als Substantiv (Antiklinale oder Synklinale)

Zwischen den Scharnieren liegen Bereiche mit einer geringeren Krümmung. Unter Wendepunkten (*inflexion points*) versteht man die Punkte, an denen die gekrümmte Fläche von einer konkaven in eine konvexe Form übergeht. Die Schenkel (*limbs*) sind die Abschnitte zwischen den Wendepunkten und den Faltenscharnieren. Bei einem einfachen Faltenbau können somit über die Krümmung der gefalteten Schichtfläche die Lage der Scharniere und die Lage der dazwischen liegenden Schenkel definiert werden. Die höchste Stelle einer Falte wird Scheitel und die tiefste Stelle Trog genannt. Die Verbindung der Scheitelpunkte ergibt die Kamm- oder Firstlinie und entsprechend die Verbindung der Trogpunkte die Troglinie.

Die Faltenachsen verlaufen entlang der Faltenumbiegungen von Schichtgrenzen. Die Fläche, die durch alle Faltenachsen einer Faltenumbiegung geht, ist die Faltenachsenfläche. Die Faltenachsenfläche kann bei einfachen Falten nahezu eben sein und bei komplexeren Faltenstrukturen gebogen. Zwischen den Faltenachsen liegen die Faltenschenkel.

Die Faltenachsen sind für die Beschreibung der Faltenstrukturen im Gelände von besonderer Bedeutung. Sie verbinden die Scharnierpunkte und beschreiben somit den räumlichen Verlauf der stärksten Krümmung durch eine Linie. Die jeweiligen Verbindungslinien zwischen den Scheitel- oder Trogpunkten werden Faltenspiegel genannt. Die Faltenspiegel bilden eine obere und untere umhüllende Fläche der Faltenstruktur. Bei symmetrischen Falten liegt die Faltenachsenebene senkrecht zum Faltenspiegel. Bei senkrechten Faltenachsenebenen sind die Scharniere deckungsgleich mit Scheitel und Trog. Bei vergenten und unregelmäßigen Falten ist dies in der Regel nicht der Fall. Bei symmetrischen aufrechten Falten mit konstanter Amplitude ist der Faltenspiegel horizontal.

■ Benennung von Falten

Eine Falte, die nach oben konvex ist, wird als Antiform bezeichnet, die Synform ist nach oben konkav (**□** Abb. 7.32). Diese Bezeichnungen beschreiben die Faltenform rein geometrisch. Die Bezeichnungen Antiklinale (Sattel) und Synklinale (Mulde) enthalten eine zusätzlich stratigraphische Information.

Bei normaler Lagerung liegen die stratigraphisch jüngeren Schichten über den älteren. In diesem Fall ist eine Antiform zugleich eine Antiklinale oder ein Sattel und die Synform eine Synklinale oder eine Mulde. Im Kern der Antiklinalen liegen somit die älteren Schichten und im Kern der Synklinalen die jüngeren Schichten.

Liegt hingegen eine inverse Schichtenfolge vor, dann wird man im Gelände im Kern der Antiform die jüngeren Schichten und im Kern der Synform die älteren Schichten finden. In diesem Fall wird die Antiform als antiforme Synklinale und die Synform als synforme Antiklinale bezeichnet.

Bei vertikal verlaufendem Faltenspiegel greifen die Begriffe Anti- und Synform nicht, in diesem Fall bezeichnet man die Strukturen als neutrale Falten. Dies kann beispielsweise bei Falten mit vertikalen Faltenachsen der Fall sein, sie sind vergleichbar mit dem Faltenwurf von Gardinen.

In einer gefalteten Abfolge können für jede Schichtfläche Faltenachsen bestimmt werden. Verbindet man die Faltenachsen der verschiedenen Schichtflächen einer Syn- oder Antiform, entsteht eine Fläche, die Faltenachsenebene oder Faltenachsenfläche (**□** Abb. 7.30).

Die Form und Lage der Faltenachsenfläche können unterschiedlich sein. Eine Spezialform der Faltenachsenfläche ist die Faltenachsenebene, hier liegen alle Faltenachsen auf einer Ebene. Steht die Faltenachsenebene vertikal, dann liegt ein aufrechter Faltenbau vor. Bei geneigter Faltenachsenfläche liegt ein vergenter Faltenbau vor (**□** Abb. 7.33). Die Richtung, in die eine Faltenachsenfläche von der Vertikalen „wegkippt", wird als Vergenz bezeichnet.

Die Form der Faltenumbiegung (**□** Abb. 7.34) ist häufig charakteristisch für den Deformationsstil der gesamten Abfolge. Sie kann zwischen spitzen Umbiegungen (kuspat) und runden Umbiegungen (lobat) variieren. Die Umbiegungsform kann im Faltenbau aber auch intern variieren, dies geschieht meist dem Wechsel der Festigkeit aufeinanderfolgender Schichten entsprechend.

■ Zylindrische und nichtzylindrische Falten

Geometrisch können zwei Arten von Falten anhand des Verlaufes der Faltenumbiegung unterschieden werden, zylindrische und

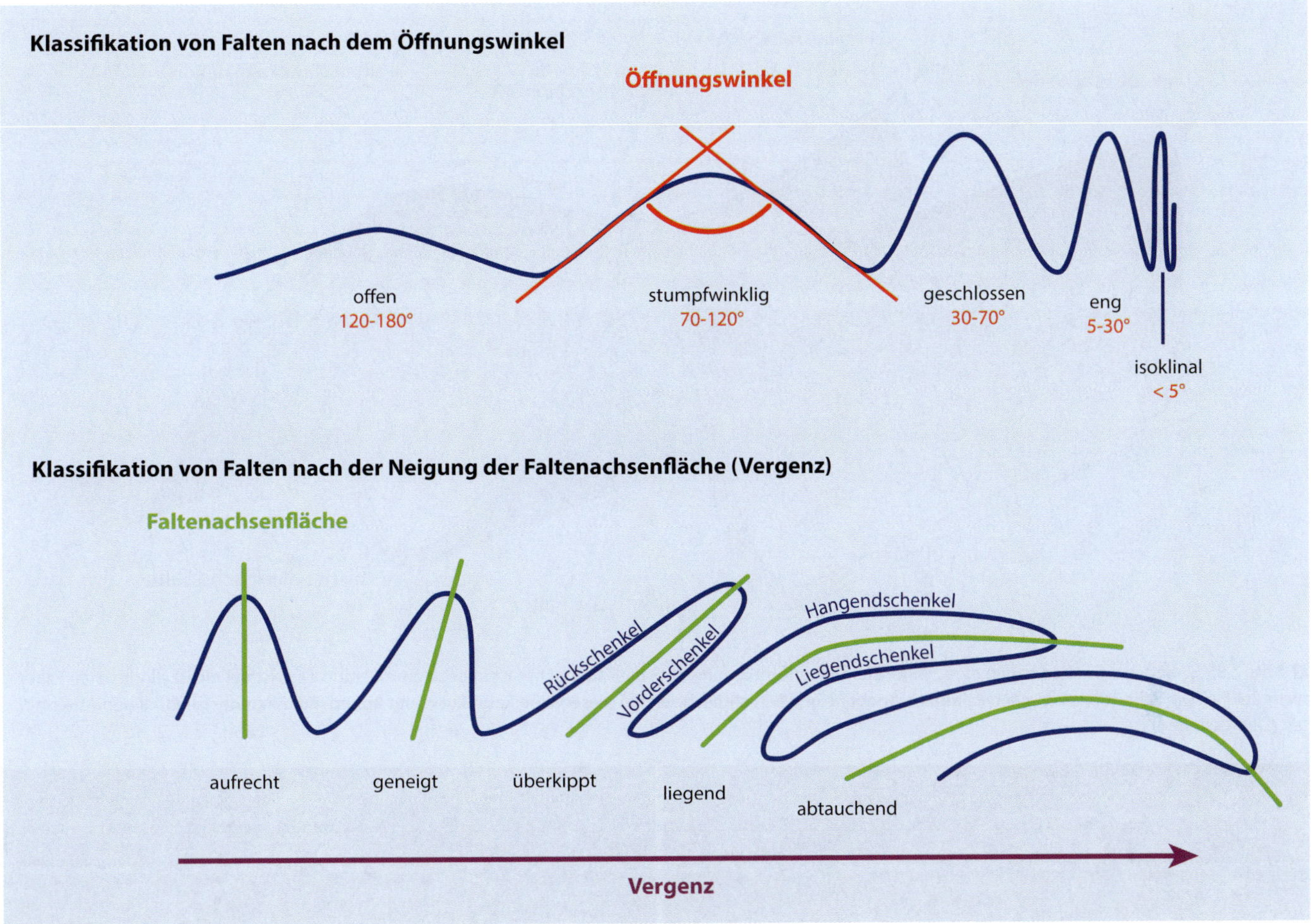

Klassifikation von Falten nach dem Öffnungswinkel

Klassifikation von Falten nach der Neigung der Faltenachsenfläche (Vergenz)

Abb. 7.33 Der Öffnungswinkel und die Vergenz des Faltenbaus sind charakteristische Merkmale, die zur Beschreibung der Geometrie des Faltenbaus herangezogen werden. Schon über eine lokale, rein deskriptive Einordnung im Gelände können bereits erste Aussagen über die Art der regionalen Faltenstrukturen gemacht werden. Davon ausgehend können genetische Aspekte, die zur Entstehung der Faltenstrukturen geführt haben, diskutiert werden

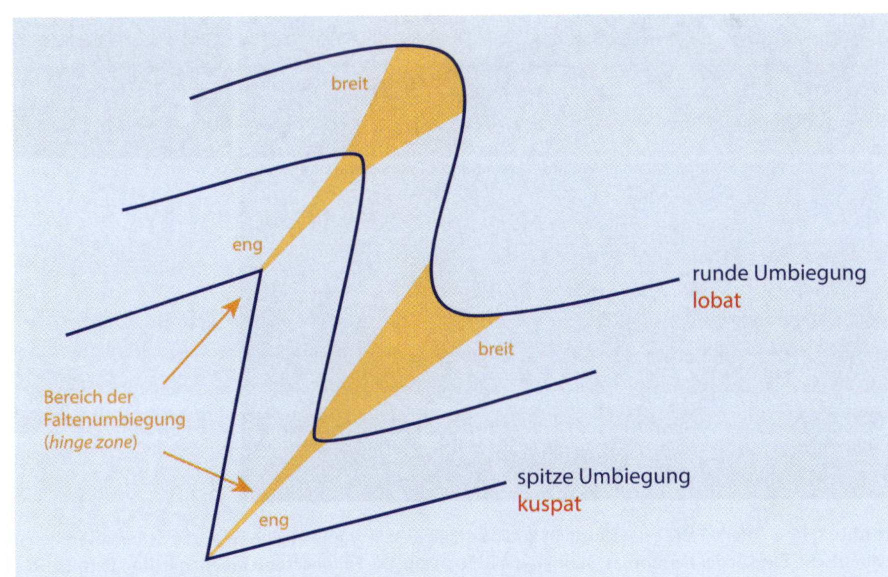

Abb. 7.34 Die Form der Faltenumbiegung ist häufig charakteristisch für den Deformationsstil der gesamten Abfolge. Sie kann zwischen spitzen Umbiegungen (kuspat) und runden Umbiegungen (lobat) variieren. Die Umbiegungsform kann im Faltenbau aber auch intern variieren, dies geschieht meist dem Wechsel der Festigkeit aufeinanderfolgender Schichten entsprechend

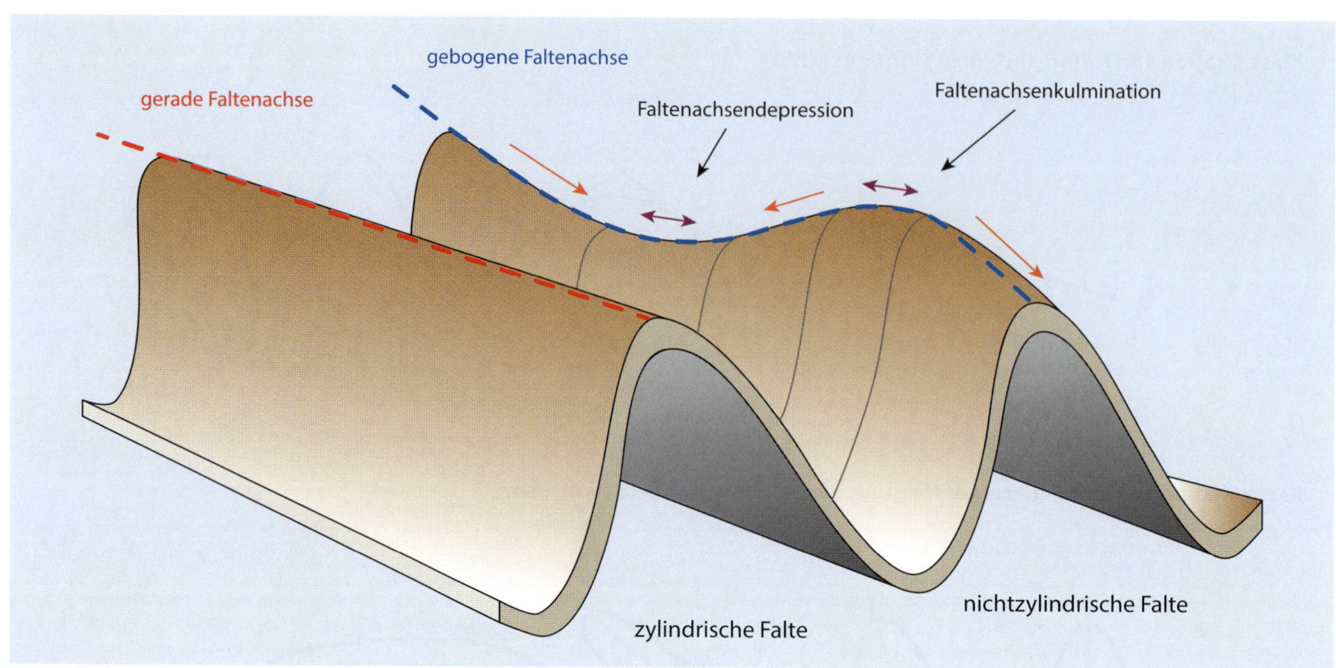

■ **Abb. 7.35** Zylindrische Falten haben eine zylindrische Faltenumbiegung, d. h. die Faltenachse ist nahezu eine Gerade. Dies ist bei nichtzylindrischen Falten nicht der Fall. Die Schnittlinie zwischen Faltenachsenebene und Schichtfläche ist bei diesen eine Raumkurve mit hohen (Kulminationen) und tiefen Abschnitten (Depressionen)

■ **Abb. 7.36 a** Offene Falte oder Flexur im Radiolarit (Elba). **b** Stumpfwinklige Falte, die Schenkel stehen in einem Winkel von etwa 90° zueinander. **c** Liegende zylindrische Falte in der Permotrias (Südpyrenäen, Spanien). Die Faltenachsen tauchen in den Berg ein. **d** Auch bei liegenden zylindrischen Falten sind die Faltenachsen Geraden

▣ Abb. 7.37 a Nichtzylindrische isoklinale Falten im Marmor der Alpi Apuani (Italien). Die Faltenstrukturen sind unregelmäßig und die Faltenachsen sind stark gebogene Raumkurven. **b** Interne Fältelung im Gips durch Aufstieg und Deformation des Zechstein-Diapirs (Stadtoldendorf)

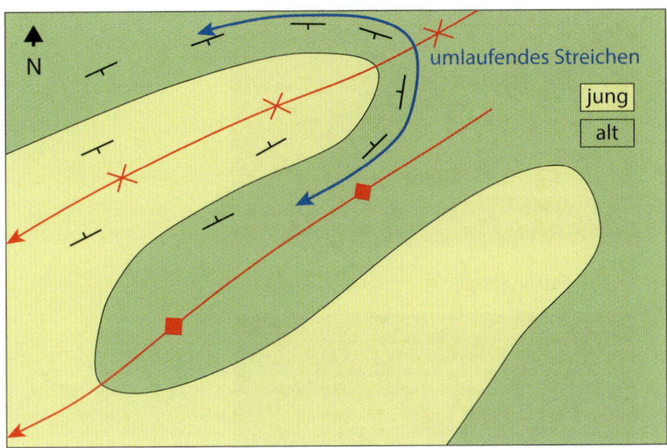

▣ Abb. 7.38 Auf dieser einfachen geologischen Karte treten eine stratigraphisch ältere (*grün*) und eine jüngere Schicht (*gelb*) auf. Im Nordwesten der Karte liegen zahlreiche Messungen vor. Deutlich ist aus den Einfallsrichtungen der Verlauf der Faltenachse abzuleiten, die Streichrichtung der Mulde verläuft SW–NO. Zugleich ist ein umlaufendes Streichen festzustellen, dies deutet auf eine Neigung der Faltenachse hin. Hier fällt die Muldenachse nach SW ein. Für den Südosten des Blattes sind keine Schichtmessungen eingetragen – alleine durch den Verlauf der Ausbisslinie kann auf eine weitere Muldenstruktur geschlossen werden. Im Muldenkern liegen die jüngeren Schichten

nichtzylindrische Falten (**▣** Abb. 7.35–7.37). Zylindrische Falten haben eine gerade Faltenachse, der Bereich der Faltenumbiegung kann mit einem Zylinder verglichen werden. Beispiel: Legt man Pizzateig über eine Teigrolle, entsteht eine zylindrische Falte (die Teigrolle ist dabei der Zylinder). Nichtzylindrische Falten haben keine gerade Faltenachse, stattdessen ist die Schnittlinie der Faltenachsenfläche mit der Schichtfläche eine Raumkurve. Beispiel: Faltet man den Pizzateig mit zwei Händen in der Luft, so wird der Pizzateig durchhängen und eine nichtzylindrische Falte bilden. Bei nichtzylindrischen Falten bilden sich durch den gebogenen Verlauf der Faltenachsen tief liegende Bereiche (Depressionen) und hoch liegende Abschnitte (Kulminationen). Sie können vereinfacht in Teilabschnitte mit nahezu zylindrischen Eigenschaften unterteilt werden, dabei wechselt das Eintauchen der Faltenachse von Abschnitt zu Abschnitt.

▪ Faltenbau – Blick auf die geologische Karte

Faltenstrukturen können auf der geologischen Karte über folgende Merkmale erkannt werden:

- eingetragene Faltenachsen,
- Einfallszeichen,
- Verlauf der Ausbisslinien und das Auftreten der stratigraphischen Einheiten.

Sind die Faltenachsen bereits in den Karten eingetragen, so kann der Betrachter die Information direkt ablesen. Sind sie nicht eingetragen, so helfen die Verläufe der Ausbisslinien und die Einfallszeichen dabei, die Faltenstrukturen zu erkennen (**▣** Abb. 7.38). Gegenläufiges Einfallen oder umlaufendes Streichen der Schichten deuten auf Faltenstrukturen hin.

Die Raumlage von Falten ist durch die Orientierung der Faltenachsen gegeben. Die Ausrichtung der Faltenachsen zu den Himmelsrichtungen gibt die Streichrichtung des Faltenbaus an. Ein Wellblech kann zur Veranschaulichung dienen. Liegt das Wellblech horizontal, so liegen auch die Faltenachsen horizontal und alle haben dieselbe Orientierung. Wird also im Gelände an einer Stelle die Orientierung der Faltenachse bestimmt, so kann diese Aussage lokal bis regional übertragbar sein.

Häufig liegen Faltenachsen nicht horizontal, sondern sie sind geneigt (**▣** Abb. 7.39 und 7.40). Kippt man das Wellblech in eine bestimmte Richtung, dann neigen sich die Faltenachsen ebenfalls um diesen Betrag und das gesamte Regenwasser fließt in diese Richtung ab. In diesem Fall spricht man von abtauchenden Faltenachsen.

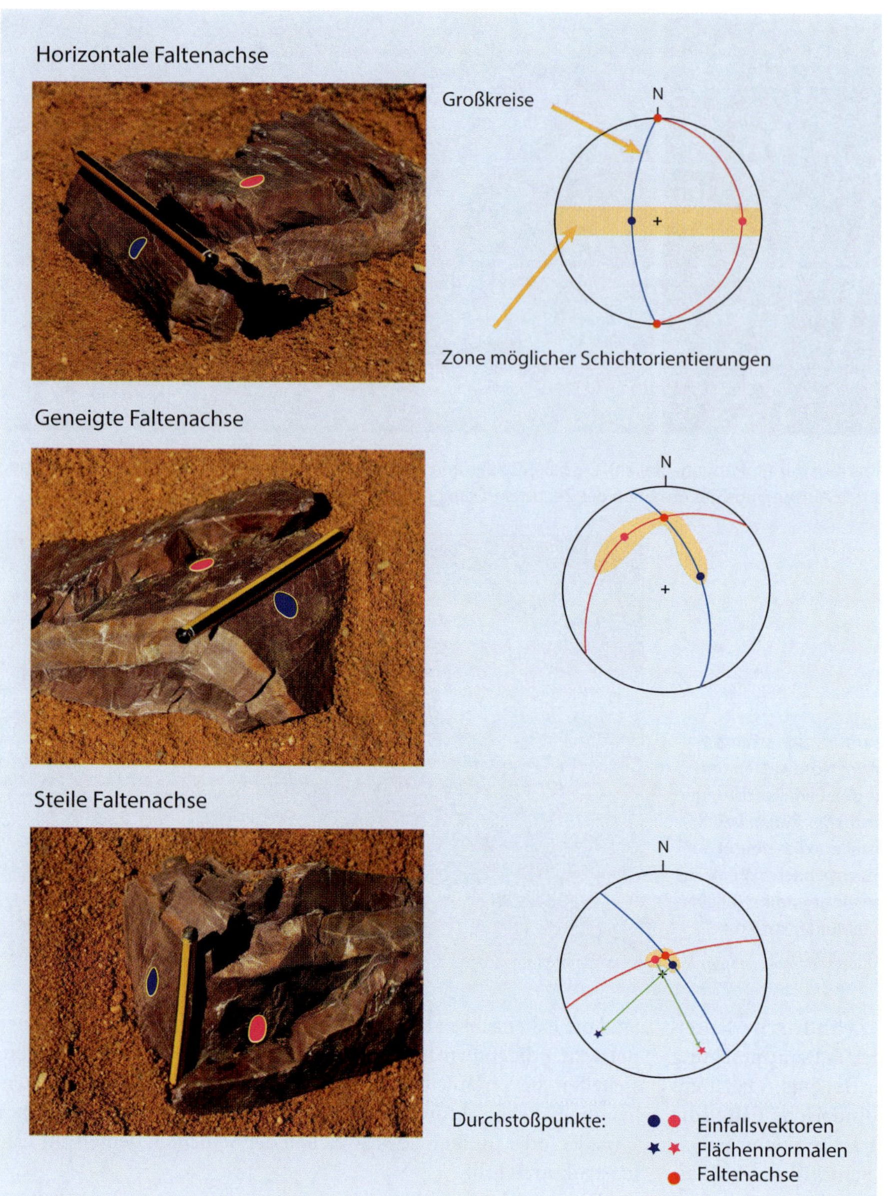

Abb. 7.39 Raumlage und Neigung der Faltenachse. Der blaue und der pinke Punkt auf der Falte symbolisieren zwei Schichtorientierungen auf den Schenkeln der Falte. Ihre Orientierung bei horizontaler (*oben*), geneigter (*mitte*) und steiler Faltenachse (*unten*) ist jeweils im Schmidtschen Netz (▶ Abschn. 7.4) als Einfallsvektor dargestellt. Die Zone der möglichen Schichtorientierungen ist für die drei Möglichkeiten gekennzeichnet

Abb. 7.40a–d Vergenz und Abtauchen von Faltenstrukturen auf der geologischen Karte. Das Relief wurde hier vernachlässigt. **a** Hier liegt ein zylindrischer Faltenbau mit horizontalen Faltenachsen vor. Durch die zentrale Lage der Faltenachsen innerhalb der Mulden- und Sättelkerne kann auf einen symmetrischen Faltenbau mit steilen Faltenachsenebenen geschlossen werden. **b** Beim vergenten zylindrischen Faltenbau sind die Faltenumbiegungen vom Faltenkern zum steileren Schenkel hin versetzt. Steile Faltenschenkel haben eine schmale Ausstrichbreite, flache Schenkel eine breite. **c** Abtauchende Faltenachsen erzeugen an der Oberfläche umlaufendes Streichen. Die Ausbisslinien folgen diesem umlaufenden Streichen. Hier tauchen die Faltenachsen nach Osten hin ab, dadurch tritt die gelbe Schicht im Osten nicht mehr an der Oberfläche auf. **d** Nichtzylindrischer Faltenbau ist gekennzeichnet durch Faltenachsendepressionen und -kulminationen. Dadurch tauchen die Faltenstrukturen an der Oberfläche walrückenartig auf und ab

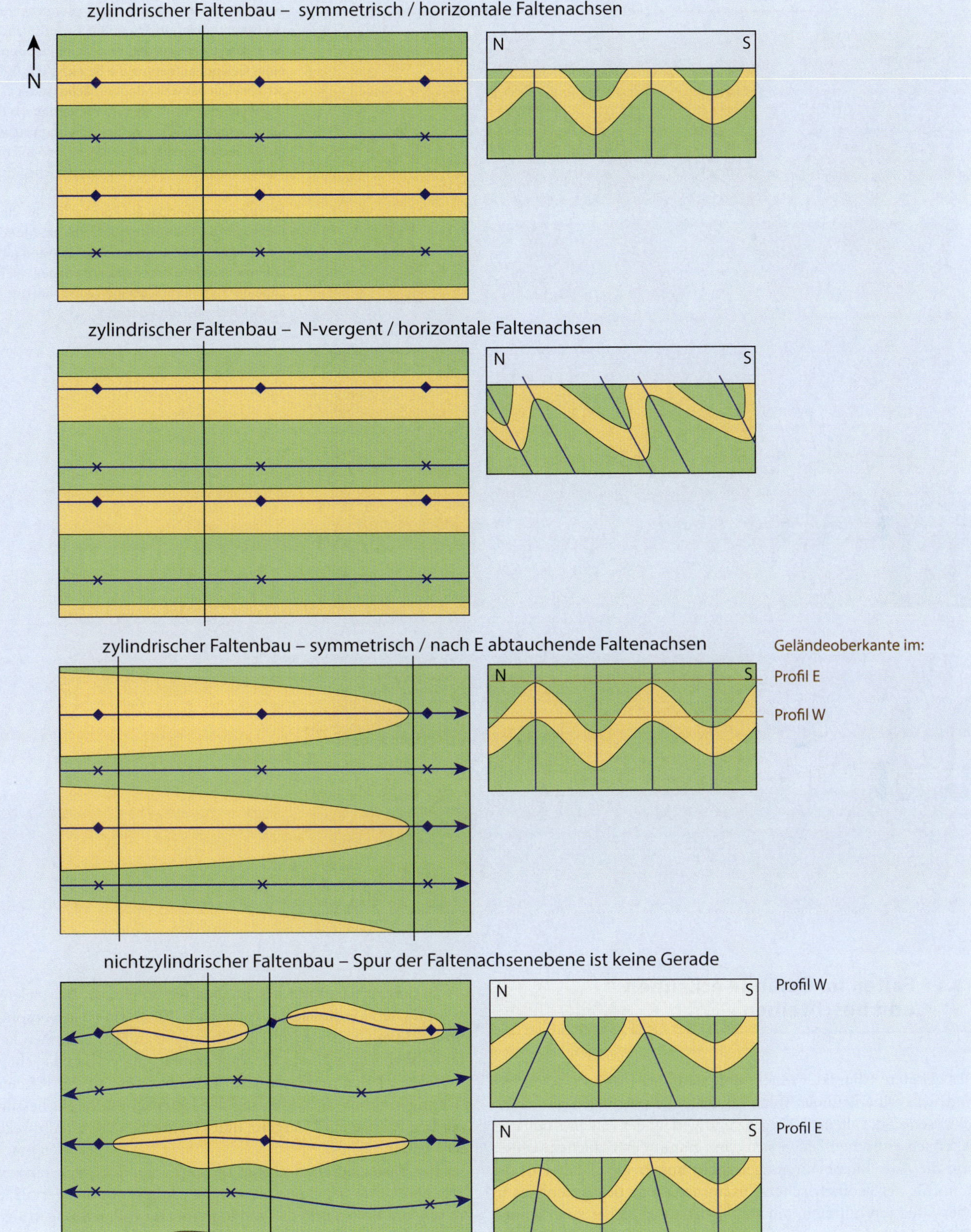
zylindrischer Faltenbau – symmetrisch / horizontale Faltenachsen
N
N
S
zylindrischer Faltenbau – N-vergent / horizontale Faltenachsen
N
N
S
zylindrischer Faltenbau – symmetrisch / nach E abtauchende Faltenachsen
Geländeoberkante im:
Profil E
Profil W
N
N
S
nichtzylindrischer Faltenbau – Spur der Faltenachsenebene ist keine Gerade
Profil W
N
S
Profil E
N
S

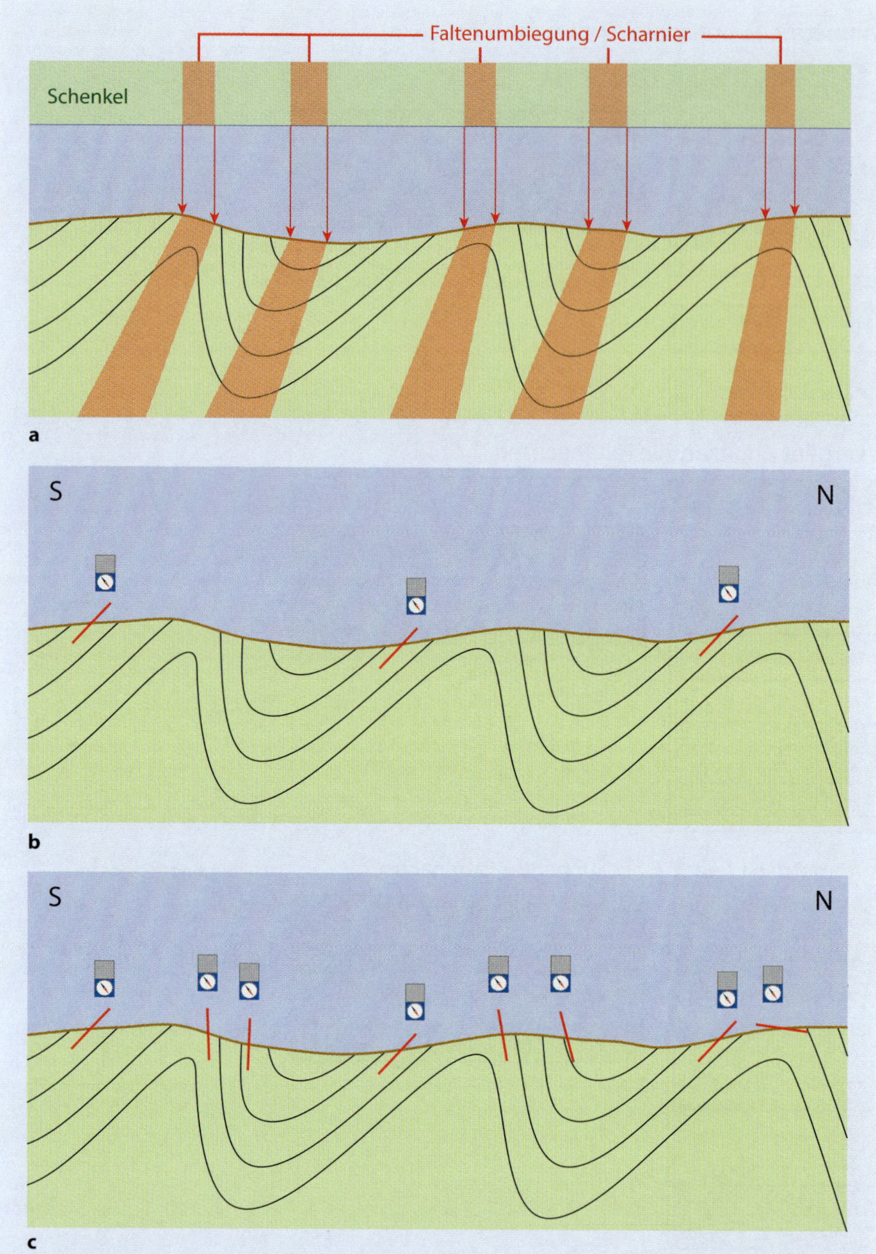

◨ Abb. 7.41a–c Auftreten der Faltenbereiche im Gelände. **a** In den rot markierten Bereichen wäre die Faltenumbiegung zu sehen. Grundsätzlich kann man davon ausgehen, dass im Rahmen einer Geländeaufnahme die Bereiche der Faltenschenkel an der Geländeoberfläche weiter verbreitet auftreten, als die Faltenscharniere. **b** Bei einer gefalteten Schichtenfolge können zu weit auseinanderliegende Messungen des Schichteinfallens dazu führen, dass die tatsächliche Struktur nicht erkannt wird. Im Beispiel zeigen die Messungen scheinbar ein konstantes Einfallen nach S an, die Faltenstruktur bleibt unentdeckt. **c** Ein dichtes Messnetz von Einfallswerten gibt die nordvergente Faltenstruktur wieder. Nach der Lage der Faltenumbiegungen kann nun gezielt im Gelände gesucht werden

7.3.1 Falten im Gelände erkennen und beschreiben

Der gefaltete Charakter einer Schichtenfolge ist dann besonders eindrucksvoll erkennbar, wenn die Faltenumbiegungen gut aufgeschlossen sind. Faltenstil, Vergenz und Verlauf der Faltenachsen und Faltenachsenflächen lassen sich dann unmittelbar ableiten. Leider sind die Aufschlussbedingungen nicht immer ideal, daher ist die Kenntnis der geometrischen Zusammenhänge des Faltenbaus in jeder Situation hilfreich, um Faltenstrukturen sicher zu erkennen (◨ Abb. 7.41). Zu weit auseinanderliegende Messungen des Schichteinfallens können dazu führen, dass die tatsächliche Struktur nicht erkannt wird.

In diesem Abschnitt beschreiben wir an einigen Beispielen die wesentlichen Merkmale des Faltenbaus. Falten sind dann besonders eindrucksvoll, wenn man die Faltenumbiegungen erkennen kann. Tatsächlich sagen einem die Faltenumbiegungen bereits sehr viel über den lokalen und regionalen Faltenbau aus. An der Faltenumbiegung kann die Orientierung der Faltenachsen direkt bestimmt werden, ebenso sind Vergenz und Geometrie der Falten direkt zu beobachten.

Bei Biegegleitfalten gleiten die einzelnen Schichten eines verbogenen Gesteinspakets aneinander vorbei, um die Verkürzung im inneren Bogen und die Verlängerung im äußeren Bogen auszugleichen. Intern werden die Schichten dabei kaum verformt, ihre Mächtigkeit ändert sich nicht. Bei Scherfalten wird hingegen das gesamte Gesteinspaket verformt, was auch die einzelnen Schichten

Schichtparallele Scherung bei Faltung

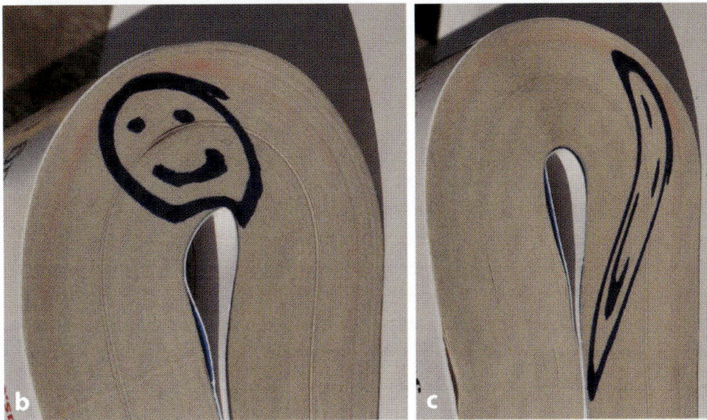

Abb. 7.42a–d Faltung mit schichtparalleler Scherung. Klassisches Beispiel mit einem Telefonbuch. **a** Wir zeichnen ein Bild auf die Seite eines Telefonbuchs. **b** Falten wir das Telefonbuch nun so, dass das Bild etwa in der Faltenumbiegung liegt, stellen wir eine relativ geringe Verzerrung (Zerscherung) des ursprünglichen Bildes fest. **c** Falten wir das Telefonbuch jedoch so, dass das Bild auf einem der Schenkel liegt, ist die Verzerrung (Zerscherung) beträchtlich. Die einzelnen Seiten des Telefonbuches haben sich gegeneinander verschoben. **d** Schichtparallele Scherung hier wird durch den Versatz einer kalzitischen Kluft verdeutlicht. Ohne den Versatz der Kluft wäre die Scherung der Schichtpakete kaum erkennbar

betrifft. Das ist mit einem verbogenen Telefonbuch vergleichbar, wobei die Bewegung der einzelnen Seiten den Scherflächen entspricht, die dicht an dicht im Gestein liegen. Die Scherung kann parallel zur Schichtung (■ Abb. 7.42) oder schräg zu Schichtung erfolgen.

Chevron-Falten (■ Abb. 7.43–7.46) sind der symmetrische Spezialfall der Zickzack-Falten, also Faltenstrukturen mit spitzen (kuspaten) Umbiegungen und geraden Schenkeln. Bei Chevron-Falten stehen die Faltenachsen senkrecht zum Faltenspiegel. Innerhalb einer Falte kann es bei unterschiedlich kompetenten Schichten zu einem Wechsel zwischen spitzen und runden Umbiegungen kommen (■ Abb. 7.45). Die spitzen Umbiegungen zeigen stets in das kompetentere und somit schwerer zu verformende Material. Beispiele mit lobater Faltenumbiegung sind ■ Abb. 7.47 und 7.48.

◘ **Abb. 7.43 a** Spitzwinklige Umbiegung einer Antiklinalen in kretazischem Kalkstein (Gerri de la Sal, Südpyrenäen, Spanien). Hierbei handelt es sich um eine Biegegleitfalte, die kompetenten Kalkbänke sind auf mergeligen Zwischenlagen aneinander vorbeigeglitten. Falten mit solch enger Faltenumbiegung und nahezu ebenen Schenkeln werden auch als Chevron-Falten bezeichnet. **b** Knickfalte in der Nisportino-Formation (Elba, Italien), die kompetenten Kalkbänke wurden im Kern (*im Bild oben*) noch umgebogen, nach außen hingegen geknickt (*im Bild unten*)

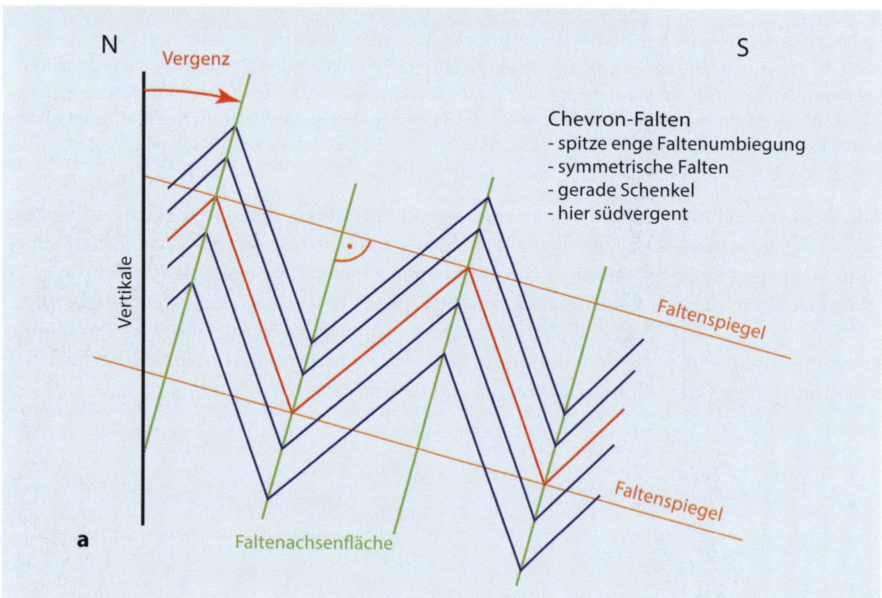

◘ **Abb. 7.44 a** Chevron-Falten sind symmetrische Faltenstrukturen mit kuspaten (spitzen) Umbiegungen und geraden Schenkeln. **b** Die Chevron-Falte ist eine spezielle Art der Zickzack-Falten. Während Zickzack-Falten allgemein durch ihre geraden Schenkel und kuspaten Faltenumbiegungen gekennzeichnet sind, kommt bei Chevron-Falten die Symmetrie im Faltenbau als weiteres Kennzeichen hinzu: Bei ihnen stehen die Faltenachsenebenen senkrecht zum Faltenspiegel

◘ **Abb. 7.45 a** Kleinräumige Änderung der Faltenumbiegung: spitze (kuspate) bis runde (lobate) Faltenumbiegung in der Radiolarit-Ton-Wechselfolge der Diaspri-Formation (Elba, Italien), was auf wechselnde Kompetenz und Mächtigkeit der hellen Radiolaritlagen und der dunklen tonigen Lagen zurückzuführen ist. Die spitzen Umbiegungen zeigen stets in das kompetentere und somit schwerer zu verformende Material, hier in die Radiolaritlagen. Je spitzer die Umbiegung, umso mächtiger sind die Lagen im Umbiegungsbereich im Vergleich zu den Schenkeln. **b** Chevron-Falten in derselben Abfolge, hier haben die Radiolaritlagen eine konstante Mächtigkeit von 2–3 cm und alternieren mit etwa gleichmächtigen Tonlagen, die als Scherhorizonte dienen. Auch hier ist der Wechsel von lobaten zu kuspaten Faltenumbiegungen innerhalb der Wechselfolge erkennbar

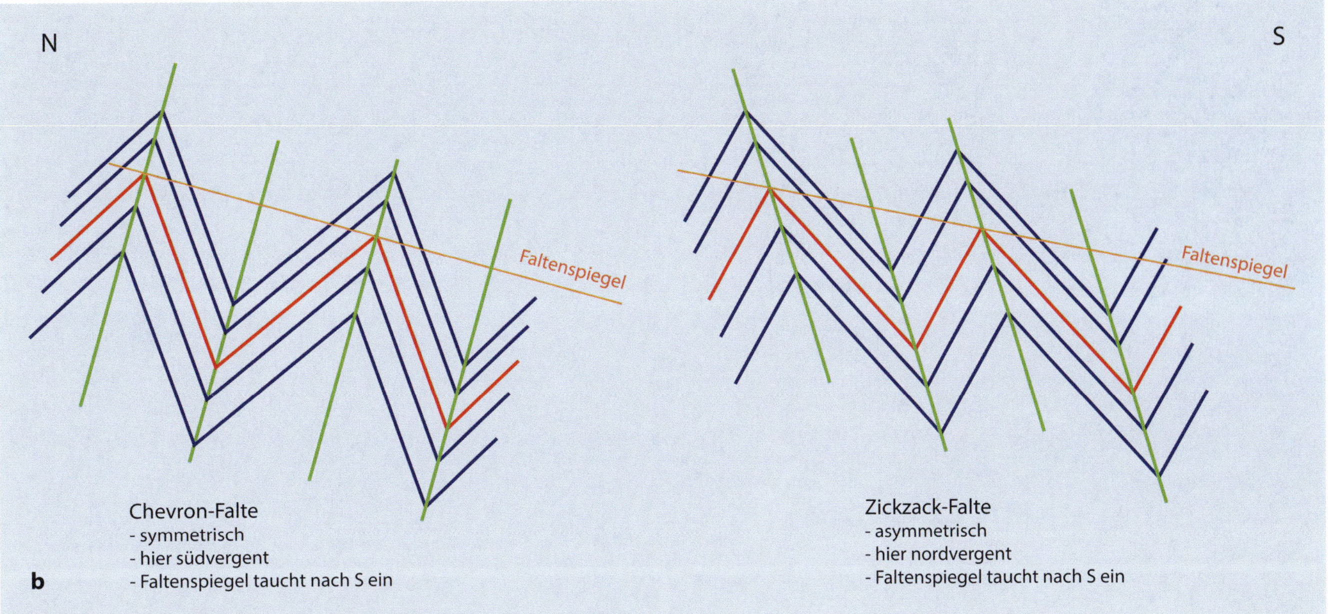

Abb. 7.44 (Fortsetzung) **a** Chevron-Falten sind symmetrische Faltenstrukturen mit kuspaten (spitzen) Umbiegungen und geraden Schenkeln. **b** Die Chevron-Falte ist eine spezielle Art der Zickzack-Falten. Während Zickzack-Falten allgemein durch ihre geraden Schenkel und kuspaten Faltenumbiegungen gekennzeichnet sind, kommt bei Chevron-Falten die Symmetrie im Faltenbau als weiteres Kennzeichen hinzu: Bei ihnen stehen die Faltenachsenebenen senkrecht zum Faltenspiegel

■ **Abb. 7.46a–c** Zickzack-Falte in der Nisportino-Einheit (Jura-Kreide-Grenze, Elba, Italien). **a** Doppelsattel in einer Wechselfolge aus Tonstein (dunkelrot) und Kalkstein (hellgrau) mit nahezu ebenen Schenkeln und kuspater Faltenumbiegung. **b** Der vergrößerte Ausschnitt aus der linken Faltenumbiegung zeigt eine interne Überschiebung des linken flacheren Schenkels auf den rechten steilen Schenkel der Antiklinale. **c** Der vergrößerte Ausschnitt des flachen linken Schenkels zeigt die schichtinterne Verstellung. Verursacht durch die schichtparallele Scherung während der Faltung (rote Pfeile) wurden an vertikal zur Schichtung ausgerichteten Scherflächen kleine Blöcke rotiert. Es entsteht das charakteristische Domino- oder Buchrücken-Muster (siehe auch ■ Abb. 7.25)

■ **Abb. 7.47** Antiklinal-Synklinal-Struktur mit lobater Faltenumbiegung in einer devonischen Kalk-Mergel-Abfolge (Lodéve-Becken, Südfrankreich)

Abb. 7.48 **a** Lobate Synklinale in einer Ton-Kalk-Wechselfolge aus dem Lias (Pont de Suert, Nordspanien). **b** Vergrößerung aus dem Bereich rechts unten von (**a**). Die kompetenteren gelblichen Kalkbänke sind durch vertikal zur Schichtung stehende Klüfte durchzogen. Die Tonsteine sind hingegen parallel zur Faltenachsenebene geschiefert

■ Foliation, Schieferung und Faltenbau

Schieferung entsteht als Reaktion eines gerichteten Druckes auf das Gestein. Dies führt zur Ausrichtung der Minerale und zu orientierter Mineralneubildung im Wesentlichen senkrecht zur Einengungsrichtung (■ Abb. 7.49).

In homogenen tonigen Gesteinen sind Schichtung und Schieferung nicht leicht zu unterscheiden, da weder ein Materialwechsel noch eine Gradierung im Gestein erkennbar ist. Die in solchen Gesteinen auftretenden Flächen sind meist Schieferflächen, die Schichtflächen sind nicht oder kaum ausgebildet. Solche homogenen Tonschiefer eigenen sich besonders gut als Dachschiefer. Die homogenen Materialeigenschaften der Schieferplatten garantiert eine gute Verarbeitung und Haltbarkeit bei den Temperaturschwankungen, denen sie ausgesetzt sind. Im Aufschluss sollte daher immer mit etwas Geduld nach einem Materialwechsel gesucht werden, um die Zuordnung der im Gestein auftretenden Flächen eindeutig vornehmen zu können.

Die Schieferung tritt in gefalteten nicht metamorphen Abfolgen in der Regel in tonigen und tonmineralreichen Gesteinen auf. Die Schieferflächen stehen dabei nahezu parallel zu den Faltenachsenebenen (■ Abb. 7.50). Besonders interessant sind daher Aufschlüsse, an denen sowohl die Schichtung als auch die Schieferung zu erkennen sind. Die Schnittlinie beider Flächen gibt die Orientierung der Faltenachsen an. Schichtung erkennt man stets an einem Materialwechsel senkrecht zu den Schichtflächen (■ Abb. 7.51). Häufig ist dies nicht einfach auf den ersten Blick zu erkennen, insbesondere wenn es sich um homogene Sedimente handelt. Die Suche nach ent-

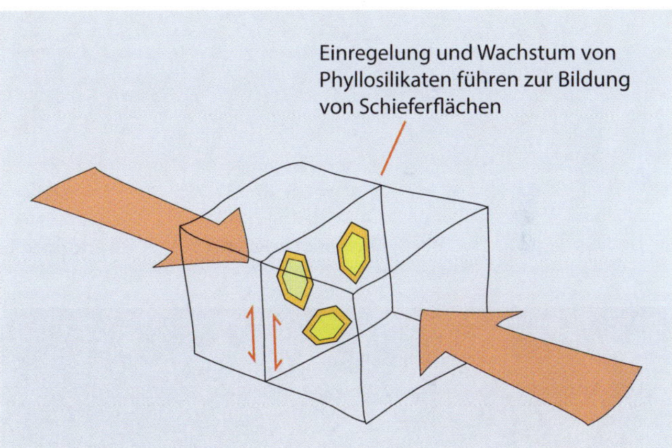

Abb. 7.49 Die ausgezeichnete Spaltbarkeit der Schichtsilikate bedingt, dass sich Gesteinsplatten leicht in Richtung der Schieferung abspalten lassen. Schieferungsflächen gehen quer durch die Schichtenfolge, daher ist an Ihnen kein Materialwechsel erkennbar. Dies ist ein wichtiges Merkmal, um sie von einer primären sedimentären Schichtung zu unterscheiden

sprechenden Lagen, notfalls mit der Lupe, lohnt sich immer. Außerdem kann durch den Vergleich der Einfallswinkel von Schichtung und Schieferung festgestellt werden, ob eine überkippte Schichtlagerung vorliegt (■ Abb. 7.50b). Beispiele mit Schieferung zeigen ■ Abb. 7.51, 7.52 und 7.53.

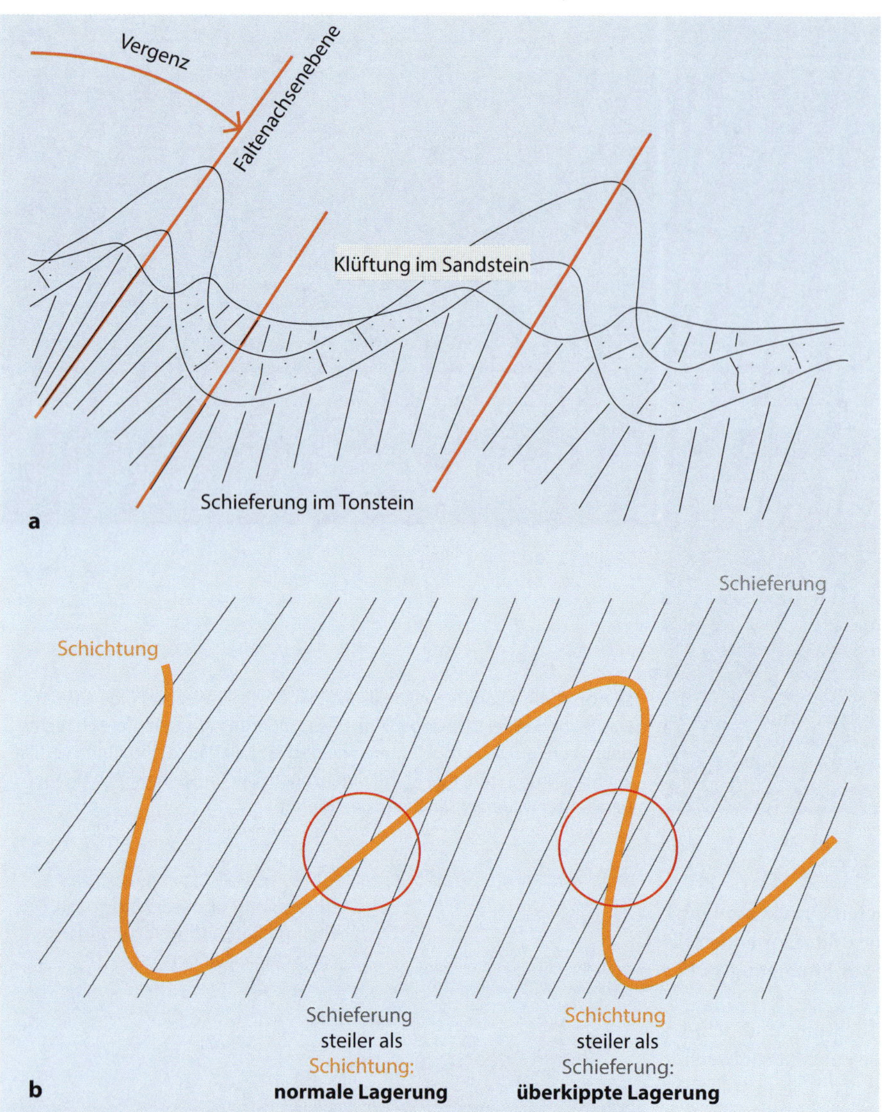

■ **Abb. 7.50 a** Die Schieferflächen liegen räumlich parallel zur Faltenachsenebene. Eine meilerartige Ausrichtung von Schieferflächen tritt in tonigen Sedimenten auf, wenn diese mit kompetenten Schichten (z. B. Sandstein oder Kalkstein) wechsellagern. Die kompetenten Schichten erfahren keine Schieferung, sondern bilden Klüfte aus. **b** Sind an einem Aufschluss Schichtung und Schieferung erkennbar, kann über die größere Steilheit der Flächen bestimmt werden, ob eine normale oder überkippte Lagerung vorliegt. Bei normaler Lagerung ist die Schieferung steiler als die Schichtung. Steht hingegen die Schichtung steiler als die Schieferung, ist dies ein gutes Indiz für überkippte Lagerungsverhältnisse

■ **Abb. 7.51** Zerscherte Sandsteinbank in Tonstein (Permotrias, Südpyrenäen, Spanien). Deutlich ist die Schieferung des rötlichen Tonsteins erkennbar. Die etwa 20 cm mächtige Sandsteinbank ist in Blöcke zerschert. Die Richtung der Scherflächen im Sandstein steht leicht schräg zur Schieferung des Tonsteins. Die Schieferung steht steiler als die Schichtung, daher ist eine normale Lagerung anzunehmen

■ **Abb. 7.53a–d** Schieferung und Schichtung. **a** Schieferung in einer devonischen tonig-kalkigen Abfolge (Südpyrenäen, Spanien). Die steilstehende Schichtung ist noch durch die dünnen herauswitternden Kalkbänkchen zu erkennen. Sie sind deutlich durch die flach stehende Schieferung zerschert. Dies deutet auf eine überkippte Lagerung hin. **b** Die Schieferflächen gehen im Bild von rechts oben nach links unten. Sie zeigen ein Umbiegen in der Mitte des Bildes. Hier wird die Schieferung durch einen Materialwechsel (dünne siltige Lage) gebrochen. Die Schichtung liegt hier also leicht geneigt nach links (Rio-Marina-Formation, Elba). **c** Diese Schieferflächen in der Aufsicht zeigen Knickbänder (*kink bands*). Hier knicken die Schieferflächen um etwa 20° von der Hauptrichtung ab. Knickbänder entstehen durch Instabilitäten bei der Scherung an den Schieferflächen. Sie können durch geringfügigen Materialwechsel oder durch eine zweite Schieferrichtung ausgelöst werden (ordovizischer Schiefer, Huaytapallana, Peru). **d** Skizze zu Knickbändern

■ **Abb. 7.52a–c** Schieferung in tonigen Gesteinen. **a** Schieferung und Schichtung in unterdevonischem Tonstein (Ürzig an der Mosel). Die 0,5–1 m mächtigen Tonsteinbänke liegen relativ flach. Schräg dazu sind deutlich die steileren Schieferflächen zu erkennen. Dies deutet auf eine normale Lagerung hin. **b** Steilstehender Tonschiefer des Unterdevons (Südpyrenäen, Spanien). Das Gestein verwittert an der Oberfläche zu dünnen Schieferplättchen. **c** Griffelförmig zerfallen geschieferte Tonsteine, wenn zwei oder mehr schräg aufeinanderstehende Schieferungen im Gestein auftreten (Mayschoß, Ahr)

■ **Abb. 7.54a–d** Foliation ist meist durch einen deutlichen Materialwechsel erkennbar. **a** Foliation in Marmor (Alpi Apuani, Italien). Die Foliation entstand durch die ursprüngliche Wechselfolge kalkiger und tonig/mergeliger Lagen, in dem Gestein sind die rein kalzitischen Lagen verwitterungsresistenter. Deutlich sind Knickbänder erkennbar. **b** Augengneise zeigen durch die orientierten Biotite eine Foliation. Die großen Orthoklase („Augen") sind hier durch die Scherung gegen den Uhrzeigersinn rotiert (Sigma-Klasten). **c** Hier wechseln helle rein kalzitische Marmorlagen mit dunklen Marmorlagen ab. Der höhere organische Anteil und ursprüngliche Tongehalt ist für die dunklere Farbe verantwortlich (Valdana-Marmor, Elba). **d** Bänderung in migmatitischen Gneisen, die Lagen mit den hellen Mineralen Quarz und Feldspat (Leukosom) waren bereits aufgeschmolzen. Die biotitreichen Lagen (Melanosom) waren noch fest, das ganze Gestein wurde aber durch Scherprozesse plastisch deformiert (kambrische Gneise, Huaytapallana Peru)

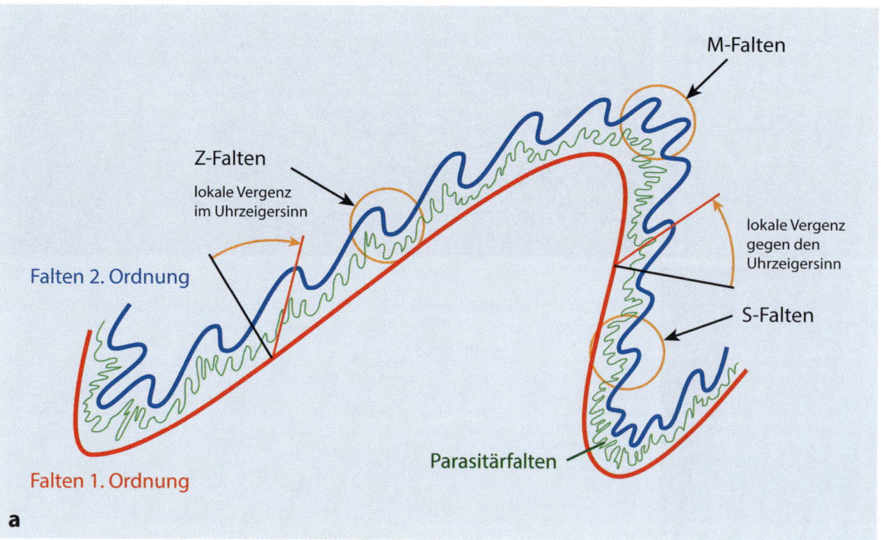

■ **Abb. 7.55 a** Die Faltung 1. Ordnung (rote Linie) wird durch Falten 2. Ordnung und Parasitärfalten überlagert. **b** Die durch Melanosom (dunkle Lage) und Leukosom (helle Lage) deutliche Fältelung in einem migmatitischen Gneis (Peru) zeigen im angeschnittenen Handstück S-Falten am Faltenschenkel und M-Falten an der Faltenumbiegung

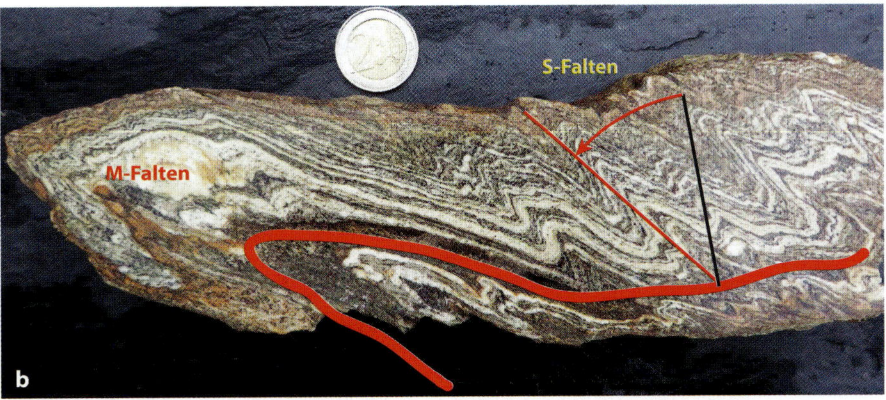

Abb. 7.55 (*Fortsetzung*) **a** Die Faltung 1. Ordnung (rote Linie) wird durch Falten 2. Ordnung und Parasitärfalten überlagert. **b** Die durch Melanosom (dunkle Lage) und Leukosom (helle Lage) deutliche Fältelung in einem migmatitischen Gneis (Peru) zeigen im angeschnittenen Handstück S-Falten am Faltenschenkel und M-Falten an der Faltenumbiegung

Foliation entsteht unter metamorphen Bildungsbedingungen durch Scherprozesse und durch differentielle Druckbedingungen (stärkerer Druck aus einer Richtung). Dieses planare Gefüge ist gut durch einen Materialwechsel zwischen den einander abwechselnden Minerallagen erkennbar, aber natürlich nicht mit einer sedimentären primären Schichtung zu verwechseln (■ Abb. 7.54).

■ Falten 2. Ordnung und Parasitärfalten

Ausgehend von einer Faltung 1. Ordnung können Falten 2. Ordnung und Parasitärfalten auf unterschiedlichen Skalen entstehen (■ Abb. 7.55). Durch plastische Stauchung des Gesteins bilden sich Fältelungen, die in Bezug zur Faltenfläche 1. Ordnung bestimmte Vergenzen annehmen können. Je nach Ausrichtung oder Vergenz der sekundären Fältelung können folgende Faltenarten 2. Ordnung unterschieden werden:

- Z-Falten entstehen im Bereich der Schenkel der Hauptfalte und zeigen eine lokale Vergenz im Uhrzeigersinn,
- S-Falten entstehen im Bereich der Schenkel der Hauptfalte und zeigen eine lokale Vergenz gegen den Uhrzeigersinn,
- M-Falten entstehen im Bereich der Umbiegung der Hauptfalte und zeigen eine symmetrische, nicht vergente Faltenstruktur.

■ Mullions und Boudins

Liegen kompetente Bänke in einer deutlich weicheren Schicht, dann ergibt sich ein hoher Kontrast der Festigkeit zwischen beiden lithologischen Einheiten. Dies kann der Fall sein, wenn zum Beispiel eine Sandsteinbank oder eine Kalksteinbank in einer tonigen Abfolge auftritt.

Durch Einengung parallel zur Schichtung kommt es zur Faltung der kompetenten Schicht. Durch den hohen Festigkeitsunterschied entstehen Falten, bei denen die spitzen Umbiegungen (kuspat) stets in das kompetentere Material und die runden Umbiegungen (lobat) in das weichere Material zeigen (■ Abb. 7.56). Die Wellenlänge liegt dabei in der Größenordnung der Mächtigkeit der kompetenten Schicht. Die lobenförmigen Strukturen, die in Richtung der Faltenachsen ausgerichtet sind, werden Mullions genannt.

Boudinage (■ Abb. 7.57) entsteht hingegen durch Dehnung parallel zur ursprünglichen Schichtung. Kompetentere Bänke werden auseinandergerissen und bilden linsenförmige Körper in einer weicheren Matrix.

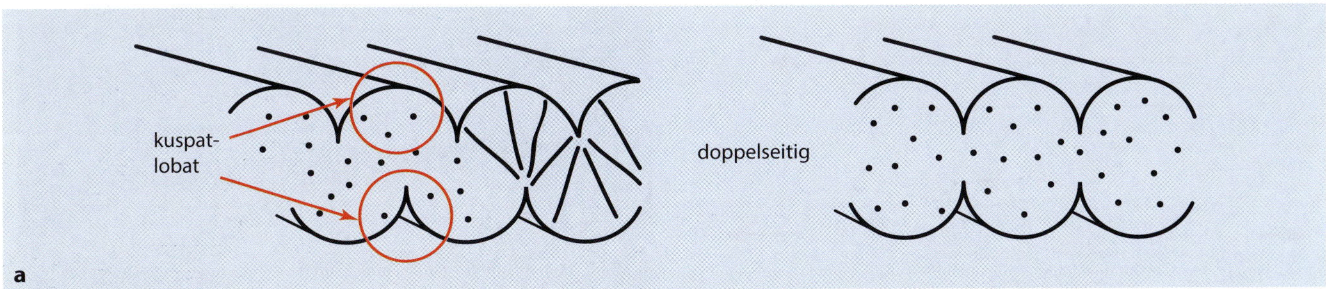

Abb. 7.56a–c Mullions entstehen durch schichtparallele Einengung einer Wechsellagerung unterschiedlich kompetenter Gesteine. **a** Es handelt sich um Falten, deren Wellenlänge in etwa mit der Mächtigkeit der kompetenten Schicht übereinstimmt. Es können sich kuspat-lobate oder doppelseitige Mullions ausbilden. **b** Kuspat-lobate Mullionausbildung einer mikritischen Kalkbank (hell) in der tonigen Abfolge der Nisportino-Formation (braun-rot) auf Elba. Deutlich sind im unteren Bereich die kuspaten Umbiegungen erkennbar, die in den kompetenteren Kalkstein zeigen, die lobaten Umbiegungen zeigen in den weicheren Tonstein. Nach oben im Bild wird die Struktur undeutlicher. **c** Die Schichtoberflächen der kompetenten Schicht zeigen Runzeln, diese Mullions haben eine Wellenlänge zwischen 5 und 10 cm

■ **Abb. 7.56a–c** (*Fortsetzung*) Mullions entstehen durch schichtparallele Einengung einer Wechsellagerung unterschiedlich kompetenter Gesteine. **a** Es handelt sich um Falten, deren Wellenlänge in etwa mit der Mächtigkeit der kompetenten Schicht übereinstimmt. Es können sich kuspat-lobate oder doppelseitige Mullions ausbilden. **b** Kuspat-lobate Mullionausbildung einer mikritischen Kalkbank (hell) in der tonigen Abfolge der Nisportino-Formation (braun-rot) auf Elba. Deutlich sind im unteren Bereich die kuspaten Umbiegungen erkennbar, die in den kompetenteren Kalkstein zeigen, die lobaten Umbiegungen zeigen in den weicheren Tonstein. Nach oben im Bild wird die Struktur undeutlicher. **c** Die Schichtoberflächen der kompetenten Schicht zeigen Runzeln, diese Mullions haben eine Wellenlänge zwischen 5 und 10 cm

■ **Abb. 7.57a–c** Boudins entstehen durch Dehnung parallel zur ursprünglichen Schichtung. **a** Kompetentere Bänke werden auseinandergerissen und bilden linsenförmige Körper in einer weicheren Matrix. **b** Kieselige Lagen in Kalkstein mit beginnender Boudinage. Die kieseligen Bänke sind durch erste Abscherungen zerlegt. **c** Linsenförmige Boudins mikritischer Kalke in einer zerscherten mergeligen Matrix. Hier ist die Zerscherung der kompetenteren Kalkbänke bereits weit fortgeschritten (Alpi Apuani, Italien)

7.3.2 Nichttektonische Faltenstrukturen

Faltenstrukturen können sich auch ohne tektonische Krustendeformation bilden. Dabei handelt es sich meist um Deformation in bewegten Gesteinspaketen, dabei ist die Bewegung nicht primär durch tektonische Ursachen ausgelöst worden.

Mögliche Ursachen nichttektonischer Faltenstrukturen sind beispielsweise:

- Kryoturbation – Schichtdeformation durch Frosteinwirkung (◘ Abb. 7.58),
- Rutschungen (*slumpings & slidings*) – Rutschung unverfestigter Sedimente in Beckenrandbereichen (◘ Abb. 7.59),
- Salztektonik – Aufstieg und Deformation von Salzen aufgrund der geringen Dichte (◘ Abb. 7.60),
- Ausdehnungsfalten – schichtgebundene Volumenzunahme, zum Beispiel bei der Umwandlung von Anhydrit zu Gips (◘ Abb. 7.61),
- Schleppfalten – Deformation an Verwerfungen (◘ Abb. 7.62),
- Hakenschlagen – Deformation oberflächennaher Schichten durch Bodenfließen an Hängen (◘ Abb. 7.63).

◘ **Abb. 7.58** Durch Kryoturbation im Permafrostbereich entstandene Faltung. Das Auftauen in einer tonigen Wechselfolge führte in Hanglage zu Rutschungen und Stauchungserscheinungen (Perm am südöstlichen Rand des Thüringer Waldes, Deutschland)

◘ **Abb. 7.59a–d** Interne Strukturen von Slumpings. **a** Intern stark deformatierter Rutschungskörper (Ainsa, Südspanien). Die noch nicht vollständig verfestigten Sedimentschichten wurden während der Rutschung plastisch verfaltet. Der Aufschluss (Höhe ca. 3 m) zeigt eine deutlich ausgeprägte liegende Falte. Der obere rechte Bereich wurde über den unteren linken geschoben. **b** Eine durch Slumping deformierte Bank im Mittleren Muschelkalk bei Eschershausen (Niedersachsen) im Zentrum des Bildes. Im Liegenden und Hangenden des gefalteten und zerscherten Schichtpakets sind undeformierte Schichtpakete erkennbar. Damit kann eine tektonische Deformation ausgeschlossen werden. **c** Intern vollkommen deformiertes Schichtpaket. Die interne Schichtung des Rutschungskörpers wurde während der Rutschung beinahe vollständig zerstört. Nur einzelne kleine Sedimentschollen, die fester waren, liegen chaotisch in der feinkörnigen Matrix. Der darüberliegende Sandstein hat sich nach dem Rutschungsvorgang abgelagert (Boltaña, Nordspanien). **d** Mächtiger Rutschungskörper mit deformierter Schichtenfolge (Aufschlusshöhe ca. 40 m) innerhalb der turbiditischen Marnoso-Arenacea-Formation bei Casola Valsenio (Nordapennin, Italien). Die ursprüngliche sandig-mergelige Wechselfolge der Turbidite ist insgesamt erhalten geblieben, aber intensiv deformiert

■ **Abb. 7.60** Durch Salztektonik deformiertes Steinsalz. Die dunklen Lagen sind Bereiche mit geringfügigen tonigen Einschaltungen. Nur dadurch wird die Deformation der ursprünglichen Schichtung deutlich

■ **Abb. 7.61** Der ursprüngliche Anhydrit wandelt sich bei Wasseraufnahme in Gips um und dehnt sich dabei um etwa 60 Vol.-% aus. Dadurch legen sich die ehemals anhydritischen Lagen in Falten. Charakteristisch sind die nicht deformierten primären Gipslagen. Ebenso ist gut zu sehen, wie Wellenlänge und Amplitude der Falten mit der Mächtigkeit der Anhydritlagen zunehmen

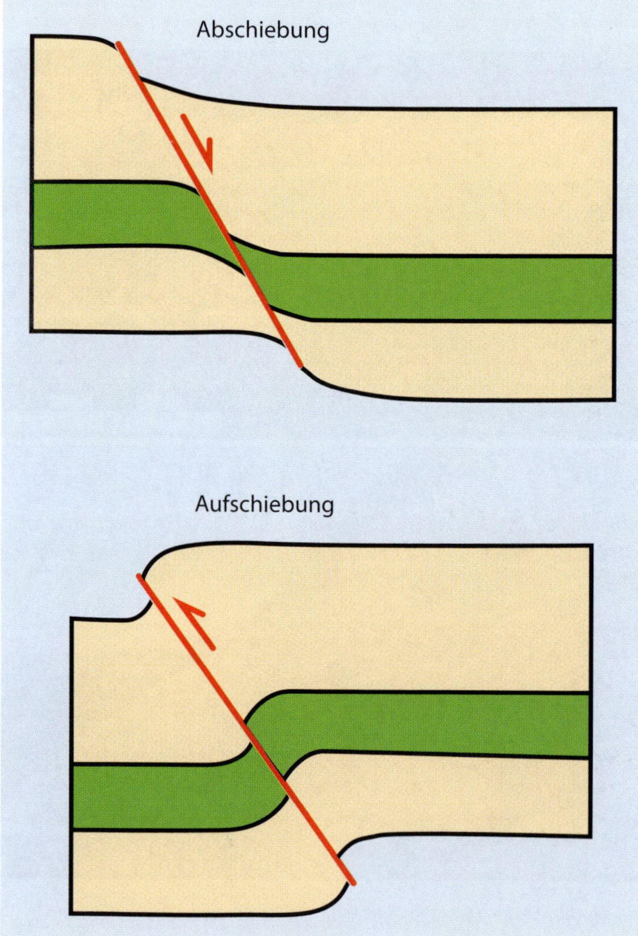

■ **Abb. 7.62** Schleppfalten an Ab- und Aufschiebungen sind Umbiegungen der Schichtenfolge in Richtung des Bewegungsvektors der Scholle auf der anderen Seite der Verwerfung

■ **Abb. 7.63** Hakenschlagen einer jurassischen tonigen bis kalkigen Wechselfolge in den Südpyrenäen. Die Abfolge ist an der Oberfläche bis in etwa 1 m Tiefe in Richtung des Hangeinfallens scharf nach links umgebogen. Dabei ist das Schichtgefüge zur Oberfläche hin verstärkt aufgelöst. Diese Art von Schichtumbiegungen sollten nicht mit tektonischen Falten verwechselt werden

■ **Abb. 7.64** Schichtflächen eines mikritischen Kalksteins (Nisportino-Einheit, Elba), eine gute Gelegenheit, um die Schichtlagerung zu bestimmen. Je höher die Messpunktdichte, umso präziser erfassen wir die Strukturen im Untergrund. Eine Kugel würde auf der Schichtfläche in Einfallsrichtung rollen (*blau*). Die Kante des Kompasses zeigt in diese Richtung

Bei Rutschungen an Beckenrändern können bewegte Schollen mit nur teilweise verfestigen Sedimenten intern deformiert werden (▶ Abschn. 2.4). Im Liegenden und Hangenden des Rutschungskörpers sind undeformierte Schichten zu beobachten. Daher ist in solchen Fällen eine regionale tektonische Deformation auszuschließen. Der Rutschungskörper kann durchaus größere Dimensionen einnehmen, daher ist bei der Aufnahme im Gelände sorgfältig die umgebende Schichtenfolge zu prüfen, um diese Deformationsstrukturen nicht mit krustentektonischen Prozessen zu verwechseln. Wurde der Rutschungskörper intern nur leicht deformiert, spricht man von *sliding*. Wird der Rutschungskörper hingegen beim Gleitprozesse intern stark deformiert oder zerfällt partiell, spricht man von *slumping*. Einige Beispiele mit unterschiedlicher Ausdehnung und unterschiedlichem internem Deformationsgrad zeigt ■ Abb. 7.59.

Bedingt durch den Dichteunterschied von Salz zu den übrigen Gesteinen kommt es ab einer bestimmten Auflast zum Aufstieg des Salzes an Schwächezonen. Es verformt sich dabei plastisch. In Salzdiapiren können daher die ursprünglich horizontal gebildeten Salzlagen intensiv deformiert werden (■ Abb. 7.60). Nur in ariden Gebieten bleiben Salzstrukturen an der Oberfläche erhalten.

Auch typisch für Evaporite sind Wechselfolgen von Mineralen wie Gips und Anhydrit. Diese Abfolgen alternierender Gips- und Anhydritlagen können sich durch Einfluss von Grundwasser deutlich deformieren. Dabei nehmen die Anhydritlagen Wasser auf und wandeln sich in Gips um. Die Wasseraufnahme geht mit einer Volumenzunahme von etwa 60 % einher. Die ehemaligen Anhydritlagen dehnen sich aus und bilden stark gefältelte Lagen. Durch die Ähnlichkeit mit den Windungen eines Gehirns wird der deformierte Gips auch als Gekrösegips bezeichnet (■ Abb. 7.61).

Schleppfalten (■ Abb. 7.62 und 7.20) entstehen in der direkten Umgebung von Verwerfungen. Die Deformation der Schichten ist im Verwerfungsbereich zunächst elastisch erfolgt. Bei Überschreiten der Elastizitätsgrenze kommt es zum Bruch, die Verwerfung entsteht. Wenn die elastische Deformation sich nach dem Zerbrechen nicht mehr ganz zurückformt, bleibt eine plastische Deformation um die Verwerfungsfläche bestehen.

Insbesondere steilstehende Schichtenfolgen können an Hängen durch Bodenfließen deformiert werden. Im jahreszeitlichen Wechsel können Böden und die Gesteine darunter zeitweise in den Frostbereich kommen. Tonreiche Schichten nehmen Wasser auf, das in den Wintermonaten oberflächennah friert. Beim Auftauen kommt es zu Fließbewegungen der wassergesättigten oberen Schichten hangabwärts. Dies führt zu einem oberflächennahen Umbiegen der Schichten in Richtung des Hangfußes, was als Hakenschlagen bezeichnet wird (■ Abb. 7.63).

7.4 Mit dem geologischen Kompass durch die deformierte Erdkruste

Ziel der geologischen Geländeaufnahme ist es, neben der Festlegung der Grenzen zwischen Kartiereinheiten auch ein möglichst dichtes Netz an Messpunkten der Schichtorientierung zu erhalten. Die lokalen Schichtorientierungen ergeben gemeinsam mit den Ausbisslinien der Schichtgrenzen eine gute Modellvorstellung der Faltenstrukturen. In lithologisch einheitlichen Gebieten fällt dies jedoch durch den Wegfall prägnanter Schichtgrenzen deutlich schwieriger. Hier gewinnt die gemessene Schichtorientierung für das Verständnis der tektonischen Elemente an Bedeutung. Daher gilt generell: Jede mögliche Kompassmessung ist wichtig.

Geologische Raummodelle werden aus Geländeinformationen abgeleitet. Hierzu sind genaue Angaben zu Position und Raumlage von Flächen und Linearen grundlegend, die zum Teil auch zusätzliche Informationen zur Genese der Gesteinseinheiten liefern. Zum Beispiel:

- Flächenorientierungen wie:
    - Schichtung: Grenzflächen, die durch Materialwechsel während der Sedimentation entstehen,
    - Schieferung: Flächen im Gestein, die sich durch Wachstum von Phyllosilikaten in tonigen Sedimenten senkrecht zum orogenen Druck bilden (eine Art der Foliation),
    - Foliation in Metamorphiten: flächenhafte Gefügeelemente, die durch Ausrichtung von Mineralen (Flaserung) oder Minerallagen (Bänderung) in metamorphen Gesteinen auftreten,
    - Klüftung: Bruchflächen im Gestein ohne merklichen Versatz,
    - Verwerfungen: Bruchflächen im Gestein mit Versatz (Harnische, tektonische Brekzie),
    - Ausrichtungen von magmatischen oder hydrothermalen Gängen (häufig assoziiert mit tektonischen Brüchen).
- Lineare Strukturelemente wie die:
    - Orientierung von Strömungsmarken und Fossilien,
    - Paläoströmungsrichtungen abgeleitet von der Ausrichtung von Schrägschichtungen,
    - Richtung von Harnischen auf tektonischen Gleitflächen,
    - Raumlage von Faltenachsen,
    - Orientierung von Mineralen in magmatischen und metamorphen Gesteinen,
    - Ausrichtung von Basaltsäulen.

Die Geometrie dieser geologischen Strukturelemente lässt sich mit dem geologischen Kompass bestimmen (■ Abb. 7.64), dabei werden die Raumlagen von Flächen und Linearen in Bezug zur Horizontalen und der Nordrichtung eingemessen. Die genaue Bestimmung der Messposition ist für die spätere Analyse von großer Bedeutung, daher sollte die Positionsbestimmung generell mit GPS-Geräten durchgeführt werden.

Flächenelemente können nahezu eben sein, oder wie bei gefalteten Schichtfolgen starke und zum Teil komplexe Krümmungen aufweisen. Bei ebenen Flächenelementen genügen wenige Messungen der Orientierung, um diese eindeutig zu bestimmen. Bei zunehmender Krümmung der Flächen werden entsprechend mehr Kompassmessungen erforderlich, um die Geometrie sicher zu erfassen. Entsprechend kann es sich bei den linearen Strukturelementen um Geraden oder um Kurven handeln.

Die geologische Schichtfläche ist sicher das im Gelände am häufigsten gemessene Flächenelement (■ Abb. 7.65). Schichtflächen sind charakteristisch für Gesteine, die durch Sedimentationsprozesse abgelagert wurden. Durch den Materialwechsel, der während der Sedimentation erfolgt, bilden sich Schichtkörper, die sich aufgrund der wechselnden Lithologie unterscheiden lassen. Bankung im Gestein entsteht durch kurzfristige Wechsel in den Sedimentationsbedingungen (Sedimentation oder auch Erosion). Die häufig sehr schmalen Lagen zwischen den Bänken zeigen dies an. Durch Verwitterung und Erosion werden Schichtflächen freigelegt, deren Raumlagen mit dem Kompass bestimmt werden können (■ Abb. 7.66 und 7.67).

Kluftflächen sind Risse, die Spannungen im Gestein in der obersten Kruste ausgeglichen haben (▶ Abschn. 7.2). Die Ausrichtung der Klüfte, das Kluftmuster (■ Abb. 7.68), gibt Auskunft über das Spannungsfeld, dem die Gesteine während der bruchhaften Deformation ausgesetzt waren. Kluftflächen können unterschiedliche Richtungen ausweisen, die alle für eine Kluftrichtungsanalyse erfasst werden sollten.

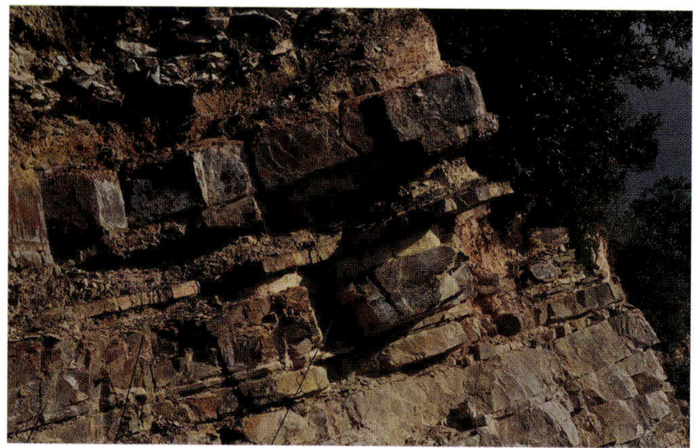

Abb. 7.65 Schichtflächen im Übergang von Nisportino-Einheit zu Calpionellenkalk (Elba). Die kalkigen Turbidite bilden die deutlich festeren Bänke im Gegensatz zu den tonigen Mergeln dazwischen. Daher werden sie freigelegt und stellen ideale Flächen zu Bestimmung der Schichtorientierung dar

Abb. 7.67 Das Einmessen gefalteter Schichtenfolgen kann nur über eine Serie von Messungen erfolgen. Man sollte versuchen, die Schenkel der Falten zu erfassen und, falls dies möglich ist, die Faltenachse als Linear zu messen. Auf dem Bild ist deutlich die Faltenumbiegung mit der Faltenachse in Blickrichtung erkennbar. Hier wird gerade der SW-Schenkel einer Falte im Radiolarit eingemessen (Elba)

7.4.1 Bestimmung der Raumorientierung von Flächen und Linearen

Die Raumorientierung von Flächen und Linearen wird in der Geologie relativ zur Nordrichtung (Einfallsrichtung, Azimut) und zur Horizontalen (Einfallswinkel) angegeben. Die Einfallsrichtung (Azimut) ist die Richtung, in der eine Fläche den steilsten Neigungswinkel zeigt. Legt man eine Glaskugel auf eine geneigte Fläche, so wird sie immer in Einfallsrichtung und somit entlang der steilsten Bahn rollen. Bei Linearen ist die Einfallsrichtung direkt durch den Verlauf der linienhaften Struktur vorgegeben.

Die Richtung wird als im Uhrzeigersinn gemessener Winkel in Bezug zur Nordrichtung angegeben und kann somit Werte von 0° bis 360° annehmen. Der Einfallswinkel ist die Neigung einer Fläche in Einfallsrichtung und wird ausgehend von einer Horizontalen immer nach unten zur geneigten Fläche gemessen (Abb. 7.69). Der Einfallswinkel kann daher Werte zwischen 0° und 90° annehmen. Man unterscheidet je nach Einfallswinkel:

- söhlig (0°),
- flaches Einfallen (1–30°),

Abb. 7.66 Einmessen einer nahezu ebenen, flach einfallenden Schichtfläche mit dem Gefügekompass

Abb. 7.68 Blick auf die steilstehenden Schichtflächen eines zerklüfteten Kalksteins (Calpionellenkalk, Elba). Deutlich sind zwei Hauptausrichtungen der Klüfte zu sehen, die sich in einem Winkel von 70° schneiden (Bildausschnitt 2 m)

- mittleres Einfallen (30–60°),
- steiles Einfallen (60–89°),
- saiger (90°).

Zusätzlich zu Einfallsrichtung und -winkel gibt es die Streichrichtung oder einfach das Streichen. Dabei handelt es sich um die Orientierung der Schnittlinie zwischen einer Horizontalen und der geneigten geologischen Fläche. Der Winkel zwischen Streichrichtung und Einfallsrichtung einer Fläche beträgt also immer 90°.

Stellt man sich ein Spitzdach vor, so sollte der Dachfirst genau in Streichrichtung der Dachflächen liegen. Unabhängig von der speziellen Dachform liegen die Dachfirste eines Straßenzuges häufig in derselben Richtung angeordnet. Ähnlich ist es auch in der Geologie, über die Streichrichtung können Ausrichtungen übergeordneter Strukturen wie die Lage der Faltenachsen beim Faltenbau bestimmt werden. Im Gelände zeigt die Streichrichtung an, in welche Richtung sich Flächen unter Berücksichtigung von Relief und Einfallswinkel fortsetzen sollten.

■ Geologen- und Gefügekompass

Es gibt inzwischen zahlreiche Ausführungen von Kompassen, mit denen die Orientierung von Flächen und Linearen gemessen werden kann (Abb. 7.70). Einige Geräte werden hier kurz vorgestellt und die Funktionsweise verglichen. Auch wenn die verschiedenen Kompasse sich auf den ersten Blick deutlich unterscheiden, ist die Funktionsweise im Prinzip immer ähnlich. Zwei Kompassgruppen können nach dem Messprinzip unterschieden werden:

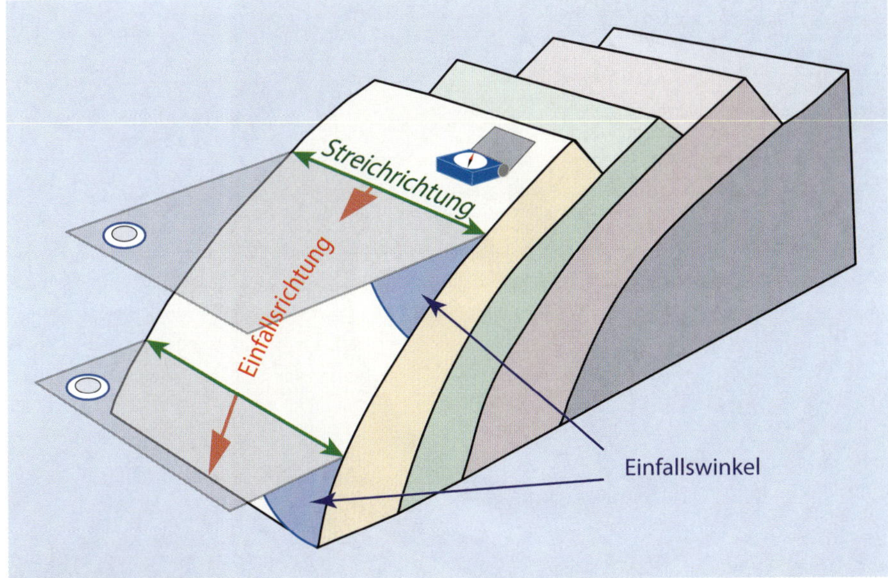

Abb. 7.69 Die graue Schichtfläche hat eine Einfallsrichtung nach Westen (Angabe: W oder 270°). Da die Schichten im Schenkelbereich einer Antiklinalen gebogen sind, ist im Beispiel das Einfallen oben flacher und unten steiler. Die Streichrichtung verläuft hier Nord–Süd und wird mit 0° oder 180° angegeben

Abb. 7.70 Einige Kompassmodelle, die bei geologischen Geländeaufnahmen eingesetzt werden

Gefügekompass: Messvorgang in einem Schritt. Einfallsrichtung und Einfallswinkel werden mit dem Gefügekompass in einem Messvorgang bestimmt. Eine schwenkbare Klappe misst den Einfallswinkel bei horizontiertem Gehäuse. Zum Beispiel Modelle von Breithaupt, Freiberger Kompass.

Geologenkompass und **Marschkompass:** Messvorgang in zwei Schritten. Im ersten Messschritt wird die Streichrichtung bestimmt, für die Einfallsrichtung wird der Quadrant der Himmelsrichtung notiert. Im zweiten Schritt wird senkrecht zur Streichrichtung durch Umsetzen des Kompasses der Einfallswinkel in Einfallsrichtung gemessen. Zum Beispiel Modelle von Breithaupt, Brunton®, Silva®, Recta®.

Da die Ergebnisse der Kompassmessung tragend für jede weitere Interpretation sind, ist der sichere Umgang mit dem Kompass Grundvoraussetzung für eine Geländeaufnahme. Daher möchten wir den Messvorgang nun an einigen Beispielen erläutern.

■ Messung mit dem Gefügekompass

Gefügekompasse (■ Abb. 7.71 und 7.72) besitzen eine schwenkbare Klappe, an der eine Gradeinteilung (0–90°) den Einfallswinkel angibt. Die Libelle dient zur Horizontierung des Gehäuses und die Arretierung löst beim Drücken den Lauf der Nadel. Die Position der Nadel wird beim Loslassen der Arretierung fixiert (mechanisch gespeichert) und kann bequem abgelesen werden. Kennzeichen aller

speziell für die Geologie entwickelten Geräte ist, dass die Ost- und Westrichtungen in der Anzeige vertauscht sind und die Gradeinteilung gegen den Uhrzeigersinn hochzählt. Dadurch können mit diesen Geräten die Einfallsrichtung und die Streichrichtung direkt an der Nadel abgelesen werden.

Die Skala am Scharnier der Klappe ist zweifarbig gestaltet, entsprechend der Farben der Kompassnadel (■ Abb. 7.73). Alle 90° wechselt die Farbe, zum Beispiel von rot zu schwarz. Die Farbe dieser Gradeinteilung gibt vor, an welcher Nadelspitze die Einfallsrichtung abgelesen werden soll.

Die Messung von Flächen erfolgt mit dem Gefügekompass wie folgt:

1. Wir legen die schwenkbare Klappe auf die geologische Fläche.
2. Das Gehäuse horizontieren wir mithilfe der Libelle, dabei kann das Gehäuse:
   - am Scharnier auf- und abbewegt werden und
   - durch Drehen der aufgelegten Klappe hin- und hergeschwenkt werden.
3. Sobald die Libelle im inneren Kreis liegt, lösen wir die Arretierung der Kompassnadel durch Drücken des Knopfes. Nachdem die Nadel sich stabilisiert hat, lassen wir den Arretierknopf los und die Nadel bleibt fixiert.
4. Beim Ablesen der Werte überprüfen wir als Erstes die Farbe der Gradeinteilung am Klappenscharnier (im Beispiel: rot).
5. Die Einfallsrichtung ist an der entsprechend gefärbten Spitze der Kompassnadel abzulesen (0–360°). Zu beachten ist, dass bei den Gradeinteilungen aus Gründen der Lesbarkeit die Zahlenwerte ohne die jeweils letzte Stelle geschrieben sind. Die rote Nadel zeigt im Beispiel eine Einfallsrichtung nach Westen an: 27 bedeutet hier 270°.
6. Nun lesen wir den Einfallswinkel an der Skala am Scharnier ab (0–90°). Der Kompass zeigt im Beispiel einen Einfallswinkel von 22° an.

Beide Werte notieren wir nach einer Standardform:

270/22 (Einfallsrichtung/Einfallswinkel)

Es gibt weitere Modelle ähnlicher Bauart, die sich nur durch Details unterscheiden (■ Abb. 7.74 und 7.75).

◻ **Abb. 7.71a,b** Kennzeichen aller speziell für die Geologie entwickelten Geräte ist, dass die Ost- und Westrichtungen in der Anzeige vertauscht sind und die Gradeinteilung gegen den Uhrzeigersinn hochzählt. Dadurch können mit diesen Geräten die Einfallsrichtung und die Streichrichtung direkt abgelesen werden. Häufig finden sich im Ablesebereich zusätzlich integrierte Klinometer, mit der die Neigung von Flächen durch Auflegen der Gehäusekante bestimmt werden kann. **a** Kompass von Breithaupt, **b** Freiberger Kompass

◻ **Abb. 7.72** Mit dem Gefügekompass können in einem Messvorgang die Einfallsrichtung und der Einfallswinkel bestimmt werden. Die Klappe wird dabei auf die Gesteinsfläche gelegt und das Gehäuse mithilfe der Libelle (Ecke unten links) horizontiert. Durch Lösen der Arretierung (Ecke unten rechts) kann die Nadel schwenken und zum Abschluss der Messung fixiert werden

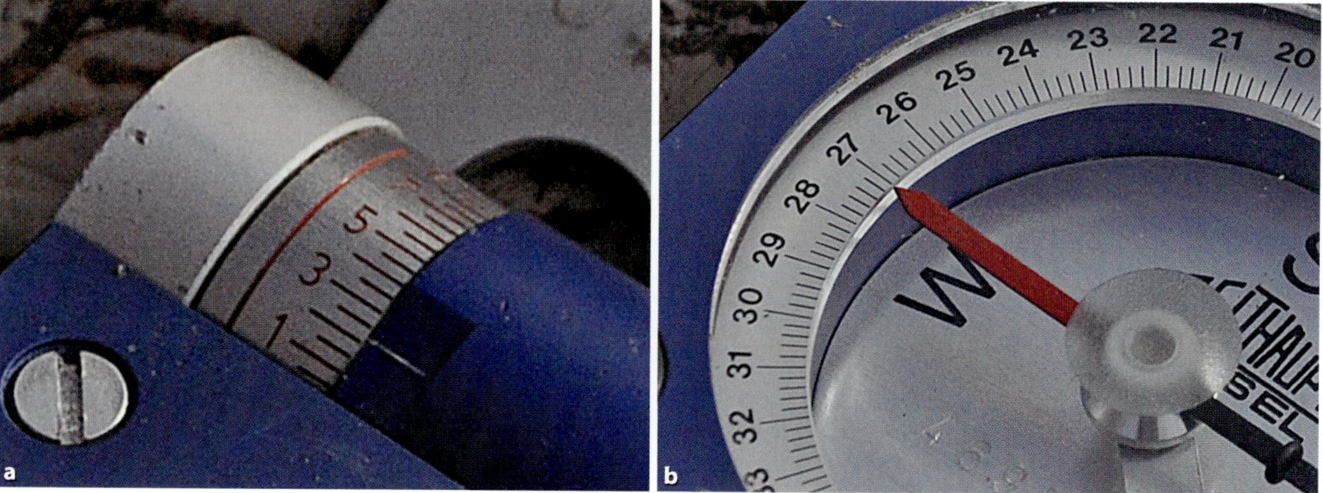

◻ **Abb. 7.73 a** Skala des Einfallswinkels an der Klappe, hier mit roten Einteilungen (hier 22°). **b** Skala der Einfallsrichtung. Beide Einteilungen sind ×10 zu lesen (hier 270°)

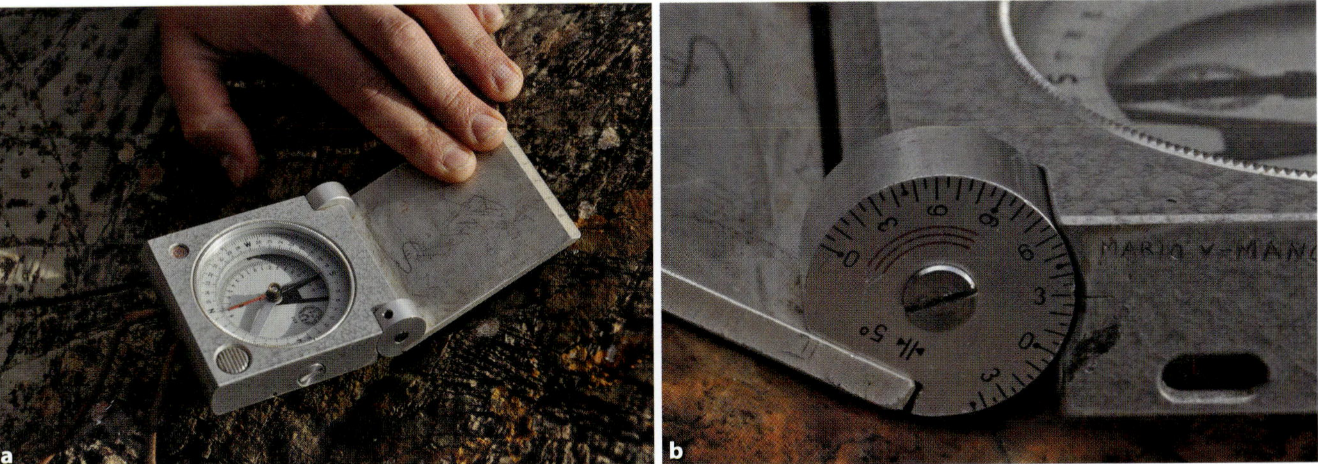

◘ Abb. 7.74 Beim Freiberger Gefügekompass (**a**) ist der Messvorgang wie im Text beschrieben. Der einzige Unterschied besteht darin, dass die Gradeinteilung zum Ablesen des Einfallswinkels an der linken Seite des Gehäuses eingraviert ist (**b**). Bei diesem Modell ist zusätzlich ein Neigungsmesser angebracht, der Einfallswinkel kann auch durch seitliches Aufstellen des Gehäuses in Einfallsrichtung bestimmt werden (hier 29°)

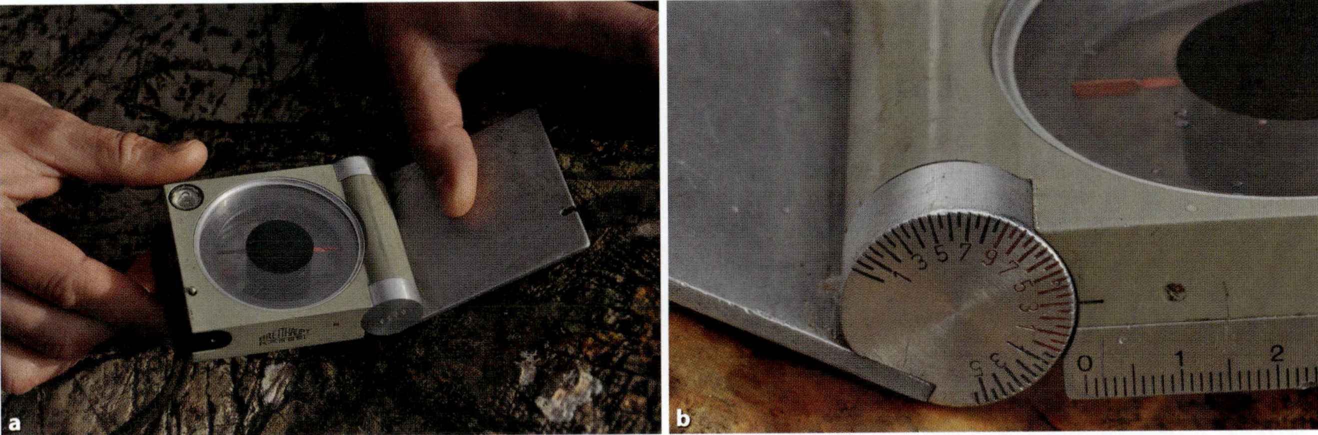

◘ Abb. 7.75 Auch bei diesem Gerät von Breithaupt bleibt die Funktionsweise identisch. Hier ist die Arretierung durch einen Schieber zu lösen, das durchsichtige Gehäuse ermöglicht auch Messungen mit Blick von unten auf das Gehäuse. Die Gradeinteilung ist hier ebenfalls am linken Klappenscharnier angebracht (hier 30°)

▪ Messung mit dem Geologenkompass

Die Kompasse der zweiten Gruppe haben gemeinsam, dass sie in zwei Schritten die Flächenorientierung messen (◘ Abb. 7.76–7.79).

1. Schritt – Bestimmen der Streichrichtung: Wir legen das Gehäuse mit der langen Kante an die geologische Fläche an und horizontieren es mithilfe der Libelle. Die an der Fläche angelegte Kante stellt eine Gerade in Streichrichtung dar. Durch Lösen der Arretierung pendelt die Nadel ein, sie kann zum Ablesen fixiert werden. Da mit diesen Kompassen im ersten Schritt die Streichrichtung gemessen wird, ist es eigentlich nicht von Bedeutung, von welcher Nadel abgelesen wird. Üblicherweise lesen wir für die Streichrichtung den Wert zwischen 0° und 180° ab. Im Beispiel liegt die gemessene Streichrichtung bei 170° (entspricht 350°). Die Richtung des Einfallens muss zusätzlich angegeben werden, in diesem Fall fällt die Fläche in westliche Richtung ein.

Wir notieren: 170 W (Streichrichtung 170°, Einfallsrichtung W).

2. Schritt – Bestimmung des Einfallswinkels: Das Kompassgehäuse stellen wir nun senkrecht zur bisherigen Anlegekante, also parallel zur Einfallsrichtung, auf die Seite, um den Einfallswinkel mit dem Neigungsmesser zu bestimmen. Im Beispiel messen wir 29°.

Wir ergänzen den Eintrag: 170 W/29.

▪ Einmessen mit einem Marschkompass

Eine beliebte, da relativ günstige Möglichkeit, geologische Flächen einzumessen, ist mithilfe eines Marschkompasses mit integriertem Neigungsmesser (◘ Abb. 7.80, 7.81 und 7.82), zum Beispiel mit Modellen von Silva® oder Recta®. Da diese Geräte in der Regel keine Libelle besitzen und die Horizontierung „nach Gefühl" nicht sehr genau ist, wird ein weiterer Schritt notwendig.

Die Streichlinie bestimmen wir, indem wir den Kompass mit der Kante vertikal auf die Fläche stellen und so lange rotieren, bis der Neigungsmesser 0° anzeigt. Mit einem Bleistift markieren wir die Linie auf dem Gestein. Nun können wir die lange Kante des Kompasses auf die gezeichnete Streichlinie legen und die Streichrichtung bestimmen. Um diese abzulesen, müssen wir erst die drehbare Skala mit der Ausrichtung der Nadel in Übereinstimmung bringen. Senkrecht zur Streichlinie kann der Einfallswinkel eingemessen werden. Natürlich könnte man auch eine kleine Libelle, die als Fotozubehör erhältlich ist, auf die Kompassplatte kleben und sich den zusätzlichen Schritt sparen.

Abb. 7.76 a, b Der Messvorgang in 2 Schritten mit dem Geologenkompass beginnt mit der Bestimmung der Streichrichtung

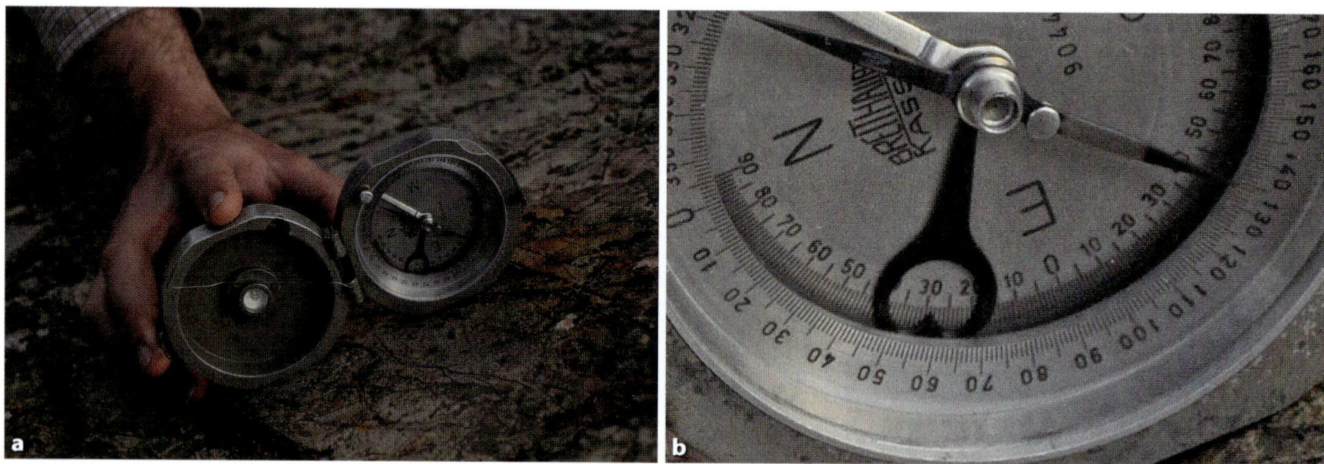

Abb. 7.77 a, b Der Kompass wird im zweiten Messschritt in Einfallrichtung (also senkrecht zur der im ersten Messschritt bestimmten Streichrichtung) auf die Seite des Gehäuses gestellt. Der freischwingende Neigungsmesser gibt einen Einfallswinkel von 29° an

Abb. 7.78 **a** Auch beim Brunton® wird entlang der Gehäusekante zunächst die Streichrichtung ermittelt. **b** Der Einfallwinkel wird ebenfalls durch Umstellen des Gerätes gemessen

Abb. 7.79 Der Neigungsmesser kann im Brunton® durch einen Hebel auf der Rückseite des Gehäuses rotiert und mithilfe der Libelle eingestellt werden. Hier wird ein Einfallswinkel von 28° gemessen

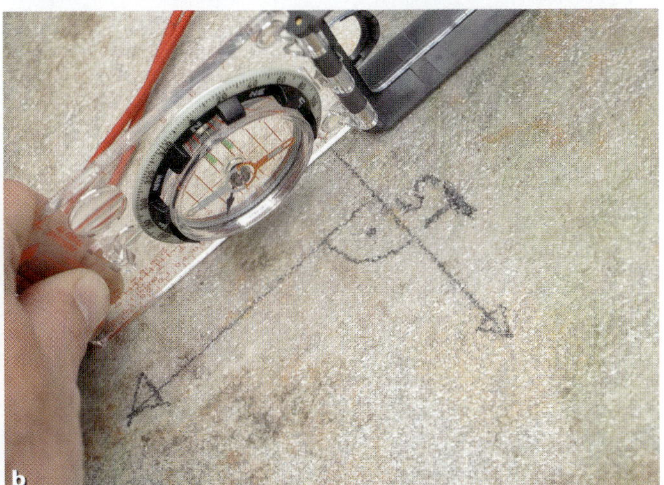

Abb. 7.80 a Die horizontal liegende Streichlinie wird bestimmt, indem der Kompass mit der Kante vertikal auf die Fläche gestellt und so lange rotiert wird, bis der Neigungsmesser 0° anzeigt. Mit einem Bleistift wird die Linie auf dem Gestein markiert. Legt man nun die lange Kante des Kompasses auf die gezeichnete Streichlinie, ist die Streichrichtung gut zu bestimmen. **b** Bei eingetragener Streichlinie (ST) kann senkrecht dazu der Einfallswinkel eingemessen werden

Abb. 7.81 a Der Kompass wird an die zuvor ermittelte Streichlinie mit einer Kante gehalten. Durch Nachführen der drehbaren Skala auf die Ausrichtung der Kompassnadel kann an der Markierung die Streichrichtung direkt abgelesen werden (**b**), in diesem Fall 156° bzw. 336°

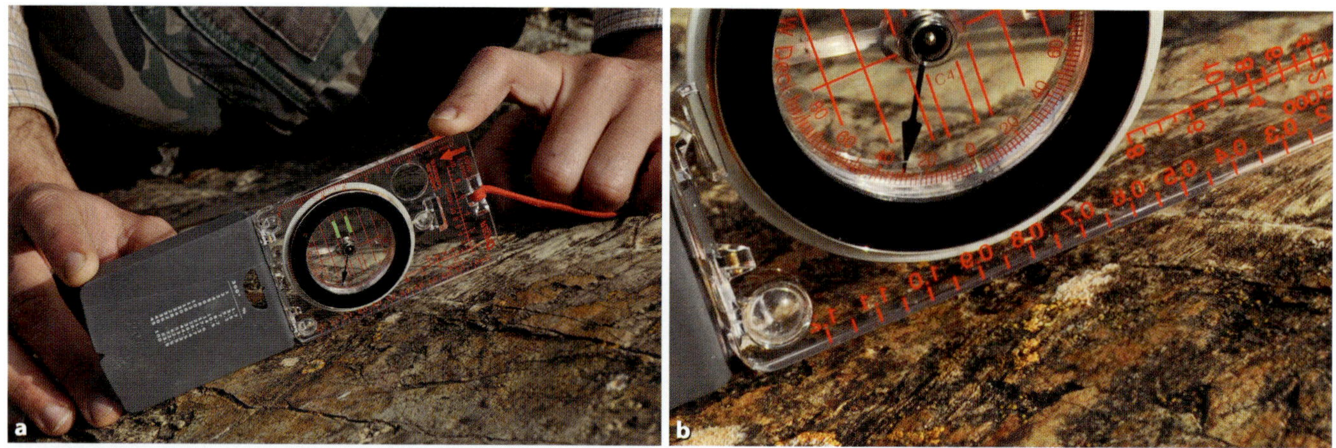

■ **Abb. 7.82 a** Der Kompass wird nun senkrecht zur Streichlinie auf die Kante gestellt, um den Einfallswinkel zu messen. **b** Der angezeigte Einfallswert ist 29°

■ **Abb. 7.83 a** Eine durch Erosion freigelegte Faltenumbiegung, die Faltenachse ist durch den Stift gekennzeichnet. **b** Die markierte Faltenachse wird mit dem Kompass eingemessen. Die Kante der Anlegeklappe wird auf die Faltenachse gelegt und das Gehäuse horizontiert. Einfallsrichtung und Einfallswinkel des Vektors werden als Linear bestimmt. Elba (Italien)

■ **Einmessen mit Smartphones (geologische Kompass-App)**
Eine weitere Möglichkeit, Schichtflächen einzumessen, liefert die aktuelle Smartphonegeneration. Zusatzprogramme (Apps) berechnen Einfallsrichung und -winkel aus der Orientierung des Geräts und speichern sie zusammen mit der über GPS bestimmten Position der Messung ab. Wir legen nur das Gerät auf die zu bestimmende Fläche (am besten in einer Schutzhülle) und speichern die Daten per Touchscreendruck. Sicher eine reizvolle Möglichkeit, die vermehrt zum Einsatz kommen wird.

■ **Einmessen von Linearen**
Die Raumorientierung linienartiger Informationen wird ebenfalls mit dem Kompass eingemessen. Dabei ist zu beachten, dass bei Linearen die Streichrichtung als Projektion des Lineares auf die Horizontale definiert ist und daher in dieselbe Himmelsrichtung zeigt wie die Einfallsrichtung.

Mit einem Gefügekompass legen wir eine seitliche Kante der Anlegeklappe an das zu messende Linear und horizontieren das Gehäuse. Dann werden Einfallsrichtung und -winkel des Linienelementes bestimmt.

Bei den Kompassen ohne Anlegeklappe stellen wir eine ebene Platte (zum Beispiel ein Feldbuch) vertikal auf das Linear. An dieser Hilfsfläche bestimmen wir zunächst die Streichrichtung. Im zweiten Schritt stellen wir den Kompass zur Bestimmung des Einfallswinkels mit der Kante vertikal auf das Linear.

Ein klassisches Beispiel ist die Orientierung von Faltenachsen. Sofern die Faltenumbiegung freigelegt ist, kann die Faltenachse direkt bestimmt werden (■ Abb. 7.83). Weitere Beispiele sind Harnische auf Verwerfungen (■ Abb. 7.84), Strömungsmarken (■ Abb. 7.85) und Rippel (■ Abb. 7.86) in Sedimenten sowie die Einregelung von Mineralen (■ Abb. 7.87).

Abb. 7.84 Auf Verwerfungsflächen können Harnische den Bewegungssinn anzeigen. In diesem Fall würde man sowohl die Orientierung der Verwerfungsfläche wie auch die Orientierung der Harnische als Lineare einmessen. Aufgrund der deutlich sichtbaren Absätze in den Harnischen kann man darauf schließen, dass sich die im Bild vordere (inzwischen abgetragene) Scholle in Bezug zur hinteren Scholle nach links bewegt hat. Lodève-Becken (Südfrankreich)

Abb. 7.85a,b Strömungsmarken und Spurenfossilien an Schichtunterseiten. Die Strömung ist bei beiden von links nach rechts geflossen, entsprechende Strömungsvektoren können eingemessen und zur Bestimmung von Paläoströmungsrichtungen statistisch ausgewertet werden. Ainsa (Nordspanien)

Abb. 7.86 a Oszillationsrippel auf Schichtflächen im Unterdevon des Ahrtals (Eifel). Die Orientierung der Rippelkämme gibt Aufschluss über die Wellenbewegung im flachmarinen Bereich. Statistische Auswertung der regionalen Ausrichtungen können Verläufe von Küstenlinien andeuten. **b** Die Orientierung von Sauropodenfährten auf dem Arén-Sandstein in Nordspanien

■ **Abb. 7.87** Die Einregelung der nahezu idiomorph gewachsenen Orthoklase im Capanne-Granit auf Elba kann als Linear eingemessen werden. Es handelt sich um ein Fließgefüge innerhalb des plutonischen Körpers

7.4.2 Das Schmidtsche Netz – Darstellung der Raumorientierung von Flächen und Linearen

Richtungen, die im Gelände mit dem Kompass eingemessen wurden, fließen einerseits in richtungsstatistische Auswertungen und andererseits in die Ableitung zusätzlicher Informationen ein. Die Orientierung der Daten (Flächen und Lineare) soll eingängig nach den Himmelrichtungen und unter Berücksichtigung von Einfallsrichtung und Einfallswinkel dargestellt werden.

Das Schmidtsche Netz ist die stereographische Projektion einer Halbkugel auf eine Ebene (■ Abb. 7.88). Die Kreisfläche, die die Halbkugel nach oben hin begrenzt, ist die Projektionsebene. Von ihrem Mittelpunkt aus können Richtungsvektoren ausgehen, ihre Durchstoßpunkte mit der Halbkugel werden in das Schmidtsche Netz übertragen. Richtungsvektoren können sein:
- Einfallsvektoren: Sie zeigen direkt die Orientierung des Einfallens an.
- Normalenvektoren: Sie liegen orthogonal zur Flächenorientierung.

In der Praxis konstruieren wir die Durchstoßpunkte der Vektoren auf einem rotierbar befestigten Transparentpapier, indem wir die Winkel im Gradnetz abtragen (■ Abb. 7.89). Auch Flächen können direkt in die Projektion eingetragen werden, sie gehen durch den Projektionsmittelpunkt und ergeben mit der Halbkugel eine Schnittlinie. Diese als Großkreis bezeichnete Schnittlinie kann in die Projektion übertragen werden.

Die Darstellung der Einfallsvektoren von Flächen oder Linearen im Schmidtschen Netz ist dann besonders eindeutig, wenn der Einfallswinkel nicht steiler als 50° ist. Die Durchstoßpunkte der flachen Einfallsvektoren streuen am Rand des Schmidtschen Netzes und ihre Richtungen können leicht abgelesen werden. Liegen hingegen steile Einfallsvektoren vor, dann tummeln sich alle Durchstoßpunkte um den Mittelpunkt der Projektion und ein Ablesen wird schwierig.

Daher werden steile Orientierungen häufig nicht durch den Einfallsvektor, sondern durch den orthogonal zur Fläche stehenden Normalenvektor dargestellt. Der Normalenvektor hat stets einen Winkel von 90° zum Einfallsvektor und die Durchstoßpunkte liegen jeweils auf der gegenüberliegenden Seite des Projektionsmittelpunktes. Die Punkte für steile Orientierungen wandern so an

den Rand der Projektion und ihre Richtungen sind wieder deutlich erkennbar.

Die Daten verlieren beim Eintragen in das Schmidtsche Netz ihre Information zur Position der Messung. Ein gutes Beispiel hierfür sind Messungen in Faltenstrukturen. Die Schichtflächen in einer Ost– West-streichenden Mulde werden auf dem Nordschenkel nach Süden einfallen und auf dem Südschenkel nach Norden. Im Schmidtschen Netz ergibt sich eine Punktwolke entlang eines Großkreises um die Nord–Süd-Richtung (■ Abb. 7.90). Dasselbe Ergebnis kann sich bei einer Ost–West-streichenden Sattelstruktur ergeben. Hier fällt zwar der Nordschenkel nach Norden und der Südschenkel nach Süden ein, was aber im Schmidtschen Netz nicht differenziert werden kann.

Gerade bei einer hohen Zahl von Orientierungsmessungen wird die Darstellung über die Durchstoßpunkte von Vektoren unübersichtlich. Im Gelände gemessene Orientierungen streuen meist, es gilt, diese Streuung zu erfassen und die Hauptrichtungen abzuleiten. Daher gibt es zwei übliche grafische Verfahren, um Häufungen innerhalb von Punktwolken klarer darzustellen (■ Abb. 7.91): Isoliniendiagramme der Punktdichte und Rosendiagramme (zirkuläre Histogramme).

■ Isoliniendiagramme der Punktdichte
Um Isoliniendiagramme zu erstellen, legen wir zunächst ein Raster von Punkten über das Schmidtsche Netz. Für jeden Punkt wird die Zahl der Vektordurchstoßpunkte in einem Radius (= Abstand der Rasterpunkte) um jeden Punkt bestimmt. Auf diese Weise entsteht ein regelmäßiges Raster von Häufigkeiten. Mithilfe linearer Interpolationsverfahren werden schließlich Isolinien der Häufigkeit abgeleitet. Deutlich können so die Peaks der Häufigkeiten in den unscharfen Punktewolken gefunden werden.

■ Rosendiagramme
Rosendiagramme sind ganz einfach zirkuläre Histogramme. Der Kreis des Schmidtschen Netzes wird in Segmente – ähnlich wie Kuchenstücke – aufgeteilt. Die Segmente haben eine konstante Breite, die in Grad angegeben wird (z. B. 36 Segmente bei 10° breiten Segmenten oder 12 Segmente bei 30° breiten Segmenten). Nun werden die Durchstoßpunkte der Vektoren für jedes Segment gezählt. Normiert nach der maximalen Häufigkeit werden schließlich die Häufigkeiten radialsymmetrisch durch Einfärben der Segmente abgetragen. Segmente mit großer Messpunkthäufigkeit zeigen weit nach außen, niedrige Häufigkeiten bleiben im inneren Bereich des zirkulären Diagramms. Visuell sind dadurch die Hauptrichtungen leicht auszumachen.

Rosendiagramme werden beispielsweise zur Auswertung von Kluftmessungen in der Hydrogeologie verwendet (■ Abb. 7.92). Dafür werden neben der Kluftorientierung eine Reihe von weiteren Parametern zur Charakterisierung der Klüfte aufgenommen.

Kluftparameter sind:
- Einfallsrichtung und -winkel,
- Kluftanzahl,
- Kluftöffnungsweite,
- Kluftabstand,
- Klufttiefe,
- Verfüllungsgrad,
- Verfüllungsmaterial,
- Kluftvernetzung,
- Kluftlänge.

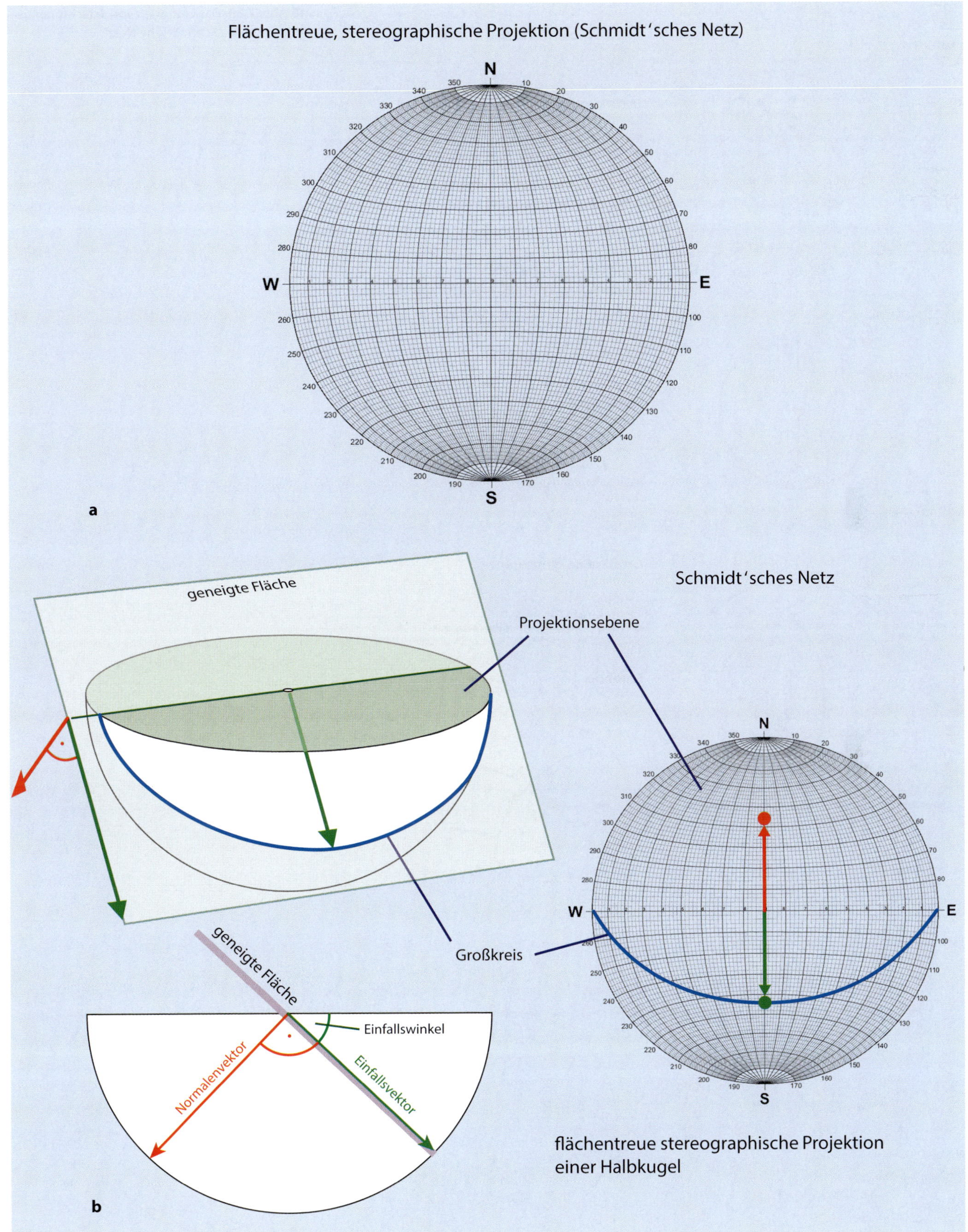

 Das Schmidtsche Netz dient dazu, Orientierungen von Linearen und Flächen über ihre Vektoren darzustellen. Zugleich können weitere Informationen aus den vorliegenden Daten abgeleitet werden. Zum Beispiel kann aus dem Schichteinfallen auf den Schenkeln einer Faltenstruktur die Orientierung der Faltenachse ermittelt werden

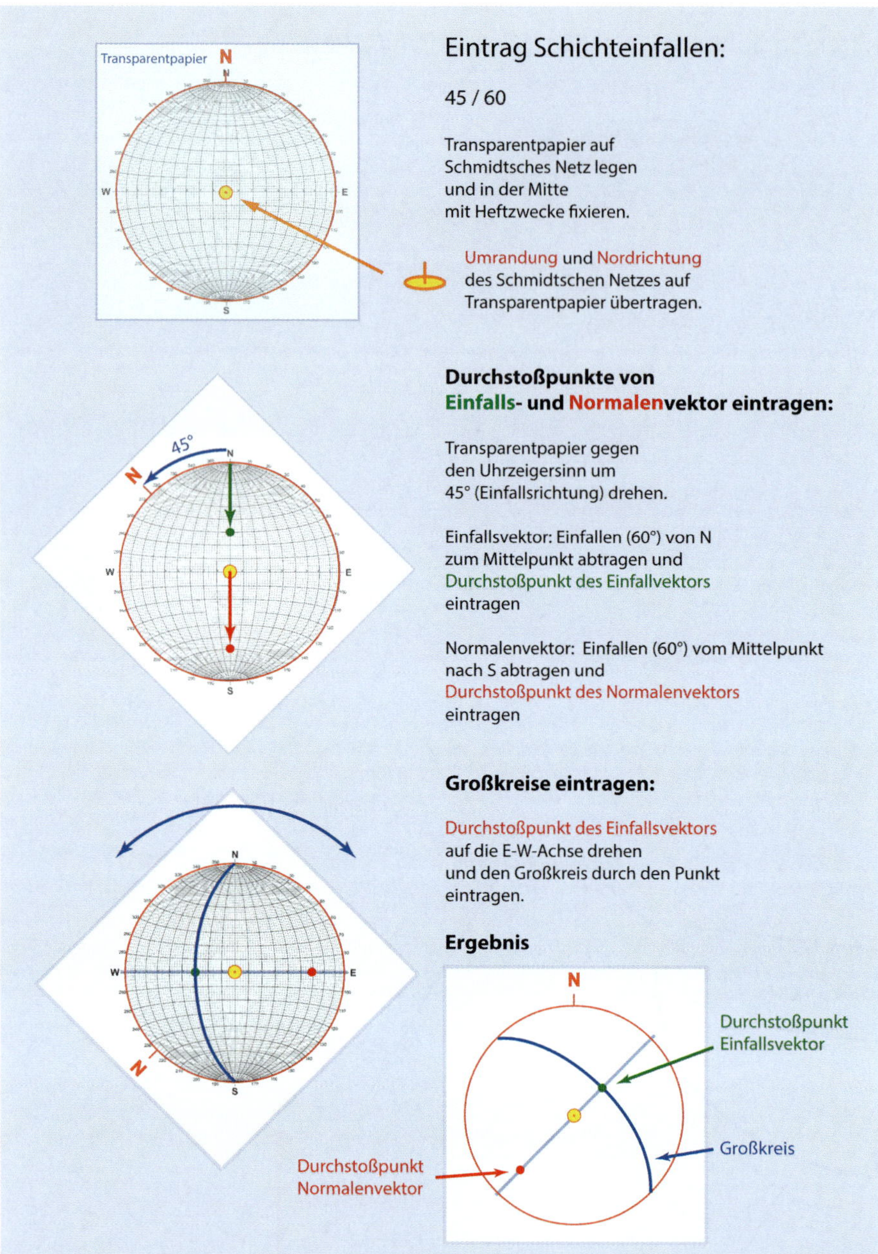

● **Abb. 7.89** Das Eintragen von Schichtorientierungen in das Schmidtsche Netz

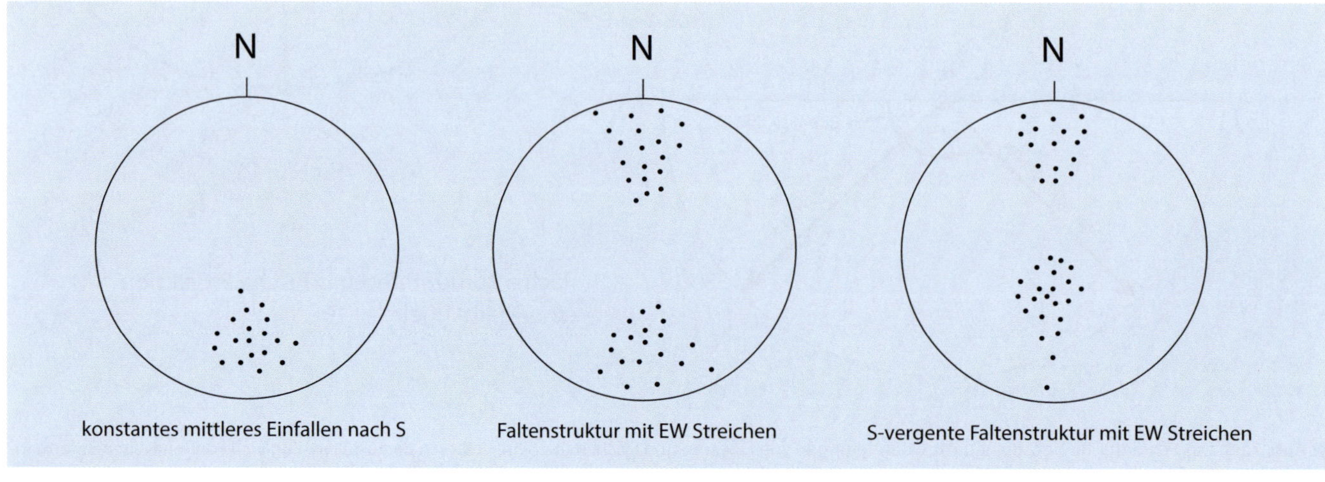

● **Abb. 7.90** Beispiele für die Darstellung von Strukturen als Einfallsvektoren im Schmidtschen Netz

Abb. 7.91 Diagramme zu Kompassmessungen (Anzahl n = 20) an einer Faltenstruktur. Die Einfallsvektoren fallen nach NE und NW ein. Die Punktdichtedarstellung zeigt deutliche Cluster. Die Großkreise durch die Durchstoßpunkte der Einfallsvektoren kreuzen sich im Nordnordwesten. Der mittlere Schnittpunkt der Großkreise ist der Durchstoßpunkt der Faltenachse und liegt bei 345/14. Das Rosendiagramm zeigt deutlich die beiden wichtigen Einfallsrichtungen. Aus den dargestellten Daten kann nicht abgelesen werden, ob es sich um eine Antiklinale, Synklinale oder Antiklinal-Synklinal-Struktur handelt

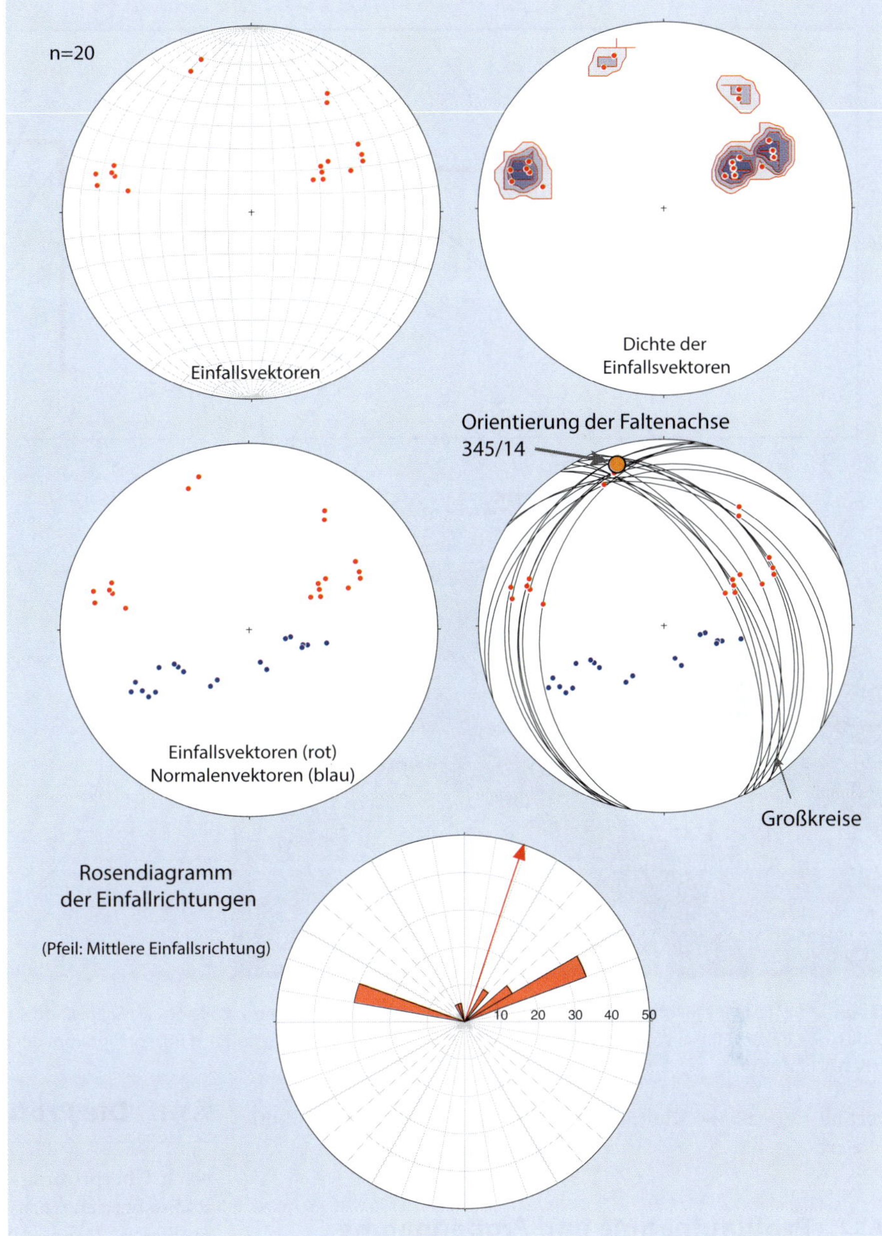

Für Kluftrosen sollten mindestens 15 Messungen von Einfallsrichtung und -winkel vorliegen. Die Auswahl der eingemessenen Klüfte sollte repräsentativ sein. Das heißt, dass die Hauptkluftrichtung auch am häufigsten berücksichtigt wird. Die Kluftrose zeigt die Hauptstreichrichtung der Klüfte, dies kann als Hauptfließrichtung des Grundwassers angenommen werden.

Scanline & Scanwindows nach Cook (2003) helfen dabei, repräsentative Messungen zu erhalten. Mit dem Maßband oder Zollstock wird entweder eine *Scanline* oder ein *Scanwindow* abgesteckt. Der ausgewählte Bereich eines Aufschlusses sollte für den gesamten Aufschluss repräsentativ sein. Eine *Scanline* ist eine gerade Linie von mindestens 1 m Länge. Es sollten je eine horizontale und eine vertikale *Scanline* aufgenommen werden. Ein *Scanwindow* ist ein rechtwinkliger, mindestens 1 × 1 m großer Rahmen. Es werden nur die Klüfte, die das Maßband oder den Zollstock schneiden, berücksichtigt.

Aufgenommen werden:

- Anzahl der Klüfte,
- Abstände der Klüfte zueinander,
- Kluftöffnungsweite,
- Klufttiefe und Verfüllung.

Mithilfe dieser Parameter kann nun der Durchlässigkeitsbeiwert nach Cook (2003) für planare parallele Klüfte berechnet werden:

$$k_f = \frac{(2b)^3}{2B} \times \frac{\rho g}{12\mu}$$

k_f = Durchlässigkeitsbeiwert [m/s]
b = mittlere Kluftöffnungsweite [m]
B = mittlerer Kluftabstand [m]
g = Erdbeschleunigung = 9,81 [m/s^2]
ρ = Dichte von Wasser = 999,79 [kg/m^3]
μ = Viskosität von Wasser bei 20 °C = 0,001 [kg/(m • s)] (= 1 [mPa • s])

Der Verfüllungsgrad muss dabei prozentual in die Kluftöffnungsweite eingehen. Das heißt: Wenn eine Kluft zu 90 % mit Quarz

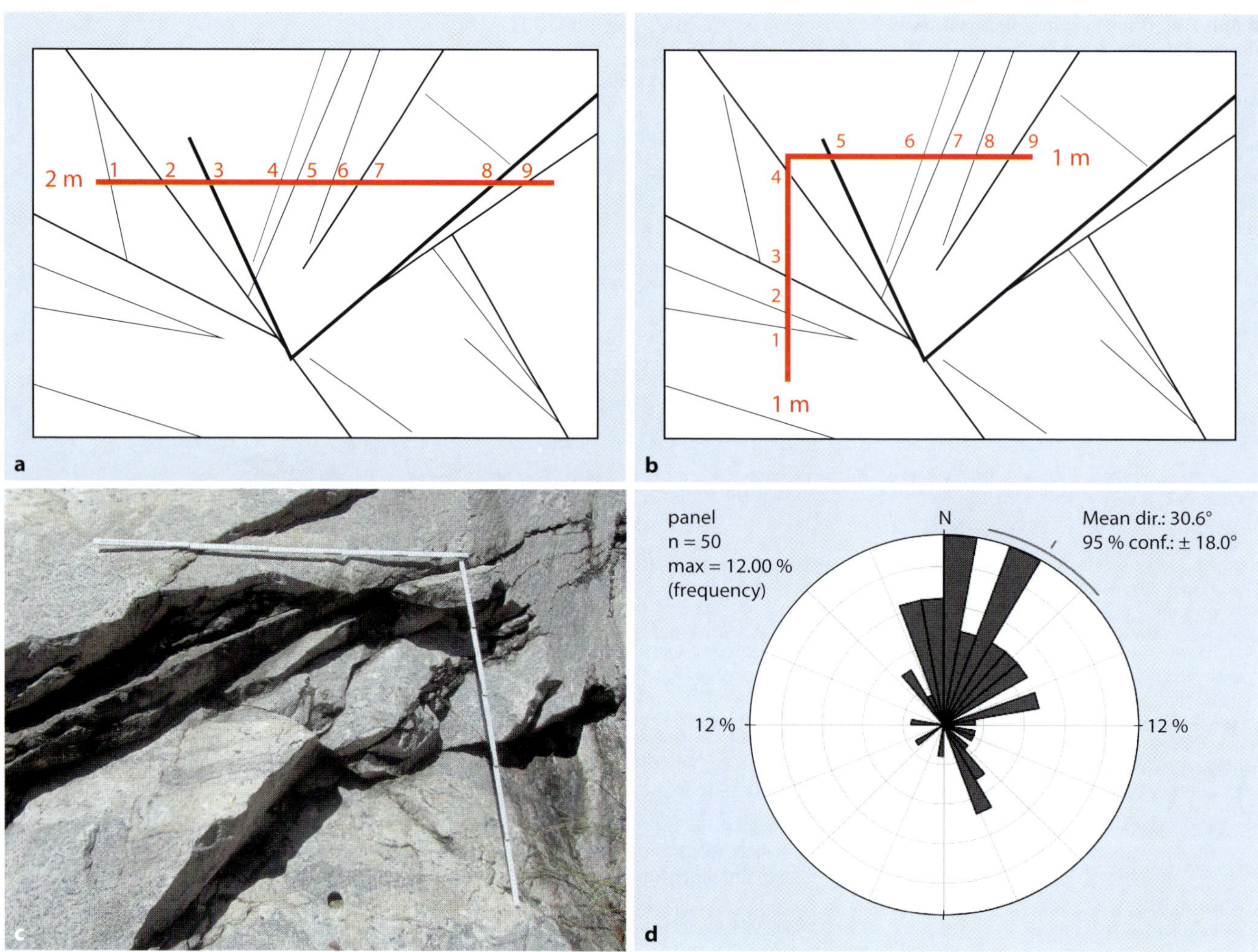

Abb. 7.92 *Scanline* (**a**) oder *Scanwindow* (**b**) helfen bei der Kluftaufnahme. **c** Zollstock als Scanwindow (1 × 1 m) bei der Aufnahme im Ziginali-Steinbruch östlich von Ifakara (Tansania), Blick nach NO (Bildrechte: K. Liedtke und T. Geissler), **d** Rosendiagramm der Kluftmessungen. Die Hauptkluftrichtung liegt zwischen N und NO

verfüllt ist, wird die Kluftöffnungsweite mit dem Faktor 0,1 multipliziert.

7.5   Profilaufnahme und Probennahme

Bei der Profilaufnahme werden Gesteinsabfolgen senkrecht zur Schichtung beziehungsweise zum Gesteinswechsel aufgenommen. Die an der Oberfläche gewonnenen Informationen sind vergleichbar mit denen von Bohrlogs aus der Tiefe, nur sind die Schichten an der Oberfläche viel besser aufgeschlossen und dadurch ist die Vielfalt an zugänglichen Informationen deutlich höher. Insbesondere in der Sedimentologie und der Vulkanologie dienen Profilaufnahmen primär zur Erfassung der zeitlichen Entwicklung sedimentologischer Faziesmerkmale und vulkanischer Abfolgen. Auf der Grundlage der Profilinformation können genetische Fazieseinheiten differenziert werden, deren flächenhafte Abgrenzung schließlich in die geologische Karte eingeht. Von der Sedimentologie abgesehen sind Profilaufnahmen auch eine wichtige Aufnahmemethode zur Dokumentation pyroklastischer Abfolgen, metamorpher Serien und überall dort, wo die Aufschlussverhältnisse die detaillierte Aufnahme entlang von Profillinien ermöglichen. Profile werden zum Beispiel auch im Untertagebergbau verwendet, etwa bei einer Streckenaufnahme mineralisierter Gänge.

7.5.1   Die Profilaufnahme

Nach Überprüfung der Aufschlusssituation vor Ort werden Aufschlussbereiche ausgewählt, die eine möglichst lückenlose Abfolge umfassen. Dabei sollte auf die Zugänglichkeit, auf frische Aufschlussverhältnisse und vor allem auf eine klare geologische Situation geachtet werden. Die optimale Profilaufnahme kann mit einem Film verglichen werden, jeder Faziesbereich entspricht einer Szene, die Fazieswechsel stellen Szenenübergänge dar. Unter idealen Bedingungen ist der zeitliche Faden ungestört, meist gibt es aber zeitliche Sprünge zwischen den aufeinanderfolgenden Szenen – zum Beispiel erosive Diskordanzen oder Sedimentationspausen. Kommt Tektonik ins Spiel, dann kann die zeitliche Abfolge gestört sein – Szenen wiederholen sich oder der Film beginnt sogar mit der Endszene. Die aufmerksame Profilaufnahme dokumentiert diese Szenenwechsel und überprüft wichtige Wechsel in der Abfolge vom Profilverlauf ausgehend auch flächenhaft im Gelände.

Bei der Profilaufnahme ist der Unterschied zwischen der scheinbaren (entlang der Profillinie) und der wahren Mächtigkeit (senkrecht zur Schichtung) zu beachten. Abbildung 7.93 zeigt ein Beispiel mit einem Profil entlang einer Bergstraße, bei der zwischen den Serpentinen vier geneigte Profile aufgenommen werden können. Ein optimaler Profilverlauf schneidet die Schichtenfolge senkrecht zum Einfallen der Schichtflächen. Natürlich ist dies häufig

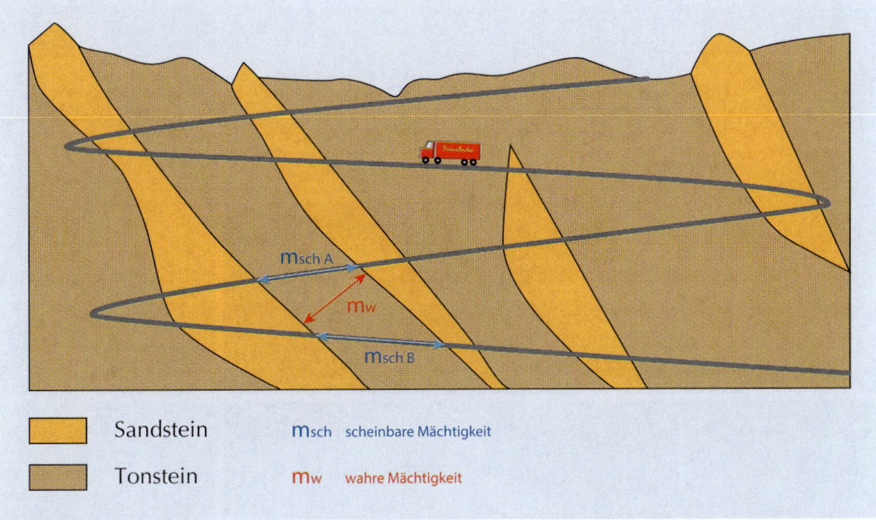

Abb. 7.93 Profil entlang einer Bergstraße. In jeder Serpentine ist die Abfolge der fluvialen Rinnensande in tonigen Ablagerungen der Überflutungsebenen aufgeschlossen. Entlang der geraden Straßenabschnitte kann jeweils ein Profil der Schichtenfolge (insgesamt 4) aufgenommen werden. In der Abfolge keilen die Sandsteinkörper lateral aus, d.h. sie treten nicht in allen Profilverläufen auf. Bei der Profilaufnahme ist der Unterschied zwischen der scheinbaren und der wahren Mächtigkeit zu beachten. Die wahre Mächtigkeit wird stets senkrecht zur Schichtung bestimmt, die scheinbare Mächtigkeit kann hingegen schräg dazu liegen

Abb. 7.94 a Eine jurassische Abfolge von Kalken, Mergeln und grünlichen Tuffen bei Huancayo (Peru). Zur Profilaufnahme senkrecht zur Schichtung wird die Aufnahme nach Erreichen der Oberkante einer Schicht (rechts) entlang einer Schichtfläche verschoben (im Bild nach links). **b** Profilaufnahme an jurassischen Kalken bei Huancayo, Peru. Die Profilaufnahme beginnt links an der Basis der Schichtenfolge, der gezeigte Ausschnitt ist etwa 50 m breit. Bei der Aufnahme muss der Profilverlauf mehrfach versetzt und an die leicht gefaltete Abfolge angepasst werden. Das Setzen von GPS-Punkten an jedem Profilversatz und das kontinuierliche Einmessen des Schichteinfallens entlang der Profillinie helfen, die Gesamtmächtigkeit des Profils zu überprüfen

nicht einfach zu realisieren. Regelmäßiges Umsetzen der Profillinie, beispielsweise an einem Straßenaufschluss mit einer um 45° einfallenden Schichtenfolge, erzeugt einen sägezahnartigen Profilverlauf, bei dem die aufgenommenen Schichten mit ihrer wahren Mächtigkeit eingehen (**Abb. 7.94**). Bei der Profilaufnahme sind zu Beginn auch die tatsächlichen Lagerungsverhältnisse zu bestimmen, liegen die Schichten normal oder überkippt? Es gibt eine Reihe von Merkmalen, die helfen „oben" (Top) von „unten" (Basis) in einer Schichtenfolge zu unterscheiden. Sedimentstrukturen wie gradierte Schichtung oder Schrägschichtung können ebenso wie Spurenfossilien oder die Lagerung von Fossilien Aussagen über die Lagerung liefern (**Abb. 7.95**).

Die Aufnahme oder Bestimmung der tatsächlichen Mächtigkeiten (senkrecht zur Schichtfläche) ist von besonderer Bedeutung, da nur dadurch ein Vergleich verschiedener Profile, die Profilkorrelation, möglich wird. Daher sollte in Aufschlusssituationen, in denen die Profillinie nicht senkrecht zur Schichtung gelegt werden kann, die Schichtlagerung durch Kompassmessungen dicht belegt werden, um so aus den scheinbaren Mächtigkeiten die wahren Mächtigkeiten zu berechnen (**Abb. 7.96**).

Es ist sehr hilfreich, den Profilverlauf durch GPS-Messungen zu dokumentieren. Die Erfahrung zeigt, dass die heute handelsüblichen GPS-Empfänger durchaus in der Lage sind, unter guten Empfangsbedingungen Positionsdifferenzen in der Größenordnung von Metern zu erfassen. Dadurch können im Profil gemessene Abstände zwischen Schichtpaketen mit den aus den GPS-Positionen abgelei-

teten Abständen verglichen werden, was insbesondere bei langen Profilen sehr hilfreich ist. Wenn wichtige Schichtgrenzen entlang des Profils mit einem GPS-Punkt belegt werden, kann der Profilverlauf präzise rekonstruiert werden.

Die Profilaufnahme im Gelände erfolgt in einem zuvor festgelegten Maßstab, der sich nach den aufzunehmenden Details der Gesteinsabfolge und der Profillänge richtet. Kurze Profile werden in der Regel sehr detailliert aufgenommen, hierzu sind große Maßstäbe sinnvoll. Bei langen Profilen steht meist die Übersicht der Gesamtabfolge im Vordergrund, hierzu sind kleinere Aufnahmemaßstäbe sinnvoll. Natürlich wird für jede Profilaufnahme der Maßstab der Fragestellung entsprechend festgelegt, **Abb. 7.97** soll eine kleine Hilfe für die Wahl der Aufnahmemaßstäbe sein.

Folgende Informationen und Schritte sind für eine Profilaufnahme von Bedeutung:

Vor der Profilaufnahme:

- Lokalisierung des Profils (Karte und GPS),
- Beschreibung des Aufschlussbereiches:
  - Aufschlussart (natürlich, künstlich, temporär),
  - Abmessungen des aufgeschlossenen Bereiches,
  - Aufschlussverhältnisse,
  - sonstige Informationen (Zugang, Genehmigung);
- Festlegung des Aufnahmemaßstabes,
- Vorbereitung der Profilaufnahmebögen.

Abb. 7.95a–d Indikatoren zur Feststellung, ob überkippte oder normale Lagerung vorliegt. **a** Schrägschichtung: In den permischen Sandsteinen erkennt man, wie die oberen Lagen durch die darunterliegenden erosiv „abgeschnitten werden". Hier liegt eine überkippte Lagerung vor (Permo-Trias, Spanien). **b** und **c** Spurenfossilien: Grabgänge (**b**) oder Fährten (**c**) liefern eindeutige Hinweise zur Oberfläche der Sedimentabfolgen. **d** Schalenpflaster: die oben konvexe Lagerung von Schalen ist besonders strömungsstabil. Muscheln oder Brachiopoden (hier Terebrateln aus dem unteren Muschelkalk, Eschershausen) lagern sich mit ihrer konvexen Seite nach oben auf der Sedimentoberfläche ab. Bei Tempestitlagen kann das Muster umgekehrt sein

Während der Profilaufnahme:

- Bestimmung der Hauptlithologie jeder Schichteinheit,
- Bestimmung der jeweiligen Mächtigkeit und Eintrag in den Profilaufnahmebogen,
- Bestimmung von Schichtmerkmalen:
    - Farbe (evtl. mit Munsell-Farbskala),
    - Komponenten (Korngröße, Kornform, Sortierung, Rundung, Orientierung),
    - Gesteins- und Mineralbestimmung der Komponenten,
    - internes Gefüge und Schichtung,
    - übergeordnete Gefügemerkmale (Erosionsflächen, Diskordanzen),
    - biogene Merkmale (Fossilien, Spurenfossilien, Kohle);
- Lagerungsverhältnisse:
    - Schichteinfallen,
    - Kluftsysteme,
    - Faltung,
    - Verwerfungen;
- Probennahme,
- Dokumentation durch Bilder und Skizzen.

Was wird für die Profilaufnahme benötigt? Das wichtigste Hilfsmittel ist der Zollstock oder das Maßband. Die Profillänge und die Aufschlussbedingungen geben das geeignete Messmittel vor. Häufig wird bei Detailaufnahmen der 2 m lange Zollstock oder ein 3–5 m langes Maßband verwendet. Bei geeigneten Anschnitten kann auch ein 10–30 m langes Maßband sinnvoll sein, da ein häufiges Umsetzen und der dadurch erzeugte Fehler vermieden werden.

Weitere Hilfsmittel sind:

- GPS,
- Kompass,
- Fotoapparat,
- Lupe,
- HCl,
- Probenbeutel,
- Edding® (zur Kennzeichnung von Proben),
- Hammer, Schaufel,
- Kladde, Formblatt, Bleistift,
- Markierungen für Probenentnahmestellen.

■ Das Formblatt zur Profilaufnahme

In das Profilaufnahmeformblatt werden unter Berücksichtigung der Schichtmächtigkeiten alle lithologischen Eigenschaften und Faziesmerkmale eingetragen, wobei man in der Regel vom Liegenden zum Hangenden vorgeht. Ebenso werden Probenentnahme-, Fossilfund- oder Messpunkte jeder Art dokumentiert. Vor Beginn der Profilaufnahme sollte in Abhängigkeit der Profillänge und der gewünschten Genauigkeit der geplanten Aufnahme ein geeigneter Maßstab definiert werden. Ebenso sollte das gewählte Formblatt an die Schichtenfolge angepasst sein, um zuvor genau definierte Merkmale präzise erfassen zu können.

Abb. 7.96 Berechnung der wahren Mächtigkeit aus der entlang der Profillinie gemessenen scheinbaren Mächtigkeit und dem Einfallswinkel. Aus der horizontalen Profilaufnahme ebenso wie aus der vertikalen Bohrung ergeben sich zunächst scheinbare Mächtigkeiten. Während die Orientierung von Bohrungen nicht immer senkrecht zur Schichtung laufen kann, so sollte bei der Profilaufnahme möglichst direkt die wahre Mächtigkeit aufgenommen werden

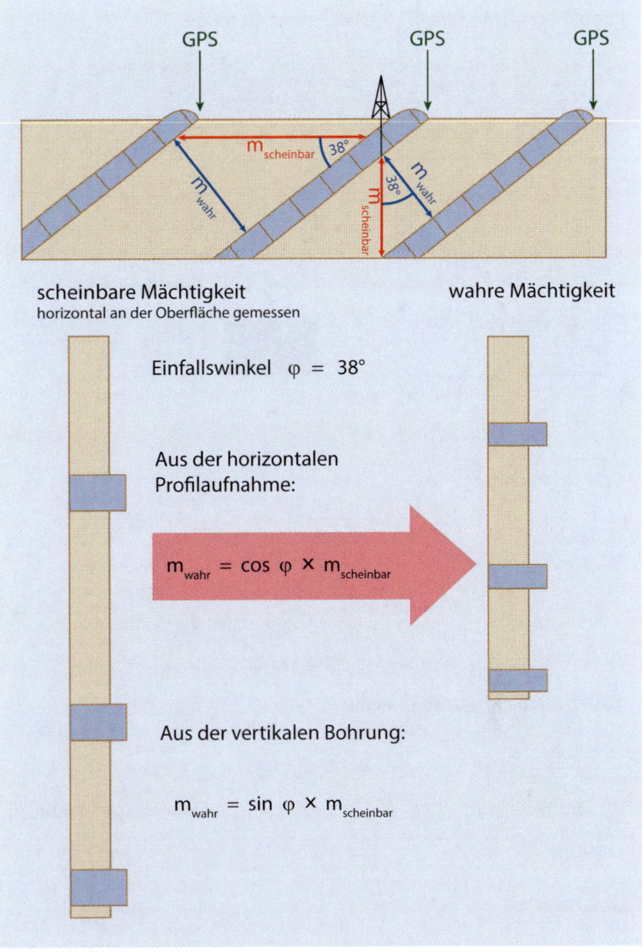

Abb. 7.97 Die Wahl des Maßstabes steht zu Beginn jeder Profilaufnahme. Dabei gibt es keine festen Vorgaben. Das Diagramm zeigt mögliche Maßstäbe für unterschiedliche Profillängen als rötlichen Bereich, mit einer roten Linie für häufig verwendete Maßstäbe. Der untere Rand des rötlich markierten Bereiches entspricht Maßstäben für Detailaufnahmen, der obere Rand hingegen Maßstäben für grobe Übersichtsaufnahmen

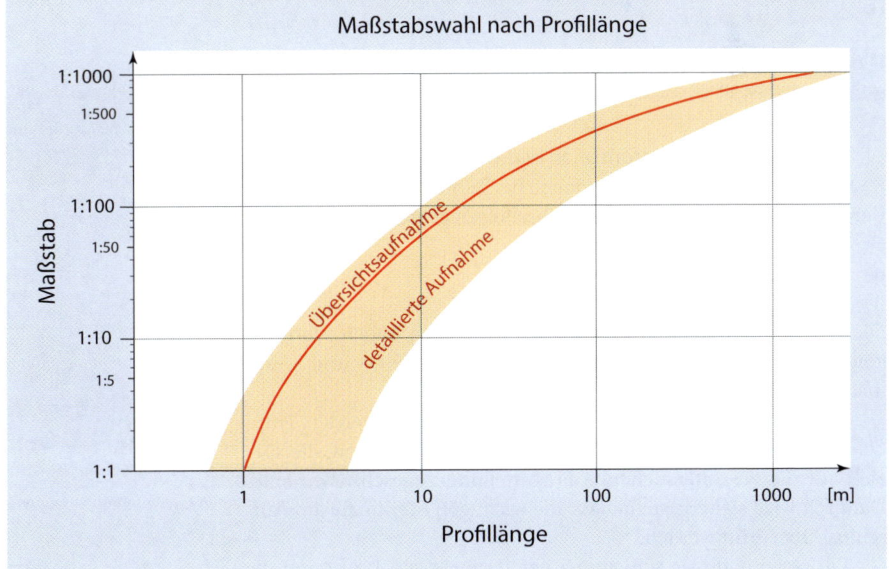

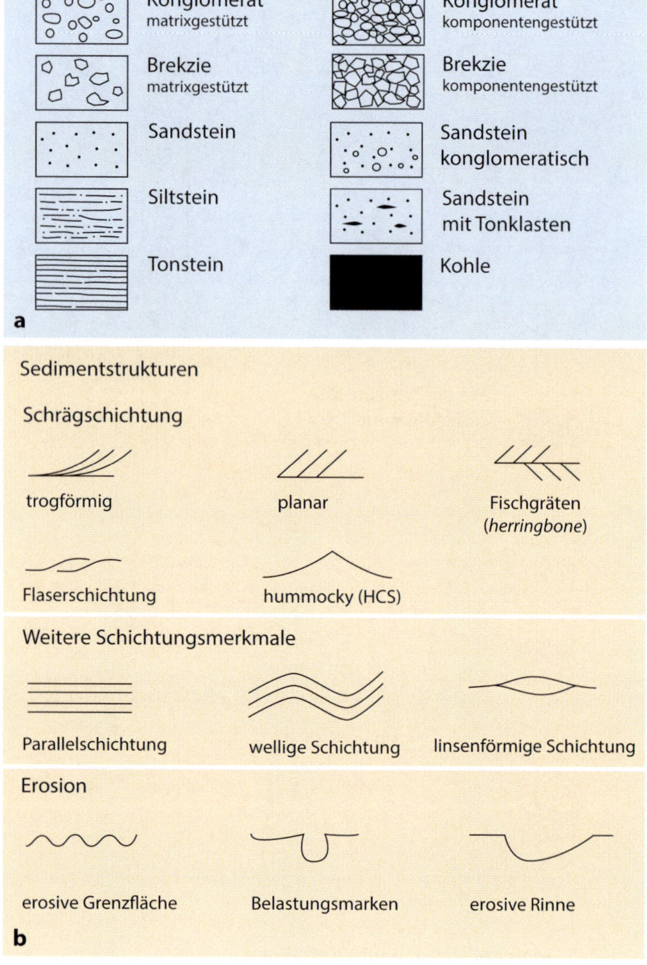

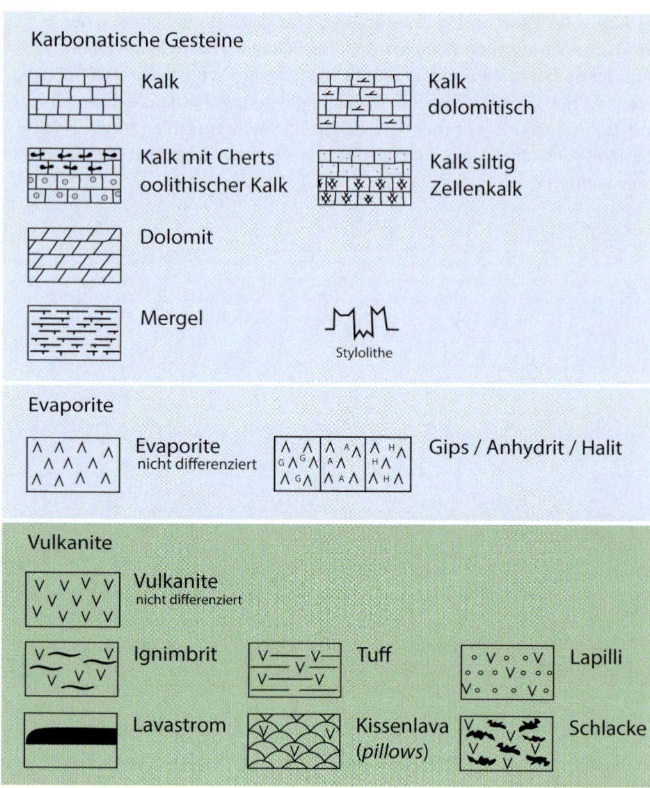

Abb. 7.99 Signaturen für karbonatische Abfolgen, Evaporite und vulkanische Ablagerungen

Abb. 7.98 **a** Signaturen für siliciklastische Abfolgen. **b** Übliche Symbole für Sedimentstrukturen

Eine zentrale Schichtinformation ist die Lithologie, die Gesteinsart. Zwei lithologische Haupttypen können bei Sedimenten unterschieden werden, die nicht selten auch in Wechselfolgen gemeinsam auftreten:

- siliciklastische Sedimente und
- karbonatische Sedimente.

Die Profilaufnahme unterscheidet sich bei beiden Typen schon allein durch die Verwendung unterschiedlicher Gesteins- und Merkmalsklassifikationen.

Müssen ganze Serien von Profilen aufgenommen werden, empfiehlt es sich Formblätter zur Profilaufnahme anzufertigen, die speziell auf die zu untersuchende Fragestellung zugeschnitten sind. Dadurch wird sichergestellt, dass alle wichtigen Merkmale am Aufschluss überprüft werden.

Bei gleichmäßiger Schichtung genügt meist ein Profil, um die Schichtenfolge im Aufschluss zu charakterisieren, bei unregelmäßiger Schichtung mit Diskordanzen oder Faziesverzahnungen sind hingegen mehrere Profile in regelmäßigen Abständen zu erstellen.

Während die vertikale Achse von Säulenprofilen die wahren Mächtigkeiten darstellt, wird die horizontale Achse zur grafischen Differenzierung der Gesteinsmerkmale oder der Fazies genutzt. Fazies bedeutet soviel wie das Aussehen (lat. *facies*: Gesicht, Antlitz)

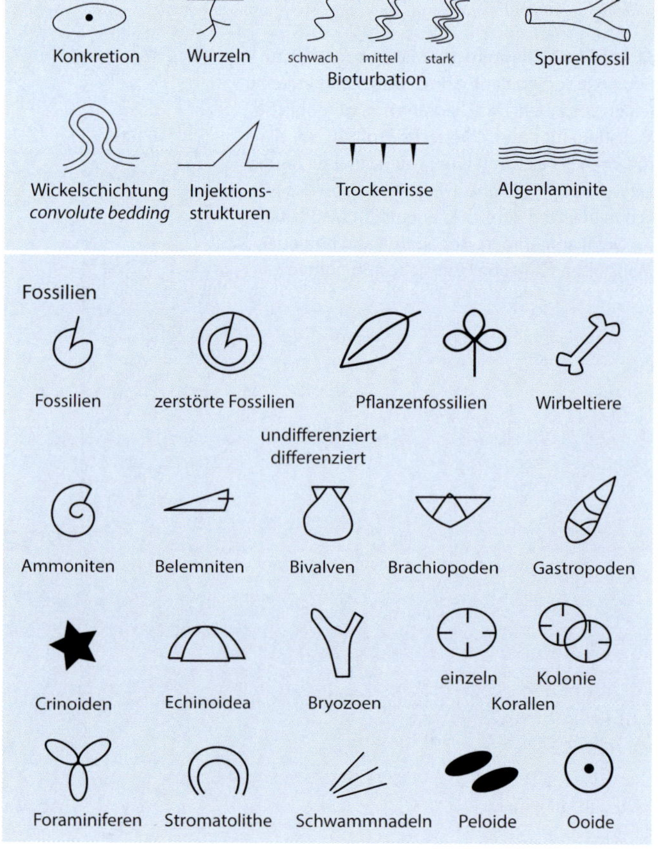

Abb. 7.100 Signaturen für postsedimentäre Strukturen und häufige Fossilien

■ **Abb. 7.101 a** Erosive Diskordanz zwischen den aufgestellten Oberkreidesedimenten und den erosiv darauf abgelagerten eozänen Konglomeraten. Die älteren Sedimente wurden abgelagert, deformiert und erodiert. Auf der Erosionsfläche kam es anschließend zur Ablagerung der Schwemmfächer. **b** Fluviale Rinnen schneiden sich in die Sedimente ein und werden mit Kies und Sand aufgefüllt. Deutlich erkennt man das Auskeilen der Rinnenkörper nach rechts. **c** Im weichen Sediment am Boden der grobklastischen Rinne haben sich rillenförmige Belastungs- oder Sohlmarken (*flute casts*) gebildet

des Gesteins. Eine Differenzierung unterschiedlicher Fazies erfolgt ausschließlich nach Gesteinsmerkmalen.

Die Eigenschaften der Gesteine, insbesondere ihre Lithologie, Gefügemerkmale und Fossilführung, werden bei der Profilaufnahme mithilfe von Signaturen dargestellt. Je nach Gesteinsabfolge können auch ganz spezielle, selbst entworfene Signaturen sinnvoll sein. Eine erläuternde Legende ist den Profilen in jedem Fall beizufügen. Hier sollen einige häufig verwendete Signaturen vorgestellt werden: ■ Abb. 7.98, 7.99 und 7.100. Beispiele aus dem Gelände zeigen ■ Abb. 7.101 und 7.102.

■ **Profilaufnahmebogen für klastische Sedimente**

Bei klastischen Sedimenten werden Eigenschaften wie die Korngröße und -form, Mineralbestand, Matrixgefüge, Sedimentstrukturen und Fossilinhalt bestimmt und aufgenommen. Diese Informationen werden grafisch maßstabsgetreu in Profilaufnahmeblätter eingetragen (■ Abb. 7.103 und 7.104).

Die Vorlagen zur Profilaufnahme zeigen eine vertikale lineare Skala, an der die abgelesenen Mächtigkeiten eingetragen werden. Der Maßstab der Aufnahme hängt von den für die Fragestellung relevanten Details ab. Wird für ein Profil mit einer Gesamtmächtigkeit von

20 m ein Maßstab von 1:100 gewählt, dann ergibt sich daraus eine Profildarstellung von 20 cm, die somit auf ein DIN A4 Blatt passt. Dabei ist zu bedenken, dass 1 m in der Realität im Profil nur auf 1 mm Länge dargestellt wird, was eine detaillierte Aufnahme kaum zulässt. In diesem Fall wäre eher ein Maßstab wie 1:20 (1 m ≙ 5 cm) zu empfehlen.

Ausgehend von der Längenskala werden nun horizontal die Informationen zu den einzelnen Schichtgliedern eingetragen:

- Sequenzen zeigen eine Entwicklung der Sedimentabfolge an, wie zum Beispiel eine Gradierung oder einen allmählichen Materialwechsel.
- Lithologie (die Gesteinsart) wird mithilfe von Signaturen angegeben.
- Abstufungen nach Korngröße oder Karbonatgefüge werden als Verwitterungsprofil dargestellt.
- Zusatzinformationen erläutern oder vertiefen eingetragene Signaturen.
- Probenentnahmeorte werden in der letzten Spalte eingetragen.

Es gibt zwei geläufige Korngrößenklassifikationen, nach DIN 4022 und nach Wentworth (■ Abb. 7.105). Die Klassifikation nach DIN ist im deutschsprachigen Raum die am häufigsten benutzte, im angelsächsischen Raum wird die Klassifikation nach Wentworth bevorzugt. Beide Klassifikationen basieren auf einer logarithmischen Untergliederung der Korngrößen. Eine logarithmische Gliederung bedeutet, dass die Korngrößenbereiche mit steigender Korngröße quadratisch ansteigen. Dadurch werden die feinen Korngrößen detaillierter untergliedert als die groben Korngrößen. Während ein Korngrößenunterschied von 0,01 mm im feinen Bereich für die sedimentologische Interpretation wichtig ist, so ist dieselbe Korngrößendifferenz beispielsweise im Kiesbereich ohne Bedeutung.

Um die Klassifikationen nach DIN 4022 und nach Wentworth zu vergleichen, können wir von der zentralen Korngröße Sand ausgehen. Wentworth gliedert die Korngrößen nach phi (φ) Graden, dabei ist φ der negative Logarithmus zur Basis 2 des Korndurchmessers. Sie ist in beiden Klassifikationen gleich begrenzt: Die obere Korngrößengrenze ist nach DIN 2 mm, die untere 0,063 mm, bei Wentworth entsprechend 2 mm oben und aufgerundet 1/16 mm unten. Nach DIN wird Sand nach der Korngröße in drei logarithmisch gleiche Bereiche untergliedert: Feinsand, Mittelsand und Grobsand. Wentworth gliedert die Korngrößenklasse Sand hingegen in fünf Unterkategorien: (*very fine, fine, medium, coarse, very coarse*), dabei halbiert sich jeweils die Korngröße von Ober- zu Untergrenze der einzelnen Teilbereiche.

Die Grenze zwischen Ton und Silt liegt nach DIN bei 0,002 mm, dies entspricht 1/512 mm ($\varphi = 9$). Wentworth hingegen legt die Grenze bereits bei 1/256 mm (also 0,004 mm/$\varphi = 8$) und unterteilt die Korngröße Silt nicht weiter.

Bei den gröberen Korngrößen unterscheiden sich beide Klassifikationen in der Gliederung des Korngrößenbereiches Kies. Nach DIN werden alle Korngrößen zwischen 2 und 63 mm als Kies bezeichnet und ähnlich wie bei Sand und Silt in drei logarithmisch gleich große Unterkategorien gegliedert. Wentworth bezeichnet alle Korngrößen gröber als Sand als *gravel* und untergliedert den Bereich in *granule* (bis 4 mm), *pebble* (bis 64 mm), und *cobble* (gröber).

■ Profilaufnahmebogen für Karbonate

Karbonatische Abfolgen können nicht wie siliciklastische Abfolgen nach der Korngröße aufgenommen werden. Sie zeigen häufig Wechsellagerungen mit Tonsteinen und Mergeln, daher ist es sinnvoll, diese in einem Profilaufnahmebogen mit zu berücksichtigen (◘ Abb. 7.106). Ähnlich wie nach der Korngröße werden die Kalke nach Dunham vielmehr aufgrund ihrer Komponenten, dem Gefüge und der Matrix unterschieden (s. ◘ Abb. 2.62).

◘ **Abb. 7.102 a** Schichtunterseiten mit zahlreichen Spurenfossilien (Thalassinoide). Diese Spurenfossilien zählen zur Cruziana-Ichnofazies, die sich durch eine reiche Spurenfossildiversität auszeichnet und für Ablagerungsbedingungen unterhalb der Wellenbasis spricht (Kreide, Spanien). **b**, **c** Planzenfossilien in den pliozänen fluvialen Sanden der Niederrheinischen Bucht. Durch Strömung zusammengespülte Blätter mit Tonhäuten (**b**) und eine vom Fluss fortgerissene Baumwurzel (**c**). **d** Limonitkonkretion in tonigem Mergel der San-Martin-Formation (Südpyrenäen). **e** Limonitkonkretionen in tonigen Rinnenablagerungen (Pliozän, Niederrheinische Bucht)

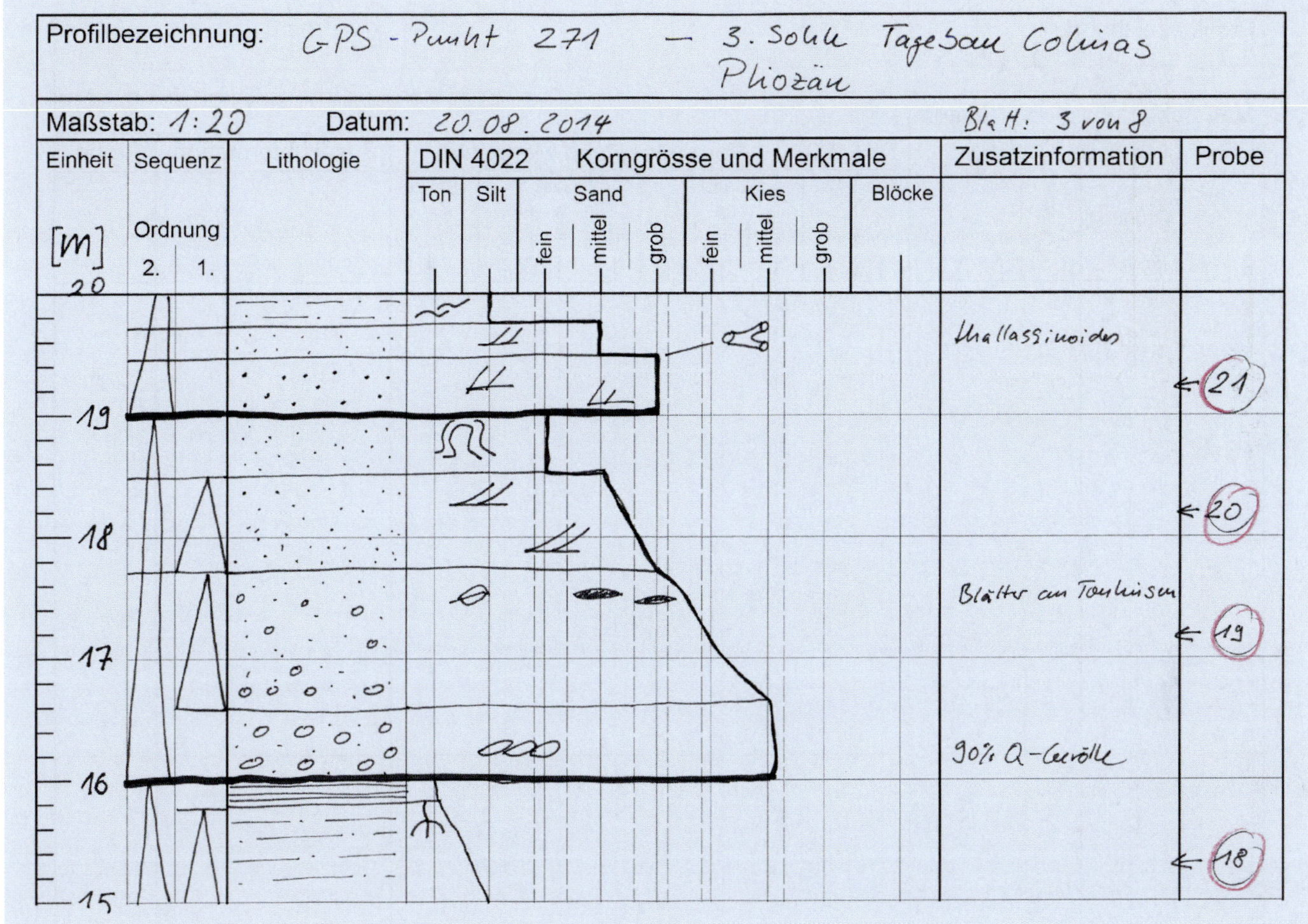

Abb. 7.103 Beispiel eines ausgefüllten Profilaufnahmebogens für siliciklastische Sedimente

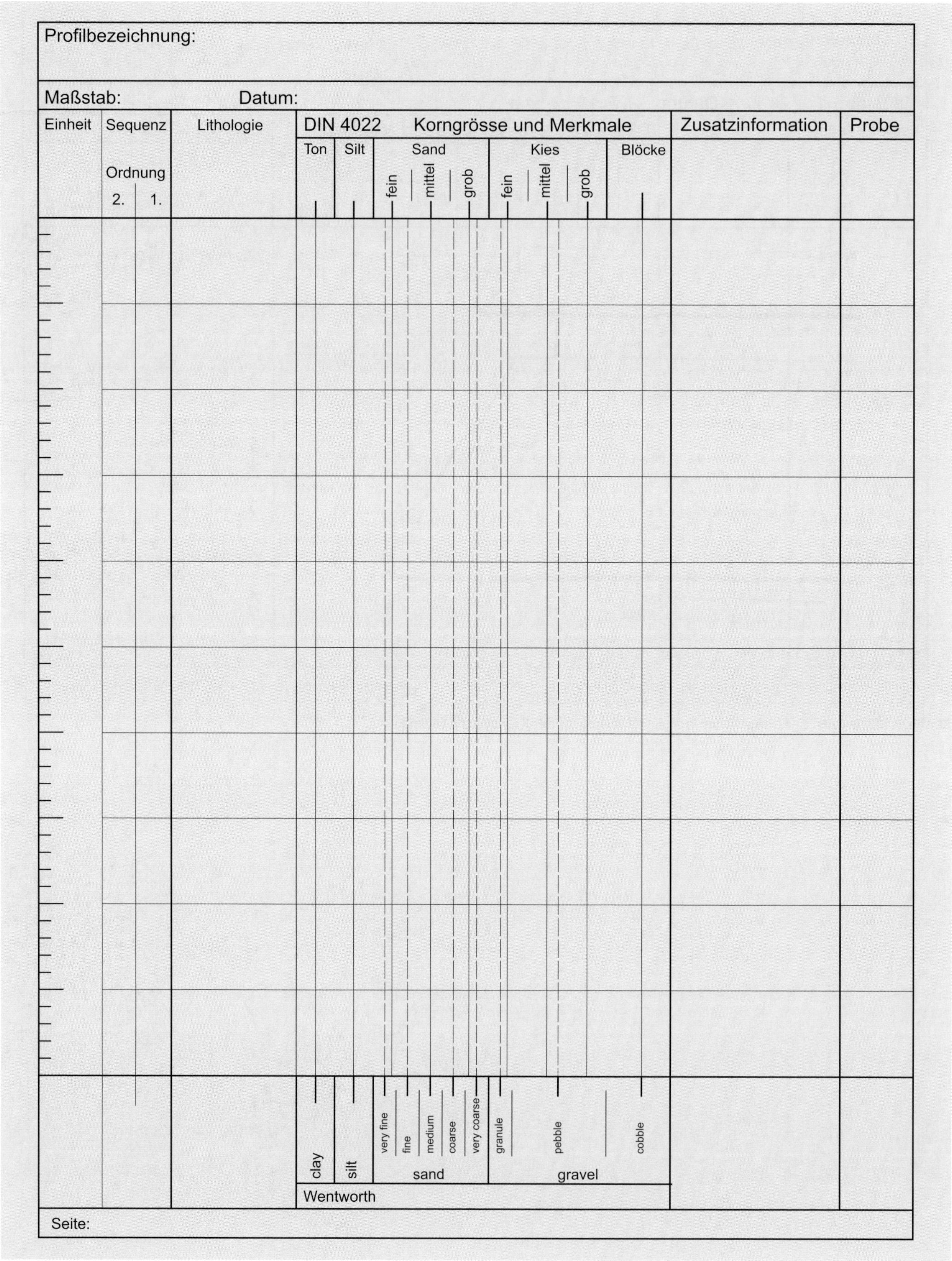

Profilbezeichnung:

Maßstab: Datum:

| Einheit | Sequenz | | Lithologie | DIN 4022 Korngrösse und Merkmale | | | | | | | | Zusatzinformation | Probe |

Ordnung 2. 1.

Ton | Silt | Sand (fein, mittel, grob) | Kies (fein, mittel, grob) | Blöcke

clay | silt | very fine | fine | medium | coarse | very coarse | granule | pebble | cobble
sand | gravel
Wentworth

Seite:

◘ Abb. 7.104 Aufnahmebogen für siliciklastische Sedimente

Korngrößenklassifikationen

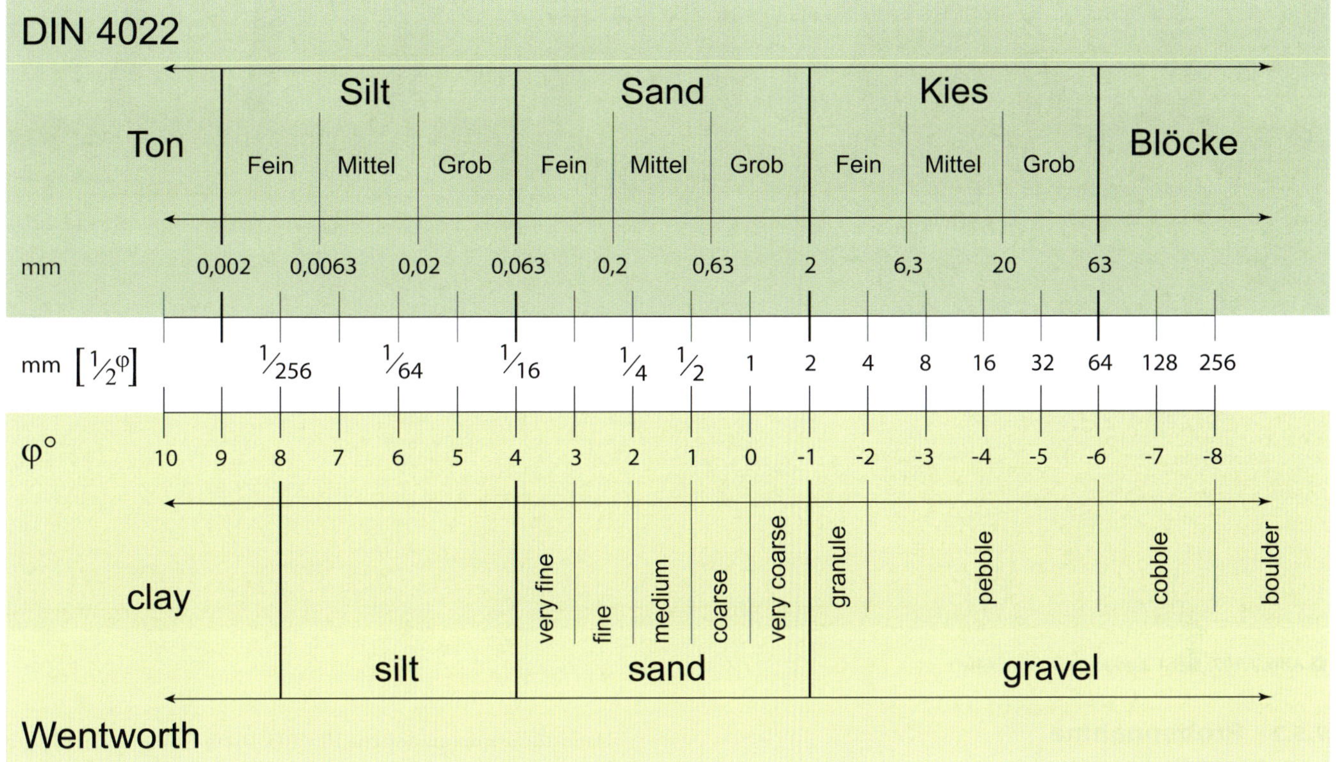

Abb. 7.105 Korngrößenklassifikation nach DIN 4022 und nach Wentworth

Profilbezeichnung:

Maßstab: Datum:

Einheit	Sequenz		Lithologie										Zusatzinformation	Probe

Abb. 7.106 Auch karbonatische Abfolgen können in der Art eines Verwitterungsprofiles dargestellt werden. Hier ist der Profilaufnahmebogen ähnlich wie der für die siliciklastischen Gesteine. Neben Tonsteinen und Mergeln werden die Kalksteine nach der Nomenklatur nach Dunham (1962) eingetragen

Abb. 7.107 Herstellung von Dünnschliffen

7.5.2 Probennahme

Die im Gelände entlang der Profile aufgenommenen Informationen können durch eine Probennahme vertieft werden. Die Probennahme sollte immer unter Beachtung der umgebenden Gesteine erfolgen, dies kann durch eine Profilaufnahme oder Kartierung gesichert werden. Die Probennahme dient dazu, das Gestein durch weitere Verfahren, die nicht im Gelände durchgeführt werden können, genauer zu untersuchen.

Übliche Untersuchungsverfahren an Gesteinsproben sind:

- Optische Dünnschliffanalyse (Mineralbestand, Paragenesen, Gefüge),
- Geochemische Analyse (Haupt-, Neben- und Spurenelemente und deren Isotope):
  - Gesteinsproben werden zermahlen für Röntgenfluoreszenzanalyse (RFA), Röntgendiffraktometrie (RDA), Massenspektrometer,
  - Festgesteinsproben werden an Dünnschliffen mit Elektronenstrahl-Mikrosonde (EMS) geochemisch untersucht,
  - Wasserproben: untersucht mit Ionenchromatographie (IC), Photometrie (P), Atomabsorptionsspektrometrie (AAS).

Je nach geplantem Analyseverfahren erfolgt die Probennahme unterschiedlich, was Zahl und Art der Proben betrifft. Vor der Probennahme sollte daher immer eine genaue Information vorliegen, welche Ansprüche das Analyseverfahren an die Probe stellt.

Handstücke mit mindestens $10 \times 10 \times 10\,cm$ Größe sind meist gut für die Anfertigung von Dünnschliffen (Abb. 7.107) geeignet. Daraus zugesägte Gesteinsquader ($4 \times 2 \times 1\,cm$) werden auf Objektträger ($28 \times 48\,mm$) geklebt und anschließend durch Sägen und Schleifen auf eine Dicke von $25–30\,\mu m$ gebracht. Die im Gelände genommene Gesteinsprobe sollte deutlich größer sein als der später zugesägte Block, da verwitterte und brüchige Gesteinspartien nicht für den Schliff verwendet werden können.

Jede Probe wird sorgfältig beschriftet (Probennummer, Lokation bzw. GPS-Wegpunkt-Nummer, Datum) und in Probentüten verpackt. Lockersedimente füllen wir in reißfeste Probentüten (Abb. 7.108), Becher oder Gläser mit Verschluss. Festgesteinsproben verpacken wir in beschrifteten Probentüten, größere Blöcke können wir direkt mit Edding® beschriften. Bei orientierten Festgesteinsproben kennzeichnen wir auf dem Gestein die ursprüngliche Orientierung im Gelände (Abb. 7.109). Wasserproben füllen wir in beschriftete PET- oder Glasflaschen (Abb. 7.110).

Die Entnahmeorte der Proben werden wie folgt dokumentiert:

- GPS-Position des Probenentnahmepunktes,
- Foto des Aufschlusses mit Markierungen an den Probenentnahmepunkten (Abb. 7.111),
- Eintrag der Probenentnahmepunkte in den Profilaufnahmebogen.

Dadurch soll sichergestellt werden, dass jede Probe präzise ihrer Entnahmestelle zuzuordnen ist.

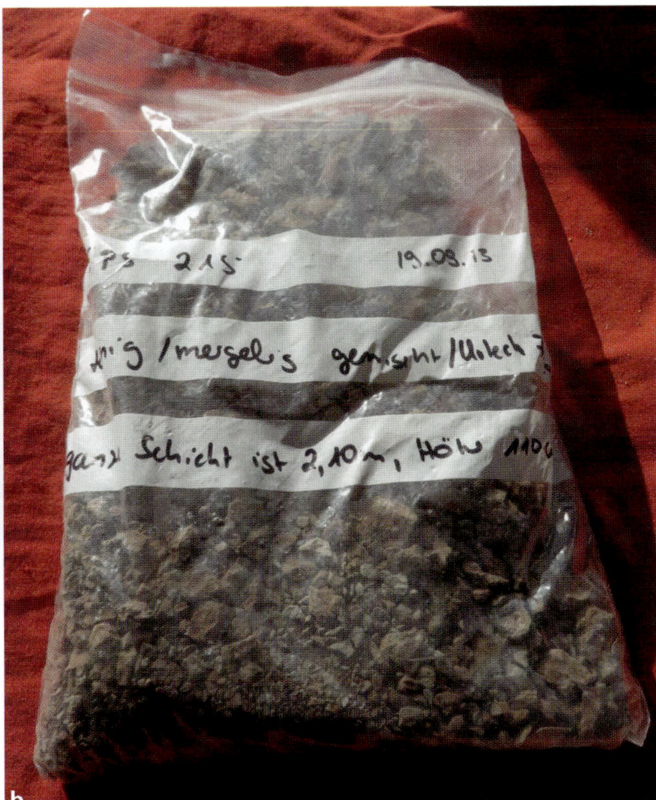

Abb. 7.108a,b Lockergesteine in Probentüten. **a** Kiesiger Sand, **b** Probe aus einer mergelig-tonigen Abfolge, die bei der Entnahme in Polyeder zerfällt. Die eindeutige Beschriftung der widerstandsfähigen Probentüten ist wichtig und direkt im Gelände vorzunehmen

Abb. 7.109a–c Orientierte Gesteinsprobe und ihre Kennzeichnung. **a** An der Oberseite – gekennzeichnet durch einen Kreis mit einem Punkt – werden Probennummer und Orientierung des Schichteinfallens notiert. **b** Zusätzlich können an der Seite Oberkante und Basis gekennzeichnet werden. **c** Die Unterseite wird mit einem Kreis und einem Kreuz markiert

□ **Abb. 7.110a–d** Wasserprobenentnahme und In-situ-Messung. **a** pH-Messung am Probennahmeort. **b** Grobfiltern der Wasserproben zur Entfernung der Schwebfracht. **c** Titrieren der Wasserprobe vor Ort bis zu einem pH-Wert von 8,2 zur Bestimmung der gesamten freien Kohlensäure. **d** Die entnommenen Wasserproben werden zur Analyse mit Photometer (P), Atomabsorptionsspektrometrie (AAS) und Ionen-Chromatographie (IC) herangezogen. Die Probenflaschen sollten vollständig mit Wasser gefüllt sein, für das Photometer werden sie mit H_2SO_4 und für die AAS mit HNO_3 stabilisiert

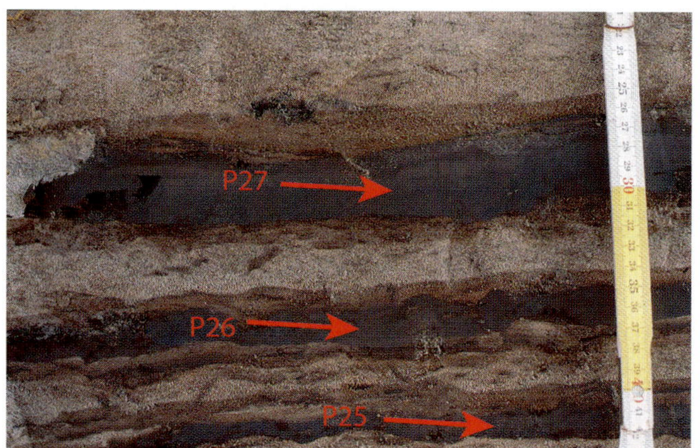

□ **Abb. 7.111** Dokumentation der Probennahme im Gelände. Durch Markierungen sind die Probenentnahmestellen an der Profilwand kenntlich gemacht

7.5.3 Gesteins- und Aufschlussfotografie

Wem ist das nicht schon passiert? Man hat interessante Aufschlüsse und Gesteine im Gelände fotografisch dokumentiert und fragt sich nach der Rückkehr, warum kaum etwas auf dem Bildmaterial wirklich deutlich erkennbar ist. Häufig ist der Eindruck aus dem Gelände noch lebhaft, die Bilder hingegen sind enttäuschend. Woran liegt das?

Der räumliche Eindruck von Strukturelementen ist dank unserer Augen vor Ort auch bei schlechten Lichtbedingungen hervorragend, dies auf Fotos festzuhalten ist aber häufig nicht einfach. Glücklicherweise ermöglichen die digitalen Fotoapparate ein rasches Überprüfen des Bildmaterials vor Ort und zwingen nicht zu großer Sparsamkeit, was die Anzahl der Bilder anbetrifft.

Auch wenn die digitale Bildverarbeitung inzwischen ungeahnte Möglichkeiten zur Optimierung des Bildmaterials bietet, können folgende Punkte beachtet werden (□ Abb. 7.112):

Wichtige Bildbereiche scharf stellen und nicht verwackeln. Auch bei Autofokussensoren geschieht es viel zu häufig, dass der eigentlich interessante Bereich nicht ganz scharf gestellt ist. Das liegt an der Einstellung des Autofokussensors, meist kann zwischen Einzelpunkt- und Mehrfachpunktmessungen gewählt werden.

Schärfentiefe beachten. Jede Optik arbeitet zur Beeinflussung des Lichteinfalls mit einer regulierbaren Blende. Je kleiner die Öffnung, umso weniger Licht fällt ein, aber zugleich ist die Tiefenschärfe größer.

Brennweite („Zoom") auf wesentliches Objekt optimieren. Es gilt, eine geeignete Brennweite zu finden, die den wirklich interessanten Bereich hervorhebt (ohne einen digitalen Zoom zu verwenden). Viel zu häufig gibt es „Suchbilder", auf denen der Hammer als Maßstab kaum noch zu sehen ist und der eigentliche Aufschluss vielleicht 10 % der Bildfläche einnimmt. Eine Detailaufnahme sollte umgekehrt immer mit einer Übersichtsaufnahme einhergehen.

Lichtverhältnisse: Direkte Sonneneinstrahlung, Schatten oder diesiges Wetter beeinflussen die Bildqualität enorm. Bei direkter Sonneneinstrahlung kann der Schattenwurf farbliche Wechsel an der Gesteinsoberfläche fast verschwinden lassen, aber auch herausgewitterte Schichtmerkmale besonders gut hervorheben. Diffuses Licht kann bei der Erfassung von Farbabstufungen ideal sein, lässt hingegen häufig den räumlichen Eindruck vermissen. Bei direktem Sonnenlicht kann der Schattenwurf durch den geschickten Einsatz des (meist viel zu schwachen) Blitzlichtes aufgehellt werden.

Blickwinkel und Perspektive: Häufig ist es hilfreich, ein Handstück oder einen Aufschluss aus verschiedenen Blickrichtungen zu fotografieren. Meist ergibt sich erst beim Betrachten des Bildmaterials, also nach der Rückkehr, welche Perspektive letztendlich die beste war.

Maßstab: Bitte stets einen eindeutigen Maßstab auf dem Bild festhalten, zum Beispiel Gebäude, Personen, Hammer, Taschenmesser oder Münzen – und diese nicht stehen- oder liegen lassen!

Bildlokalität: Um später nicht zu vergessen, wo genau die zahlreichen Bilder aufgenommen wurden, sollten die Bildnummern im

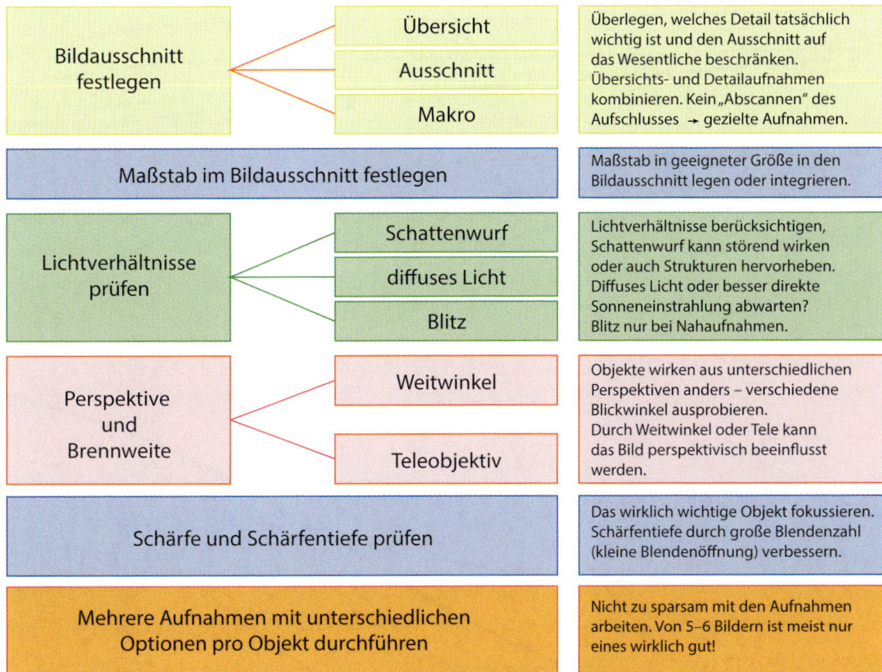

Abb. 7.112 Hinweise zum Fotografieren im Gelände

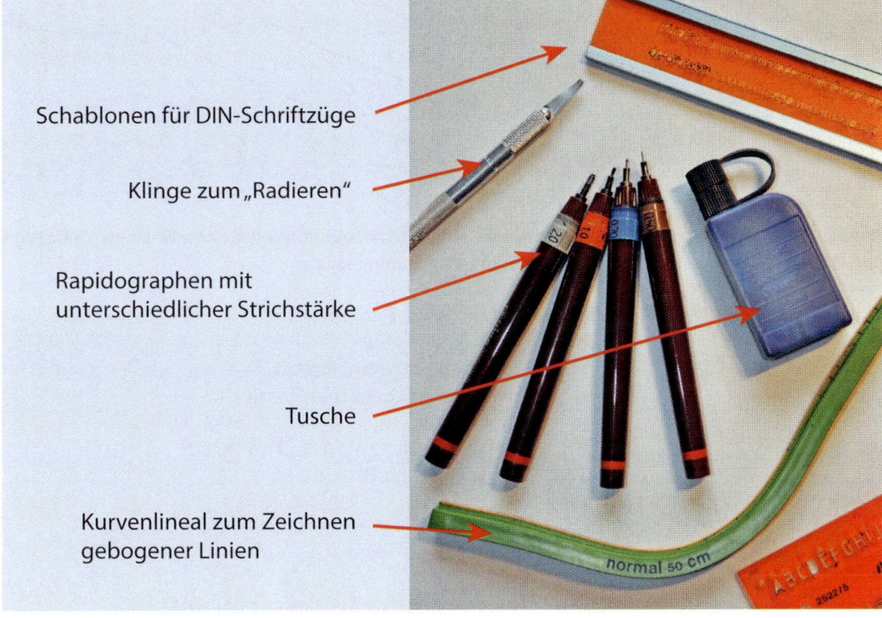

Abb. 7.113 Klassische Utensilien zum Zeichnen geologischer Karten mit Tusche

Feldbuch laufend den Aufschlusspunkten zugeordnet werden. Besonders praktisch sind Kameras mit integriertem GPS, die neben der Bildinformation die Position direkt mitspeichern. Neben der Lokalität kann auch die Aufnahmerichtung von Bedeutung sein, dies kann einfach wie folgt gekennzeichnet werden: SO = Blickrichtung nach SO.

Backup und Kennzeichnung des Bildmaterials: Bitte regelmäßig Sicherheitskopien des Bildmaterials auf mobile Datenträger ablegen. Heutige Speicherkarten können zwar Hunderte bis Tausende Bilder speichern, kommt das Gerät aber abhanden – was schlimm genug ist – dann sollten die wichtigsten Bilder bereits gesichert sein. Zugleich ist es sinnvoll, das Bildmaterial eindeutig durch Umbenennung der Dateien oder durch Editieren der digitalen Bildinformationen (Metadaten) kenntlich zu machen.

7.6 GIS und 3D-Modellierung in der Geologie

Das rechnergestützte Verarbeiten und die digitale Analyse von Geländedaten haben in den Geowissenschaften seit Ende der achtziger Jahre manuelle Darstellungsverfahren weitgehend abgelöst. Inzwischen werden geowissenschaftliche Karten kaum mehr mit Tusche auf Transparentpapier gezeichnet, so wie es in den Jahrzehnten zuvor Standard war (Abb. 7.113 und 7.114).

Zwei Schritte führen zu digitalen Geodaten:

- Digitalisierung bestehender gedruckter Kartenwerke und raumbezogener Daten und
- digitale Erhebung neuer Daten im Gelände.

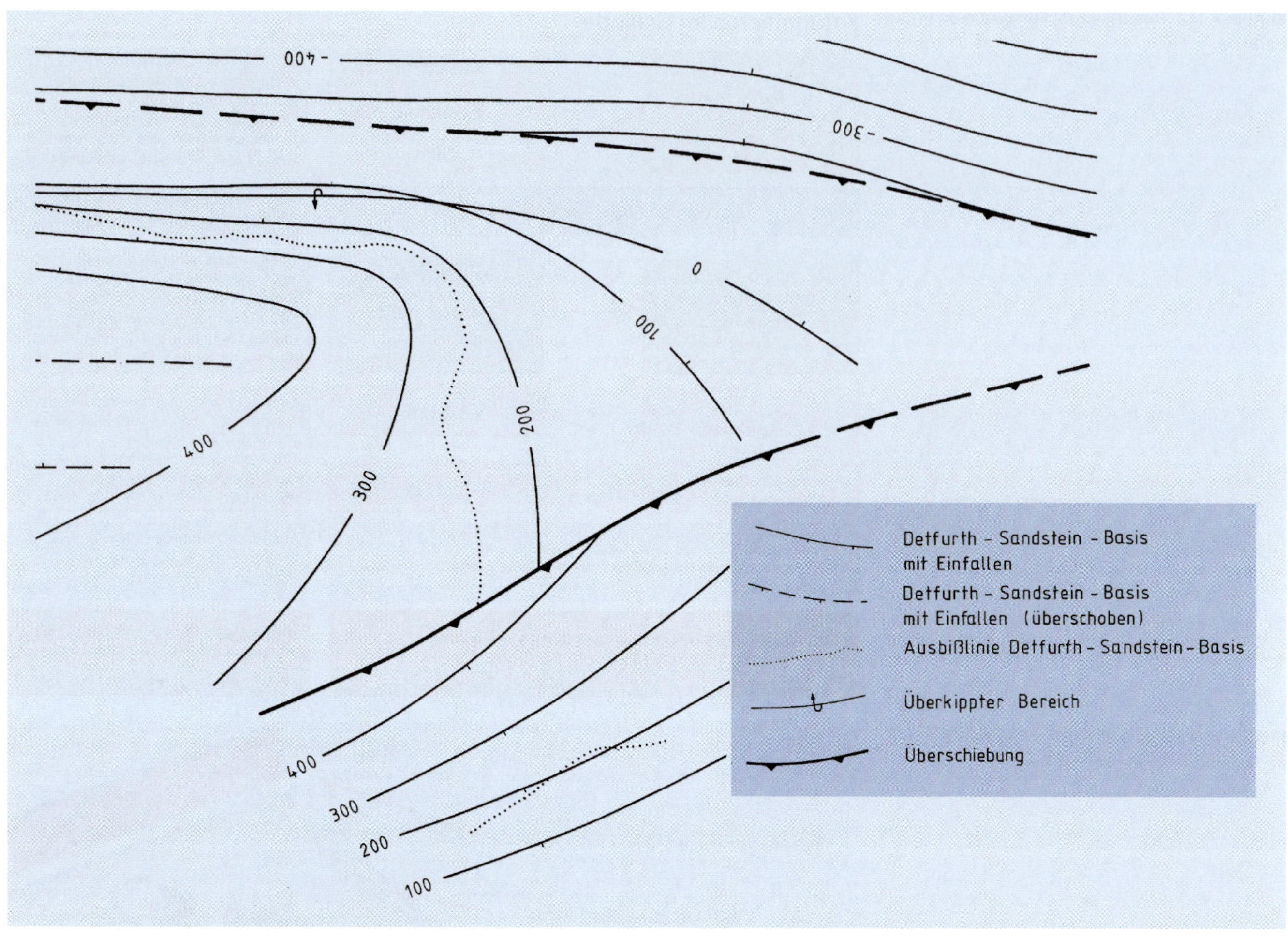

Abb. 7.114 Schichtlagerungskarte (Lichtpause einer Tuschezeichnung). Die Höhenlinien der Schichtgrenzen geben die Form der geologischen Fläche vor und stellen damit ein auf die Kartenebene projiziertes Raummodell dar

Kartierung und Modellbildung

Ausgangssituation

Es gibt keinen „Normalfall", an den Modelle angeglichen werden können.

Jedes geologische Modell ist im Detail eine einzigartige Struktur.

Ähnlichkeiten in Struktur und Genese treten auf, sind jedoch nie identisch.

Die Genauigkeit des Modells ist skalenabhängig.

Modellierung

Während der Kartierung erfolgt eine erste Mustererkennung und Interpretation der geologischen Strukturen.

Unter Einbeziehung von prozessbezogenen Hypothesen und Zusatzinformationen werden diese Startmodelle iterativ verbessert.

Modellvalidierung

Der Vergleich des Modells mit der Realität zeigt Stärken und Schwächen des Modells auf.

Abb. 7.115 Ausgangssituation und Modellierung. Jedes Modell stellt einen Aspekt der Realität auf der Grundlage der zugänglichen Informationen dar

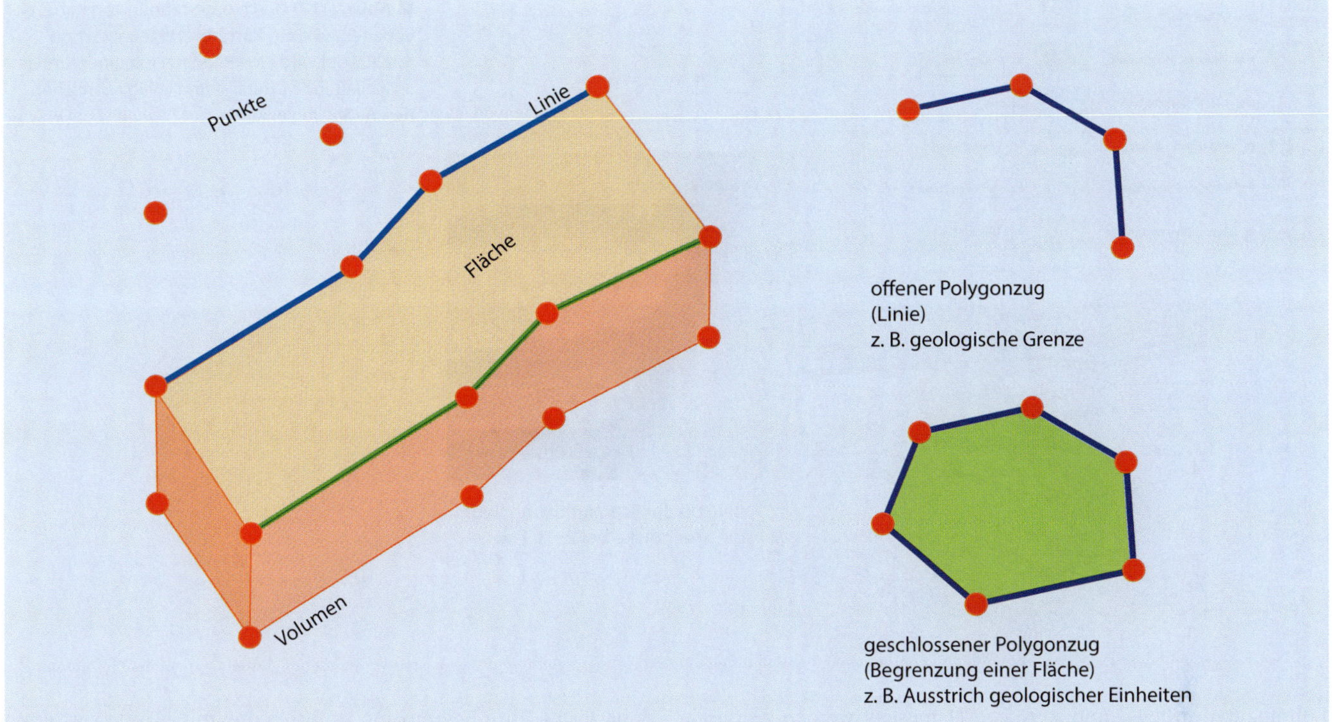

Abb. 7.116 Objektarten bei der geologischen Modellierung sind Punkte, Linien, Flächen und Volumen, die Attribute (Informationen zu den Objekten) werden in Tabellen gespeichert

Gedruckte Kartenwerke können nicht so häufig aktualisiert werden wie digitale Datensätze, die über entsprechende Server, zum Beispiel von den geologischen Diensten, online zur Verfügung gestellt werden. Die Nutzer können digitale Daten abrufen, auf dem Rechner darstellen und nach Bedarf geeignete Ausdrucke, etwa für den geplanten Geländeeinsatz, unter Berücksichtigung von Maßstab, Ausschnitt und dargestellter Information anfertigen.

Eigene Geländedaten können wir schon vor Ort in digitale Datenformate überführen, um sie für die weitere Bearbeitung und Analyse mit GIS (Geoinformationssystem), Geostatistik und 3D-Modelliertools bereitzustellen. An dieser Stelle möchten wir wichtige Aspekte an einigen Beispielen erläutern. Die Entwicklung der Funktionalitäten der GIS- und 3D-Modelliersoftware unterliegt einem stetigen Fortschritt, daher wird hier die prinzipielle Vorgehensweise dargestellt.

Digitale räumliche Geodaten ermöglichen:
- kartographisch korrekte Darstellung und Analyse des Datenbestandes bei unterschiedlichen Raumbezugssystemen (Projektionen und Koordinatensystemen),
- den raschen Vergleich thematisch unterschiedlicher Geo-Informationen,
- Verschneiden zur Ableitung von Informationsschnittmengen,
- Ableitung neuer Inhalte aus dem verfügbaren Datenbestand,
- regelmäßiges Aktualisieren und Ergänzen bestehender Datensätze.

Geologische Modellierung

Die geologische Modellierung beginnt bereits im Gelände, denn sie steuert schon dort die Datenaufnahme vor Ort (**Abb. 7.115**). Die Ausgangssituation einer Geländeaufnahme zur Erfassung geologischer Strukturen könnte wie folgt sein:

Geologische Flächen und Körper:
- sind in ihrer Raumlage zunächst unbekannt,

- durch geometrische Unstetigkeiten (z. B. Verwerfungen, Fazieswechsel) begrenzt und
- müssen durch Beobachtung und Beprobung entdeckt werden.

Die stützenden Daten:
- sind spärlich im Vergleich zur Komplexität der Objekte, die sie abbilden,
- lassen sich nicht beliebig verdichten,
- sind unregelmäßig und ungleich verteilt und
- lassen selten eine Quantifizierung von Richtigkeit und Genauigkeit zu.

Die Geometrie geologischer Strukturen und die an der Bildung beteiligten Prozesse sind die wichtigsten Faktoren bei der geologischen Modellierung. Mithilfe der Modelle werden „leere Räume", in denen keine Daten vorliegen, „intelligent interpoliert".

Die Modelle werden entsprechend:
- der Güte der Anpassung an die Primärdaten,
- der geologischen Plausibilität und
- dem Vorhersagewert

validiert und verfeinert.

Digitale 3D-Modelle, verwaltet durch ein adäquates Datenbanksystem:
- ermöglichen konsistente, aktualisierte Auswertungen,
- sind Grundlage neuer Informationen,
- sind die zukünftige Basis geologischer Kartierungen.

Geometrische Objekte

Digitale Rauminformationen werden im Zuge der Modellierung als geometrische Objekte gespeichert und mit beschreibenden und gemessenen Informationen (Attribute) in tabellarischer Form hinterlegt (**Abb. 7.116**). Attribute können sein: Messwerte, Stratigraphie,

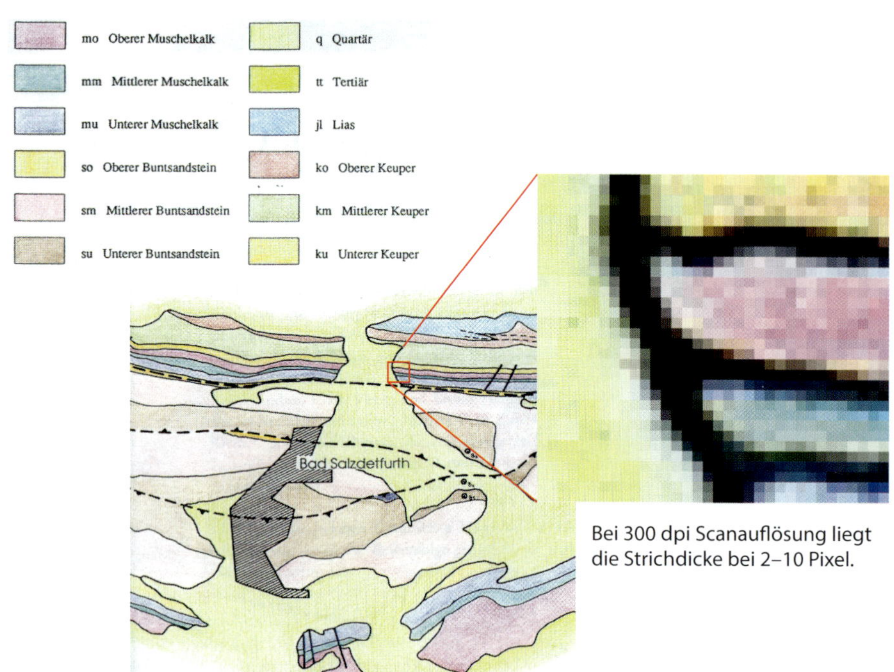

◼ Abb. 7.117 Durch das Scannen von Kartenvorlagen wird ein Rasterbild erzeugt. Schon mit 300 dpi wird eine Bilddatei mit einer für das anschließende Digitalisieren völlig ausreichenden Auflösung erstellt

Lithologie, Bearbeiter und so weiter. Dargestellt werden sie durch geometrische Objekte (Punkt, Polylinie, Fläche, Volumen), deren Position und Dimension.

Punktobjekte: Das einfachste geometrische Objekt ist der Punkt. Punkte können Positionen von Aufschlüssen, Messpunkten oder anderen Beobachtungspunkten sein. Typische Punkteobjekte sind die im Gelände bestimmten GPS-Messpunkte. Die Position wird durch x-y-Koordinaten bei vorgegebener Projektion festgelegt. Ein z-Wert für die Höhe wird meist als Attribut zusätzlich gespeichert. Dieser hat zwar in der Regel nicht dieselbe Genauigkeit wie die x-y-Koordinaten, gemeinsam ergeben sie aber eine gute Näherung der Raumkoordinaten.

GPS-Punkte sind Primärdaten, da sie direkt gemessen und nicht aus anderen Informationen abgeleitet werden. Ebenso können die Positionen von Aufschlusspunkten oder Schichtorientierungen aus georeferenzierten Kartengrundlagen abgelesen werden.

Linienobjekte: Durch direkte Verbindung zweier Punkte ergibt sich eine Gerade, werden mehr als zwei Punkte in Reihe verbunden, ergibt sich daraus eine Polylinie. Ist der Anfangspunkt der Polylinie verschieden vom Endpunkt, dann handelt es sich dabei um einen offenen Polygonzug. Abschnitte geologischer Grenzen zwischen zwei geologischen Einheiten oder Verwerfungsausbisse können durch offene Polygonzüge beschrieben werden. Bei identischem Anfangs- und Endpunkt wird die Polylinie als geschlossener Polygonzug bezeichnet. Ein solcher Polygonzug umschließt eine Fläche und stellt somit eine Flächenbegrenzung dar. Geologische Einheiten auf geologischen Karten werden stets durch geschlossene Polygonzüge begrenzt.

GPS-Geräte können neben den manuell gesetzten Wegpunkten auch die Wegstrecken als *tracks* speichern. Dies sind typische Polylinien, die zwischen regelmäßig bestimmten Punktlokationen gezogen werden, und gelten ebenfalls als Primärdaten. Geologische Grenzen und Verwerfungen sind typische Linienobjekte, ihr Verlauf kann im Gelände durch einzelne GPS-Punkte oder bei guter Begehbarkeit auch durch einen *track* dokumentiert werden.

Flächenobjekte: Charakteristische Flächenobjekte auf der geologischen Karte sind Ausstriche geologischer Einheiten an der Erdoberfläche. Ihre Begrenzung ist durch die im Gelände kartierten Grenzen zwischen Kartiereinheiten vorgegeben. Innerhalb dieser Grenzen sollten alle Aufschlusspunkte dieser einen Kartiereinheit zuzuordnen sein.

Alle bisher beschriebenen Objekte liegen auf der Kartenebene. Daher können die Punkte, die diese Objekte in der Projektionsebene aufbauen, in ihrer Position durch zwei Koordinaten (x, y) festgelegt werden. Kommt zu diesen zwei Koordinaten eine dritte Koordinate hinzu, spricht man von Raumkoordinaten (x, y, z). Polygonzüge mit Raumkoordinaten werden als Raumkurven bezeichnet. Ausbisslinien geologischer Grenzflächen sind immer geologische Raumkurven, denn sie sind die Schnittlinien zwischen dem Relief und der geologischen Grenzfläche (vgl. ► Kap. 6). Ebenso sind die auf der geologischen Karte dargestellten Flächen der Kartiereinheiten in Wirklichkeit gekrümmte Flächen, denn sie sind Schnittflächen zwischen dem Relief und den geologischen Körpern im Untergrund. Die Geometrie dieser Körper kann durch begrenzende Flächen definiert werden, sie umschließen ein bestimmbares Gesteinsvolumen.

▪ Aufnahme geologischer Objekte für eine Modellierung

Mobile GIS-Systeme auf Tablet-PCs ermöglichen heute schon die GPS-gestützte Geländeaufnahme und den Eintrag der Beobachtungen vor Ort. Bislang werden jedoch meist Kartierergebnisse im Gelände in Papierkarten eingetragen und nach Abschluss der Kartierung:

- gescannt,
- georeferenziert,
- digitalisiert und
- mit GPS-Punkten abgeglichen.

Dies wird auch in nächster Zukunft der übliche Weg sein, um geologische Geländeinformation in digitale Datensätze zu überführen, daher sind die wichtigsten Schritte hier kurz beschrieben.

Scannen von Kartenvorlagen: Die Kartenvorlage wird gescannt und als Rasterbild gespeichert (◼ Abb. 7.117). Farben und Grenzen sollten eindeutig erkennbar sein.

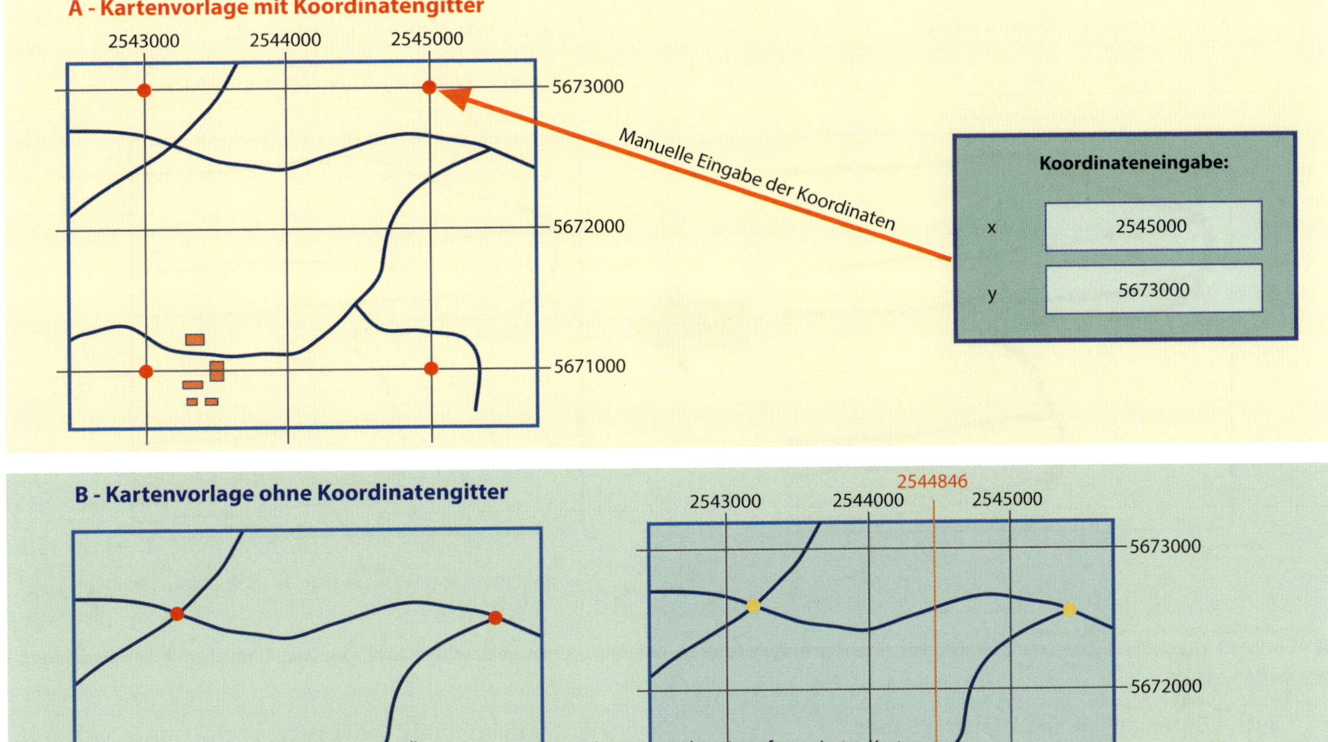

◘ **Abb. 7.118** Referenzierung: Passpunkte werden mithilfe des Koordinatengitters gesetzt (A) oder Referenzierung durch Übertragung bekannter Punkte von einer bereits georeferenzierten Karte (B)

Georeferenzierung: Das digitale Kartenbild wird durch die Referenzierung in einem geographischen Bezugssystem positioniert. Zur Referenzierung stehen im GIS meist zwei Funktionen zur Verfügung (◘ Abb. 7.118):

- Referenzierung über Passpunkte auf der Karte mit bekannten Koordinaten. Hierzu sollte das Koordinatenbezugssystem der Kartenvorlage bekannt sein und zwischen 4 und 10 bekannte Koordinatenpunkte sollten auf der Karte erkennbar sein (z. B. Koordinatengitter). Diesen Punkten werden die Koordinaten manuell durch Eingabe zugewiesen.
- Referenzierung über eine bereits referenzierte Karte. Liegt bereits eine referenzierte Karte der Region vor, können die Koordinaten markanter Punktkoordinaten (Wegkreuzungen, Gebäudeecken, Berggipfel) aus dieser Vorlage auf die neue Karte übertragen werden. Dies ist besonders dann hilfreich, wenn das Koordinatensystem nicht bekannt ist.

Durch die Georeferenzierung wird der Bilddatei die Zusatzinformation über die Positionierung im Koordinatenbezugssystem beigefügt. Dies kann über eine getrennte *world*-Datei oder wie im GeoTiff-Format direkt in der Bilddatei erfolgen. Dadurch wird das Kartenbild in jedem GIS korrekt auf der Erdoberfläche positioniert.

Die Bilddatei kann bei diesem Vorgang unverzerrt bleiben (lineare Verfahren) oder über Bildinterpolation verzerrt werden, ähnlich einem Gummituch, das an die Passpunkte angepasst wird (Polynominal- und Splineinterpolation).

Digitalisierung: Durch die Digitalisierung wird die Bildinformation der gescannten Rasterdatei in Vektordaten überführt (◘ Abb. 7.119). Alle geologisch wichtigen Informationen werden als Punkt-, Linien- oder Flächenobjekte definiert und mit Zusatzinformationen versehen.

Charakteristische Bedeutungen von Objekten auf geologischen Karten sind:

- Punktobjekte:
  - Aufschlusspunkte (Steinbrüche, Weganschnitte, Felsklippen),
  - Messpunkte (Kompassmessungen, Bohrungen, Probenlokationen, Grundwassermessstellen),
  - besondere Beobachtungen (Quellen, Erzvorkommen, Höhlen, Fossilfundpunkte).
- Linienobjekte:
  - geologische Grenzen,
  - Verwerfungs- und Kluftverläufe,
  - hydrothermale oder magmatische Gänge.
- Flächenobjekte:
  - Ausbisse geologischer Körper beziehungsweise Schichten an der Geländeoberfläche.

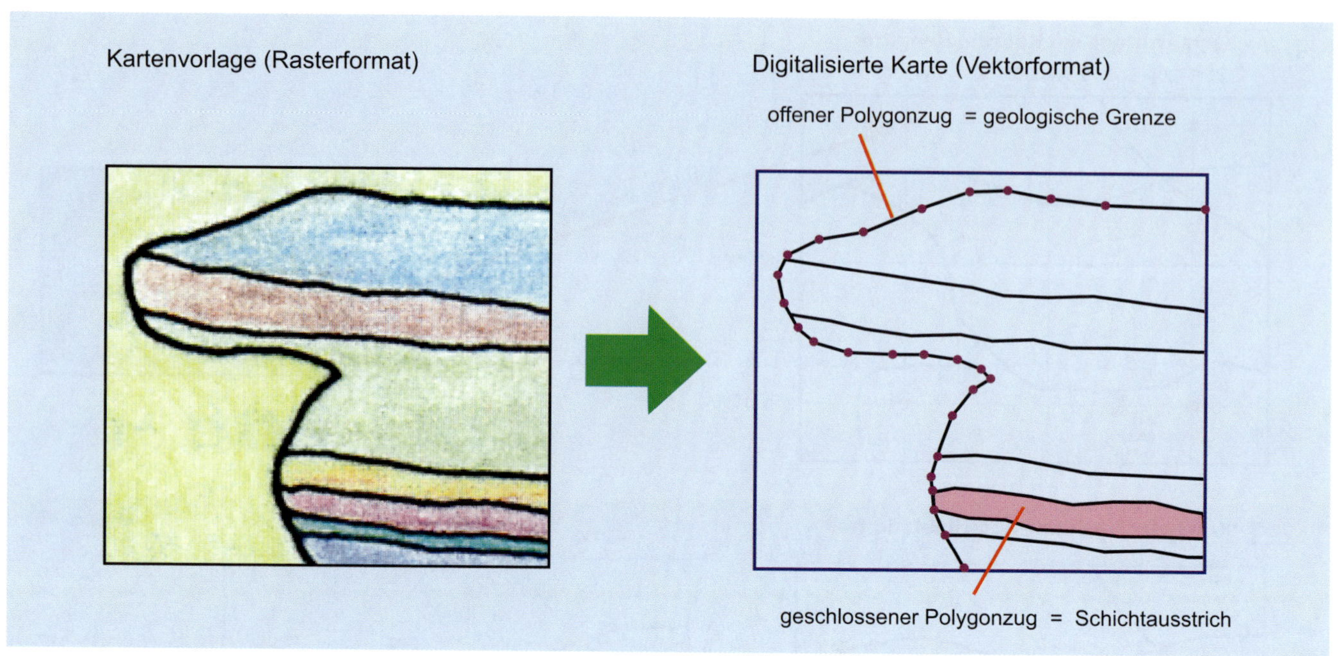

Abb. 7.119 Durch die Digitalisierung werden Rasterdateien in Vektorobjekte überführt. Jedem Vektorobjekt kann eine bestimmte thematische Bedeutung zugewiesen werden

■ Layer – Daten auf verschiedenen Ebenen

Die unterschiedlichen geowissenschaftlichen und topographischen Informationen werden mithilfe von GIS differenziert auf verschiedenen Darstellungsebenen (Layer) abgelegt und visualisiert (Abb. 7.120). Layer können je nach GIS nur für eine Objektart definiert werden (ArcGIS®, Q-GIS®) oder offen für verschiedene Objektarten angelegt werden (MapInfo®). In jedem Fall sollte eine klare inhaltliche Strukturierung erfolgen, die eine flexible Kombination bei der Darstellung der Informationslagen ermöglicht.

Der Datensatz besteht beispielsweise insgesamt aus 7 Layern:
- Layer 7 – Faltenachsen, Spuren der Faltenachsenflächen,
- Layer 6 – Kompassmessungen (Schichtung, Schieferung),
- Layer 5 – Fossilfundpunkte,
- Layer 4 – Aufschlusspunkte (inkl. Sondierungen),
- Layer 3 – Verwerfungen,
- Layer 2 – geologische Flächen (Kartiereinheiten),
- Layer 1 – topographische Karte.

Geologische Karte: Zur Erstellung einer geologischen Karte werden aus den 7 verfügbaren Layern 5 ausgewählt:
- Layer 7 – Faltenachsen, Spuren der Faltenachsenflächen,
- Layer 6 – Kompassmessungen (Schichtung, Schieferung),
- Layer 3 – Verwerfungen,
- Layer 2 – geologische Flächen (Kartiereinheiten),
- Layer 1 – topographische Karte.

Strukturkarte: Die Strukturkarte stellt ausschließlich die tektonischen Elemente dar, folgende 4 Layer werden selektiert:
- Layer 7 – Faltenachsen, Spuren der Faltenachsenflächen,
- Layer 6 – Kompassmessungen (Schichtung, Schieferung),
- Layer 3 – Verwerfungen,
- Layer 1 – topographische Karte (kann zur besseren Interpretation der Strukturen auch ausgeblendet werden).

Aufschlusskarte: Die Aufschlusskarte zeigt ausschließlich die Beobachtungspunkte im Arbeitsgebiet, an denen eine Gesteinsbestimmung durchgeführt wurde. Sondierungen werden meist auch in der Aufschlusskarte dargestellt:
- Layer 4 – Aufschlusspunkte (inkl. Sondierungen),
- Layer 1 – topographische Karte.

■ Von der Kartenebene zum 3D-Modell

Ausgehend von der digitalen geologischen Karteninformation kann nun in einem nächsten Schritt die 3D-Modellierung der geologischen Strukturen erfolgen. Das Ziel ist ein Höhenmodell (Digitales Höhenmodell, DHM, *digital terrain model*, DTM). Die Geländeoberfläche ist die Begrenzung der geologischen Modelle nach oben und ihre Darstellung kann neben der üblichen kartographischen Form mit Höhenlinien auch durch 3D-Modelle erfolgen (Abb. 7.121 und 7.122).

Das Höhenmodell ist ein regelmäßiges Punkteraster mit konstanten Punktabständen und für jeden Punkt ist die Höhe über NN bekannt. Die Darstellung der Punkte über ihre Raumkoordinaten (x, y, z) kann mithilfe von GIS und 3D-Modelliersoftware erfolgen und ermöglicht die Generierung von Reliefansichten (Abb. 7.123). Bildinformationen, zum Beispiel geologische Karten im Rasterformat, können in einem zweiten Schritt auf die Darstellung des Höhenmodells gelegt werden (*drape*-Funktion). Diese Art der Darstellung ist für geologische Karten sehr hilfreich, da reliefabhängige Strukturverläufe verständlicher werden (Abb. 7.124). Wir können auch die Messwerte des Schichteinfallens räumlich darstellen. Auf Grundlage von Profilen können wir die dreidimensionalen Strukturen konstruieren (Abb. 7.125). Dabei werden Flächenobjekte durch Interpolation erzeugt.

Geologische Grenzflächen werden modelliert auf der Grundlage von:
- gemessenen Schichtorientierungen,
- Verläufen der Ausbisslinien,
- konstruierten Profilschnitten,
- Ergebnissen von Bohrungen,
- seismischer Interpretation,
- strukturgeologischen Annahmen.

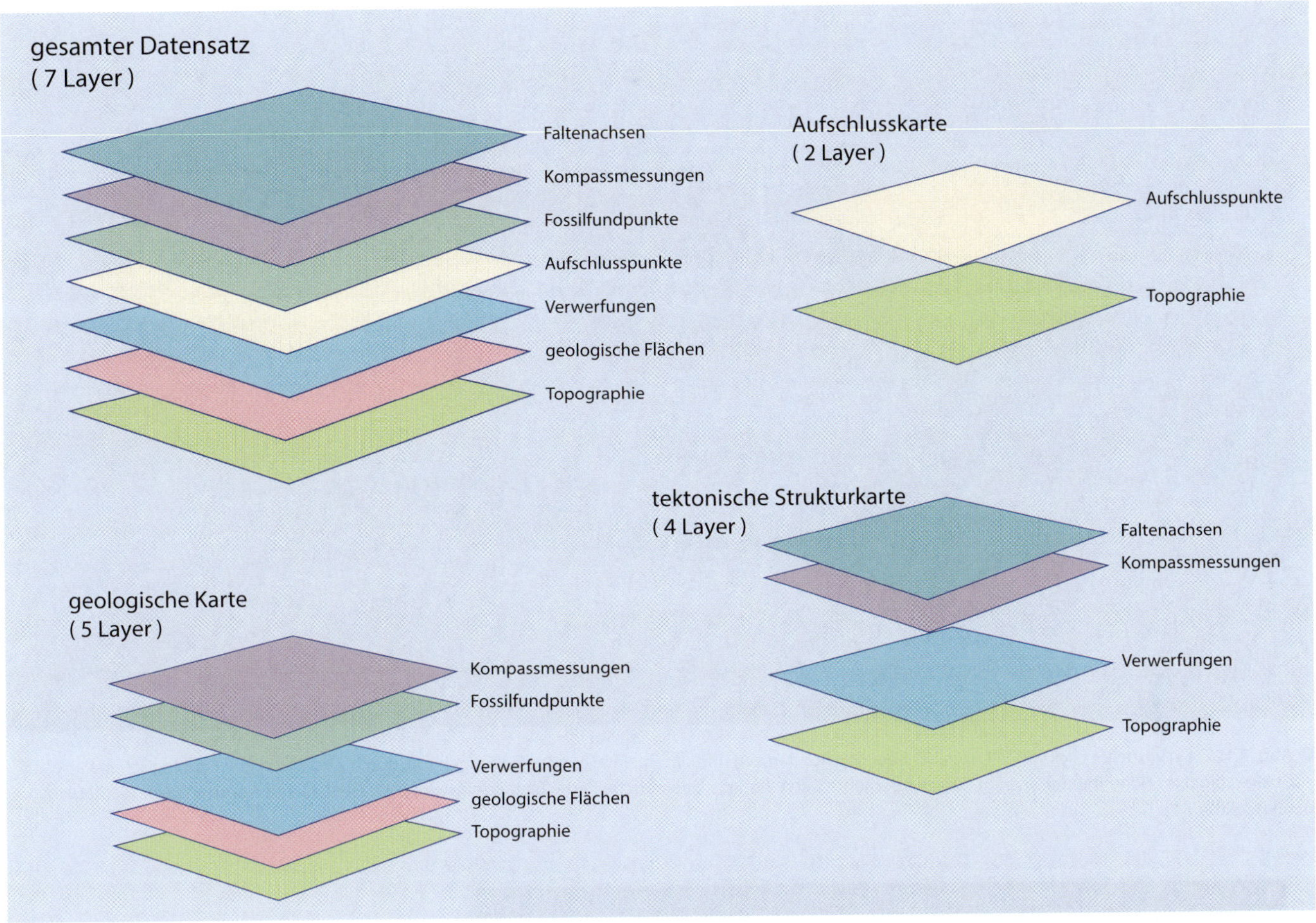

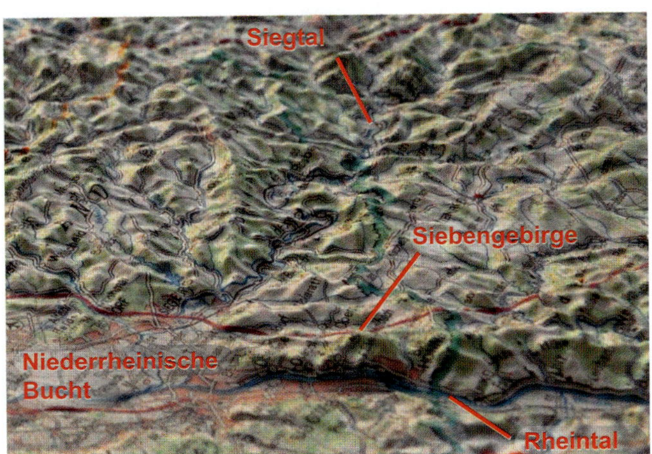

Abb. 7.120 Datenstrukturen werden auf thematischen Ebenen (Layer) hinterlegt. Durch die gemeinsame Darstellung ausgewählter Layer können Karten mit unterschiedlichen geowissenschaftlichen Inhalten erzeugt werden

Abb. 7.121 Eine klassische Darstellungsform von Höhenmodellen sind die plastischen Karten. Der Kartenausschnitt zeigt den Blick nach Osten auf das rechtsrheinische Schiefergebirge mit dem Siebengebirge im Vordergrund. Deutlich sind die Reliefformen im flachen Auflicht erkennbar (1:500.000 NRW, 7,5-fach überhöht, LVA NRW 1968)

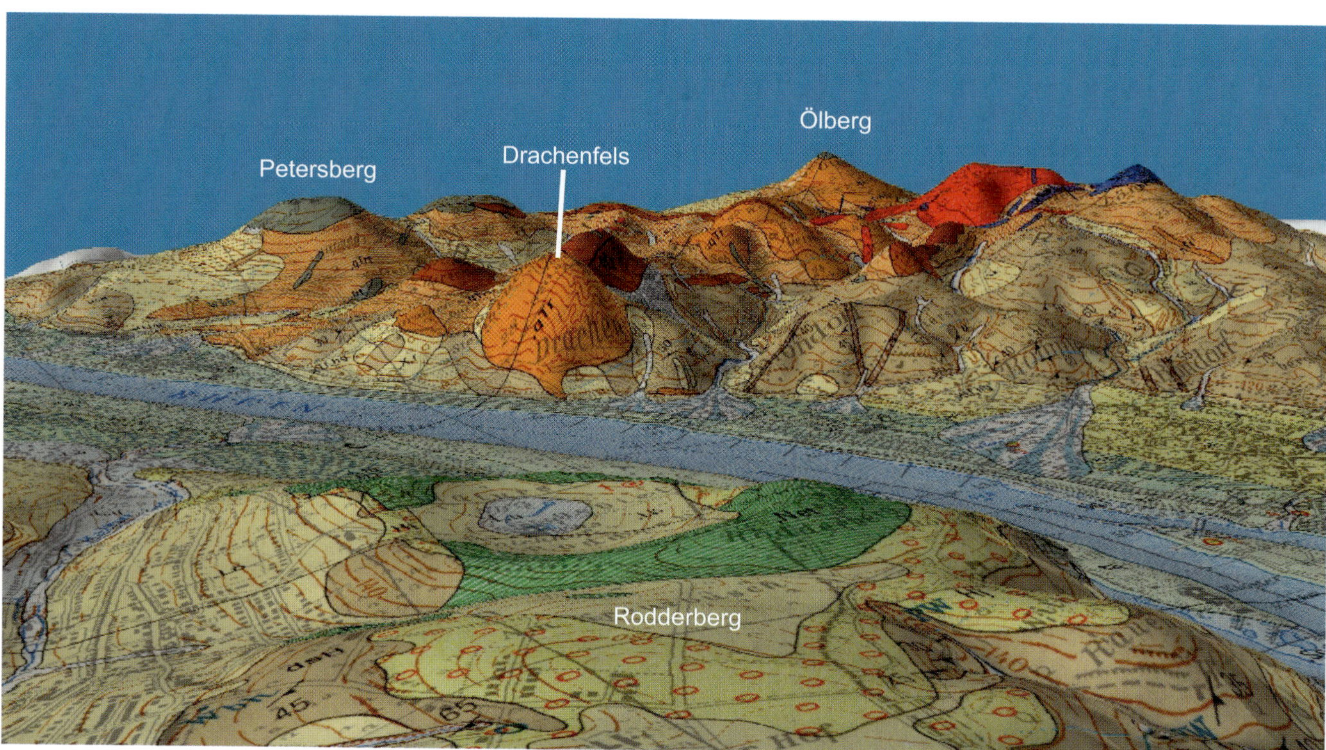

Abb. 7.122 Ein virtueller Blick von SW nach NO über den Rodderberg und das Rheintal auf das Siebengebirge, durch Abbildung einer geologischen Karte auf ein lokales digitales Höhenmodell erzeugt (5-fach überhöhte Darstellung) – Geologische Karte (Blatt Königswinter): © Geol. L.-Amt Nordrh.-Westf. 1995 / DHM: GeoBasis NRW

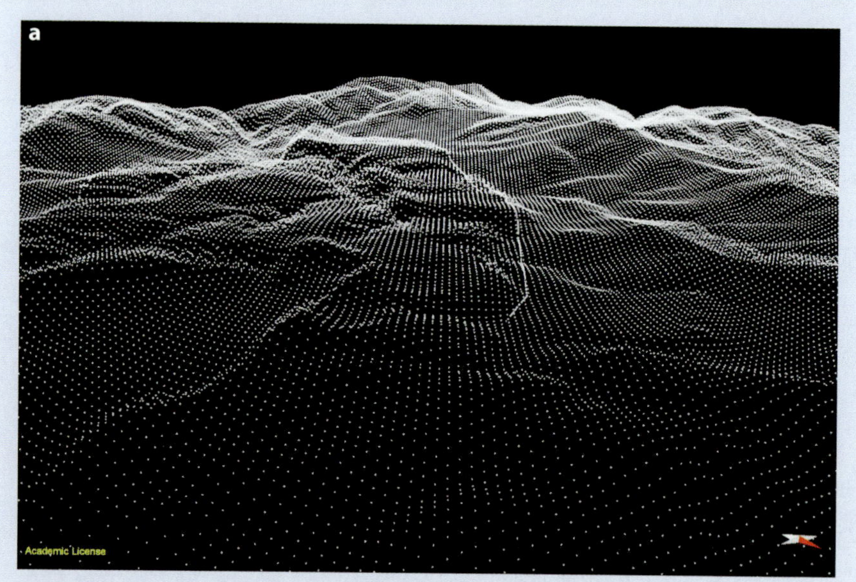

Abb. 7.123 a Höhenmodelle liegen als Gitterpunktdaten vor. In regelmäßigen Abständen (Rasterweite) liegen Höhenwerte (Höhe ü. NN) vor. **b** Durch Triangulierung der Punktwolken wird ein Flächenmodell des Reliefs erzeugt (Modell und Bilder: J. Heinz, erstellt mit MOVE® Midland Valley)

Abb. 7.123 (*Fortsetzung*) **a** Höhenmodelle liegen als Gitterpunktdaten vor. In regelmäßigen Abständen (Rasterweite) liegen Höhenwerte (Höhe ü. NN) vor. **b** Durch Triangulierung der Punktwolken wird ein Flächenmodell des Reliefs erzeugt (Modell und Bilder: J. Heinz, erstellt mit MOVE® Midland Valley)

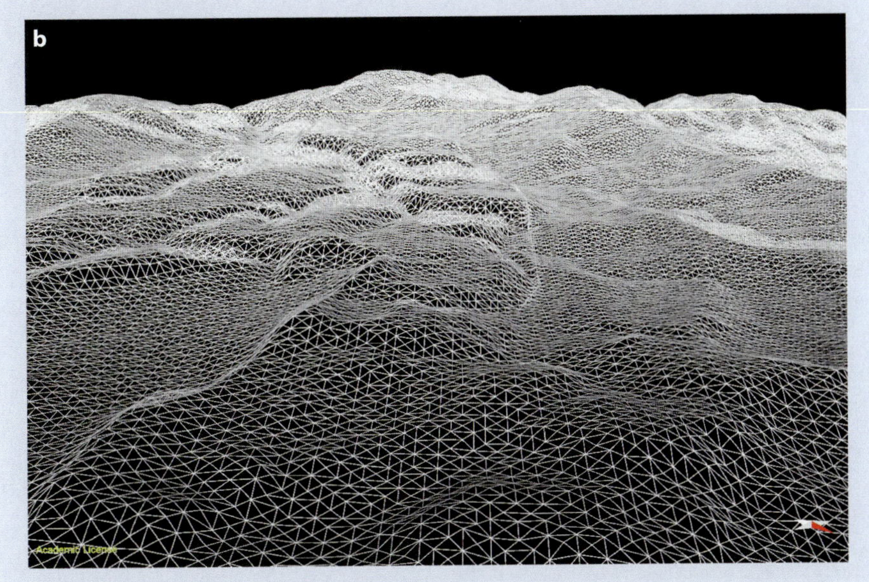

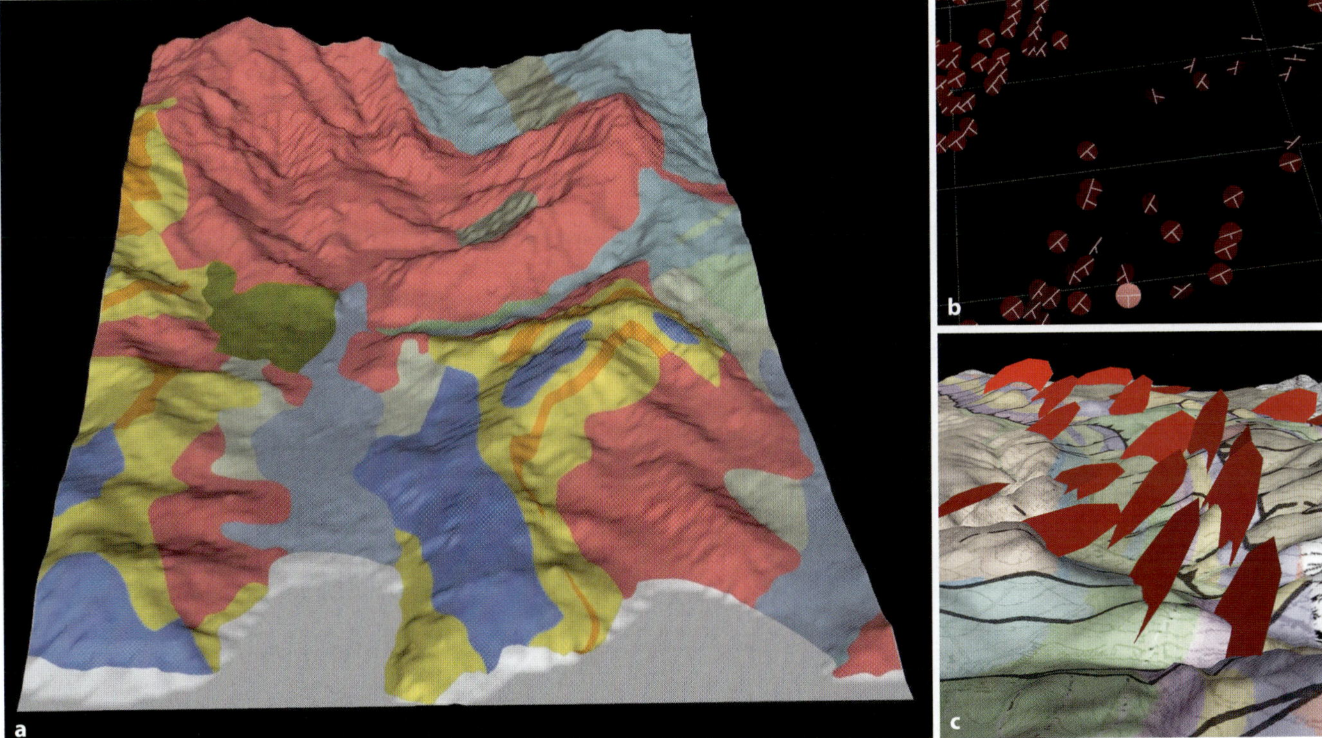

Abb. 7.124 **a** Bildinformationen, z. B. geologische Karten im Rasterformat, können auf die Darstellung des Höhenmodells gelegt werden (*drape*-Funktion). Diese Art der Darstellung ist für geologische Karten sehr hilfreich, da reliefabhängige Strukturverläufe verständlicher werden. **b** Messpunkte mit Schichteinfallen. **c** Durch die räumliche Darstellung von Messungen des Schichteinfallens wird ein erster Überblick über die Schichtorientierungen im Arbeitsgebiet möglich (Modell und Bild: J. Schmid-Kieninger, S. Strube, J. Heinz, erstellt mit MOVE® Midland Valley)

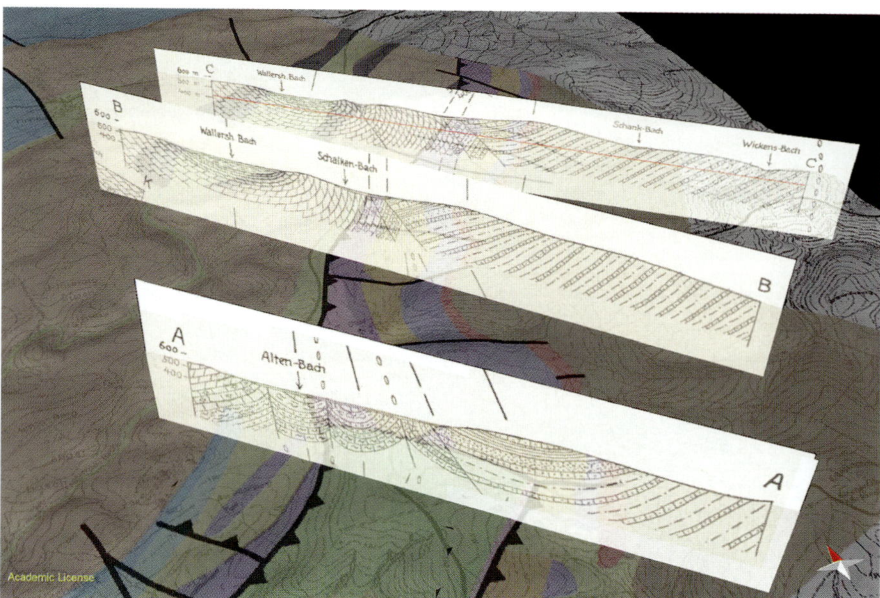

◼ **Abb. 7.125** Profilschnitte als Grundlage zur Konstruktion von 3D-Strukturen. Aus Profilserien können Flächenobjekte durch Interpolation erzeugt werden (Modell und Bild: J. Heinz, erstellt mit MOVE® Midland Valley). Die Profile werden in die geologische Karte und in das Höhenmodell eingehängt

■ **Überprüfung des 3D-Modells**

Die modellierten Grenzflächen können mit dem Höhenmodell verschnitten werden und ergeben auf diese Weise konstruierte Ausbisslinien (◼ Abb. 7.126, 7.127 und 7.128). Der Vergleich der tatsächlich kartierten Grenzen und der aus dem Raummodell abgeleiteten Grenzen kann zu folgenden Rückschlüssen führen:

— Kartierte und modellierte Grenzen stimmen überein – das Modell gibt die Geologie an der Oberfläche korrekt wieder, dies ist ein wichtiges Kennzeichen für die Plausibilität des Modells.

— Kartierte und modellierte Grenzen stimmen teilweise überein – der Modellansatz ist zwar richtig gewählt, die auftretenden Abweichungen zeigen jedoch, dass im Detail Ungenauigkeiten vorliegen. Dies kann folgende Gründe haben, die überprüft werden sollten:

— Ungenaue Festlegung der Grenzen im Rahmen der Geländeaufnahme. Schlechte Aufschlussbedingungen können zu einer ungenauen Festlegung geologischer Grenzen vor Ort führen. Das Modell hilft, den geometrisch korrekten Verlauf von Grenzen festzulegen, idealerweise können modellierte Grenzen im Gelände daraufhin gezielt überprüft werden.

— Modellannahmen sind zu stark vereinfacht oder generalisiert. Bei der Modellierung gehen wir zunächst von einfachen Modellannahmen aus, etwa was die geometrischen Eigenschaften der Grenzflächen betrifft. Diese gehen in einer ersten Näherung zunächst als glatte und kontinuierliche Flächenobjekte in das Modell ein. Lokale Abweichungen zwischen modelliertem und beobachtetem Grenzverlauf deuten auf Flexuren oder auf einen Versatz entlang von Verwerfungen hin, was erst durch den räumlichen Modellansatz auffällt.

— Kartierte und modellierte Grenzen weichen stark voneinander ab. Der Modellansatz ist nicht geeignet, um die an der Oberfläche sichtbaren Strukturen plausibel zu erklären. Dies ist oft ein Hinweis auf eine höhere Komplexität der Strukturen im Untergrund, die durch die Geländeaufnahme und durch die zur Verfügung stehende Tiefeninformation noch nicht vollständig erfasst werden konnten.

Der folgende Schritt besteht darin, das Modell zu validieren. Hierzu sind zusätzliche Informationen erforderlich, wie:

— weitere Geländedaten, eine Überprüfung im Gelände,

— Tiefeninformation (Bohrdaten, Seismik),

— tektonische oder sedimentologische Plausibilitätsprüfung.

Mit diesen zusätzlichen Daten kann das Modell durch Anpassung in mehreren Iterationsschritten optimiert werden, bis alle verfügbaren Informationen durch das Modell zufriedenstellend beschrieben werden.

Die erstellten 3D-Modelle (◼ Abb. 7.129 und 7.130) dienen nicht nur dazu, komplexe Raumstrukturen darzustellen und zu begreifen. Vielmehr liegt ihr Sinn darin, als quantitative Grundlage für weitere Informationen zu dienen.

Aus den 3D-Modellen können unmittelbar abgeleitet werden:

— geologische Karten,

— beliebige Profilschnitte,

— Schichtlagerungskarten,

— Volumenmodelle,

— eine quantitative zeitliche Rekonstruktion tektonischer Prozesse.

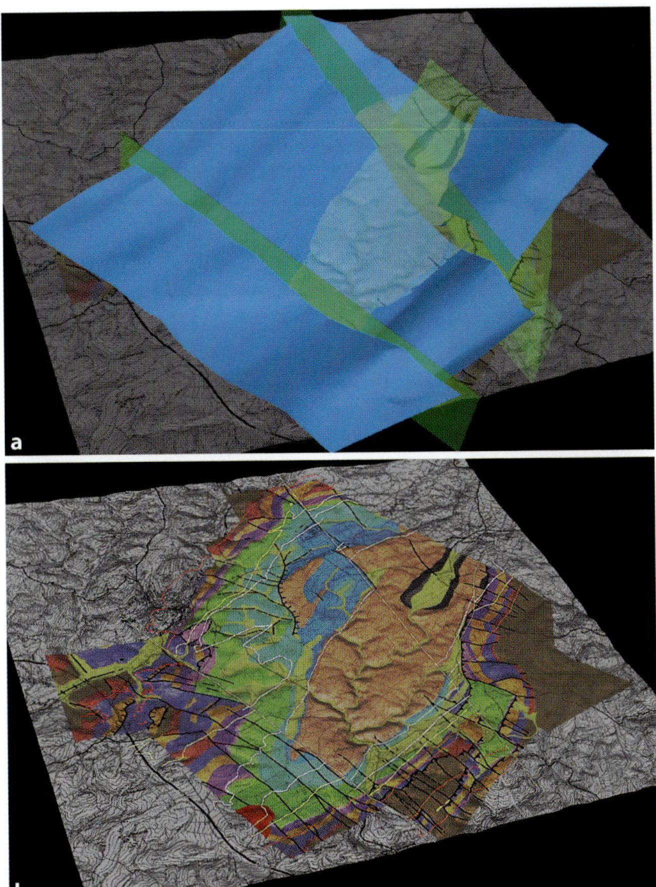

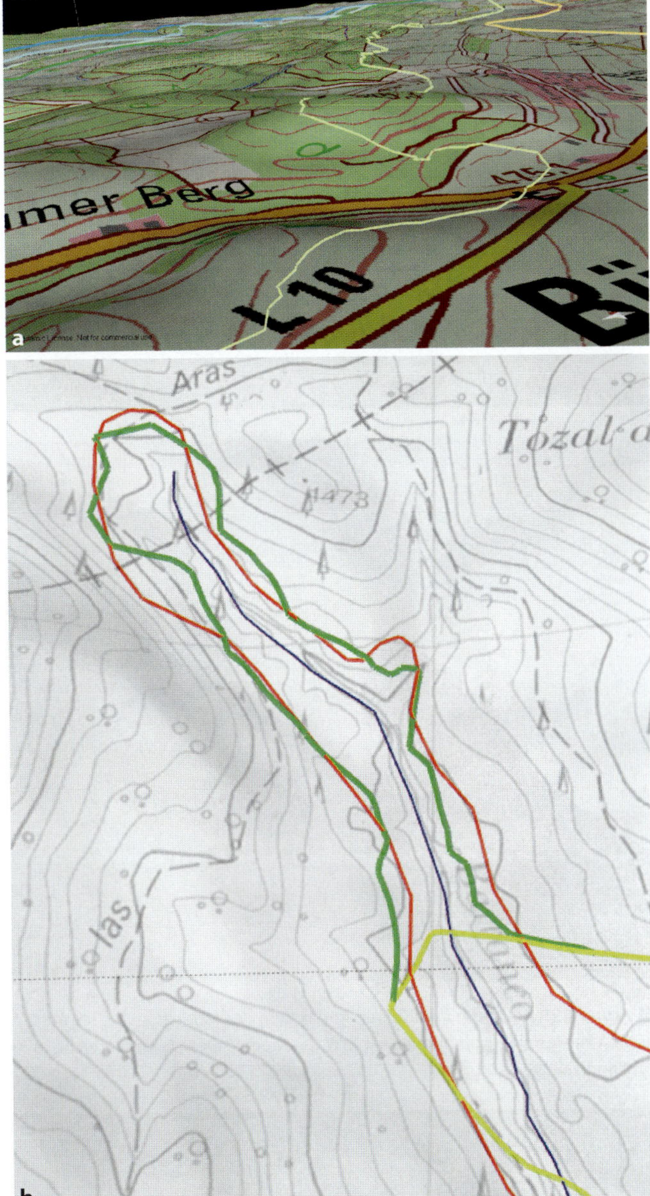

■ **Abb. 7.126 a** Raummodell einer Muldenstruktur. Die Schnittlinien der geologischen Flächen mit dem Relief sind die Ausbisslinien. **b** Die konstruierten Grenzen können nun zur Validierung des Modells mit der geologischen Karte und im Gelände überprüft werden (Modell und Bilder: J. Heinz, erstellt mit MOVE® Midland Valley)

■ **Abb. 7.127 a** Die konstruierten Ausbisslinien sind Raumkurven auf der Geländeoberfläche. (Modell und Bild: S. Strube, erstellt mit MOVE® Midland Valley), **b** Der Vergleich der kartierten Grenzen (rote Ausbisslinie) und der durch die erste Modellierung erzeugten Ausbisslinien (gelb) zeigen zunächst nur teilweise eine Übereinstimmung. Die Anpassung des Modells führt schließlich zu einer guten Übereinstimmung (grüne Ausbisslinie). Lokale Abweichungen können nun im Gelände gezielt überprüft werden (Modell und Bild: T. Lorscheid, erstellt mit MOVE® Midland Valley)

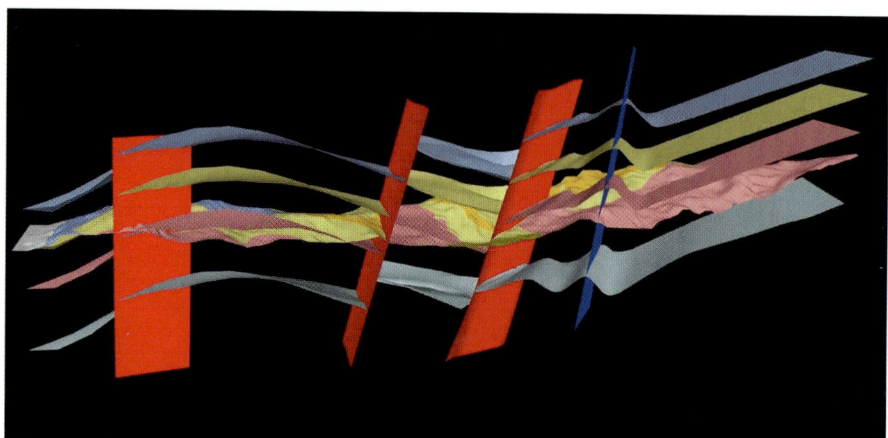

■ **Abb. 7.128** Generierter Profilschnitt durch ein fertiges Faltenmodell (Ostelba). Das Modell zeigt den Faltenbau unterhalb und oberhalb der Geländeoberfläche. Die Schichtflächen werden durch Verwerfungen (rote Flächen) versetzt. Eine Faltenachsenebene ist blau dargestellt. (Modell und Bild: J. Schmid-Kieninger, erstellt mit MOVE® Midland Valley)

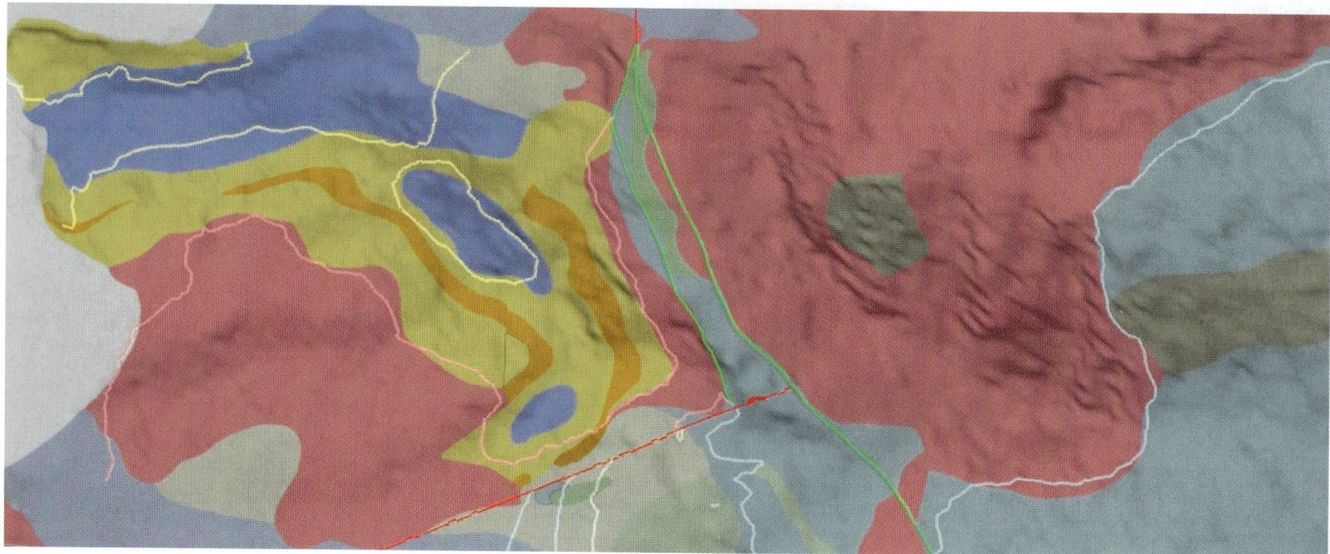

■ **Abb. 7.129** Nach der vorläufigen Anpassung des Modells an die kartierte Schichtung stimmen weite Bereiche gut überein, dennoch bleiben Diskrepanzen zu den kartierten Ergebnissen. Hier hilft das Modell, diese Grenzbereiche im Gelände zu überprüfen (Modell und Bild: J. Schmid-Kieninger, erstellt mit MOVE® Midland Valley)

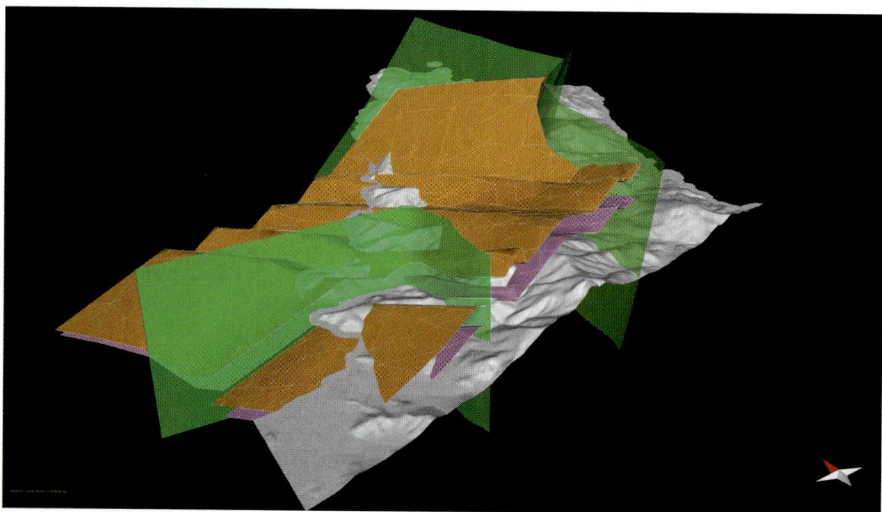

■ **Abb. 7.130** Blick auf ein 3D-Modell mit farbigen Schichtflächen (braun und violett mit Triangulierung) und grünen Verwerfungsflächen. Deutlich ist der Schnitt dieser Flächen mit dem Höhenmodell (grau) erkennbar, diese Flächenmodelle ersetzen Schichtlagerungskarten. Durch zusätzliche Informationen können solche Modelle fortschreitend optimiert werden (Modell und Bild: J. Heinz, erstellt mit MOVE®).

Serviceteil

T. McCann, M. Valdivia Manchego, *Geologie im Gelände,*
DOI 10.1007/978-3-8274-2383-2, © Springer-Verlag Berlin Heidelberg 2015

Stratigraphische Handtabelle von Deutschland

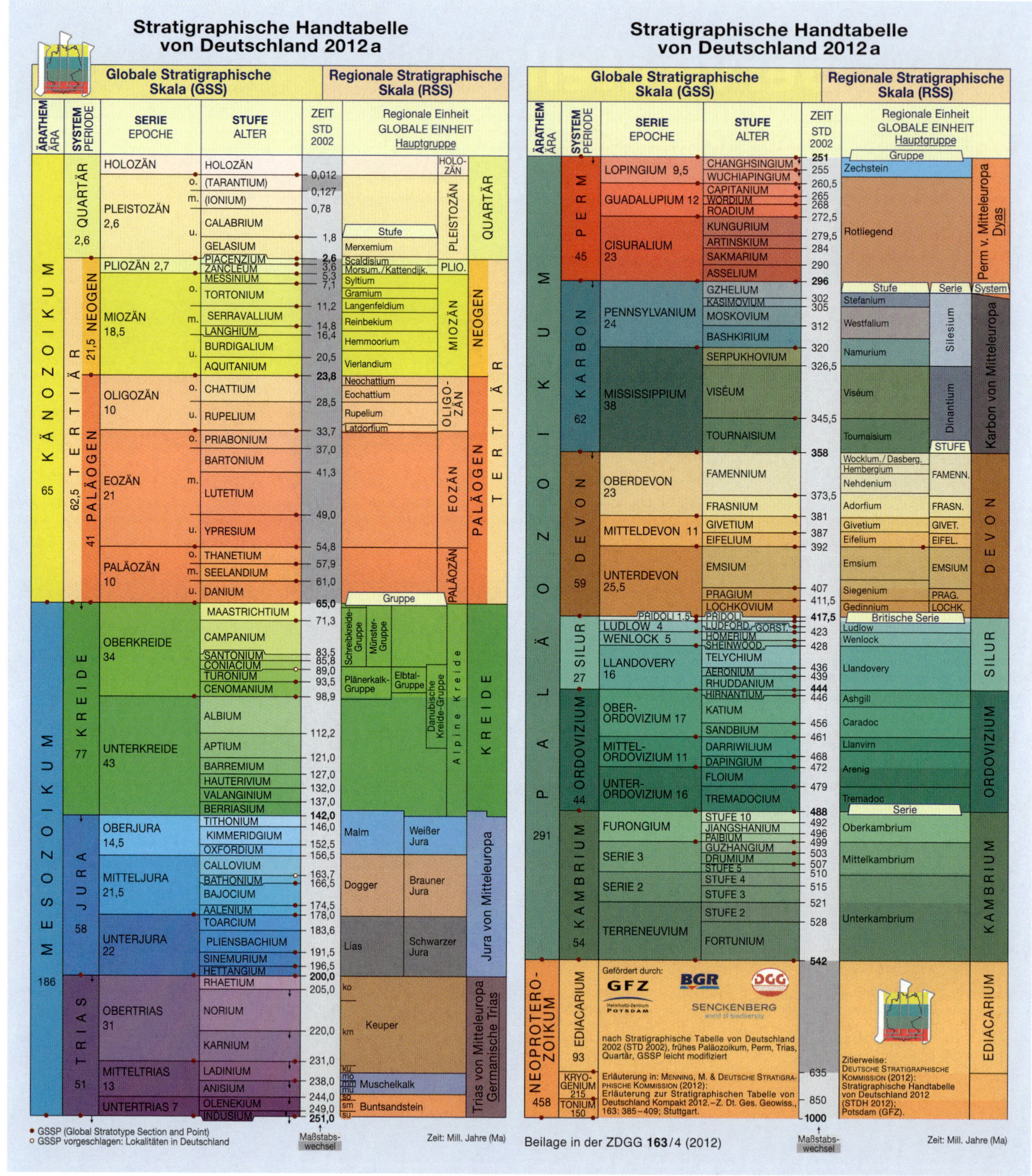

Literaturverzeichnis

Diagenese

Blatt H, Tracy RJ, Owens BE (2006) Petrology. Igneous, Sedimentary, and Metamorphic. W.H. Freemann and Company, New York (530 p)

Harwood G (1988) Microscopic Techniques II. Principles of Sedimentary Petrography. In: Tucker M (Hrsg) Techniques in Sedimentology. Wiley-Blackwell, Oxford (408 p)

Nichols G (2009) Sedimentology and Stratigraphy, 2. Aufl. John Wiley & Sons, Oxford (432 p)

Tucker ME (1996) Sedimentary Rocks in the Field, 2. Aufl. John Wiley & Sons, (288 p.)

Fossilien

Ager DV (1963) Principles of Paleoecology: An introduction to the study of how and where animals and plants lived in the past. McGraw-Hill, New York (371 p)

Benton MJ, Harper DAT (2009) Introduction to Paleobiology and the Fossil Record. Wiley-Blackwell, Oxford (592 p)

Boardman RS, Cheetham AH, Rowell AJ (1987) Fossil Invertebrates. Blackwell Science, Oxford ((and references therein), 728 p)

Clarkson ENK (1998) Invertebrate Palaeontology and Evolution. Blackwell Science, Oxford (452 p)

Goldring R (1999) Field Palaeontology, 2. Aufl. Pearson Education Ltd, London, S 191

Lehmann U, Hillmer G (2001) Wirbellose Tiere der Vorzeit, 4. Aufl. Enke, Stuttgart (304 p)

Prothero DR (2003) Bringing Fossils to Life: an Introduction to Paleobiology. McGraw-Hill, New York (512 p)

Ziegler, B. 1998, 2004. *Einführung in die Paläobiologie* – Spezielle Paläontologie, Teil 1–3. Schweizerbart'sche Verlagsbuchhandlung, Stuttgart, 248 p., 409 p., 666 p.

Magmatische Gesteine

Blatt H, Tracy RJ, Owens BE (2006) Petrology. Igneous, Sedimentary and Metamorphic. W.H. Freeman and Company, New York (530 p)

Cox KG, Bell JD, Pankhurst RJ (1979) The Interpretation of Igneous Rocks. Allen & Unwin, London (450 p)

Francis P, Oppenheimer C (2003) Volcanoes. Oxford University Press, New York (536 p)

Jerram D, Petford N (2011) The Field Description of Igneous Rocks, 2. Aufl. Geological Field Guide Series. Wiley-Blackwell, Oxford (238 S)

Okrusch M, Matthes S (2013) Mineralogie: Eine Einführung in die spezielle Mineralogie, Petrologie und Lagerstättenkunde. Springer Verlag, Berlin (728 S)

Orton GJ (1996) Volcanic environments. In: Reading HG (Hrsg) Sedimentary Environments: Processes, Facies and Stratigraphy. Blackwell Science, Oxford, S 485–567

Philpott AR, Ague JJ (2009) Principles of Igneous and Metamorphic Petrology. Cambridge University Press, Cambridge (684 p)

Stow DAV (2008) Sedimentgesteine im Gelände. Ein illustrierter Leitfaden. Spektrum Akademischer Verlag, Heidelberg (325 p)

Thorpe R, Brown G (1985) The Field Description of Igneous Rocks Geological Society of London Handbook. John Wiley & Sons, Chichester (155 p)

Wilson M (1989) Igneous Petrogenesis. Unwin Hyman, London (466 p)

Metamorphe Gesteine

Brodie, K., Fettes, D. & Harte, B. Structural terms including fault rock terms. In: Fettes, D. & Desmons, J. (Eds) *Metamorphic Rocks. A Classification and Glossary of Terms.*Recommendations of the International Union of Geological Sciences. Cambridge University Press, Cambridge, 24–31.

Fettes D, Desmons J (2007) Metamorphic Rocks. A Classification and Glossary of Terms. Recommendations of the International Union of Geological Sciences. Cambridge University Press, Cambridge (244 p)

Fry N (1984) The Field Description of Metamorphic Rocks Geological Society of London Handbook. John Wiley & Sons, Chichester (110 p)

Okrusch M, Matthes S (2013) Mineralogie: Eine Einführung in die spezielle Mineralogie, Petrologie und Lagerstättenkunde. Springer Verlag, Berlin (728 S)

Philpotts AR, Ague JJ (2009) Principles of Igneous and Metamorphic Petrology, 2. Aufl. Cambridge University Press, Cambridge (667 p)

Schmid R, Fettes D, Harte B, Davis E, Desmons J (2007) Classification and nomenclature scheme. In: Fettes D, Desmons J (Hrsg) Metamorphic Rocks. A Classification and Glossary of Terms. Recommendations of the International Union of Geological Sciences. Cambridge University Press, Cambridge, S 3–15

Smulikowski W, Desmons J, Fettes D, Harte B, Sassi F, Schmid R (2007) Types, grade and facies of metamorphism. In: Fettes D, Desmons J (Hrsg) Metamorphic Rocks. A Classification and Glossary of Terms. Recommendations of the International Union of Geological Sciences. Cambridge University Press, Cambridge, S 16–23

Minerale

Blatt H, Tracy RJ, Owens BE (2006) Petrology. Igneous, Sedimentary and Metamorphic. W.H. Freeman and Company, New York (530 p)

Hamilton WR, Woolley AR, Bishop AC (1974) The Hamlyn Guide to Minerals, Rocks and Fossils. Hamlyn, London (320 p)

Hochleitner R, Philipsborn H, Weiner KL (1996) Minerale. Bestimmen nach äußeren Kennzeichen. 3. Aufl. E. Schweizerbart'sche Verlagsbuchhandlung (Nägele u. Obermiller), Stuttgart, S 390

Markl G (2004) Minerale und Gesteine. Eigenschaften – Bildung – Untersuchung. Elsevier/Spektrum Akademischer Verlag, Heidelberg (355 p)

Okrusch M, Matthes S (2013) Mineralogie: Eine Einführung in die spezielle Mineralogie, Petrologie und Lagerstättenkunde. Springer Verlag, Berlin (728 S)

Ronov AB, Yaroshevsky AA (1969) Chemical composition of the Earth's crust. In: Hart PJ (Hrsg) The Earth's Crust and Upper Mantle. Americal Geophysical Union, Washington D.C., S 37–62

Schumann W (2007) Der große BLV Steine- und Mineralienführer. BLV Buchverlag, München., (399 p)

Strunz H, Tennyson C (1982) Mineralogische Tabellen. Eine Klassifizierung der Mineralien auf kristallchemischer Grundlage. Mit einer Einführung in die Kristallchemie. Akademische Verlagsgesellschaft, Geest & Portig, K.-G. Leipzig (621 p)

Vinx R (2007) Gesteinsbestimmung im Gelände. Spektrum Akademischer Verlag, Heidelberg (480 p)

Wenk H-R, Bulakh A (2004) Minerals. Their Constitution and Origin. Cambridge University Press, Cambridge (646 p)

Sedimente

Allen JRL (1968) Current Ripples: Their Relation to Patterns of Water Motion. Elsevier Science Publishing, Amsterdam (446 p)

Blatt H, Tracy RJ, Owens BE (2006) Petrology. Igneous, Sedimentary and Metamorphic. W.H. Freeman and Company, New York (530 p)

Boggs S (2009) Petrology of Sedimentary Rocks, 2. Aufl. Cambridge University Press, Cambridge (600 p)

Bromley RG (1996) Trace Fossils: Biology, Taphonomy and Applications. Chapman & Hall, London (385 p)

Brown, Jr. L.F. & Fisher, W.L. 1980. Seismic Stratigraphic Interpretation and Petroleum Exploration. AAPG Continuing Education Course Note Series #16, Tulsa 56 p.

Cambell CV (1967) Lamina, laminaset, bed and bedset. Sedimentology 8:7–26

Collinson J, Mountney N, Thompson D (2006) Sedimentary Structures. Terra Publishing, Harpenden (292 p)

Dunham RJ (1962) Classification of carbonate rocks according to depositional texture. In: Ham WE (Hrsg) Classification of Carbonate Rocks. Memoir, Bd. 1. American Association of Petroleum Geologists, Tulsa, S 108–121

Einsele G (2000) Sedimentary Basins: Evolution, Facies, and Sediment Budget. Springer Verlag, Berlin (792 p)

Embry AF, Klovan JE (1971) A late Devonian reef tract on north-eastern Banks Island, Northwest Territories. Bulletin of Canadian Petroleum Geology 19:730–781

Folk RL (1962) Spectral subdivision of limestone types. In: Ham WE (Hrsg) Classification of Carbonate Rocks. Memoir, Bd. 1. American Association of Petroleum Geologists, Tulsa, S 62–84

Frey RW, Pemberton SG (1984) Trace Fossil Facies Models. In: Walker RG (Hrsg) Facies Models. Geoscience Reprint Series, Bd. 1. Geological Society of Canada, St John's, S 189–207

Harms JC, Southard J, Spearing DR, Walker RG (1975) Depositional Environments as Interpreted from Primary Sedimentary and Stratification Sequences. Short Course Notes #2. Society of Economic Paleontologists and Mineralogists, Tulsa (161 p)

Jerram DA (2001) Visual comparators for degree of grain-size sorting in two and three dimensions. Computer Geosciences 27:485–492

Martinsson A (1965) Aspects of a Middle Cambrian thanatotope on Öland. GFF 87:181–230

McBride EF (1963) A classification of common sandstones. Journal of Sedimentary Petrology, Oxford 33:664–669

Nichols G (2009) Sedimentology and Stratigraphy, 2. Aufl. Wiley-Blackwell, Berlin, (419 p)

Reineck H-E, Singh IB (1980) Depositional Sedimentary Environments. Springer, Berlin (572 p)

Schäfer A (2005) Klastische Sedimente. Fazies und Sequenzstratigraphie. Elsevier Spektrum, Heidelberg (414 p)

Seilacher A (1964) Sedimentological classification and nomenclature of trace fossils. Sedimentology 3:253–256

Seilacher A (2007) Trace Fossil Analysis. Springer, Berlin (226 p)

Stow DAV (2006) Sedimentary Rocks in the Field. A Colour Guide. Academic Press, San Diego (320 p)

Teichmüller M, Teichmüller R (1975) The geological basis of coal formation. In: Stach E (Hrsg) Stach's Textbook of Coal Petrology. Schweizerbart Science Publishers, Stuttgart, S 5–87

Walker RG (1992) Clastic sediments. In: Brown GC, Hawkesworth CJ, Wilson RCL (Hrsg) Understanding the Earth, A New Synthesis. Cambridge University Press, Cambridge, S 327–346

Walker RG, James NP (1992) Facies Models: Response to Sea Level Change. Geological Society of Canada, St John's (454 p)

Verwitterung und Bodenbildung

Allen PA (1997) Earth Surface Processes. Wiley-Blackwell, Oxford (416 p)

Blatt H, Tracy RJ, Owens BE (2006) Petrology. Igneous, Sedimentary, and Metamorphic. W.H. Freeman and Company, New York, (530 p)

Nichols G (2009) Sedimentology and Stratigraphy, 2. Aufl. Wiley-Blackwell, Oxford, (419 p)

Retallack GJ (1988) Expected form of Precambrian paleosols by comparison with extraterrestrial paleosols. In: Schidlowski M, Golubic S, Kimberley MM, McKirdy DM, Trudinger PA (Hrsg) Early Organic Evolution: Implications for Mineral and Energy Resources. Springer-Verlag, Berlin, S 16–30

Geologische Karten

Bolton T (2009) Geological Maps: Their Solution and Interpretation. Cambridge University Press, Cambridge (156 S)

Bennison G, Olver G (2011) An Introduction to Geological Structures and Maps. Taylor & Francis Ltd, London & New York (168 S)

Meyer W (1997) Geologisches Zeichnen und Konstruieren Clausthaler Tektonische Hefte. Springer-Verlag, Berlin

Powell D (2008) Interpretation Geologischer Strukturen durch Karten: Eine Praktische Anleitung mit Aufgaben und Lösungen. Springer-Verlag, Berlin

Quade A (1997) Lagenkugelprojektion in der Tektonik Clausthaler Tektonische Hefte. Springer-Verlag, Berlin

Vossmerbäumer H (1991) Geologische Karten, 2. Aufl. Schweizerbart'sche, E., Stuttgart (244 S)

Stichwortverzeichnis

A

Aa 67, 68
Ablagerungsmilieus 121, 141, 143, 145, 147, 150, 152, 153
Ablagerungssysteme 141, 143, 144, 145, 146, 147, 148, 149, 150, 151, 152, 153, 154
Abscherhorizont 301
– detachment 301
Abschiebung 200, 296, 300, 301, 306
– normal fault 300
Abtauchen der Faltenachse 313
Adern 47
Agglomerat 71, 75, 81
Ägirin 13, 15, 33
Akkomodationszone 305
akkretionäre Lapilli 74
Alkalifeldspäte 38
Alkalisyenit 56, 77
allochthon 46
Alloklasten 71
Almandin 7, 13, 16, 29, 282
Aluminocrete 162
Ammoniten 174, 175
Amphibolit 86, 87, 88, 102
Amplitude 308
Analcim 39
Anatexit 102
Andalusit 3, 16, 29, 30
Andesit 56, 58, 60, 67, 68, 77, 79, 80, 81
Andradit 29
Anhydrit 7, 20, 22, 27, 28, 329
Anorthosit 55, 77, 78, 83
Anthrazit 116, 118, 140
Antiform 310
Antiklinale 200, 309, 310
antithetisch 301
Apatit 2, 3, 7, 8, 17, 28
aphanitisch 53, 54, 56
Aplit 47, 60, 74, 76, 270
Aquifer 237
Äquipotenzialfläche 209
Aragonit 3, 26
Archäocyathiden 169
Arkose 111, 138, 268
Arthropoda 178
Asche 50, 62, 69, 74, 75, 81, 82, 103, 116, 145, 153, 272
A-Typ-Granite 62
Aufschiebung 200, 300
– inverse fault 300
Aufschluss 184
Aufschlusskarte 184, 360
Aufschlusssituation 226, 229
Augen 94, 96, 102
Augengneis 102
Augit 3, 13, 15, 16, 33
Ausbisslinie 191, 233, 365
Ausdehnungsfalte 327
Aussichtspunkte 202
Ausspülungsmarken 129
Autobrekzierung 69, 75
autochthon 46

B

Baryt 2, 7, 9, 27
Basalt 54, 55, 56, 60, 62, 67, 68, 77, 79, 80, 81
Basaltschlot 274
basische/mafische Gesteine 55
Batholithe 46, 49, 62, 76
Belastungsstrukturen 131
Belemniten 174, 175
Bergsturz 242, 245
Beulenrippel 123, 125
Biegefestigkeit 291
Biegegleitfalte 316
bilanziertes Profil 196
Bims 67, 72, 73, 80, 81, 82
Biostratigraphie 166
Biotit 2, 12, 13, 15, 17, 35
Biotit-Gneis 284
Bioturbation 110, 119, 134, 147, 150
Bittersalz 22
Blattschnitt 203
Blattverschiebung 200, 301
– slip fault 301
Blauschiefer-Fazies 280
Bleiglanz 3, 6, 7, 20
Blocklaven 68
Bodenbildung 118, 145, 160, 162
Bodenfließen 329
Bodenhorizonte 238
Bodenprobe 238
Bodenprofil 240
Bombe 272, 275
– basaltisch 275
Böschung 204
Böschungssignaturen 229
Boudin 94, 325, 326
Bowen-Reaktionsreihe 43, 45
Brachiopoden 176, 177
– Articulata, Inarticulata 176, 177
Brekzie 62, 67, 71, 74, 75, 107, 137, 244
Bruch 8, 18, 19, 20, 21, 22, 23, 24, 25, 26, 27, 28, 29, 30, 31, 32, 33, 34, 35, 36, 37, 38, 39, 290
Bruchpunkt 292
Brunton 334
Buchrückenverwerfung 305

C

Calcit 2, 3, 5, 6, 7, 8, 9, 13, 17, 20, 25, 26
Calcit-Kompensationstiefe (CCD) 256
Calcrete 162
Caliche 264
Cephalopoden 174, 175
Chalkopyrit 3, 6, 7, 13, 17, 18, 20, 21, 27
Chalzedon 7, 36, 37
Chert 116, 139, 140, 162
Chevron-Falte 317
Chlorit 2, 3, 5, 6, 7, 8, 17
Chloritgruppe 35
Chromit 13, 17, 23
Crinoidenstielglieder 258

D

Dachziegellagerung 248
Dazit 67, 76, 80, 82
Decke 303
Deflation 263
Deformationsresistenz 290
Dehnungsbruch 292
Deklination 214, 215
deltaische 145, 146, 147
deltaische Ablagerungssysteme 145
3D-Modell 360
3D-Modellierung 355
Dendrit 295
Depression 313
Detachment 303
Detailskizze 231
DHM 360
Diagenese 83, 110, 113, 116, 155, 156, 157
diagenetische Bereiche 155
Diamant 2, 7, 17, 19
Diatreme 49, 50
Dichte 8, 9, 18, 19, 20, 21, 22, 23, 24, 25, 26, 27, 28, 29, 30, 31, 32, 33, 34, 35, 36, 37, 38, 39
Dichtegegensätze 131
Digitalisierung 355, 359
Diopsid-Hedenbergit 13, 16, 33
Diorit 48, 55, 56, 58, 62, 77, 79, 84, 100
dip domain 196
Diskordanz 347
Dolerit 80
Doline 261
Dolomit 2, 3, 7, 9, 17, 26, 34
Dolomitisierung 113, 158, 159
Dolostein 139
Dominoverwerfung 305
Doppelkettensilikate 32
DTM 360
duktil 290
Duktilität 292
Dünen 72, 119, 120, 121, 123, 126, 143, 153, 252
– äolisch 252
Dünenkörper 250
Dunham-Klassifizierung 114
Dunit 82, 94
Durchsichtigkeit 6, 38

E

Echinodermen 177, 178
– Seeigel, Seelilien, Blastoiden, Cystoiden 177, 178
Edukt 279
Einfallen 330
Einfallsrichtung 330
– Azimut 330
Einfallswinkel 330
Einschlüsse 50, 94, 95
Einsprengling 2, 275
Eisen 9, 14, 19, 23, 27
Eisenstein 139
Eklogit 86, 88, 101

Eklogit-Fazies   280
Elastizität   290
Ellipsoid   209
Enstatit   15, 16, 32, 33
entablatures   69
Entmischungsgefüge   55
Entwässerungsstrukturen   131, 132
Epidot   2, 7, 13, 16, 31, 32
Epidotgruppe   16, 31
Erg   264
Erosionsfurchen   260
ESPG-Code   214
Essexit   78
Evaporit   22, 43, 44, 103, 115, 143, 145, 147, 150, 262, 329
Exfoliation   266
Extension   297

F

false northing   211
Falte   290, 312, 313, 314
– abtauchend   314
– isoklinal   313
– nichtzylindrisch   313
– offen   312
– stumpfwinklig   312
– zylindrisch   313
Faltenachse   198, 199, 309, 314, 336
– abtauchend   314
– Orientierung   336
Faltenachsendepressionen   314
Faltenachsenebene   321
Faltenachsenfläche   309
Faltenachsenkulmination   314
Faltenbau   308, 321
Faltenscharnier   309
Faltenschenkel   309
Faltenspiegel   309, 318, 319
Faltenumbiegung   309, 316
Farbe   5, 6, 7, 9, 10, 11, 15, 18, 19, 20, 21, 22, 23, 24, 25, 26, 27, 28, 29, 30, 31, 32, 33, 34, 35, 36, 37, 38, 39
Feinsandsteine   249
Feldbuch   225
Feldspat   2, 7, 9, 13, 14, 16
Feldspatgruppe   37
Feldspatoid   39
Ferricrete   162
Fiamme   72, 73, 82, 153
Fiederspalte   308
Firstlinie   310
Firstrillenkarre   260
Fischgräten-Schrägschichtung   126
Flächenobjekte   358, 359
Flächenorientierung   329
– messen   329
flachmarine Ablagerungssysteme   147, 150, 151
Flammenstrukturen   131
Flaserlamination   126
Flexur   301, 312
Fließgefüge   338
Flintknollen   159
Fluoreszenz   9, 22
Fluorit   2, 5, 7, 8, 9, 22, 27
fluviale Ablagerungssysteme   143
fluviale Rinne   347

Foide   39
Foliation   48, 49, 53, 74, 77, 91, 92, 95, 96, 102, 280, 290, 321, 324, 329
Folk-Klassifizierung   114
Foraminifera   180, 181
Fossilien   163, 164, 166, 173
Fossilisation   164, 166
fracturing   291
Freiberger Gefügekompass   333
Fremdkristallen   51
Frontallinie   301

G

Gabbro   49, 55, 56, 58, 60, 77, 78, 83, 84
Galenit   2, 9, 20, 21, 26, 27
Gangbrekzien   270
Gänge   46, 47, 60, 74, 76, 85, 131
Gastropoden   174, 175
– Schnecken   174, 175
Gauß-Krüger-Streifen   207
Gauß-Krüger-System   211
Gefüge   45, 52, 53, 54, 55, 60, 74, 76, 77, 78, 79, 80, 81, 82, 83, 86, 90, 91, 92, 93, 94, 97, 100, 102, 245, 248
– komponentengestützt   245, 248
– matrixgestützt   245, 248
Gefügekompass   225, 330
Gefühl   8, 34, 39
Gekrösegips   329
Geländeausrüstung   223
Geländebegehung   226
Geländebeobachtung   220
Geoid   209
Geologenkompass   225, 330
geologische Karte   184, 360
geologische Kartenerläuterung   220
geologische Kartierung   220
geologische Raumstrukturen   290
geologische Skizze   229
geologisches Modell   220
geologisches Raumgefüge   187
Geologische Standardausrüstung   223
Georeferenzierung   359
geothermische Gradient   83
Geröll   245
Geröllspektrum   245
Geruch   8
Gerüstsilikate   36
geschichtete Intrusionen   48
geschlossener Polygonzug   358
Geschmack   8, 22
Gesteinsansprache   226
Gewässer   204
Gips   2, 3, 5, 7, 8, 9, 20, 26, 27, 28, 313, 329
GIS   357
Gitternetz   203
Glanz   5, 6, 7, 9, 10, 11, 18, 19, 20, 21, 22, 23, 24, 25, 26, 27, 28, 29, 30, 31, 32, 33, 34, 35, 36, 37, 38, 39
Glattschieferung   91, 97, 99, 100
Glaukonit   36
Glaukophan   280
Glaukophan-Riebeckit   34
Glaziale   110, 153
Gleithang   252
Glimmer   2, 3, 5, 6, 8, 9, 12, 15, 16, 30, 31, 34, 35

Glimmergruppe   34, 36
Glimmerschiefer   95, 100, 101, 113, 280
Glomeroporphyrische Struktur   54
Glutwolke   272
Gneis   44, 102
Gneisstrukturen   92
Goethit   2, 6, 7, 25
Gold   2, 6, 7, 8, 9, 18, 21
GPS   202
GPS-Gerät   225
Graben   301
Grabenschulter   301
Gradierung   72, 73, 74, 81, 104, 105, 106, 119, 127, 129
Granat   3, 16, 29, 282
– Granate   3, 16, 29
Granit   55, 56, 62, 74, 76, 77, 79, 86, 100, 110
Granitporphyr   78
Granoblastisch   94
Granodiorit   55, 56, 62, 76, 77
Granofels Strukturen   92
Granulation   96
Granulit   86, 88, 101
Grapestone   115
Graphisches   55
Graphit   2, 6, 7, 9, 17, 19
Graptolithen   178, 179
Grauwacke   138
Grobsandstein   249
Grossular   13, 16, 29
Grünschiefer   86, 87, 88, 101, 285
Gruppensilikate   31
Grus   268

H

Hakenschlagen   327, 329
Halit   2, 3, 7, 8, 9, 22, 28
Halogenide   2, 22
Hämatit   2, 3, 5, 6, 7, 9, 13, 17, 23, 24, 295
Hammer   223
Handstück   226
Hangendscholle   297
Hangrutschung   244
Hangschuttfächer   244
Harnische   297
Harnischstriemung   296
Härte   6, 7, 8, 9, 10, 11, 18, 19, 20, 21, 22, 23, 24, 25, 26, 27, 28, 29, 30, 31, 32, 33, 34, 35, 36, 37, 38, 39
Hauptgemengteile   2, 12
Hauptminerale   2, 9, 12, 13
Hauptspannungsrichtungen   292
Hexagonales System   3
Hochscholle   296
Hochwert   211
Höhenlinie   204
Höhenmodell   360
holokristallin   53
Horizontalversatz   297
Hornblende   2, 12, 13, 15, 16, 17, 33
Hornfels   99
Horst   301
Huckepack-Struktur   301
hyalin   53, 54
Hyaloklastite   74, 278
Hydroklasten   71

Mikrosyenit   78
Milchquarz   248
Mineralassoziationen   43, 55, 85
Mineralische Bodenhorizonte   240
Missweisung   216
Mittelsandstein   249
Modellvalidierung   364
Mohs Skala   7
Mollusken   173, 174, 175
Monazit   17, 28
Monoklines System   3
Monometamorphose   83
monomiktisch   108, 137
Monzonit   77
Mulde   310
Muldenachse   313
Mullion   325, 326
Mure   242
Muskovit   2, 5, 9, 13, 15, 17, 34, 35
Mylonite   96, 97
Mymerkitisches   55

N

Nautiloiden   174
Nebengemengteile   2, 12
Nebenminerale   2, 12, 15
Neigung der Verschiebung   297
nektisch   167
– nektonisch   167
Nephelin   7, 13, 39
Nesseltiere   171
nichtklastisch   103
– nichtklastische   103
Nichtmetal   19
– Nichtmetal   19
Nordrichtung   216
Norit   58, 59, 78

O

Obsidian   43, 53, 60, 80
Octocorallia   173
offene Polygonzüge   358
Ökologie   166
Olivin   2, 3, 7, 9, 12, 13, 16, 29, 34, 36
Ölschiefer   116
Omphacit   280
Ooide   115, 116, 139
Opal   7, 8, 37
Ophicalcit   286
Ophiolith   279
Ophitisches   54
Optimierungsvorgang   220
Orbiculares   55
Orientierte Gesteinsprobe   353
Orientierung   202
Orthoklas   3, 5, 9, 13, 14, 15, 16, 37, 38, 39
Orthopyroxene   13, 15, 16, 17, 32
Orthorhombisches System   3
Oszillationsrippel   251, 337
Oxide   2, 6, 8, 13, 17, 23

P

Pahoehoe   68
Paläoökologie   164
Paläosol   160
Paläoströmungsrichtung   337
Parallelprojektion   210
Parasitärfalte   325
Pechstein   60, 80
Pegmatit   60, 74, 76, 270
Peilung   216
Pelecypoden   174, 175
– Muscheln   174, 175
Peloide   115
Peperite   67
peraluminöse   62
Peridotit   56, 59, 78, 83, 103
phaneritisch   53, 54, 56, 59
Phlogopit   35
Phonolith   81
Phosphat   116, 140
Phosphate   2, 28, 103, 115, 140, 155
Phyllit   100, 102, 113, 280
Pillow-Basalte   272
pin line   196
Plagioklas   3, 5, 13, 14, 15, 16, 38
Plagioklasreihe   38
planare Lamination   74, 119
planktisch   167
– planktonisch   167
Plastizität   290
Plausibilitätsprüfung   364
Playasedimente   241
Plutone   47, 49, 84
Plutonische Gesteine   44, 56
Plutonit   266
Poikillitisches   55
Poikiloblastisch   94
Polymetamorphose   83
polymiktisch   108
Porphyr   54, 60
Porphyrisches   54
Porphyroblast   2, 31, 282
– Porphyroblasten   2, 31
Porphyroblastisch   94
Positionsbestimmung   202, 216, 229
Probe   290
Probennahme   352
Profilaufnahme   229, 342, 343
Profilaufnahmeformblatt   344
Profilschnitt   184, 366
Profilschnittserie   197
Profilverlauf   184
Prograde (progressive) Metamorphose   85
Projektion   213
Projektionskategorie   217
Protolith   279
Pseudomorphe   94
Pseudotachylit   96
Punktobjekt   358
Punktobjekte   359
Pyrit   3, 5, 6, 7, 9, 13, 17, 18, 20, 21, 22, 25, 27, 295
Pyroklasten   71, 72
Pyroklastika   272
Pyroklastische Ablagerungen   69
Pyroklastische Fallablagerungen   71
Pyroklastische Surge-Ablagerungen   74
Pyrop   13, 16, 29

Pyroxengruppe   32
Pyroxenit   59, 77, 78, 83

Q

Quarz   2, 3, 5, 7, 8, 9, 13, 16, 18, 28, 30, 36, 37, 39
Quarzit   44, 52, 94, 101, 279, 283, 303
Quarzkristall   295
Quarzporphyr   78
Quellaustritt   237, 239
Quelle   204, 239

R

Radiolarit   248, 303, 330
Rapakivi   76
Rasterdatei   360
Raumkoordinaten   358
Raumorientierung   197
Rauschieferung   92, 97, 102
Rechtswert   213
Referenzellipsoid   209
Referenzierung   359
Refraktion   92
Regionalmetamorphose   83, 87
Retrograde (retrogressive) Metamorphose   85
Rheologie   290
Rhyolith   67, 76, 78, 80, 82
Rille   300, 307
Rillenkarre   260
Ringgänge   47
Ringsilikate   32
Rinnenfüllung   252
Rippel   119, 120, 121, 123, 124, 125, 126, 147
Ritztest   223
Rollkornrippeln   121
Rosendiagramm   338
Rugose   173
Rutil   3, 5, 6, 7, 25
Rutschung   327
Rutschungskörper   329

S

saiger   193
Salz   329
Salzkruste   262
Salzsäure   225
Salztektonik   327
Sandstein   44, 75, 93, 104, 111, 138, 143, 145,
   147, 152
Sandsteingänge   131
Sanidin   13, 15, 16, 38
Sattel   310
Säulenprofil   346
Säulenstrukturen   69, 131, 132
Saure/felsische Gesteine   55
Sauropodenfährte   337
Scanline   342
Scannen   358
Scanwindow   342
Scheitel   309
Schenkel   310
Scherbruch   291
Scherfalte   316
Scherung   291

Z

Printing and Binding: PHOENIX PRINT GmbH, Würzburg